Heinz Schnitker & Thomas Arndt

Kompendium der Papageienkunde

Band 1

Inhaltsverzeichnis

Vorwort und Danksagung 4
Einführung 6
Zur Struktur und Gestaltung des Kompendiums 6
Körper- und Gefiedermerkmale der Papageien 9
Die Zeichnungen des Kompendiums 9
Artmodelle und Artbestimmung 12
Grundlagen der Systematik 13
Auffällige Phänomene in der Systematik 18
Ornithologische Fachausdrücke 21
Die wissenschaftlichen Namen der Papageien 28
Geschichte der Papageienliteratur 32
Literatur zur Geschichte der Papageienliteratur 52
Entstehungsgeschichte der Papageien 59
Biologie der Papageien 66
Artenschutz 79
Artenteil 82

Superfamilie: STRIGOPOIDEA Bonaparte 1849 82
Familie: Strigopidae Bonaparte 1849 82
Gattung: EULENPAPAGEIEN *Strigops* (f.) Gray GR 1845 82
1. Eulenpapagei (*Strigops habroptila*) 83

Familie: Nestoridae Bonaparte 1849 86
Gattung: NESTORPAPAGEIEN *Nestor* (m.) Lesson 1830 85
1. Kea (*Nestor notabilis*) 86
2. Kaka (*Nestor meridionalis*) 89
3. Dünnschnabel-Nestor (*Nestor productus*) 91
4. Chatham-Nestor (*Nestor chathamensis*) 93

Superfamilie: CACATUOIDEA G.R. Gray 1840 95
Familie: Cacatuidae G.R. Gray 1840 95
Unterfamilie: Nymphicinae Bonaparte 1857 96
Gattung: NYMPHENSITTICHE *Nymphicus* (m.) Wagler 1832 96
1. Nymphensittich (*Nymphicus hollandicus*) 96

Unterfamilie: Calyptorhynchinae Bonaparte 1853 99
Gattung: ROTSCHWÄNZIGE RABENKAKADUS *Calyptorhynchus* (m.) Desmarest 1826 99
1. Rotschwanz-Rabenkakadu (*Calyptorhynchus banksii*) 100
2. Braunkopfkakadu (*Calyptorhynchus lathami*) 105

Gattung: WEISSSCHWÄNZIGE RABENKAKADUS *Zanda* (f.) Mathews 1913 108
1. Gelbohr-Rabenkakadu (*Zanda funerea*) 109
2. Weißohr-Rabenkakadu (*Zanda baudinii*) 111

Unterfamilie: Cacatuinae G. R. Gray 1840 116
Gattung: PALMKAKADUS *Probosciger* (m.) Kuhl 1820 116
1. Palmkakadu (*Probosciger aterrimus*) 116

Gattung: HELMKAKADUS Callocephalon (n.) Lesson 1837 121
1. Helmkakadu (*Callocephalon fimbriatum*) 121

Gattung: ROSAKAKADUS *Eolophus* (m.) Bonaparte 1854 124
1. Rosakakadu (*Eolophus roseicapilla*) 124

Gattung: INKA-KAKADUS *Lophochroa* (f.) Bonaparte 1857 128
1. Inka-Kakadu (*Lophochroa leadbeateri*) 128

Gattung: WEISSSCHNABELKAKADUS *Licmetis* (f.) Wagler 1832 132
1. Rosteißkakadu (*Licmetis haematuropygia*) 133
2. Goffin-Kakadu (*Licmetis goffiniana*) 135
3. Salomonen-Kakadu (*Licmetis ducorpsii*) 137
4. Nacktaugenkakadu (*Licmetis sanguinea*) 140
5. Wühlerkakadu (*Licmetis pastinator*) 145
6. Nasenkakadu (*Licmetis tenuirostris*) 147

Gattung: SCHWARZSCHNABELKAKADUS *Cacatua* (f.) Vieillot 1817 151
1. Molukkenkakadu (*Cacatua moluccensis*) 152
2. Weißhaubenkakadu (*Cacatua alba*) 154
3. Brillenkakadu (*Cacatua ophthalmica*) 156
4. Gelbhaubenkakadu (*Cacatua galerita*) 158
5. Gelbwangenkakadu (*Cacatua sulphurea*) 163

Superfamilie: PSITTACOIDEA Rafinesque-Schmaltz 1815 169
Familie: Psittrichasidae Bötticher 1959 169
Unterfamilie: Psittrichasinae Bötticher 1959 170
Gattung: BORSTENKOPFPAPAGEIEN *Psittrichas* (m.) Lesson 1831 170
1. Borstenkopfpapagei (*Psittrichas fulgidus*) 171

Unterfamilie: Coracopseinae Joseph, Toon, Schirtzinger, Wright & Schodde 2012 174
Gattung: VASAPAPAGEIEN *Coracopsis* (f.) Wagler 1832 174
1. Großer Vasapapagei (*Coracopsis vasa*) 175
2. Großer Komoren-Vasapapagei (*Coracopsis comorensis*) 179
3. Kleiner Vasapapagei (*Coracopsis nigra*) 181
4. Kleiner Komoren-Vasapapagei (*Coracopsis sibilans*) 185
5. Seychellen-Vasapapagei (*Coracopsis barklyi*) 187

Familie: Psittacidae Illiger 1811 190
Unterfamilie: Psittacinae Illiger 1811 190
Gattung: GRAUPAPAGEIEN *Psittacus* (m.) Linnaeus 1758 190
1. Graupapagei (*Psittacus erithacus*) 191
2. Timneh-Papagei (*Psittacus timneh*) 194

Gattung: LANGFLÜGELPAPAGEIEN *Poicephalus* (m.) Swainson 1837 198
1. Kap-Papagei (*Poicephalus* [*Notopsittacus*] *robustus*) 200
2. Graukopfpapagei (*Poicephalus* [*Notopsittacus*] *fuscicollis*) 203

3. Kongo-Papagei (*Poicephalus* [*Eupsittacus*] *gulielmi*) 207
4. Gelbstirnpapagei (*Poicephalus* [*Eupsittacus*] *flavifrons*) 212

5. Niam-Niam-Papagei (*Poicephalus* [*Poicephalus*] *crassus*) 215
6. Braunkopfpapagei (*Poicephalus* [*Poicephalus*] *cryptoxanthus*) 217
7. Mohrenkopfpapagei (*Poicephalus* [*Poicephalus*] *senegalus*) 221
8. Rotbauchpapagei (*Poicephalus* [*Poicephalus*] *rufiventris*) 225
9. Goldbugpapagei (*Poicephalus* [*Poicephalus*] *meyeri*) 228
10. Rüppell-Papagei (*Poicephalus* [*Poicephalus*] *rueppellii*) 236

Allgemeine und spezielle Literatur 240
Anhänge 242
Register 243
Impressum 248

Vorwort

Heinz Schnitker

Mit diesem Buch liegt nun der 1. Band des „Kompendiums der Papageienkunde“ vor. Ziel dieses Buchwerkes ist es (wie bei vielen anderen qualitativ hochwertigen Publikationen auch) fundiertes Wissen über die Papageien zu liefern. Dabei sollen die vertrauteren Themenbereiche (Haltung und Zucht, Informationen zum Leben im Freiland etc.) möglichst kompakt zusammengefasst werden, da sie in vielen anderen Publikationen bereits ausführlicher behandelt wurden. In den weniger vertrauten Themenbereichen (Systematik, Taxonomie, Identifizierung relativ unbekannter Taxa etc.) dagegen ist der Text deutlich ausführlicher und liefert auch viele weiterführende Informationen. Wir hoffen, dass das Buch gerade damit für professionell mit Papageien befasste Menschen wie auch für stärker interessierte Hobby-Ornithologen interessant wird und einen weiteren Wissenszuwachs ermöglicht.

Die Anfänge dieses Projekts gehen bis auf das Jahr 2007 zurück, als Thomas Arndt anfing, die Papageien für eine taxonomische Poster-Serie des Arndt-Verlages zu illustrieren und seine Illustrationen mit Heinz Schnitker abzustimmen. Im Jahr 2011 entstand dann zum ersten Mal die Idee, aus den vorliegenden Illustrationen ein Papageienbuch zu schaffen, das möglichst alle bekannten Erscheinungsformen (Arten, Unterarten, Männchen, Weibchen, Jungvögel, Variationen, Morphen etc.) in Wort und Bild darstellen sollte. Ziel war ein möglichst detailliertes Bestimmungsbuch, das von Heinz Schnitker vor allem in den Textteilen, von Thomas Arndt vor allem in den (nun deutlich umfangreicheren) Zeichnungen gestaltet werden sollte.

Im Gespräch mit dem Verleger René Wüst entwickelte sich diese Idee des Buches dann weiter. So sollte das Projekt auf noch breitere Fühe gestellt werden und neben der zunächst angedachten Zielgruppe der Liebhaber und Hobby-Ornithologen auch professionell mit Papageien befasste Leser erreichen. Das hier begonnene Buchprojekt soll damit auch als Basis-Literatur für die „Akademie für Vogelhaltung“, Berlin dienen, die verschiedene „Papageien-Profis“ ausbilden soll. Das Buch wendet sich deshalb an

- Biologen, die in Zoos und Vogelparks als Tierpfleger arbeiten und Papageien(unter-)arten sicher identifizieren wollen, wenn sie diese zur Zucht bringen wollen,
- Museumsmitarbeiter, die mit der Bestimmung von Bälgen und wissenschaftlicher Nomenklatur zu tun haben,
- Systematiker und Taxonomen, die sowohl bezüglich historischer wie auch moderner wissenschaftlicher Literatur grundlegend informiert sein wollen,
- Angestellte im Zoofachhandel, die die wichtigsten Bedürfnisse von Papageien kennen müssen,
- Mitarbeiter beim Zoll, die mit der Beschlagnahmung von Papageien und mit der verantwortlichen Weitergabe an qualifizierte Institutionen betraut sind,
- Biologen, die im Freiland forschen oder sich mit dem Schutz bedrohter Papageienarten befassen
- und allgemein an alle Papageienliebhaber, die sich für Hintergrundwissen interessieren oder ihr Wissen über Papageien weiter vervollständigen wollen.

Das Ergebnis unserer Zusammenarbeit ist nun das erste Werk über Papageien, das taxonomisch und systematisch umfassend informiert und (soweit wie möglich) alle bislang bekannten Arten, Unterarten, Variationen etc. farblich korrekt abbildet. Das war möglich, weil beide Autoren konstruktiv zusammenarbeiteten und die behandelten Papageien grundlegend kennen, sowohl aus den Balgbeständen zahlreicher wissenschaftlicher Sammlungen und Museen, aus historischer und moderner Literatur wie auch aus der eigenen Praxis und zahllosen Freilandreisen sowie Besuchen von zoologischen Gärten und Zuchtanlagen.

Entsprechend der neuen Systematik beinhaltet der hier vorliegende erste Band (neben einem ausführlichen Einführungsteil) die archaischen Papageien Neuseelands und der umliegenden Inseln sowie die Kakadus und die kleine archaische Gruppe von Borstenkopf- und Vasapapageien, gefolgt von den afrikanischen Großpapageien. In den folgenden Bänden werden dann die süd-, mittel- und nordamerikanischen Papageien, die Sittiche Australiens und der umliegenden Inseln, die Gruppe der Edelpapageiartigen, die kleinen Altweltpapageien sowie die Loris behandelt werden. Das Werk ist somit auf vier bis fünf Bände angelegt und wird in den folgenden Jahren sukzessive vervollständigt.

Wir hoffen, dass mit dieser Reihe das Wissen um Papageien eine weitere qualitativ hochwertige Ergänzung erfährt und bei allen Interessierten eine wohlwollende Aufnahme findet.

Thuine und Bretten, im Jahr 2023

Heinz Schnitker   Thomas Arndt

Thomas Arndt

Danksagung

Bedanken möchten wir uns bei den Kuratoren und Mitarbeitern folgender Sammlungen, die es uns freundlicherweise ermöglichten, das vorhandene Material zu untersuchen oder als Vorlage für die Illustrationen zu nutzen. Die Museen und Sammlungen werden in alphabetischer Reihenfolge aufgeführt:

American Museum of Natural History, New York (P. Sweet, P. Hart, P. Capainolo, S. Kenney), British Museum of Natural History, Tring (H. van Grouw, Dr. R. Prys-Jones), Carnegie Museum of Natural History, Pittsburgh (S. Rogers), Colección Ornitológica Phelps, Caracas (Dr. M. Lentino, M. Martínez), Field Museum of Natural History, Chicago (Dr. J. Bates, Dr. D. Willard, M. Hennen), Louisiana State University, Baton Rouge (Prof. J. V. Remsen, S. Cardiff), Forschungsinstitut und Museum Senckenberg, Frankfurt am Main (Dr. G. Mayr), Museo de Historia Natural „Javier Prado" de la UNMSM, Lima (Dr. I. Franke), Museu de Zoologia da Universidade de São Paulo, São Paulo (Dr. L. F. Silveira), Museu Goeldi, Belém (Dr. A. Aleixo), Museu Nacional, Río de Janeiro (Dr. M. A. Raposo), Museum für Naturkunde, Berlin (Dr. S. Frahnert, Jürgen Fiebig, Pascal Eckhoff), Museum of Natural Science, Baton Rouge (Prof. J. V. Remsen, S. Cardiff, D. L. Dittmann), Museum Zoologicum Bogoriense, Bogor (M. Irham), National Museum of Ireland – Natural History (N. Monaghan), Naturalis Biodiversity Center, Leiden (H. Van Grouw, S. van der Mije, M. van der Wal, Pepijn Kamminga), Naturhistorisches Museum Bern (Dr. M. Güntert, M. Schweizer, B. Blöchlinger), Staatliches Naturhistorisches Museum Braunschweig (C. Kamcke), Staatliches Museum für Tierkunde in Dresden, Dresden (Dr. M. Päckert), Überseemuseum, Bremen (Dr. P.R. Becker, Andreas Vollprecht), United States National Museum, Washington (J. Dean), Zoologische Staatssammlung München (M. Unsöld) und Zoologisches Museum Hamburg (C. Bracker).

Ein besonderer Dank gilt Wolfgang Kiessling, Rafael Zamora Padrón und Dr. David Waugh für die Erlaubnis, die Papageien und Sittiche in der Zuchtanlage der Loro Parque Fundación zu studieren sowie Michel van der Plas, World of Birds Foundation, Erica / NL, der eine Fülle von Daten und Informationen aus seiner Einrichtung zur Verfügung stellte.

Für ihre tätige Mithilfe, wertvolle Informationen oder Kommentare bedanken wir uns außerdem bei Dirk Van den Abeele, Norbert Bahr, Jörg Ehlenbröker, Dr. Angelika Fergenbauer-Kimmel, Jos Hubers, Heike Kalbus, Adri van Kooten, dem verstorbenen Horst Müller, Dr. Rainer Niemann, Tony Pittman, Prof. Matthias Reinschmidt und Pascal Stalder.

Einführung

Wer sich beruflich oder privat mit der Literatur über Papageien auseinandersetzt, wird feststellen, dass es zu dieser Thematik bereits eine ganze Reihe hochwertiger und qualifizierter Literatur gibt: Papageien standen im Vergleich zu anderen Vogelgruppen schon immer besonders im Fokus der Aufmerksamkeit. Von daher gibt es eine umfangreiche Literatur, die sowohl für professionelle Ornithologen wie auch für Liebhaber dieser Vögel von Interesse ist. Die wichtigsten Werke seit den 70er Jahren des letzten Jahrhunderts sind sicherlich:

- die verschiedenen Auflagen von Joseph M. Forshaws „Parrots of the World" (1973, 1978, 1989)
- das in 3 Bänden erschienene Werk „Papageien (Handbuch der Vogelpflege)" von Franz Robiller aus den Jahren 1990, 1992 und 1997
- die verschiedenen Versionen des von Thomas Arndt veröffentlichten „Lexikon der Papageien" (als Printmedium 1990-1996, 1999, sowie digital 2004, 2008)
- der 4. Band des „Handbook of the Birds of the World" von 1997
- das von Tony Juniper und Mike Parr herausgebrachte Buch „Parrots – A Guide to the Parrots of the World" (1998)
- und als letzte Gesamtdarstellung das 2006 erschienene Buch „Parrots of the World – An Identification Guide" von Joseph M. Forshaw.

All diese Bücher informieren auf qualitativ hohem Niveau über die wichtigsten Thematiken der Papageien. Und auch wenn sie sich teilweise in den Inhalten etwas unterscheiden, so ergänzen sie einander doch sinnvoll und bilden das derzeitige Wissen über Papageien sehr gut ab.

Mit dem Konzept des „Kompendiums der Papageien" versuchen wir nun einen weiterführenden Ansatz. So ergaben sich aus den bereits im Vorwort genannten Kriterien einige weiterführende Konsequenzen für die Behandlung der Thematik:

- Der Ansatz der Buchreihe bewegt sich zwischen einerseits wissenschaftlichem Anspruch und andererseits praxisbezogener Anwendung und Erkenntnissen, die oft auch von engagierten Laien gewonnen wurden. Es geht uns dabei vor allem um eine Synthese verschiedener Blickrichtungen, die in ihrer Gesamtheit die zu behandelnde Thematik am besten abbildet.
- Themen, die in anderer Literatur bereits gut und differenziert behandelt wurden, erscheinen hier lediglich in ihrer Essenz und als kompakte Zusammenfassung, (nach Möglichkeit jedoch mit dem entsprechenden Hinweis auf die zugrunde gelegte, bereits vorhandene Literatur).
- Im Vergleich mit anderen Büchern soll eine weitaus deutlichere Einbeziehung von historischer Literatur erfolgen, was vor allem für die Bereiche Systematik, Taxonomie und Nomenklatur von Belang ist. Denn in den alten Werken finden sich oft schon frühe Hinweise, die heute noch nützlich sind und auch bei modernen Fragestellungen Bedeutung haben.
- Ebenso von Bedeutung sind die Erkenntnisse der neueren Forschung, die sich vor allem in wissenschaftlichen Artikeln widerspiegeln. Diese konnten bislang nur bruchstückhaft in die neuere Literatur aufgenommen werden, da manche dieser Erkenntnisse noch sehr jungen Datums sind. (Seit dem Erscheinen des letzten großen Werks von Joseph M. Forshaw im Jahre 2006 gab es eine Fülle neuerer Erkenntnisse!)
- Des Weiteren liegt ein Akzent auf genauen Erkenntnissen in der Identifizierung von Papageientaxa und ihrer systematischen Einordnung, die aus der Balguntersuchung in Museen gewonnen wurden. Dieser Bereich ist (neben der Verfolgung wichtiger Literatur) der Hauptschwerpunkt in der Arbeit von Heinz Schnitker, der seit Jahrzehnten in verschiedenen Museen Europas geforscht hat. Ergänzt wurde dieser Bereich von Thomas Arndts Untersuchungen im Freiland und in zahlreichen europäischen sowie nord- und südamerikanischen Museen.
- Bei der Konzipierung der Reihe war eine wesentliche Frage: Welche Systematik soll dem Kompendium zugrunde liegen? Uns erschien es dabei schwierig, allein einem Ansatz zu folgen. Wir möchten darum hier versuchen, eine Synthese der unterschiedlichen Sichtweisen zu bieten. Wir berufen uns daher nicht auf einen einzelnen Autor oder eine einzelne Institution, sondern bemühen uns, die verschiedensten Erkenntnisse zueinander ins Verhältnis zu setzen und dementsprechend möglichst angemessene Konsequenzen daraus zu ziehen.
- in einer Reihe von Publikationen wird in Fragen der Systematik ein eher konservativer Ansatz vertreten. Faktisch wird nur das dargestellt, was als absolut gesichert gilt. Der Nachteil dieser Herangehensweise besteht allerdings darin, dass eine Fülle neuerer Entwicklungen und bereits vorhandener Erkenntnisse nicht berücksichtigt wird und dass so ein sich bereits abzeichnender Erkenntniszuwachs erschwert wird. In dieser Buchreihe wählen wir einen anderen Ansatz und bilden darum etliche Veränderungen in der Taxonomie ab, die sich aufgrund der Abwägung aller bisher bekannten Faktoren bereits abzeichnen, auch wenn diese noch nicht vollständig wissenschaftlich abgesichert sind. – Vielleicht motiviert dieser Ansatz ja, entsprechende offene Fragen daraufhin zu klären und so zu definitiv sicheren Ergebnissen zu kommen.
- Für die höhere Taxonomie beziehen wir uns in dieser Buchreihe auf „A revised nomenclature and classification for family-group taxa of parrots (Psittaciformes)" (Joseph et al. 2012). Bei Gattungen, Arten und Unterarten folgen wir nicht einem einzelnen Autor, sondern versuchen, alle verfügbare Literatur und alle verfugbaren Informationen in unsere Darstellung einzubeziehen und die daraufhin plausibelste Darstellung zu wählen. Natürlich hat das immer auch einen subjektiven Anteil. Dennoch ist es unser Interesse, die Thematik so angemessen wie möglich zu präsentieren.

Zur Struktur und Gestaltung des Kompendiums

Jeder Abschnitt über eine Papageienart beginnt mit dem derzeitig gültigen wissenschaftlichen Namen des Papageis. Dieser umfasst in der Regel den Gattungsnamen, manchmal auch den Namen einer Untergattung, sowie den Namen der Art.

Es folgen der Name des Erstbeschreibers und das Jahr der wissenschaftlichen Erstbeschreibung. Sofern der Erstbeschreiber die Art ursprünglich einer anderen Gattung zugeordnet hatte, werden sein Name und das Jahr der Erstbeschreibung in Klammern gesetzt, ansonsten ohne Klammern wiedergegeben.

Hierauf folgt der deutsche Name sowie weitere Namen in englischer, französischer, spanischer und niederländischer Sprache. – Wir haben uns dabei nicht nur für einen einzigen deutschen oder anderssprachigen Namen entschieden, sondern führen alle uns bekannten Namen an, wobei sich der erste Name immer nach der Namensliste der deutschen Akademie für Vogelhaltung richtet. Danach folgen weitere deutsche Namen, vor allem die Namen aus dem Lexikon der Papageien sowie die Namen der Deutschen Ornithologen-Gesellschaft. Schließlich werden hin und wieder auch Namen aufgeführt, die lediglich in historischer Literatur Verwendung fanden und heute kaum noch bekannt sind.

Wer sich noch weiter mit Fragen der Nomenklatur befassen will, findet im Anhang A dieses Buches diverse Internet-Adressen, die auf verschiedene Check-Listen zur Bezeichnung und systematischen Einordnung aller Taxa verweisen. Diese können gerne als Referenzwerke konsultiert werden. Außerdem findet sich im Anhang B die Liste der von der Deutschen Ornithologen-Gesellschaft eingeführten Namen, die der Leser dort im Zusammenhang nachschlagen kann.

1. **Systematik und Taxonomie:** Im Bereich **Systematik** geht es um Fragen der Einordnung der behandelten Art sowie ihre Zuordnung zu einer bestimmten Gattung und ihre Stellung im Gesamtgefüge der Papageien. Hier werden Fragen zur Geschichte der Art bzw. der Unterarten, zur genuinen Verwandtschaft sowie zum systematischen Konzept thematisiert.

   Im Bereich **Taxonomie** werden dann konkret alle zu einer Art gehörigen Taxa (einschließlich der nicht akzeptierten Unterarten) vorgestellt, die bisher beschrieben wurden. Nebst zugehörigen Quellenangaben werden diese Taxa inhaltlich kurz zusammengefasst und bewertet. Bei Arten mit vielen zugehörigen Unterarten werden außerdem die wichtigsten Merkmale in Übersichtstabellen zusammengefasst. Und schließlich werden die wichtigsten historischen Synonyme benannt.

   Abschließend erfolgt die **Namenserklärung** der wissenschaftlichen Namen, wobei die validen Taxa den Anfang bilden und die nicht validen Taxa am Schluss summarisch aufgeführt werden. (Eine Namenserklärung ist jedoch nicht bei allen Taxa möglich, da in historischer Literatur manchmal recht kurz Namen vorgestellt werden, ohne den Hintergrund der Namenswahl zu benennen. Gerade bei Dedikations- und Ortsnamen ist eine Erklärung dann nicht immer zu leisten.)

2. **Identifizierung:** Zur sicheren Bestimmung eines Papageis ist es notwendig, die wichtigsten Merkmale der jeweiligen Art oder Unterart zu kennen. Darum werden im folgenden Abschnitt **Färbung adulter Tiere** zunächst die Färbung adulter Tiere (bei geschlechtsdimorphen Arten auch die **Unterscheidung der Geschlechter**) und dann die **Jungvögelfärbung** (sowohl von Nestlingen wie auch von älteren Jungvögeln) beschrieben.

   Diese Merkmale können auch anhand der Zeichnungen mitverfolgt werden, bei denen auf die unterscheidenden Merkmale nach Möglichkeit mit Pfeilen hingewiesen wird.

   Bei variablen Arten wird versucht, die am häufigsten vorkommenden Färbungen, Größenmerkmale etc. darzustellen. Im Text selbst finden sich dann auch Hinweise auf davon abweichende Merkmalskonstellationen.

   Zur klaren Identifizierung dient außerdem der Abschnitt **Vergleich mit ähnlichen Arten**, der die jeweils unterscheidenden Merkmale im Vergleich mit anderen Arten aufzeigt. Dabei werden sowohl Arten, aus dem gleichen Verbreitungsgebiet miteinander verglichen wie auch Arten, die in anderen Lebensräumen vorkommen, optisch aber recht ähnlich sind. (Dies ist besonders in der Museumsarbeit, zur Identifizierung von Bälgen ohne Herkunftsangabe hilfreich.)

3. **Unterarten:** Sofern eine Art mehrere Unterarten ausgebildet hat, folgen nun die Beschreibungen der Unterarten, deren Titel ähnlich wie die der Arten gehalten sind. Dabei findet sich für die Nominatform zumeist ein spezifischer Name, der diese Unterart im Vergleich zu den anderen Unterarten charakterisiert. – Bei allen Unterarten richten sich die Namen ebenfalls nach der Namensliste der deutschen Akademie für Vogelhaltung.

   Die spezifischen **Merkmale** einer Unterart sind in der Regel als Unterschiede zur Nominatform aufgeführt, sowohl bei adulten wie auch bei jungen Vögeln. Es folgt eine Angabe der **Verbreitung** und ggfs. der **Größe** der Unterart, sofern diese sich signifikant von den übrigen Unterarten unterscheidet.

   Sofern eine Art keine Unterarten ausgebildet hat, findet sich die Angabe zum Verbreitungsgebiet unter der Rubrik „Freileben" und die Angabe zur Größe in der Tabelle mit den Kurzinfos zur jeweiligen Art.

4. **Natürliches Vorkommen:** Unter dieser Rubrik finden sich Angaben zum **Lebensraum**, zum **Verhalten** und zum **Status** in freier Wildbahn. Bei monotypischen Arten wird auch noch das Verbreitungsgebiet vorgeschaltet.

   Das Verbreitungsgebiet wird zusammenfassend möglichst konkret beschrieben und findet sich auch in den jeweiligen Verbreitungskarten wieder.

   Der Lebensraum wird so beschrieben, dass man leicht erkennen kann, ob eine Art auf ein bestimmtes Biotop spezialisiert oder in verschiedenen Biotopen anzutreffen ist. Die vorhandene oder fehlende Flexibilität in der Biotopwahl im Zusammenhang mit der Ausdehnung des Lebensraums ermöglicht damit auch genauere Einschätzungen zur Bedrohungslage einer Art.

   Unter dem Stichwort „Verhalten" finden sich knapp zusammengefasst die auffälligsten Verhaltensweisen der jeweiligen Art im Freiland. Hierzu gibt es vielfach konkretere Literatur, die am Ende der Artenporträts bei den Literaturangaben zu finden sind.

Abschließend werden Angaben zum Status der Art (ggfs. auch mit Bezug auf die jeweiligen Unterarten) gemacht. Hierbei sollen die Angaben einen allgemeinen Eindruck zur Entwicklung der Populationsdynamik der Art wiedergeben. Aktuelle Angaben zur jeweiligen Bedrohungslage, wie sie etwa unter CITES-Kriterien zu finden sind, sind auf der entsprechenden Website im Anhang A dieses Buches zu finden. (Da diese Angaben sich im Laufe der Jahre wiederholt ändern können, wurden sie hier bewusst nicht aufgenommen.)

5. **Vorkommen in menschlicher Obhut:** Dieser Absatz macht nicht nur Angaben zur **Häufigkeit** des Vorkommens, sondern auch zu den **Mindestanforderungen der Unterbringung** sowie zur **Züchtbarkeit** in menschlicher Obhut.

Die Rubrik **Häufigkeit** soll einen ersten Eindruck vermitteln, wie es generell um die Art in menschlicher Obhut bestellt ist, möglichst auch geographisch differenzierend bezüglich unterschiedlicher Regionen (Europa, USA...). Dies kann eine bessere Einschätzung des Zuchtbedarfs ermöglichen, die im Zusammenhang mit der Rubrik Züchtbarkeit Prognosen über die Zukunft der Art in Haltung und Zucht ergeben kann.

Bei den **Mindestanforderungen der Unterbringung** wurde auf allgemeine Erfahrungswerte von erfahrenen Züchtern zurückgegriffen. Denn die für Deutschland geltenden „Mindestanforderungen an die Haltung von Papageien" von 1995 sind in dieser Hinsicht sicher als unzureichend zu betrachten. So ist z.B. die Haltung der sehr bewegungsaktiven Keas (*Nestor notabilis*) oder von großen Rabenkakadus der Gattung *Calyptorhynchus* in Volieren von nur 3 m Länge sicherlich nicht als artgerecht einzustufen. Wer sich dennoch darüber informieren möchte, findet den Link für dieses Dokument im Anhang A dieses Buches.

Unter der Rubrik **Züchtbarkeit** finden sich Angaben, die zusammenfassend die wichtigsten Entwicklungen in der Zucht einer bestimmten Art darstellen wollen. Sofern für die Zucht einer Art entscheidende Faktoren zu berücksichtigen sind, werden diese hier nach Möglichkeit aufgeführt. Zur genaueren Auseinandersetzung sei auf das Literaturverzeichnis der jeweiligen Art verwiesen, das qualitativ hochwertige Artikel in deutscher, englischer oder niederländischer Sprache aufführt.

6. **Hilfreiche Literatur:** Am Ende jedes Artenporträts finden sich Angaben zu hilfreicher Literatur. Es werden hier nicht alle bekannten Artikel zu einer Art wiedergegeben, sondern ausgewählte Artikel unterschiedlichster Herkunft, die jedoch für die Kenntnis der jeweiligen Art ausgesprochen hilfreich sind. Anhand dieser Auswahl lässt sich auch erkennen, wie gut und wie umfangreich eine Art in der Literatur bisher behandelt ist bzw. welche Autoren ggfs. maßgeblich sind.

Tabelle – Kurzinfos zur jeweiligen Art: Den Kapitelabschluss bildet eine Tabelle, in der die wichtigsten Informationen zu einer Art zusammengefasst werden. Dabei gibt die erste Spalte die wichtigsten Daten an (Größe, Gewicht, Ringgröße, Erstzucht und Eimaße).

Die zweite Spalte behandelt Fragen der Fortpflanzung (Gelege pro Jahr, Gelegegröße, Brutdauer, Nestlingszeit, Zeit bis zur Selbständigkeit).

Die dritte Spalte fasst die wesentlichen Merkmale zum Verhalten der Art zusammen (Flug-, Nage- und Badebedürfnis sowie Aggressivität und Charakter der Stimme).

Die verschiedenen Daten wurden aus der vorhandenen Literatur zusammengestellt, kritisch gesichtet und entsprechend von uns bewertet. Bei vielen Daten gibt es Extrem- und Mittelwerte. In der Regel ist der Mittelwert vorangestellt und wird durch die Extremwerte in Klammern ergänzt.

Größe: In der Wissenschaft werden Körpergrößen allgemein als unzureichendes Kriterium angesehen. Je nach Balgpräparation oder Messmethode variieren die Größenangaben beträchtlich. (z. B. bei einer Messung von der Schwanzspitze über den Kopf bis zur Schnabelspitze ggü. einer Messung von der Schwanzspitze bis zur Wachshaut (Schnabelansatz).

Als aufschlussreicher gelten hier die Messung der Flügel- und Schwanzlänge, die kaum durch Präparationsmethoden variieren. – Wir haben uns hier für die Angabe der Gesamtgröße entschieden, weil sie beim lebenden Vogel nachvollziehbarer ist. (Genauere Angaben zur Flügel- oder Schwanzlänge finden sich in den meisten umfassenderen Werken der Papageienliteratur.)

Sofern die Gesamtgröße zwischen den Unterarten variiert, finden sich bei der jeweiligen Unterart die genauen Werte, hier in der Tabelle allerdings lediglich die Gesamtschau.

Gewicht: Bei Gewichtsangaben wird in der Regel nicht angegeben, ob das Gewicht mit vollem oder leerem Kropf gemessen wurde bzw. zu welcher Tageszeit die Messung stattfand. Die Daten können darum nur allgemeine Anhaltspunkte bzw. Durchschnittswerte wiedergeben.

Ringgröße: Die angegebenen Ringgrößen in verschiedenen Züchtervereinigungen weichen teilweise deutlich voneinander ab. Die Angaben sind oft eher zu groß als zu klein. Die hier angegebenen Ringgrößen basieren auf umfangreichen Praxiserfahrungen in der niederländischen World of Birds Foundation und den deutschen Organisationen AZ, DKB und VZE.

Erstzucht: Die Daten wurden soweit möglich der vorhandenen Literatur entnommen. Sie werden in unterschiedlichster Literatur doch zumeist gleichlautend angegeben. – Bislang nicht gezüchtete Arten werden entsprechend angegeben.

Eimaße: Alle Angaben aus der vorhandenen Literatur, sowie Angaben der World of Birds Foundation wurden verwendet. Mittelwerte wurden aus sämtlichen Angaben errechnet und Extremwerte ebenfalls angegeben.

Gelege pro Jahr: Soweit bekannt, wurden die Daten angegeben.

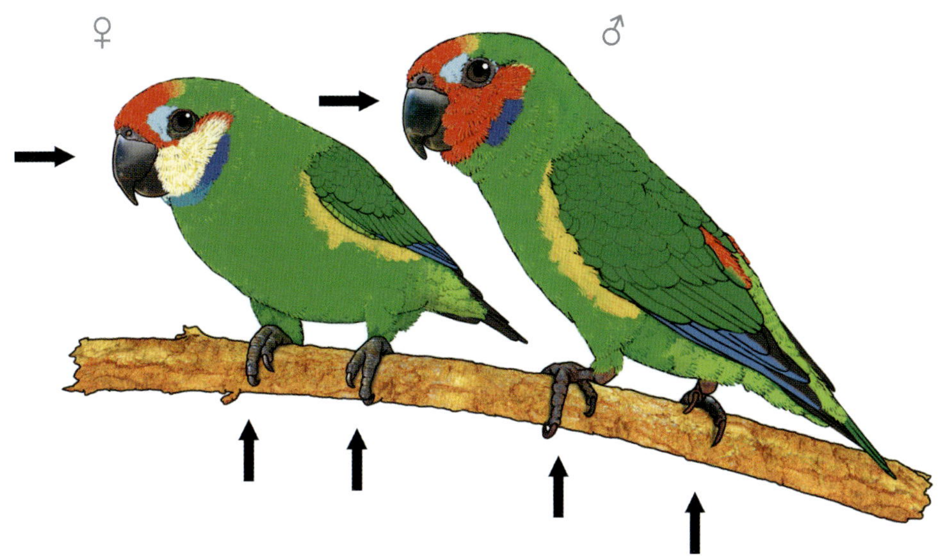

Ein Paar Masken-Zwergpapageien (*Cyclopsitta diophthalma diophthalma*) mit Hakenschnäbeln und zygodaktylen Zehenstellungen.

Gelegegröße, **Brutdauer**, **Nestlingszeit** und Zeit bis zur **Selbständigkeit**: Es sind jeweils die häufigsten Werte angegeben, in Klammern die bekannten Extremwerte.

Flugbedürfnis, **Nagebedürfnis**, **Badebedürfnis**, **Aggressivität**, **Stimme**: Die Angaben beschreiben häufig erlebtes Verhalten. Zu berücksichtigen ist, dass sich nicht alle Exemplare einer Art vergleichbar verhalten. Vor allem Unterschiede zwischen Wildfang-, Naturbrut- und Handaufzuchtvögeln sind nicht zu unterschätzen.

Körper- und Gefiedermerkmale der Papageien

Die in diesem Buch verwendeten Körper- und Gefiederbezeichnungen werden auf den zwei folgenden Seiten an Illustrationen von Papageien bzw. Teilen von ihnen erläutert. Dargestellt sind ein Trinidadpapagei (*Touit batavicus*), die Ober- und Unterseite eines Blauflügelsittichflügels (*Brotogeris cyanoptera cyanoptera*) und zwei Blaubartamazonen (*Amazona festiva*).

Alle Papageiartigen gehören im Stammbaum des Lebens zur Klasse Aves (Vögel) und zur Ordnung Psittaciformes (Papageien). Es gibt zwei typische Merkmale, an denen man zweifelsfrei die Zuordnung eines Vogels zu dieser Ordnung klären kann: Das ist zum einen der gekrümmte, Hakenschnabel, bei dem der Oberschnabel beweglich ist, und das sind zum anderen die Füße, die eine zygodaktyle Zehenstellung aufweisen (Das heißt: zwei Zehen weisen nach vorne und zwei Zehen nach hinten). Diese Merkmale reichen aus, um alle Papageien zweifelsfrei identifizieren zu können. Das gilt von den kleinen Spechtpapageien (*Micropsitta* spec.) mit weniger als 10 cm Größe bis zum größen Hyanzinthara (*Anodorhynchus hyacinthinus*), der bis zu 100 cm messen kann. Manchmal wird als drittes Merkmal noch die dicke, fleischige Zunge erwähnt, die sich jedoch nicht überall gleich nachweisen lässt. Loris haben etwa eine Pinselzunge, die ganz anders geformt ist als die Zunge anderer Papageien. Aber bei den meisten Papageien ist dieses Merkmal ebenfalls zu finden.

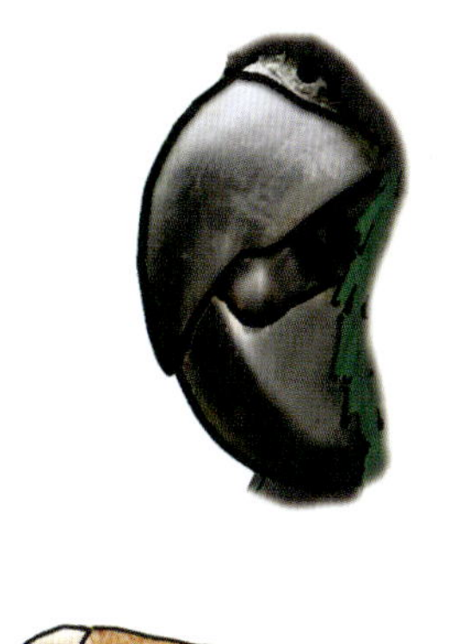

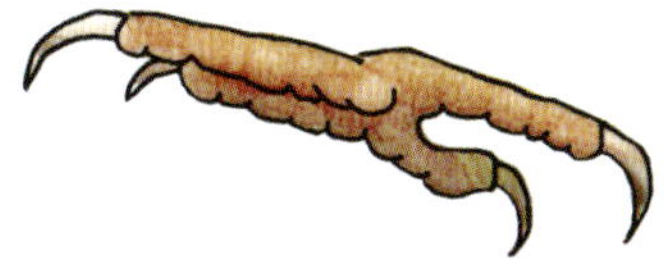

Oben der Schnabel eines Maskensittichs (*Prosopeia personata*), unten die zygodaktylen Füße eines Aymarasittichs (*Psilopsiagon aymara*)

Die Zeichnungen des Kompendiums

Die meisten Bücher über Papageien stellen im Bildteil eine Auswahl der bekannten Papageientaxa dar. Diese Fähigkeit zur Darstellung hat in den letzten Jahrzehnten deutlich zugenommen, da über immer mehr Taxa entsprechende Informationen vorliegen. – Unser

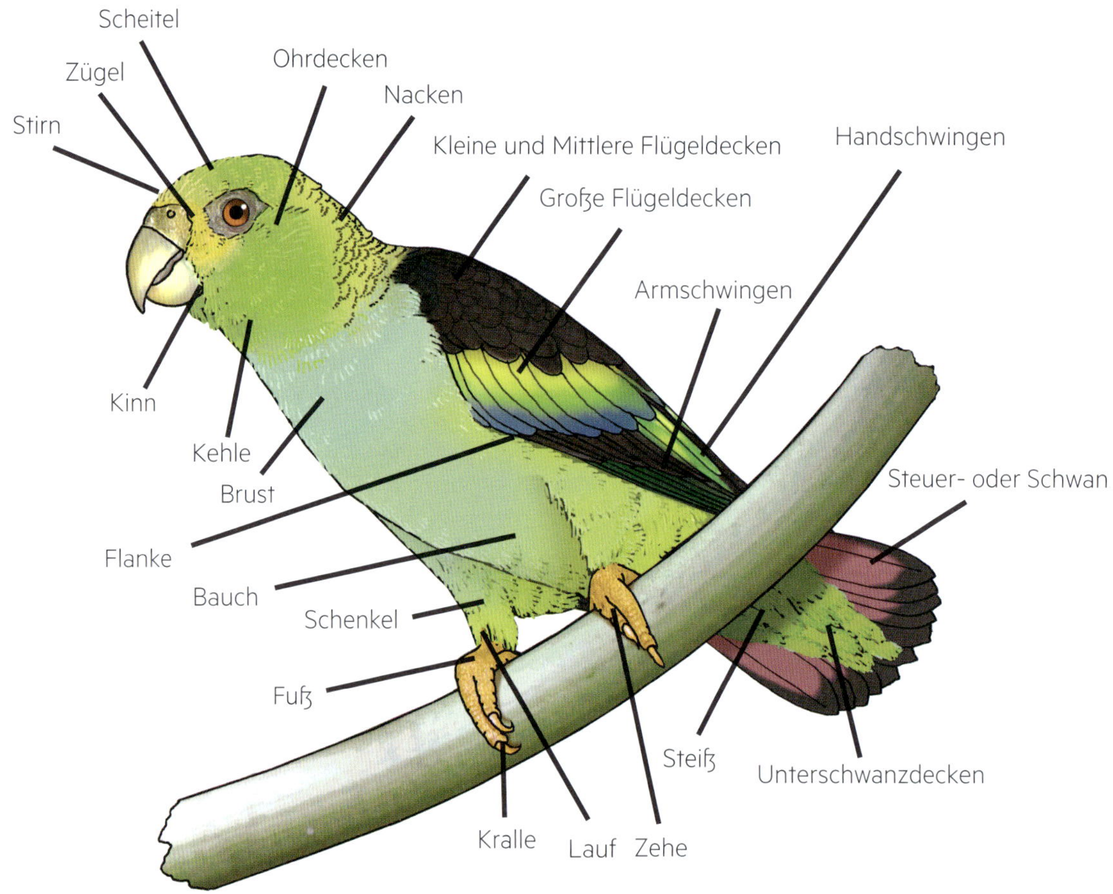

Trinidadpapagei (*Touit batavicus*)

Schirmfedern

Armschwingen

Handschwingen

Große Flügeldecken

Mittlere Flügeldecken

Kleine Flügeldecken

Handdecken

Daumenfittich / Alula

Flügeloberseite eines Blauflügelsittichs (*Brotogeris cyanoptera cyanoptera*)

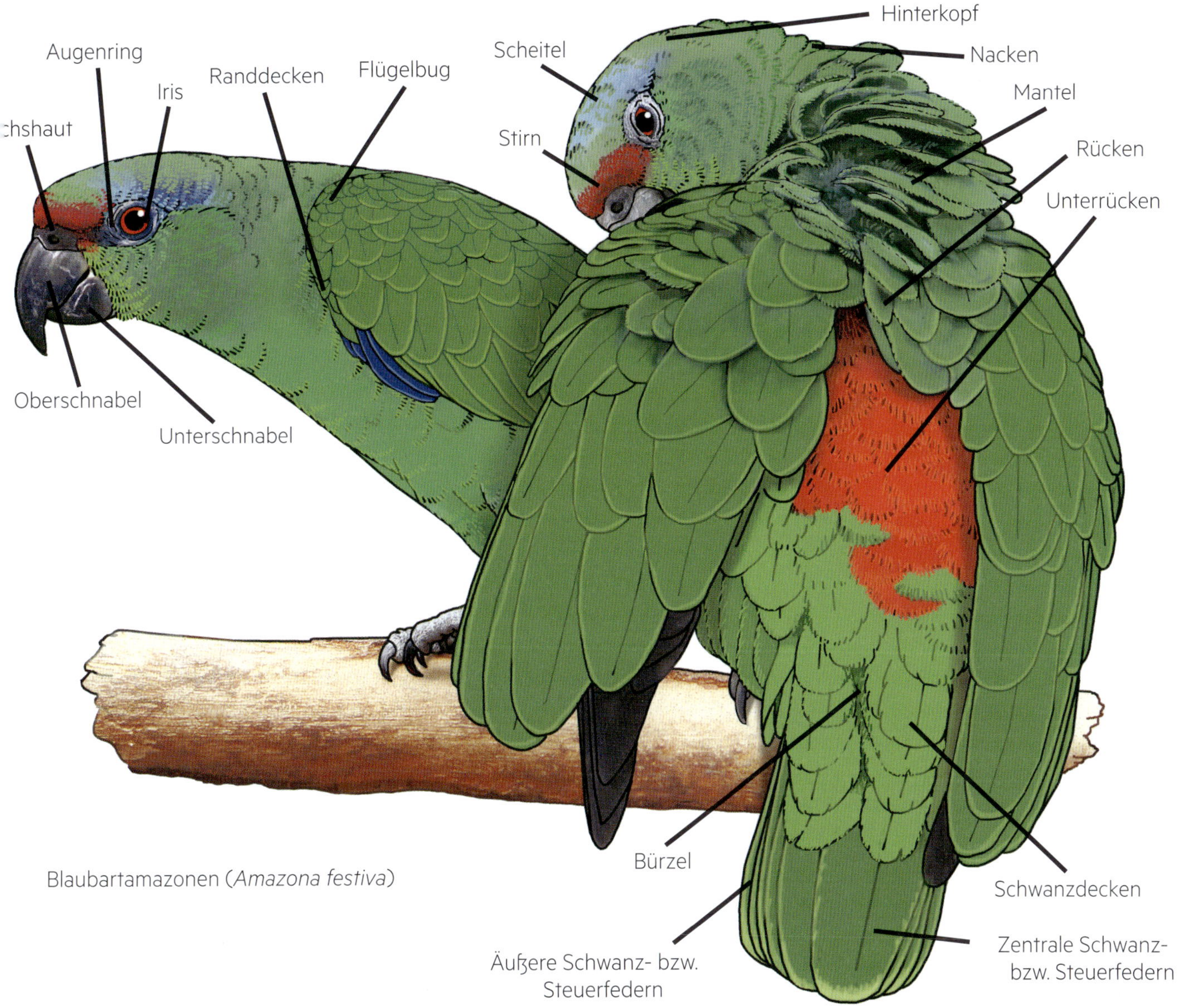

Augenring
Iris
chshaut
Randdecken
Flügelbug
Scheitel
Hinterkopf
Nacken
Mantel
Stirn
Rücken
Unterrücken
Oberschnabel
Unterschnabel
Bürzel
Schwanzdecken
Äußere Schwanz- bzw.
Steuerfedern
Zentrale Schwanz-
bzw. Steuerfedern

Blaubartamazonen (*Amazona festiva*)

Armschwingen
Handschwingen
irmfedern
oße Unterflü-
ldecken
lere Unter-
eldecken
eine Unterflü-
eldecken

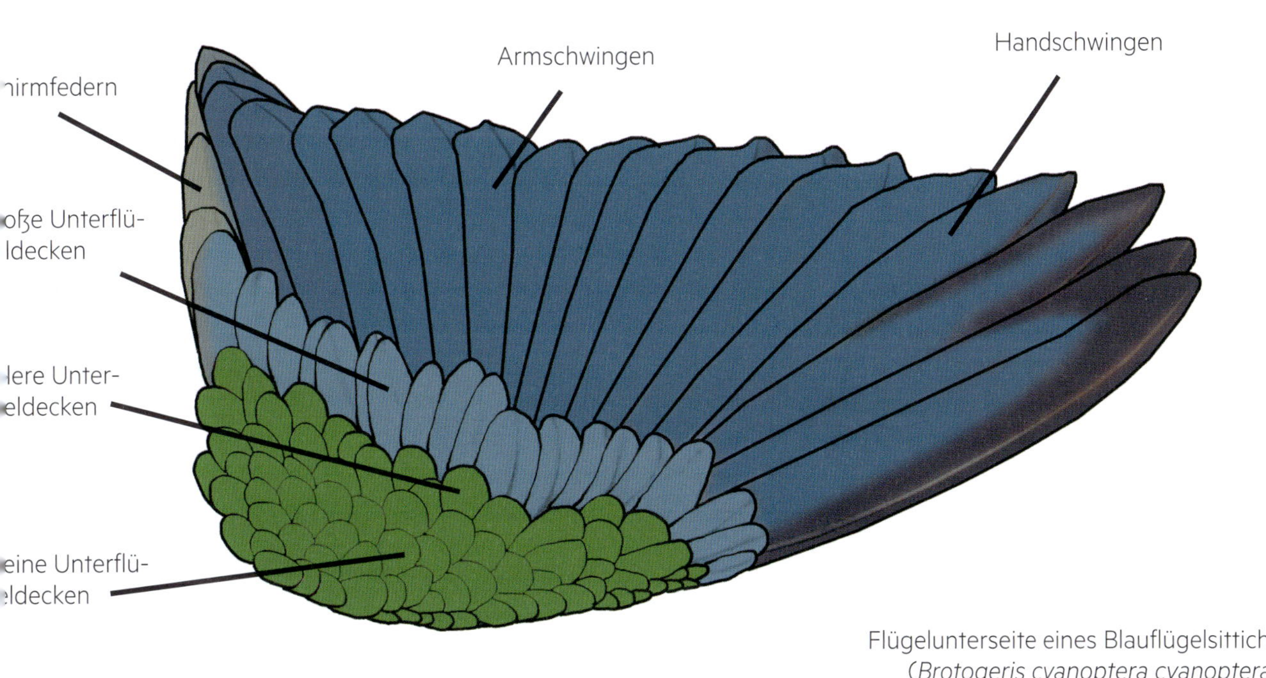

Flügelunterseite eines Blauflügelsittichs
(*Brotogeris cyanoptera cyanoptera*)

Ziel ist es, nicht nur bekanntere Unterarten darzustellen, sondern (soweit bekannt) alle vorkommenden „Erscheinungsformen“ der Papageien: Arten, Unterarten, Phänotypen, Variationen, Morphen sowie die Unterschiede in der Färbung der Geschlechter und in der Färbung junger Vögel. Dabei werden auch wenig oder überhaupt nicht bekannte Formen im Bild dargestellt sowie im Text erklärt, z.B. die Variationsformen des ausgestorbenen Dünnschnabelnestors, *Nestor productus*, oder die Erscheinungsformen beim wenig bekannten Gelbstirnpapagei, *Poicephalus (Eupsittacus) flavifrons*. Um die Größe zu verdeutlichen, wird bei jedem ersten Vögel einer Gattung ein Vergleichswellensittich abgebildet.

Sofern es für Variationsformen, die nicht (mehr) als valide angesehen werden, wissenschaftliche Namen gibt, werden diese Namen bei der Darstellung auch angeführt, da wissenschaftliche Literatur sich auf sie beziehen kann und das Auffinden historischer Angaben dazu somit erleichtert wird (z.B. „Variation *macrorhynchus*“ beim Banks-Rabenkakadu, *Calyptorhynchus banksii*).

Variation *macrorhynchus*

Artmodelle und Artbestimmung

Die Evolution bringt ständig neue Arten hervor, was aber in der Regel ein sehr langsamer Vorgang ist. So dauert die Entstehung einer neuen Art zum Beispiel bei Säugetieren durchschnittlich 1,4 Millionen Jahre (Hublin 2014). Bei Vögeln geht das zwar häufig schneller, aber Ornithologen stehen oft vor der Entscheidung, ob es sich bei einem Taxon bereits um eine Art oder doch „nur“ um eine Unterart handelt.

Der Brite Charles Darwin befasste sich als einer der ersten bereits im 19. Jahrhundert umfassend mit der Entstehung der Arten (Darwin 1859), für die Beurteilung von Vögeln wurde jedoch erst das „biologische Artkonzept“ des Deutsch-Amerikaners Ernst Mayr aus dem letztem Jahrhundert allgemein akzeptiert (Haffer 2007). Nach dessen Definition zählen alle Lebewesen zu einer Art, die eine Fortpflanzungsgemeinschaft bilden. Spätestens bei auf Inseln oder allopatrisch vorkommenden Taxa stößt dieses System an seine Grenzen, denn es lässt sich nicht sagen, ob morphologisch ähnliche Populationen Unterarten- oder Artenstatus haben. Als Folge entstanden verschiedenste Artkonzepte, die jeweils bestimmte Teilaspekte in den Vordergrund stellen, aber auch nie universell gültig waren.

Pyrrhura emma

Wir verwenden in diesem Buch die „Richtlinien für die Zuweisung des Artrangs“ von Helbig et al. (2002) sowie die von Tobias et al. (2010), die eine Grundlage für eine quantitative Bestimmung der Arten und Unterarten liefern. Tobias et al. verwenden ein quantitatives Punktesystem, in dem es für folgende Kriterien Punkte gibt: Für jedes geringfügige Merkmal (z.B. ein leichter Unterschied bei einer Farbtonänderung) gibt es einen Punkt, für jedes mittlere Merkmal (ein deutlicher Unterschied, der sich z. B. in einer deutlichen Farbtonänderung widerspiegelt) zwei, für jedes Hauptmerkmal (z.B. ein ausgeprägter und auffälliger Unterschied in der Farbe oder im Muster eines Gefiederteils oder in einem Maß oder einer Vokalisierung) drei und für jeden außergewöhnlichen Unterschied (z.B. eine radikal andere -färbung oder Gefiedermusterung) vier Punkte. Im Bewertungssystem dürfen nur drei Gefiedermerkmale, zwei biometrische Merkmale, zwei vokale Merkmale und ein Verhaltens- oder ökologisches Merkmal vorkommen. Die Mindestpunktzahl für den Artstatus liegt bei sieben Punkten.

Pyrrhura griseipectus

Pyrrhura leucotis

Wir haben dieses Punktesystem modifiziert und in den Fällen, in denen innerhalb einer Gruppe von Unterarten ein erkennbarer genetischer Unterschied zwischen zwei Taxa besteht, haben wir diese mit ein bis vier Punkten als eines der beiden möglichen biometrischen

Pyrrhura picta

Merkmale bewertet. Als Beispiel für die praktische Anwendung dieses Punktesystems mag die Arbeit von Arndt & Wink (2017) gelten. In ihr wurden für *Pyrrhura emma*, *Pyrrhura griseipectus*, *Pyrrhura leucotis* oder *Pyrrhura picta*, die früher als Subspezies zweier Arten behandelt wurden, nicht nur deutliche genetische Unterschiede festgestellt, sondern sie erhielten jeweils nach dem Punktesystem von Helbig et al. (2002) und Tobias et al. (2010) mehr als sieben Punkte und wurden dementsprechend als eigenständige Arten anerkannt.

Grundlagen der Systematik

Die folgenden Kapitel verstehen sich als eine Einführung in Fragen der Systematik und Taxonomie. Sie sind nicht streng wissenschaftlich determiniert, sondern sie sollen einen Zugang zur Thematik und zu den damit verbundenen Phänomenen ermöglichen. Ausgehend von den geschichtlichen Anfängen soll die Entstehung der heute verwendeten Nomenklatur aufgezeigt und ihre Anwendung und Problematik an konkreten Beispielen erläutert werden. Wichtiger als eine definitiv festgelegte Systematik ist dabei, ein Gespür für die verschiedenen Dimensionen der Taxonomie zu entwickeln. Und dies ergibt sich am deutlichsten aus der Zusammenschau verschiedenster Quellen. So ist es nicht nur notwendig, die rezente wissenschaftliche Literatur zu beachten, sondern ebenso auch die relevante historische Literatur zu kennen. Hinzu kommen Erkenntnisse aus der Freilandforschung, der Biogeographie und der Haltung in menschlicher Obhut. Selbstverständlich gehört auch die Einbeziehung morphologischer Merkmale und genetischer Konstellationen zu einer verantworteten Grundlegung einer heutigen Systematik und Taxonomie. Auch wenn es nicht möglich ist, eine letztgültige Einschätzung in Fragen der Systematik abzugeben, so sind doch solide Grundlagen von Systematik und Taxonomie auszumachen. Diese wird sich jedoch mit zunehmenden neuen Erkenntnissen auch immer stärker differenzieren und jeweils neu definieren müssen.

Geschichtliche Anfänge – nicht normierte Namen: Als Menschen anfingen, sich einen Überblick über die Welt der Tiere und Pflanzen zu machen, bestand die erste Aktivität darin, soviel wie möglich an verschiedenen Tier- und Pflanzenformen zu sammeln und jeder von ihnen einen eigenen Namen zu geben. In diesem Stadium war man vor allem (wieder) „Jäger und Sammler“: Tiere wurden gejagt, ihre Kadaver gesammelt und in Kabinetten und großen Sammlungen aufbewahrt. – In dieser Phase der beginnenden Systematik konnte man noch nicht klar differenzieren, welche Relevanz die gesammelten Exemplare für die Wissenschaft haben würden. Darum wurde zunächst jede morphologisch unterscheidbare Form gesammelt und (auch wenn sie nur von einem einzigen Balg bekannt war) als eigenständige „Art“ bzw. als eigenständiger „Typus“ beschrieben.

Diese gesammelten Tiere wurden in der Anfangszeit (und manchmal noch bis weit ins 18. Jahrhundert hinein) oft noch in der jeweiligen Landessprache benannt und unterlagen keiner einheitlichen Normierung. So konnte der verwendete Name etwa in englischer, französischer, deutscher oder lateinischer Sprache verfaßt sein und durfte auch aus mehreren Wörtern bestehen: „The Red and Blue Maccaw“, „La perruche a collier“, „der lineierte Papagey“ oder „*Psittacus cinereus seu subcaeruleus*“. Ebenso konnte er auch der Sprache der Eingeborenen entstammen (Kea, Tui, Arara). In jedem Fall versuchte man so viele „Typen“ wie möglich neu zu beschreiben und natürlich auch die Autorenschaft für die neu entdeckten Arten zu erhalten. – In dieser Zeit prägten vor allem Autoren aus den großen Kolonialmächten die Entwicklung. Dabei konnte es leicht geschehen, dass ein Vogel von verschiedenen Autoren gleichzeitig beschrieben wurde und somit auch mit unterschiedlichen Namen benannt wurde. – Welcher Name konnte dann Gültigkeit für sich beanspruchen? Wie wollte man sich verständigen, wenn der gleiche Vogel auf ganz unterschiedliche Weise benannt wurde? – Man musste also im internationalen Austausch einen Weg finden, zu eindeutigen Namen zu gelangen, die von Forschern und Naturliebhabern aller Nationen akzeptiert wurden.

Die Entwicklung einer zweiteiligen Nomenklatur – Gattungs- und Art-Namen: Das Bedürfnis, die Anfänge der Systematik zu überarbeiten und all diese vielfältigen Formen neu zu ordnen, lag auf der Hand. Die anfänglichen Versuche der Beschreibung und Klassifizierung erwiesen sich als unzureichend. Und die Kriterien für die Anerkennung valider (sprich: gültiger) Taxa mussten erst erarbeitet werden. – Darum entstand als erster Schritt der wissenschaftlichen Namensgebung eine internationale zweiteilige Nomenklatur. Diese wurde Mitte des 18. Jahrhunderts, konkret mit der 10. Auflage von Carl von Linnés Systema Naturae von 1758, eingeführt. Jedes Taxon erhielt nun einen zweiteiligen Namen. Mit dem ersten Wort, das immer groß geschrieben wird, bezeichnete man die Gattung, also die Zugehörigkeit zu einer Gruppe ähnlicher Tiere. Und mit dem zweiten Wort, das immer klein geschrieben wird, bezeichnete man die Art. Diese Gattungs- und Artnamen mussten von nun an „wissenschaftlich“ definiert werden. Namen in den jeweiligen Landessprachen oder mit mehr als zwei Wörtern wurden nicht mehr als gültig akzeptiert. Außerdem musste ein Autor diese Nomenklatur in seinem gesamten Werk verwenden, wenn die Namen als verfügbar gelten sollten.

Die Einführung der Prioritätsregel: Nach einer Phase der Uneinigkeit und Unklarheit entschied man sich schließlich für die Einführung der sog. Prioritätsregel. Diese Regel besagt, dass bei der Namensgebung immer der früheste wissenschaftliche Name für ein bestimmtes Taxon zu verwenden ist. Das heißt, der Autor, der als erster einen wissenschaftlichen Namen für ein Taxon vergibt, der definiert durch diese Handlung, welchen Namen eine Art oder Unterart dauerhaft hat. Dabei muss er diese Art nicht selbst entdeckt, nicht als erster dargestellt und auch nicht am umfassendsten beschrieben haben. Er musste lediglich einen wissenschaftlich akzeptierten Namen für ein bestimmtes Taxon eindeutig zuerkennen. Dies konnte durch eine eigene Beschreibung oder Darstellung geschehen, ebenso aber auch durch einen Verweis auf eine bereits bestehende Darstellung oder Beschreibung, die jedoch ohne einen wissenschaftlichen Namen erfolgte. – Diese Regelung schaffte nun eine eindeutige Vorgehensweise in der wissenschaftlichen Beschreibung von Arten oder Unterarten.

Diese Prioritätsregel gilt auch dann, wenn ein fehlerhafter oder inhaltlich nicht zutreffender Name gewählt wurde. So wurde etwa der Saphirlori 1776 von P.L.S. Müller als „*Psittacus peruvianus*" beschrieben, obwohl er nicht aus Peru stammt, sondern auf pazifischen Inseln beheimatet ist. Zwar wurde die Art nur 12 Jahre später von Gmelin mit dem viel treffenderen Namen *Psittacus taitianus* beschrieben, trotzdem gilt der früheste, wenn auch inhaltlich falsche Name. (Die Begründung für diese Regelung kann man darin sehen, dass die Frage, wann ein Name falsch sei, durchaus kontrovers diskutiert werden könnte. Und um so mögliche Konflikte in der korrekten Namensgebung zu vermeiden, entschied man sich für das Datum der Erstbeschreibung.)

Anfängliche Probleme: In dieser Zeit wurden geschlechtsdimorphe Taxa auch noch unabhängig voneinander beschrieben. Wenn man z.B. nicht wusste, dass die Männchen und Weibchen einer Art unterschiedlich aussahen, wurden sie natürlich als unterschiedliche „Arten" beschrieben. So beschrieb Gmelin 1788 etwa das Männchen des Palmzierloris als *Psittacus palmarum* und das Weibchen als *Psittacus pygmaeus*. (Erst 1928 wurden beide Formen als Vertreter einer Art erkannt.) – Ebenso wurden verschiedene Morphen (variable Erscheinungsformen) als eigenständig beschrieben, wie etwa die schwarze Morphe des Papualoris, die man als „*Charmosyna atrata*" führte. – Selbst reine Farbvariationen wie etwa der Blauschenkellori (*Lorius tibialis*), der Liebliche Lori (*Lorius amabilis*) oder der Salvadoris Edelpapagei (*Tanygnathus heterurus*), die nur von einem einzigen Exemplar bekannt waren, erhielten einen eigenen Namen. – Ebenso gab es auch vollkommen fragwürdige Taxa, wie etwa manche Ara-Arten (*Anodorhynchus purpurascens, Ara erythrura, Ara erythrocephala* und *Ara martinica*), deren Existenz nie zweifelsfrei nachgewiesen werden konnte: Von keiner dieser in früher Zeit angeblich vorhandenen Arten konnte jemals ein Balg als sicherer Nachweis gesammelt werden.

Namens-Synopsen: Aufgrund all dieser Phänomene ergab sich die zwingende Notwendigkeit, die vorhandene Literatur gründlich zu sichten und die Spreu vom Weizen zu trennen. Fragwürdige Taxa mussten ausgemustert werden. Unklare Quellen mussten überprüft werden. Und man musste eindeutig klären, welche Namen für welche Papageienarten verwendet worden waren und ob möglicherweise der gleiche Name auch bei verschiedenen Arten zur Anwendung gekommen war. Ebenso musste man das Publikationsdatum jedes Namens eruieren, um zu klären, welche Namen Vorrang vor anderen Namen hatten. So wurden Listen der Synonyme für jedes Taxon aufgestellt und mit entsprechenden Quellenangaben versehen. Der Vergleich von Farbtafeln, von Quellentexten in verschiedenen Sprachen, die Klärung, ob ein Taxon sich wirklich eindeutig identifizieren ließ und der Vergleich von Beschreibungen von Männchen, Weibchen und Jungvögeln wurden notwendig. – Man kann sich vorstellen, dass das eine immense Arbeit war und von verschiedenen Autoren auch unterschiedlich qualifiziert bewältigt wurde. Doch so findet man in der Folgezeit immer wieder synoptische („zusammenschauende") Aufstellungen, die zur Findung korrekter wissenschaftlicher Namen unerlässlich wurden. Dabei sind die drei umfangreichsten und sehr gut recherchierten Namens-Synopsen der historischen Papageienliteratur wohl die Werke von Otto Finsch (1868), Tommaso Salvadori (1891) oder auch von James Lee Peters (1937).

Sucht man in moderner Literatur nach der besten Liste von Synonymen, so konnte man bis 2014 auf die Website www.WorldBirdInfo.net im Internet verweisen. Leider wurde sie nach dem Tod ihres Betreibers, John Penhallurick, vom Netz genommen und ist nicht mehr verfügbar. – Wer eine Synopse der heute als valide angesehenen Taxa mit Quellenangaben sucht, findet sie am ehesten unter www.zoonomen.net. Diese Website wird von dem Australier Alan Peterson betrieben und ständig aktualisiert.

Die dreiteilige Nomenklatur – die Beschreibung von Unterarten: Im Lauf der nächsten 100 Jahre zeigte sich, dass die Zahl der wissenschaftlichen Namen rapide anwuchs und die zweiteilige Nomenklatur dafür nicht mehr ausreichte: Immer mehr „Arten" wurden einer bestimmten Gattung zugeordnet, selbst wenn sie sich nur wenig voneinander unterschieden, und das Empfinden, dass es sich hierbei nicht um wirklich „gute Arten" handeln konnte, wurde immer stärker. So suchte man nach einer weiteren Differenzierungsstufe und entwickelte (etwa ab 1850) die dreiteilige Nomenklatur (Gattungs-, Art- und Unterartnamen). Das heißt man erklärte nun sehr ähnlich erscheinende Taxa nur noch als Unterarten einer Art und nicht länger als eigenständige Arten. So wurde das gesamte System nun wieder deutlich überschaubarer und logisch besser nachvollziehbar. – Dieser Schritt wurde damit zur Basis der heutigen Taxonomie: Gattung, Art und Unterart sind nach wie vor die entscheidenden Instrumente der Klassifizierung, die allgemein akzeptiert und angewendet werden. Zusätzlich entwickelten sich aber auch die Ebenen der höheren Taxonomie deutlich weiter: Jedes Taxon wird nun ebenfalls in einer Gattungsgruppe, Unterfamilie, Familie, Unterordnung, Ordnung etc. einsortiert.

Überblick über die weitere geschichtliche Entwicklung: In den letzten 250 Jahren war die Anzahl der Vogeltaxa (Gattungen, Arten und Unterarten) einem beständigen Wandel unterworfen: Kannte man um 1750 lediglich etwa 1.500 Formen, so wuchs ihre Zahl bis zum Jahr 1900 auf etwa 19.000 unterscheidbare Formen an. Als man dann begann, zwischen Arten und Unterarten zu unterscheiden, änderte sich das Bild wieder grundlegend. So kannte etwa Mayr 1946 nur noch 8.616 Arten, während sich die Zahl der Unterarten bei ihm auf etwa 28.500 steigerte. Seit diesem Zeitpunkt verzeichnen wir eine zwar langsame, aber doch stetige Zunahme der als eigenständig anerkannten Arten: Sibley & Monroe erkennen 1990 bereits 9.672 Arten an, also innerhalb von ca. 40 Jahren gut 1.000 Arten mehr. Und die Entwicklung ist nach wie vor nicht abgeschlossen. Gerade bei den Papageien zeigt sich in den letzten 50 Jahren eine deutliche Zunahme der Gattungen, da die Differenzierung auf dieser Ebene immer weiter voranschreitet.

Zusammenfassen oder spalten? Trotz dieser Entwicklung gibt es nach wie vor unterschiedliche Einschätzungen, was denn eine valide Gattung, Art oder Unterart sei. Man unterscheidet darum historisch zwischen den sogenannten „Spaltern" und „Zusammenfassern": Die Spalter haben die Neigung, alles was nur irgendwie ein bisschen anders aussieht, als eigenständiges Taxon zu benennen. Weltmeister darin war wohl der Australier Gregory M. Mathews (1876-1949), der die Zahl australischer Vögel von ca. 800 auf fast das Doppelte, nämlich etwa 1.500 erhöhte. Er war von der Idee der Substrukturierung so besessen, dass er selbst Tiere, die er nie im Leben zu Gesicht bekam, mit einem eigenen Namen versah. (So hat er beispielsweise eine Serie von Bälgen des Palmkakadus, die im Naturhistorischen Museum in Leiden aufbewahrt werden, als neue Unterart *Probosciger aterrimus oorti* beschrieben, ohne diese Bälge jemals gesehen oder untersucht zu haben.)

Vertreter der gegenteiligen Richtung sind dafür bekannt, dass sie soweit möglich alles, was nur annähernd ähnlich aussieht, zu einer Gruppe zusammenfassen. Infolgedessen bekommt man es mit deutlich größeren Formenkomplexen zu tun, die jedoch gleichzeitig an Aussagekraft verlieren. So hat etwa der US-Amerikaner James Lee Peters 1937 im dritten Band seiner „Check-list of Birds of the World" die Gattungen *Thectocercus, Guaruba, Psittacara, Aratinga, Gymnopsittacus* und *Eupsittula* begründungslos in der Gattung *Aratinga* zusammengefasst (was jahrzehntelang akzeptiert wurde), während nachfolgende Ornithologen beweisen mussten, warum dies keinen Sinn macht. Ein anderes Beispiel ist der Vorschlag, man könne aufgrund ihrer nahen Verwandtschaft alle Keilschwanz-, Moschus-, Grün-, Breitschwanz-, Gua- und Bergzierloris (Gattungen *Trichoglossus, Glossopsitta, Psitteuteles, Lorius, Neopsittacus* und *Oreopsittacus*) in eine einzige Gattung stellen. (in Low 1998, S.153). Ob das allerdings sinnvoll ist, sei dahingestellt.

Stammbaum: Nach den neuesten Einsichten (Joseph et al. 2012) verteilt sich die Ordnung Psittaciformes auf drei Superfamilien: Strigopoidea (die ältesten Papageien von Neuseeland: Eulen- und Nestorpapageien), Cacatuoidea (Kakaduartige) und Psittacoidea (alle übrigen Papageiartigen). Diese letzte Superfamilie verteilt sich wieder auf drei Familien: Vasapapageien und Borstenköpfe (Psittrichasidae), eigentliche Papageien (Psittacidae) und Edelpapageiartige (Psittaculidae). Die beiden letzteren wiederum bestehen aus verschiedenen Unterfamilien: Psittacidae aus den afrikanischen (Psittacinae) und amerikanischen (Arinae) Papageien. Und Psittaculidae besteht aus fünf weiteren Unterfamilien: Psittaculinae (Edelpapageien), Psittacellinae (Bindensittiche), Platycercinae (Plattschweifsittiche), Loriinae (Loris) und Agapornithinae (kleine Altwelt-Papageien). Aufgrund dieser neuen Erkenntnisse ist auch die Anzahl der Gattungen deutlich gestiegen: von früher ca. 80 auf heute 95 bis 100 Gattungen.

Die Entwicklung von Arten und Unterarten: Um besser zu verstehen, was in der Natur geschieht, ist es sicher gut, einmal darüber nachzudenken, wie biologische Organismen sich entwickeln. Es ist ja nicht so, dass von einem Tag auf den anderen eine neue Art oder Unterart entsteht, die in ihrem Erscheinungsbild signifikant von der ursprünglichen Population abweicht. Das ist sicherlich ein Prozess, der sehr lange andauern kann. Darum müssen wir auch davon ausgehen, dass es alle möglichen Zwischenschritte in der Entwicklung von Arten und Unterarten gibt.

Am Beispiel der Entwicklung der verschiedenen Laufsittich-Artigen (Cyanoramphini) lässt sich z.B. gut nachvollziehen, wie sich bei einer Sittichgruppe nach und nach komplexere Färbungs- und Merkmalsmuster entwickelt haben: Im Allgemeinen kann man davon ausgehen, dass die Stammformen einer Papageiengruppe meist schlicht grün gefärbt sind – wie etwa der Einfarb-Laufsittich (*Cyanoramphus unicolor*) – und zunächst noch keine spezifischen Farbmuster aufweisen. Im Laufe der Zeit entwickeln sich dann zunächst rote Merk-

Ziegensittiche (*Cyanoramphus novaezelandiae novaezelandiae*)

Hornsittich (*Eunymphicus cornutus*)

Maskensittich (*Prosopeia personata*)

male, z.B. an der Stirn oder am Scheitel, wie wir es beim Ziegensittich (*C. novaezelandiae*) und ähnlichen Arten sehen. Erst danach entstehen gelbe Zeichnungen, wie der gelbe Scheitel beim Springsittich (*C. auriceps*). Weitere Differenzierungen wie etwa die orangefarbene Stirn beim Alpensittich (*C. malherbi*) oder die schwarzbraune Färbung beim Braunkopf-Laufsittich (*C. ulietanus*) sind dann noch späteren Ursprungs. – All diese Veränderungen entwickelten sich innerhalb nur einer Gattung (*Cyanoramphus*), aber die Entwicklung kann noch weiter gehen, wie man es an den beiden nächstverwandten Gattungen *Eunymphicus* und *Prosopeia* sehen kann: Die Vögel werden nun immer größer, ihre Färbungsmuster immer komplexer (vgl. *E. cornutus* oder *P. personata*) und es entstehen auch auffällige Merkmale wie die verlängerten Kopffedern der Hornsittiche oder die sehr markanten Färbungen von Pompadour- und Glanzflügelsittich (*P. tabuensis* und *P. splendens*). – Wenn man sich diese Entwicklung anschaut, dann ist es wirklich auffällig und überraschend, wie vielfältig sich eine Sittichgruppe von schlichten Formen im Südpazifik bis zu sehr markanten Formen im Nordpazifik entwickeln kann.

Die taxonomische Bewertung: Wie man sieht, lassen sich bestimmte Entwicklungen in der Ausdifferenzierung von Papageien recht problemlos nachvollziehen. Wie aber sind diese vielen Entwicklungsschritte zu bewerten? Welche Schritte führen zur Bildung neuer Unterarten, Arten oder gar Gattungen? Diese Frage ist schon wesentlich schwieriger zu beantworten. Nehmen wir als Beispiel die verschiedenen Rosellas mit blauen Wangen: Auch hier lässt sich die Entwicklung der verschiedenen Formen recht problemlos nachvollziehen: So ist wohl der weitverbreitete Pennantsittich (*Platycercus elegans*) die ursprüngliche Form dieser Sittichgruppe. Von dieser rot gefärbten Stammform gibt es verschiedene unterschiedliche Formen wie die deutlich kleinere Unterart *P. e. nigrescens* oder die geographisch isolierte Unterart von Kangaroo-Island *P. e. melanopterus*. Diese wird man selbstverständlich als Unterarten von *P. elegans* ansprechen. Daneben gibt es aber auch deutlich anders gefärbte Formen wie den orangefarbenen Adelaidesittich („*adelaidae*") oder den gelben Strohsittich (*flaveolus*). Diese sind sicherlich erst später entstanden als die ursprüngliche rote Waldform: zu einer Zeit, in der auch trockenere Gebiete und Savannen besiedelt wurden. Denn in offenen und trockeneren Gebieten sind orange und gelb die besseren Tarnfarben, während im Wald die rote Farbe einen besseren Schutz bietet. Aber handelt es sich bei diesen auf den ersten Blick deutlich anders gefärbten Vögeln nun um eigenständige Arten oder bloss um Unterarten des Pennantsittichs? – In der Vergangenheit wurde diese Frage zumeist so beantwortet, dass Adelaidae- und Strohsittich aufgrund ihrer Färbung als eigenständige Arten bewertet wurden. In jüngerer Literatur dagegen werden beide Formen nur noch als Unterarten von *P. elegans* gewertet, da ein Übergang von rot zu orange und gelb genetisch nur ein sehr kleiner Schritt ist und darum keine Trennung auf Artniveau rechtfertigt. Außerdem stellte sich bei einer genetischen Untersuchung der Gruppe heraus, dass das Taxon *adelaidae* genetisch nicht einmal eigenständig ist, sondern eine Hybridpopulation zwischen den zwei Taxa *subadelaidae* und *fleurieuensis* darstellt. Im Norden mischt sich diese Hybirdpopulation zusätzlich mit der Unterart *subadelaidae*. – So komplex kann die Realität sein … .

Eine vergleichbare Fragestellung ergab sich auch bei den Taxa der (eigentlichen) Gattung *Aratinga*: Hier findet man Vögel, die weitestgehend grün gefärbt (*A. nenday*) sind und nur wenig Orangegelb besitzen (*A. auricapillus*), orangegelbe Vögel mit grünen Flügeln (*A. jandaya*) und überwiegend gelb gefärbte Vögel mit kaum Grün und nur wenig Orange (*A. maculata*) und mehr Orange (*A. solstitialis*). Zwischen *A. auricapillus* und *A. jandaya* gibt es sogar eine

Pennantsittich (*Platycercus elegans elegans*)

Der Adelaidesittich (früher *Platycercus e. adelaidae*) ist lediglich ein Vertreter einer Hybridpopulation.

Strohsittich (*Platycercus elegans flaveolus*)

Hybridzone. Auch hier kann man also die Entstehungsgeschichte problemlos nachverfolgen. Aber handelt es sich dabei nun um eigenständige Arten oder lediglich um verschiedene Unterarten einer einzigen Art? – Hier werden die Taxa zumeist als eigenständige Arten bewertet, obwohl auch die andere Sichtweise deutliche Argumente für sich hätte. Die Bewertung ist also nicht immer einfach und hat oft auch einen subjektiven Aspekt.

Verbreitungsmuster und taxonomische Bewertung: Während bei den beiden oben genannten Beispielen die Übergänge zwischen den einzelnen Taxa deutlich nachzuvollziehen sind, stehen wir aber manchmal auch vor Situationen, wo die Zwischenformen fehlen und wir nur noch mit Restformen oder Reliktpopulationen einer Papageiengruppe zu tun haben. Diese haben oft nur noch ein reduziertes und nicht mehr durchgängiges Verbreitungsgebiet, sodass die Verwandtschaftsverhältnisse nicht immer deutlich sind. Dies gilt z.B. für einige *Pyrrhura*-Arten, die isoliert, in kleinen Verbreitungsgebieten über gebirgige Teile im Süden Mittel- und im Norden Südamerikas verteilt sind wie etwa *P. hoffmanni, P. viridicata, P. rhodocephala, P. calliptera, P. egregia*, und *P. hoematotis*. Diese Arten haben ein deutlich unterschiedliches Aussehen und als einziges gemeinsames Merkmal noch rötlich braune Ohrdecken. – Verständlicherweise werden solche getrennt voneinander vorkommenden Taxa alle als eigenständige Arten behandelt, obwohl auch bei ihnen ein gemeinsamer Ursprung anzunehmen ist.

Kleiner Santaremsittich
(*Pyrrhura amazonum microtera*)

Rio-Madeira-Sittich
(*Pyrrhura pallescens pallescens*)

Obwohl sich beide Taxa morphologisch deutlich unterscheiden, ist keine genetische Trennung gegeben.

Wieder ein anderes Muster finden wir bei einer weiteren Gruppe von Rotschwanzsittichen (*Pyrrhura* spec.), dem sog. *picta-leucotis*-Komplex. Hierbei handelt es sich um Taxa, die früher allesamt auf lediglich zwei Arten (*P. picta* und *P. leucotis*) verteilt wurden, heute aber vielfach als eigenständige Arten gelten. Auffällig bei diesen Formen ist, dass sie lange nur grob zusammengefasst wurden, weil Färbungs- und Verbreitungsmuster einfach unklar waren. Erst die genaueren Untersuchungen seit der Jahrtausendwende haben mehr Licht ins Dunkel gebracht und bei vielen Taxa nachgewiesen, dass sie jeweils auf ein bestimmtes Fluss-System begrenzt sind und sich nicht mit Vögeln anderer Fluss-Systeme vermischen. Zwei dieser Taxa (*Pyrrhura amazonum* und *P. pallescens*) lassen sich allerdings nicht genetisch abgrenzen. Man geht nun davon aus, dass es sich trotzdem um verschiedene eigenständige Arten handelt. Aber auch hier sind die Argumente dafür nicht über jeden Zweifel erhaben.

Eindeutige und uneindeutige Taxa: Nun hätten wir gerne ein eindeutiges System, nach dem wir die verschiedenen Taxa zweifelsfrei zuordnen können. Es muss doch möglich sein, zu entscheiden, wann etwas eine Art, Unterart oder lediglich eine Variation zu nennen ist. So einfach ist die Situation allerdings nicht: Manche Taxa lassen sich zweifelsfrei bestimmen. Sie sind in der Regel einigermaßen homogen und anhand einer Skala objektiver Kriterien lassen sie sich eindeutig identifizieren und bewerten. Andere Taxa dagegen sind nicht eindeutig. Solche Taxa, wie z.B. das Emin-Grünköpfchen (*Agapornis swindernianus emini*) werden in der Literatur wiederholt als „fragliche Taxa" beschrieben, von denen offenbar niemand weiß, ob sie nun wirklich valide (gültig) sind. – Wenn man solche Taxa anhand von Balgmaterial untersucht, stellt man fest, dass die Realität genau so ist: Es sind Taxa, die durchaus eine gewisse Realität haben (wenn man sie z.B. in größeren Zahlen miteinander vergleicht), die aber leider nicht so eindeutig sind wie andere Taxa. Diese Taxa sind oft „Unterarten in Entwicklung": Man kann sehen, dass es hier einen Trend zu einer unterschiedlicher Ausprägung gibt. Aber diese Entwicklung ist oft noch nicht lange erkennbar. Die Ausdifferenzierung hat sich nicht vollständig durchgesetzt, sodass die Gültigkeit des Taxons je nach Autor immer wieder infrage gestellt wird.

Emin-Grünköpfchen
(*Agapornis swindernianus emini*)

Züchter erleben immer wieder, dass nicht alle Jungen eines Geleges identisch aussehen. Es gibt größere, kleinere, intensiver und weniger intensiv gefärbte Jungvögel. Die Selektion, die Züchter aufgrund dieses Umstandes vornehmen, ist praktisch so etwas wie ein „künstliches Arbeiten" an neuen Unterarten. In der Natur läuft dieser Vorgang oft ähnlich ab. Allerdings sind die Kriterien hier andere als bei der menschlichen Selektion. Hier setzen sich nicht immer größere oder intensiver gefärbte Vögel durch. In einem trockenen, wüstenähnlichem Gebiet kann es z.B. so sein, dass gerade die farbloseren Exemplare einen Vorteil haben, weil sie hier weniger auffallen und damit besser vor Beutegreifern geschützt sind. So entstehen Unterarten, die wir oft als „blass" bezeichnen wie etwa der Blasse Gelbsteißsittich (*Northiella haematogaster pallescens*), der Blasse Rotbauchpapagei (*Poicephalus rufiventris pallidus*) oder der Blasse Schönlori (*Hypocharmosyna placentis pallidior*).

Andere Unterarten entstehen dadurch, dass eine bestimmte Variation sich in einem Teilgebiet durchsetzen kann und so das unterscheidende Merkmal einer bestimmten Population bildet. Dies ist z.B. beim Paraguay-Braunohrsittich (*Pyrrhura frontalis chiripepe*) der Fall, der sich lediglich durch eine olivegelbliche (anstatt rötliche) Färbung der oberseitigen Schwanzfederspitzen von der Nominatform, dem Brasilien-Braunohrsittich, unterscheidet. – Ein vergleichbares Phänomen finden wir auch beim Rotbauch-Mohrenkopfpapagei (*Poicephalus senegalus versteri*), der sich von der gelbbäuchigen Nominatform lediglich durch einen stark orangeroten Bauch unterscheidet.

Zwischen den beiden letztgenannten Arten und Unterarten findet sich nun ein größeres Übergangsgebiet, wo beide Arten eine Vermischung der Unterartmerkmale aufweisen: So gibt es zwischen Paraguay-Braunohrsittich (*P. f. chiripepe*) und Brasilien-Braunohrsittich (*P. f. frontalis*) ein Gebiet, in dem die Vögel einen mehr oder weniger grün-rot-olivegelben Schwanz haben. Und neben den Verbreitungsgebieten von Rotbauch-Mohrenkopfpapagei (*P. senegalus versteri*) und dem gelbbäuchigen Mohrenkopfpapagei (*P. s. senegalus*) gibt es auch größere Gebiete, wo die Vögel einen gelborange-farbenen Bauch haben. – Handelt es sich dabei nun schon um Unterarten oder lediglich um Übergangspopulationen, die keinen eigenständigen Charakter haben und demnach auch nicht als Unterart geführt werden sollten? – Auch hier gehen die Meinungen unter den Ornithologen auseinander: Manche Taxonomen billigen diesen Formen Unterart-Status zu und führen darum auch den den Orangebauch-Mohrenkopfpapagei (*P. s. mesotypus*), der anhand von Vögeln aus dem Mischgebiet beschrieben wurde, andere verweigern die Anerkennung solcher Unterarten, wenn nicht gesichert ist, dass sie auch genetisch eigenständig sind.

Rotbauch-Mohrenkopfpapagei (*Poicephalus senegalus versteri*)

Auffällige Phänomene in der Systematik

Wer sich mit Fragen der Systematik befasst, dem werden verschiedene Phänomene auffallen, die offensichtlich typisch sind für die Systematik und die in völlig unterschiedlichen Zusammenhängen immer wieder auftauchen. Im Folgenden sollen einige der wichtigsten Phänomene der Systematik aufgeführt werden.

Sammelgattungen: In der grundlegenden Erarbeitung einer Systematik wurden logischerweise zunächst ähnliche Arten zusammengelegt. Das waren dann Gruppen wie die Kakadus, Loris, Edelpapageien, Plattschweifsittiche, Keilschwanzsittiche, Aras oder Amazonen. Diese Gruppen wurden zunächst alle in einer Gattung zusammengefasst und erhielten dann den jeweils entsprechenden Gattungsnamen (*Cacatua*, *Lorius* / *Trichoglossus*, *Eclectus*, *Platycercus*, *Aratinga* / *Pyrrhura*, *Ara* oder *Amazona*). Doch im Laufe der

Zeit stellte man fest, dass diese Gattungen nicht wirklich homogen sind. Und die „Sammelgattung“ wurde dann auf verschiedene, deutlich homogenere Gattungen aufgeteilt (ein Prozess, der in den letzten Jahrzehnten immer mehr zugenommen hat.) So spalten sich die oben genannten Gattungen etwa auf in:

- *Cacatua*: *Eolophus, Lophochroa, Cacatua, Licmetis.*
- *Lorius / Trichoglossus*: *Lorius, Eos, Trichoglossus, Chalcopsitta, Pseudeos, Cardeos.*
- *Eclectus*: *Psittinus, Geoffroyus, Tanygnathus, Eclectus.*
- *Platycercus*: *Barnardius, Purpureicephalus, Platycercus, Psephotus, Northiella, Psephotellus, Clarkona.*
- *Aratinga / Pyrrhura*: *Guaruba, Thectocercus, Psittacara, Aratinga, Eupsittula, Gymnopsittacus, Pyrrhura.*
- *Ara*: *Anodorhynchus, Cyanopsitta, Ara, Primolius, Orthopsittaca, Diopsittaca.*
- *Amazona*: *Alipiopsitta, Amazona.*

Dabei ist auffällig, dass die meisten Sammelgattungen sich sehr stark differenzieren, andere dagegen nur sehr wenig (*Amazona, Pyrrhura*). In der Praxis war es dann meist so, dass zunächst nur eine Art – und dann meistens die am stärksten abweichende – in eine eigene Gattung gestellt wurde (so z. B. der kleine Hahns Zwergara in die Gattung *Diopsittaca*, der Goldsittich in die Gattung *Guaruba* und der Rosakakadu in die Gattung *Eolophus*.) Erst später wurde dann akzeptiert, dass es noch mehr signifikante Unterschiede gibt und es um noch mehr eigenständige Gattungen geht. So sind beispielsweise die letzten der oben genannten Gattungen (*Licmetis, Cardeos, Clarkona*) immer noch umstritten.

Sammelarten: Neben den Sammelgattungen gab es auch noch mehrere Sammelarten, die in den neueren Systematiken nach und nach aufgeteilt werden. Dies gilt besonders für den Blaustirn-Rotschwanzsittich (*Pyrrhura picta*) und den Weißohrsittich (*P. leucotis*), die in früheren Systematiken als zwei Arten mit mindestens 14 Unterarten geführt wurden. Heute wissen wir, dass in diesen beiden Arten früher die jüngste Gruppe der Rotschwanzsittiche zusammengefasst wurden und es bei ihnen noch wesentlich mehr Unterarten und Arten gibt. Ähnliches gilt für den Allfarblori (*Trichoglossus haematodus*), dem man früher über 20 Unterarten zusprach und der mittlerweile in mindestens 7 verschiedenen Arten geführt wird. – Bei zwei anderen Arten ist diese Frage dagegen noch nicht untersucht worden: so beim Rotkopfpapagei (*Geoffroyus geoffroyi*) oder beim St. Thomas- oder Braunwangensittich (*Eupsittula pertinax*). Hier sind noch weitere genetische Untersuchungen erforderlich, um definitive Aussagen machen zu können.

Gattungen mit einem frühen Abzweig: Es gibt außerdem bei verschiedenen Papageiengruppen ein interessantes Phänomen, dass sich eine einzelne Art recht früh von einer größeren Gruppe mit anderen Arten abspaltet. Dies ist bislang bekannt bei den Grassittichen der Gattung *Neophema*, bei denen sich der Bourkesittich (*Neopsephotus bourkii*) recht früh von der Gruppe getrennt hat. Auch bei den kleinen Loris der Gattung *Vini* gibt es mit dem Einsiedlerlori (*Phigys solitarius*) eine Art, die sehr ähnlich aussieht und trotzdem früher und eigenständiger ist als die übrigen Arten. Auch die grünen Keilschwanzsittiche (*Psittacara* spec.) haben mit dem Spitzschwanzsittich (*Thectocercus acuticaudatus*) einen älteren Vorläufer. Und Ähnliches gilt bei den Rotschwanzsittichen (*Pyrrhura* spec.) für den Blaulatzsittich (*Pyrrhura cruentata*), der als älteste Form wohl in eine eigene Gattung gestellt werden müsste.

Nacktaugenkakadu (*Licmetis sanguinea sanguinea*) – Dieser Kakadu wurde früher in der Gattung *Cacatua* geführt.

Rotkopfpapagei (*Geoffroyi geoffroyi geoffroyi*) – bei dieser Art ist noch nicht untersucht worden, ob einzelne oder Gruppen von Unterarten als eigenständige Spezies abgetrennt werden müssten.

Zentrum- und Randformen: Ein anderes interessantes Phänomen betrifft die Unterschiede zwischen Formen, die im Zentrum und an den Rändern des Verbreitungsgebietes vorkommen. So finden wir bei den Breitschwanzloris (*Lorius* spec.) an den Rändern drei Arten, die sich sehr stark ähneln: den Erzlori (*L. domicella*) von den südlichen Molukken, den Weißnackenlori (*L. albidinucha*) vom Bismarck-Archipel und den Grünschwanzlori (*L. chlorocercus*) von den Salomonen, während im Zentrum die verschiedenen Unterarten des Frauenloris (*L. lory*) zu finden sind. Letztere scheint darum eine Art zu sein, die später entstanden ist, sich aber deutlich gegen die älteren Arten hat durchsetzen können, die dadurch an die Ränder verdrängt wurden.

Ein ähnliches Phänomen finden wir bei den gelbgrünen und bunten Keilschwanzloris (Untergattungen *Eutelipsitta* und *Trichoglossus*): Hier sind die kleineren und älteren gelbgrünen Loris im Laufe der Zeit von den größeren und bunteren *Trichoglossus*-Arten an die Ränder des Verbreitungsgebietes verdrängt worden. Darum sind die *Eutelipsitta*-Arten nur noch im Norden (Philippinen, Sulawesi und Sula-Inseln) oder in Nischen und auf vereinzelten Inseln zu finden. Die größeren *Trichoglossus*-Arten dagegen haben sich innerhalb relativ kurzer Zeit über ein riesiges Verbreitungsgebiet ausbreiten können und stellen damit offensichtlich ein „Erfolgsmodell" unter den Loris dar.

Ein drittes Beispiel betrifft die Weißschnabel- bzw. Schwarzschnabel-Kakadus (heutige Gattungen *Licmetis* und *Cacatua*): Während die kleinere Corella-Gruppe (Nacktaugen- und Goffinkakadu und Verwandte) nur auf den Philippinen, den Salomonen, Australien und im Norden Neuguineas vorkommt, sind die größeren *Cacatua*-Arten in der Inselwelt von Indonesien, Neu-Guinea und Australien weit verbreitet.

Kleine und große Arten: Ein anderes interessantes Phänomen ist, dass es von verschiedenen Papageienarten jeweils eine kleine und eine große Version gibt. Dies betrifft zum Beispiel den Kleinen und Großen Gelbhaubenkakadu (*Cacatua sulphurea* und *Cacatua galerita*), den Kleinen und Großen Vasapapagei (*Coracopsis nigra* und *Coracopsis vasa*), den Kleinen und Großen Halsband- bzw. Alexandersittich (*Alexandrinus manillensis* und *Palaeornis eupatria*), die kleine und große Version des Hyazintharas (*Anodorhynchus leari* und *Anodorhynchus hyacinthinus*) oder den Kleinen und Großen Soldatenara (*Ara militaris* und *Ara ambiguus*). – Etwas weniger deutlich zeigt sich dieses Phänomen auch auf Unterart-Niveau. Beispiele dafür sind der kleine und der große Königssittich (*Alisterus scapularis minor* und *Alisterus scapularis scapularis*), der kleine und der große Pennantsittich (*Platycercus elegans nigrescens* und *Platycercus elegans elegans*), der kleine und der große Smaragdsittich (*Enicognathus ferrugineus minor* und *Enicognathus ferrugineus ferrugineus*) und die kleine und die große Weißstirnamazone (*Amazona albifrons nana* und *Amazona albifrons albifrons*).

Warum das so ist, ist nicht immer klar erkennbar. Manchmal hängt es damit zusammen, dass kleine und große Arten unterschiedliche ökologische Nischen bewohnen, sodass sie nebeneinander existieren können (z.B. bei den Vasapapageien). Es kann auch mit der sogenannten „Regel von Bergmann" zusammenhängen, die besagt, dass Arten in einem bestimmten Gebiet größer werden, wenn es dort kälter ist, und dass sie kleiner werden, wenn es wärmer ist, da ein großer Körper nicht so schnell abkühlt wie ein kleiner. Das könnte erklären, warum Unterarten aus dem tropischen und subtropischen Norden Australiens oft kleiner sind als die weiter südlich vorkommenden Unterarten (wie es etwa beim Pennantsittich und beim Königssittich der Fall ist).

Gelbwangenkakadu (*Cacatua sulphurea sulphurea*) – es ist die kleinste Art innerhalb der Gattung.

Hyazinthara (*Anodorhynchus hyacinthinus*) – es ist die größte Papageienart.

Lear-Ara (*Anodorhynchus leari*) – es ist eine kleinere Version des Hyazintharas.

Ein dritter Grund kann darin bestehen, dass es auf einer Insel effizienter ist, wenn ein Vogel größer ist, weil er dann nicht so leicht von einem starken Wind oder Orkan weggeweht werden kann. Dies fällt z.B. bei den Unterarten der Rosenbrustbartsittiche (*Psittacula alexandri* und *Psittacula fasciata*) oder der Langschwanzsittiche (*Belocercus-longicauda*-Gruppe) auf, wo die Unterarten von kleineren Inseln allesamt größer sind als die Unterarten vom Festland. Aber manchmal sind die Gründe für diese Unterschiede auch einfach noch nicht klar.

Ornithologische Fachausdrücke

Allopatrische Arten: Arten, die durch Separation (geographische Abtrennung) entstanden sind, also nicht im gleichen Verbreitungsgebiet mit nahe verwandten Arten vorkommen; (allos = anderer/anderes, patria = Vaterland). Beispiel: Die meisten Taxa des *Pyrrhura-picta-leucotis*-Komplexes bewohnen jeweils das Einzugsgebiet eines Flusssystems, das in den Amazonas mündet. Sie sind also allopatrisch verbreitet, da sie sich in der Natur nicht begegnen oder fortpflanzen können und nie zwei Arten dieses Komplexes im gleichen Verbreitungsgebiet (Flusssystem) vorkommen.

Allotypus: Paratypus zu einem definierten Holotypus, der aber ein abweichendes Geschlecht besitzt (allos = anders, typos = Gestalt). Beispiel: Schodde, Saunders & Homberger benannten 1988 ein adultes Weibchen als Holotypus von *Calyptorhynchus banksii graptogyne*. Außerdem benannten sie vier weitere Typus-Exemplare als Paratypen, die allerdings nicht allesamt Weibchen sind. Die wichtigen Merkmale dieser Unterart erkennt man jedoch hauptsächlich an der Färbung der Weibchen, nicht der Männchen. Insofern sind in diesem Sonderfall auch die Männchen als Allotypen anzusprechen, deren Zuordnung sonst (nahezu) nur aufgrund der Ortsangaben möglich ist.

Art: (lat.: species, abgekürzt spec. oder sp.) Grundeinheit der Systematik. Eine Gruppe von Tieren, die wesentliche gemeinsame Merkmale teilen und in der Regel eine Fortpflanzungsgemeinschaft bilden. Eine Art kann jedoch unterschiedliche Erscheinungsformen (Unterarten, Morphen und Variationen) ausbilden, wobei die grundlegenden Gemeinsamkeiten erhalten bleiben. Beispiel: Der Goldbugpapagei (*Poicephalus meyeri*) kommt weitverbreitet in Afrika vor. Allen Exemplaren ist gemeinsam, dass sie (blau)grün und schwarzbraun gefärbt sind und darüber hinaus gelbe Federregionen besitzen. Die Aufteilung dieser Farben und die farbliche Schattierung geben an, zu welcher Unterart ein Exemplar gehört. Darüber hinaus gibt es individuelle Variation, sodass die Zuordnung zur Art relativ leicht möglich ist (während die genaue Bestimmung der Unterart oft nicht ganz einfach ist).

Bergmannsche Regel: Vögel in kälteren Regionen sind in der Regel größer, in wärmeren Regionen dagegen kleiner (Begründung: aufgrund des größeren Volumens im Verhältnis zur Körperoberfläche haben größere Tiere einen geringeren Wärmeverlust). Beispiel: Der Gelbbauchsittich (*Platycercus caledonicus*) kommt mit 37 cm Körpergröße auf Tasmanien, dem südlichsten und zugleich kältesten Verbreitungsgebiet der Plattschweifsittiche vor. Die meisten weiter nördlich vorkommenden Arten erreichen dagegen nur eine Körpergröße von 26 bis 33 cm.

Biogeographie: Forschungsrichtung, die Biologie und Geographie miteinander verbindet. Sie untersucht Zusammenhänge zwischen heutiger Verbreitung und erdgeschichtlicher Entwicklung, zwischen Umweltbeziehungen und räumlichen Mustern von Vogelpopulationen. Beispiel: Rosenbrustbartsittiche (*Psittacula alexandri*) und ihre nächsten Verwandten, die Indochina-Bartsittiche (*Psittacula fasciata*), kommen weit verbreitet in Südostasien vor: von Indien im Nordwesten bis Java im Südosten. Zwischen den Verbreitungsgebieten der Taxa liegt jedoch in Malaysia sowie auf Sumatra und Kalimantan das Verbreitungsgebiet der Langschwanz-Edelsittiche (*Belocercus longicauda*). Diese geographische Anordnung gibt also Hinweise über die Verwandtschaft der entsprechenden Taxa.

Biotop: Lebensraum einer bestimmten Lebensgemeinschaft in einem Gebiet (bios = Leben, topos = Ort). Beispiel: Savannen, Regen-, Mangroven- oder Bergwälder sind unterschiedliche Lebensräume, die unterschiedliche Vogelarten beherbergen.

BLI: „BirdLife International" ist eine internationale Organisation zum Schutz von Vögeln, ihrer Lebensräume und der weltweiten Erhaltung der Artenvielfalt. Ihr gehören über 115 nationale Organisationen an, die sich um den Schutz und die Erhaltung seltener Arten kümmern.

BNA: Das Bundesamt für Naturschutz ist die deutsche Vollzugsbehörde für die Umsetzung des Washingtoner Artenschutzübereinkommens (WA=CITES) in der Bundesrepublik Deutschland.

CITES: wörtlich „Convention on International Trade in Endangered Species of Wild Fauna and Flora", deutsch „Übereinkommen über den internationalen Handel mit gefährdeten Arten freilebender Tiere und Pflanzen", auch Washingtoner Artenschutzübereinkommen (WA) genannt; es ist eine 1973 in Washington begründete internationale Konvention von 183 Ländern, die den nachhaltigen, internationalen Handel mit gelisteten Tieren und Pflanzen gewährleisten soll.

Endemisch: Taxon, das nur in einem bestimmten Gebiet vorkommt oder auf ein bestimmtes Land begrenzt ist. Beispiel: Die Sangihe-Talaud-Inseln liegen weit entfernt von den Philippinen im Norden sowie Sulawesi und Halmahera im Süden. Aufgrund dieser isolierten Lage haben sich dort viele endemische Taxa bilden können, die nur auf diesen Inseln vorkommen, wie z.B. der Diademlori (*Eos histrio*).

Eos histrio ist eine endemische Art von den Sangihe-Talaud-Inseln.

Gattung: Gruppe von Lebewesen, die wesentliche Merkmale teilen, sich aber auf Artniveau deutlich voneinander unterscheiden. Beispiel: Agaporniden (*Agapornis* spec.) haben alle einen ähnlichen Körperbau, unterscheiden sich allerdings in Größe und Färbung deutlich voneinander.

Genotyp: genetisches Erscheinungsbild, genetische Struktur – im Gegensatz zum Phänotyp, dem äußeren Erscheinungsbild (genetica = Vererbungslehre, typos = Gestalt). Beispiel: Der Nördliche Hellrote Ara (*Ara macao cyanopterus*) kommt in isolierten Populationen in Mittelamerika vor. Diese basieren auf verschiedenen Genotypen, sind also genetisch sehr unterschiedlich. Die südamerikanischen Populationen des hellroten Aras dagegen sind sehr homogen und genotypisch nicht so stark voneinander unterschieden.

Geschlechtsdimorphismus: Phänomen der Unterschiedlichkeit zwischen Männchen und Weibchen einer Art, die sich nicht nur auf die Geschlechtsorgane beziehen, sondern auch auf sekundäre Geschlechtsmerkmale wie Körperbau und Färbung (di = zwei, morphae = Gestalt). Beispiel: Die Männchen des Rotachselpapageis (*Psittinus cyanurus*) sind mit ihren Blau-, Schwarz- und Rottönen deutlich auffallender gefärbt als die Weibchen. Diese sind vorwiegend grün und braun gefärbt und aufgrund dieser schlichten Färbung während der Brut deutlich besser getarnt.

Psittinus cyanurus zeigt einen deutlichen Geschlechtsdimorphismus.

Glogersche Regel: Vögel in Gebieten mit höherer Luftfeuchtigkeit sind dunkler gefärbt, in trockeneren Gebieten heller gefärbt. Beispiel: Pennantsittiche (*Platycercus elegans elegans*) aus Wäldern mit hoher Luftfeuchte sind dunkelrot gefärbt, Strohsittiche (*P. e. flaveolus*) aus offeneren, mehr trockenen Landschaften dagegen blassgelb.

Habitat: bestimmter, typischer Lebensraum einer Art oder Unterart (habitare = wohnen). Beispiel: siehe Biotop.

heterogen: nicht organisch zusammengehörend, sondern aus verschiedenen, verwandtschaftlich unterschiedlichen Taxa zusammengesetzt (heteros = andersartig, unterschiedlich, genesis = Entstehung). Beispiel: Die frühere Gattung *Aratinga* (südamerikanische Keilschwanzsittiche) vereinigte sehr unterschiedliche Arten, die teilweise sehr schlicht, teilweise sehr farbenfroh gefärbt sind. Genetische Untersuchungen wiesen nach, dass es sich wirklich um eine heterogene Gattung handelte, die darum auf verschiedene homogene Gruppen resp. Gattungen (*Guaruba*, *Thectocercus*, *Psittacara*, *Aratinga*, *Eupsittula*, bei manchen Autoren auch *Gymnopsittacus*) verteilt wurde.

Holotypus: einzelnes, namensgebendes Exemplar einer neuen Art oder Unterart, auf das sich die Erstbeschreibung des Taxons bezieht. (holos = ganz, allein, typos = Gestalt). Beispiel: Ridgley und Robbins beschrieben 1988 den El-Oro-Sittich (*Pyrrhura orcesi*) neu und benannten lediglich ein Exemplar als Holotypus (ANSP 177523), obwohl sie in diesem Museum elf El-Oro-Sittiche untersucht hatten.

homogen: organisch zusammengehörend, weil deutlich miteinander verwandt und auf einen gemeinsamen Ursprung zurückgehend (homos = gleich, genesis = Entstehung). Beispiel: siehe heterogen.

IUCN: wörtlich „International Union for the Conservation of Nature", deutsch „Internationale Vereinigung zum Schutz der Natur". Vereinigung, die aus 1.400 sowohl Regierungs- wie Nichtregierungs-Organisationen besteht und von über 18.000 Experten getragen wird.

Klade: Gruppe genetisch miteinander verwandter Taxa, die auf einen gemeinsamen Ursprung bzw. einen gemeinsamen Vorfahren zurückgehen (klados = Zweig). Ist dies der Fall, so spricht man auch von monophyletischer Abstammung (monos = einzeln, phylos = Stamm). Beispiel: Die australischen Grassittiche bilden eine Klade aus 7 Arten, von denen 1 Art einer eigenen Gattung angehört (*Neopsephotus bourkii*), während alle übrigen der Gattung *Neophema* zugeordnet werden, die sich aber wieder in zwei Untergattungen, *Neonanodes* und *Neophema*, aufteilt. Diese Klade hat demnach drei verschiedene Ebenen von Verwandtschaftsbeziehungen.

Konvergenz: Phänomen der äußeren (phänotypischen) Ähnlichkeit bestimmter Merkmale, die aber keine verwandtschaftliche (genotypische) Verbindung darstellt (con = zusammen, vergere = sich hinwenden). Beispiel: Langschnabelkakadu (*Licmetis tenuirostris*) und Langschnabelsittich (*Enicognathus leptorhynchus*) besitzen einen verlängerten Oberschnabel. Dieser sagt allerdings nichts über ihre Verwandtschaft aus, sondern basiert auf einer ähnlichen (konvergenten) Form der Nahrungssuche (Wühlen im Boden).

Lectotypus: ein im Gegensatz zum Holotypus erst nachträglich festgelegtes Typus-Exemplar einer Typus-Serie. Weitere Exemplare der Serie werden als Paralectotypen bezeichnet. (lektos = ausgelesen, ausgewählt, typos = Gestalt).

Morphe: äußerlich, im Gegensatz zur Variation konstant vorkommendes, klar unterscheidbares Erscheinungsbild einer Art oder Unterart, das jedoch nicht genetisch eigenständig ist. Beispiel: Der Weißbürzellori (*Pseudeos fuscata*) bildet nur eine Art, ohne Unterarten, kommt aber in drei Morphen (rot, orange und gelb) vor.

Die verlängerten Schnäbel des australischen *Licmetis tenuirostris* (oben) und des südamerikanischen *Enicognathus leptorhynchus* (unten) basieren auf einer ähnlichen (konvergenten) Form der Nahrungssuche

Neotypus: ein neuer, von einem Taxonomen festgelegter Typus, wenn in der Vergangenheit kein Typus festgelegt wurde oder dieser nicht mehr aufzufinden ist (neo = neu, typos = Gestalt).

Nomenklatur: Sammlung von Fachausdrücken, die bei der Namensgebung in einem bestimmten, wissenschaftlichen Bereich verwendet werden (nomenclatura = Namensverzeichnis).

Nominatform: (auch nominotypisches Taxon) bei einer Art mit mehreren Unterarten die früheste, wissenschaftlich beschriebene Form, die darum den bezeichnenden Namen (nomen) für die gesamte Art trägt. Beispiel: Die Nominatform der verschiedenen Unterarten des Gelbwangenkakadus wird als *Cacatua sulphurea sulphurea* beschrieben; der Orangehaubenkakadu dagegen als zugehörige Unterart als *Cacatua sulphurea citrinocristata*.

Ökosystem: Lebensgemeinschaft von Organismen mehrerer Arten und ihrer unbelebten Umwelt, die man als Lebensraum, Habitat oder Biotop bezeichnet (oikos = Haus, systema = das Zusammengestellte, miteinander Verbundene). Beispiel: siehe Biotop.

Paralectotypus: Alle Typen einer Serie der ursprünglichen Erstbeschreibung, soweit sie nicht Lectotypus sind (para = neben, lektos = ausgelesen, ausgewählt, typos = Gestalt).

Parapatrische Arten: Arten, die sich aufgrund von Veränderungen der Umweltbedingungen genetisch so stark verändert haben, dass sie sich nicht mehr miteinander verpaaren. Ihre Verbreitungsgebiete können aneinander grenzen, ohne dass sich die Arten vermischen. Beispiel: Das Verbreitungsgebiet von Rüppell-Papagei (*Poicephalus rueppellii*) und Goldbugpapagei (*P. meyeri*) grenzt in Nordost-Namibia aneinander, ohne dass sich die Arten miteinander vermischen. Ihre Verbreitung ist parapatrisch. – Das gilt auch für alle weiteren kleineren Arten der Langflügelpapageien. Sie vertreten einander in unterschiedlichen Regionen: *P. senegalus* in West-, *P. crassus* in Zentral-, *P. rufiventris* in Nordost- und *P. cryptoxanthus* in Südostafrika.

Paratypus: als Paratypen bezeichnet man zusätzlich zu einem Holotypus aufgeführte Exemplare einer Typusserie, die eventuell nicht alle Merkmale des Holotypus dokumentieren wie z.B. Weibchen oder Jungvögel, die schlichter als der Holotypus gefärbt sind (para = neben, typos = Gestalt). Beispiel: Der Holotypus der Unterart *mariettae* des Rüppells Papagei ist ein Weibchen, die beiden Paratypen sind ein Männchen und ein Jungvogel vom gleichen Herkunftsort.

Phänotyp: äußeres Erscheinungsbild – im Gegensatz zum Genotyp, dem genetischen Erscheinungsbild (phainos = äußere Erscheinung, typos = Gestalt). Beispiel: Der Blauwangenrosella (*Platycercus adscitus*) kommt in verschiedenen Phänotypen vor, bei denen die Farbverteilung von Gelb, Blau und Weiß stark variieren kann. Genotypisch unterscheiden sich diese Formen jedoch kaum, sodass eine Beschreibung von genetisch eigenständigen Unterarten praktisch unmöglich ist, zumal verschiedene Phänotypen im gleichen Verbreitungsgebiet vorkommen können.

Platycercus adscitus kommt in verschiedenen Phänotypen vor, bei denen die Farbverteilung von Gelb, Blau und Weiß stark variieren kann.

Phylogenie: Stammesgeschichte, stammesgeschichtliche Entwicklung aller Lebewesen oder bestimmter Verwandtschaftsgruppen (phylos = Stamm, genesis = Entstehung).

Primärwald: ursprünglicher, nicht von Menschenhand veränderter Wald.

Prioritätsregel: Regelung des Vorrangs bei der wissenschaftlichen Namensgebung. Grundsätzlich gilt immer, dass der früheste wissenschaftliche Name für ein bestimmtes Taxon zu verwenden ist, selbst wenn dieser Name inhaltlich nicht zutreffend ist. Beispiel: Der wissenschaftliche Name *Trichoglossus moluccanus* für den Gebirgslori muss verwendet werden, obwohl die Art nicht auf den Molukken, sondern in Australien vorkommt. Dies gilt auch, wenn ein treffenderer Name wie z.B. *novaehollandiae* (neuholländisch = alt für „australisch“) existiert.

Reliktpopulation: Gruppe von Tieren, die als Überbleibsel („Relikt“) einer geographisch im Umfeld bereits nicht mehr vorkommenden Art oder Unterart vorkommt. Beispiel: Der Braunkopfkakadu (*Calyptorhynchus lathami*) kommt in Ostaustralien in zwei Unterarten vor. Es existiert jedoch noch eine Reliktpopulation auf der Känguruh-Insel im Süden Australiens, *C. l. halmaturinus*, die über eine riesige Entfernung getrennt von der Hauptpopulation vorkommt.

Schwestertaxon: Zwei Taxa, die füreinander die nächsten Verwandten sind, also unmittelbar von einem gemeinsamen Vorfahren abstammen. Beispiel: Kurzschwanz- (*Graydidascalus brachyurus*) und Gelbbauchpapagei (*Alipiopsitta xanthops*) sind Schwestertaxa voneinander, da sie am nächsten miteinander verwandt sind. Ihre nächsten Verwandten sind die Amazonenpapageien (*Amazona* spec.).

Sekundärwald: nicht mehr ursprünglicher, sondern von Menschenhand in seiner Zusammensetzung veränderter Wald (z.B. durch Holzeinschlag der größeren Bäume).

Separation: Art- oder Unterartbildung aufgrund von geographischer Isolation bzw. Trennung der Verbreitungsgebiete (separare = trennen). Beispiel: Arten, die westlich bzw. östlich der Anden vorkommen, sind in der Regel durch die Erhebung des Andengebirges schon lange voneinander separiert bzw. getrennt.

Spezies: lateinischer Begriff für eine (Tier-)Art (lat.: species, abgekürzt spec. oder sp.). Beispiel: siehe Nominatform.

Subspezies: lateinischer Begriff für eine (Tier-) Unterart (abgekürzt subsp. oder ssp.). Beispiel: siehe Nominatform.

Superspezies: auch Artenkreis genannt. Gruppe mehrerer monophyletischer Arten mit gleichen oder ähnlichen Merkmalen, die diagnostizierbar verschieden sind und deren Verbreitungsgebiete aneinandergrenzen (parapatrische Verbreitung). Beispiel: Die Gruppe der Allfarbloris (*Trichoglossus haematodus* superspec.) gilt als bekanntestes Beispiel einer Superspezies bei den Papageien. Früher wurden mehr als 20 Taxa als Unterarten zu einer Art zusammengefasst, obwohl deutliche Gruppen voneinander unterscheidbar waren. In jüngster Zeit werden diese Gruppen als eigenständige Arten mit den jeweilig zugehörigen Unterarten betrachtet.

Sympatrische Arten: Arten, die sich aus einer Ursprungsart ohne geographische Isolierung im gleichen Verbreitungsgebiet bilden (syn = zusammen, patria = Vaterland). Beispiel: Im Osten Australiens kommen der Pennantsittich (*Platycercus elegans*) und im Nordosten der Blauwangensittich (*Platycercus adscitus*) bzw. im Südosten der Rosellasittich (*Platycercus eximius*) im gleichen Verbreitungsgebiet vor. Alle drei Arten gehören zur Gattung *Platycercus* und gehen wohl auf eine gemeinsame Ursprungsform zurück.

Synonym: wissenschaftlicher Name für ein Taxon, der als zeitlich später beschriebener Name aufgrund der Prioritätsregel keine Verwendung findet (synonymos = von gleichem Namen). Beispiel: Der Müllers Edelpapagei (*Tanygnathus sumatranus*) hat seinen deutschen Namen vom wissenschaftlichen Synonym *mulleri*. Dieser Name wurde 1841 von S. Müller eingeführt, ist aber ein späteres Synonym, da Raffles die Art bereits 1822 unter dem Namen *sumatranus* beschrieben hatte.

Syntypus: als Syntypen bezeichnet man eine Serie von Exemplaren, die alle gleichermaßen eine neue Art oder Unterart repräsentieren und alle in der Typusbeschreibung aufgeführt werden, ohne dass ein Exemplar als Holotypus besonders hervorgehoben würde. (syn = zusam-

Der wissenschaftliche Name *Trichoglossus moluccanus* für den Gebirgslori lässt vermuten, dass die Art auf den Molukken und nicht in Australien beheimatet ist. Trotz dieses fehlerhaften Namens verlangt die Prioritätsregel, dass er verwendet wird.

men, typos = Gestalt). Beispiel: Die Unterart *Trichoglossus haematodus intermedius* wurde 1901 von Rothschild und Hartert anhand einer Typus-Serie von 8 Bälgen beschrieben, die alle als Syntypen gelten.

Systematik: Fachgebiet der Biologie, das sich hauptsächlich mit der Erstellung einer systematischen Einteilung (Taxonomie) sowie der Benennung (Nomenklatur) und der Bestimmung (Identifizierung) der Lebewesen beschäftigt. (systematikos = geordnet)

Taxa, höhere: Als höhere Taxa werden allgemein die folgenden Kategorien angesehen: Domäne (z.B. Eukaryota = Eukaryoten), Reich (z.B. Metazoa = Vielzeller), Stamm (z.B. Chordata = Chordatiere), Klasse (z.B. Aves = Vögel), Ordnung (z.B. Psittaciformes = Papageiartige), Superfamilie (z.B. Cacatuoidea), und Familie (z.B. Nestoridae = Nestorpapageien), Unterfamilie (z.B. Loriinae = Loriartige), Tribus (z.B. Cyclopsittacini = Feigenpapageien) angesehen. – Diese Taxa werden normal, (nicht kursiv) geschrieben.

Taxa, niedrige: Zu den niedrigen Taxa gehören die drei am häufigsten in der Systematik verwendeten Begriffe Gattung, Art und Unterart. Ein Name wird gewöhnlich aus zwei oder drei Begriffen aufgebaut. Beispiel: *Platycercus eximius elecica*. *Platycercus* = Gattung; *eximius* = Art; *elecica* = Unterart. Manchmal werden auch noch Untergattungen (z.B. *Platycercus* (*Violania*) für die weißwangigen Rosellasittiche) unterschieden. – Diese Taxa werden immer kursiv geschrieben.

Taxon: alle biologischen Einheiten, die auf unterschiedlichen Ebenen einen eigenen Namen besitzen. Man unterscheidet sog. „höhere Taxa“, die übergeordnete Gruppierungen beschreiben (z.B. Passeriformes = Ordnung der Singvögel) und „niedrige Taxa“ für Gattung, Art und Unterart (z.B. *Melopsittacus* = Gattung der Wellensittiche). (taxis = Ordnung, Rang; Plural = Taxa).

Taxonomie: Lehre von den Taxa bzw. systematischen Einheiten der Lebewesen sowie deren Namen. Sofern es sich um anerkannte und darum gültige Namen handelt, spricht man von validen Taxa. Namen die nicht verwendet werden können, nennt man invalide Taxa (taxis = Ordnung, Rang, nomos = Gesetz, Name, validus = kräftig, wirksam)

Typus: in der biologischen Namensgebung ein ausgewähltes Individuum oder Taxon, das die Grundlage zur Definition und Benennung eines übergeordneten Taxons bildet. Auf Art-Ebene und darunter sind dies generell Bälge in Museen oder Sammlungen. Für höhere Taxa können untergeordnete Taxa herangezogen werden: für eine Gattung z.B. eine bestimmte Art oder für eine Familie eine bestimmte Gattung (typos = Gestalt, Bild, äußere Form).

Typus-Art: Bei der Beschreibung einer neuen Gattung die Art(en), die als typisch für die Gattung angesehen wird bzw. werden. Werden mehrere Arten als zugehörig zu der neuen Gattung benannt, so gilt bei weiterer Aufspaltung der neuen Gattung jeweils die erste Art als Typus-Art. Beispiel: Die Typus-Art für die Gattung *Calyptorhynchus* ist der Banks-Rabenkakadu (*C. banksii*). Diese Festlegung erfolgte 1840 durch G. R. Gray in seiner „List of the Genera of Birds“.

Lange Zeit erkannte niemand, dass es sich bei den Typus-Exemplaren von *C. goffini* in Wirklichkeit um Vertreter von *C. ducorpsii* handelte. Um die Art korrekt zu benennen, wurde sie wissenschaftlich neu beschrieben und als *Cacatua goffiniana* (jetzt *Licmetis goffiniana*) benannt.

Typus-Beschreibung: wissenschaftliche Beschreibung eines Taxons, die in der Regel die Beschreibung der Typus-Exemplare, deren Registratur-Nummer im jeweiligen Museum, den Namen des Museums, den Namen, den Rang und das Geschlecht des neuen Taxons sowie seine sprachliche Herleitung und seine Zuordnung zu einer Gattung enthalten sollten. Außerdem sollten Alter und Geschlecht der Bälge, der Typus-Ort, wo der Balg gesammelt wurde, der Name des Sammlers und das Datum der Sammlung aufgeführt werden, ggfs. auch Hinweise auf Zeichnungen, Farbtafeln oder Fotos des neuen Taxons. Zusätzliche Informationen über Kropfinhalt, Zustand der Geschlechtsorgane etc. sind wünschenswert, aber nicht zwingend erforderlich. (Weitere Angaben zu einer qualifizierten Typus-Beschreibung finden sich bei LeCroy & Vuilleumier 1992).

Typus-Exemplar: Balg bzw. Bälge, die in der Typus-Beschreibung eines neuen Taxons benannt werden und in einem Museum bzw. einer Sammlung aufbewahrt werden. Sie können so objektiv zur Definition eines bestimmten Taxons herangezogen werden und die Grundlage der Beschreibung neuer Taxa bilden. Beispiel: Lange glaubte man, dass der Goffin-Kakadu aufgrund von zwei Typus-Exemplaren im Zoologisch Museum Amsterdam (ZMA) eindeutig definiert wäre. Bei einer neueren Untersuchung stellte sich heraus, dass beide Typus-Exemplare Salomonenkakadus (*Licmetis ducorpsii*) waren. Daraufhin musste für den Goffin-Kakadu sowohl ein neues Typus-Exemplar wie auch ein neuer Name festgelegt werden. Nun lautet der wissenschaftliche Name *L. goffiniana* und basiert auf zwei Bälgen im NCB Nederlands Centrum voor Biodiversiteit, Leiden/NL

Typus-Ort: Ort der Herkunft des neuen Taxons, der möglichst konkret und nachvollziehbar angegeben werden sollte. Beispiel: Der Typus-Ort des Camiguin-Papageichens (*Loriculus camiguinensis*) ist die Insel Camiguin, nördlich der philippinischen Insel Mindanao.

Unterart: taxonomische Rangstufe unterhalb der Art. Sie stellt eine sekundäre Kategorie dar und wird nur bei Bedarf angewendet. Nicht jede Art besitzt also Unterarten (lat.: subspecies, abgekürzt subsp. oder ssp.).

Validität: Bei Validität geht es um die Frage der Gültigkeit von Namen für ein bestimmtes Taxon: Sofern es sich um verfügbare, anerkannte und darum gültige Namen handelt, spricht man von validen Taxa. Namen die nicht verwendet werden können, nennt man invalide Taxa (validus = kräftig, wirksam). Invalide sind außerdem Namen, die nicht eindeutig ein bestimmtes Taxon beschreiben, weil sie aufgrund einer unzureichenden Beschreibung für verschiedene Taxa infrage kommen. Beispiele: Zeitweise wurde für die kleineren Aras der Gattungsname *Propyrrhura* verwendet. Dieser war 1920 von Ribeiro eingeführt worden. Aber bereits 1857 hatte Bonaparte den Namen *Primolius* für die kleineren Aras eingeführt. Damit wurde der Name *Propyrrhura* automatisch invalide und allenfalls als Synonym geführt. – Der Name *Pyrrhulopsis* wurde sowohl für die kleinen südamerikanischen Papageien (*Touit* spec.) wie auch für die großen Sittiche der Fidschi-Inseln (*Prosopeia* spec.) verwendet und wegen dieser Uneindeutigkeit als invalider Name deklariert.

Variation: phänotypisch (äußerlich) unterscheidbares Exemplar einer Art oder Unterart, das die Unterschiedlichkeit jedoch nicht weiter vererbt, also genotypisch (genetisch) nicht verankert ist. Beispiel: Der Vielfarbensittich (*Clarkona varia*) ist eine stark variable Art: Die gelben und roten Gefiederpartien bei Männchen und Weibchen sind variabel in ihrer Ausdehnung und ihrer Farbintensität. Die grundsätzliche Zeichnung der Art ist dagegen immer gleichbleibend.

Vikarianz: Phänomen der Aufteilung einer ursprünglich durchgängig verbreiteten Population oder Art in mehrere Populationen, zumeist durch die Entwicklung einer räumlichen Barriere (vicarius = Stellvertreter). Beispiel: Die Felsensittiche Südamerikas (*Cyanoliseus* spec.) sind auf der Ostseite der Anden durch den kleinen Felsensittich (*C. patagonus*) und auf der Westseite der Anden durch den großen Felsensittich (*C. bloxami*) repräsentiert.

Der Große Felsensittich (*Cyanoliseus bloxami*) ist ein Beispiel für Vikarianz bei Papageien. Bei der Entstehung der Anden wurde seine Population von der des Felsensittichs (*Cyanoliseus patagonus*) abgetrennt und entwickelte sich zu einer separaten Art.

Quellen:

LeCroy M & F Vuilleumier (1992). Guidelines for the description of new species in ornithology. Bull. B.O.C. Centenary Suppl. 112 A 19(10+11), p. 191-198.

Wikipedia-Artikel zu einzelnen Stichwörtern (abgerufen am 3.12.2021)

Die wissenschaftlichen Namen der Papageien

Bei der Benennung von Papageien unterscheidet man normalerweise zwischen den Bezeichnungen in der Landessprache (deutsch, englisch, französisch, spanisch etc.), die sich deutlich voneinander unterscheiden können, und den wissenschaftlichen Namen, die auf der ganzen Welt Gültigkeit besitzen. Die Notwendigkeit wissenschaftlicher Namen ergab sich logischerweise gerade aufgrund der unterschiedlichen Bezeichnungen in den einzelnen Ländern, die immer wieder zu Verwechslungen führten: Denn der gleiche Name kann in einem anderen Land ein völlig anderes Tier meinen.

Ein Beispiel: wenn man im Deutschen von „Grassittichen" spricht, sind damit die Arten der Gattung *Neophema* gemeint. Im Niederländischen dagegen bezeichnet der Name Grassittich („grasparkiet") den allseits bekannten Wellensittich (*Melopsittacus undulatus*). Und im Englischen kann der Name sowohl die *Neophema*-Arten (z.B. Turquoisine grass parakeet, *N. pulchella*) wie auch den Wellensittich (Warbling grass parakeet) meinen (auch wenn letzter Name nur selten verwendet und im Allgemeinen der australische Ausdruck „Budgerigar" verwendet wird). Will man also Verwechslungen vermeiden, ist man auf ein Namenssystem angewiesen, das in der ganzen Welt verständlich ist. Deshalb hat man sich auf wissenschaftliche Namen geeinigt, um eine eindeutige Bezeichnung zu haben, die überall gleich ist.

Die Entstehung wissenschaftlicher Namen: In den Anfängen der Biologie gab es eine Fülle unterschiedlicher Bezeichnungen, die anfangs keinen Regeln unterlagen und so nur begrenzt aussagekräftig waren bzw. auch zu sehr viel Verwirrung führen konnten.

• Manche Autoren benannten Papageien mit den Bezeichnungen der Einheimischen. So beschrieb etwa Marcgraf in seiner „Historia Naturalis Brasiliae" von 1648 Papageien mit Namen wie Aiurucurau, Tuitirica, Iendaya, Araracanga, Anaca, Maracana, Paragua oder Tarabe. (Einige dieser Namen sind uns auch heute noch bekannt und finden sich in wissenschaftlichen Namen wieder. Andere sind bis heute aufgrund einer unklaren Beschreibung nicht eindeutig zuzuordnen).

• Andere Autoren verwendeten Namen in ihrer Landessprache wie etwa Levaillant, der die Gelbwangenamazone (*Amazona autumnalis*) 1805 mit dem Namen „Le Perroquet à joues orangées" beschrieb, oder Latham, der die Gelbscheitelamazone (*Amazona ochrocephala*) 1781 als „Yellow-headed Amazon" beschrieb.

• Wieder andere Autoren verwendeten lateinische Namen, die jedoch anfangs keine feste Struktur besaßen. So benannte Edwards in seiner „Natural History of uncommon birds" von 1751 die Blaustirnamazone als *„Psittacus viridis major occidentalis"* (übersetzt: „westlicher großer grüner Papagei"). Damit gab er eine kurze Charakterisierung der Art, die allerdings als ständig verwendeter Name unbrauchbar war.

Aufgrund dieser Namensvielfalt wurde es zwingend notwendig, allgemein gültige und allgemein anerkannte Namen zu entwerfen. Diese Namensgebung beginnt mit der 10. Auflage von Carl von Linnés „Systema Naturae Regnum Animale" von 1758. Denn seit dieser Auflage benutzte Carl von Linné durchgängig ein System zweiteiliger wissenschaftlicher Namen, in dem jeweils Gattung und Art mit einem eigenen wissenschaftlichen Namen belegt wurden. (Publikationen nach 1758, die nicht die zweiteilige Nomenklatur verwendeten, wurden seitdem für eine korrekte wissenschaftliche Namensgebung nicht mehr anerkannt.)

Die Struktur wissenschaftlicher Namen: Seit Linné besitzen alle wissenschaftlichen Namen der Papageien die gleiche Grundstruktur: Sie bestehen in der Regel aus zwei Teilen. Der erste Teil des Namens wird immer groß geschrieben und gibt den Namen der Gattung an (z.B. *Psittacus* für die Vertreter der Gattung Graupapageien). Der zweite Teil des Namens wird immer kleingeschrieben und gibt den Namen der Art an (z.B. *timneh* für den Timnehpapagei). – Diese sogenannte binomische Nomenklatur (zweiteilige Namensgebung) ist die Grundlage aller wissenschaftlichen Namen.

Später stellte man fest, dass bei der zunehmenden Differenzierung der wissenschaftlichen Nomenklatur ein zweiteiliger Name nicht ausreicht. So verständigte man sich etwa um 1850 auf die Möglichkeit eines dritten Namens, der neben der Art auch mehrere Unterarten beschreiben konnte. Dieser dritte Namensteil wird ebenfalls klein geschrieben und an den Artnamen angehängt. – So heißt z.B. der Tritonkakadu, eine Unterart des großen Gelbhaubenkakadus: *Cacatua* (für die Gattung der weißen Kakadus) *galerita* (für den großen Gelbhaubenkakadu) *triton* (für die Unterart Tritonkakadu). Mit solchen dreiteiligen Namen lassen sich die meisten Papageien, die wir kennen, hinreichend umschreiben.

Noch später entstand die weitere Differenzierung einer Gattung in mehrere Untergattungen. In diesem Fall besteht der Name dann aus vier Teilen, wobei der Name der Untergattung in Klammern hinter den Gattungsnamen gesetzt wird. – Ein Beispiel für diese Art der Namensgebung ist der Prachtrosella, dessen wissenschaftlicher Name folgendermaßen wiedergegeben wird: *Platycercus* (für die Gattung der Rosellasittiche) (*Violania*) (für die Untergattung der weißwangigen Rosellasittiche) *eximius* (für den Rosellasittich) *elecica* (für die Unterart Prachtrosella). – Allerdings werden solche Untergattungen in der Systematik noch nicht viel verwendet, auch wenn sie über die Verwandtschaft von verschiedenen Formen deutlichere Auskunft geben.

Niedere und höhere Taxa: Die bisher beschriebenen Taxa werden in der Regel als „niedere Taxa" bezeichnet, weil sie sehr konkrete Formen der Papageien bezeichnen. Alle niederen Taxa werden generell kursiv geschrieben. Neben diesen niederen Taxa gibt es allerdings auch Ausdrücke, die Gruppen von „höherem Rang" bezeichnen. Hierher gehören die Bezeichnungen für Stamm, Klasse, Ordnung, Familie, Unterfamilie und Tribus. Ihre Zuordnung sei hier am Beispiel des Mohrenkopf- oder Senegalpapageis verdeutlicht. Dieser wird wissenschaftlich umfassend wie folgt eingeteilt:

Chordata – Stamm (Wirbeltiere)
Aves – Klasse (Vögel)
Psittaciformes – Ordnung (Papageiartige)
Psittacoidea – Superfamilie (eigentliche Papageien)
Psittacidae – Familie (Papageien)
Psittacinae – Unterfamilie (echte Papageien)
Psittacini – Tribus (afrikanische Großpapageien)
Poicephalus – Gattung (Langflügelpapageien)
(*Poicephalus*) – Untergattung (Kleine Langflügelpapageien)
senegalus – Art (Mohrenkopfpapagei)
versteri – Unterart (Rotbauch-Mohrenkopfpapagei)

Die Klassifizierung der Papageien ist also viel differenzierter als die lediglich „niederen Taxa“ wiedergeben können. In der Regel sind die vier kursiv gedruckten Namen jedoch die am meisten verwendeten.

Bei den höheren Taxa lässt sich die Zuordnung übrigens immer an der Endung der wissenschaftlichen Namen erkennen: Ordnungsnamen enden immer auf „-formes“, Superfamilien auf „-oidea“, Familien auf „-idae“, Unterfamilien auf „-inae“ und Tribus auf „-ini“.

Nominatform und Unterarten: Jede Papageienart kann aus lediglich einer Form bestehen (also monotypisch sein), sie kann aber auch aus mehreren Unterarten bestehen, die allesamt dieser Art zugeordnet werden. Gibt es mehrere Unterarten, so wird die Form, die als erste wissenschaftlich beschrieben wurde, als „Nominatform” bezeichnet. Sie ist diejenige Form, die der Art ihren Namen (lat.: nomen) gibt. Ihr dreiteiliger wissenschaftlicher Name lautet dann z.B. *Agapornis roseicollis roseicollis* für das Rosenköpfchen. Eine neu hinzukommende Unterart wird dann mit diesem Gattungs- und Artnamen beschrieben und der Unterartname wird als dritter Name hinzugefügt (z.B. *Agapornis roseicollis catumbella* für das Angola-Rosenköpfchen).

Wichtig ist noch darauf hinzuweisen, dass die erstbeschriebene nicht gleichzeitig die bekannteste oder am weitesten verbreitete Form sein muss. So wurde etwa beim Schwarzsteißlori (*Lorius hypoinochrous*) die Nominatform (*Lorius hypoinochrous hypoinochrous*) 1859 von nur zwei kleinen Inseln im Louisiade-Archipel beschrieben, während die Unterart Fergusson-Schwarzsteißlori (*Lorius hypoinochrous devitattus*), die erst 1898 beschrieben wurde, die am weitesten verbreitete Form ist. Die Nominatform ist also immer die älteste wissenschaftlich beschriebene Form.

Name und Jahreszahl im Zusammenhang mit wissenschaftlichen Namen: Nachdem ein Papagei zum ersten Mal wissenschaftlich beschrieben wurde, gibt man in der Regel zusätzlich auch an, durch wen und in welchem Jahr diese Erstbeschreibung geschah. Aus diesem Grund stehen hinter einem wissenschaftlichen Namen immer der Name einer Person und eine Jahreszahl. – So steht hinter dem Namen *Alisterus scapularis* z.B. (Lichtenstein 1816). Das bedeutet, dass der Königssittich im Jahr 1816 von Martin Lichtenstein wissenschaftlich beschrieben wurde.

In diesem Fall stehen der Name Lichtenstein und die Jahresangabe 1816 in Klammern, was bedeutet, dass die Art ursprünglich zu einer anderen Gattung gezählt und erst später zu der jetzt angegebenen Gattung gestellt wurde. So beschrieb Lichtenstein den Königssittich noch als *Psittacus scapularis*. Erst im Jahre 1911 wurde von Gregory M. Mathews der Gattungsname *Alisterus* eingeführt und 1913 die Art als zu dieser Gattung gehörig definiert.

Wenn ein Name dagegen nicht in Klammern geschrieben wird, bedeutet dies, dass die Art sofort in die „richtige“ (heute gültige) Gattung gestellt wurde. Dies ist z.B. beim Alpensittich (*Cyanoramphus*

Während das oben dargestellte Schwarzköpfchen (*Agapornis personatus*) monotypisch ist, hat das Rosenköpfchen Unterarten. Die mittlere Abbildung zeigt die Nominatform *Agapornis roseicollis roseicollis*, die untere die Unterart Angola-Rosenköpfchen (*Agapornus roseicollis catumbella*).

malherbi) so, der 1857 von Souancé mit dem jetzt gültigen wissenschaftlichen Gattungsnamen *Cyanoramphus* beschrieben wurde.

Ergänzend soll noch erwähnt werden, dass Name und Jahreszahl nicht angeben, wann diese Art zum ersten Mal entdeckt wurde oder durch wen das geschah. Sie geben lediglich die Daten der wissenschaftlichen Erstbeschreibung dieses Namens wider. So war der Rosenbrustbartsittich (*Psittacula alexandri*) zwar schon im Jahr 1676 bekannt, wurde aber erst 100 Jahre später mit einem gültigen wissenschaftlichen Namen beschrieben.

Der Aru-Schimmerlori (*Chalcopsitta scintillata rubrifrons*) erhielt seinen wissenschaftlichen Namen aufgrund seiner roten Stirnfärbung.

Die Bedeutung wissenschaftlicher Namen: Wissenschaftliche Namen sind oft nicht auf den ersten Blick verständlich. Sie haben häufig einen lateinischen oder griechischen Ursprung und sind deshalb ohne entsprechende Sprachkenntnisse nicht auf Anhieb zu verstehen. Dennoch gibt es eine Fülle von Namen, die man mit einigen Grundkenntnissen durchaus nachvollziehen kann.

Oft geben die Namen ein bestimmtes körperliches Merkmal oder eine bestimmte Farbe wieder. So bedeutet *rubri-frons* z.B. "mit roter Stirn" oder *Cyano-ramphus* "mit stahlblauem Schnabel". Daher ist es durchaus hilfreich, wenn man die Bedeutung von häufiger vorkommenden Namens-Bestandteilen kennt. Die Tabellen „Körperteile" und „Farben" können dabei eine gute Hilfe sein:

Körperteile			
Namen	**Bedeutung**	**Namen**	**Bedeutung**
ceps (caput)	Kopf	**ophthalmos**	Auge
ops	Gesicht	**auris**	Ohr
personata	Maske	**nucha**	Nacken
lophos, galeritus	Haube	**coll (collum)**	Hals
frons	Stirn	**torqua (torquis)**	„Halskette"
pileum	Kappe	**thorax, pectus**	Brust
rhynchos, rostrum, ramphos	Schnabel	**gaster, venter**	Bauch
gnath (gnathos)	Kiefer	**notos, dorsum**	Rücken
glossa	Zunge	**pygius**	Steiß
gen, genys (gena)	Wange	**pter**	Flügel
gula, jugula	Kehle	**cauda, oura, cercus**	Schwanz

Darüber hinaus gibt es Namen mit einem geographischen Ursprung. Das ist z.B. der Fall bei allen Namen, die auf "*-ensis*" enden. Die Art *Alisterus amboinensis* kann man daher leicht als Ambon-Königssittich behalten. Andere Beispiele sind *westralensis* (aus West-Australien), *moluccensis*, *philippensis*, *keiensis* (von den Kai-Inseln), *buruensis* (von der Insel Buru), *chathamensis* (von den Chatham-Inseln) usw. Alle diese Namen folgen demselben Prinzip und sind an ihrer Endung leicht als geographische Namen erkennbar. Es gibt allerdings auch geographische Bezeichnungen, die nicht dieser Struktur folgen. Das sind Namen wie *Pyrrhura peruviana* (aus Peru), *Platycercus adelaidae* (aus der Umgebung der Stadt Adelaide in Australien) oder *Cyanoliseus patagonus andinus* (aus den Anden stammend). Zumindest sind auch diese als geographische Namen erkennbar.

Farben			
Namen	**Bedeutung**	**Namen**	**Bedeutung**
albus, leucos	weiß	**coccineus**	scharlachrot
pallidus	bleich, gelblich	**porphyreos, purpureus**	purpurfarben
sulphureus	schwefelgelb	**violaceus**	violett
ochros	blassgelb	**chloros, viridis**	grün
flavus	hellgelb	**gramineus**	grasgrün
icteros	gelblich	**caeruleus**	himmelblau
aureus, chrysos, xanthos	goldgelb	**glaucos**	bläulich
aurantius	orangefarben	**cyaneus**	stahlblau, schwarzblau
erythros, ruber	rot	**ferrugineus**	rotbraun
haimatos, sanguineus	blutrot	**fuscus**	dunkel, bräunlich
pyros	feuerrot	**chalcos**	kupferfarben, glänzend
corallinus	korallenrot	**canus, griseus, poi(-los)**	grau
vinaceus	weinrot	**ater, niger, melanos**	schwarz

Ein bereits erwähntes, aber eigenartiges Phänomen in diesem Zusammenhang ist die Pflicht, auch falsche geographische Namen beizubehalten, wenn sie so in der Erstbeschreibung auftauchen. So kommt etwa der Rotlori (*Eos bornea*) nicht von Borneo, sondern von verschiedenen Molukken-Inseln.

Andere Namen gehen zurück auf Eigennamen von Sammlern, Museumsbiologen oder bekannten Persönlichkeiten. Diese Namen werden generell als Genitiv-Form wiedergegeben. So kennen wir z.B. *Amazona finschi*, *Calyptorhynchus lathami* und *Loriculus sclateri*. Alle diese Namen haben am Ende ein "*i*", was im Lateinischen den Genitiv wiedergibt (also: Amazone von Finsch, Rabenkakadu von Latham, Fledermauspapagei von Sclater). Das "*i*" ist deshalb auch nie Bestandteil des betreffenden Namens.

Das Sclater-Papageichen (*Loriculus sclateri*) wurde zu Ehren des britischen Ornithologen William Lutley Sclater benannt.

Aber manchmal ist auch hier die Namensgebung nicht ganz logisch. Wir kennen z.B. einen *Neopsittacus musschenbroekii* und einen *Cyanoramphus cookii*, obwohl die Personen, die hier geehrt werden, Dr. Samuel van Musschenbroek und James Cook heißen und nicht "Musschenbroeki" oder "Cooki". Trotzdem gilt auch hier: falsch geschriebene Namen müssen beibehalten werden, wenn sie ursprünglich so geschrieben wurden.

Dann gibt es Namen, die der Muttersprache eines bestimmten Landes oder Eingeborenenstammes entlehnt sind. Das gilt z.B. für Namen wie *„tirica"*, *„tuipara"*, *„katarina"*, *„guaruba"*, *„ararauna"* oder *„Aratinga"*. Diese stammen allesamt aus der Sprache südamerikanischer Indianerstämme, die die entsprechenden Vögel umgangssprachlich so genannt haben. Dieser umgangssprachliche Ausdruck wurde dann später Teil des wissenschaftlichen Namens.

Schließlich gibt es Namen, die in keine der oben genannten Kategorien passen, wie z.B. *amabilis* (lat. "liebenswert") oder *vernalis* (lat. "frühlingshaft"). Hier muss man der jeweiligen Sprache mächtig sein.

Geschichte der Papageienliteratur

Einführung: Papageien gehören zu den Vogelgruppen, die bis heute am intensivsten und ausführlichsten untersucht worden sind. Aufgrund ihrer ansprechenden Färbung und des Nachahmungstalents mancher Arten haben sie bereits in der Antike die Aufmerksamkeit der Menschen erregt. Die älteste, schriftlich belegte Beschreibung eines Papageis um **400 v. Chr.** geht auf **Ktesias von Knidos** zurück. Er beschreibt in seinem Werk „**Indika**" einen Vogel „bittakós", bei dem es sich wohl um einen Pflaumenkopfsittich (*Himalayapsitta cyanocephala*, ehemals *Psittacula cyanocephala*) aus Indien handelt. Aus römischer Zeit sind Beschreibungen erhalten, die zumeist auf den Indischen Halsbandsittich (*Alexandrinus manillensis*, früher *Psittacula krameri*) oder den Großen Alexandersittich (*Palaeornis eupatria*, früher *Psittacula eupatria*) zurückgehen. Umfassendere literarische Darstellungen der Papageien erfolgten allerdings erst sehr viel später, zumal Bücher in dieser frühen Zeit extrem kostbar waren und oft wichtigeren Themen vorbehalten waren (Strunden 1984).

Papageien in früher Literatur (1550-1750): Mit der Erfindung des modernen Buchdrucks durch Johannes Gutenberg (ab 1450) änderte sich diese Situation, und es entstanden die ersten umfangreicheren Darstellungen der damals bekannten Tierwelt.

Der Schweizer **Conrad Gesner** beschrieb **1555** im dritten Band seiner „**Historia animalium**" (Geschichte der Tiere) auf den Seiten 689-694 vierzehn Papageienarten, von denen 7 eindeutig identifizierbar sind. (Die Unklarheiten über die übrigen Arten erklären sich wohl daher, dass Gesner sie nicht selbst gesehen hat.) Zwei Ara-Arten werden in diesem Buch auch schwarzweiß dargestellt, die ein hellroter Ara (*Ara macao*) und ein Grünflügelara (*Ara chloropterus*) sein können. Verständlicherweise sind bei ihm noch keine Ansätze einer systematischen Darstellung erkennbar.

Darstellung eines Aras in Conrad Gesners „Historia Animalum" aus dem Jahre 1555

Ebenfalls **1555** entstand in Frankreich das Werk „**L'Histoire de la Nature des Oyseaux**" (Die Naturgeschichte der Vögel) von **Pierre Belon**, das aus sieben Bänden bestand. Belon versuchte bereits, eine erste verwandtschaftliche Anordnung von Vogelgruppen zu bieten. Papageien erwähnt er im 6. Buch jedoch nur auf drei Seiten als eine zusammengehörige Gruppe, ohne auf konkrete Arten genauer einzugehen. Allerdings war er der erste, der kurzschwänzige Papageien (Papegaux) und langschwänzige Sittiche (Perroquets) voneinander unterschied, was er auch anhand von zwei Holzschnitten illustrierte, die einen Halsbandsittich und eine Amazone darstellen.

In Kenntnis der Bücher von Gesner beschrieb der Italiener **Ulisse Aldrovandi** in seinen „**Ornithologiae, hoc est de avibus historiae Libri XII**" (Ornithologie – das ist die Geschichte der Vögel in 12 Bänden), erschienen von **1599 bis 1603**, im 11. Buch auf den Seiten 660-683 ebenfalls 14 Papageienarten, die auch als Schwarzweiß-Drucke dargestellt sind. Er kannte diese Arten offensichtlich aus eigener Anschauung, sodass seine Angaben deutlich konkreter und detaillierter sind.

Der Deutsche **Georg Markgraf** beschreibt **1648** im 5. Band der achtbändigen „**Historia Naturalis Brasiliae**" (Naturgeschichte Brasiliens) in lateinischer Sprache auf den Seiten 205-207 zwanzig verschiedene Taxa der Papageien, von denen einige auch heute noch zu identifizieren sind. Er sagt, dass Papageien in Brasilien in großer Zahl und in vielen verschiedenen Formen vorkommen. Außerdem beschreibt er erstaunlich gut ihr Verhalten, die Brut in Höhlen und die Aufzucht der Jungen. – Zur Beschreibung der Arten verwendet er Bezeichnungen, unter denen diese Papageien bei den Einheimischen bekannt waren und die wir teilweise auch heute noch verwenden (Araracanga, Ararauna, Maracana, Iendaya oder Tuipara).

Alle Arten werden ausgiebig beschrieben und im Bild ist sogar ein Gelbbrustara (*Ara ararauna*) dargestellt.

1650 veröffentlichte der in Polen lebende Privatgelehrte **Johannes Jonston** seine **„Historia naturalis de avibus libri VI“** (Naturgeschichte der Vögel). Darin beschreibt er bereits 35 Papageien mit allem, was man damals über das Aussehen, die Lebensweise und die Herkunftsländer der Papageien wusste. Dreizehn Taxa werden auf zwei Schwarzweiß-Tafeln auch bildlich dargestellt.

Der britische Maler **Eleazar Albin** veröffentlichte **1731-1738** seine drei Bände der **„Natural History of Birds“**. Darin beschreibt er auch elf Papageienarten, die zusätzlich auf aquarellierten Farbtafeln dargestellt sind. Unter ihnen befindet sich auch der erst kürzlich wissenschaftlich beschriebene Pinto-Sittich (*Aratinga maculata*).

Der Deutsch-Holländer **Albert Seba** beschrieb **1734** in den vier Bänden seiner **„Locupletissimi rerum naturalium thesauri accurata descriptio“** („Eine genaue Beschreibung der reichsten Naturschätze“) 7 Papageienarten, die alle auch farbig dargestellt werden, leider aber in teilweise ausgesprochen atypischer Haltung als extrem langgestreckte Bälge.

Der Beginn der wissenschaftlicher Nomenklatur (1758): Der Schwede **Carl von Linné** war der erste, der den Versuch unternahm, ein umfassendes System der gesamten damals bekannten Flora und Fauna zu entwickeln, das auch verwandtschaftliche Beziehungen darstellt. In der 1. Auflage seines **„Systema Naturae“** von **1735** gibt er auf 12 Seiten eine erste Übersicht, in der er jeweils Ordnung, Gattung, die wesentlichen Gattungsmerkmale und die zu ihr gehörigen Arten benennt. Allerdings beschreibt er hier noch jede Art allein unter einem (heutigen) Gattungsnamen. - Die Papageien (Gattung Psittacus) stellt er mit den Eulen (Strix) und Falken (Falco) zusammen in die Ordnung Accipitres (Raubvögel). Dies begründet er damit, dass sie wie alle Raubvögel einen nach unten gebogenen Schnabel haben, im Gegensatz zu diesen aber zwei Zehen nach vorne und zwei Zehen nach hinten besitzen.

Bildnis von Carl von Linné, das von Alexander Roslin 1775 gemalt wurde.

Dieses System entwickelte Carl von Linné ständig weiter: So verwendet er in der 10. Auflage des Systema Naturae von 1758 zum ersten Mal die sogenannte „binominale Nomenklatur“ (großgeschriebener Gattungsname und kleingeschriebener Artname). Aus diesem Grund wurde die 10. Auflage zum Ausgangspunkt wissenschaftlicher Nomenklatur gewählt: Von nun an wurden lediglich Namen als wissenschaftlich anerkannt, die den von Linné aufgestellten Kriterien entsprachen. Namen, die mehr als zwei Komponenten enthielten, wurden nicht anerkannt, selbst wenn sie früher als binominale Namen beschrieben wurden.

Die 10. Auflage umfasste bereits 824 Seiten. Die Papageien stellte Linné nun zu den Spechten (Picae), da diese ebenfalls zwei Zehen nach vorne und zwei Zehen nach hinten besaßen. Er beschreibt zu diesem Zeitpunkt auf den Seiten 96-103 bereits 37 Arten von Papageien, die jedoch willkürlicher aufgelistet werden und nicht nach Verwandtschaftskriterien geordnet sind. Außerdem sind die Angaben oft noch spärlich und beziehen sich lediglich auf das äußere Erscheinungsbild, Synonyme und Herkunftsländer bzw. –regionen.

Zwischen **1773 und 1776** veröffentlichte der Theologe, Zoologe und Professor **Philipp Ludwig Statius Müller** (1725-1776) eine deutschsprachige Systematik des Tierreichs in insgesamt 8 Bänden unter dem Titel **„Des Ritters Carl von Linné ... vollständiges Natursystem“**, an dessen 12. Auflage er sich im Wesentlichen orientiert, die er aber auch erweitert und korrigiert. Im Jahr 1773 erschien der 2. Teil des Werkes über die Vögel (Aves), in dem er auf den Seiten 121 bis

152 das „Geschlecht 45, Der Papagey" aufführt. Dort beschreibt er 47 Taxa, von denen er den deutschen und wissenschaftlichen Namen benennt. Zu jedem Taxon gibt er eine kurze Charakterisierung sowie eine ausführlichere Beschreibung und Angaben zur Herkunft. Leider bietet er jedoch keine Aufstellung der Synonyme. 1776 entstand dann als Nachtrag und Ergänzung „Des Ritters Carl von Linné... vollständigen Natursystems Supplements- und Register-Band". Dieser Band beinhaltete Erstbeschreibungen für viele Tierarten, darunter auch 35 weitere Papageien.

Auch der deutsche Mediziner und Naturwissenschaftler **Johann Friedrich Gmelin** (1748-1804) arbeitete an einer Fortsetzung des **Systema Naturae von Carl von Linné,** die er als 13. Auflage in 3 Bänden und 9 Teilen von **1788 bis 1793** fortsetzte. – In Band 1, Teil 2, von 1789 behandelt er auf den Seiten 233–1032 die Vögel (Aves), und auf den Seiten 312 bis 352 insgesamt 152 „Arten" und viele Variationen der Papageien. Zu jeder Form gibt er eine Charakterisierung in Latein, die wissenschaftlichen Namen wie auch die entsprechenden Synonyme. Außerdem macht er Angaben zur Herkunft und gibt gelegentlich ausführlichere Informationen, z. B. zum Habitat der Art. – Bei Gmelin wie bei Linné sind die Taxa auch nicht konsequent nach Verwandtschaft geordnet, aber zumindest stellt er bereits bestimmte Gruppen zusammen. So sind etwa die meisten Aras, Amazonen und Kakadus nacheinander aufgeführt. Darüber hinaus sind seine Angaben schon deutlich umfangreicher, was sich nicht nur auf die Synonyme bezieht, sondern auch auf die Herkunft der Arten, ihre Maße und manchmal auch ihre Lebensgewohnheiten.

Des
Ritters Carl von Linne'
Königlich Schwedischen Leibarztes ꝛc. ꝛc.
vollständiges
Natursystem
nach der
zwölften lateinischen Ausgabe und nach Anleitung
des holländischen Houttuynischen Werks
mit einer ausführlichen Erklärung
ausgefertiget
von
Philipp Ludwig Statius Müller
Prof. der Naturgeschichte zu Erlang und Mitglied der Röm. Kais.
Akademie der Naturforscher ꝛc.
Zweyter Theil.
Von den Vögeln.

Nebst 28. Kupfertafeln.
Mit Churfürstlicher Sächsischer Freyheit.
Nürnberg,
bey Gabriel Nicolaus Raspe. 1773.

Das Titelblatt des zweiten Bandes von Statius Müllers deutschsprachiger Systematik des Tierreichs, die in acht Bänden erschien und eine Fortführung von Linnés System darstellte.

Erste große Werke der Naturkunde und Ornithologie (1750-1850):

Nachdem die Grundlagen gelegt waren, entstand im folgenden Jahrhundert eine Fülle von größeren Werken der Ornithologie bzw. Naturgeschichte, vor allem in den damals führenden Nationen England, Frankreich, Niederlande und Deutschland. Vielfach wurden dabei mehrbändige, groß angelegte Enzyklopädien entworfen, in denen verstreut auch neu beschriebene Papageientaxa auftauchten. – Allerdings waren diese Werke bei weitem noch nicht systematisch angelegt: Die Bücher bestanden zumeist aus losen Sammlungen, in denen alle neu entdeckten Formen in beliebiger Reihenfolge zusammengefasst wurden. Diese oft großformatigen und kunstvoll gestalteten Werke waren für normale Bürger nicht erschwinglich, sondern blieben zunächst dem Adel oder reichen Neubürgern vorbehalten.

Der britische Naturforscher und Ornithologe **George Edwards** (1694-1773) verfasste von **1743 bis 1764** sieben Werke zur Naturkunde: Die ersten vier Bände zur Ornithologie erschienen in den Jahren **1743, 1747, 1750 und 1751** unter dem Titel **„A Natural History of uncommon Birds"** (Eine Naturgeschichte wenig bekannter Vögel). Es folgten drei Ergänzungsbände mit dem Titel „Gleanings of a Natural History" (Sammlungen der Naturgeschichte) in den Jahren 1758, 1760 und 1764, in denen jedoch auch andere Tiere beschrieben wurden. – In diesen Bänden stellte Edwards über 50 Papageien naturgetreu als koloriertes Bild dar und lieferte in englischer Sprache das gesamte ihm zur Verfügung stehende Wissen (Beschreibung, Herkunft, Eigenarten etc.) – Edwards verwendete dabei ausschließlich englische Namen, sodass er leider nicht als Erstbeschreiber der von ihm beschriebenen Arten gelten kann, obwohl seine Beschreibungen oft von großer Qualität sind. Die Ehre der Erstbeschreibung kam daher zumeist Linné zu, der Edwards wiederholt zitierte und sich immer wieder auf dessen Werke berief.

Der Zoologe und Naturphilosoph **Mathurin-Jacques Brisson** (1723-1806) verfasste **1760** das erste umfassende Werk der Ornithologie, die sechsbändige **„Ornithologia sive Synopsis Methodica"** (Metho-

Brissons „Ornithologia sive Synopsis Methodica" zeigt auf der Tafel XXII einen Rotsteißkakadu (*Licmetis haematuropygia*) und einen Blauscheitel-Edelpapagei (*Tanygnathus lucionensis*) von den Philippinen.

dische Zusammenfassung der Ornithologie). Allerdings verwendet auch er für die Einteilung der Vogelarten nicht das (gerade erst entstandene) System von Linné, sondern entwirft ein eigenes System, in dem er „Ordnungen" und „Sektionen" für die verschiedenen Gruppen zusammenstellte. – Im 4. Band seiner Ornithologie behandelt er auf den Seiten 182-406 die „Gattung der Papageien" in 95 Formen, von denen nach heutigen Kriterien jedoch nur 63 valide Taxa darstellen. Der Text ist sowohl französisch wie auch lateinisch gehalten und gibt detaillierte Beschreibungen der behandelten Papageien, von anderen Autoren verwendete Namen und (soweit bekannt) auch das Herkunftsland. Dabei benennt Brisson das jeweilige Taxon zwar durchgängig mit einer lateinischen Bezeichnung, die allerdings oft nicht binominal ist und darum nicht als wissenschaftlich akzeptiert gelten kann. Der Grünzügelpapagei (*Pionites melanocephalus*) z.B. wurde von ihm *„Psittacus Mexicanus pectore albo"* benannt. Ergänzend zum Text finden sich auf den Tafeln XIX – XXX Kupferstiche von Francois Nicolas Martinet, die 23 Papageien darstellen und in manchen Ausgaben auch koloriert waren.

Der französische Adlige **Georges-Louis Leclerc, Comte de Buffon** (1707-1788) war der zweite bedeutende französische Naturforscher. Auf ihn geht das in den Jahren von **1749 bis 1804** verfasste Monumentalwerk **„Histoire naturelle, générale et particulière."** zurück. In 44 Bänden, von denen 36 noch zu Lebzeiten von Buffon erschienen, versuchten er und seine Mitarbeiter (vor allem **Louis Jean-Marie Daubenton**, 1716-1800), alles Wissenswerte zur Naturgeschichte in einer riesigen Enzyklopädie zusammenzufassen. Der zweite, größere Komplex innerhalb dieses Gesamtwerks waren die von 1770 bis 1786 erscheinenden 9 Bände zur „Histoire Naturelle des Oiseaux" (Naturgeschichte der Vögel, Bände 16-24). In diesem Komplex behandelt der Band 6 (resp. 21) aus dem Jahr 1779 die Papageien. Nach einer allgemeinen Einführung auf den Seiten 65-88 beschreibt Buffon auf den Seiten 89-285 zahlreiche Arten, von denen 82 auf ergänzenden Tafeln von Martinet dargestellt sind. Rund 70 von ihnen können auch klar identifiziert werden.

Auch Buffon beschrieb die Arten nicht mit Linnés wissenschaftlicher Nomenklatur, da er ein erklärter Gegner der Ansichten Linnés war. Vielmehr benutzte er ausschließlich französische Namen und ordnete die Arten nicht unbedingt nach systematischen Gesichtspunkten an. (Bei den Säugetieren beschreibt er z. B. als erstes die Haustiere.) Dennoch unterschied auch er verschiedene „Gruppen" von Papageien. Bei den Papageien der Alten Welt kennt er Kakadus, Papageien im eigentlichen Sinn, Loris, Lori-Sittiche, Sittiche mit langem, gleichmäßigem bzw. ungleichmäßigem Schwanz und Sittiche mit kurzem Schwanz. Bei den Papageien der Neuen Welt unterteilt er in Aras, Amazonen (incl. 7 Arten, die er als „Criks" bezeichnet), Papageien, Sittiche mit langem, gleichmäßigem bzw. ungleichmäßigem Schwanz und Sittiche mit kurzem Schwanz, die er auch „Touis" nennt. (Anmerkung: Die Bände über die Vögel wurden zunächst in 9 großen Quartformat-Bänden veröffentlicht. Später gab es noch eine Version in 18 kleineren Duodezformat-Bänden, die von 1770-1785 erschienen. Aufgrund dieser verwirrenden Band-Zählungen ist das Auffinden eines konkreten Textes nicht immer einfach.)

Aufgrund des großen Erfolges der „Histoire Naturelle" ließ Buffon in den Jahren **1765-1788** ein eigenständiges Tafelwerk unter dem Titel **„Planches enluminées d'Histoire naturelle"** (Naturkundliche Farbtafeln) anfertigen. Dies wurde fachlich durch den Naturkundler **Edme-Louis D' Aubenton** (1730-1785) arrangiert und künstlerisch vom Naturforscher und Ingenieur **François-Nicolas Martinet** (1731-1800) gestaltet (Anmerkung: Aus diesem Grund wird das Werk der „Planches enluminées" unter allen drei Namen als Autoren geführt).

Martinet hatte bereits zahllose Tafeln für naturkundliche und vor allem ornithologische Werke gestaltet. So arbeitete er bereits für die „Ornithologia" von Brisson wie auch für die „Histoire Naturelle" von Buffon. Sein Meisterwerk waren jedoch die „Planches enluminées". Diese wurden ursprünglich auf 42 Lieferungen verteilt, später jedoch in 10 Bänden zusammengefasst. 973 der 1008 Tafeln zeigen Vögel, allerdings nicht in systematischer, sondern in rein zufälliger Reihenfolge. Darunter befinden sich auch 79 Farbtafeln, die Papageien darstellen. (Ursprünglich war das Werk noch viel umfassender angelegt, fand jedoch durch den Tod Buffons 1788 ein unerwartet frühes Ende.) Jede Farbtafel ist mit einem französischen, jedoch nicht mit einem wissenschaftlichen Namen betitelt.

1783 veröffentlichte der Arzt und Ornithologe **Pieter Boddaert** (1730-1795) aus diesem Grund auf 58 Seiten den **„Table des Planches enluminéez d'Histoire Naturelle de M. D' Aubenton"** (Tabelle von Farbtafeln der Naturgeschichte von D' Aubenton). Im Wesentlichen liefert er damit die wissenschaftlichen Namen für bereits vorher beschriebene Arten. Daneben finden sich auch Taxa, die bereits bei Edwards, Linné, Brisson, Latham und Buffon auftauchen, dort aber noch nicht mit wissenschaftlichen Namen benannt wurden.

Die Naturgeschichte Buffons wurde bereits ab 1772 in andere Sprachen übersetzt. Der Teil über die Vögel erschien in den Jahren **1792-93** vom deutschen Professor der Heilkunde **Bernhard Christian Otto** (1745-1835) unter dem Titel **„Herrn Büffons Naturgeschichte der Vögel, aus dem Französischen übersetzt mit Anmerkungen, Zusätzen und vielen Kupfern"** (Bände 20 und 21). Während Buffon in seinem Werk 82 Arten vorstellt, ergänzt Otto diese um weitere 40, sodass insgesamt etwa 100 valide Taxa auf 104 Tafeln dargestellt werden.

Ab **1820** versuchte der Niederländer **Coenraad Temminck,** die „Planches enluminées" fortzusetzen und veröffentlichte in 5 Bänden den **„Nouveau Recueil de Planches Coloriées d'Oiseaux"** (Neue Sammlung von Farbtafeln der Vögel, 1821-38). Aber auch ihm gelang es nicht, das angedachte Werk zu vollenden.

In den Jahren **1781-1785** schrieb der britische Arzt und Ornithologe **John Latham** (1740-1837) sein dreibändiges Werk **„A General Synopsis of Birds"** (Eine umfassende Übersicht der Vögel), dem bis 1801 zwei Ergänzungen folgten. In diesem beschreibt er 45 neue Papageienarten aus den verschiedensten Regionen. – Anfangs gab er den von ihm beschriebenen Vogelarten lediglich einen englischen Namen. Als er jedoch merkte, dass allgemein nur die binominale Nomenklatur akzeptiert wurde, publizierte er 1790 den „Index Ornithologicus“ mit u.a. 162 wissenschaftlichen Namen für Papageien. – Unglücklicherweise hatte 1789 bereits Gmelin in der 13. Auflage des Systema Naturae zahlreiche wissenschaftliche Namen eingeführt, sodass die Namen Lathams oft nur noch als Synonyme gelten konnten. Das letzte große Werk Lathams waren die 10-Bände von „A General History of Birds“ aus den Jahren 1821-28. Im Band 2 von 1822 behandelt er die Papageien, von denen er 239 Taxa und 87 weitere Variationen kennt; 8 werden auf Farbtafeln dargestellt, von denen 2 jedoch deutlich als Mutationen zu erkennen sind.

1811 veröffentlichte der deutsche Naturforscher und Ornithologe **Johann Matthäus Bechstein** eine Übersetzung von Johann Lathams „A General Synopsis of Birds“, die er außerdem auch ergänzte und mit Farbtafeln bebilderte. Sie erschien unter dem Titel „**Johann Lathams Allgemeine Übersicht der Vögel**“ und behandelt in Band 4, Teil 1, insgesamt 194 Papageien, von denen 23 auch auf Farbtafeln dargestellt werden. Zu jedem Taxon gibt er den deutschem und den wissenschaftlichen Namen, den Autor desselben, eine kurze Charakterisierung in Deutsch, Längenmaße, Synonyme und Anmerkungen.

Die Abbildung eines Hornsittichs (*Eunymphicus cornutus*) in Johann Lathams „A General Synopsis of Birds“.

Anfänge einer Systematik der Papageien (1800-1875): Lag das Hauptaugenmerk der frühen Autoren auf der unstrukturierten Sammlung und Darstellung von möglichst vielen Formen der Natur, so entwickelte sich im Laufe der Zeit ein Interesse daran, diese Fülle von Naturformen auch zu ordnen und zueinander in Beziehung zu setzen. So entstanden neben den persönlichen Sammlungen in den Kabinetten begüterter Adliger oder Kaufleute die Sammlungen naturhistorischer Gesellschaften wie z. B. die der Linneischen Gesellschaft von London. Wurden anfangs noch alle Exemplare eines bestimmten „Typs“ mit nur einem einzigen Namen benannt (bei den Papageien etwa mit dem Namen „Psittacus“), so entstanden nun deutlichere Differenzierungen, die wir heute vielleicht als verschiedene „Gattungsnamen“ bezeichnen würden.

Der Naturforscher und Zoologe **Georges Cuvier** (1769-1832) veröffentlichte **1800** die acht Bände seiner „**Lecons d'Anatomie comparée**“ (Lektionen in vergleichender Anatomie). In diesem Werk tauchen im ersten Band neben der Gattung *Psittacus* zum ersten Mal weitere Gattungsnamen für Papageien auf. So verwendete er die Namen *Kakatoe* für die Kakadus, *Psittacus* für „Stumpfschwanzpapageien“, *Ara* für „Spitzschwanzpapageien“ und *Psittacula* für „Kleinpapageien“ (Band 1, Tabelle 2).

Der deutsche Zoologe **Johann Karl Wilhelm Illiger** (1775-1813) veröffentlichte **1811** den „**Prodromus Systematis Mammalium et Avium**“ (Einführung in die Systematik der Säugetiere und Vögel). In diesem lateinischen Werk unterscheidet er systematisch zwischen Ordnungen, Familien und Gattungen. Bei den Papageien akzeptiert er nur zwei Gattungen (*Psittacus* und *Pezoporus*), obwohl er die vier von Cuvier verwendeten Begriffe kannte. Er ist aber der Erste, der Kriterien im Körperbau für die Unterscheidung der Gattungen beschreibt.

Der Zoologe, Illustrator und Sammler **Coenraad Jacob Temminck** (1778-1858) war von 1820 bis 1858 der erste Direktor des Leidener „Rijksmuseum van Natuurlijke Historie“ (heute NATURALIS) und machte sich vor allem als Ornithologe einen Namen. In seinem „**Catalogue Systematique du Cabinet d'Ornithologie**“ (Systematischer Katalog des Kabinetts für Ornithologie) von **1807** beschreibt er 83 Papageien-Taxa, die er jedoch alle unter dem Gattungsnamen *Psittacus* aufführt. Die einzige systematische Differenzierung, die er vornimmt, ist eine Unterscheidung in fünf „Divisionen“ (in französischer

Sprache): Cacatoe, Ara, Perruche (Sittiche), Perroquet (Stumpfschwänze), Tui (Kleinpapageien).

Der Botaniker und Zoologe **George Shaw** (1751-1813) begann im Jahr **1809** sein auf 16 Bände angelegtes Werk **„General Zoology or Systematic Natural History"**. Die ersten 8 Bände davon konnte er noch vollenden, bevor er 1813 starb. (Die übrigen Bände 9-16 verfasste dann bis 1826 **James F. Stephens**). Im 8. Band (Teil 2), der in den Jahren **1811-1812** erschien, behandelte er auf den Seiten 384-557 die Papageien in 164 Taxa, die durch 32 Farbtafeln ergänzt werden. Dabei liefert er bereits kleinere Synopsen (Gegenüberstellung oder vergleichende Zusammenfassung gleichartiger Daten) der bis dato verwendeten Papageiennamen und fasst das vorhandene Wissen aus früheren Quellen zusammen. Aus systematischer Sicht unterscheidet er lediglich zwischen Kakadus, Aras, Loris, übrigen Papageien und Sittichen. Jede Art wird lediglich mit einem englischen Namen beschrieben.

Trinidad-Papagei (*Touit batavicus*) in George Shaws „General Zoology or Systematic Natural History" aus dem Jahre 1811.

1827 veröffentlichten die Ornithologen und Mitbegründer der Zoological Society of London **Nicholas A. Vigors** (1785-1840) und **Thomas W. Horsfield** (1773-1859) in der Zeitschrift „The Transactions of the Linnean Society of London", vol. 15, den Artikel **„A Description of the Australian Birds in the Collection of the Linnean Society"**. In diesem Artikel verwendeten sie auf den Seiten 266-293 sechs weitere Gattungsnamen (*Plyctolophus* [= weiße Kakadus], *Calyptorhynchus*, *Nanodes* [= kleine australische Sittiche], *Platycercus*, *Palaeornis* [= Edelsittiche] und *Trichoglossus*) sowie 28 neue Taxa der Papageien. Damit gingen sie einen weiteren Schritt in der Differenzierung auf Gattungsebene.

Der französische Arzt, Naturforscher und Ornithologe **René Primevère Lesson** (1794-1849) veröffentlichte **1830-1831** sein **„Traité d'Ornithologie"** (Abhandlung zur Ornithologie). Darin beschreibt er in der Familie der Papageien auf den Seiten 178-216 des Text-Bandes 111 verschiedene Taxa, die er alle der Gattung *Psittacus* zuordnet. Im Bildband finden sich außerdem auf den Tafeln 18 und 19 vier Taxa abgebildet. Der Untertitel der Abhandlung Lessons lautet übersetzt „Methodischer Überblick der Ordnungen, Unterordnungen, Familien, Stämme, Gattungen, Untergattungen und Vogelrassen". Das lässt darauf schließen, dass Lesson bereits eine sehr differenzierte, klare Systematik besitzt. - Schaut man sich allerdings den Text genauer an, dann fällt sofort auf, dass er Begriffe deutlich anders verwendet als wir heute: Unsere heutigen Gattungen führt Lesson als Untergattungen, von denen er 18 verschiedene kennt und (mit anderen Veröffentlichungen zusammen) 8 neu benennt. Bei den Loris und Stumpfschwänzen unterscheidet er Tribus (unterhalb der Untergattungen) und im weiteren Text Rassen (oberhalb des Artstatus) und Divisionen (zwischen Untergattung und Rasse, die beide oberhalb der Arten angesiedelt sind) – Daran lässt sich erkennen, wie sehr die Abklärung der systematischen Rangstufen zu diesem Zeitpunkt noch in Entwicklung ist und wie unstrukturiert Veröffentlichungen zu dieser Zeit noch möglich sind.

1837 verfasst Lesson seine „Histoire Naturelle des Mammiferes et des Oiseaux", in der er die Papageien auf den Seiten 191-230 darstellt: Hier unterscheidet er bereits 30 „Gattungen", gibt die wissenschaftlichen Namen von Gattungen und Arten allerdings nur als Fußnoten an und belässt den eigentlichen Text in rein französischer Sprache.

Ebenfalls **1837** veröffentlichte der Ornithologe und Illustrator **William J. Swainson** (1789-1855) im 2. Band von D. Lardners Cabinet Cyclopaedia seine **„Natural History and Classification of Birds"**. Auf den Seiten 299-305 gibt er einen systematischen Überblick über die

Papageien, die er als eine Familie (Psittacidae) mit fünf Unterfamilien (Macrocercinae [= Spitzschwänze], Psittacinae [= Stumpfschwänze], Plyctolophinae [= Kakadus], Lorianae [= Loris] und Platycercinae [= Plattschweife]) in 23 Gattungen und 71 Arten darstellt. Dabei gibt er eindeutige Kriterien für seine Einteilung und illustriert jede Unterfamilie an einem Beispiel in einer Schwarzweiß-Zeichnung von Kopf und Schnabel. Auf Gattungsebene führt er 8 neue Gattungen ein, von denen aber nur der Gattungsname *Poicephalus* als valide erhalten geblieben ist.

Der englische Ornithologe und Künstler **Prideaux J. Selby** (1788-1867) ist vor allem bekannt für seine Veröffentlichungen über britische Vögel (1821–1834). Außerdem arbeitete er jedoch in zwei Bänden von William Jardines „**The Naturalist's Library**", nämlich die Bände über Tauben im Jahr 1835 und über Papageien im Jahr 1836, mit. In „**Natural History of the Parrots**" (Vol. 10, pp. 73-209), gibt er einen Entwurf einer Systematik der Papageien, in dem er sich an der Struktur von Swainson 1837, (nicht von Vigors) orientiert: Genau wie dieser ordnet er alle Taxa der Familie Psittacidae in 5 Unterfamilien (s. dort) ein, erkennt aber 29 (nicht nur 23) Gattungen an. Bei den Arten kennt er weniger als Swainson (nur 54 Arten), von denen 30 in Bildern von Edward Lear dargestellt und von Selby ausführlich beschrieben sind. Neben den englischen Namen verwendet Selby durchgängig auch wissenschaftliche Namen. (Anmerkung: Noch im gleichen Jahr wurde das Werk noch einmal herausgegeben: Während das Original in London als Volume X von Jardines „Naturalist's Library" herauskam, wurde der gleiche Text in Edinburgh als Volume VI mit anderen Seitenzahlen (pp. 53-161) herausgegeben. Dieser Umstand erklärt, warum es bei Zitaten manchmal zu Verwirrungen kommt.)

Titelseite von Selbys „The Naturalist's Library", Band 10, aus dem Jahr 1836; dargestellt werden ein Schildsittich (*Polytelis swainsonii*), ein Inka-Kakadu (*Lophochroa leadbeateri*) und ein Gebirgslori (*Trichoglossus moluccanus*).

Hermann Schlegel (1804-1884) war gebürtiger Deutscher, lebte aber von 1825 bis zu seinem Tod in den Niederlanden, zunächst als Assistent von Temminck am Naturkundemuseum in Leiden und nach dessen Tod als Direktor desselben. Viele seiner Veröffentlichungen befassen sich mit naturhistorischen Themen der Niederlande. Darüber hinaus war er auch ein allgemein engagierter Ornithologe und Verfasser vieler naturwissenschaftlicher Werke. Eine Monographie der Papageien schrieb er im Jahr **1864** in der Zeitschrift Muséum d'Histoire Naturelle des Pays-Bas im Zusammenhang seiner „**Revue Méthodique et critique des Collections d´posées dans cet Établissement**" (Methodische Überprüfung und Kritik der in dieser Einrichtung untergebrachten Sammlungen) im 3. Band auf den Seiten 1 – 84. In der Zusammenfassung ab Seite 73 erkennt er bei über 2.200 Papageien-Bälgen des Museums 21 Gattungen und 275 Arten an. Seine Bedeutung für die Systematik liegt vor allem darin, dass er als erster Naturwissenschaftler konsequent die trinominale Nomenklatur verwendete, also neben Gattungen und Arten auch Unterarten anerkannte (Beolens & Watkins 2003).

Der britische Naturforscher **Alfred Russell Wallace** (1823-1913) darf mit Fug und Recht als Vater der Biogeographie bezeichnet werden. In den Jahren 1872-76 erarbeitete er grundlegende Kriterien zur Unterteilung der geographischen Regionen der Erde. Diese mündeten in dem zweibändigen Werk „**The Geographical Distribution of Animals**", in Deutsch als „Die geographische Verbreitung der Thiere" erschienen, das er **1876** veröffentlichte und das für lange Zeit das Standardwerk der Biogeographie bleiben sollte. Die Papageien behandelt er im 2. Band auf den Seiten 324-331 (in der deutschen Ausgabe: 362-369). Er unterteilte die Ordnung Psittaci in 8 Familien: Cacatuidae, Platycercidae, Palaeornithidae, Trichoglossidae, Conuridae, Psittacidae, Nestoridae und Stringopidae und beschreibt insgesamt 386 Arten in 52 Gattungen. – Ungewöhnlich in seinem

Die Verbreitung der Papageien, wie sie sich für den britische Naturforscher Alfred Russell Wallace im Jahr 1876 darstellte.

System ist aus heutiger Sicht vor allem die Zuordnung der Spechtpapageien (*Micropsitta*) zu den Kakadus, der Fledermaus- und Feigenpapageien (*Loriculus* und *Cyclopsitta*) zu den Edelpapageien sowie die Zusammenfassung der afrikanischen und südamerikanischen „Stumpfschwänze" in einer einzigen Familie Psittacidae. Doch ansonsten ist bereits ein hohes Maß an Erkenntnissen von organischen Zusammenhängen festzustellen, was sich auch daraus erklärt, dass der biogeographische Ansatz von Wallace auch aus heutiger Sicht für systematische Zusammenhänge immer noch wertvoll ist.

Der schwedische Zoologe **Carl Jacob Sundevall** (1801-1875) war von 1839 bis 1871 als Professor für den Bereich der Wirbeltiere am Naturhistorischen Reichsmuseum in Stockholm tätig. **1872** veröffentlichte er „**Methodi Naturalis Avium Disponendarum Tentamen**" (Natürliche Methoden zum wissenschaftlicher Arrangieren der Vögel). Er behandelt die Papageien auf den Seiten 67-72 und teilt sie in 6 Familien auf: Camptolophini (= ein von ihm neu gewählter Name für die Kakadus), Androglossini (= Stumpfschwanzpapageien), Conurini (= Keilschwanzsittiche), Platycercini (= Plattschweifsittiche), Stringopini (= Eulenpapageien) und schließlich Trichoglossini (= Loris). Insgesamt erkennt er 36 Gattungen an, benennt darüber hinaus aber 19 weitere Gattungs-Synonyme, (von denen heute viele als valide gelten). – Damit fehlen in seiner Aufstellung eigene Gruppierungen für afrikanische Großpapageien, Edelpapageien und kleinere Papageiengruppen wie Sperlingspapageien, Feigenpapageien oder Agaporniden, deren Eigenständigkeit er nicht erkennt. (Spechtpapageien rechnet er z.B. zu den Kakadus).

1876 veröffentlichte der französische Forschungsreisende, Entomologe und Ornithologe **Adolphe Boucard** (1839-1905) seinen „**Catalogus Avium**". Darin beschreibt er insgesamt 2.456 Gattungen und 11.031 Arten mit ihren wissenschaftlichen Namen sowie ihren Herkunftsgebieten. – Die Papageien behandelt er auf den Seiten 95-108. Diese ordnet er 3 Familien (Psittacidae, Cacatuidae und Stringopidae) sowie 9 Unterfamilien zu. Er führt 69 Gattungen und 437 Arten resp. Taxa an. – Diese Veröffentlichung fand allgemein wenig Beachtung: Boucard galt zwar als guter Kenner von Insekten und Kolibris, hatte aber den Ruf, nicht wirklich schlüssig zu arbeiten. – Für die Papageien gilt aber, dass er für die damalige Zeit erstaunlich gut gearbeitet hat: Die Zuordnung von Taxa zu verschiedenen Gattungen bewältigt er mit großer Sicherheit und seine Gattungen sind weitestgehend homogen. Lediglich bei wenigen Gruppen sind seine Einschätzungen fehlerhaft (z.B. bei der Aufteilung der Spatelschwanzpapageien in die Gattungen *Prioniturus* und *Urodiscus* oder der Aufteilung der Fledermauspapageien in die Gattungen *Loriculus* und *Licmetulus*).

Ornithologische Schwergewichte: In der Zeit der beginnenden Systematisierung der Erkenntnisse finden sich drei Autoren, Gould, Gray und Bonaparte, die allein durch die Masse ihrer Publikationen – wenn auch inhaltlich mit unterschiedlichen Akzenten – auffallen und darum gesondert erwähnt werden sollen:

I. Der Brite **John Gould** (1804 – 1881) war ein ausgesprochen produktiver Naturwissenschaftler, der vor allem als Ornithologe, Tiermaler und Systematiker von Bedeutung war. Er veröffentlichte insgesamt 41 Werke über Vögel mit mehr als 3.000 Illustrationen, die gut 2.500 Vogelarten äußerst akkurat darstellten und zum Teil auch von seiner Ehefrau Elizabeth stammten. In seinen Werken behandelte er vor allem die Vögel Australasiens, die er darüber hinaus mit systematischer Fachkenntnis angemessen anordnete.

   Papageien finden sich vor allem in folgenden Werken: „**A Synopsis of the Birds of Australia and the adjacent Islands**" (4 Bände, **1837-38**) mit 19 Taxa in allen Bänden. "The Birds of Australia" (7 Bände, 1840-48), mit 54 Taxa in Band 5 (1848), incl. Supplement-Band (1869) mit 10 weiteren Taxa. "The Birds of Asia" (7 Bände, 1850-83) mit 15 Taxa in Band 6. "Handbook to the Birds of Australia" (2 Bände, 1865) mit 59 Taxa in Band 2, pp. 1-104 und "The Birds of New Guinea and the adjacent Papuan Islands" (5 Bände, 1875-88), mit 47 Taxa in Band 5, (nach dem Tod von Gould durch R. Bowdler Sharpe fortgeführt).

   Gould bot in sämtlichen Publikationen fundierte und ausführliche Informationen (genaue Beschreibungen, Synonyme, Brutdaten, Verhaltensbeobachtungen etc.). Dies galt besonders für die australischen Arten, die er auf seiner Australien-Reise in den Jahren 1838-40 ausgiebig studierte. In den riesigen Folio-Bänden wurden die Arten zudem auf großzügigen Farbtafeln treffend und oft in natürlicher Größe dargestellt.

II. Der britische Zoologe **George Robert Gray** (1808-1872) stellte im Gegensatz zu Gould nicht die Darstellung und das allgemeine Wissen in den Vordergrund, sondern befasste sich vor allem mit Fragen der Systematik. Er leitete 41 Jahre lang die ornithologische Abteilung des British Museum, Tring, und veröffentlichte von 1840 bis 1870 verschiedene Bücher, die allesamt auf seiner Museumsarbeit beruhten: 1840 beschrieb er in dem kleinen Bändchen „A List of the Genera of Birds" auf den Seiten 50-53 die Familie Psittacidae, bestehend aus 6 Unterfamilien (Platycercinae, Arainae, Palaeorninae, Lorinae, Psittacinae und Cacatuinae) und 36 Gattungen. Darüber hinaus nannte er Synonyme, die Typus-Art jeder Gattung und deren Erstbeschreiber. Ein Jahr später, 1841, folgte die nächste Liste, in der die Gattungen der Papageien auf den Seiten 65-69 dargestellt und um zwei weitere Gattungen ergänzt wurden.

   In den Jahren **1844-1849** veröffentlichte er sein Hauptwerk „**The Genera of Birds, comprising their generic Characters and an extensive List of Species**" in drei Bänden, in denen er insgesamt 11.000 verschiedene Vogelarten beschrieb. Die Papageien behandelte er im Band 2 im Jahr 1845 auf 20 ursprünglich nicht nummerierten Textseiten, 7 Schwarzweiß- und 5 Farbtafeln. (Eine spätere Nummerierung gibt die Textseiten mit 406-427 an, die Schwarzweißtafeln sind mit 101-105 beschriftet und die Farbtafeln von CI – CV.) Insgesamt führte er in diesem Werk nur noch 5 Unterfamilien und 29 Gattungen an: Die Unterfamilie Palaeorninae und die Gattungen *Anodorhynchus, Polytelis, Centrourus* (= *Glossopsitta*), *Brotogeris, Psittacodis* (= diverse Großschnabelpapageien), *Triclaria, Pionus, Poicephalus, Agapornis* und *Corydon* (= *Callocephalon*) unterschied er nun nicht mehr. Dafür erkannte er die Gattungen *Melopsittacus*, *Coriphilus* (= *Vini*) und *Strigops* an. – Das Besondere an dieser Arbeit war, dass G.R. Gray als erster Kriterien für die Unterscheidung von Familien, Unterfamilien und Gattungen angab und darüber hinaus erstaunlich viele Daten zu den einzelnen Gattungen bot. So zeigten die 5 Farbtafeln jeweils einen neuen Vertreter der 5 Unterfamilien. Und die Schwarzweiß-Tafeln zeigten von allen 29 Gattungen jeweils den Kopf (seitlich), den Schnabel (von vorne), einen Fuß und die Schwung- bzw. Schwanzfedern eines typischen Exemplars der Gattung.

1855 erschien der „Catalogue of the Genera and Subgenera of Birds contained in the British Museum", herausgegeben von seinem Bruder John Edward Gray. In dieser Publikation ergänzte George Robert Gray auf den Seiten 85-90 seine 29 Gattungen um 52 Untergattungen, von denen der überwiegende Teil heute als valide Gattung anerkannt wird. – Auch das war eine erstaunliche Leistung für die damalige Zeit! Eine weitere Differenzierung lieferte er bereits 1859, im Teil III., Sektion II., seiner „List of the Specimens of Birds in the Collection of the British Museum". Hier führte er alle Exemplare des Museums incl. aller bekannten Synonyme auf und erarbeitete so die erste umfassende, systematisch geordnete Sammlung von Papageien. Von 1869-1871 erschien schließlich die letzte, noch etwas weiter gehende Veröffentlichung von Gray mit dem Titel „Handlist of the Genera and Species of Birds in the Collection of the British Museum". Im Band 2 von 1870 auf den Seiten 136-172 finden sich 30 Gattungen und 63 Untergattungen.

Darstellung von Gelbwangen-Feigenpapageien (*Psittaculirostris desmarestii occidentalis*) in John Goulds „Birds of New Guinea", das zu einer Buchreihe gehört, die zwischen 1875 und 1888 veröffentlicht wurde.

III. Der dritte auffallende Schriftsteller ist der französische Zoologe, Ornithologe und Politiker **Prinz Charles Lucien Bonaparte** (1803-1857), ein Neffe Napoleon Bonapartes. Er lebte in verschiedenen Ländern (Italien, USA und Frankreich) und hinterließ sehr viel ornithologische Literatur, vor allem aus der Zeit von 1850 bis zu seinem Tod im Jahr 1857. In dieser Zeit war er Direktor des Jardin des Plantes, des Botanischen Gartens in Paris. Aus systematischer Sicht ist vor allem auffällig, wie viele wissenschaftliche Gattungs- und Artnamen er produzierte. Leider ist seine Nomenklatur oft nicht konsequent und variiert ständig, sodass er manchmal mit seinen Arbeiten weniger für Klarheit als vielmehr für Verwirrung sorgte. Von den 86 Gattungsnamen, die er in seiner letzten Veröffentlichung 1857 verwendete, beschrieb er 34 selbst. 19 davon gelten heute noch als valide. Die Zahl der insgesamt von ihm neu eingeführten Papageien-Taxa steigerte sich in 7 Jahren von 66 auf 332. Von daher ist es nicht ungewöhnlich, dass auch heute noch viele wissenschaftliche Erstbeschreibungen auf ihn zurückgehen.

Die wichtigsten Publikationen von Bonaparte sind: **1850 Conspectus Generum Avium**, (Überblick der Vogelgattungen) tom.1, pp. 1-8 (1 Ordnung, 2 Familien, 9 Unterfamilien, 46 Gattungen, 66 Taxa, lateinisch); 1850 Nouvelles especes ornithologiques (Neue ornithologische Arten), Compt. Rend. Hebd. d. Seanc., pp. 131-139 (1 Ordnung, 2 Familien, 41 Gattungen, 265 Taxa, französisch); 1853 Classification ornithologiques par Séries, (Ornithologische Klassifikation nach Serien), Compt. Rend. d. Seanc. 37, pp. 641-647, speziell S. 643 (Tabelle mit 4 Familien und 14 Unterfamilien, Gattungen und Taxa nicht angegeben, lateinisch); 1854 Conspectus Systematis Ornithologiae, (Überblick eines Systems der Ornithologie), Ann. Scien. Natur., Zool., Ser. 4, vol. 1, pp. 105-109, speziell 108-109 (1 Ordnung, 4 Familien, 15 Unterfamilien, 73 Gattungen, 300 Taxa, lateinisch); 1854 Tableau des Perroquets (Tabelle der Papageien), Rev. & Mag. de Zoologie (2)6, Nr. 3, pp. 145-157 (1 Ordnung, 4 Familien, 15 Unterfamilien, 78 Gattungen, 316 Taxa, französisch); 1856 Tabellarische Übersicht der Papageien, Naumannia 6, Beilage Nr. 1, hinter p. 382, drei doppelseitige Tabellen und eine einseitige Tabelle (1 Ordnung, 4 Famili-

CONSPECTUS PSITTACORUM GEOGRAPHICUS.

	ORDO I. PSITTACI. Familia I. Psittacidae.											2.		3.	4. Strigopidae	
	Series I. Americani.			Series II. Orbis antiqui.												
	1.	2.	3.	4.	5.	6.	7.	8.	9.	10.	11.	12.	13.	14.	15.	
Europa	0	0	0	0	0	0	0	0	0	0	0	0	0	0	0	0
Asia	0	0	0	6	0	0	0	4	0	0	0	0	0	3	0	13
Africa	0	0	0	3	0	0	19	0	2	0	0	0	0	0	0	24
America	28	40	57	0	0	0	0	0	0	0	0	0	0	0	0	134
Oceania	0	0	0	15	50	1	5	19	3	4	16	8	2	35	1	159
Orbis	28	40	57	24	50	1	24	23	5	4	16	8	2	38	1	330

Ein Übersichtsblatt der Ordnung der Papagein von Charles Lucien Bonaparte, ein Neffe Napoleon Bonapartes, in der Zeitschrift Naumannia aus dem Jahre 1856.

en, 15 Unterfamilien, 83 Gattungen, 330 Taxa, deutsch), und 1857 Remarques du Prince Bonaparte à propos des Observations de M. Emile Blanchard sur les caractères ostéologiques chez les Oiseaux de la famille des Psittacides. (Bemerkungen von Prinz Bonaparte zu den Beobachtungen von M. Emile Blanchard über die osteologischen Merkmale bei Vögeln der Familie der Psittaciden), pp. 534-539, (Nachdruck des Institut Impérial de France, pp. 1-9, inkl. Tabelle (1 Ordnung, 9 Familien, 18 Unterfamilien, 86 Gattungen, 332 Taxa, französisch).

Die Papageien-Monographien des 19. Jahrhunderts: Nachdem das Hauptaugenmerk anfangs auf großen Enzyklopädien zur Naturgeschichte bzw. zur allgemeinen Ornithologie lag, finden sich etwa ab 1800 eine ganze Reihe von Monographien, die sich ausschließlich mit Papageien befassen. Führend dabei sind vor allem Frankreich und Deutschland.

Gleich mehrere französische Autoren stehen hinter dem vierbändigen Werk „**Histoire Naturelle des Perroquets**“ (Naturgeschichte der Papageien), der ersten umfassenden Monographie der Papageien: Die Bände 1 und 2 stammen von dem Weltenbummler, Sammler und Zoologen **Francois Levaillant** (1753-1824) und erschienen in den Jahren **1801 und 1805**. In ihnen beschreibt er 71 resp. 68 Taxa in französischer Sprache, die allesamt auf Farbtafeln von Jacques Barraband (1767-1809) dargestellt werden. Jeweils am Beginn gibt er unter französischem Namen eine kurze Artbeschreibung. Es folgt eine kurze Synopse bisher verwendeter Namen und dann eine ausführliche Beschreibung der Art inkl. eigener Erfahrungen bzw. allgemein bekannter Besonderheiten. Levaillant unterschied teilweise schon zwischen der Färbung von Männchen und Weibchen, ließ aber ebenso tapirierte (farbveränderte) Exemplare und offensichtliche Mutationen darstellen. Seine Bücher waren damals ausgesprochen populär, allerdings hatte Levaillant in späteren Jahren auch den Ruf, neue Arten zu erfinden, indem er verschiedene Balgteile zu einer „neuen Art“ zusammenbastelte. Dennoch sind viele seiner Taxa auch heute noch klar erkennbar. Im 1. Band finden sich vor allem südamerikanische Keilschwanzpapageien und ein kleinerer Teil südostasiatischer und australischer Arten, im 2. Band Stumpfschwanzpapageien verschiedener Kontinente.

In den Jahren **1837-38** veröffentlichte der Zoologieprofessor **Alexandre Bourjot Saint-Hilaire** (1801-1886) den 3. Band der „**Histoire naturelle des perroquets**“. Er beginnt den Band mit einer kleinen systematischen und biogeographischen Einführung und unterscheidet 6 „Sektionen“: Aras, Keilschwanzsittiche, Loris / Kleinpapageien, Stumpfschwanzpapageien, Kakadus und mit der Gattung *Probosciger* eine Sektion, die den Kreis zwischen Aras und Kakadus wieder schließt, da sie Merkmale beider Gruppierungen besitzt. Diese „Sektionen“ unterteilt er danach in „Kohorten“ und „Subkohorten“. Dann liefert er eine Übersicht der bis dahin bekannten Autoren und ihrer Werke. Schließlich stellt er auf 111 Farbtafeln 94 Papageien dar – in einer ähnlichen Struktur wie Levaillant –, er ergänzt jedoch darüber hinaus z.B. das Herkunftsland, Geschlechtsdimorphismen etc. – Anders als Levaillant verwendet er neben den französischen Namen auch „wissenschaftliche Namen“, die jedoch nicht dem binominalen System Linnés folgen. (z.B. „*Psittacus Platycercus viridis unicolor*“ für den Einfarb-Laufsittich). Auch die Diagnose zur Identifizierung der Art ist nun sowohl französisch wie auch lateinisch gehalten. In diesem Band finden sich vor allem weitere südamerikanische Arten, aber auch viele Kakadus und Kleinpapageien. Es ist in den Bibliotheken ein nur selten vorrätiges Buch.

Der 4. Band wurde **1857-58** von Baron **Charles de Souancé** (1823-1896) unter dem leicht veränderten Titel „**Iconographie des Perro-**

Diese Darstellung eines Nandaysittichs (*Aratinga nenday*) stammt aus Bourjot Saint-Hilaires 3. Band der Histoire Naturelle des Perroquets aus den Jahren 1837-38.

quets" (Ikonographie der Papageien) veröffentlicht und stellt 53 bis dahin unbekannte Taxa dar, 47 davon aus Süd- und Mittelamerika, von kleinen Sperlingspapageien (*Forpus* spec.) bis zu großen, weniger bekannten Aras. Leider wurde das Werk bereits nach der 12. Lieferung beendet, obwohl es ursprünglich deutlich größer angelegt war. Souancé stellte die Arten im Prinzip in gleicher Weise wie die Vorläufer-Werke dar. Allerdings beschreibt er sie zunächst unter dem wissenschaftlichen, nach Linné binominalen Namen, gibt kurz die Synonyme an und äußert sich dann zur jeweiligen Art, auch im Kontext der Verwandtschaft mit anderen Arten. – In seiner Einleitung gibt Souancé eine kurze Übersicht über die Zunahme der bekannten Papageien-Arten: 1766 waren es im Systema Naturae bei Linné noch 47 Arten, 1788 bei Gmelin bereits 141, 1790 im Index Ornithologicus bei Latham 162. Levaillant fügte in seinen zwei Bänden 90 bis dahin unbekannte Arten hinzu, Und bei Souancé sind es bereits um die 300 Arten, von denen er nicht nur das äußere Erscheinungsbild beschreibt, sondern ebenso die Anatomie und Physiologie der Art sowie ihre geographische Verbreitung und ihre bevorzugten Biotope. Das substantielle Wissen über Papageien schien, neben der reinen Beschreibung neuer Arten, zu dieser Zeit bereits deutlich an Bedeutung zu gewinnen.

(Quasi als Vorarbeit zu „Iconographie des Perroquets" hatte Souancé im Jahr davor, 1856, in der Zeitschrift Revue et Magazin de Zoologie pure et appliquée den „Catalogue des Perroquets de la collection du prince Masséna d'Essling..." herausgebracht [pp. 56-64, 152-158, 208-226]. Darin behandelt er 218 Papageientaxa.)

Im Jahr **1832** erschien das Werk **„Illustrations of the Family of Psittacidae, or Parrots"** des jungen Schriftstellers Edward Lear (1812-1888). In diesem Werk illustrierte er 39 Papageienarten auf 42 Farbtafeln und versah sie mit wissenschaftlichem Namen. Leider beließ Lear es bei den Darstellungen und liefert keine weiterführenden Texte.

Abbildung von Grünwangen-Rotschwanzsittichen (*Pyrrhura molinae*) in Baron Charles de Souancés viertem Band der Iconographie des Perroquets aus den Jahren 1857-58.

Die erste deutsche Monographie über Papageien verfasste der junge Naturforscher und Zoologe **Heinrich Kuhl** (1797-1821). Er galt als große Hoffnung für die Naturforschung, starb aber bereits mit 24 Jahren auf einer Expedition nach Java. Seine Monographie, die **1820** erschien, nannte er **„Conspectus Psittacorum"** (Überblick / Zusammenschau der Papageien). Sie ist inhaltlich wesentlich anspruchsvoller als die Darstellungen bei Levaillant: Der ausführliche lateinische Titel lautet übersetzt: Zusammenschau der Papageien mit Definitionen der Arten, neuen Beschreibungen, Synonymen, und über die Herkunftsländer der einzelnen, ihre natürlichen Gegner, ergänzt um die Liste der Museen, in denen ihre wertvollen Überreste aufbewahrt werden. (Nova Acta Physico-Medica, Academiae Caesareae Leopoldino-Carolinae Naturae Curiosorum, Bonn, 10(1), S. 1-104, Taf. 1-3.) – Auf den Seiten 3-15 gibt er zunächst eine allgemeine Charakteristik der Papageien und beschreibt ausführlich ihre typischen Merkmale (Schnabel, Füße und Zunge), und ergänzt dann kurz ihre Nahrung (Früchte), ihren Lebensraum (die heißen Zonen), ihre Eigenarten (Schnabel und Füße werden gleichermaßen genutzt, ihre Stimme ist rau, unter den Vögeln sind sie die sensibelsten Tiere, wie die Affen unter den Säugetieren). Es folgt ein systematischer Überblick über die „Familia Psittacini", die er grob in 6 Sektionen aufteilt: I. *Ara*, II. *Conurus*, III. *Psittacula* und *Lori* IV. *Psittacus*, V. *Kakadoe* und VI. *Probosciger*. (Die Sektion *Probosciger* betrachtet Kuhl als Übergangsform zwischen den Kakadus und den Aras, sodass sich nach damaliger Sicht der Kreis der Papageienarten wieder schließt. Nach heutiger Erkenntnis handelt es sich lediglich um ein Konvergenz-Phänomen und *Probosciger* gehört ebenso zu den Kakadus.) – Diese Gruppen unterscheidet Kuhl dann sowohl nach

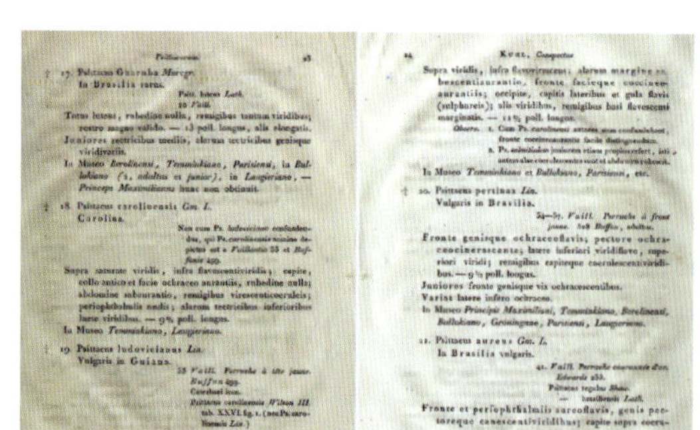

Eine Doppelseite aus Heinrich Kuhls „Conspectus Psittacorum", das 1820 erschien.

geographischen wie auch nach morphologischen Kriterien (Farbe, Schwanzform etc.). Er kannte insgesamt 209 Papageienformen, von denen etwa 40 nach eigenen Angaben bisher noch nicht beschrieben wurden, 50 Formen jedoch Synonyme oder zweifelhafte Arten waren. – Leider differenzierte Kuhl nicht auf Gattungsebene, sondern fasste alle Formen unter dem einen Gattungsnamen *Psittacus*. – Darüber hinaus gab er an, welche Taxa er persönlich gesehen hatte und in welchem der ihm bekannten 14 damaligen Museen und Sammlungen in Deutschland, Großbritannien, Frankreich und den Niederlanden sie zu finden waren.

In allen frühen Werken, in denen Papageien beschrieben wurden, war deren Systematik verständlicherweise noch sehr unausgereift. Manches Mal wurden zwar Ähnlichkeiten wahrgenommen und Papageien daraufhin in „Untergruppen" zusammengefasst. Die Darstellung kam aber lange nicht über grob erfassbare Unterschiede hinaus, wenn etwa Gruppen wie Kakadus, Loris, Sittiche, Stumpfschwanzpapageien oder Kleinpapageien unterschieden wurden. Und bis 1825 kannte man lediglich 8 verschiedene Gattungen (*Psittacus, Ara, Psittacula, Pezoporus, Cacatua, Probosciger, Anodorhynchus* und *Aratinga*), Dies änderte sich sehr deutlich mit den Veröffentlichungen der Jahre 1825–1835, in denen nur 3 Autoren 25 neue Gattungen einführten (Vigors 5, Lesson 8 und Wagler 12). Offensichtlich begann nun eine neue Phase der Systematik, in der die Hunderte von Papageientaxa deutlich stärker systematisiert wurden.

Nur 10 Jahre nach Kuhl begann der bayerische Zoologe **Johann Georg Wagler** (1800-1832) seine **„Monographia Psittacorum"** (Handbuch der Papageien), die **1832** als Teil der Denkschriften der Königlichen Akademie der Wissenschaften in München erschien. Hier erschien der Text auf den Seiten 464-750 und wurde durch die Tafeln XXII-XXVII ergänzt. Nur wenige Jahre später (1835) wurde die Monographie nochmal eigenständig als Sonderdruck herausgegeben, jedoch mit veränderten Seitenangaben (1 bis 288).

Wagler hat die meisten der von ihm beschriebenen Taxa in den bedeutendsten Naturkundemuseen selbst gesehen und etwa zwei Drittel davon auch lebend, sodass es ihm möglich war, die Färbung der Augen, des Schnabels, der Füße wie auch der nackten Körperregionen korrekt zu beschreiben. Seine Terminologie war dagegen noch verhältnismäßig unklar, wenn er etwa von Sippen, Gruppen, Gattungen und Geschlechtern sprach, die er anders verwendete als es heute üblich ist. Seine Synopsen waren dagegen ausgesprochen sorgfältig erarbeitet und umfassten die gesamte damals zugängliche Literatur.

Am Beginn seiner Monographie stand in deutscher Sprache ein kompakter Überblick über die Geschichte und Geographie der Papageien sowie ein etwas eigenartiger Vergleich der Papageien (Aves) mit den Nagetieren (Mammalia). Der gesamte Text zu den einzelnen Gattungen und Arten dagegen war in lateinischer Sprache verfasst. Wagler kannte keine Aufteilung in Familien, dafür aber bereits 30 verschiedene Gattungen, von denen er 22 neu einführte und von denen 13 noch heute Gültigkeit haben. Am Ungewöhnlichsten war dabei, dass er alle Keilschwanzsittiche Mittel- und Südamerikas (von kleinen Schmalschnabelsittichen bis zu großen Aras) in nur eine Gattung (*Sittace*) stellte, die damit über 40 Arten umfasste. Sofern er vorhandene Zeichnungen anführte, bewertet er deren Aussagekraft als „fig. mediocr., fig. accur., fig. mala" (mittelmäßig, akkurat bzw. schlecht). Insgesamt kannte er – ähnlich wie Kuhl – 208 „Arten" aus den verschiedenen Kontinenten (Amerika 83, Australien 66, Asien 43, Australien und Asien 6, Afrika 10). Interessant ist, dass er für alle Gattungen sowohl ihre Etymologie als auch deutsche Gattungsnamen angab. Die deutschen Namen haben sich allerdings oft

Illustrationen des Kahlkopfpapageis (*Pyrilia vulturina*) und Haitisittichs (*Psittacara chloropterus*) in Johann Georg Waglers „Monographia Psittacorum" aus dem Jahr 1832.

nicht durchgesetzt und sind darum eher verwirrend (z.B. *Nymphicus* = Schmucksittiche, *Trichoglossus* = Tastsittiche, *Charmosyna* = Sittichloris, *Tanygnathus* = Schnabelsittiche, *Coracopsis* = Krähensittiche etc.).

In den Jahren **1867-68** verfasste der deutsche Kaufmann und Ornithologe **Otto Finsch** (1839-1917) das umfangreiche Werk „**Die Papageien, monographisch bearbeitet**" in 3 Bänden (1867 Band 1, 1868 Bände 2.1 und 2.2). Finsch arbeitete hauptsächlich an den Museen in Leiden / NL, Bremen und Braunschweig, unternahm aber auch größere Reisen, z.B. nach Nordamerika und Neuguinea. In seiner Papageienmonographie sammelte er die gesamte vor seiner Zeit liegende Literatur, sichtete und bearbeitete sie. Diese Bücher bilden darum eine wahre Fundgrube an Material über Papageien, auch mit einer genauen Angabe von untersuchten Bälgen in den damals bedeutendsten Museen.

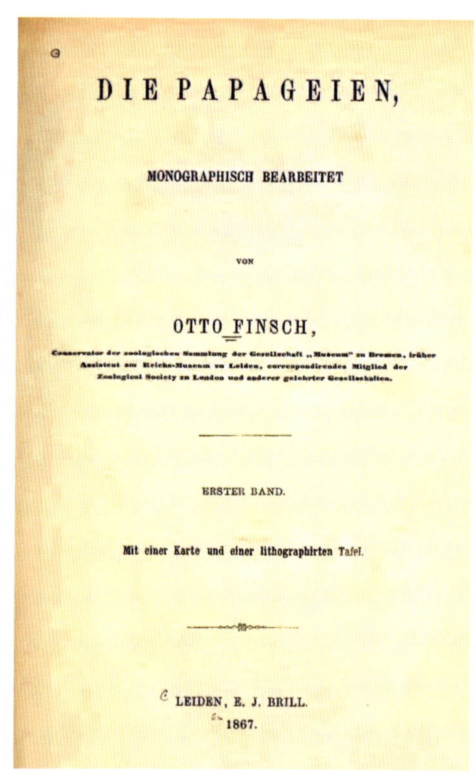
DIE PAPAGEIEN,

MONOGRAPHISCH BEARBEITET

VON

OTTO FINSCH,

Conservator der zoologischen Sammlung der Gesellschaft „Museum" zu Bremen, früher Assistent am Reichs-Museum zu Leiden, correspondirendes Mitglied der Zoological Society zu London und anderer gelehrter Gesellschaften.

ERSTER BAND.

Mit einer Karte und einer lithographirten Tafel.

LEIDEN, E. J. BRILL.
1867.

Die Titelseite von Band 1 aus Otto Finschs Werk „Die Papageien, monographisch bearbeitet", das 1867/68 in drei Büchern veröffentlicht wurde (zwei Bände, wobei der zweite Band als Doppelband erschien).

An den Anfang seiner Monographie stellte er einen ausführlichen, 238 Seiten langen Teil über die „Allgemeine Naturgeschichte der Papageien" mit den Kapiteln: 1. Geschichtlicher und literarischer Überblick, 2. Äußeres Leben, 3. Verbreitung, 4. Geistesanlagen, 5. Gestalt und äußere Werkzeuge, 6. Federn, 7. Anatomie und 8. Systematik. Darauf folgte die ausführliche Besprechung aller ihm bekannten Arten.

Systematisch fasste Finsch alle Papageien in der Familie Psittacidae zusammen. Diese verteilt er dann auf 5 Unterfamilien: Stringopinae = Eulenpapageien, Plictolophinae = Kakadus, Sittacinae = Sittiche, Psittacinae = Papageien, Trichoglossinae = Loris. Damit lehnte er sich eindeutig an frühere Autoren an und bot keinen eigenständigen Entwurf einer Papageiensystematik. Bei der Aufteilung der Gattungen war er sehr konservativ und erkannte lediglich 26 Gattungen an, bei den Arten nur 355 Taxa.

Insgesamt fällt bei ihm auf, dass er nach heutigem Verständnis immer wieder valide Taxa zusammenfasste, weil er versuchte, seine Informationen auf das Wesentliche zu reduzieren. Außerdem unterliefen ihm auch gravierende Fehler, wie etwa die Behauptung, bei den Edelsittichen wären beide Geschlechter generell gleich gefärbt. Auffällig ist auch die Anzahl neuer wissenschaftlicher Namen, die er einführen wollte, weil ihm ältere Namen nicht „qualifiziert" genug waren. So erkannte er etwa wissenschaftliche Namen, in denen griechische und lateinische Ausdrücke kombiniert waren, nicht als valide an, sondern benannte neue Namen, die lediglich aus einer Sprache hervorgingen (z.B. aus *P. columboides* wurde *P. peristerodes*.) Oder er veränderte bereits bestehende Namen, wenn sie ihm grammatikalisch nicht korrekt erscheinen. (Aus *Strigops* bei Gray wurde bei ihm *Stringops*, aus *Pionus* bei Wagler wurde bei ihm *Pionias*, aus *C. placentis* bei Temminck wird bei ihm *C. placens*). – All diese Veränderungen werden heute nicht mehr anerkannt und sind so lediglich als Synonyme anzusehen.

Anton Reichenow (1847-1941) war einer der bedeutendsten Ornithologen und Systematiker des ausgehenden 19. Jahrhunderts. Von 1874 bis 1921 war er am Zoologischen Museum Berlin tätig, ab 1906 als Stellvertretender Direktor. Sein Spezialgebiet war die Ornithologie Afrikas, über die er ein dreibändiges Werk verfasste (Die Vögel Afrikas, 1900-1905). Von ihm stammten insgesamt etwa 540 Veröffentlichungen und 950 Vogeltaxa. Papageien behandelte er zunächst in seinem Buch „**Vogelbilder aus fernen Zonen – Abbildungen und Beschreibungen der Papageien**", das von **1878–1883** erschien. In diesem wurden auf 33 Farbtafeln jeweils 7 bis 10 Papageientaxa (einschl. geschlechtsdimorpher Arten) präsentiert und in einem kurzen, deutschen Text, ergänzt durch wissenschaftliche,

Die Bildtafel Nr. 16 mit „Plattschweifsittichen" aus Anton Reichenows Buch „Vogelbilder aus fernen Zonen", das zwischen 1878 und 1883 erschien.

englische und französische Namen sowie die Angabe des Herkunftslandes, beschrieben. Dabei gruppierte Reichenow nach Möglichkeit verwandte Arten zusammen auf einer Tafel und ergänzte in den Nachträgen 127 weitere Taxa, die allerdings nicht mehr im Bild dargestellt wurden. Sein „Systematisches Verzeichniss aller bekannten Papageien" kannte 448 Arten, die er auf 45 Gattungen und 25 Untergattungen verteilte (die heute übrigens allesamt als valide Gattungen angesehen werden!). Dabei unterschied er 9 Familien (Stringopidae = Eulenpapageien, Plissolophidae = Kakadus, Platycercidae = Plattschweifsittiche, Micropsittidae = Zwergpapageien, Trichoglossidae = Loris, Palaeornithidae = Edelpapageien, Psittacidae = Graupapageien, Conuridae = Keilschwanzsittiche und Pionidae = Stumpfschwanzpapageien). Diese Systematik des ausgehenden 19. Jahrhunderts darf als bereits gut durchdacht und erstaunlich ausdrucksstark betrachtet werden. Leider ist der Text aber insgesamt etwas dürftig.

Im Text deutlich ausführlicher war sein „Conspectus Psittacorum", der 1881 im Journal für Ornithologie auf 238 Seiten, verteilt auf 4 Ausgaben erschien (Journal für Ornithologie 1881, Nr. 153-156, pp. 1-49, 113-177, 225-289 und 337-398). Die Grundstruktur war fast die gleiche (9 Familien, 45 Gattungen, 27 Untergattungen), die Informationen zu den einzelnen Taxa in deutscher Sprache waren aber ausführlicher. Am Anfang dieser Monographie stand ein Überblick über die wichtigste Papageienliteratur seit 1800 und die darin verwendete Systematik. Danach stellte Reichenow sein eigenes systematisches Konzept vor. Des Weiteren beschrieb er die wichtigsten Merkmale aller höheren Stufen der Systematik (Ordnung, Familie, Gattung und Untergattung) und schickt jeder Gattung einen Gattungsschlüssel voraus, der bei der Bestimmung der einzelnen Taxa ausgesprochen hilfreich ist. – Insgesamt beschrieb Reichenow gut 440 Papageienformen, bei denen er zu jedem Taxon den deutschen, englischen und französischen Namen, die Synonyme des Taxons sowie dessen Darstellungen in früheren Werken und seine Herkunftsgebiete angab. Eine genaue Diagnose der Gefiedermerkmale, alle Längenangaben (gesamt, Flügel, Schwanz, Schnabel) sowie die Unterschiede zwischen den Geschlechtern und zwischen Adult- und Jungvögeln führte er in lateinischer Sprache an.

In den Jahren 1913 und 1914 veröffentlichte Reichenow schließlich sein zweibändiges Werk „Die Vögel – Handbuch der Systematischen Ornithologie". Die Papageien wurden darin im 1. Band auf den Seiten 434-495 behandelt.

Bowdler Sharpe und Salvadori – das Britische Museum um die Jahrtausendwende: Während Franzosen und Deutsche maßgeblich in der Erarbeitung der großen Monographien waren, konzentrierte sich die Tätigkeit der Briten auf die Arbeit am Britischen Museum in London/Tring. Der britische Zoologe und Ornithologe **Richard Bowdler Sharpe** (1847-1909) arbeitete dort von 1872 bis zu seinem Tod 1909 und war vor allem als Kurator der Vogel-Kollektion tätig. 1892 gründete er den British Ornithologists' Club und gab dessen Bulletin heraus. In den Jahren **1874-1898** veröffentlichte er den „**Catalogue of the Birds in the British Museum**" (Katalog der Vögel im Britischen Museum), der insgesamt 27 Bände umfassen sollte. Die Hälfte davon bearbeitete er selbst, die übrigen Bände gab er in die Obhut anderer renommierter Ornithologen. – Dieses Mammutwerk ist wohl das letzte große binominale ornithologische Werk. Denn Sharpe war ein strikter Verfechter dieses Konzeptes und lehnte Unterarten als wissenschaftliche Kategorie grundsätzlich ab. Er akzeptierte nur eigenständige „Arten" und ggfs. „Varietäten", die er mit kleinen griechischen Buchstaben bezeichnete.

Der 20. Band aus dem Jahr **1891** behandelt die Papageien und stammt von dem italienischen Arzt und Ornithologen **Tommaso**

JOURNAL
für
ORNITHOLOGIE.
Neunundzwanzigster Jahrgang.

№ 153. Januar. 1881.

Conspectus Psittacorum.
Systematische
Uebersicht aller bekannten Papageienarten.
Von
Dr. Ant. Reichenow.

Die Fortschritte der Ornithologie zeigen sich am deutlichsten bei der Verfolgung der Literatur einzelner Vogelgruppen durch ihre Geschichte. Es ergiebt sich bei derartigen Untersuchungen, in wie weit der fortschreitenden Kenntniss gelungen, ältere Irrthümer zu berichtigen, neue Thatsachen aufzuklären, wie viel des neuen entdeckt wurde und man erhält insbesondere ein höchst interessantes Bild des Wechsels der Anschauungen über eine Vogelgruppe, den wachsenden Erfahrungen gemäss im Laufe weniger Jahrzehnte. Die Fortschritte in der Ornithologie haben in der zweiten Hälfte dieses Jahrhunderts einen so rapiden Lauf genommen, dass monographische Arbeiten über einzelne Abtheilungen der Vögel beinahe schon während des Druckes veralten. Jedenfalls währt es nur wenige Monate, bis die sorgfältigst und gründlichst gearbeitete Monographie Lücken aufzuweisen hat, welche zunächst sporadische, im Laufe der Jahre aber derartig sich häufen, dass oft schon nach Verlauf eines Jahrzehntes die Neubearbeitung desselben Themas als ein dringendes Erforderniss erscheint.

Eine derjenigen Vogelgruppen, welche seit jeher in ganz besonderem Grade das Interesse der Ornithologen auf sich gezogen und dementsprechend in kurzen Intervallen Bearbeiter gefunden hat, ist die Ordnung der Papageien und gerade diese

Cab. Journal f. Ornithol. XXIX. Jahrg. No. 153. Januar 1881 1

Titelblatt von Anton Reichenows „Conspectus Psittacorum", das 1881 im Journal für Ornithologie in vier Teilen erschien.

Salvadori (1835-1923), der von 1879-1923 Vize-Direktor am Museum für Zoologie der Universität in Turin war. Der Band mit dem Titel **„Catalogue of the Psittaci, or Parrots in the Collection of the British Museum“** umfasste eine vollständige Liste aller Papageienarten (auch derer, die nicht im Museum vorhanden sind), ihre kompletten Synonymien und Literatur-Zitate, die sorgfältige Beschreibung jeder Art, ihre Geschlechtsdimorphismen und Jugendgefieder sowie die Herkunft der Art. An diese Beschreibung schloß sich eine Liste aller zum damaligen Zeitpunkt im Britischen Museum vorhandenen Bälge an.

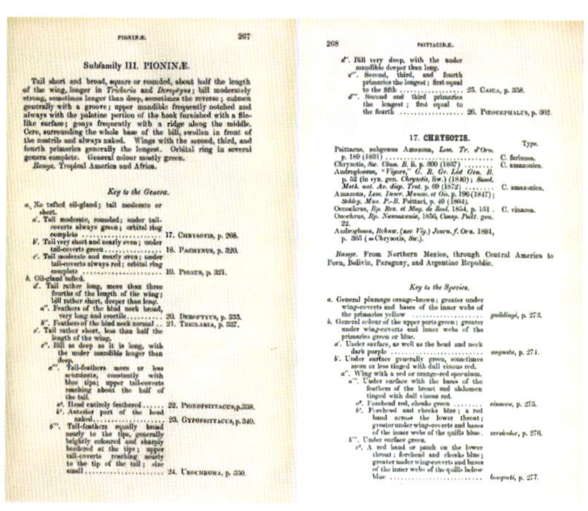

PIONINÆ. 267

Subfamily III. PIONINÆ.

Tail short and broad, square or rounded, about half the length of the wing, longer in *Triclaria* and *Deroptyus*; bill moderately strong, sometimes longer than deep, sometimes the reverse; culmen generally with a groove; upper mandible frequently notched and always with the palatine portion of the hook furnished with a file-like surface; gonys frequently with a ridge along the middle. Cere, surrounding the whole base of the bill, swollen in front of the nostrils and always naked. Wings with the second, third, and fourth primaries generally the longest. Orbital ring in several genera complete. General colour mostly green.

Range. Tropical America and Africa.

Key to the Genera.

a. No tufted oil-gland; tail moderate or short.
a'. Tail moderate, rounded; under tail-coverts always green; orbital ring complete .... 17. CHRYSOTIS, p. 268.
b'. Tail very short and nearly even; under tail-coverts green .... 18. PACHYNUS, p. 320.
c'. Tail moderate and nearly even; under tail-coverts always red; orbital ring complete .... 19. PIONUS, p. 321.
b. Oil-gland tufted.
d'. Tail rather long, more than three fourths of the length of the wing; bill rather short, deeper than long.
a''. Feathers of the hind neck broad, very long and erectile .... 20. DEROPTYUS, p. 335.
b''. Feathers of the hind neck normal .. 21. TRICLARIA, p. 337.
e'. Tail rather short, less than half the length of the wing.
c''. Bill as deep as it is long, with the under mandible longer than deep.
a'''. Tail-feathers more or less acuminate, constantly with blue tips; upper tail-coverts reaching about the half of the tail.
a⁴. Head entirely feathered .... 22. PIONOPSITTACUS, p. 338.
b⁴. Anterior part of the head naked .... 23. GYPOPSITTACUS, p. 340.
b'''. Tail-feathers equally broad nearly to the tips, generally brightly coloured and sharply bordered at the tips; upper tail-coverts reaching nearly to the tip of the tail; size small .... 24. UROCHROMA, p. 350.

268 PSITTACIDÆ.

d''. Bill very deep, with the under mandible deeper than long.
c'''. Second, third, and fourth primaries the longest; first equal to the fifth .... 25. CAICA, p. 358.
d'''. Second and third primaries the longest; first equal to the fourth .... 26. PIONOCEPHALUS, p. 362.

17. CHRYSOTIS.

	Type.
Psittacus, subgenus Amazona, *Less. Tr. d'Orn.* p. 189 (1831)	C. farinosa.
Chrysotis, *Sw. Class. B.* ii. p. 300 (1837)	C. amazonica.
Androglossus, "*Vigors*," *G. R. Gr. List Gen. B.* p. 52 (in syn. gen. *Chrysotis*, Sw.) (1840); *Sund. Meth. nat. Av. disp. Tent.* p. 69 (1872)	C. amazonica.
Amazona, *Less. Descr. Mamm. et Ois.* p. 196 (1847); *Schleg. Mus. P.-B. Psittaci*, p. 49 (1864).	
Oenochrus, *Bp. Rev. et Mag. de Zool.* 1854, p. 151 .	C. vinacea.
Oenochrus, *Bp. Naumannia*, 1856, *Consp. Psitt.* gen. 22.	
Androglossa, *Rchnw.* (nec *Vig.*) *Journ. f. Orn.* 1881, p. 365 (= Chrysotis, *Sw.*).	

Range. From Northern Mexico, through Central America to Peru, Bolivia, Paraguay, and Argentine Republic.

Key to the Species.

a. General plumage orange-brown; greater under wing-coverts and bases of the inner webs of the primaries yellow .... *guildingi*, p. 273.
b. General colour of the upper parts green; greater under wing-coverts and inner webs of the primaries green or blue.
a'. Under surface, as well as the head and neck dark purple .... *augusta*, p. 274.
b'. Under surface generally green, sometimes more or less tinged with dull vinous red.
a''. Wing with a red or orange-red speculum.
a'''. Under surface with the bases of the feathers of the breast and abdomen tinged with dull vinous red.
a⁴. Forehead red, cheeks green .... *vinacea*, p. 275.
b⁴. Forehead and cheeks blue; a red band across the lower throat; greater under wing-coverts and bases of the inner webs of the quills blue. *versicolor*, p. 276.
b'''. Under surface green.
c⁴. A red band or patch on the lower throat; forehead and cheeks blue; greater under wing-coverts and bases of the inner webs of the quills below blue .... *bouqueti*, p. 277.

Abgebildet sind zwei Seiten von Tommaso Salvadoris Identifizierungsschlüssel zu Gattungen und Arten aus dem Band 20 des „Catalogue of the Psittaci or Parrots“ aus dem Jahre 1891.

Salvadori beschreibt die Ordnung der Psittaciden in 6 Familien (Nestoridae, Loriidae, Cyclopsittacidae, Cacatuidae, Psittacidae, Stringopidae) und 8 Subfamilien, von denen 6 zur Familie Psittacidae gehören (Cacatuinae, Calopsittacinae, Nasiterninae, Conurinae, Pioninae, Psittacinae, Palaeornithinae, Platycercinae). Neu in dieser Systematik sind die Erhebung der Feigenpapageien zu einer eigenen Familie Cyclopsittacidae sowie die Erhebung der Spechtpapageien zur Unterfamilie Nasiterninae. Außerdem unterscheidet er (wenn auch noch nicht konsequent) zwischen den Stumpfschwanzpapageien der Altwelt (Psittacinae) und der Neuwelt (Pioninae). Insgesamt kennt Salvadori 601 Taxa in 79 Gattungen, von denen 73 auch heute noch als valide gelten (wenn auch teilweise noch mit anderem Namen). - Im Anhang führt er 56 weitere, allerdings sehr zweifelhafte Taxa auf. Außerdem finden sich dort 21 Taxa auf 18 Farbtafeln von John Gerrard Keulemans und ein umfangreiches Register.

Salvadori veröffentlicht 1905 weitere Ergänzungen zum Catalogue of the Psittaci unter dem Titel „Notes of the Parrots“ (Ibis 1905, pp. 401-429, 535-542, Ibis 1906, pp. 124-131, 326-333,451-465, 642-660, Ibis 1907, 122-151, 311-322) Auf den Seiten 318-322 finden sich Arten, die seit dem Katalog von 1891 neu beschrieben wurden.

Im gleichen Jahr 1891, in dem der Papageienband des Katalogs publiziert wurde, veröffentlichte Sharpe sein Buch „A review of recent attempts to classify birds“ In diesem kleinen Buch behandelt er ausführlich die verschiedensten Konzepte einer Systematik der Ornithologie höherer Ordnung. Dabei unterscheidet er drei Epochen: die Linneische (1735-1800), die Cuviersche (1800-1860) und die Darwinsche (1858-1891). Danach gibt er einen Überblick über die Konzepte seiner Zeit, um schließlich seine eigenen Gedanken darzustellen.

Das letzte größere Werk von Sharpe ist seine „Hand-list of the Genera and Species of Birds“, die er in 5 Bänden in den Jahren von 1899-1909 und einem Index von 1912 verfasste. Darin führt er insgesamt 2.810 Gattungen und 18.393 Arten auf. Die Papageien finden sich im 2. Band von 1900, die (nach dem systematischen Index) auf den Seiten 1-41 zu finden sind.

Papageienliteratur des frühen 20. Jahrhunderts: In der zweiten Hälfte des 19. Jahrhunderts beginnt sich die Literatur über Papageien nach und nach zu verändern. Zum einen findet in dieser Zeit (seit Schlegel 1864) die trinominale Nomenklatur immer mehr Verwendung. Und zum anderen werden neben umfassenden Gesamtdarstellungen auch immer spezifischere Themen behandelt. Dies liegt zum einen daran, dass die Zahl der bekannten Papageien immer zahlreicher und unüberschaubarer wird. Darum richtet sich das Augenmerk verstärkt auf bestimmte Regionen (Australasien, Amerika, Afrika, einzelne Länder), Teilgebiete (Gattungen oder Gattungsgruppen), Museen oder Zielgruppen (Vogelhalter und Züchter). Zum anderen wird der Erkenntniserwerb immer größer, sodass auch offene Fragen der Systematik, Biogeographie und Genetik intensiver angegangen werden.

Philogène Wytsman (1866-1925) war ein belgischer Buchverleger und Ornithologe. In den Jahren **1905-1914** brachte er die Reihe **„Genera Avium“** (Gattungen der Vögel) heraus, deren Teile alle von namhaften Ornithologen verfasst wurden. Darin behandeln die in den Jahren 1905 und 1910 von Tommaso Salvadori verfassten Teile 3, 4, 5, 11 und 12 folgende Gruppen: die archaischen Eulen- und Nestor-Papageien, die Kakadus sowie die Loris und Feigenpapageien. 1914 wurde die Serie nach insgesamt 26 Lieferungen eingestellt, sodass alle übrigen Papageien leider fehlen. – Der Text behandelte die charakteristischen Merkmale der jeweiligen Gattung, ihr typisches Verhalten und ihr Verbreitungsgebiet sowie einen Schlüssel zur Unterscheidung der zugehörigen Taxa. Auf großzügigen Farbtafeln wurden die wichtigsten Merkmale der Arten wie etwa Füße, Köpfe, Schnäbel und Gefieder dargestellt.

Eine Bildtafel aus Philogène Wytsmans Buchreihe „Genera Avium“; die Texte über die Loris wurden von Tommaso Salvadori verfasst und erschienen im Jahre 1910.

Gregory M. Mathews (1876-1949) war ein äußerst produktiver australischer Ornithologe, der um die Jahrhundertwende nach England zog. Hier verfasste er in den Jahren **1910-1927** das zwölfbändige Mammutwerk **„The Birds of Australia“**, das äußerst umfangreich war, denn jeder Band bestand aus 5 bis 9 Teilen. Das Werk wurde am Ende noch um 5 Ergänzungsbände (Supplements) erweitert. Die Papageien behandelte er im 6. Band, der in den Jahren 1916-17 erschien (Teil 1: 1916, Teil 2-5: 1917). – Neben diesem Hauptwerk veröffentlichte er auch in diversen Zeitschriften z.B. „A Handlist of the Birds of Australasia“ in The Emu 1908 (7), Supplement, pp. 1–108; „A Reference-List to the Birds of Australia“ in Novitates Zoologicae, 1912 (18), pp. 171–446; 1920 zusammen mit Tom Iredale „A Namelist of the birds of Australia“ in Austral Avian Record, 1920 (4), pp. 65–113 oder „A manual of the birds of Australia“, 1921, Witherby, London. Sein letztes größeres Werk ist das „Systema Avium Australasianarum“ (System der australasiatischen Vögel) von 1927, wo er die Papageien auf den Seiten 282-354 darstellt.

Mathews war im Wesentlichen ein akribischer Autodidakt, der etliche Namen von Familien, Gattungen, Arten und Unterarten veröffentlichte. Er versuchte, so viele systematische Unterschiede wie möglich zu beschreiben und erhöhte dadurch die Zahl australischer Vögel von ca. 800 auf fast das Doppelte, nämlich etwa 1.500. Jede Auffälligkeit wurde bei ihm als neue Unterart beschrieben, nur um manchmal kurz danach als Variation zurückgezogen zu werden. Aufgrund dieser Vorgehensweise wurde er von anderen Ornithologen deutlich kritisiert und von manchen als Wissenschaftler nicht ernst genommen. Sein Verdienst liegt aber zweifellos darin, dass er die Vogelwelt Australiens wie kein anderer systematisch untersuchte. So ist auch der 6. Band von „The Birds of Australia“ (pp. 1-516. pl. 324-377) eine wahre Fundgrube an Material zur Systematik der (australischen) Papageien.

Eine Bildtafel aus Gregory M. Mathews‘ „Birds of Australia“; die Abbildung zeigt ein Paar Rotflügelsittiche (*Aprocmictus erythropterus*), für die Mathews 1912 zwei neue Unterarten beschrieb (*parryensis* und *yorki*), die beide heute nicht mehr anerkannt werden.

Mathews gruppierte die australischen Papageien in der Ordnung Psittaciformes in 7 Familien (Trichoglossidae für die Loris, Opopsittidae für die Feigenpapageien, Proboscigeridae für die Palmkakadus, Kakatoaeidae für die übrigen Kakadus (mit den Unterfamilien Calyptorhynchinae und Kakatoeinae), Leptolophidae für die Nymphensittiche, Loriidae für die Edelpapageien, Polytelitidae für die Wachsschnabelsittiche, Platycercidae für die Plattschweifsittiche und Pezoporidae für die Erd-, Nacht- und Wellensittiche. Auf Gattungsebene benannte er 37 Gattungen, von denen heute lediglich 4 nicht anerkannt werden. – Mathews gab zu jeder Gattung und Art umfangreiche Informationen, zitierte viele andere Ornithologen, gab Schlüssel zur Unterscheidung der Arten und erklärte für jede Neuerung die Basis seiner Einschätzung sowie die entsprechenden Synonymien. Jede Art wurde außerdem auf einer Farbtafel dargestellt.

Anfang der 30er Jahre begann der US-Amerikaner **James Lee Pe-**

ters (1889-1952) mit der Erarbeitung einer **„Check-list of Birds of the World"**. Peters war Kurator für Vögel am Museum of Comparative Zoology an der Harvard-Universität, Cambridge. Das von ihm initiierte Mammutwerk wurde von **1931 bis 1987** in 16 Bänden herausgebracht. Die ersten 7 Bände stammen von Peters selbst und wurden nach seinem Tod bis zum abschließenden 16. Registerband federführend von **Ernst Mayr** und **Raymond R. Paynter jr.** fortgeführt. Es ist die erste Liste aller lebenden Taxa der Vögel, komplett mit allen Unterarten und mit einer neuen Systematik, die in vielen Bereichen auch heute noch Beachtung findet.

Die Papageien werden im 3. Band von 1937 auf den Seiten 141 bis 273 behandelt. Peters gruppiert die Ordnung der Psittaciformes in nur 1 Familie (Psittacidae) mit 6 Unterfamilien (Strigopinae, Nestorinae, Loriinae, Micropsittinae, Kakatoeinae, Psittacinae), 81 Gattungen und 6 weiteren Untergattungen. Zu allen Gattungen gibt er Quelle, Typus-Art, Synonyme und wichtige Literatur an und bei den Arten und Unterarten darüber hinaus auch historische Darstellungen, Typus-Ort und das allgemeine Herkunftsgebiet. Insgesamt erkennt er 677 Taxa an, benennt aber auch etliche valide und fragwürdige Taxa und bei einigen Gattungen (z.B. *Aratinga*, in die er *Psittacara*, *Eupsittula*, *Guaruba*, *Thectocercus* und *Gymnopsittacus* eingliedert) hat man den Eindruck, sie wären aus einem „Bauchgefühl" neu zusammengestellt worden. (Er akzeptiert auch viele Taxa, die heute längst als Synonym, Kreuzung oder Variation erkannt sind.) Dennoch ist die Arbeit für die damalige Zeit wegweisend und aus historischer Perspektive immer noch interessant.

Die Anfänge populärer Literatur für Papageienhalter und Züchter: Für den englischen Sprachraum verfasste **W. T. Greene** In den Jahren **1884-87** das dreibändige Werk **„Parrots in Captivity"** (1884 vol. 1+2, 1887 vol. 3, Bell & Sons, London). In jedem der drei Bände beschreibt er 27 Papageien, die damals in menschlicher Obhut bekannt waren, selbst wenn manche Art nur sehr selten eingeführt wurde. Jede Art wird mit den wichtigsten wissenschaftlichen, sowie französischem und deutschem Namen beschrieben und ist mit einer Farbtafel illustriert. Der Text ist umfangreich und gibt den jeweiligen Wissensstand zur besprochenen Art wider. Für die damalige Zeit war es sicher ein erstaunlich gutes Werk, auch wenn man aus heutiger Sicht manches an Kritik zur Darstellung anmerken würde.

Darstellung eines Salvadori-Weißohrsittichs (*Pyrrhura griseipectus*) in W. T. Greenes dreibändigem Werk „Parrots in Captivity", das 1884 bzw. 1887 erschien.

Etwa zur gleichen Zeit verfasste in Deutschland der Fachbuchautor und Herausgeber der Zeitschrift „Gefiederte Welt" **Karl Ruß** (1833-1899) vier Bücher zum Thema **„Die fremdländischen Stubenvögel, ihre Naturgeschichte, Pflege und Zucht"** (1879-1888). Der 3. Band von 1881 behandelte die Papageien und umfasste 891 Seiten sowie zehn Farbtafeln, die 41 Arten darstellten. – Dieser Band basierte im Wesentlichen auf Otto Finschs Werk, das Ruß weiterführte und ergänzte. – Auf 41 Seiten gibt Ruß eine gute allgemeine Einführung zu Papageien. In der Inhaltsangabe werden deutsche und wissenschaftliche Namen der Papageien angeführt, wobei die deutschen Namen manchmal recht umständlich („Der Plattschweifsittich mit gelbem Halsband und rother Stirnbinde – *Psittacus semitorquatus*) und heute vielfach veraltet sind. Ruß kennt 27 Gattungen, deren Systematik insgesamt recht zutreffend ist, aber auch einige Skurrilitäten bietet (So werden etwa Spechtpapageien zu den Kakadus gezählt, Nestorpapageien zu den Loris). Insgesamt beschrieb Ruß in diesem Werk 413 Papageienarten.

Außerdem schrieb Karl Ruß im Jahr 1882 „Die sprechenden Papageien – Ein Hand- und Lehrbuch", das über 400 Seiten umfasste. Darin beschreibt er 152 Papageien (nach heutigem Verständnis sowohl Arten als auch Unterarten), gibt jeweils eine Beschreibung, allgemeine Informationen und schließlich deren Sprachbegabung und

Preis zu damaliger Zeit. Am Schluss des Buches gibt er auf gut 150 Seiten Angaben zu Haltung und Pflege, Krankheiten und ein Register. Das Buch wurde auch ins Englische und Französische übersetzt. 1887 erschien bereits eine 2. erweiterte Auflage, bei der Ruß den Inhalt erweiterte und in einem zweiten Band andere sprechende Vögel (z.B. Raben, Stare und Finken) behandelte.

Karl Neunzig (1864-1944) übernahm nach dem Tod von Karl Ruß von 1899 bis 1938 die Schriftleitung der „Gefiederten Welt", zeichnete selbst viele exotische Vögel und brachte etliche Bücher von Ruß in neuer Auflage heraus. Besondere Beachtung fand sein Buch „**Die fremdländischen Stubenvögel**" (5. Auflage von **1921**). Da seine Mutter Jüdin war, wurde ihm von den Nationalsozialisten 1938 die Schriftleitung entzogen und viele seiner Bücher in der Reichspogrom-Nacht verbrannt.

Der britische Architekt und Ornithologe **David Seth-Smith** (1875-1963) veröffentlichte **1902-3** das Buch „**Parrakeets, A Handbook To The Imported Species**". Darin beschrieb er zwar nur die damals bereits importierten Papageien, diese aber dafür umso ausführlicher. Neben der allgemeinen Beschreibung gibt Seth-Smith Verbreitungsgebiete, Habitate, Verhalten, Ausdauer und Fütterung in menschlicher Obhut und ist damit für Halter und Züchter damaliger Zeit von unschätzbarem Wert. Das Buch umfasst 281 Seiten, 20 Farbtafeln und 23 Schwarzweißdarstellungen im Text, auf denen insgesamt über 50 Taxa dargestellt sind (Besprechung in The Auk vol. 20, 1903, pp. 322-323, und vol. 21, 1904, p. 96).

Der britische Ornithologe **Arthur G. Butler** (1844-1925) verfasste **1910** das 2-bändige Werk „**Foreign Birds for Cage and Aviary**". Die Papageien behandelt er im 2. Band („The larger foreign Birds") in Kapitel 8 auf den Seiten 127-242. Er beschreibt etwa 250 Taxa und gibt nach allgemeinen Informationen auch Auskunft über ihre Eignung für die Haltung in Menschenobhut, ihren Charakter, ihre Sprachbegabung und ihren Kaufpreis. Gleichzeitig spürt man überall, dass die Frage der Haltung eher nachgeordnet ist. Dafür werden viele ungewöhnliche Details zu einzelnen Arten gegeben, so etwa der Kaufpreis eines Meerblauen Aras (*Anodorhynchus glaucus*), die Zucht des heute ausgestorbenen Cebu-Fledermauspapageichens (*Loriculus philippensis chrysonotus*) oder die Beobachtung zahlreicher Orangebauchsittiche (*Neophema chrysogaster*) in freier Natur. Der Text wird ergänzt durch die Darstellung von etwa 40 Arten auf Schwarzweiß-Tafeln.

Das Standardwerk zur Zoologie des beginnenden 20. Jahrhunderts ist wohl „**Brehms Tierleben**", das in verschiedenen Ausmaßen und Auflagen immer wieder neu bearbeitet wurde. Die ersten drei zwischen **1863 und 1893** veröffentlichten Auflagen gehen direkt auf **Alfred E. Brehm** (1829-1884) zurück. Alle späteren sind mehr oder weniger stark bearbeitete oder ergänzte Versionen. – Die Papageien werden im Band 12 der Auflage von 1927 ausführlich beschrieben und durch einige Tafeln auch illustriert (Band 12: Vögel im allgemeinen – Papageien – Leichtschnäbler).

Hans von Bötticher (1886-1958) war von 1931-1955 Leiter des Naturwissenschaftlichen Museums Coburg. In dieser Zeit war er als Ornithologe vor allem systematisch, phylogenetisch und zoogeographisch interessiert. In den Jahren von 1950-159 publizierte er in der Neuen Brehm-Bücherei kleinere Büchlein zu verschiedenen Vogelgruppen, die noch heute als relevante Standardwerke angesehen werden. Im Heft 228 von **1959** schrieb er auf 116 Seiten das kleine, aber sehr aufschlussreiche Werk „**Papageien**", das durch 56 Abbildungen und 12 Verbreitungskarten ergänzt wurde und etliche Neuauflagen erlebte.

Die Tafel XXI mit der Darstellung von drei Arten Unzertrennlicher (*Agapornis* spec.) und einem Sperlingspapagei (*Forpus* spec.) in Karl Ruß' Buch „Die fremdländischen Stubenvögel" aus dem Jahr 1881.

Wolfgang de Grahl (1922-1992) war ein Autodidakt in Fragen der Papageienhaltung. Seit Ende der 60er Jahre veröffentlichte er diverse Zeitschriftenartikel und Bücher und gilt damit im deutschsprachigen Raum als wichtiger Autor der modernen Papageienhaltung in der Zeit nach dem 2. Weltkrieg. Das am häufigsten von ihm aufgelegte Buch war **„Papageien – Lebensweise, Arten, Zucht"**, das **1968** erschien und später in der 9. erweiterten Auflage von 1990 einen Umfang von 295 besaß. – Sein insgesamt umfangreichstes Werk war „Papageien unserer Erde", das er 1973 und 1974 im Selbstverlag in zwei Bänden auf 547 großformatigen Seiten herausbrachte. (Dabei lehnte er sich stark an Joseph M. Forshaws Parrots of the World an.) Bebildert wurde dieses Werk von Walter Papenfuss mit 375 Abbildungen mittlerer Qualität auf 47 Farbtafeln.

Papageienliteratur seit den 70er Jahren: Der englische Tierarzt und Papageienliebhaber **George A. Smith** veröffentlichte **1975** einen ausführlichen Artikel mit dem Titel **„Systematics of Parrots"** in Ibis 117, pp. 18-68. Darin referiert er kurz über frühere Ansätze zur Systematik der Papageien und deren Kriterien zur Unterscheidung, um dann seine eigenen Untersuchungen vorzustellen. Diese basieren auf anatomischen Merkmalen (Federhaube, Schädel, Zunge, Zungenbein, Schnabel, Darm, Gallenblase, Halsschlagader, Gabelbein), Färbungsmerkmalen (Dyck-Textur, Flügelspiegel, gestreifte Federn, Nackenfleck, Bürzelfedern, nackte Körperstellen, Irisfärbung) sowie auf dem Vergleich von neugeborenen Küken, nicht ausgefärbten Männchen, Geschlechtsdimorphismen, Balz-, Kopulation- und Brutverhalten, weiteren Verhaltensmustern (Baden, Sonnen, Kratzen), Hybridisierungen, Verbreitungsgebieten etc. Der Artikel wird illustriert durch viele vergleichende Zeichnungen sowie Dendrogramme und bildet damit eine hervorragende Zusammenfassung der Papageiensystematik in der Zeit vor genetischen Untersuchungen.

Der deutsche Ornithologe **Hans Edmund Wolters** (1915-1991) war ab 1973 Leiter der Ornithologischen Abteilung im Naturkundemuseum Alexander König in Bonn. Sein Hauptinteresse galt der Phylogenese und Systematik der Vögel, für die er als einer der ersten europäischen Taxonomen einen kladistischen Ansatz wählte. In den Jahren **1975-82** veröffentlichte er das Werk **„Die Vogelarten der Erde"** mit dem Untertitel „Eine systematische Liste mit Verbreitungsangaben sowie deutschen und englischen Namen." – Zur Systematik der Papageien stellte er zwei sehr differenzierte Entwürfe vor: im 1. Entwurf zählt er auf den Seiten 55-69 dreizehn Familien und 18 weitere Unterfamilien, im 2. Entwurf dagegen nur 15 Unterfamilien. Mit diesen Ansätzen entwarf er ein ganz neues Verständnis der Systematik. Da er sein Werk nur in deutscher Sprache veröffentlichte, fand es international nur wenig Resonanz.

Das wichtigste Standardwerk des 20. Jahrhunderts über Papageien ist wohl **„Parrots of the World"**, das von **Joseph M. Forshaw** (* 1939) verfasst und von **William T.** Cooper (1934-2015) illustriert wurde. Es erschien in mehreren Auflagen (**1973, 1978 und 1989**) und wurde von Forshaw immer wieder erweitert und aktualisiert. Das Werk galt lange Zeit als das Referenzwerk, auf das sich die meisten Autoren in den 70er und 80er Jahren beriefen. Es war das erste Buch, das Daten zu allen bekannten und anerkannten Taxa der Papageien lieferte und alle Arten auch in qualitativ hochwertigen, ganzseitigen Zeichnungen darstellte. Darüber hinaus hat es die Darstellung der Systematik in vielen Werken stark beeinflusst. Forshaw definiert 1973 drei Familien: Loriidae, Cacatuidae und Psittacidae und sieben Unterfamilien. In der Ausgabe von 1989 stuft er die Familien zu Unterfamilien herab und arbeitet dagegen stärker mit der Einheit Tribus (Gattungsgruppe), von denen er elf anerkennt und von

Joseph M. Forshaws Titel von „Parrots of the World", das 1973 mit William T. Cooper als Illustrator erschien.

denen die meisten auch organisch zueinander gehören. Insgesamt unterteilt er die Papageien in 81 Gattungen, die bis auf *Nandayus* (Nandaysittiche) und *Gypopsitta* (Kahlkopfpapageien) heute alle noch anerkannt sind. Allerdings ist die Zahl der heute akzeptierten Gattungen noch um einiges größer.

Das erste ausführliche Werk zur Bedrohung der Papageien und zum Artenschutz stammt von **Rosemary Low** (*1942) und wurde **1984** unter dem Titel **„Endangered Parrots"** veröffentlicht. Darin beschreibt sie in 23 Kapiteln die wichtigsten Gruppen bedrohter Papageien (z.B. Inselamazonen der Karibik), die Hintergründe der Gefährdung (z.B. Lebensraumzerstörung oder Fang für den Handel) sowie die unterschiedliche Lage in unterschiedlichen Kontinenten (Afrika, Australien) und Regionen (Karibik, Pazifik etc.). Schließlich beschreibt sie die Bedeutung der Haltung und Zucht in menschlicher Obhut sowie die Möglichkeiten der Wiedereinführung. Für einen grundlegenden Überblick zu dieser Thematik ist dieses Buch hervorragend geeignet.

Der englische Autor **David Alderton** (*1956) veröffentlichte zahllose Artikel und Bücher über Haustiere. Sein umfassendstes Werk über Papageien ist **„The Atlas of Parrots"**, der **1991** mit Zeichnungen von Graeme Stevenson herauskam. Im Stil ähnelt es Forshaws „Parrots of the World" und ist sogar größer und schwerer als dessen Buch. Es ist jedoch deutlich populärer angelegt und bietet auf den Seiten 334-505 viele Informationen für Züchter. Inhaltlich ist es nicht immer fehlerfrei, was sich auch bei einigen Farbtafeln zeigt.

Das zweite umfassende Standardwerk des 20. Jahrhunderts ist wohl das **„Lexikon der Papageien"** von **Thomas Arndt** (*1952), das in einer vierteiligen Ringbuchausgabe in insgesamt acht Lieferungen von 1990 bis 1996 erschien und im Jahr 1999 in einer Ergänzungslieferung auf den neuesten Stand gebracht wurde. Ergänzt wurde des Lexikon noch durch einen Einführungsteil von Nigel Collar. Es folgten digitale Versionen (2.0 im Jahr 2004 und die vorläufig letzte Version 3.0 im Jahr 2008). Sämtliche Versionen erschienen sowohl in deutscher wie auch in englischer Sprache. – Das Lexikon lieferte zusätzlich zu Forshaws Werk deutlich mehr Informationen, vor allem auch Fotos von lebenden Vögeln oder Balgfotos und Aquarellzeichnungen von unbekannteren Taxa. Außerdem enthielten die digitalen Versionen kurze Videos zu den bekannteren Arten sowie viele Artikel und ausführliche Literaturangaben.

Thomas Arndts „Lexikon der Papageien" wurde in den Jahren 2004 und 2008 als aktualisierte, digitale Version veröffentlicht, nachdem es zuvor in den Jahren 1990 bis 1996 in acht Lieferungen als Loseblattsammlung in Ringbuchordnern erschienen war.

Ein Meilenstein für die gesamte Ornithologie ist sicherlich das **„Handbook of the Birds of the World"**, das von **Josep del Hoyo**, **Andrew Elliott** und **Jordi Sargatal** von **1992 bis 2013** in 17 Bänden herausgegeben wurde. - Die Papageien wurden **1997** im Band 4: Sandgrouse to Cuckoos (Flughühner bis Kuckucke) auf den Seiten 246-279 (Familie Cacatuidae, von Ian Rowley) sowie auf den Seiten 280-477 (Familie Psittacidae, von **Nigel J. Collar**) behandelt. Alle Arten werden in einem kompakten Steckbrief und (einschließlich wichtiger Unterarten) auf 28 Farbtafeln unterschiedlicher Qualität dargestellt.

Die Abbildung zeigt den 1997 veröffentlichten 4. Band (Sandgrouse to Cuckoos) des „Handbook of the Birds of the World", der auch alle Papageien enthält.

Im Jahr **1998** veröffentlichen **Tony Juniper** und **Mike Parr**, zwei Experten auf dem Gebiet des Papageienschutzes, das kompakte und äußerst informative Buch **„Parrots – A Guide to the Parrots of the World"**. Darin behandeln sie alle 352 Papageienarten und deren Unterarten. Es ist vor allem für Artenschutzbehörden und Freilandforscher gedacht und gibt wichtige Informationen zum Identifizieren der Arten, Unterarten, Geschlechter, Jungvögel und Variationen. Hinzu kommen Infos zu Verbreitung, Status und Ökologie sowie detaillierte Verbreitungskarten. In einem eigenen Teil werden alle Arten und die wichtigsten Unterarten auch auf 88 Farbtafeln von fünf verschiedenen Künstlern (mit unterschiedlicher Qualität) dargestellt.

Von großer Bedeutung für den deutschen Sprachraum ist das dreibändige Werk „**Papageien** (Handbuch der Vogelpflege)" von **Franz Robiller** aus den Jahren **1990, 1992 und 1997**. Darin informiert Robiller umfassend über alle Papageienarten und Unterarten. Großzügige Landkarten, klar strukturierte Textteile sowie viele Fotos mit Biotopaufnahmen, Bildern aus freier Natur und menschlicher Obhut sowie Jungvogelbildern machen das Werk zu einem hervorragenden Nachschlagewerk. – Im Gegensatz zu Juniper / Parr behandelt Robiller allerdings stärker die Haltung in menschlicher Obhut, sodass nicht alle Daten aus der Natur (z. B. die auf den Karten angegebenen Verbreitungsgebiete) korrekt sind.

Das letzte größere Gesamtwerk über Papageien ist wohl das **2006** erschienene Buch „**Parrots of the World – An Identification Guide**" von **Joseph M. Forshaw**, der diesmal mit dem Illustrator **Frank Knight** zusammenarbeitete. Dieses 172 Seiten starke Werk ist stärker eine Wissenskompilation und inhaltlich nicht so ausführlich wie die frühen Ausgaben von „Parrots of the World". Der Informationsgehalt ist aber prägnanter und aktueller, sodass das Werk für Freilandbiologen eine wahre Fundgrube ist. Die Zeichnungen von Knight sind von sehr guter Qualität. Die Verbreitungskarten geben sogar detailliert die Verbreitung von Unterarten bzw. Mischgebieten an. Eine kleinformatige Paperback-Version mit 328 Seiten erschien 2010.

Titel des 2006 erschienenen „Parrots of the World - An Identification Guide." von Joseph M. Forshaw mit Illustrationen von Frank Knight.

Literatur zur Geschichte der Papageienliteratur

Je mehr man über Papageien wusste, umso differenzierter wurde auch die Literatur zu diesem Thema. Im Folgenden sollen darum kurz verschiedene literarische Gruppen vorgestellt werden und in einer Auswahl wichtiger Literatur zu jedem Bereich dokumentiert werden.

1. **Literatur zu Museen und Typus-Exemplaren:** Die frühesten Papageien, die lebend nach Europa gelangten, wurden zunächst in Menagerien und Zoos gehalten und dann nach ihrem Tod in den Naturkundemuseen konserviert. Außerdem wurden auf Forschungsreisen gesammelte Bälge in den Museen präpariert und anfangs zumeist in Vitrinen aufgestellt und der Öffentlichkeit zugänglich gemacht oder später in zunehmendem Maße als Forschungsmaterial in großen Schränken in Schubladen aufbewahrt. Darum sind Naturkundemuseen nach wie vor von unendlichem Wert, wenn es um Fragen der Systematik, der Identifizierung unterschiedlicher Phänotypen (geschlechtsspezifisch, altersspezifisch, Morphen, Variationen etc.) oder der geographischen Zuordnung von Unterarten geht. Zudem beherbergen die Museen heute nach wie vor alle Typus-Exemplare der verschiedensten Taxa, sodass über die Arbeit dort die Kontinuität der wissenschaftlichen Namen der Papageien gesichert ist. Dabei werden sowohl die Typus-Exemplare von validen („gültigen") wie auch invaliden (derzeit nicht anerkannter) Taxa aufbewahrt, sodass jeder jemals verliehene wissenschaftliche Name auch heute noch eindeutig nachvollziehbar ist.

1816. Lichtenstein H. Das zoologische Museum der Universität zu Berlin. Buch, pp. 28-30 (Allg. Einführung).

1827. Vigors NA & T Horsfield. A Description of the Australian Birds in the collection of the Linnean Society. Trans. Linn. Soc. London, vol.15, pp. 170, 266-293 (7 Gattungen, 28 Taxa).

1856. Souancé C de. Catalogue des Perroquets de la collection du prince Massena. Rev. & Mag. de Zoologie, pp. 56-64, 152-158, 208-226 (218 Taxa).

1873. Von Pelzeln A. On Birds in the Imperial Collection at Vienna (Psittacidae). The Ibis, pp. 30-33 (10 Taxa).

1890. Heine F. Nomenclator Musei Heineani Ornithologici. Buch, pp. 231-245 (24 Taxa).

1891. Hartert E. Katalog der Vogelsammlung im Museum der Senckenbergischen Naturforschenden Gesellschaft Frankfurt / M. Buch, pp. 152-166 (234 Taxa).

1891. Salvadori T. Catalogue of the Birds in the collection of the British Museum. Vol. XX, pp. i-xvii, 1-658 (Museumsbestand).

1898. Forbes O, Robinson HC & C Herbert. Catalogue of the Parrots in the Derby Museum. Bull. Liverpool Museum, pp. 4-22 (Museumsbestand).

1898. Ihering H von. Das Aves do Brazil. Revista do Museu Paulista, Sao Paulo, Brasilien, vol. III, pp. 308-326 (Museumsbestand).

1928. Hellmayr CE. The Ornithological Collection of the Zoological Museum in Munich. The Auk, vol. 45, pp. 293-301 (Museumsbestand).

1930. Bangs O. Types of birds now in the Museum of Comparative Zoology, Harvard, Psittacidae. Bull. Mus. of Comparative Zoology, 70(4), pp. 200–206 (24 Taxa).

1961. Deignan HG. Type Specimens of Birds in the United States National Museum. Bull. of US Nat. Museum (Psittacidae), pp. 124-131 (34 Taxa).

1966. Warren RLM. Type Specimens of Birds in the British Museum (Natural History). Vol. 1, Non-Passerines, vol. 3 Systematic Index, pp.15-17 (158 Taxa).

1973. Greenway JC. Type Specimens of Birds in the American Museum of Natural History. Bull. American Mus. Of Nat. History, vol. 161, pp. 68-102 (222 Taxa).

1981. Fisher CT. Specimens of extinct, endangered or rare birds in the Merseyside County Museums, Liverpool. Bull. BOC, 101(2), pp. 276-285, Papageien pp. 280-281 (31 Taxa).

1997. Hoek Ostende LW van den, Dekker RWRJ & GO Keijl. Type-specimens of birds in the National Museum of Natural History, Leiden. Part 1. Non-Passerines, Repository. naturalis. nl, pp. 1-10, 114-137 (ca. 100 Taxa).

1999. Benson CW. Type-specimens of bird skins in the University Museum of Zoology, Cambridge, United Kingdom. BOC Occasional Publications, No. 4, pp. 48-50 (10 Taxa).

2000. Roselaar CS & TG Prins. List of Type-specimens of birds in the Zoological Museum of the University of Amsterdam (ZMA). Beaufortia, vol. 50(5), pp. 95-97.102-106 (10 Taxa).

2004. Eck S & C Quaisser. Verzeichnis der Typen der Vogelsammlung des Museums für Tierkunde in den Staatlichen Naturhistorischen Sammlungen Dresden, Zoologische Abhandlungen (Dresden). Vol. 54, pp. 233, 250-255 (26 Taxa).

2007. Schifter H. Bauernfeind E., & T. Schifter. Die Typen der Vogelsammlung des Naturhistorischen Museums Wien, Teil 1. Nonpasseres. Katalog der Wissenschaftlichen Sammlung des Naturhistorischen Mususeums Wien, Aves, Heft 20(1), pp. 159-181 (40 Taxa).

2008. Voisin C & J-F Voisin. Liste des types d'oiseaux des colletions du Muséum national d'Histoire naturelle de Paris. 16: Perroquets (Psittacidae), Zoosystema 30(2), pp. 463-499 (72 Taxa).

2. Literatur zu ausgestorbenen Papageien: Bei den ausgestorbenen Papageien muss man deutlich unterscheiden zwischen gesichert ausgestorbenen Arten, die sich über erhaltene Bälge als real existent nachweisen lassen und den hypothetischen ausgestorbenen Arten, die lediglich in der Literatur erwähnt werden, aber nicht durch Bälge belegt werden können. Die Existenz der letzteren ist je nach Glaubwürdigkeit der Autoren bzw. Ausführlichkeit der Beschreibungen manchmal nur schwer zu entscheiden, bei manchen nicht einmal eindeutig einer Gattung zuzuweisen. Hinzu kommen lediglich fossil belegte Arten, von denen man Skelette oder Teile von Knochen gefunden hat. Die Bewertung dieser fossilen Stücke ist ebenfalls nicht einfach und wird manchmal von Autor zu Autor unterschiedlich eingeschätzt. („Gehört dieser Knochen wirklich zu einem Papagei – oder kann er möglicherweise einer anderen Vogelgruppe zugerechnet werden?") – Zu allen Bereichen gibt es mittlerweile gute historische wie auch rezente Literatur.

1905. Rothschild W. Notes on Extinct Parrots. BBOC 16, pp. 13-15 (5 Taxa).

1905/1908. Clark AC. The West Indian Parrots. The Auk vol. 22 / 25, pp. 266-273, 310- 312, 345-348, 337-344, / 309-311 (3 Gattungen, 22 Taxa).

1907. Rothschild W. Extinct Birds. London, pp. 45-70, (15 Taxa).

1967 (2. Aufl.). Greenway JC. Extinct and Vanishing Birds of the World. New York, pp. 1-520.

1984. Strunden H. Papageien einst und jetzt. Bomlitz, pp. 102-108 (32 Taxa).

1987. Fuller E. Extinct Birds. New York, pp. 130-153 (9 Taxa).

1994. Knox AG & MP Walters. Extinct and Endangered Birds in the collections of The Natural History Museum. Brit. Ornithologists' Club, Occasional Publications, No. 1, pp. 145-167 (54 Taxa).

1995 (4. Aufl.). Luther D. Die ausgestorbenen Vögel der Welt. pp. 103-117.

2000. Fuller E. Extinct Birds. New York, pp. 206-243 (10 Taxa)

2001, Flannery, Tim, Schouten, Peter, A Gap in Nature - Discovering the World's Extinct Animals, (im Buch verteilt), (12 Taxa).

2007, Hume, Julian P., Reappraisal of the parrots (Aves: Psittacidae) from the Mascarene Islands, Zootaxa 1513, pp. 1-76, (9 Taxa).

2012, (2. Auflage 2017), Hume, Julian P., Extinct Birds, pp. 1-544, (2. Auflage pp. 1-608).

2017, Forshaw, Joseph M. & Frank Knight, Vanished and Vanishing Parrots, pp. 1-323, (73 Taxa).

3. Literatur zu anatomiebasierter Systematik: Ein weiterer Forschungsbereich betrifft die Anatomie der Papageien. Hierzu gibt es sehr unterschiedlich qualifizierte Literatur: Bei den frühen Autoren wurde manchmal anhand eines einzigen Merkmals der Anatomie eine völlig neue Systematik entwickelt, die natürlich oft nur wenig aussagekräftig, weil einseitig selektiv, war. Neuere, komplexere Herangehensweisen dagegen bieten dagegen durchaus gediegene Erkenntnisse.

1874. Garrod AE. On some points in the Anatomy of Parrots. Proc. Zool. Soc., pp. 586-598 (Systematik).

1893. Beddard FE. On certain Points in the Anatomy of Parrots. Proc. Zool. Soc., pp. 507-514 (Gesamt-Systematik, Überblick).

1899. Thompson DW. On Characteristic Points in the Cranial Osteology of Parrots. Proc. Zool. Soc., pp. 9-46 (Gesamt-Systematik, Überblick).

1956. Verheyen R. Analyse du potentiel morphologique et projet d'une nouvelle classification des Psittaciformes. Bull. Inst. Roy. Scienc. Nat. Belg. 32(55), pp. 1-54 (Gesamt-Systematik).

1957. Glenny FH. A revised classification of the Psittaciformes based on the carotid artery arrangement patterns. The Annals of Zoology 2(4), pp. 47-56 (Gesamt-Systematik).

1962. LeGay Brereton J & K Immelmann. Head-scratching in the Psittaciformes. The Ibis 104, pp. 169-175 (Gesamt-Systematik).

1980. Homberger DG. Funktionell-morphologische Untersuchungen zur Radiation der Ernährungs- und Trinkmethoden der Papageien. Bonner Zoologische Monographien 13, pp. 1-190 (Gesamt-Systematik).

1975. Smith GA. Systematics of Parrots. Ibis, 117, pp. 18-68 (Gesamt-Systematik).

2006. Gaban-Lima R & E Höfling. Comparative anatomy of the syrinx in the tribe Arini (Aves: Psittacidae). Brazilian Journal of Morphological Sciences, 23 (3-4), pp. 501-512 (47 Taxa der Neuwelt).

2007. Tokita M, Kiyoshi T & KN Armstrong. Evolution of craniofacial novelty in parrots through developmental modularity and heterochrony. Evolution & Development 9(6), pp. 590-601 (35Taxa).

4. Literatur zu DNA-basierter Systematik: Die heute bedeutsamste Erkenntnisquelle in der Forschung ist sicherlich die Genetik. Anfangs wurden oft die gesamten Chromosomensätze verschiedener Papageien in ihrer Gestalt miteinander verglichen, später dagegen wurden einzelne Gen-Sequenzen ausgewählt und immer differenzierter untersucht. Dabei unterscheidet man zwischen nukleärer und mitochondrialer DNA sowie zwischen unterschiedlich signifikanten DNA-Strängen. Auch werden in diesem Bereich unterschiedlichste Untersuchungsmethoden verwendet, die in ihrer Aussagekraft durchaus unterschiedlich sind. – In der Konsequenz erscheint die DNA-Untersuchung als einerseits beste Methode zur Untersuchung von Verwandtschaftsverhältnissen der Papageien. Andererseits trägt sie auch zu einer systematischen Verwirrung bei, da unterschiedliche Methoden zu unterschiedlichen Ergebnissen gelangen und es dem Leser selbst überlassen bleibt, welche Methoden ihm am Glaubwürdigsten erscheinen.

1984. De Lucca EJ. A comparative study of Chromosomes in 5 species from genus *Aratinga*. Cytologia 49, pp. 537-545 (5 Taxa).

1984. Van Dongen M.W.M & LEM De Boer. Chromosome studies of 8 species of parrots of the families Cacatuidae and Psittacidae. Genetica 65, pp. 109-117 (8 Taxa).

1985. De Lucca EJ. The somatic Chromosomes of *Br. sanctithomae* and *versicolurus*. Current Ornithology 2, pp. 155-186 (2 Taxa).

1990. Aquino R & I Ferrari. Chromosome study of *Amazona amazonica* and *A. aestiva*. Genetica 81, pp. 1-3 (2 Taxa).

1990. Belterman RHR & LEM De Boer. A miscellaneous collection of bird karyotypes. Genetica 83, pp. 17-29 (Gesamt-Systematik).

1991. Delucca EJ, Shirley LR & C Lanier. Karyotype studies in twenty-two species of parrots. Rev. Brasil. Genet. 14, 1, pp. 73-98 (22 Taxa).

1991. Christidis L, Shaw DD & R Schodde. Chromosomal evolution in parrots, lorikeets and cockatoos. Hereditas, 114, pp. 47-56 (verschiedene Taxa).

1992. Birt TP, Friesen VL, Green JM, Montevecchi WA & WS Davidson. Cytochrome-b sequence variation among parrots. Hereditas 117, pp. 67-72 (12 Taxa).

1995. Duarte, José MB & R Caparroz. Cytotaxonomic analysis of Brazilian species of *Amazona*. Braz. Journ. of Gen. 18(4), pp. 623-628 (9 Taxa).

1997. Goldschmidt B, Nogueira DM, Mansores DW & LM Souza. Chromosome study in two *Aratinga* species. Braz. Journ. of Gen. 20(4), pp. 1-6 (2 Taxa).

1998. Miyaki CY, Matioli SR, Burke T & A Wajntal. Parrot Evolution and Paleogeographical Events: Mitochondrial DNA Evidence. Mol. Biol. Evol. 15(5), pp. 544-551 (16 Taxa).

2000, Massa R, Sara M, Piazza M, Di Gaetano C, Randazzo M & G Cognetti. A molecular approach to taxonomy and biogeography of African parrots. Ital. J. Zool., 67, pp. 313-317, (39 Taxa). A molecular approach to taxonomy and biogeography of African parrots. Ital. J. Zool., 67, pp. 313-317 (39 Taxa).

2001. Francisco MR, De Oliveira Lunardi V & PM Galetti Jr. Chromosomal Evidences of Adaptive Convergence in the Tail Morphology of Neotropical Psittacidae (Aves, Psittaciformes), Cytologia 66, pp. 329-332 (2 Taxa).

2001. Francisco MR & PM Galetti Jr. Cytotaxonomic considerations on Neotropical Psittacidae birds and three new karyotypes. Hereditas, 134, pp. 225-228 (14 Taxa).

2003. Vitor de Oliveira L, Mercival RF, Rocha GT, Goldschmidt B & PM Galetti Jr. Karyotype description of two Neotropical Psittacidae species. Gen. Mol. Biol. 26, pp. 283-287 (2 Taxa).

2004. Barker FK, Cibois A, Schikler P, Feinstein J & J Cracraft. Phylogeny and diversification of the largest avian radiation, PNAS vol. 101, no. 30, pp. 11040-11045 (Aves).

2004. Caparroz RD & JMB Duarte. Chromosomal similarity between the Scaly-headed parrot, the Short-tailed parrot and the Yellow-faced parrot, Gen. Mol. Biol. 27 (4), pp. 522-528 (3 Taxa).

2004. Tavares ES, Yamashita C & CY Miyaki. Phylogenetic relationships among some neotropical parrot genera. The Auk 121 (1), pp. 230-242 (15 Taxa).

2005. de Kloet RS & RS de Kloet. The evolution of the spindlin gene in birds: Sequence analysis reveals four major divisions of Psittaciformes. Mol. Phylogen. Evol. 36, pp. 706-721 (58 Taxa).

2006. Astuti D, Azuma N, Suzuki H & S Higashi. Phylogenetic relationships within parrots inferred from Mitochondrial Cytochrome-b Gene Sequences. Zoological Science 23, pp. 191-198 (27 Taxa, Altwelt)

2007 Nanda I, Karl E, Griffin D K, Schartl M & M Schmid. Chromosome repatterning in three representative parrots inferred from comparative chromosome painting. Cytogenetics 117, pp. 43-53 (3 Taxa)

2008. Hackett SJ, Kimball RT, Reddy S, Bowie RCK, Braun EL, Braun MJ, Chojnowski JL, Cox WA, Han K-L, Harshman J, Huddleston CJ, Marks BD, Miglia KJ, Moore WS, Sheldon FH, Steadman DW, Witt CC & T Yuri. Phylogenetic Study of Birds Reveals Their Evolutionary History. Science vol. 320, pp. 1763-1767 (Aves)

2008. Wright TF, Schirtzinger EE, Matsumoto, Eberhard TJR, Graves GR, Sanchez JJ, Capelli S, Müller H, Scharpegge J, Chambers GK & RC Fleischer. A Multilocus Molecular Phylogeny of the Parrots (Psittaciformes): Support for an Gondwanan Origin during the Cretaceous. Mol. Biol. Evol. 25 (10), pp. 2141-2156 (Gesamt-Systematik).

2009. Joseph L & KE Omland. Phylogeography: its development and impact in Australo-Papuan ornithology. The Emu 109, pp. 1-23 (2 Taxa).

2010. Mayr G. Parrot interrelationships – morphology and the new molecular phylogenies. The Emu 110, pp. 348-357 (Gesamt-Systematik).

2010, Schweizer M, Seehausen O, Güntert M & ST Hertwig. The evolutionary diversification of parrots supports a taxon pulse model with multiple trans-oceanic dispersal events and local radiations. Molecular Phylogenetics and Evolution 54, pp. 984-994 (60 Taxa).

2011. Schweizer M, Seehausen O & ST Hertwig. Macroevolutionary patterns in the diversification of parrots: effects of climate change, geological events and key innovations. Journal of Biogeography, Online-Version, pp. 1-19 (75 Taxa).

2012. Kundu S, Jones CG, Prys-Jones RP & JJ Groombridge. The evolution of the Indian Ocean parrots (Psittaciformes): Extinction, adaptive radiation and eustacy. Molecular Phylogenetics and Evolution 62, pp. 296-305 (55 Taxa).

2012. Joseph L, Toon A, Schirtzinger EE, Wright TF & R Schodde. A revised nomenclature and classification for family-group taxa of parrots. Zootaxa 3205, pp. 26-40 (höhere Taxa).

2016. Villa Rus A, Cigudosa JC, Carrasco JL, Gomez AO, Almeida T, Joshua S & JL García Miranda. Chromosomal Evolution in Psittaciformes. Revisited. International Journal of Biology, vol. 8, No. 4, pp. 34-65 (15 Taxa).

2017. Arndt T & M Wink. Molecular systematics, taxonomy and distribution of the *Pyrrhura Picta-Leucotis* complex. Open Ornithol. J. 10, pp. 53-91 (15 Taxa).

2017. Urantowka AD, Kroczak A & P Mackiewicz. The influence of molecular markers and methods on inferring the phylogenetic relationships between the representatives of the Arini (parrots, Psittaciformes), determined on the basis of their complete mitochondrial genomes. BMC Evolutionary Biology 17:166, pp. 1-26 (Methodik, 11 Taxa).

2018, Provost, Kaiya et al., Resolving a phylogenetic hypothesis for parrots: implications from systematics to conservation, Emu – Austral Ornithology, vol. 118, no. 1, pp. 7-21 (Gesamt-Systematik).

2022. Smith BT, Merwin J, Provost KL, Thom G, Brumfield RT, Ferreira M, Mauck WM III, Moyle RG, Wright TF & L Joseph. Phylogenomic Analysis of the Parrots of the World Distinguishes Artifactual from Biological Sources of Gene Tree Discordance. Systematic Biology, Online-Version, pp. 1-48 (Gesamt-Systematik).

5. **Geographisch determinierte Literatur:** Schließlich gibt es eine umfangreiche Literatur, die geographisch determiniert erscheint, also eine bestimmte geographische Region behandelt. Dies kann sowohl Material von einer Forschungsreise betreffen wie auch gesammeltes Material in einem Museum. Hinzu kommen Bestimmungsbücher für die Feldforschung, die es mittlerweile in großer Zahl und für praktisch jede Region gibt. Diese Literatur ist oft recht präzise, weil sie sich bei der Untersuchung einer Vogelgruppe begrenzt und darum den Fokus oft deutlicher setzen kann.

AFRIKA:

1902-3. Reichenow A. Die Vögel Afrikas. Band 2, pp. 1-25, Atlas (4 Gattungen, 79 Taxa).

1908. Neumann OR. Notes on African Birds in the Tring Museum. Novitates Zoologicae, pp. 379-390 (32 Taxa).

1899. Neumann O. Beiträge zur Vogelfauna von Ost- und Central Afrika. II. Teil, Journal für Ornithologie, vol. 47, 33, pp. 59-64 (9 Taxa).

1903. Sclater WL. The Birds of South Africa, vol. III, pp. 222-233 (2 Gattungen, 7 Taxa).

Maskarenen: 1876. Newton A & E Newton. On the Psittaci of the Mascarene Islands. The Ibis, pp. 281-289, (8-10 Taxa).

ASIEN:

1850-1883. Gould J. The Birds of Asia. 7 Bände (Band 6), Buch ohne Seitenangaben (15 Taxa, 54 Taxa erwähnt).

1927. Mathews GM. Systema Avium Australasianarum.London, pp. 282-354 (Australasiatische Taxa).

1790; Pennant T. Indian Zoology. London, pp. 68-70 (53 Taxa).

1795, Forster JR. Faunula Indica. Halle, pp. 5-6 (54 Taxa).

1930. Baker ECS. The Fauna of British India. London, Vol. 7, pp. 339-343 (23 Taxa).

Indien, Sri Lanka, Burma: 1927. Baker ECS. The Fauna of British India, including Ceylon and Burma. Vol. IV., London, pp. 196-219 (3 Gattungen, 20 Taxa).

Malaiischer Archipel: 1864. Wallace AR. On the Parrots of theMalayan Region. Proc. Zool. Soc., pp. 272-296 (92 Taxa).

Neuguinea: 1776/1777. Sonnerat P / deutsch: JD Ebeling. Voyage a la Nouvelle Guinée / Sonnerat's Reise nach Neuguinea. Paris / Leipzig, pp. 74-81, 172-177 (11 Taxa).

Neuguinea: 1875-88. Gould J. The Birds of New Guinea and the adjacent Papuan Islands. (Vol. 1-5), London, ohne Seitenangaben, vol. 5 (47 Taxa).

Asien, Neuguinea: 1877, Sclater, Philip L., On Birds collected on Duke-of York-Isl. & New Britain, Proc. Zool. Soc., pp. 96-98, 107f, (8 Taxa)

Asien, Neuguinea: 1901, Rothschild, Walter & Hartert, Ernst, Notes on Papuan Birds, Novitates Zoologicae, pp. 55-62, 64-88, (95 Taxa)

Asien, Neuguinea: 1907, Van Oort, Eduard D., Birds from southwestern and southern New Guinea, Nova Guinea, pp. 70-76, (16 Taxa)

Neuguinea: 1923. Stresemann E. Dr. Bürgers ornithologische Ausbeute im Stromgebiet des Sepik. Archiv f. Naturgeschichte, pp. 46-61 (73 Taxa).

Neuguinea: 1930. Hartert E. On a collection of Birds made by Dr. Ernst Mayr in northern in Northern Dutch Guinea. Novitates Zoologicae, pp. 102-109 (28 Taxa).

Neuguinea: 1941. Mayr E. List of New Guinea Birds. New York, pp. 52-70 (132 Taxa).

Neuguinea: 1956. Iredale T. Birds of New Guinea. Vol. I, Melbourne, pp. 141-172 (Neuguinea-Taxa).

Neuguinea: 1966. Greenway JC. Birds collected on Batanta. Am. Mus. Nov. 2258, pp. 1-11 (6 Taxa).

Neuguinea: 1982. Gressitt JL. Biogeography and ecology of New Guinea. Mon. Biol., Vol. 42, pp. 3-130,169-203, 309-330, 815-966 (Neuguinea-Taxa).

Neuguinea: 1982. Mees GF. Birds from the Lowlands of Southern New Guinea. Zoologishe Verhandelingen Nr. 191, pp. 3-5, 76-83 (8 Taxa).

Pazifik: 1858. Cassin J. US Exploring expedition 1838-42, Mammalogy & Ornithology. Philadelphia, pp. 230-241 (10 Taxa).

Pazifik: 1860. Verreaux J & M Des Murs. Description des Oiseaux noveau. pp. 387-391 (3 Taxa).

Pazifik: 1901. Rothschild W & E Hartert. List on a collection of Birds from Kulambangra and Florida Islands in the Solomon group. Novitates Zoologicae, pp. 186-188 (8 Taxa).

Pazifik: 1901. Jentink FA. Die Vögel der Südwest-Inseln.Notes from the Leyden Museum 22, pp. 284-292 (10 Taxa)

Pazifik: 1902. Heinroth O. Ornithologische Ergebnisse der „I. Deutschen Südsee Expedition von Br. Mencke". Journal für Ornithologie, Vol. 50, pp. 421-427 (6 Taxa).

Pazifik: 1913. Sarasin. F & J Roux. Nova Caledonia – Forschungen in Neu- Caledonien und auf den Loyalty-Inseln. Vol. 1, pp. 1-5, 11-14 (5 Taxa)

Pazifik: 2001. Mayr E & J Diamond. The Birds of Northern Melanesia, Speciation, ecology & biogeography. Oxford University Press, USA, pp. i-xxiv, 3-15, 119-189, 275-287, App. (Aves).

Nord-Melanesien, Philippinen: 1890. Steere. JB. List of Birds collected by the Steere expedition to Philippines.Liste, pp. 3-6 (16 Taxa).

Philippinen: 1906. Hartert E. Notes on Birds from the Philippine Islands. Novitates Zoologicae, pp. 755-758 (8 Taxa).

Philippinen: 1909. Mc Gregor R. Manual of Philippine Birds. Manila, pp. 272-295 (27 Taxa).

Philippinen: 1930. Hachisuka M. Contributions to the Birds of the Philippines. Tokio, No. 2 suppl. xiv, pp. 157-163 (28 Taxa)

Philippinen: 1934. Hachisuka M. The Birds of the Philippine Islands, Vol. II, parts III & IV, pp. 74-104, (24 Taxa).

Philippinen: 1960. Rand AL & DS Rabor. Birds of the Philippine Islands. Fieldiana Zoology, vol. 35, no. 7, pp. 225-239, 248f, 260-282, 310-332, 363-385, 420f (Philippinische Taxa).

Philippinen: 1981. Smith GA. The origin of Philippine parrots & the relationships of the Guaiabero. Ibis, 123, pp. 345-349 (5 Taxa).

Philippinen: 1991. Dickinson EC, Kennedy RS & KC Parkes. The Birds of the Philippines. Holywell, pp. 199-209 (39 Taxa).

Philippinen: 2000. Kennedy RS, Gonzales EC, Dickinson EC, Miranda Jr HC & TH Fisher. A Guide to the Birds of the Philippines. Oxford, pp. 154-161 (12 Taxa).

Wallacea: 1862. Rosenberg H v. Psittaciden auf den Inseln des ostindischen Archipels. Journal für Ornithologie, pp. 59-68 (etliche Taxa).

Wallacea: 1871. Walden A. On the Birds of Celebes. London, pp. 23-32 (9 Taxa).

Wallacea: 1891-96. Meyer AB & LW Wiglesworth. Abhandlungen und Berichte des königlich-zoologischen Museums zu Dresden. Nr. 1-9 (Verschiedene Sammlungen (35 Taxa).

Wallacea: 1885. Blasius W. Beiträge zur Kenntniss der Vogelfauna von Celebes. Budapest, vol. I, pp. 209-220 (5 Taxa, 11 s/w-Zeichnungen).

Wallacea: 1898, Meyer, Adolf Bernhard & Wiglesworth, Lionel W., The Birds of Celebes and the neighbouring islands, Buch, Vol. I, pp. 115-171, (4 Gattungen, 14 Taxa).

Wallacea: 1901. Finsch O. Zur Catalogisirung der ornithologischen Abteilung – Südseepapageien. Notes from the Leyden Museum 22, pp. 134-148 (15 Taxa).

Wallacea: 1904. Hartert E. The Birds of the South-West Islands Wetter, Roma, Kisser, Letti and Moa. Novitates Zoologicae, pp. 192-195 (6 Taxa).

Wallacea: 1914. Hellmayr CE. Die Avifauna von Timor. Stuttgart, pp. 75-83 (8 Taxa).

Wallacea: 1929 Riley JH. A review of the birds of the islands of Siberut and Sipora. Proc. USNM 75, pp. 1-3 (2 Taxa).

Wallacea: 1930 Siebers HC. Fauna Buruana. Treubia vol. 7, Suppl. pp. 252-266 (12 Taxa).

Wallacea: 1976. Eck S. Die Vögel der Banggai-Inseln. Zoolog. Abh. Dresden, Bd. 34, Nr. 5, pp. 55-69 (3 Taxa).

Wallacea: 2004. Trainor CR & T Soares. Birds of Atauro Island, Timor-Leste. Forktail 20, pp. 41-48, hier: 41f, 45f, (2-4 Taxa).

Wallacea: 2008. Trainor CO, Santana F, Pinto P & AF Xavier. Birds, birding and conservation in Timor-Leste, BirdingAsia 9, pp. 16-45, hier 16-23, 26-28 (4 Taxa).

AUSTRALIEN und NEUSEELAND:

1790. Shaw G. Journal of a Voyage to New South Wales by John White. London, pp. 96f, 111f, 115, 152, 176f (7 Taxa).

1837-38. Gould J. A Synopsis of the Birds of Australia and the adjacent islands. 4 Bände, London, ohne Seitenangaben (19 Taxa).

1840-48. Gould J. The Birds of Australia. 7 Bände (Band 5). Loseblattsammlung, London, pp 126-148 (15 Gattungen, 54 Taxa erwähnt).

1865. Gould J. Handbook to the Birds of Australia. (2 Bände), Vol. 2, London, pp. 1-104 (59 Taxa).

1869. Gould J. The Birds of Australia, Supplement. London, pp. iii-iv, 57-66 (10 Taxa).

1877. Diggles S. Companion to Gould's Handbook of the Birds of Australia. Vol. 1, Brisbane, pl. 45-55 mit Texten, (8 Taxa).

1882. Buller WL. Manual of the Birds of New Zealand. Wellington, pp. 33-39 (8 Taxa).

1890. Broinowski GJ. The Birds of Australia. vol. III, Melbourne, pl. 12 – 44 und Texte (32 Taxa).

1899. Hall R. Key to the Birds of Australia and Tasmania, with their Geographical Distribution in Australia. London, pp. 60-68 (67 Taxa).

1901. Campbell JA. Nests and Eggs of Australian Birds, part 1, Sheffield, pp. vi-xvii, xxix-xxx, part 2, pp. 592-661 (67 Taxa, 5 sw-Fotos).

1910. Littler FM. A Handbook of the Birds of Tasmania. Launceston, Tasmania, pp. 88-100 (13 Taxa).

1911. North AJ. Nests and eggs of Birds found breeding in Australia and Tasmania. Vol. III, Sydney, pp. 140-175 (60 Taxa).

1912. Mathews GM. A reference-list to the Birds of Australia. Novitates Zoologicae, pp. 171-174, 258-281 (Australische Taxa).

1913. Mathews GM. A list of the Birds of Australia. London, pp. 118-141 (Australische Taxa).

1914. Zietz FR. The Avifauna of Melville Island. South Austral. Ornithol., pp. 11-14 (7 Taxa).

1927. Mathews GM. Systema Avium Australasianarum.London, pp. 282-354, (Australasiatische Taxa).

1930. Oliver WRB. New Zealand Birds. Wellington, pp. 401-421 (10 Taxa, 3 s/w-Zeichnungen, 5 Fotos).

1955. Oliver, WRB. New Zealand Birds. Wellington, pp. 541-564 (Überarbeitung und Erweiterung, 12 Taxa, 6 s/w-Zeichng. 7 Fotos).

1975. Condon HT. Checklist of the Birds of Australia, Part 1, Non-Passerines. Royal Australas. Orn. Un., pp. 174-204 (52 Taxa).

1988 McAllan I & DB Murray. The Birds of New South Wales: A working list. Turramurra, pp. 39-45 (44 Taxa).

1992. Wells RW & R Wellington. A Classification of Cockatoos and Parrots of Australia. Sydney Basin Naturalist 1992(1), p. (127 Taxa).

1997. Schodde. R & IJ Mason. Zoological Catalogue of Australia, Aves (Columbidae to Coraciidae). Vol. 37.2, Collingwood, pp. v-xiii, 1-8, 64-218, 389-400 (australische Taxa).

2008. Christidis L & W Boles. Systematics and Taxonomy of Australian Birds. Collingwood, pp. 148-158 (australische Taxa).

AMERIKA

Brasilien: 1648. Markgraf G. Historia naturalis Brasiliae.Leiden u. Amsterdam (Liber V, Cap. XI), pp. 190, 205-207, 220 (17 Taxa).

Paraguay: 1805. Azara F de. Apuntamientos para la Historia Natural de los Páxaros del Paraguay y Río de la Plata. Madrid, vol. 2, pp. 383-468 (17 Taxa).

Brasilien: 1824. Spix JB von. Avium species novae, quas in itinere per Brasiliam annis MDCCCXVII-MDCCCXX. München, pp. 25-46 (4 Gattungen, 47 Taxa).

Peru: 1844-1846. Tschudi, JJ. von & JL Cabanis. Untersuchungen über die Fauna Peruana. St. Gallen, pp. 270-274 (6 Taxa).

Karibik: 1847. Gosse PH. The Birds of Jamaica. London, pp. 260-270 (4 Taxa + 3 fragliche Taxa).

British-Guiana: 1848. Cabanis JL. Vögel. Pp. 662–765 in R. Schomburgk, ed., Reisen in Britisch-Guiana in den Jahren 1840–1844. Vol. 3, Leipzig, pp. 723-730 (26 Taxa).

Panama: 1864. Sclater PL. & O Salvin. On a collection of Birds from Panama. Proc. Zool. Soc., pp. 367f (7 Taxa).

Brasilien: 1871. Von Pelzeln A. Zur Ornithologie Brasiliens. Wien, pp. 254-268 (59 Taxa).

Mittelamerika: 1871. Salvin O. On the Psittacidae of Central America. The Ibis 1, pp. 86-100 (27 Taxa, 1 Farbtafel).

Brasilien: 1884. Goeldi EA. As Aves do Brasil. Vol. I, Rio de Janeiro u. São Paulo, pp. 77-130 (14 Gattungen, 114 Taxa, 4 Farbtafeln).

Karibik: 1886. Cory CB. The Birds of the West Indies. The Auk 3, pp. 454-463 (15 Taxa).

Argentinien: 1889. Sclater PL. Argentine ornithology. A descriptive catalogue of the birds of the Argentine Republic. vol. 2, London, pp. 40-48 (10 Taxa).

Karibik: 1905 / 1908, Clark AC. The West Indian Parrots. The Auk vol. 22 / 25, pp. 266-273, 310-312, 345-348, 337-344, / 309-311 (3 Gattungen, 22 Taxa).

Brasilien: 1905/1906, Hellmayr, Carl E., Revision der Spix's Typen brasilianischer Vögel, Abhandlungen der Königlich-Bayrischen Akademie der Wissenschaft, pp. 576-594, (41 Taxa)

Brasilien: 1907. Ihering H von & Ihering R von. Catalogos da Fauna Brazileira, Vol. I, As Aves do Brasil. São Paulo, pp. 108-127 (73 Taxa).

Karibik: 1909. Cory CB. The Birds of the Leeward Islands, Caribbean Sea. Novitates Zoologicae, pp. 193/9, 202/6/8f, 211, 219f, 232f, 242f (9 Taxa).

Brasilien: 1910. Hellmayr CE. The Birds of the Rio Madeira, Brasilien. Novitates Zoologicae, pp. 257f, 402-408 (21Taxa).

Costa Rica: 1910. Carriker MA. An annotated list of the birds of Costa Rica. Pittsburgh, pp. 479-490 (15 Taxa).

Mittelamerika: 1916. Ridgway R. The Birds of North and Middle America. Bull. USNM 50(7), pp. VIII-X, 103-274 (79 Taxa).

Kolumbien: 1917. Chapman FM. The Distribution of Bird Life in Colombia. Bull. USNM 36, pp. 256-265 (31 Taxa).

Südamerika: 1918. Cory. CB. Catalogue of the Birds of the Americas. Fieldiana 13, pp. 51-100 (245 Taxa).

Mittelamerika: 1918. Cory CB. Catalogue of the Birds of the Americas. Fieldiana 13, pp. 51-100 (245 Taxa).

Brasilien: 1920. Miranda-Ribeiro A de. Revisão dos psittacídeos brasileiros. Revista Museo Paulista 12, pp. 1-82 (4 Taxa).

Südamerika: 1926. Wetmore. A. Observations on Birds of Argentina, Paraguay, Uruguay and Chile. Bulletin of the USNM, pp. 191-199 (10 Taxa).

Ekuador: 1926. Chapman FM. The Distribution of Bird Life in Ecuador. Bull. AMNH 55, pp. 253-267 (39 Taxa).

Brasilien: 1929. Hellmayr CE. A Contribution to the Ornithology of Northeast Brazil. Field Mus. Nat. Hist. 12, pp. 235-247, 437-451 (26 Taxa).

Chile: 1932. Hellmayr CE. The Birds of Chile. Field.Mus.Nat. Hist. 11(10), pp. 255-262 (4 Taxa).

Guatemala: 1932. Griscom L. The Distribution of Bird-Life in Guatemala. Bull. AMNH 64, pp. 173-180 (14 Taxa).

Südamerika: 1947. Todd WEC. New South American Parrots. Annals of the Carnegie Museum, pp. xxx 331-337 (11 Taxa).

Kolumbien: 1941. Meyer de Schauensee R. Notes on Colombian Parrots. Notulae Naturae, 140, pp. 1-4 (15 Taxa).

Karibik: 1955. Marien D & KF Koopman. The Relationships of West Indian Species of *Aratinga*. Am. Mus. Novitates 1712, pp. 1-20 (5 Taxa).

Honduras: 1966. Monroe BL. A distributional survey of the birds of Honduras. Ornithol. Monographs 7, pp. 138-148 (14 Taxa).

Panama: 1968. Wetmore A. The birds of the Republic of Panama. Smithsonian Miscellaneous Collections, vol. 150(2), pp. 63-107 (26 Taxa).

Venezuela: 1973. Arp W. Parrots of Venezuela, (Limitierte Auflage von Lithographien), Caracas (12 Taxa).

Peru: 2001. Clements JF & N Shany. A Field Guide to the Birds of Peru. Temecula, pp. 55-61 (50 Taxa).

Südamerika: 2006. Restall R, Rodner C & M Lentino. Birds of Northern South America. London, pp. 1-26, 170-193 (73 Taxa).

Allgemeine Literatur zur Geschichte der Papageienliteratur:

Beolens B & Watkins M (2003). Whose bird? – Men and women commemorated in the common names of birds. Black Publishers, London.

Beolens B, Watkins M & M Grayson (2014). The Eponym Dictionary of Birds. Bloomsbury, London.

Bock WJ (1990). A Special Review: Peters' „Check-List of Birds of the World" and a History of Avian Checklists. The Auk, 107(7), pp. 630-632.

Bregman A (2009). Early birds: A selection of bird books from Belon to Audubon. The Rare Book & Manuscript Library University of Illinois Board of Trustees, pp. 1-13.

Chansigaud V (2009). The History of Ornithology, London, New Holland Publishers.

Cheke, RA (1997). Avian taxonomy from Linnaeus to DNA, Bull. BOC 117(2), pp. 83-84.

Greenwood, JJD (1997). Introduction: the diversity of taxonomies, Bull. BOC 117(2), pp. 85-96.

Farber P (1982). The Emergence of Ornithology as Scientific Discipline: 1760-1850, Dordrecht, Niederlande.

Finsch O (1867-68). Die Papageien, monographisch bearbeitet, 3 Bände, Leiden, Niederlande.

Heemann M (2002). Die Naturgeschichte der Vögel von Georges Louis Leclerc, Comte de Buffon, PAPAGEIEN 15(1), pp. 29-31.

Heemann M (2002). Iconographie des Perroquets von Charles de Souancé, PAPAGEIEN 15(9), pp. 318-321.

Schneider B (1990) Der Maler-Ornithologe Karl Neun-zig (Teil 1 + 2), Die Voliere, 13(3+4), pp. 89-92, 106-108.

Schneider B (1999) Dr. Karl Ruß zum 100. Todestag, PAPAGEIEN 12(10), pp. 346f.

Snow, D.W. (1997). Should the biological be superseded by the phylogenetic species concept? Bull. BOC 117(2), pp. 110-121.

Stresemann E (1975). Ornithology from Aristotle to the Present. Cambridge, Harvard University Press.

Strunden H (1984). Papageien einst und jetzt – geschichtliche und kulturgeschichtliche Hintergründe der Papageienkunde. Horst Müller-Verlag, Walsrode/Bomlitz.

Zink, Robert M. (1997). Species concepts. Bull. BOC 117(2), pp. 97-109.

Wichtige Internet-Quelle zu historischer Literatur: www.biodiversitylibrary.org.

Entstehungsgeschichte der Papageien

So einfach es ist, Papageien als Papageien zu erkennen, so komplex ist es, die Entstehungsgeschichte der Papageien zu rekonstruieren: Wo kommen sie ursprünglich her? Wo liegt also der geographische Ursprung der Papageien? Und wie haben sie sich dann weiterentwickelt und weiterverbreitet? Was sind Ihre nächsten Verwandten unter den Vögeln? Welche Papageiengruppen sind archaisch, welche sind phylogenetisch noch relativ jung? – All diese Fragen sind natürlich für ein besseres Verständnis der Psittaciformes von großer Bedeutung. Doch wie nähert man sich diesen Fragen? Und wie sind sie möglichst angemessen zu beantworten?

Grundsätzlich muss man sich bewusst sein, dass jede Entstehungsgeschichte der Papageien zunächst nur Hypothese ist. Sie ist immer der Versuch, einen möglichst schlüssigen Entwurf der Entstehung und geschichtlichen Weiterentwicklung der Papageien zu bieten, bei dem man sich zwar auf verschiedene Quellen stützen kann, bei dem aber auch große Teile der Entwicklung im Dunkeln liegen und darum auch nur unzureichend beleuchtet werden können. Darum ist es wichtig, nicht nur einem Erklärungsansatz zu folgen, sondern möglichst mehrere miteinander zu kombinieren, sodass sich ein möglichst schlüssiges Bild ergibt.

Eine erste Annäherung: Für eine erste Orientierung wird man vermutlich zunächst seinem gesunden Menschenverstand folgen. Bei manchen Formen der Papageien ist man einfach schon intuitiv geneigt, sie als „archaisch" bzw. recht ursprüngliche Formen einzustufen. Das gilt sicherlich für so ungewöhnliche Vögel wie Eulen- und Nestorpapageien (*Strigops, Nestor*), aber auch für Vasa- und Borstenkopfpapageien (*Coracopsis, Psittrichas*). Die Angehörigen dieser Gattungen sind zwar aufgrund ihres Schnabels und ihrer Zehenstellung eindeutig als Papageien identifizierbar. Gleichzeitig sind sie aber auch in Färbung und Verhalten so untypisch und ungewöhnlich, dass man geneigt ist, sie als sehr alte Formen anzusprechen. – Im Gegensatz dazu wird man beim Stichwort „moderne Papageien" eher an Gruppierungen wie die Loris (Loriinae) oder australische Sittiche (Platycercinae) denken: diese Gruppen wirken viel „typischer" als Papagei und bei genauerer Betrachtung merkt man, dass bei ihnen sehr viele Variationsformen zu finden sind, die noch nicht zu klar abgrenzbaren Unterarten geführt haben (z.B. beim *Trichoglossus-haematodus*-Komplex oder bei den *Platycercus*-Formen). Diese Gruppen scheinen also noch viel stärker in Entwicklung zu sein und sind taxonomisch nicht immer leicht zu bewerten.

Borstenkopfpapageien (*Psittrichas fulgidus*) zählen zu den älteren noch lebenden Papageienarten.

Solche intuitiven Wahrnehmungen allein haben natürlich nur eine begrenzte Aussagekraft. Sie müssen selbstverständlich genauer auf ihren Wahrheitsgehalt überprüft und nach Möglichkeit mit wissenschaftlichen Methoden bewiesen oder widerlegt werden. Außerdem kann man mit dieser Herangehensweise lediglich Aussagen über heute existierende Formen treffen. Unklar bleibt dabei, welche Papageienartigen mittlerweile ausgestorben sind und welche Zwischenformen uns deshalb für eine angemessene Bewertung fehlen.

Wissenschaftliche Herangehensweisen: Versucht man, sich den offenen Fragen der Evolutionsgeschichte der Papageien zu nähern, so wird man sich in der Regel mit drei Erkenntnisquellen beschäftigen, die wissenschaftlich allgemein akzeptiert sind: 1. Fossilien, 2. Morphologie und 3. DNA-Untersuchungen.

1. Fossilien: Die Untersuchung von Papageien-Fossilien ist sicher die Erkenntnisquelle, die uns am weitesten an die Ursprünge der Papageien-Entwicklung heranführt. Das Vorhandensein bzw. die Gestalt bestimmter Knochen (-teile) erlaubt eine Rückverfolgung von Entwicklungslinien bis in prähistorische Phasen der Erdgeschichte.

Fossilien haben dabei einerseits den Vorteil, dass sie real existieren und darum nicht als „hypothetische Erwägungen" abqualifiziert werden können. Andererseits besitzt die Interpretation der aufgefundenen Knochen aber auch ein hypothetisches Element, weil manche Stücke durchaus unterschiedlich bewertet werden können (vgl. dazu ausführlich Waterhouse 2006). Dennoch ist ihre Bedeutung für die Nachverfolgung der Entstehungsgeschichte der Papageien von unschätzbarem Wert.

Bei den Fossilien gilt es grundsätzlich zu unterscheiden zwischen Fossilien rezenter (heute noch existierender) Formen und Fossilien längst ausgestorbener Taxa. Erstere können z.B. bei der Erhellung von geographischen Entwicklungslinien helfen, weil sie eine umfassendere Verbreitung eines Taxons nachweisen können, das heute möglicherweise nur noch als Reliktpopulation existiert. - So hat man z.B. bei den *Anodorhynchus*-Arten festgestellt, dass es früher wohl ein durchgängiges Verbreitungsgebiet der beiden kleineren Arten (*A. glaucus* und *A. leari*) gegeben hat, das vom Nordosten Brasiliens bis in den Südosten reichte, heute aber nur auf minimale Verbreitungsreste beschränkt ist (Alvarenga 2007). – Ebenso ließ sich nachweisen, dass Edelpapageien (*Eclectus* spec.) früher offensichtlich noch viel weiter nach Osten, bis nach Polynesien, vorkamen, nachdem man Knochen einer bis dahin unbekannten Edelpapageien-Art (*E. infectus*) auf den Fidschi-Inseln und auf Vanuatu entdeckte (Steadman 2006). – Ein drittes Beispiel betrifft die Gattung der Felsensittiche (*Cyanoliseus* spec.), bei denen man neben den heute existenten Taxa mindestens zwei weitere nachweisen konnte, die sich auffallend in der Größe von den jetzigen Taxa unterscheiden.

Anders verhält es sich mit den Fossilien ausgestorbener Taxa: Sie sind leider nur sehr bruchstückhaft vorhanden und auch nicht immer eindeutig zu identifizieren. Sie gleichen damit einem Puzzle, bei dem viele Teile fehlen und bei dem man dennoch versucht, ein möglichst aussagekräftiges Bild zu bekommen. – Eigenartigerweise war es so, dass man früher, seit dem 19. Jahrhundert, fossile Papageienknochen überwiegend auf der nördlichen Halbkugel gefunden hat, während die heutigen Papageien ja überwiegend auf der Südhalbkugel vorkommen. Daraus ergab sich natürlich die Frage, ob der Ursprung der Papageien tatsächlich auf der nördlichen Halbkugel (dem ehemaligen Superkontinent Laurasia) zu suchen sei oder ob diese Erkenntnisse irreführend waren und die Papageien – unabhängig von den aufgefundenen Fossilien – doch auf der südlichen Halbkugel (dem ehemaligen Superkontinent Gondwana) entstanden. – Intuitiv ist man versucht zu sagen: „Das kann doch nur im Süden passiert sein, nie im Leben im Norden!" Aber die Belege der Fossilien sprechen eindeutig dagegen: so fand man Knochen von frühen Vorläufern der Papageien vor allem in England, Frankreich und Deutschland, aber auch in Tschechien und den USA. Bisher bekannt sind die folgenden Taxa:

- Ältester, unbenannter Papageienvorläufer, Schnabelfragment ähnlich einer großen Lori-Art (z.B. *Trichoglossus*), Niobara County, Wyoming, USA, vor 74-65 Millionen Jahren (Stidham 1998, von Dyke & Mayr 1999 als Papagei stark infrage gestellt)

- *Parapsittacopes bergdahli*, London Clay, Süd-England, vor 55 Millionen Jahren, Übergang vom Singvogel zum Papagei (Mayr 2021)

- Drei Exemplare eines Papageienvorläufers mit kurzem, flachem Schnabel, Gattung *Psittacopes*, Größe wie Fledermauspapageien (*Loriculus* spec.), London Clay, Süd-England, vor mehr als 52 Millionen Jahren (Mayr & Daniels 1998)

- *Xenopsitta feifari*, ähnlich afrikanischen Großpapageien (*Psittacus, Poicephalus*), westliches Böhmen, Tschechien, vor mehr als 52 Millionen Jahren (Mlikovský 1998)

- *Palaeopsittacus georgei*, einem Mohrenkopfpapagei (*P. senegalus*) ähnlich, London Clay, Süd-England, vor 52-40 Millionen Jahren (Harrison 1982, von Olson 1985, Mayr & Daniels 1998, Dyke & Cooper 2000 als papageiartig stark infrage gestellt)

- *Psittacopes lepidus*, Größe wie Fledermauspapageien (*Loriculus* spec.), Grube Messel, Hessen, Deutschland, vor 52-40 Millionen Jahren, Übergang vom Singvogel zum Papagei (Mayr & Daniels 1998)

- *Quercypsitta sudrei* und *Quercypsitta ivani*, Quercy, SW-Frankreich, vor 40-36 Millionen Jahren (Mourer-Chauviré, 1992, von Mayr & Daniels 1998 um eine weitere *Quercypsitta*-Art erweitert)

- *Pulchrapollia gracilis*, Größe etwa wie ein Ziegensittich (*Cyanoramphus novaezelandiae*), London Clay, Süd-England, vor 38-34 Millionen Jahren (Dyke & Cooper 2000, von Mayr 2001 als papageiartig infrage gestellt)

- *Mopsitta tanta*, Größe etwa wie ein Gelbwangenkakadu (*Cacatua sulphurea*), Mo-Clay-Formation, Mors, Dänemark, vor 45 Millionen Jahren (Waterhouse et al. 2008, von Mayr als falsche Bestimmung eines Ibis erachtet, Mayr 2022)

- *Mogontiacopsitta miocaena*, in der Nähe von Mainz, vor 23 Millionen Jahren (Mayr 2010)

- *Archeopsittacus verreauxii*, einem Graupapagei (*Psittacus erithacus*) ähnlich, aber kleiner, Dept. Allier, Mittelfrankreich, vor 23-16 Millionen Jahren (Milne-Edwards 1870)

- *Bavaripsitta ballmanni*, ähnlich einer *Polytelis*- oder *Psephotus*-Art, Bayern, Deutschland, vor 23-5 Millionen Jahren (Mayr & Göhlich 2004)

Diese Aufzählung vermittelt einen kleinen Überblick, wie bruchstückhaft die fossilen Belege für frühe Papageiartige sind. Daraus eine schlüssige Evolutionsgeschichte entwickeln zu wollen ist schlicht und einfach nicht möglich.

Was sich jedoch sehr deutlich sagen lässt ist: Das erste signifikante Merkmal der Papageien-Vorläufer war interessanterweise nicht der typische gekrümmte Schnabel, sondern die zygodaktyle Gestaltung des Fußes (zwei Zehen nach vorne, zwei Zehen nach hinten). Diese Anordnung ist allerdings nicht nur bei Papageien nachgewiesen, sondern findet sich als Parallelentwicklung auch bei anderen Vogelgruppen (z.B. Spechten und Kuckucken), was eine sichere Zuordnung wiederum erschwert. Die typische Schnabelform der Papageien ist dagegen erst wesentlich später entstanden, was auch damit zusammenhängt, dass der Schnabel ein sehr variables Merkmal der Vögel ist, der sich bei veränderter Nahrung auch relativ schnell mit verändert.

Für die Frage, wo die frühesten Papageienvertreter entstanden sein könnten, ergaben sich aufgrund der früheren Daten zwei Möglichkeiten (vgl. Mourer-Chauviré 1992):

– Sie entstanden, wie die fossilen Belege es nahelegen, in der nördlichen Hemisphäre. Im Verlauf der Entwicklung wanderten sie aber immer weiter nach Süden, während die nördlichen Formen (aus klimatischen Gründen?) im Laufe der Zeit ausstarben. Die Umweltbedingungen in der südlichen Hemisphäre waren dagegen so gut, dass die Papageien sich dort immer mehr verbreiteten und sich immer stärker ausdifferenzierten.

– Sie stammen von einem gemeinsamen Vorfahren auf dem Riesenkontinent Pangäa, der anfangs alle Landmassen vereinte. Dieser spaltete sich später in Laurasia und Gondwana auf und bei dieser Aufspaltung entstanden in beiden Hemisphären Vorläufer der Papageien. Dabei entwickelten sich die südlichen Vorläufer schneller und besser und breiteten sich sekundär auch in der nördlichen Hemisphäre aus. Dort übertrumpften sie die nördlichen Vorläufer, die damit ausstarben, bis sie sich dann schließlich selbst wieder verstärkt auf die südliche Halbkugel zurückzogen und auf der nördlichen Halbkugel mehr oder weniger ausstarben.

Welche dieser beiden Hypothesen zutrifft, lässt sich im Grunde nicht entscheiden. – Folgt man dagegen den heutigen genetischen Untersuchungen, so ist der Ursprung der Papageien recht eindeutig in der australischen Region, speziell in Neuseeland zu suchen. Dort fand man auch einen fossilen Kakaduschnabel (Boles 1993) und Knochen eines riesigen neuseeländischen Papageis (*Heracles inexpectatus*, Mayr 2022) sowie anderer nestorähnlicher Papageien (vier Arten der Gattung *Nelepsittacus*, Worthy et al. 2011), die diese Hypothese unterstützen. – Und dennoch bleibt die Frage der letztlichen Herkunft der Papageien und ihrer Vorläufer nicht eindeutig geklärt und wird sich möglicherweise nie eindeutig klären lassen.

2. **Morphologie:** Die zweite wichtige Methode zur Erhellung der Entstehungsgeschichte der Papageien ist die Untersuchung der Morphologie, sprich der physikalischen Merkmale. Diese Methode war in der Vergangenheit die bedeutsamste und hat über große Zeiträume hinweg die Untersuchung Papageiartiger mehr oder weniger ausschließlich bestimmt: Da die Untersuchung von Fossilien in früheren Jahrhunderten allenfalls bruchstückhafte Erkenntnisse lieferte und die Methode der DNA-Analyse noch nicht existierte, blieb nur eine Methode der Erschließung der Entstehungsgeschichte, nämlich die anhand von morphologischen Merkmalen. Hierzu gehören zunächst alle äußerlich erkennbaren Merkmale wie Größe und Form der verschiedenen Körperteile (z.B. Schnabel, Flügel, Füße), Farbe und Färbungsmuster des Federkleides sowie der unbefiederten Körperteile (z.B. Schnabel, Wachshaut, nackte Wangenflecken, Iris) und schließlich die besonderen Merkmale wie etwa aufrichtbare Federhauben, Pinselzungen oder spatelförmige Schwanzfedern. Hinzu kommen die äußerlich nicht sichtbaren Merkmale wie z.B. der Aufbau und die Gestalt des Skeletts sowie das Vorhandensein und die Form der inneren Organe (z.B. der Gallenblase, des Zungenbeins, des Gabelbeins, der Halsschlagader, der Laufknochen etc.). Diese Merkmale lassen sich natürlich nur untersuchen, wenn es in den Museen entsprechende Präparate, sprich Skelette und Alkoholpräparate gibt oder wenn man einen frisch verstorbenen Vogel seziert. – Die Glaubwürdigkeit der Erkenntnisse beruht natürlich auf der Anzahl der untersuchten Merkmale. Zwei Beispiele mögen das verdeutlichen:

In einem Artikel von 1874 untersuchte Alfred Henry Garrod vier anatomische Merkmale bei 81 Papageienarten aus 39 Gattungen, nämlich die Gestalt der Halsschlagader, das Vorhandensein und die Gestalt eines bestimmten Oberschenkelmuskels, der Bürzeldrüse und des Gabelbeins. Aufgrund dieser vier Merkmale entwirft er eine Entstehungsgeschichte und Systematik, die nicht einer gewissen Skurrilität entbehrt. So fasst er die Eulenpapageien (*Strigops*) mit Grassittichen (*Neophema*), Wellensittichen (*Melopsittacus*) und Agaporniden (*Agapornis*) zusammen. – Nach heutigen Erkenntnissen ist keine der vier Gattungen mit einer der anderen verwandt. Ebenso fasst er Rotschwanzsittiche (*Pyrrhura*), Schwalbensittiche (*Lathamus*), Vasapapageien (*Coracopsis*) und Pompadoursittiche (*Prosopeia*, bei ihm noch unter *Pyrrhulopsis* geführt) zusammen. Auch zwischen diesen Gattungen gibt es keinerlei verwandtschaftliche Beziehung. – Die frühesten Papageien sind bei ihm die Edelpapageien bzw. Loris („Palaeornithinae"), die jüngsten Papageien dagegen die amerikanischen Stumpfschwanzpapageien („Chrysotinae"). – Dieses Beispiel zeigt, dass eine Untersuchung, die – trotz einer nicht zu unterschätzenden Fleißarbeit – auf zu wenigen bzw. willkürlich herausgegriffenen Merkmalen basiert, keinerlei Wert besitzt und zur Erhellung der Entstehungsgeschichte der Papageien nichts beitragen kann.

Ein positives Beispiel aus vorgenetischer Zeit ist dagegen die Untersuchung von George A. Smith aus dem Jahr 1975: In dieser ausführlichen Arbeit zur Systematik der Papageien („Systematics of Parrots") untersucht Smith 126 Arten aus 51 Gattungen. In seiner Einleitung äußert er sich dabei bereits zur Frage von Signifikanz von Merkmalen. Denn nicht alle Merkmalsunterschiede sind von gleicher Bedeutung. So sind etwa Färbungsunterschiede von deutlich größerer Relevanz, wenn sie sich bei den Signalregionen des Gefieders zeigen (z.B. die Schwanzfärbung bei den Rabenkakadus [damals noch alle in der Gattung *Calyptorhynchus* geführt], die besonders bei der Balz gezeigt wird, oder auch die Unterflügelfärbungen bei Nestorpapageien [*Nestor* spec.] und einigen Lori-Arten [Loriinae spec.], die der Abschreckung von Fressfeinden dienen, wenn die Vögel plötzlich auffliegen). Unterschiede in der Gestalt des Schnabels bzw. in der Flügelform dagegen sind von deutlich geringerer Relevanz, da sie als Anpassung an die jeweilige Nahrung bzw. das jeweilige Biotop entstehen. Diese Entwicklung kann bereits innerhalb weniger Generationen geschehen, ist aber für phylogenetische Erkenntnisse nicht von Bedeutung.

In seinem Artikel untersuchte Smith insgesamt 30 verschiedene Merkmale (20 anatomische und darüber hinaus 10 verhaltensbiologische) und befasste sich auch mit Fragen der Bedeutung von sexuellem Mono- oder Dimorphismus sowie der unterschiedlichen Färbung bei Jungvögeln. Am Ende seiner Untersuchung kam er zu 11 Gattungsgruppen, von denen wir heute noch 9 Gattungsgruppen fast bedeutungsgleich anerkennen. Was die Entstehungsgeschichte der heutigen Papageien betrifft, so finden sich bei Smith ebenfalls etliche heute durch DNA-Untersuchungen bestätigte Entwicklungslinien: Was ihm nicht korrekt gelang, war die Zuordnung einzelner Gattungen wie die der Spechtpapageien (*Micropsitta* spec.) oder der Borstenkopfpapageien (*Psittrichas fulgidus*). Und auch die phylogenetische Position der Plattschweifsittiche (Platycercinae) schätzt er falsch ein. Aber es ist insgesamt erstaunlich, wie viele korrekte Schlussfolgerungen er aufgrund seiner differenzierten Analyse ziehen konnte. Die (genaue) Untersuchung physikalischer Merkmale ist also offensichtlich nach wie vor eine sehr gute Methode, die oft in Korrelation zu genetischen Untersuchungen steht und über das rein Genetische hinaus auch weitere Zusammenhänge, was Aussehen und Verhalten der Papageien betrifft, erhellen kann.

Der spatelförmige Schwanz der Raketenschwanzpapageien (*Prioniturus flavicans*) findet sich nur bei den Vertretern der Spatelschwanzpapageien (*Prioniturus* spec.). Er ist ein abgeleitetes Merkmal, das phylogenetisch vor noch nicht sehr langer Zeit entstanden ist.

Bei der Untersuchung physikalischer oder morphologischer Merkmale unterscheidet man grundsätzlich zwischen ursprünglichen und abgeleiteten Merkmalen. Ein ursprüngliches Merkmal ist z.B. eines, das am Anfang einer ganzen Entwicklungslinie steht und darum allen Angehörigen dieser Entwicklungslinie zu eigen ist. Ein Beispiel dafür ist das Fehlen der Dyck-Textur bei den Kakadus, was für ein Fehlen der grünen Färbung in dieser Gruppe verantwortlich ist: es gibt zwar durchaus unterschiedliche Färbungen bei den Kakadus (schwarz, braun, grau, rosa und weiß), aber allen Kakadus ist gemeinsam, dass sie nie ein grünes Federkleid besitzen. Ein abgeleitetes Merkmal ist dagegen ein Merkmal, das phylogenetisch erst spät entsteht und sich darum auch nur bei wenigen Angehörigen einer bestimmten Gruppe zeigt. So ist etwa das Ausbilden von spatelförmigen Schwanzfedern nur bei wenigen Papageien bekannt. Und nur eine sehr kleine Gruppe Papageien (die zehn Arten der Gattung *Prioniturus*, die auf den Philippinen und Sulawesi und umliegenden Inseln vorkommen) besitzen dieses ungewöhnliche Merkmal.

Ein großes Problem in der Deutung physikalischer bzw. morphologischer Merkmale ist die Frage der Konvergenz: Wenn man davon ausgehen könnte, dass jede Veränderung in den äußeren Merkmalen nur ein einziges Mal vorkommen kann, dann wäre die Deutung von veränderten Merkmalen ausgesprochen einfach: Man hätte die Gewissheit, dass diese auch eine bestimmte Aussagekraft besitzen. – Leider ist es nicht so einfach. Denn in der phylogenetischen Entwicklung der Papageien gibt es immer wieder das Phänomen, dass die gleiche Veränderung nicht nur an einer Stelle auftritt, sondern zu unterschiedlichen Zeiten auch an unterschiedlichen Orten auftreten kann. So sagt z. B. eine rote Stirnfärbung bei Amazonen (*Amazona* spec.) nicht unbedingt etwas über die Verwandtschaft dieser Arten aus. Sie findet sich z. B. sowohl bei der Puerto-Rico-Amazone (*A. vittata*) aus der Karibik wie auch bei der Tucumán- und Pracht-Amazone (*A. tucumana* und *A. pretrei*), die sehr viel weiter südlich in Südamerika zu finden sind. Eine nahe genetische Verwandtschaft ist bei diesen Arten eindeutig auszuschließen.

3. **DNA-Untersuchungen:** Die neueste und derzeit am meisten favorisierte Erkenntnisquelle zu den Ursprüngen und Verwandtschaftsverhältnissen der Papageien ist die DNA-Analyse. Diese Methode ist noch relativ jung und wurde zum ersten Mal in größerem Umfang

von Sibley & Ahlquist (1990) eingesetzt. Anfangs gab es um diese Herangehensweise heftige Diskussionen, mittlerweile ist die moderne Molekulargenetik aber allgemein anerkannt. Techniken wie die DNA-DNA-Hybridisierung oder die Nutzung der PCR (Polymerase Chain Reaction) werden immer weiter verfeinert, sodass die Methoden der DNA-Untersuchung immer differenzierter und die Ergebnisse immer aussagekräftiger werden.

Allerdings befinden wir uns derzeit immer noch in einer Phase, in der „die Spreu vom Weizen getrennt" wird. Manche frühen Ergebnisse gelten heute als überholt. Und je nach angewandter Methode kommen Wissenschaftler noch immer bei der gleichen Fragestellung zu unterschiedlichen Ergebnissen. Ein Beispiel ist der ausgestorbenen Maskarenenpapagei (*Mascarinus mascarinus*): Eine Untersuchung von Kundu et al. 2011 ordnete die Art mitten unter den Vasapapageien (*Coracopsis* spec.) ein. Nur sechs Jahre später untersuchten Podsiadlowski et al. (2017) die gleiche Frage und kamen zu dem Ergebnis, der Maskarenenpapagei sei am nächsten mit Edelsittichen wie etwa dem Großen Alexandersittich (*Palaeornis eupatria*) und dem Seychellen-Edelsittich (*P. wardi*) verwandt. – Aus diesem Grund ist es sinnvoll, wenn Fachleute sich derzeit genauer mit der Aussagekraft der verschiedenen molekulargenetischen Untersuchungsmethoden befassen (z.B Urantowka 2017 oder Smith et al. 2022). Für Laien ist das kaum zu leisten. Hinzu kommt, dass Genetiker nicht immer Hintergrundwissen haben, um Arten korrekt zu bestimmen. Da sind Fehler bei den Ergebnissen vorprogrammiert.

Als nächste Verwandte des Maskarenenpapageis (*Mascarinus mascarinus*) wurden anfangs die Vasapapageien (*Coracopsis* spec.) angesehen, heute die Edelsittiche (*Himalayapsitta* spec., *Nicopsitta* spec., *Palaeornis* spec., *Alexandrinus* spec., *Psittacula* spec., *Belocercus* spec.).

Vorfahren und nächste Verwandte der Papageien: Papageien sind innerhalb der Vogelwelt ausgesprochen prägnante und mit keiner anderen Vogelgruppe wirklich zu vergleichende Erscheinungen. Darum war es immer schon problematisch, die Vorfahren und nächsten Verwandten der Papageien allein aufgrund von morphologischen Übereinstimmungen zu ermitteln. In der Vergangenheit gab es wiederholt Versuche dazu und immer wieder wurden einzelne Merkmale herangezogen, um diese Fragen zu beantworten (vgl. Wright, in Toft & Wright 2015). So wurden etwa die ähnliche Schnabelform von Eulen und Falken oder die zygodaktyle Zehenanordnung bei Spechten, Kuckucken und bedingt auch bei Mausvögeln angeführt. Heute gelten diese Übereinstimmungen jedoch gesichert als Konvergenz-Erscheinungen. Weitere Versuche orientierten sich am ähnlichen Oberarmknochen der Tauben, den Puderdunen der Turakos oder einer ähnlichen Schädelstruktur (incl. Wachshaut) bei den Eulen. In einer nächsten Phase – der frühen DNA-Untersuchungen – erkannte man die Kuckucke, Schwalben und Kolibris als nahe verwandte Gruppierungen. Aber auch diese Einschätzungen waren aufgrund einer sehr begrenzten Anzahl von verglichenen DNA-Sequenzen nicht haltbar. – Heute sieht man aufgrund detaillierter genetischer Untersuchungen die riesige Gruppe der Sperlingsvögel (Passeriformes) als nächste Verwandte der Papageien an.

Versucht man nun, die Anordnung der Papageien im gesamten System der Vögel zu sehen, so lässt sich folgendes dazu sagen (Wright, in Toft & Wright 2015):

- Die phylogenetisch älteste Gruppe der Vögel sind die sog. Palaeognathae („Altschnäbel"), zu denen die Straußenvögel, Kiwis und Tinamus gehören.

- Von ihnen trennten sich die Neognathae („Neuschnäbel"), die sich wiederum in die Galloanserae (Hühner und Enten) und alle übrigen Vögel, die sog. Neoaves („neue Vögel") aufspalteten. Diese letzte Gruppe ist riesengroß und umfasst 95 % aller bekannten Vögel.

- Die Verwandtschaft innerhalb der Neoaves ist nur schwierig zu klären, da bei diesen viele Entwicklungen fast zeitgleich abliefen. Etwas salopp formuliert könnte man sagen: „Nach dem Aussterben der Dinosaurier gab es genügend biologische Nischen, die nun von Vögeln und Säugetieren besetzt werden konnten." Von daher gab es in dieser Zeit so etwas wie eine „Explosion" in der Verbreitung von Vögeln. (Die beste Analyse zur Entwicklung der unterschiedlichen Vogelgruppen in dieser Zeit liefert Hackett et al. 2008.)

- Mittlerweile allgemein gesichert ist die Erkenntnis, dass die Sperlingsvögel (Passeriformes) die jüngste und umfangreichste Entwicklungslinie der Vögel darstellen und die Papageien die nächste verwandte, monophyletische Gruppe sind. (bereits bei Hackett et al. 2008, später bei Suh et al. 2011, Wang et al. 2012 und umfangreich belegt bei McCormack et al. 2013). Die dann am nächsten verwandte Gruppe sind die Falken (Falconidae).
- Die zeitliche Abspaltung der Papageien von den übrigen Vögeln setzt man heute zumeist um das Ende der Kreidezeit bzw. den Anfang des Paleozäns vor ca. 65 Millionen Jahren an (Schweizer et al. 2011). Einzelne Autoren gehen zwar bis zur Mitte der Kreidezeit vor ca. 82 Millionen zurück (z.B. Wright et al. 2008), was man aber mittlerweile als zu früh ansetzt.

Entwicklungsgeschichte der Papageien: Die Entwicklung der verschiedenen Papageiengruppen ist mittlerweile recht gut untersucht und lässt sich in ihrer zeitlichen Entstehung etwa wie folgt darstellen (vgl. Wright et al. 2008):

- Die archaischen Papageien Neuseelands (*Strigops* und *Nestor*) sind die ältesten Papageienvertreter, gefolgt von den
- Kakadus, die sich in drei unterscheidbare Untergruppen aufteilen (Nymphensittiche, Rabenkakadus und alle übrigen Kakadus).
- Dann bildeten sich die Eigentlichen Papageien, sprich: alle übrigen Papageien, die hier gelistet werden. Dies sind zuerst die archaischen Formen der Eigentlichen Papageien: die Vasa- und Borstenkopfpapageien (*Coracopsis*, *Psittrichas*).
- Dann folgt die Gruppe der Afrikanischen Großpapageien, sprich: die Graupapageien und Langflügelpapageien (*Psittacus*, *Poicephalus*).
- Zeitlich schließen sich die Papageien der Neuen Welt (Süd- und Mittelamerika) an, zu denen etwa 150 Arten gehören und die sich grob in drei Gruppen aufteilen lassen: Kleine Neuweltpapageien, Stumpfschwanzpapageien und Keilschwanzsittiche (inkl. Aras).
- Es folgen die Edelpapageien, zu denen die Wachsschnabelsittiche (*Alisterus*-Gruppe), die Spatelschwanz- (*Prioniturus*), die Specht- (*Micropsitta*) und die Eigentlichen Edelpapageien (*Eclectus*-Gruppe) sowie die Edelsittiche (*Psittacula* im weiteren Sinn).
- Dann kommen die Australischen Sittiche (inkl. umgebender Inselwelt), die sich in eine ältere Gruppe (Grassittiche im weiteren Sinn mit den Gattungen *Pezoporus*, *Neopsephotus*, *Neophema*) und eine jüngere (Plattschweifsittiche im engeren Sinn, *Platycercus*) aufteilen.
- Die Gruppe der Loris im weiteren Sinn, zu denen der Wellensittich (*Melopsittacus*), die Feigenpapageien (*Cyclopsitta*-Gruppe) und die Eigentlichen Loris gehören, schließen sich an. Die Eigentlichen Loris teilen sich nochmal in drei Gruppen auf: Bergzierloris (*Oreopsittacus*), kleine Loris (*Charmosyna* im weiteren Sinn, *Phigys* und *Vini*) und schließlich alle übrigen, überwiegend deutlich größeren Loris.
- Die letzte Gruppe besteht aus den kleinen Altwelt-Papageien der Gattungen *Bolbopsittacus* (Stummelschwanzpapagei), *Loriculus* (Fledermauspapageien) und *Agapornis* (Agaporniden).

Wann sich diese einzelnen Gruppen genau voneinander abgespalten haben, dazu gibt es verschiedene Theorien. Aber über die

Nestor-Papageien, oben abgebildet ein Kaka (*Nestor meridionalis*), sind mit die ältesten Vertreter der Papageien, während die unten abgebildeten Stummelschwanzpapageien (*Bolbopsittacus lunulatus*) zu den jüngsten zählen.

Zuordnung zu diesen einzelnen Gruppen ist man sich mittlerweile einig. Noch offene Fragen betreffen meist die feinere Zuordnung von Taxa, vor allem auf Art- und Unterart-Ebene. Die höhere Taxonomie der Papageien ist dagegen mittlerweile recht gut geklärt.

Literatur:

Alvarenga H (2007). *Anodorhynchus glaucus* e *A. leari* (Psittaciformes, Psittacidae): osteologia, registros fósseis e antiga distribuição geográfica. Revista Brasileira de Ornitologia 15(3), pp. 427-432.

Boles WE (1993) A new cockatoo (Psittaciformes: Cacatuidae) from the Tertiary of Riversleigh, northwestern Queensland, and an evaluation of rostral characters in the systematics of parrots. Ibis 135, pp. 8-18.

Dyke GJ & G Mayr (1999). Did parrots exist in the Cretaceous period? Nature 399, pp. 317-318.

Dyke GJ & JH Cooper (2000). A new psittaciform bird from the London Clay (Lower Eocene) of England. Palaeontology 43, pp. 271-285.

Garrod AH (1874). On some Points in the Anatomy of the Parrots which bear on the Classification of the Suborder, Proc. Zool. Soc. London, 41(2), pp. 586-598.

Hackett SJ, Kimball RT[†], Reddy S, Bowie RCK, Braun EL, Braun MJ, Chojnowski JL, Cox WA, Han K-L, Harshman J, Huddleston CJ, Marks BD, Miglia KJ, Moore WS, Sheldon FH, Steadman DW, Witt CC & T Yuri (2008). A Phylogenomic Study of Birds Reveals Their Evolutionary History. Science vol. 320, pp. 1763-1767.

Harrison CJO (1982). The earliest parrot: A new species from the British Eocene. Ibis 124, pp. 203-210.

Kundu S et al. (2012). The evolution of the Indian Ocean parrots (Psittaciformes): Extinction, adaptive radiation and eustacy. Mol. Phylogenetics and Evolution 62, pp. 296-305.

Mayr G (2001).Comments on the systematic position of the putative Lower Eocene parrot Pulchrapollia gracilis, Senckenbergiana Lethaea 81, pp.339-341.

McCormack JE, Harvey MG, Faircloth BC, Crawford NG, Glenn TC & RT Brumfield (2013). A Phylogeny of Birds Based on Over 1,500 Loci Collected by Target Enrichment and High-Throughput Sequencing. PLoS ONE 8(1): e54848. Online-Version https://doi.org/10.1371/journal.pone.0054848

Mayr G (2002).On the osteology and phylogenetic affinities of the Pseudasturidae – Lower Eocene stem-group representatives of parrots (Aves, Psittaciformes). Zoological Journal of the Linnean Society 136, pp.715-729.

Mayr G & M Daniels (1998). Eocene parrots from Messel (Hessen, Germany) and the London Clay of Walton-on-the-Naze (Essex, England). Senckenbergiana Lethaea 78, pp.157-177.

Mayr G & UB Göhlich (2004). A new parrot from the Miocene of Germany, with comments on the variation of hypotarsus morphology in some Psittaciformes. Belgian J Zool. 134, pp. 47-54.

Mayr G & S Hübner (2022). Zeigt her Eure Füße. Nachgefragt bei Dr. Gerald Mayr. PAPAGEIEN 35(3), pp. 109-113.

Milne-Edwards A (1869-1871, hier 1870). Recherches anatomiques et paléontologiques pour server à l'histoire des Oiseaux Fossiles de la France. Atlas, vol. 2, pl. 200 + text.

Mlikovský J (1998). A new parrot (Aves, Psittacidae) from the early Miocene of the Czech republic. Acta Soc Zool Bohem. 62, pp. 335-341.

Mourer-Chauviré C (1992). Une nouvelle famille de perroquets (Aves: Psittaciformes) dans l'Éocène Supérieur des phosphorites du Quercy, France. Geobios Mém Spéc 14, pp. 169-177.

Olson SL (1985). The fossil record of birds, in: Farner DS, King JR & KC Parkes, ed.s. Avian Biology 8. Academic press, New York, pp.79-238.

Podsiadlowski L, Gamauf A & T Töpfer (2017). Revising the phylogenetic position of the extinct Mascarene Parrot *Mascarinus mascarin* (Linnaeus 1771) (Aves: Psittaciformes: Psittacidae). Mol. Phylogenetics and Evolution 107, pp. 499-502.

Sibley CG & JE Ahlquist (1990). Phylogeny and Classification of Birds: A Study in Molecular Evolution. Washington.

Smith GA (1975). Systematics of Parrots. Ibis 117(1), pp. 18-68.

Steadman DW (2006). A New Species of Extinct Parrot (Psittacidae: Eclectus) from Tonga and Vanuatu, South Pacific. Pacific Science 60(1), pp. 137–145

Stidham TA (1998). A lower jaw from a Cretaceous parrot. Nature 396, pp. 29-30.

Stidham TA (1999). Did parrots exist in the Cretaceous period? Reply, Nature 399, p. 318.

Suh A, Paus M, Kiefmann M, Churakov G, Franke FA, Brosius J, Kriegs JO & J Schmitz (2011). Mesozoic retroposons reveal parrots as the closest living relatives of passerine birds. Nature Communications 2:443, Online-Version, doi: 10.1038/ncomms1448.

Toft CA & TF Wright (2015). Parrots of the Wild, A Natural History of the World's most captivating Birds. Oakland pp. 5-12.

Urantowka AD (2017). The influence of molecular markers and methods on inferring the phylogenetic relationships between the representatives of the Arini (parrots, Psittaciformes), determined on the basis of their complete mitochondrial genomes. BMC Evolutionary Biology 17:166, pp. 1-26.

Smith BT, Merwin J, Provost KL, Thom G, Brumfield RT, Ferreira M, Mauck III WM, Moyle RG, Wright TF & L Joseph (2022). Phylogenomic analysis of the parrots of the world distinguishes artefactual from biological sources of gene tree discordance, Systematic Biology, Online-Version, pp. 1-48.

Wang N, Braun EL & RT Kimball (2012). Testing hypotheses about the sister group of the Passeriformes using an independent 30-locus data set. Molecular Biology and Evolution, 29(2), pp. 737-750. Online-Version doi: 10.1093/molbev/msr230.

Waterhouse DM (2006). Parrots in a nutshell: The fossil record of Psittaciformes (Aves). Historical Biology, 18(2), pp. 223–234.

Waterhouse DM, Lindow BEK, Zelenkov NV & GJ Dyke (2008). Two New Parrots (Psittaciformes) from the Lower Eocene Fur Formation of Denmark, Palaeontology 51(3), pp. 575–582.

Worthy TH, Tennyson AJD & RP Scofield (2011). An early Miocene diversity of parrots (Aves, Strigopidae, Nestorinae) from New Zealand. Journal of Vertebrate Palaeontology 31(5), pp. 1102–1116.

Biologie der Papageien

Allgemein: Papageien konzentrieren sich weltweit zwischen rund 30 ° nördlicher bis 40 ° südlicher Breite. Etwa 36 Arten finden sich allerdings weiter südlich in Neuseeland, Tasmanien oder Patagonien. Das südlichste Verbreitungsgebiet hat der Smaragdsittich (*Enicognathus ferrugineus*), der bis 54° südl. Br. vorkommt. Im Norden kommen nur der China- (*Psittacula derbiana*) und der Maronenstirnsittich (*Pachyrhyncha terrisi*) weiter nördlich als andere Papageienarten vor (Collar, in Arndt 2008). Hinzugezählt werden sollten allerdings der Indochina-Bartsittich (*Psittacula fasciata*) und der Schwarzkopf-Edelsittich (*Himalayapsitta himalayana*), die beide bereits in Afghanistan gesichtet wurden, und der ausgestorbene Karolinasittich (*Conuropsis carolinensis*), der in Nordamerika bis in den Süden von Michigan und bis zur Mitte des US-Bundesstaates New York vorkam.

Papageien gab es ursprünglich auf allen Kontinenten, wobei sie jedoch in Europa bereits früh ausgestorben sind, was fossile Funde belegen.

Die Konzentration auf tropische und subtropische Gebiete zeigt, dass dort auch die bevorzugten Habitate zu finden sind: Alle Arten von Wäldern bis hin zu Savannen und trockenen Gebieten in allen Höhenlagen bis etwa 4.000 m. Es gibt nur wenige Beispiele für Papageien, die in höheren Lagen vorkommen, zu ihnen zählt der Andensittich (*Bolborhynchus orbygnesius*), der bereits in 6.250 m Höhe gesichtet wurde.

Der Smaragdsittich (*Enicognathus ferrugineus*) hat das südlichste Verbreitungsgebiet aller Papageien.

Da die Mehrzahl der Papageien in den baumbestandenen Tropen und Subtropen beheimatet sind, leben sie in der Regel auch arboral, d.h. sie bewohnen Bäume. Es gibt allerdings auch terrestrisch lebende Arten wie den Kakapo (*Strigops habroptila*), den Erdsittich (*Pezoporus wallicus*) oder den Einfarb-Laufsittich (*Cyanoramphus unicolor*) sowie Zwischenformen wie die Grassittiche (*Neophema* spp.) oder den Gelbgesicht-Sperlingspapagei (*Forpus xanthops*), die zwar auf dem Boden leben (und brüten), aber auch Büsche, Felserhebungen oder Kakteen als Sitzplätze benutzen.

Wenige Arten sind nachtaktiv. Beispiele hierfür sind der Kakapo (*Strigops habroptila*) in Neuseeland oder der australische Nachtsittich (*Pezoporus occidentalis*), der in einer tagsüber extrem heißen Wüstenregion beheimatet ist.

Der Einfarb-Laufsittich (*Cyanoramphus unicolor*) lebt in seiner Heimat, den zu Neuseeland gehörenden Antipodeninseln, terrestrisch.

Tagesroutine: Sie ist bei nahezu allen Arten gleich – die Vögel werden noch vor Sonnenaufgang wach, verlassen dann den Schlafbaum oder die Schlafhöhle, wobei viele Arten sich dann zu Kleingruppen oder Schwärmen sammeln, die sich auf den Weg zu den Nahrungsplätzen oder im Amazonasgebiet zu den Collpas machen. Von Amazonen (*Amazona* spp.) ist bekannt, dass sie zuvor Rufbäume anfliegen, auf denen sie mit anderen Artgenossen kommunizieren. Dies dauert nicht allzu lange und dient vermutlich der Paar- bzw. Gruppenbindung (Arndt & Reinschmidt 2006).

Während die Schlafhöhlen oft über Jahre hinweg genutzt werden, ist das bei den Schlafbäumen nicht immer der Fall. Viele werden zwar über Monate angeflogen, die Puerto-Rico-Amazone (*Amazona vittata*) aber zum Beispiel ist bekannt dafür, dass sie ihren Schlafplatz von Woche zu Woche ändert. Paradebeispiele für die traditionelle Nutzung von Schlafhöhlen sind Rotschwanzsittiche (*Pyrrhura* spp.), die ihre traditionellen Schlafhöhlen selbst dann noch nutzen, wenn alle umliegenden Bäume gefällt wurden. Andere Papageien wie zum Beispiel die Prachtamazonen (*Amazona pretrei*) oder der Rotmaskensittich (*Psittacara mitratus*) sammeln sich an den Schlafplätzen zu riesigen Vogelmengen, vor allem dann, wenn die Nahrungsplätze nahe liegen. Zumindest früher wurden bei den Prachtamazonen Ansammlungen von bis 20.000 Vögeln gesichtet.

Der Hauptgrund, warum sich die meisten Papageien zu Schlafgemeinschaften versammeln, ist sicherlich ihr Sicherheitsbedürfnis. Je mehr Vögel sich versammeln, desto größer ist die Chance, dass Fressfeinde wie Raubkatzen oder nachtaktive Greifvögel bemerkt werden, bevor sie zuschlagen können. Fraglos ist es für die Angreifer auch schwieriger, sich im Gewirr der auffliegenden Papageien auf ein Opfer zu konzentrieren. Das Sicherheitsbedürfnis dürfte auch der Grund sein, warum viele südamerikanische Arten sogar die Bäume auf der Plaza im Zentrum kleiner Städte und Dörfer oder in Australien die Bäume auf den Campingplätzen zum Schlafen auswählen. Rotsteißkakadus (*Licmetis haematuropygia*) und andere Papageien haben eine andere Strategie: Ihre Schlafbäume befinden sich auf vorgelagerten kleinen Inseln, die erfahrungsgemäß einen weiteren Schutz bieten.

Als Schlafhöhlen kommen verschiedenste Orte in Betracht: Die meisten Schlafhöhlennutzer in Süd- und Mittelamerika nutzen Höhlen in lebenden oder abgestorbenen Bäumen oder in Felswänden. Bekannt für erstere sind Sonnensittiche (*Aratinga solstitialis*) oder die Ara-Arten (*Ara* spec.), für letztere zum Beispiel Kolumbiensittiche (*Psittacara wagleri*) oder Lear-Aras (*Anodorhynchus leari*).

Nicht wenige Arten schlafen aber auch in Termitenbauten. In Südamerika sind das zum Beispiel alle *Touit*- und *Brotogeris*-Arten, in Neuguinea und den umliegenden Inseln die meisten Spechtpapageien (*Micropsitta* spp). Termitenbauten haben den Vorteil, dass sie im Innern eine relativ konstante Temperatur aufweisen, können vermutlich aber nur ein Jahr benutzt werden.

Der Mönchssittich (*Myiopsitta monachus*) ist der einzige Papagei, der freistehende Kolonienester aus Zweigen baut und in ihnen auch übernachtet. Die Nester sind extrem schwer und bei den Bauern wenig beliebt sind, da sie oft aus Dornenzweigen bestehen, von denen etliche herunterfallen und Verletzungen bei weidenden Rindern verursachen können.

Eine Besonderheit findet sich bei den Fledermauspapageien (*Loriculus* spp.): Sie schlafen hängend und kopfunter an dünnen Ästen.

Wenn die Papageien von den Schlafplätzen aufbrechen, machen die meisten Arten dies in Schwärmen, wobei einige Arten sich erst zu größeren Mengen sammeln müssen. Im Amazonasgebiet fliegen die meisten Papageien von Zeit zu Zeit noch vor den Nahrungsplätzen die großen Collpas an, die entlang dem Ufer großer Flüsse entstehen. Collpas sind Stellen, an denen mineralhaltiger Lehm offen zutage tritt. Die meisten Arten nutzen jedoch die deutlich kleineren Barreiros, die weltweit in den Regenwäldern zu finden sind. Das sind kleinere Lehmstellen, die sich oft an Bächen bilden, es können aber auch einfach nur schlammige Stellen im Wald sein, ein Feldweg oder eine Felswand, an der die Papageien knabbern. Solche Stellen werden von den Papageien den ganzen Tag über benutzt, während die Collpas vor allem in den frühen Morgenstunden angeflogen werden. Die Ankunft an den Collpas richtet sich sowohl nach der Größe der Papageien (kleinere Arten erscheinen meist früher) als auch nach der Wetterlage. Bei schlechtem Wetter kommen weniger Papageien und die oft später.

Der Mönchssittich (*Myiopsitta monachus*) ist der einzige Papagei, der freistehende Nester aus Zweigen baut.

Zwischen 7 und 10 Uhr sind die Papageien an ihren Nahrungsplätzen anzutreffen, die je nach Nahrungsangebot wechseln und sich mitunter weit weg von den Schlafstellen befinden.

In der Regel folgt dann eine Ruhephase, während der sich die Vögel in den Bäumen oder Büschen im Laubwerk niederlassen und für mehrere Stunden ruhen. Da sie dann auch keinen Laut von sich geben, sind sie kaum zu entdecken. Einen gewissen Unterschied findet man bei den Rotschwanzsittichen (*Pyrrhura* spp.). Bei ihnen scheint die Ruhephase kürzer und später zu sein als bei anderen Papageien. Dementsprechend kann man ihre Gruppen und Schwärme auch nahezu während des gesamten Tages beobachten.

Gegen 15 Uhr, spätestens gegen 16 Uhr, werden die Papageien wieder aktiv. Ab dieser Zeit folgt die zweite Fressphase, die meist nicht so ausgeprägt ist wie die erste und bei Gefahr auch ausfallen kann.

Bevor sich die Papageien auf den Weg zurück zu ihren Schlafplätzen bzw. Schlafhöhlen machen, kann man eine Phase beobachten, in der die Vögel deutlich aktiver sind und oft scheinbar hektisch von einem Ast auf den anderen fliegen. Was diese Aktivitäten zu bedeuten haben, ist unklar.

Die Art und Weise, wie die Vögel zu ihren Schlafplätzen zurückfliegen und dann dort die Nacht verbringen, hängt stark von ihren individuellen Verhaltensweisen ab: Die meisten Lori- und Kakadu-Arten bilden auf den Schlafbäumen sowie tagsüber Gruppen oder zum Teil große Schwärme, während sich Amazonen und viele Sperlingspapageien-Arten (*Forpus* spp.) zum Beispiel tagsüber in Paare, Familienverbände oder Kleingruppen aufspalten, nachts aber die Gemeinschaft anderer Artgenossen suchen. Rotschwanzsittiche wiederum übernachten in Familienverbänden, ziehen den Tag über jedoch in teilweise sehr großen Schwärmen umher. Als Beispiel für Papageien, die nachts und tagsüber paarweise oder in Familienverbänden zu sehen sind, seien hier die Spechtpapageien (*Micropsitta* spp.) und Keas (*Nester notabilis*) genannt.

Kakadus bilden auf den Schlafbäumen sowie tagsüber Gruppen und zum Teil große Schwärme. Der abgebildete Rotsteißkakadu (*Licmetis haematuropygia*) übernachtet zum Schutz vor Raubfeinden zusätzlich auf vorgelagerten, kleinen Inseln.

Jahresrhythmus und Bewegungsradius: Beim Jahresrhythmus unterscheiden sich die Papageien weniger in standorttreue und in Zugvögel, sondern ihre Aufenthalte richten sich in der Regel nach dem Nahrungsangebot, das auch in den Tropen und Subtropen wechselt. Vor allem die großen Schwärme sind deswegen sehr mobil. Sie streifen ganzjährig auf der Nahrungssuche umher und lassen sich dort nieder, wo Nahrung zu finden ist. Bei Ihnen ist das Jahr lediglich aufgeteilt in normale Zeiten und in die Brutsaison, die bei den meisten Arten nur dann erfolgt, wenn in den nächsten Monaten genügend Nahrung zu erwarten ist. Dass die letztere Aussage nicht für alle Arten gilt, wird spätestens deutlich, wenn man sich das Papageienaufkommen an den großen Collpas im Amazonasbecken ansieht: Da die großen Aras während der ungastlichsten Zeit des Jahres ihre Jungen aufziehen, müssen sie bereits kurze Zeit nach dem Ausfliegen mit denen auf Nahrungssuche gehen. Dabei wurden gekennzeichnete Junge schon 160 km entfernt von ihrem Geburtsort beobachtet. Warum die Aras ausgerechnet dann brüten, wenn das Nahrungsangebot am niedrigsten ist, bedarf noch einer Klärung und die Forscher suchen nach der Antwort. Kleine Papageienarten wie zum Beispiel der Tuisittich (*Brotogeris sanctithomae*) oder der Schwarzschnabel-Sperlingspapagei (*Forpus modestus*) brüten in den gleichen Plätzen deutlich früher und haben in der Zeit keine Probleme, genug Nahrung zu finden (Brightsmith et al., 2018).

Ein deutliches Gegenstück zu den umherstreifenden Schwärmen sind die kleinen Rotschwanzsittiche (*Pyrrhura* spp.) in Mittel- und Südamerika oder die Edelpapageien (*Eclectus* spp.) in Indonesien und Australien. Sie kann man wirklich als standorttreu bezeichnen, denn sie haben einen Flugradius von nur wenigen Kilometern, der sich ebenfalls nach den Nahrungsaufkommen richtet. Die meisten Arten sind Bewohner der ursprünglichen Tropenwälder, d.h. sie finden dort noch genügend Nahrung. Arten, wie der Peru-Rotschwanzsittich (*Pyrrhura peruviana*) leben in bestimmt Höhenregionen der

Anden entlang der Bergregionen des Río Marañon und des Río Santiago. Sie haben den Vorteil, dass sie dort auch vertikale Suchen vornehmen können, was bedeutet, dass sie nur wenige 100 m hinauf oder abwärts fliegen müssen, um ihre Nahrungsbäume zu finden. In die tiefer gelegenen Flusstäler kommen sie aber nur, wenn dort bestimmte Bäume fruchten. Von der Art gibt es nur wenige Belegexemplare in den Museen, von denen die meisten „am Río Santiago" gesammelt wurden. Dort sind die Vögel bei den Einheimischen jedoch unbekannt, denn sie kommen ja auch nur für zwei Monate des Jahres zu den fruchtenden Nahrungsbäumen, lassen sich ansonsten aber in Flussnähe nicht sehen.

Ein Extrembeispiel für einen kleinen Bewegungsradius sind die Weibchen der Edelpapageien. Die Art leidet nahezu im gesamten Verbreitungsgebiet unter einem Bruthöhlenmangel. Dies hat dazu geführt, dass die Weibchen ihre Nesthöhle bis zu 9 Monate im Jahr permanent bewachen (Heinsohn & Legge 2003), indem sie am Nisthöhleneingang sitzen oder sich in dessen unmittelbaren Nähe aufhalten. Die Männchen haben zwar einen größeren Bewegungsradius, dürften sich aber kaum mehr als 10 km vom Nest entfernen.

Vor allem in Australien gibt es aufgrund der zum Teil sehr trockenen bis wüstenähnlichen klimatischen Verhältnisse eine Reihe von Papageienarten, die man sicherlich als Nomaden bezeichnen darf. Das bekannteste Beispiel ist der Wellensittich (*Melopsittacus undulatus*). Er zieht nomadisierend umher und verweilt dort, wo es für eine Zeitlang Wasser und Nahrung gibt. Ist die Menge ausreichend, fängt er auch sofort mit dem Brüten an. Ähnlich machen es der Glanzsittich (*Neophema splendida*), der Bourke-Sittich (*Neosephotus bourkii*) oder der Narethasittich (*Northiella narethae*). Auch bei ihnen fehlt ein fester Jahresrhythmus und sie brüten nur dann, wenn die klimatischen Verhältnisse dies erlauben.

In Australien zieht der Wellensittich (*Melopsittacus undulatus*) in großen Schwärmen auf der Suche nach Nahrungsgründen nomadisierend umher.

Es gibt nur wenige Papageienarten, die man als echte Zugvögel bezeichnen kann. Grenzfälle gibt es jedoch zuhauf. So ist zum Beispiel von den Kleinen und Großen Soldatenaras (*Ara militaris* bzw. *Ara ambiguus*) bekannt, dass sie bei ihren jährliche Wanderungen nur während bestimmter Monate in einigen Gebieten auftauchen. Der Grund liegt meist in einem speziellen Nahrungsangebot, das dann in den besuchten Gegenden häufig ist. Andere Beispiele sind der Hochland- (*Leptosittaca branickii*) oder der Katharina-Sittich (*Bolborhynchus lineola*). Bei den Bewegungen dieser Arten spricht man wohl besser von lokalen Wanderungen als gleich von Zugverhalten.

Anders verhält es sich bei drei australischen Zugvogelarten. Im Südosten des Kontinentes ziehen der Orangebauchsittich (*Neophema chrysogaster*) und der Feinsittich (*Neophema chrysostoma*) im September über die Bassstraße zum Brüten in die tasmanischen Küstengebiete, von wo aus sie mit ihrem Nachwuchs im Februar wieder aufs australischen Festland zurückfliegen. Der Schwalbensittich (*Lathamus discolor*) ist etwas größer als die beiden vorherigen Arten und benötigt etwas länger zum Brüten. Er kommt deshalb bereits im August oder September auf Tasmanien an und verlässt die Insel zwischen Februar und Mai.

In Südost-Australien zieht der Orangebauchsittich (*Neophema chrysogaster*) im September über die Bassstraße zum Brüten auf die Insel Tasmanien.

Ob der Arasittich (*Rhynchopsitta pachyrhyncha*) zu den Zugvögeln gerechnet werden darf, ist unklar. Er bewohnt normalerweise die Kiefernwälder der Sierra Madre Occidental in Nordwest-Mexiko in den Staaten Chihuahua und Sonora südwärts bis Michoacán, zog aber früher zum Überwintern und zum Brüten regelmäßig auch in die Chiricahua-Berge im nordamerikanischen Arizona und wurde auch im benachbarten New Mexico gesehen. Frühe Berichte vermerken sogar Sichtungen aus El Paso im äußersten Westen von Texas, und aus Utah gibt es Knochenfunde (Hargrave 1939).

Ernährung: Schaut man Papageien bei der Nahrungsaufnahme zu, fällt schnell auf, dass ein Teil der Früchte und Samen, an denen sich die Vögel zu schaffen machen, ungenutzt bleibt oder auf den Boden fällt. Der verwertete Teil wird allerdings bereits durch den kräftigen Schnabel so zerstört, dass er nicht zur Weiterverbreitung einer Pflanze genutzt werden kann. Lange hat man sich deshalb gefragt, welche Rolle Papageien in den Ökosystemen spielen. Heute geht man davon aus, dass gerade ihr verschwenderisches Fressverhalten dafür sorgt, dass Samen verbreitet werden.

Die allermeisten Papageienarten sind Generalisten, d.h. sie ernähren sich von den verschiedenartigsten Pflanzen, die örtlich zur Verfügung stehen. Das sind unreife und reife Samen, Beeren, Früchte, Blüten, Nektar, Pollen, Knospen, Blätter, Algen oder Nüsse. Hinzu kommen Insekten und deren Larven und Eier, die außerhalb der Brutzeit meist zusammen mit der normalen Nahrung aufgenommen werden. Einhundert und mehr verschiedene Nahrungspflanzen wurden schon bei einigen Arten festgestellt, bei denen aber oft nicht klar ist, welche Teile von den jeweiligen Papageienarten auch wirklich gefressen werden. Typischerweise haben Generalisten einen mittelgroßen Papageienschnabel und eine fleischige Zunge, die es erlauben, eine Vielzahl verschiedenster Nahrung zu verwerten.

Daneben gibt es aber auch eine Reihe Spezialisten, wie z.B. der Hyazinthara (*Anodorhynchus hyacinthinus*), der einen großen, kräftigen Schnabel besitzt, der ihm ermöglicht, harte Palmfrüchte aufzubrechen, um an das ölhaltige Innere zu kommen. Andere Arten wie die Blaustirnamazone (*Amazona aestiva*), die zu den Generalisten gehört, machen sich ebenfalls über die Palmfrüchte her, können von diesen aber nur das äußere Mesokarp fressen.

Andere Spezialisten sind die verschiedenen Lori-Arten, die sich überwiegend von Blüten, Nektar und Pollen ernähren. Um diese optimal nutzen zu können, haben die Loris eine lange, schmale Zunge, deren Spitze dicht mit Papillen besetzt ist, die aufgerichtet den Nektar und die Pollen aufsaugen.Bei den Spechtpapageien (*Micropsitta*) glaubte man lange, dass sie sich von Flechten und Pilzen ernährten, da sie oft an diesen gesichtet wurden. Heute weiß man, dass sie sich auf Käfermaden spezialisiert haben, zu dem auch ihr zwar kleiner, aber wuchtiger Schnabel passt.

Einige Arten kann man als Teilspezialisten bewerten. Das bekannteste Beispiel ist sicherlich der Wellensittich (*Melopsittacus undulatus*), der sich überwiegend von Grassamen ernährt, bei denen das Mitchellgras (*Astrebla* sp.) eine zentrale Rolle spielt, was einfach daran liegt, dass es in seinem teilweise wüstenartigen Vorkommen die häufigste Grasart ist.

Die Fressgewohnheiten einiger Arten sind zum Teil ungewöhnlich. Der australische Klippensittich (*Neophema petrophila*) frisst regelmäßig Schnecken, und vom bereits ausgerotteten Macquarie-Laufsittich (*Cyanoramphus erythrotis*) von der gleichnamigen Insel wird berichtet, dass er sich in Küstennähe auch von Tang und Muscheln ernährte. Sein nahe Verwandter, der Einfarb-Laufsittich (*Cyanoramphus unicolor*) von den Antipoden-Inseln, frisst sogar die Reste toter Pinguine und anderer Vögel und dringt in die unterirdischen Nisthöhlen der Graurücken-Sturmschwalben (*Garrodia nereis*) und anderer Arten ein, tötet deren Jungen und frisst sie.

Geophagie: Das Fressen von Erde (Geophagie) ist im Tierreich weit verbreitet. Bei den Vögeln, insbesondere bei den Papageien, rückte es jedoch erst in den Vordergrund, als die großen Collpas im Amazonasbecken touristisch erschlossen wurden. Offensichtlich nehmen aber fast alle Papageien Erde auf, und dieses Phänomen ist nicht auf die südamerikanischen Arten beschränkt.

Wie dieses Weißstirnamazonen-Weibchen (*Amazona albifrons*) zählen die meisten Papageien in ihrer Ernährungsweise zu den Generalisten.

Lange Zeit glaubte man, Spechtpapageien (*Micropsitta* spp.) würden sich von Flechten und Pilzen ernähren. Tatsächlich leben sie aber von Käfermaden, eine Ernährungsweise, die ihr wuchtiger Schnabel unterstreicht.

Es gibt derzeit drei Theorien, warum Papageien Erde aufnehmen: Die erste besagt, dass Papageien dies tun, um toxische Bestandteile in unreifen Früchten zu neutralisieren. Für diese These spricht, dass Psittaciden zu den wenigen Vögeln gehören, die unreife Früchte als Nahrung nutzen können. Die zweite Theorie geht davon aus, dass die Arten mit der Aufnahme von Erde ihren Mineralstoffbedarf decken, da die gefressene Erde an den Collpas vor allem einen erhöhten Natriumgehalt enthält und salzhaltiger ist als vergleichbare Regenwaldböden. Die letzte Theorie basiert auf der Tatsache, dass der Papageienmagen in der Regel kleine Steinchen enthält, die von den Vögeln aufgenommen werden müssen und mit deren Hilfe die Nahrung mechanisch zerkleinert wird. Gegen diese These spricht, dass die aufgenommenen Partikel nicht groß genug sind, um den mechanischen Abbau von Nahrung zu unterstützen.

Der Ornithologe Donald Brightsmith und seine Kollegen haben sich über Jahre hinweg mit den ersten zwei Theorien befasst (Brightsmith & Aramburú Muñoz-Najar 2004, Brightsmith et al. 2008). Ihre Ergebnisse deuten darauf hin, dass die Erde eine wichtige Natriumquelle für die Nahrung darstellt und gleichzeitig Alkaloid-Gifte, wie sie als Chinin in unreifen Früchten zu finden sind, bindet.

Die großen Collpas scheinen aber eine Besonderheit des Amazonasbeckens zu sein. Selbst dort sind die Normalstellen, an denen Papageien ihre Erde aufnehmen, meist sehr klein oder lediglich offene, oft schlammige Stellen im Regenwaldboden. Solche Stellen finden sich auf allen vier Kontinenten, die Psittaciden beherbergen. Es muss aber nicht immer Lehmerde sein, wenn Papageien ihren Mineralstoffbedarf decken wollen. So werden im brasilianischen Pantanal Nandaysittichgruppen (*Aratinga nenday*) regelmäßig dabei beobachtet, wie sie auf Feldwegen kleine Sandkörner aufpicken. Rußköpfchen (*Agapornis nigrigenis*) trinken wie viele anderen Papageien oft schlammiges Wasser, wobei sie Mineralstoffe aufnehmen.

Daneben gibt es eine Reihe Stellen, bei denen mitunter nicht deutlich ist, welchen Nutzen die Papageien davon haben. Verhältnismäßig einfach ist noch der Fall der Vélez-Zwergamazonen (*Hapalopsittaca amazonina velezi*) in Kolumbien. Sie wurden an Felswänden beobachtet, wo sie am harten Gestein knabberten. In Ecuador hingegen wurden Weißbrustsittiche (*Pyrrhura albipectus*) ebenfalls an einer Felswand gesehen, allerdings war nicht klar, ob sie kleine Brocken Erde von einer moosbewachsenen Stelle fraßen oder im Moos nach Insekten suchten.

Prinz-Lucien-Sittiche (*Pyrrhura lucianii*) stürzen sich in Bolivien während der Regenzeit, wenn die Collpas überschwemmt sind und die Lehmerde nicht erreichbar ist, in den Gärten der Einheimischen auf die alten, baumförmigen Papaya-Pflanzen, wo sie an den verholzten Spitzen nagen. Alternativ fressen sie verstärkt an Palmblättern, die viel Kalzium enthalten.

In den unteren Anden-Bereichen Perus gibt es mehrere Stellen, an denen Grünflügelaras (*Ara chloropterus*) oder Rotscheitelsittiche (*Pyrrhura roseifrons*) schwefelhaltiges Wasser trinken. Das riecht zwar unangenehm, enthält aber viele Mineralstoffe.

Brutzeit: Die Brutzeit richtet sich bei den meisten Papageien nach der Regenzeit, da diese den Vögeln anzeigt, dass in den nächsten Monaten die Samen oder Früchte der Pflanzen, mit denen die Jungen aufgezogen werden, verfügbar sind. Auf der Nordhalbkugel beginnt die Regenzeit im April, auf der Südhalbkugel im September. Allerdings gibt es örtliche Unterschiede und die Länge und Intensität nimmt mit zunehmender Entfernung vom Äquator ab. Die unterschiedlich langen Regenzeiten wirken sich auch auf den Brutbeginn aus. Generell kann man sagen, dass im selben Gebiet kleine Papa-

Nandaysittiche (*Aratinga nenday*) werden regelmäßig beim Aufpicken kleiner Sandkörner auf Feldwegen beobachtet.

geien früher brüten als große Arten. Brightsmith und Sovero (2017) haben dies für das Gebiet um die peruanische Tambopata-Collpa bestätigt, während Roth (1984) das am Rio Aripuanã in Brasilien nicht vorfand.

Einige Arten brüten allerdings auch zu anderen Zeiten oder haben überhaupt keine festen Brutzeiten. Hier sind neben den Spechtpapageien (*Micropsitta* spp.) vor allem die Wellensittiche (*Melopsittacus undulatus*) zu nennen, die sofort mit dem Brüten anfangen, wenn die klimatischen Bedingungen dies erlauben.

Bei einigen Vertretern der Fledermauspapageien (*Loriculus* spp.) mutmaßt man, dass sie zwei Brutzeiten hätten. So ist vom Blumenpapageichen (*Loriculus beryllinus*) bekannt, dass seine Hauptbrutzeit von Januar bis April dauert. Gelegentlich wird aber berichtet, die kleinen Papageien würden auch ein zweites Mal von Juli bis September brüten. Schaut man sich das Klima auf der Heimatinsel Sri Lanka der Art an, ist die zweite Brutzeit logisch: Zwischen Mitte Mai und Ende September herrscht der regenreiche Südwestmonsun vor, was für die West- und Südwestküste starke Niederschläge bedeutet, während der Osten und Nordosten trocken bleiben. In der Hauptbrutzeit von Januar bis Mitte April hingegen bringt der Nordostmonsun Niederschläge im Norden und Osten der Insel, wo sich die Hauptpopulation der kleinen Papageien befindet.

Bei den Blumenpapageichen (*Loriculus beryllinus*) nahm man an, dass sie gelegentlich zwei Brutzeiten haben. Ein Blick auf die klimatischen Verhältnisse Sri Lankas zeigt jedoch, dass die West- und Südwestküste Monsunregen zu anderen Zeiten erhalten als der Norden und Osten der Insel, was die unterschiedlichen Brutzeiten erklärt.

Manche Papageien brüten aber auch nicht jedes Jahr. Paradebeispiel hierfür ist der neuseeländische Eulenpapagei (*Strigops habroptila*). Seine Brutzeit ist abhängig von der Mast der Rimu-Bäume (*Dacrydium cupressinum*), da den wuchtigen Vögeln nur dann genügend Nahrung zur Jungenaufzucht zur Verfügung steht. Das passiert aber nur unregelmäßig alle drei bis fünf Jahre.

Andreas Heinz Bublat und seine Kollegen (Bublat et al. 2017) haben bei einer Untersuchung der Spermienqualität bei größeren Papageien als „Nebenprodukt" festgestellt, dass die Spermienproduktion offensichtlich einem deutlichen saisonalen Einfluss unterliegt und nur während der Brutzeit erfolgt. Bei in Menschenobhut gehaltenen Aras und Amazonen konnten in den Monaten September, Oktober und November keine Spermien entnommen werden, während dies bei Edelpapageien und vielen Kakadus ganzjährig möglich war. Ob diese Erkenntnis unterstreicht, wie bedeutend feste Brutzeiten für die Papageienarten sind und ob dies für alle Freilandpopulationen gilt, muss allerdings noch überprüft werden.

Die meisten Papageien sind monogam, was bedeutet, dass sie ganzjährig, also auch während der Brutzeit, paarweise zusammen leben. Es gibt aber auch hier Ausnahmen. Bei Rotachselpapageien (*Psittinus cyanurus*) zum Beispiel kommen die Partner nur während der Brutzeit zusammen, ansonsten halten sie Abstand und kümmern sich nicht umeinander, ziehen aber mitunter in Kleingruppen umher. Dasselbe trifft für die Fledermauspapageien (*Loriculus* spp.) zu, vermutlich auch für die Bindensittich-Arten (*Psittacella* spp.). Ob sich bei diesen Arten immer wieder dieselben Partner zum Brüten zusammenfinden oder die Partner wechseln, ist allerdings noch unklar.

Bei den Edelpapagein, hier Queensland-Edelpapageien (*Eclectus polychloros macgillivrayi*), lassen sich die Weibchen von mehreren Männchen begatten und füttern.

Einige wenige Arten brüten polygam: Vom Kea (*Nestor notabilis*) und vom Eulenpapagei (*Strigops habroptilus*) auf Neuseeland weiß man, dass sie gelegentlich mehrere Weibchen als Brutpartner haben. Das Gegenteil findet sich auf den Seychellen-Inseln. Dort lassen sich die Weibchen des Seychellen-Vasapapageis (*Coracopsis barklyi*) während der Brutzeit oft von mehreren Männchen füttern, um die Jungen aufzuziehen. Ob sie sich auch von mehreren Männchen begatten lassen, ist unklar. Das ist aber auf jeden Fall bei den Edelpapageien (*Eclectus* spp.) der Fall, wo auf ein Weibchen mehrere Männchen kommen. Vor der Brut lassen sich die Weibchen von bis zu vier Männchen begatten, und bis zu fünf schaffen Futter für die Jungenaufzucht herbei.

Balz und Brutverhalten: Das Balzverhalten ist bei den meisten Papageienarten nur wenig ausgeprägt. Der Grund hierfür dürfte darin liegen, dass die überwiegende Zahl der Arten monogam lebt und eine lebenslange Paarbindung eingeht. Die Partner müssen sich nicht jedes mal bei einer neuen Brut beweisen, dass sie geeignete Partner sind. Dementsprechend findet man meist nur freundlich-partnerschaftliche Verhaltensweisen wie gegenseitige Gefiederpflege, Kopfkraulen oder Partnerfüttern vor einer Kopulation, bei der das Männchen meist das Weibchen seitlich besteigt, einen Fuß auf das Weibchen setzt und den anderen auf dem Ast oder Boden hat. Das gilt allerdings nur für die neotropischen Arten. Bei den Altweltpapageien besteigt das Männchen das Weibchen mit beiden Füßen. Während der Begattung, die z. B. bei Großen Vasapapageien (*Coracopsis vasa*) bis zu zwei Stunden betragen kann, hält sich das Männchen mit dem Schnabel im Nackengefieder seiner Partnerin fest.

Etliche Arten nutzen auch Teile ihres Gefieders, um bei den Weibchen Eindruck zu machen. So können Blaukrönchen-Männchen (*Loriculus galgulus*) ihre rot gefärbten Gefiederpartien zur Balz „aufstellen", was die Rotfärbung größer wirken lässt und zusätzlich betont. Bei Amazonen sind meist der Schwanz und oft die Unterflügeldecken farbig gezeichnet, was erst bei der Balz Sinn ergibt: Dann fächern die Männchen nämlich ihren Schwanz auf und stellen die Flügel ab um den Weibchen zu imponieren. Bei den Kakadus ist es die Federhaube, die zur Balz aufgestellt wird.

Die Eulenpapageien-Männchen (*Strigops habroptila*) haben ein einzigartiges Balzverhalten: In der Hoffnung, Weibchen anzulocken, versammeln sich oft mehrere Männchen in einer „Balzmulde". Über mehrere Monate „singen" sie dort gleichzeitig in tiefen, weithin zu vernehmenden Tönen, dem sogenannten „booming".

Wie immer gibt es auch Arten mit Besonderheiten bei der Balz. Paradebeispiel ist der Eulenpapagei (*Strigops habroptilus*). Nicht nur, dass sich Männchen und Weibchen lediglich zur Paarung treffen, das Männchen muss das Weibchen auch noch mittels miteinander verbundener Balzmulden mühsam heranlocken, wozu es kilometerweit zu hörende Balzrufe von sich gibt.

Vasapapageien (*Coracopsis*) zeigen ihre Brutlust durch die Umfärbung des Schnabels an. Normalerweise ist der schwärzlich, zur Brut wird er jedoch hornfarben. Auch sonst verändert sich Einiges bei den Vertretern der Gattung: Zur Brutzeit werden die ruhigen und wenig aggressiven Vögel laut und aktiv, und sie lassen ihre Stimme häufig hören, während diese außerhalb der Brutzeit angenehm ist und der von Singvögeln ähnelt. Einzigartig unter den Psittaciden ist auch die Ausstülpung der Kloake, und die Weibchen des Großen Vasapapageis (*Coracopsis vasa*) verlieren sogar Ihre Kopfbefiederung.

Während der Brutsaison ist die Ausstülpung der Kloake bei den Vasa-Papageien (*Coracopsis*) einzigartig unter den Psittaciden. Die Weibchen des Großen Vasapapageis (*Coracopsis vasa*) bekommen nicht nur einen hornfarbenen Schnabel, sondern verlieren sogar ihre Kopfbefiederung.

Insgesamt muss man aber auch anmerken, dass die Balz und das Brutverhalten bei vielen Papageienarten noch unbekannt und sicherlich noch die eine oder andere Überraschung zu erwarten ist.

Das dürfte vor allem bei den asiatischen Papageien der Fall sein, bei denen zum Beispiel oft außerhalb der Brutzeit eine Paarbindung fehlt und noch nicht klar ist, ob Arten wie die Fledermaus- (*Loriculus* spp.) oder Rotachselpapageien (*Psittinus* spp.) sich jedes Jahr mit demselben Partner verpaaren.

Bruthöhlen: Die meisten Papageien brüten in Stamm- bzw. Asthöhlen lebender oder abgestorbener Bäume, die oft von Spechten oder anderen Höhlenbrütern vorbearbeitet worden sind. In der Regel untersucht ein Paar vor der eigentlichen Brut mehrere infrage kommende Bruthöhlen, bevor es sich für eine entscheidet.

Es gibt zahlreiche Alternativen zu den Baumhöhlen. So brüten zum Beispiel Vasa- (*Coracopsis* spp.) oder die Kurzschwanzpapageien (*Graydidascalus brachyurus*) in abgestorbenen, nach oben hin offenen Palmstümpfen, Felsensittiche (*Cyanoliseus* spp.) oder die meisten *Psittacara*-Arten in den Spalten und Höhlen von Felswänden und alle *Brotogeris*- und *Touit*-Arten in Baumtermitenbauten. Letzteres trifft auch für die meisten Specht- (*Micropsitta* spp.) und die Kleinen Keilschwanzsittiche (*Eupsittula* spp.) zu.

In Australien nutzen die *Psephotellus*-Spezies die großen Erdtermitenbauten und auf Neuguinea die kleineren Loris das Wurzelwerk von größeren Epiphyten-Pflanzen, in das sie sich ihre Nisthöhle graben.

Einige Arten wie die Gelbgesicht-Spechtpapageien (*Forpus xanthops*), der Kea (*Nestor notabilis*) oder der Eulenpapagei (*Strigops habroptila*) brüten in Bodenhöhlen. Das liegt oft daran, dass es in ihrem Brutgebiet keine Baumhöhlen mit einem entsprechenden Durchmesser gibt. Ein gutes Beispiel hierfür sind die Unterarten der Kuba-Amazone (*Amazona leucocephala*). Während die Inagua-Amazone (*A. l. inaguaensis*) auf der Insel Great Inagua aus Mangel an großen Kiefern in bis zu 3,20 m tiefen Höhlen des Kalksteinbodens brütet, nutzen alle anderen Unterarten Baumhöhlen zum Nisten.

In Australien brütet der Nachtsittich (*Pezoporus occidentalis*) im trockenen, halbwüstenähnlichen Inneren des roten Kontinentes in Büscheln des Stachelschweingrases (*Triodia* sp.). Hier baut er eine Brutkammer von ca. 25 cm Durchmesser. Der Nistbereich wird durch einen kleinen Tunnel (ca. 8 cm Durchmesser) erreicht und die Nistmulde mit Blättern, Halmen und kleinen Ästchen ausgepolstert. Die nahe verwandten Erdsittiche (*Pezoporus wallicus* und *flaviventris*) brüten ebenfalls in bis zu 5 cm tiefen Nestmulden. Sie bauen ihr gut getarntes Nest oft unter einem niedrigen Strauch oder in Grasbüscheln, bei denen die Halme so über der Brutstätte hängen, das sie eine Art Nesthöhle erzeugen.

Der Nachtsittich (*Pezoporus occidentalis*) baut seine Brutkammer im Inneren der Büschel von Stachelschweingras (*Triodia* sp.).

Nesthöhlen sind in der Regel nicht im Überfluss vorhanden. Am Rio Aripuanã untersuchte Roth (1980) auch das Brutverhalten der dortigen Papageien-Arten. Er stellte fest, dass gattungsgleiche Vögel zu unterschiedlichen Zeiten brüten und dann oft dieselbe Nisthöhle verwenden, da Nistgelegenheiten in dem Gebiet offensichtlich rar sind. Wenn dies der Fall ist, nutzen Papageien alle höhlenartigen Vertiefungen, die sich finden lassen. Im nördlichen Guatemala brütete ein Guatemala-Amazonenpaar (*Amazona guatemalae*) zum Beispiel in den Ritzen eines Maya-Tempels in der berühmten Tikal-Kulturstätte. Zwei andere Amazonen hatten, wenn man ihre Größe berücksichtigt, ebenfalls eine ungewöhnliche Nestwahl. So nutzte eine Blaukronenamazone (*Amazona ventralis*) einen großen Kaktus, um darin eine Bruthöhle anzulegen, und eine Rotspiegelamazone (*Amazona agilis*) grub sich ihr Nest in das Wurzelwerk einer wuchtigen Bromelie, was sonst nur von den kleinen Lori-Arten bekannt ist.

Wie schon erwähnt, bauen nur die *Myiopsitta*-Vertreter tatsächlich ein Nest. Es ist zum einen der Mönchssittich (*Myiopsitta monachus*), der seine Kolonie-Nester gerne an die großen Nester des Jabiro-Storches (*Jabiru mycteria*) ansetzt. Aus bis zu 12 Paaren besteht solch eine Kolonie, bei der die einzelnen Bruthöhlen zum Schutz vor dem Gemeinen Weißohropossum (*Didelphis albiventris*) und anderen Räubern aus einer Vorkammer und der eigentlichen Brutkammer besteht. Sein nächster Verwandter, der Luchssittich (*Myiopsitta luchsi*) brütet in den Höhlen von Felssteilwänden, baut sich hier jedoch trotzdem noch ein Nest aus Zweigen.

In der Regel sind Papageien aber Höhlenbrüter, auch weil die meisten Weibchen das Dunkle der Höhlen als Brutstimulation benötigen. Deswegen sind offene Bruthöhlen oft sehr tief. Den Rekord hält vermutlich der Kleine Vasapapagei (*Coracopsis nigra*), bei dem Nester bis 3,60 Tiefe bekannt sind. Von vielen Arten wurden aber auch „flache" oder „niedrige" Nisthöhlen beobachtet. In einem Fall war das Nest eines Molukkenkakadu-Paares (*Cacatua moluccensis*) so flach, dass das Junge nach dem Schlüpfen aus dem offenen Stammende herausschauen konnte.

Eine besondere Bruthöhle graben sich die Spechtpapageien (*Micropsitta* spp.) in Baumtermitennester oder verrottete Baumstämme: Ein Tunnel führt in einem Bogen nach oben, wo sich die eigentliche Brutkammer dann direkt über dem Tunneleingang befindet.

Viele Papageien haben bevorzugte Brutbäume. So befinden sich zum Beispiele 90 Prozent der Nester des Hyazintharas (*Anodorhynchus hyacinthinus*) in Manduvi-Bäumen (*Sterculia apetala*).

Als Nistmaterial dient meist der Schmutz und Staub, der sich bereits in der Bruthöhle befindet. Ergänzt werden diese durch Holz oder anderes Material, das die Vögel von den Seitenwänden oder vom Höhlenboden abbeißen. Ein Zuviel an Nistmaterial wird aus der Höhle geworfen.

Nur selten tragen Psittaciden Nistmaterial in ihre Bruthöhle. Bekannt ist dieses von den Unzertrennlichen (*Agapornis* spp.) und den Fledermauspapageien (*Loriculus* spp.). Erstere ziehen bevorzugt die Rinde junger Äste ab, während die *Loriculus*-Arten ganze Blätter oder in Streifen abgebissene bevorzugen. Zum Transport in die Nisthöhle stecken sich die Weibchen beider das Nistmaterial in das Bürzelgefieder. Vor allem bei jungen Weibchen ist diese Transportweise wenig effektiv, da viele Blätter dabei auf den Boden fallen und als Nistmaterial verloren gehen.

Gelege: Die meisten Papageien halten sich bereits einige Tage vor der ersten Eiablage in der Bruthöhle auf, wobei es bei vielen Arten offensichtlich wichtig ist, dass es in dieser deutlich dunkler als die Umgebung ist. Alle Papageien legen ovale, rein weiße Eier, da es bei Höhlenbrütern nicht notwendig ist, diese durch eine besondere Färbung zu tarnen. Der kleinste Papagei überhaupt ist der Biak-Spechtpapagei (*Micropsitta geelvinkiana misoriensis*). Seine Eier messen gerade einmal durchschnittlich 18,6 x 14,0 mm, wiegen 1,5 bis 2 g und machen 12,8 % bis 13,6 % des Körpergewichts aus. Kein Wunder haben die Weibchen kurz vor der Eiablage Schwierigkeiten beim Fliegen. Im Gegensatz dazu ist der Eulenpapagei (*Strigops habroptila*) mit bis zu 3,5 Kilogramm der schwerste Papagei. Die Eier messen durchschnittlich 50,6 x 38,3 mm, wiegen 11,2 bis 15 g und machen bei den deutlich leichteren Weibchen noch nicht einmal 1 % des Körpergewichts aus. Das durchschnittlich größte Ei mit 55 x 45 mm legt der Große Soldatenara (*Ara ambiguus*).

Als Regel kann man sagen, dass kleine Papageien durchschnittlich mehr Eier legen als größere. So legt der Hyazinthara (*Anodorhynchus hyacinthinus*) mit 1 m Länge meist nur 1 oder zwei Eier, mittelgroße Amazonen 2 bis 3 Eier, die etwas kleineren Langflügelpapageien (*Poicephalus* spp.) 3 bis 4 Eier und die kleinen Unzertrennlichen (*Agapornis* spp.) 4 bis 6 Eier. Es gibt aber zahlreiche Ausnahmen: So haben Amazonen oft ein Gelege von 4, manchmal sogar 5 Eiern, und auf Neuguinea und den umliegenden Inseln legen fast alle Papageien einschließlich der kleinsten Lori-Arten wie zum Beispiel der kleine Bergzierlori (*Oreopsittacus arfaki*) nur zwei Eier.

Eine Sonderstellung nimmt wieder einmal der Wellensittich (*Melopsittacus undulatus*) ein, von dem im Freiland schon Gelege von bis zu 9 Eiern gefunden wurden.

Viele Arten zeigen während der Brut ein deutliches Revierverhalten. In den atlantischen Küstenwäldern Brasiliens duldet der Blaubauchpapagei (*Triclaria malachitacea*) keine Artgenossen in einem Umkreis von zwei Kilometern um sein Nest, und in Australien ist es der

Der Große Soldatenara (*Ara ambiguus*) legt mit durchschnittlich 55 x 45 mm die größten Eier aller Papageien.

Inka-Kakadu (*Lophochroa leadbeateri*), der im Schnitt 2,4 Kilometer Abstand zu dem Nest eines Artgenossen fordert.

Das genaue Gegenteil sind die Arten, die in Kolonien brüten. Allen voran sind es in Südamerika die bereits mehrfach erwähnte Mönchssittiche (*Myiopsitta* spp.) und die Felsensittiche (*Cyanoliseus* spp.), oder auf Neuguinea der Rotbrust-Spechtpapagei (*Micropsitta bruijnii*), bei denen die Brutpaare aber nur zusammenrücken, wenn ein großer, abgestorbener Stamm das Anlegen mehrerer Nisthöhlen erlaubt.

Bei den meisten Arten bebrütet nur das Weibchen das Gelege. Bei fast allen Kakadus, mit Ausnahme der Rabenkakadus, sind aber auch die Männchen beim Wärmen des Geleges aktiv. Als Beispiel sei hier der Palmkakadu (*Probosciger aterrimus*) angeführt, bei dem das Männchen beim Bebrüten der Eier hilft und so sein Weibchen entlastet. Die Männchen brüten tagsüber, die Weibchen nachts.

Es gibt aber auch das genaue Gegenteil. Ein Beispiel hierfür ist der Rotachselpapagei (*Psittinus cyanurus*). Das Männchen darf das Weibchen zwar begatten und während der Brut mit Futter versorgen, hat dann aber bei der Jungenaufzucht keine weiteren Aufgaben mehr und darf das Nest nicht betreten. In dieser Hinsicht ähnelt die Art den Edelsittich-Vertretern (*Alexandrinus* spp., *Palaeornis* spp., *Nicopsitta* spp., *Himalayapsitta* spp., *Psittacula* spp.). Bei vielen Arten wie z.B. den Amazonen (*Amazona* spp.) verbringen die Männchen zwar auch die Nacht in der Bruthöhle, wärmen des Gelege aber nicht. Ein Beispiel, bei denen nur das Männchen das Gelege bebrütet, gibt es bei den Psittaciden bislang nicht.

Eine Ausnahme scheinen jene Arten zu machen, die im Helfersystem brüten. Hier scheinen sich die Gruppenmitglieder beim Bebrüten des Geleges abzuwechseln. Allerdings ist nicht klar, ob es sich bei den brütenden Helfervögeln auch um Männchen handelt, und eine genaue Untersuchung für dieses Verhalten steht noch aus.

Brutdauer: Die Inkubationszeit variiert in der Regel entsprechend der Größe der Papageien. Bei den großen Aras (*Ara* spp.) beträgt sie pro Ei meist 24 bis 27 Tage, bei mittelgroßen Arten wie zum Beispiel dem Gelbwangenkakadu (*Cacatua sulphurea*) 24 Tage, bei den kleineren Sittichen wie zum Beispiel den Langschwanz-Edelsittichen (*Belocercus longicauda*) 23 Tage, und bei den sehr kleinen Arten wie dem Bourkesittich (*Neopsephotus bourkii*) 18 Tage. Die kürzeste Brutzeit von allen Psittaciden dürften die winzigen Spechtpapageien (*Micropsitta* spp.) mit geschätzten 12 Tagen haben. Aber es gibt Ausnahmen. So brütet zum Beispiel der mit 50 cm relativ wuchtige Große Vasapapagei (*Coracopsis vasa*) gerade einmal 15 Tage, während der nur wenig größere Palmkakadu (*Probosciger aterrimus*) für sein einziges Ei zwischen 28 und 35 Tage benötigt.

Während des Bebrütens dreht das Weibchen die Eier regelmäßig, um ein gleichmäßiges Erwärmen zu gewährleisten.

Bourkesittiche (*Neopsephotus bourkii*) haben mit 18 Tagen eine für kleine Papageien typische Brutzeitlänge.

Jungenaufzucht und Jungenentwicklung: Das Gelege wird von vielen Papageien erst ab dem zweiten Ei bebrütet, was bedeutet, dass die erste zwei Jungen zur gleichen Zeit schlüpfen. Die anderen folgen dann im Abstand von zwei bis drei Tagen. Eine Ausnahme machen hier viele Schmalschnabelsittich-Arten (*Brotogeris* spp.). Sie bebrüten das Gelege, das immerhin vier bis sechs Eier umfassen kann, erst nach dem Legen des letzten Eies und die Jungen schlüpfen alle gleichzeitig.

Der Schlupfvorgang ist für gesunde Embryos nicht schwierig. Das liegt an der Besonderheit der Eischale, die von außen sehr stabil gegenüber Druck ist, von innen aber leicht geöffnet werden kann. Trotzdem stellt der Schlupfvorgang für die Jungen ein enormer

Die Bruthöhle bietet einen gewissen Schutz, aber Gelege, Weibchen und Junge wie die hier abgebildeten Wellensittiche (*Melopsittacus undulatus*) sind fortwährend Gefahren durch Nesträuber ausgesetzt.

Kraftakt dar. Als natürliches Hilfswerkzeug besitzen sie einen sogenannten „Eizahn", der wie ein scharfer Keil auf ihrem Oberschnabel sitzt, und mit dessen Hilfe sie die Eischale von Innen aufschlitzen können. Dabei drücken sie mit dem Nacken gegen die Schale und drehen sich, sodass nach Schlupfende die Eischale in zwei Hälfen getrennt ist. Der Eizahn verschwindet ein paar Tage nach dem Schlupf wieder.

Das Weibchen hilft meist beim Öffnen des Eies, indem es vorsichtig die Eischale beknabbert.

Zwar bietet die Bruthöhle einen gewissen Schutz, aber sowohl das Gelege als auch die Jungen sind fortwährend Gefahren durch Nesträuber ausgesetzt. Für den Schwalbensittich (*Lathamus discolor*) z.B. stellen die auf Tasmanien eingeschleppten Kurzkopfgleitbeutler (*Petaurus breviceps*) ein großes Problem dar, da die nachtaktiven Räuber nicht nur Eier und Junge erbeuten, sondern auch die Weibchen. Andere Nesträuber wie Schlangen oder Warane spielen da nur eine untergeordnete Rolle.

Nicht nur eingeschleppte Hausratten (*Rattus rattus*) und verwilderte Katzen machen Naturschützern Sorgen, sondern vor allem in der Südsee importierte Stechmücken bedrohen die dortigen Loribestände. Von den Maidloris (*Vini*) wie z.B. dem Smaragd- (*Vini ultramarina*) oder dem Saphirlori (*Vini peruviana*) weiß man, dass Hausratten brütende Weibchen und Jungtiere so gezielt erbeuten, dass die Art auf den meist kleinen Inseln und Atollen innerhalb von zwanzig Jahren ausgerottet ist.

Das Weibchen füttert seine Jungen anfangs bis zu fünfzehn mal täglich. Im Laufe einer Brut nimmt diese Anzahl aber kontinuierlich ab und wird nach einigen Wochen auf zweimal reduziert. Noch eine

Von den Smaragdloris (*Vini ultramarina*) weiss man, dass eingeschleppte Ratten (*Rattus rattus*) eine Inselpopulation innerhalb weniger Jahre ausrotten können.

Besonderheit haben fast alle Papageien gemeinsam: Bei den größeren Arten hudern die Weibchen ihren Nachwuchs lediglich zwei bis drei Wochen lang, bei kleineren Arten entsprechend kürzer. Die Jungen sind aber auf diese Situation eingestellt, was vor allem für jene wichtig ist, die in höheren und dementsprechend kälteren Lagen aufgezogen werden. Sie haben ein dichteres Dunengefieder als Nestlinge von Arten, die in heißen Gegenden aufgezogen werden. Als Beispiel seien hier die Jungen von Soldatenamazonen (*Amazona mercenarius*) genannt: Die Art brütet oft in Höhenlagen über 3.000 m, wo es nachts sehr kalt werden kann. Die Nestlinge haben deshalb ein dichtes, wolliges, graues Dunengefieder, das ein effektiver Schutz vor Kälte ist.

Als Beispiel für eine Jungenaufzucht sei hier lediglich der El-Oro-Sittich (*Pyrrhura orcesi*) angeführt. Die Art nistet im Helfersystem, wobei dies schon beim Bebrüten des Geleges beginnt. Nach dem Schlüpfen der Nestlinge füttern drei bis vier Alttiere die Jungen über drei Wochen lang mehrmals täglich. Danach wird nur noch zweimal täglich gefüttert. Spätestens nach 56 Tagen nehmen die Fütterungen deutlich ab und die Gruppe animiert 25 bis 30 m vom Nest entfernt die Jungen durch Rufen, das Nest zu verlassen. Nach dem Ausfliegen betteln diese noch zwei Wochen um Futter, danach nur noch sehr sporadisch.

Die Jungenentwicklung erfolgt bei allen Arten offensichtlich gleich. Die Jungen schlüpfen nahezu nackt, entwickeln aber schnell ein mehr oder weniger dichtes Dunengefieder. Danach öffnen sich die Augen. Zuerst erscheinen die Federkiele an den Flügeln und auf dem Rücken, danach am Kopf, dem Körper und dem Schwanz. Nach und nach brechen die Federkiele auf und wenige Tage vor dem Ausfliegen sind die Jungen schon voll befiedert.

In der Zeit nach dem Schlüpfen haben die Jungen mehr oder weniger ausgebildete, weiche Tastknöpfe am Schnabel, die sich im Laufe der Jungenaufzucht zurückbilden und nach dem Ausfliegen nicht mehr zu sehen sind. Ihre Funktion ist klar: Berühren die Weibchen diese Tastknöpfe mit dem Schnabel, wird ein Reflex bei den anfangs noch blinden Nestlingen ausgelöst und sie lassen sich füttern.

Besonders ausgeprägt sind diese Tastknöpfe bei jungen Vasapapageien (*Coracopsis* spp.) oder bei den Nestorpapageien (*Nestor* spp.). Während sich die Tastknöpfe aber im Regelfall am Oberschnabel befinden, sind sie bei den Nestorpapageien am Schnabelansatz zwischen Ober- und Unterschnabel platziert.

Überlebensrate der Jungen: Wenige Tage nach dem Ausfliegen sind die Jungen besonders gefährdet, da sie nur selten einen Fluchtreflex besitzen. Der wird ihnen aber schnell von den Altvögeln beigebracht, ebenso die Nahrungsaufnahme, sodass die Jungen meist nach 14 Tagen selbstständig sind.

Die Überlebensrate für Papageien hängt stark von der Artzugehörigkeit ab, man kann aber davon ausgehen, dass die Jungen kleinerer Arten mit größeren Gelegen eine geringere Lebenserwartung haben als die größerer Arten mit kleineren Gelegen. Die Jungen der mittelgroßen Blaukappenamazone (*Amazona finschi*) zum Beispiel hatten zwischen 1996 und 2003 im ersten Jahr eine durchschnittliche Überlebensrate von 73 Prozent, wobei die Mehrzahl der Jungen in den ersten fünf Wochen nach dem Ausfliegen starben (Salinas-Melgoza & Renton 2010). Erwartungsgemäß überlebten die meisten von ihnen die erste Woche nicht. Die Überlebensrate ist bei der Blaukappenamazone aber noch überraschend hoch. Bei vielen Arten beträgt sie gerade einmal 20 %, was dann oft ein Problem für den Schutz und Fortbestand der Populationen darstellt, zumal immer nur ein Bruchteil der Population brütet.

El-Oro-Sittiche (*Pyrrhura orcesi*) füttern ihre Nestlinge nach dem Schlüpfen über drei Wochen lang mehrmals täglich, danach nur noch zweimal. Spätestens nach 56 Tagen nehmen die Fütterungen deutlich ab und die Jungen werden durch Rufe animiert, das Nest zu verlassen.

Artenschutz

Papageien sind insgesamt durch fünf Bereiche gefährdet. Dies sind vor allem der weltweite Habitatsverlust (z.B. der El-Oro-Sittich [*Pyrrhura orcesi*]), gefolgt vom Fang für den heimischen und internationalen Tierhandel (z.B. der Graupapagei [*Psittacus erithacus*]) sowie durch eingeführte Räuber, Nistplatzkonkurrenten oder Neozoen (z.B. der Kaka [*Nestor meridionalis*]) sowie die Verfolgung als Ernteschädlinge (z.B. der Rotsteißkakadu [*Licmetis haematuropygia*]), ihre Bejagung und schließlich Stürme (z.B. die Kaiseramazone [*Amazona imperialis*]) oder der Klimawandel (Juniper & Parr 1998). Als Folge sind heute nahezu 50 % der Papageien gefährdet, rund die Hälfte von ihnen mehr oder weniger stark bzw. kritisch.

Dementsprechend gibt es eine Vielzahl an Schutzprojekten, von denen allerdings viele zunächst nur eine Bestandserhebung und Schutzmaßnahmenempfehlungen zum Inhalt haben, was bedeutet, dass für den eigentlichen Schutz oder eine Populationserholung der Art noch nichts getan wurde. Solche Projekte sind auch wichtig, ohne sie wüsste man schließlich nicht, wie es um eine Art steht, aber wichtig ist zweifellos, dass der Schutz einer Art mittel- und langfristig gewährleistet wird. Dementsprechende Projekte sind allerdings nicht allzu häufig zu finden. An dieser Stelle sollen deshalb drei von ihnen – stellvertretend für andere Projekte – erwähnt werden.

Schutz des Rotsteißkakadus auf Palawan: Ursprünglich war der Rotsteißkakadu (*Licmetis haematuropygia*) auf nahezu allen Inseln der Philippinen zu finden. Der Katala oder Abukay, wie ihn die Einheimischen nannten, litt aber zunehmend unter dem Verlust an Lebensraum und dem massiven Fang für den Heimtierhandel. Als Resultat waren Mitte der 80er Jahre des letzten Jahrhunderts nur noch winzige Restpopulationen vorhanden und die Internationale Union für Naturschutz (IUCN) listete die Art als „vom Aussterben bedroht". 1998 wurde deshalb unter Federführung des deutschen Biologen Peter Widmann und seiner philippinischen Frau Indira auf der Insel Palawan (dort war noch eine kleine Restpopulation zu finden) ein Schutzprogramm ins Leben gerufen, um die Kakadus vor dem Aussterben zu bewahren. Ausgangsbasis waren 23 bis 25 Rotsteißkakadus, die noch auf der kleinen Insel Rasa vor dem Städtchen Narra überlebt hatten. Die Retter hatten Erfolg: Dank den Geldern zahlreicher Naturschutzorganisationen und der Unterstützung der Gemeinde konnte die Kakaduzahl auf Palawan wieder auf über 1.300 Vögel anwachsen. Möglich war dies unter anderem, weil ehemalige Wilderer zu Kakadu-Schützern umfunktioniert wurden und die Einheimischen dank einer erfolgreichen Öffentlichkeitskampagne hinter dem Projekt standen.

Der Bestand des philippinischen Rotsteißkakadus (*Licmetis haematuropygia*) war Mitte der 80er Jahre des letzten Jahrhunderts auf eine Restpopulation von nur noch wenigen Vögeln gesunken.

Inzwischen hat sich das Projekt weiterentwickelt. Es wurde in die „Katala Foundation" integriert, die sich neben den Rotsteißkakadus auch z.B. um den Schutz des Palawanhornvogels (*Anthracoceros marchei*), der Philippinischen Waldschildkröte (*Siebenrockiella leytensis*), des Palawan-Schuppentiers (*Manis culionensis*) und des Calamian-Hirschs (*Axis calamianensis*) kümmert. Schwerpunkt ist aber der Schutz der Kakadus. Für die wurde sogar ein kleines Zuchtprogramm eingerichtet. Das wird nur mit beschlagnahmten Vögeln, die nicht mehr in die Freiheit entlassen werden können, bestückt. Die Helfer um Peter Widmann und seine Frau lernen ständig hinzu und verfeinern ihre Methoden für die Auswilderung. So wurden 2010 vier Kakadu-Nestlinge gerettet, von Hand aufgezogen und zurück auf die Insel Rasa gebraucht, wo die Vögel bis heute überlebten und ein natürliches Vermeidungsverhalten gegenüber Menschen zeigen (was für Handaufzuchten ungewöhnlich ist). Im Jahr 2010 konnte sogar gemeldet werden, dass ein wieder ausgewildertes Paar erstmals im Freiland brütete und erfolgreich Junge aufzog.

Wie erfolgreich das Projekt aber tatsächlich ist, zeigt die Situation auf Rasa. Während die Mehrzahl der Kakadus mittlerweile in andere Gebiete abgewandert ist, leben auf Rasa noch nahezu 400 Kakadus. Das ist einfach zuviel, und die Artenschützer müssen sich Gedanken machen, wie und wohin sie weitere Tiere bringen.

Als Alternative bieten sich möglicherweise die kleinen Inseln Bugsuk und Pandanan an, beide am Südwest-Ende Palawans gelegen. Hier hat das Katala-Team 2005 eine weitere Population der Rotsteißkakadus gefunden. Die Vögel brüten auf der kleinen Insel Pandanan und besuchen zur Futtersuche das deutlich größere Bugsuk. Auch hier nutzen Peter Widman und seine Frau das „Ex-Wildererschutzsystem": Ehemalige Fänger erhalten ein kleines, aber konstantes Gehalt, um die Kakadupopulation zu schützen.

Neben diesen zwei Inseln wurden noch auf einer anderen kleine Bestände von Kakadus neu entdeckt. Auf der relati großen Insel Dumaran gibt es noch kleine Flecken immergrüner und halbimmergrüner Tieflandwälder – keiner größer als 103 ha –, von denen einige kleine Kakadu-Bestände beherbergen.

Eine etwas bessere Situation findet sich in den Waldgebieten, die zur Iwahig-Strafkolonie (südlich von Puerto Princesa) gehören. Sie haben den Vorteil, dass sie auch den anderen Katala-Projekten zugute kommen würden, da die Wälder ebenso Lebensraum für Palawanhornvögel, Philippinische Waldschildkröten und Palawan-Schuppentiere sind. Das Gebiet ist geschützt, da es zur staatlichen Strafkolonie gehört. Die anderen genannten Gebiete werden von der Katala-Foundation verwaltet, die hoffentlich weiterhin international unterstützt wird. Wie wichtig das ist, zeigt allein die Tatsache, dass mindestens 69 % bis 86 % der weltweiten philippinischen Rotsteißkakadupopulation in den vier Projekten zu finden sind.

Schutz des Salvadori-Weißohrsittichs in Ceara: Der Savadori-Weißohrsittich (*Pyrrhura griseipectus*) war einst im Nordosten Brasiliens endemisch und historische Aufzeichnungen zeigen, dass er in den Wäldern der Berge lebte, die inselartig in der gesamten Region vorkommen. Im Jahr 2005 fand man ihn nur noch an drei Orten im Bundesstaat Ceará und 2006 war der Bestand auf 250 bis maximal 400 Vögel gesunken – eine nennenswerte Population befand sich lediglich noch in der Serra de Baturité. Die Gründe hierfür lagen in der Zerstörung der feuchten Bergwälder, die die Sittiche als Lebensraum benutzen. Verstärkt wurde dieser Trend noch durch den illegalen Fang und Handel mit der Art.

Einige brasilianische Ornithologen von der örtlichen Schutzorganisation Aquasis hatten den Rückgang aber registriert und untersuchten in Feldstudien die Situation der Art, was dazu führte, dass 2006 die Art von BirdLife International als vom „Aussterben bedroht" gelistet und 2007 offiziell ein Schutzprogramm für den Savadori-Weißohrsittich von Aquasis etabliert wurde. Aquasis ist eine vor fast 30 Jahren gegründete Naturschutzorganisation, die gefährdete Arten und wichtige Lebensräume für die Erhaltung der Artenvielfalt in Ceará schützt. Neben dem Savadori-Weißohrsittich-Projekt kümmern sich die Mitarbeiter dieser NGO auch um den Schutz des erst 1996 entdeckten Araripepipra (*Antilophia bokermanni*) und von Seekühen (Karibik-Manatis [*Trichechus manatus*]) oder betreiben ein Rehabilitationszentrum für Meeressäuger.

Der Salvadori-Sittich (*Pyrrhura griseipectus*) konnte hinsichtlich seines Gefährdungsgrades von 2007 „vom Aussterben bedroht" im Jahr 2017 auf nur noch „stark gefährdet" dank intensiver Schutzmaßnahmen herabgestuft werden.

Um den Schutz der Savadori-Weißohrsittiche voranzubringen starteten die Aquaris-Mitarbeiter eine Aufklärungskampagne, kartierten die Schlaf- und Nisthöhlen der Sittiche und suchten nach weiteren Populationen. Vor allem mit den Waldbesitzern wurde gesprochen, da viele von ihnen die Anwesen nur über das Wochenende und zur Erholung aufsuchten. Ab 2008 wurden künstliche Nistkästen in der Serra de Baturité aufgehängt, weil Bäume mit natürlichen Bruthöhlen sehr selten waren und sich diese Maßnahme bei anderen *Pyrrhura*-Projekten als eine erfolgreiche Strategie zur Stärkung der Bestände erwiesen hatte.

Tatsächlich entdeckten die Aquasis-Biologen noch zwei weitere, wenn auch deutlich kleinereSavadori-Weißohrsittich-Populationen: 2009 fanden sie die Art in den Steilwänden der Serra de Quixadá und 2012 in Ibaretama.

Die Arbeit von Aquasis zahlte sich aus: Im Jahr 2016 schätzten die Artenschützer den Bestand der Sittiche auf 660 bis 870 Vögel. Nur vier Jahre später konnte die Organisation einen Rekord von 388 ausgeflogenen Jungen vermelden. Der Salvadori-Sittich-Bestand dürfte heute weit über 1.000 Exemplare liegen, und man kann der Organisation nur weiterhin Erfolg wünschen.

Schutz des Schwalbensittichs auf Tasmanien: Auch der Schwalbensittich (*Lathamus discolor*) war ehemals häufig, ist derzeit aber ein Beispiel für staatliche Artenschutz-Misswirtschaft. Er gehört zwar zu den am besten untersuchten bedrohten Arten, ist heute aber dennoch vom Aussterben bedroht. 1988 listete ihn BirdLife noch als „nicht gefährdet", aber bereits 2007 gab es lediglich noch maximal 2.500 Vögel, heute dürfte sein Bestand auf wenige Hundert Vögel gesunken sein und er wird als „vom Aussterben bedroht" eingestuft. Schwalbensittiche sind Nomaden, die im August oder September vom australischen Festland zum Brüten nach Ost-Tasmanien (sie tauchen nur selten im Norden auf) oder auf die vorgelagerten Inseln Maria und Bruny fliegen und zwischen Februar und Mai zurückkehren. Ihre Brut hängt von der Blüte ihrer Nahrungsbäume ab.

Der Schutz des Schwalbensittichs (*Lathamus discolor*) ist in Australien zwar staatlich garantiert, wird jedoch durch behördliche Regelungen erschwert.

Der Bruterfolg hängt wiederum davon ab, wo die Art nistet: Nistet sie auf den Maria- und Bruny-Inseln, ist er sehr hoch, auf Tasmanien hingegen niedrig. Das hat zwei Gründe: Zum einen schaffen es die australischen Behörden, die für den Schutz der heimischen Tierwelt zuständig sind, nicht, den fortschreitenden Habitatverlust in den Griff zu bekommen, zum anderen sind eingeschleppte Kurzkopfgleitbeutler (*Petaurus breviceps*) eine Plage, weil Haupttodesursache für brütende Schwalbensittiche. Der anhaltende Lebensraumverlust erhöht die Prädationsrate noch, hinzu kommen Waldbrände, die wahrscheinlich mit dem Klimawandel zunehmen werden.

1997 wurde der erste „Tasmanian State Recovery Plan" erstellt (in dem auch der Schwalbensittich berücksichtigt wurde), dem 2002 der erste National Recovery Plan folgte, der vom Parlament als Teil des Umweltgesetzes verabschiedet wurde. Der Schutz der Art schien somit gesichert. Bewirtschaftungsmaßnahmen auf forstwirtschaftlich genutzten Flächen in Tasmanien werden jedoch im Rahmen des „Tasmanian Regional Forest Agreement" von 1997 geregelt, das dem Umweltgesetz rechtlich vorgeht. Es beinhaltet zwar „vereinbarte Verfahren" für den Schutz bedrohter Arten, diese werden aber zwischen der Forstbehörde und dem Department of Primary Industries, Parks, Water and Environment (DPIPWE) ausgehandelt. Derzeit trägt das DPIPWE die letzte Verantwortung für Rodungsgenehmigungen. Dies führt im Fall des Schwalbensittichs regelmäßig zu Auseinandersetzungen zwischen Artenschützern und der Holzindustrie, die immer wieder Abholzlizenzen von Schwalbensittichbrut-, aber auch Überwinterungsgebieten vorweisen kann.

Für das Problem mit den Kurzkopfgleitbeutlern haben die Artenschützer eine Teillösung gefunden. Man bietet den Schwalbensittichen jetzt Hightech-Nistkästen an, deren Eingangslöcher nachts automatisch verschlossen werden und so den nachtaktiven Räubern keinen Zutritt ermöglichen. Das Problem mit seiner Gesetzgebung bekommt Australien hoffentlich schnell genauso in den Griff.

Wellensittich (18 cm)

Männchen

Superfamilie: STRIGOPOIDEA Bonaparte 1849

Quelle: Bonaparte 1849, Conspectus Systematis Ornithologiae, table, Typus-Gattung: *Strigops* (Eulenpapageien)

Systematik: Die Superfamilie umfasst zwei Familien mit lediglich drei Gattungen: *Strigops* (Eulenpapageien), *Nestor* (Nestorpapageien) und *Nelepsittacus*, eine Gattung ausgestorbener nestorähnlicher Papageien. Diese sind jedoch sowohl genetisch wie auch in Aussehen und Verhalten so unterschiedlich, dass sie den zwei eigenständigen Familien (Strigopidae – Eulenpapageiartige und Nestoridae – Nestorpapageiartige) zugeordnet werden. Sie bilden zusammen den frühesten Zweig der Papageien: Neuseeland-Papageien. (Wright et al. 2008)

Familie: Strigopidae Bonaparte 1849

Quelle: Bonaparte 1849, Conspectus Systematis Ornithologiae, table, Typus-Gattung: *Strigops* (Eulenpapageien)

Systematik: siehe Superfamilie Strigopidae.

Gattung: *Strigops* (f.) Gray GR 1845

EULENPAPAGEIEN

Quelle: Gray, GR, 1845, The Genera of Birds 2 p. 426 pl. CV, Typus-Art: *S. habroptila*.

Systematik & Taxonomie: Zur Stellung der Gattung *Strigops* im System der Papageien gab es in den letzten fünfzig Jahren im Wesentlichen drei Konzepte:

1. Ein lange weit verbreitetes Konzept stammt von Joseph M. Forshaw (1973) und wurde in den folgenden 25 Jahren (mit leichten Variationen) von allen namhaften Autoren übernommen: Wolters 1975 bzw. 1982, Sibley & Monroe 1990 und 1993, Robiller 1992, Arndt 1990-96 und Juniper & Parr 1998.

   Forshaw ordnet *Strigops* mitten im System der Papageien hinter den australischen Sittichen ein. Er vermutet eine verwandtschaftliche Beziehung vom Eulenpapagei zum Nachtsittich (damals noch *Geopsittacus occidentalis*) und zum Erdsittich (*Pezoporus wallicus*) und von diesen bis zum allgemein bekannten Wellensittich (*Melopsittacus undulatus*). – Doch die offensichtlichen Ähnlichkeiten in der Färbung sowie im Verhalten (nachtaktiv, terrestrisch lebend) erwiesen sich lediglich als Konvergenz-Phänomen. (Chambers & Worthy 2013) Eine phylogenetische Verwandtschaft ist genetisch nicht nachweisbar.

2. Erst im Handbook of the Birds of the World (1997) trennen Rowley & Collar die Gattung von den Plattschweifsittichen und stellen sie hinter die Kakadus (Cacatuidae) und die Loris (Loriinae), zusammen mit Borstenkopf- und Nestorpapageien (*Psittrichas* und *Nestor*), an den Anfang der eigentlichen Papageien (Psittacinae). Damit definieren sie die phylogenetische Position der Eulenpapageien als deutlich früher im Vergleich zu Forshaw.

3. Die heutige Auffassung versteht *Strigops* aufgrund umfassender genetischer Untersuchungen als die älteste und archaischste Form aller Papageien, in naher Verwandtschaft mit *Nestor* (Wright et al. 2008, Joseph et al. 2012 und Provost et al. 2018). Damit knüpft sie an Einschätzungen an, die bereits in sehr früher Zeit existierten (so etwa bei Peters 1937).

Merkmale: große, flugunfähige Papageien; die schwerste Papageienart überhaupt; besitzen ein besonders weiches Gefieder und eine eulenähnliche Gesichtsmaske aus haarartigen Federn; kurze, gerundete Flügel; mittellanger am Ende gerundeter Schwanz; Körper kompakt; Brustbein ohne Kamm, Gabelbein unvollständig ausgebildet;

Weibchen

Schnabel kurz und seitlich aufgetrieben; nackte Wachshaut kreisrund um die Nasenlöcher; Füße kurz und kräftig.

Namenserklärung: *Strigops* = mit dem Gesicht (ops) einer Eule (strigx); Kakapo = Papagei der Nacht (in der Sprache der Maori)

Strigops habroptila G. R. Gray 1845

Eulenpapagei, Kakapo

englisch: Kakapo, Owl Parrot

französisch: Strigops kakapo

spanisch: Kakapo

niederländisch: Kakapo, Uilpapegaai

1. Systematik und Taxonomie

Systematik: Die Art ist so einzigartig, dass sie von Anfang an in eine eigene Gattung gestellt wurde. Lediglich die Endung des Namens wurde von *habroptilus* in *habroptila* geändert, da der Gattungsname *Strigops* weiblich ist.

Eulenpapageien weisen eine deutliche Variabilität in der Größe auf. Vögel der Nordinsel sind deutlich kleiner (Flügellänge 21,5 cm), Vögel der Südinsel bedeutend größer (Flügellänge 33,5 cm). Dennoch wird sie in allen maßgeblichen Werken als monotypisch angesehen.

Taxonomie: Ursprünglich 1845 von G. R. Gray als *S. habroptilus* beschrieben (The Genera of Birds 2 p. 427 pl. CV).

Gray gibt eine ausführliche Beschreibung von Schnabel, Flügel, Schwanz, Füßen und Zehen. Ergänzt wird die Typus-Beschreibung durch eine Schwarz-Weiß-Darstellung des Kopfes, der Krallen und Skizzen der Federn und des Schnabels von vorn. Gray vermutet ihren Ursprung auf „einer der Inseln des Süd-Pazifiks". Mathews und Iredale definierten 1913 Dusky Sound auf der Südinsel Neuseelands als Typusort.

G.M. Mathews und T. Iredale benannten zwar 1913 zwei Unterarten: *innominatus* (Nordinsel Neuseelands, deutlich kleiner als *habroptila*, basierend auf zwei Exemplaren) und *parsonsi* (nordwestliche Alpen der Südinsel, deutlich größer als *habroptila*, basierend auf einem Exemplar). Beide Unterarten wurden jedoch nie anerkannt.

GR Gray benannte 1862 eine zweite Art unter dem Namen *S. greyii* (benannt nach Sir G. Grey, der das Typus-Exemplar beibrachte). Dieses Einzelexemplar ist jedoch lediglich eine parblue-Mutation (Hume & van Grouw 2014). Darüber hinaus sind auch eine Ino- und eine Opalin-Mutation vom Kakapo bekannt.

Jungvogel

Namenserklärung: *habroptila* = mit weichen (habros) Flügeln (ptilon).

2. Identifizierung

Färbung adulter Tiere: Grundgefieder hellgrün, jede Feder braun und gelb gezeichnet; Unterseite überwiegend grünlichgelb; Gesichtsmaske und Stirn gelbbraun; Flügel- und Schwanzfedern variabel braun mit gelb gezeichnet; Schnabel gräulich elfenbeinfarben bis hornfarben, aufgetriebene Wachshaut weißlich bis braungrau; schmaler nackter Augenring grau; Iris dunkelbraun; Füße und Krallen braungrau.

Es gibt eine gewisse Variationsbreite in der Färbung und eine erhebliche Variationsbreite in der Größe, die teilweise geschlechtsspezifisch bedingt ist.

Unterscheidung der Geschlechter: Weibchen wie Männchen, jedoch durchschnittlich kleiner und leichter, auch mit kleinerem Schnabel.

Jungvogelfärbung: Junge mit matterem Gefieder und kürzerem Schwanz; Schwungfedern klar braun und gelb gebändert und am Ende spitz zulaufend, nicht abgerundet; Stirn und Gesichtsmaske mehr bräunlich; Füße und Krallen heller braungrau.

Besondere Merkmale: Die Art lebt rein terrestrisch und ist überwiegend nachtaktiv. Optisch auffällig ist vor allem die eulenähnliche Maske aus haarartigen Federn, die so bei keinem anderen Papagei zu finden ist. Außerdem sagt man dem Eulenpapagei auch einen unangenehmen Duft nach.

Vergleich mit ähnlichen Arten: einzigartig und mit keiner anderen Papageienart zu verwechseln.

3. Natürliches Vorkommen

Verbreitung: früher überall auf der Nord- und Südinsel Neuseelands und auf Stewart Island, fossil auch auf den Chatham Islands nachgewiesen; heute nur noch auf drei kleinen Inseln zu finden: auf Codfish Island (Whenua Hou, südlich der Südinsel), Anchor Island (südwestlich der Südinsel) und Little Barrier Island (Hauturu, nordwestlich der Nordinsel) zu finden.

Lebensraum: Waldgebiete, insbesondere *Nothofagus*-Wälder mit anschließenden offenen Flächen, sowie subalpine Buschgebiete bis 1250 m Höhe; zur Brut abhängig von den Früchten des Rimu-Baumes (*Dacrydium cupressinum*).

Verhalten: Die Vögel leben überwiegend einzelgängerisch und nachtaktiv. Sie sind gute Läufer und Kletterer, aber schlechte Flieger. Männchen und Weibchen treffen sich lediglich zur Paarung. Dazu legt das Männchen ein „track and bowl"-System an (miteinander verbundene Balzmulden), zu dem es die Weibchen mit kilometerweit zu hörenden Balzrufen zu locken versucht. Die Brut übernimmt das Weibchen allein. – Bei frühen Haltungsversuchen wurden die Vögel in menschlicher Obhut als sozial und spielerisch beschrieben, die sich den Menschen gegenüber mehr wie Hunde denn wie Vögel verhielten.

Status: Die Bestände wurden durch die Einführung von Hunden, Katzen, Ratten und Wieseln extrem dezimiert. Heute im gesamten ehemaligen Verbreitungsgebiet ausgestorben. Restpopulation nur noch auf wenigen Inseln, Anfang der 90er Jahre nur ca. 50 Vögel; aufgrund intensiver Schutzbemühungen Zunahme der Population auf über 200 im Jahr 2020; dennoch aufgrund des begrenzten Genpools und der Anfälligkeit für Krankheiten noch immer vom Aussterben bedroht.

4. Vorkommen in menschlicher Obhut

Häufigkeit: Früher von den Maoris (neuseeländische Ureinwohner) hin und wieder als Haustier gehalten. Bei Verschiffung nach Europa starben die meisten Vögel innerhalb weniger Tage. Heute in menschlicher Obhut praktisch nicht vorkommend. (Ein einzelnes, handaufgezogenes Männchen, Sirocco, wird hin und wieder als „Botschafter" für die bedrohte Art in Zoos o.ä. gezeigt.)

5. Hilfreiche Quellen

www.kakaporecovery.org.nz

Chambers GK & TH Worth (2013). Our evolving view of the kakapo (*Strigops habroptilus*) and its allies. Notornis 60, pp. 197-200.

Clout MN & DV Merton (1998). Saving the Kakapo: the conservation of the world's most peculiar parrot. Bird Conservation International 8, pp. 281-296.

Forshaw JM (2017). Vanished and Vanishing Parrots – Profiling Extinct and Endangered Species. CSIRO Publishing, pp. 19-26.

Higgins PJ ed. (1999). Handbook of Australian, New Zealand & Antarctic Birds. vol. 4, Melbourne, pp. 633-646, pl. 30.

Hume JP & H van Grouw (2014). Colour aberrations in extinct and endangered birds. Bull. B. O. C. 134(3), pp. 168-193.

Mathews GM & T Iredale (1913). A Reference List of the Birds of New Zealand. Ibis, pp. 426-427.

Powlesland RG, Merton DV & JF Cockrem (2006): A parrot apart: the natural history of the kakapo (*Strigops habroptilus*), and the context of its conservation management. Notornis 53(3), pp. 3-26.

Kurzinfos zum Kakapo		
Größe: Männchen 60-64 cm, Weibchen 50-55 cm.	**Gelege pro Jahr:** Brut in mehrjährigem Abstand, abhängig von der Reife der Rimu-Baum-Früchte	**Flugbedürfnis:** Flügel nur zum Balancieren beim Klettern nach oben, im Gleitflug nach unten bzw. bei der Paarung genutzt
Gewicht: Männchen 1,5-3,5 kg, Weibchen 1-2 kg	**Gelegegröße:** 1-5 Eier, zumeist 2-3	**Nagebedürfnis:** gering
Geschlechtsreife: Männchen mit 4-5 Jahren, Weibchen mit 6-9 Jahren	**Brutdauer:** ca. 30 Tage	**Badebedürfnis:** gering, ist aber in der Lage zu schwimmen
Lebensdauer: bis zu 90 Jahre	**Nestlingszeit:** ca. 10 Wochen	**Aggressivität:** nur unter balzenden Männchen belegt
Eimaße: (n = 122); 50,7 (46,3-55,8) x 38,3 (35,0-41,1)	**Selbständigkeit:** nach ca. 6 Monaten	**Stimme:** sehr unterschiedliche Töne, „Boomen" extrem laut

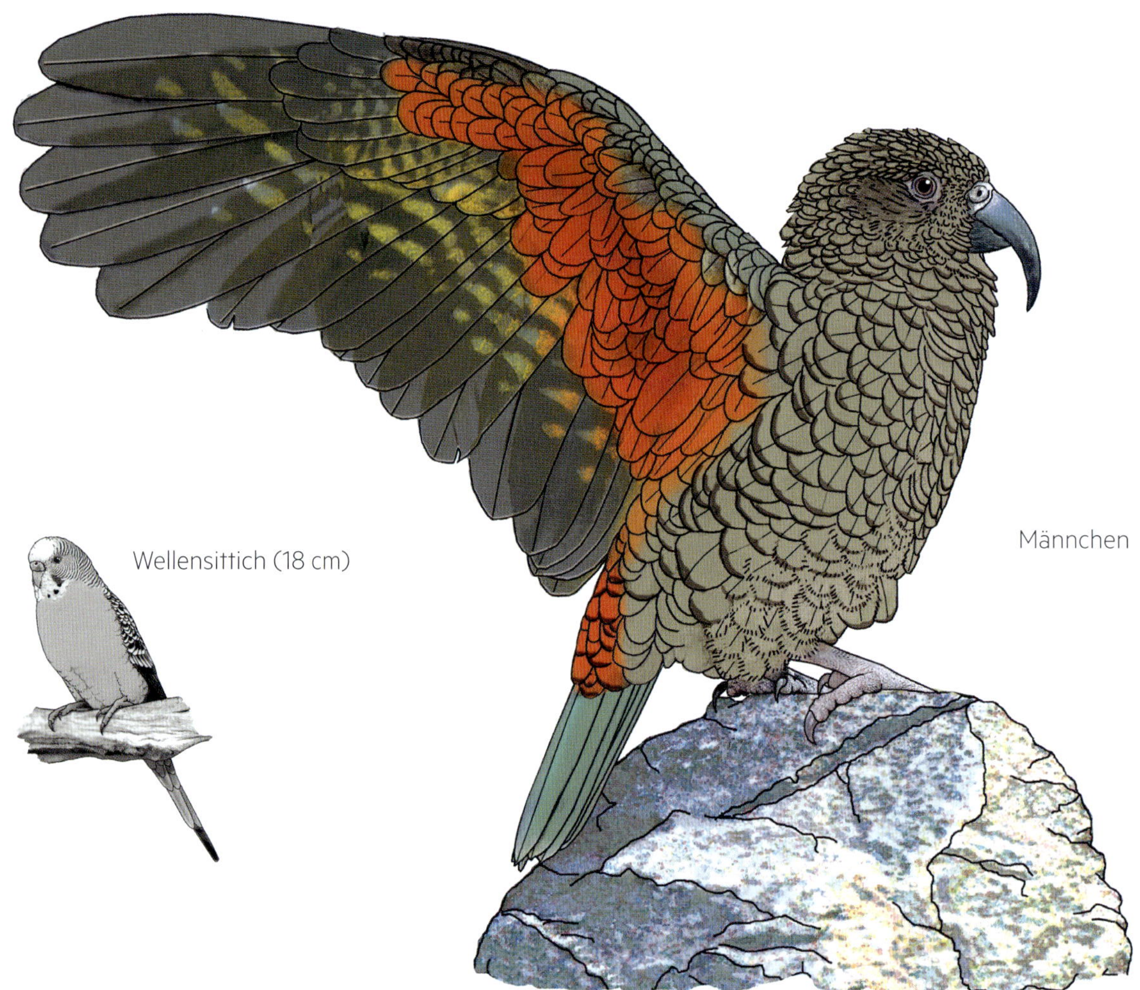

Familie: Nestoridae Bonaparte 1849

Quelle: Bonaparte 1849, Conspectus Systematis Ornithologiae, table, Typus-Gattung: Nestor (Nestorpapageien)

Systematik: Zu dieser Familie werden zwei Gattungen gerechnet: *Nestor* (Lesson 1830) und *Nelepsittacus* (Worthy, Tennyson & Scofield 2011). Die Gattung *Nelepsittacus* umfasst drei, möglicherweise vier ausgestorbene Arten aus dem frühen Miozän, die etwa 40-50 cm groß sind und nur durch fossile Funde belegt sind. Da sie gewisse Ähnlichkeiten mit der Gattung *Nestor* aufweisen, werden sie zur selben Familie gerechnet.

Gattung: *Nestor* (m.) Lesson 1830

NESTORPAPAGEIEN

Quelle: Lesson, 1830, Traité d'Ornithologie livr. 3, p. 190, Typus-Art: *N. meridionalis.*

Systematik: Man vermutet, dass die Gattung *Nestor* sich vor 60-80 Mill. Jahren von der Gattung *Strigops* getrennt hat. Vor etwa 3 Mill. Jahren trennten sich dann der Kea (*N. notabilis*) und eine Vorform des Kaka voneinander. Diese Vorform des Kaka differenzierte sich dann zum Norfolk-oder Dünnschnabel-Nestor (*N. productus*), zum Chatham-Nestor (*N. chathamensis*) und den beiden Unterarten des heutigen Kakas (*N. meridionalis*).

Taxonomie: Synonyme des Gattungsnamens sind *Centrourus* (Swainson 1837) und *Doreenia* (Mathews 1930). Von diesen ist lediglich *Doreenia* interessant, da die Typus-Art hier *N. notabilis* ist. Sofern

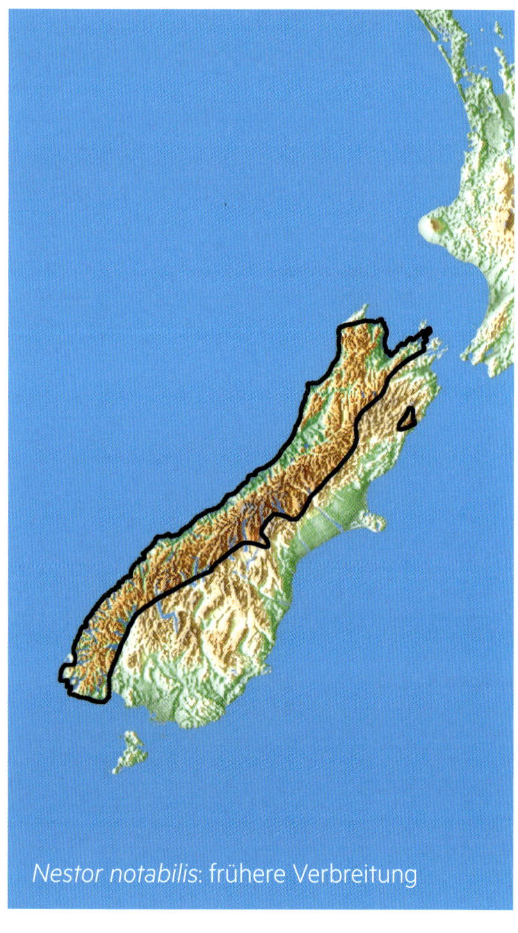
Nestor notabilis: frühere Verbreitung

man diese Art von den übrigen Arten als Untergattung abspalten will, wäre *Doreenia* der entsprechende Untergattungsname.

Merkmale: Große Papageien mit langen, gekrümmten, spitz zulaufenden Oberschnäbeln und fast waagrechten Unterschnäbeln. Körperbau kompakt, Flügel leicht gerundet mit auffälliger Unterflügelfärbung; Schwanzfedern laufen am Ende spitz zu; nackte Wachshaut kreisrund um die Nasenlöcher, am Schnabelansatz haarartige Federn; Füße kurz und kräftig.

Namenserklärung: *Nestor* = Nestor war der Sage nach König von Pylos (Griechenland). Er soll drei Menschenleben lang gelebt haben und war bekannt für seine Klugheit und seinen Scharfsinn.

Literatur: Grant-Mackie EJ, Grant-Mackie JA, Boon WM & GK Chambers (2003). Evolution of New Zealand Parrots. New Zealand Science Teacher 103, pp. 14-17.

Nestor notabilis Gould 1856

Kea, Bergpapagei

englisch: Kea, Mountain Parrot

französisch: Kea, Nestor kéa

spanisch: Kea

niederländisch: Kea

Weibchen

1. Systematik und Taxonomie

Systematik: Die Zuordnung der Art zur Gattung ist offensichtlich. Bei genetischen Untersuchungen wurde sie wiederholt als Vertreter der Gattung *Nestor* verwendet. (Wright et al. 2008, Schweizer et al. 2010, Schweizer et al.2011)

Taxonomie: Als Typusbeschreibungen werden sowohl The Athenaeum 1856, no. 1487, p. 524 als auch Proc. Zool. Soc. London 1856, p. 94 angegeben, die beide auf 22. April 1856 datiert sind. Anfangs sind beide Texte identisch, der Text aus den Proceedings ist dann jedoch wesentlich detaillierter und umfangreicher. Laut McAllan 2004 soll der Athenaeum-Text einige Monate älter sein.

Die Typusbeschreibung ist sehr detailliert, unterscheidet die Art auch vom Kaka und gibt genaue Größenangaben. Faktisch beschreibt sie einen Jungvogel (vgl. Schnabelfärbung).

Für die Art gibt es keine weiteren Synonyme.

Namenserklärung: *notabilis* = bemerkenswert, auffallend. Kea = Name der Maori für die Art, angelehnt an den Ruf des Kea, ein langgezogenes „*kiaaah*“ (engl. *keaaah*).

Nestor notabilis: heutige Verbreitung

2. Identifizierung

Färbung adulter Tiere: olivbraun, Flügel olivgrün, jede Feder schwärzlich gesäumt; Unterseite blasser; Unterrücken rostrot, jede Feder braun-schwarz gesäumt; Unterflügeldecken orangerot; Unterseite der Schwingen grauschwarz, gelb gebändert; Schwanz oberseits blaugrün, unterseits schwarz-orange gebändert, beide mit breiter schwarzer Spitze; Iris dunkelbraun; Füße grau, Krallen schwarz; lang zugespitzter Schnabel bräunlichgrau.

Unterscheidung der Geschlechter: Weibchen sind durchschnittlich geringfügig (5%) kleiner und haben einen (12-14%) kürzeren, nicht so stark gebogenen Schnabel.

Jungvogelfärbung: Augenring, Wachshaut und Unterschnabel gelb; Füße hell gelbbraun.

Vergleich mit ähnlichen Arten: im Vergleich zum Kaka (*N. meridionalis*) größer und insgesamt heller und durchgängig olivbraun gefärbt, ohne weißen Scheitel und rötliche Unterseite; kommt außerdem mehr im Gebirge, nicht im Tiefland vor.

3. Natürliches Vorkommen

Verbreitung: heute nur in Gebirgen der Südinsel Neuseelands, vor allem an der westlichen Seite der Insel (vom Fjordland nordwärts bis zu den Provinzen Nelson und Marlborough); früher auch auf der Nordinsel Neuseelands (Tennyson et al. 2014).

Lebensraum: vorwiegend Gebirgswälder und Gebiete mit Strauch- und Grasvegetation, kommt zur Brut aber auch bis ins Tiefland, zwischen 300 m und 3.000 m, hauptsächlich zwischen 1.000 und 1.500 m.

Verhalten: zumeist in kleinen Trupps bis zu 10 Vögeln vorkommend, nach der Brut auch bis zu 50 Vögel; ausgesprochen spielerisch und neugierig veranlagt; bevorzugt am Boden lebend, jahreszeitlich bedingt vertikale Wanderungen; laute, durchdringende Rufe; sucht auf Park- und Zeltplätzen menschliche Nähe. Keas leben polygam: Ein Männchen hat bis zu vier Weibchen.

Status: zuzeiten der Maoris ausgesprochen zahlreich; seit der Besiedlung durch die Europäer (ca. 1865 bis 1970) massiv bejagt und erheblich dezimiert (vor 1970 Tötung von mehr als 150.000 Keas), als „Schafmörder" und aufgrund zerstörerischen Verhaltens verhasst; heute nur noch lokal häufig, vor allem in Nationalparks.

Seit 1986 ist die Art vollumfänglich geschützt, derzeit ca. 4.000-6.000 Exemplare und rapide abnehmend; durch Brut am Boden anfällig für Feinde und deshalb gefährdet.

Jungvogel

4. Vorkommen in menschlicher Obhut

Häufigkeit: privat selten, in Zoos und Vogelparks häufiger.

Mindestanforderungen der Unterbringung: keine Anfängervögel, sehr intelligente Tiere, stellen daher hohe Anforderungen an die Haltung, vor allem an die Beschäftigung, großes Gehege erforderlich, mindestens 6 x 6 m, viel Material zum Nagen und Spielen, Vögel sind winterhart.

Züchtbarkeit: wiederholt gelungen, sowohl in Privatanlagen als auch in Zoos und Vogelparks; Zucht allerdings nicht immer einfach, paarweise Unterbringung während der Brut erforderlich, abwechslungsreiches Futter notwendig.

Kurzinfos zum Kea		
Größe: 46-48 cm	**Gelege pro Jahr:** zwei sind möglich	**Flugbedürfnis:** groß, aktive Flieger
Gewicht: Männchen 900-1100 g, Weibchen 700-900 g	**Gelegegröße:** 2-4 Eier	**Nagebedürfnis:** ausgesprochen groß
Ringgröße: 12 mm	**Brutdauer:** 3-4 Wochen	**Badebedürfnis:** vorhanden
Erstzucht: 1946 in England	**Nestlingszeit:** 8-14 Wochen, meist 10-11 Wochen	**Aggressivität:** gegenüber anderen Arten
Eimaße: 44,8 x 32,8 mm	**Selbständigkeit:** nach mehreren Monaten	**Stimme:** meist nicht unangenehm laut

5. Hilfreiche Literatur

Diamond J & AB. Bond (1999). Kea, Bird of Paradox – The Evolution and Behaviour of a New Zealand Parrot. California Press, Berkeley, Los Angeles, London.

Higgins PJ ed. (1999). Handbook of Australian, New Zealand & Antarc tic Birds. Vol. 4, Melbourne, pp. 613-623, pl. 29.

Tennyson AJD, Easton LJ & JR Wood (2014). Kea (*Nestor notabilis*) – another North Island human-caused extinction. Notornis 61, pp. 174-176.

Nestor meridionalis (Gmelin 1788)

Kaka, Waldpapagei

englisch: Kaka

französisch: Kaka

spanisch: Kaka

niederländisch: Kaka

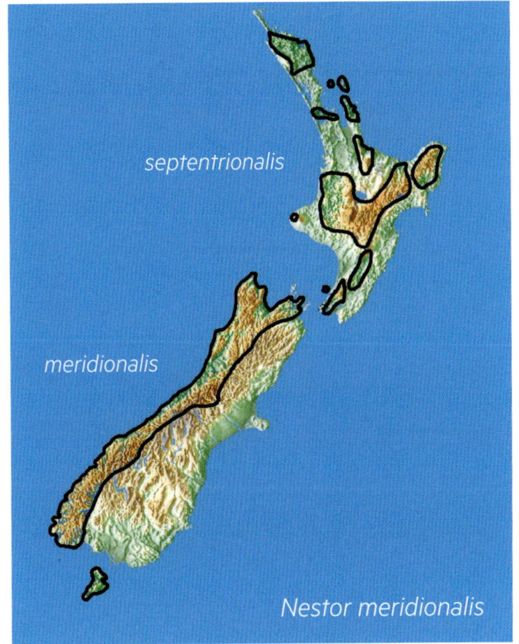

1. Systematik und Taxonomie

Systematik: Zuordnung zur Gattung unproblematisch (Typus-Art der Gattung *Nestor*). Innerhalb der Art wurden früher verschiedene Formen (als Variationen oder eigenständige Arten) unterschieden, die heute alle nicht mehr anerkannt werden.

Taxonomie: früheste Beschreibung bei Latham 1781 als „southern brown parrot" (englische, ausführliche Beschreibung); wissenschaftliche Erstbeschreibung bei Gmelin 1788 als „*Psittacus meridionalis*" (kurze lateinische Beschreibung mit Größen- und Herkunftsangabe: Neuseeland).

Es sind verschiedene Synonyme bekannt (*nestor* Latham 1790, *australis* Shaw 1792, *novaezelandiae* Lesson 1830, *hypopolius* Wagler 1832, *superbus* Buller 1865, *montanus* Finsch 1868, *occidentalis* Buller 1869). Die ersten vier Synonyme und *occidentalis* haben interessanterweise alle den gleichen Herkunftsort („Dusky Sound"), wobei *occidentalis* möglicherweise einen Jungvogel beschreibt.

Die Unterart *septentrionalis* von der Nordinsel wurde 1896 von Lorenz beschrieben. Neben einer kurzen lateinischen Beschreibung äußert er sich auch zu den verschiedenen Synonymen. Eine sehr detaillierte Abhandlung zu den verschiedenen Variationen findet sich bei Buller 1888.

1856 beschrieb Souancé nach zwei Exemplaren die Art *N. esslingii* vom Marlborough District auf der Südinsel. Dieser Vogel sieht oberseits aus wie *N. meridionalis* und unterseits wie *N. productus*, ist aber in seinen Maßen wesentlich größer. Als optisch intermediäre Form dürfte er Anlass dafür gewesen sein, den Dünnschnabelnestor als Unterart des Kaka anzusehen.

Namenserklärung: *meridionalis* = südlich, *septentrionalis* = nördlich, *australis* = südlich, *hypopolius* = oberseits grau, *montanus* = aus den Bergen, *superbus* = außerordentlich, *occidentalis* = westlich; Kaka = Papagei (in der Sprache der Maori).

2. Identifizierung

Färbung adulter Tiere: dunkelbraun, jede Feder schwärzlich gesäumt; Stirn und Scheitel leuchtend weiß; Ohrdecken orange-gelb; Wangen

meridionalis

meridionalis mit Unterflügelansicht

meridionalis Jungvogel

variabel blassbraun bis rotbraun; auf dem oberen Nacken weißliche Federn mit braunen Säumen, die sich manchmal um Ohrdecken und Wangen herum ausdehnen; unteres Nackenband und Bauch bräunlich rot; Hinterrücken, Ober- und Unterschwanzdecken rot mit dunkelbraunen Federsäumen; Unterflügeldecken orangerot, Unterseite der Schwingen im oberen Teil orange-weiß und braun gebändert, im unteren Teil dunkelbraun; Schwanz braun mit blassem Endsaum, unterseits in der oberen Hälfte weißlich rostbraun; Iris dunkelbraun; Füße dunkelgrau; Schnabel und Wachshaut grau.

Variabilität: Vögel der Nordinsel Neuseelands unterscheiden sich von denen der Südinsel signifikant. Aber auch innerhalb der beiden Unterarten gibt es viel Variation, sowohl in der Größe wie auch in der Färbung. Vögel im Süden der Nordinsel und im Norden der Südinsel sind intermediär.

Die vorhandene Variabilität führte in der Vergangenheit zu vielen verschiedenen wissenschaftlichen Namen (s.o.). Neuere Untersuchungen (Dussex et al. 2015) belegen, dass die Art mit insgesamt über 30 Haplotypen eine sehr hohe genetische Variabilität aufweist, der die Unterteilung in nur zwei Unterarten eigentlich nicht gerecht wird. – Die Art ist damit genetisch viel breiter aufgestellt als Kakapo oder Kea.

Unterscheidung der Geschlechter: Männchen haben durchschnittlich einen längeren und stärker gebogenen Schnabel sowie einen größeren Kopf.

Jungvogelfärbung: Gefieder matter gefärbt; schmaler, nackter Augenring gelblich grau; Wachshaut und nackte Hautpartie am Unterschnabel gelb, Unterschnabel schwarzgelb, später schwarz. (Die gelben Regionen sind im Vergleich zum Kea deutlich dezenter und mehr mit Schwarzgrau durchsetzt.) Füße braungrau, Schwanzspitzen leicht verlängert.

Vergleich mit ähnlichen Arten: unterscheidet sich vom Kea durch den weißen Scheitel und rotbraune Federpartien sowie einen kürzeren, aber schwereren Schnabel mit Einkerbung; besiedelt außerdem ein anderes Habitat.

3. Unterarten

a. *Nestor m. meridionalis* (Gmelin 1788)

Südlicher Kaka

Merkmale: größer und farbenfroher gefärbt, 45-46 cm.

Verbreitung: Südinsel Neuseelands, vor allem westlich der südlichen Alpen, sowie auf der Stewart-Insel und anderen vorgelagerten Inseln.

Anmerkung: Jungvögel der Nominatform ähneln Adultvögeln der Unterart *septentrionalis*. Im Gegensatz zu diesen haben sie aber schon einen erkennbar weißen Scheitel.

a. *Nestor m. septentrionalis* Lorenz 1896

Nördlicher Kaka

Merkmale: Gefieder insgesamt matter und dunkler: wirkt überwiegend dunkelbraun gefärbt, mit wenigen farblichen Akzenten; Scheitel verwaschen grau, ohne erkennbares Weiß; kleiner (42 cm)

Verbreitung: Nordinsel Neuseelands, vor allem im Zentrum der Insel, sowie vorgelagerten Inseln.

Anmerkung: unterscheidet sich von Jungvögeln der Nominatform durch das gänzliche Fehlen des weißen Scheitels und der gelben Federfärbung an Schnabel und Wachshaut.

septentrionalis

4. Natürliches Vorkommen

Lebensraum: Wälder von 0-1500 m, meist 450-850 m Höhe, vor allem *Nothofagus*- und *Podocarpus*-Wälder; daneben Gebiete mit hoher Strauchvegetation, gelegentlich in Parkanlagen; meidet in der Regel menschliche Nähe.

Verhalten: aktiv und neugierig, aber unauffälliger als der Kea; außerhalb der Brutzeit nomadisieren sie in kleinen Gruppen von bis zu 10 Vögeln, zeitweise auch in größeren Schwärmen; halten sich vorwiegend in den Baumkronen auf; haben Wächtervögel, die mit lauten Rufen auf Gefahren aufmerksam machen; ausgeprägtes Sozial- und Spielverhalten; Inselbewohner fliegen bis zu 25 km zwischen den Inseln hin und her. Kakas leben monogam.

Status: früher zahlreich, seit europäischer Besiedlung ständiger Rückgang; örtlich immer noch häufig, besonders auf vorgelagerten Inseln; Population heute deutlich unter 10.000 Exemplaren; Bruterfolge wegen eingeführter Raubsäuger (vor allem Hermeline) und Wespen gefährdet, außerdem Biotopzerstörung (Holzeinschlag); Wiederansiedlungsversuche der letzten Jahre erstaunlich erfolgreich; Art scheint sich zu erholen.

5. Vorkommen in menschlicher Obhut

Häufigkeit: lediglich in wenigen Zoos, in Europa nur in der Wilhelma Stuttgart.

Mindestanforderungen der Unterbringung: nicht bekannt; Voliere sollte aber große Ausmaße haben und gut ausgestattet sein (Flug-, Versteck-, Nagemöglichkeiten), geschätzt mindestens 6 x 6 m. Erwärmter Schutzraum nicht erforderlich.

Züchtbarkeit: lediglich in Neuseeland gelungen, nur schwer zu züchten, da hohe Anforderungen an Ernährung, (selbst in Natur nicht jedes Jahr!), abhängig vom Fruchtzyklus der Südbuche und energiespendendem Honigtau.

6. Hilfreiche Literatur

Buller WL (1888). A history of the birds of New Zealand. 2nd ed., London, vol. I, pp. 151-165.

Dussex N, Sainsbury J, Moorhouse R, Jamieson IG & BC Robertson (2015). Evidence for Bergmann's Rule and Not Allopatric Subspeciation in the Threatened Kaka (*Nestor meridionalis*). Journal of Heredity 106(6), pp. 679-691.

Forshaw JM (2017). Vanished and Vanishing Parrots – Profiling Extinct and Endangered Species. CSIRO Publishing, pp. 26-32.

Higgins PJ ed. (1999). Handbook of Australian, New Zealand & Antarctic Birds. Vol. 4, Melbourne, pp. 623-632, pl. 29.

Lorenz L (1896). Ueber die Nestor-Papageien. Verhandlungen der Kaiserlich-Königlichen Zoologisch-Botanischen Gesellschaft in Wien 46, pp. 197-199.

Moorhouse R, Greene T, Dilks P, Powlesland R, Moran L, Taylor G, Jones A, Knegtmans J, Wills D, Pryde M, Fraser I, August A & C August (2003). Control of introduced mammalian predators improves kaka *Nestor meridionalis* breeding success: reversing the decline of a threatened New Zealand parrot. Biological Conservation, 110, pp. 33-44.

Nestor productus (Gould 1836)

Dünnschnabelnestor, Norfolk-Kaka

englisch: Norfolk Island Kaka

französisch: Nestor de Norfolk, Nestor à bec gracile

spanisch: Kākā de la Isla Norfolk

niederländisch: Norfolkpapegaai, Dunsnavelkaka

Kurzinfos zum Kaka		
Größe: *septentrionalis* 42 cm, *meridionalis* 46 cm	**Gelege pro Jahr:** Brut nicht jährlich, sondern alle 2-3 Jahre	**Flugbedürfnis:** gute Flieger
Gewicht: 450 g (340-575 g)	**Gelegegröße:** 1-8, zumeist 4 Eier	**Nagebedürfnis:** groß
Ringgröße: 11 cm (?)	**Brutdauer:** 20-28 Tage	**Badebedürfnis:** ausgeprägt
Erstzucht: 1969 im Zoo Auckland	**Nestlingszeit:** 9-10 Wochen	**Aggressivität:** bei Nahrungskonkurrenz
Eimaße: 41,5 x 31,5 mm	**Selbständigkeit:** nach 5 Monaten	**Stimme:** nicht übermäßig laut

productus

productus - Jungvogel

1. Systematik und Taxonomie

Quelle: Ursprünglich in den Proc. Zool. Soc. London 1836, p. 19 beschrieben als *Plyctolophus productus*, was die Art in die Nähe der Kakadus stellt; jedoch bereits mit dem Hinweis, dass Kuhl ihn der Gattung *Nestor* zuordnen würde; ausführliche lateinische Beschreibung inkl. Größenangaben, jedoch ohne Angabe der Herkunft.

Systematik: Gattungszuordnung unproblematisch, verwandtschaftlich eher dem Kaka als dem Kea nahe stehend.

Früher als Unterart des Kaka (*Nestor meridionalis*) angesehen, heute allgemein als eigenständige Art akzeptiert. Synonym *Nestor norfolcensis*, Pelzeln 1860, basiert auf einem Exemplar mit abnorm gebildetem Schnabel.

Erste Erwähnung durch J. R. Forster, 1774 bei der Entdeckung der Norfolk-Insel; erste Beschreibung (ohne wissenschaftlichen Namen) bei Latham (General History of Birds, 1822, vol. 2, p. 170/ 171), der *productus* und *norfolcensis* getrennt als „Wilson's Parrakeet" und „Long-billed Parrakeet" führt.

Namenserklärung: *productus* = verlängert, lang (bezieht sich auf die Schnabelform). *norfolcensis* = von der Insel Norfolk stammend.

2. Identifizierung

Färbung adulter Tiere: Gefieder dunkelbraun, jede Feder schwärzlich gesäumt; Stirn, Scheitel und Nacken braungrau, dann zum Rücken hin gelblich hellbraun; Zügel, Ohrdecken und Gegend um das Auge hellbraun, untere Wangen und Kinnbereich orange; Brust hell graubraun mit dunkelbraunen Säumen, Federn des Bauches blass gelb und fast ohne Säumung; Unterbauch, Schenkel und Unterschwanzdecken rotorange; Unterrücken und Oberschwanzdecken orangebraun; Unterflügeldecken matt gelb, zur Schulter hin orangerot, Unterseite der Schwingen dunkelbraun, blass gelblich orange gebändert; Schwanz ober- und unterseits braun, unterseits an den Innenfahnen zu den Unterschwanzdecken hin blass orangebraun; Iris dunkelbraun; Füße olivbraun; lang zugespitzter Schnabel bräunlich grau, 38-41 cm.

Variationen: Blasse Variante: Stirn Scheitel und Nacken weißlich, mit blass bräunlichen Säumen, Oberseite fahl blassbraun, mit dunkelbraunen Säumen, Unterrücken und Oberschwanzdecken orangebraun (drei Exemplare in Tring / London, eins in Birmingham, eins in Halberstadt, eins in Florenz).

Spitzschnäbelige Variante: Die meisten Exemplare haben einen Schnabel, der dem der Kakas ähnelt. Einige Exemplare haben dagegen einen extrem langen und spitzen Schnabel (Florenz, eins der drei Exemplare in Tring / London, Wien, Halberstadt)

Unterscheidung der Geschlechter: Weibchen mit kürzerem, weniger stark gebogenem Schnabel.

Jungvogelfärbung: wie Alttiere gefärbt, aber mit olivbrauner Brust.

Vergleich mit ähnlichen Arten: unterscheidet sich von Kea und Kaka durch auffallende orange- und gelbfarbene Zeichnungen auf der Unterseite.

3. Ursprüngliches Vorkommen

Verbreitung: Norfolk-Insel sowie Philip- und Nepean-Insel, östlich von Australien.

Lebensraum: hauptsächlich Wälder, außerdem Gebiete mit Strauch- und Grasvegetation, war auch in felsigen Regionen anzutreffen. Brut in Baumhöhlen. Gelege 4 Eier.

Status: ausgestorben; vor der europäischen Besiedlung zahlreich, danach ständiger Rückgang; wurden als Nah-

productus
- blasse Variation

productus
- spitzschnäbelige Variation

rungsquelle getötet, ihr Habitat zunehmend durch Umwandlung in Ackerland zerstört; letztes Exemplar starb 1851 in London.

4. Vorkommen in menschlicher Obhut

Verhalten: sehr zutrauliche Vögel, die manchmal auch gezähmt werden konnten. Fortbewegung hauptsächlich am Boden, dabei hüpfend wie Raben. Stimme unangenehmes raues Kreischen, gelegentlich auch Gebell wie von Hunden.

5. Hilfreiche Literatur

Forshaw JM (2017). Vanished and Vanishing Parrots – Profiling Extinct and Endangered Species. CSIRO Publishing, pp. 32-35.

Franz D (2014). Entdeckungsgeschichte und deutsche Präparate des ausgestorbenen Dünnschnabelnestors. PAPAGEIEN 27(11), pp. 379-383.

Nestor chathamensis Wood et al. 2014

Chatham-Nestor, Chatham-Kaka

englisch: Chatham Island Kaka / Parrot

französisch: Nestor de Chatham

spanisch: Kākā de las Islas Chatham

niederländisch: Chathamkaka

1. Systematik und Taxonomie

Knochen der Art wurden bereits im späten 19. Jahrhundert gefunden, jedoch nie gründlich untersucht. Man ver-

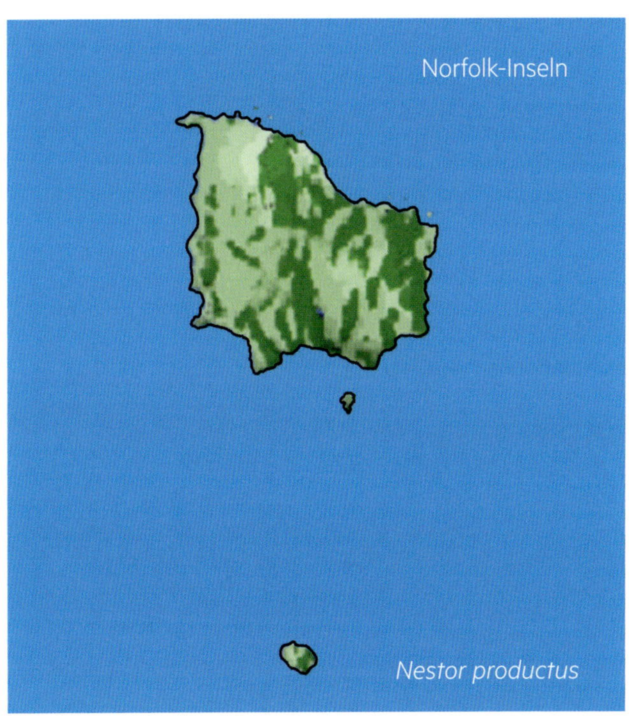

mutete lange, dass sie einer der bekannten neuseeländischen Arten (Kea, Kaka, evtl. auch Kakapo), zuzuordnen sind. (Dawson 1959)

2014 untersuchte eine Gruppe von Forschern um Jamie R. Wood alle vorhandenen Knochenfunde, sowohl morphometrisch wie auch genetisch. Daraus ergab sich eindeutig, dass die Funde zwar eindeutig der Gattung *Nestor* zuzuordnen sind, jedoch zu keiner der bereits bestehenden Arten gehören. Phylogenetisch handelt es sich um ein Schwestertaxon zum Kaka (*N. meridionalis*), von dem sich der Chatham-Nestor vor ungefähr 1,75 Millionen Jahren abgespalten hat. Der gewählte Name *Nestor chathamensis* bezieht sich auf die Herkunft der Art von den Chatham-Inseln.

chathamensis

2. Identifizierung

Der Chatham-Nestor ist nur von Knochenfunden belegt. Er ähnelte im Aussehen am ehesten dem Kaka, mit dem er eine größere Anzahl von Merkmalen teilt. Der Oberschnabel liegt in der Größe zwischen dem kurzen Schnabel des Kaka und dem längeren Schnabel des Kea (*N. notabilis*) . Charakteristisch für die Art sind außerdem ein langer Oberschenkel und ein breites Becken.

Der Chatham-Nestor ist in allen Dimensionen größer als der Dünnschnabelnestor (*N. productus*) und kleiner als der Kea. In der Größe liegt er zwischen den beiden Unterarten des Kakas (*N. m. meridionalis*: 46 cm und *N. m. septentrionalis*: 42 cm), also bei etwa 44 cm.

Nestor chathamensis

Die Chatham Islands liegen östlich von Neuseeland; sie waren früher als einzige der umliegenden Inselgruppen mit Neuseeland verbunden

3. Ursprüngliches Vorkommen

Der Chatham-Nestor war früher auf den Chatham-Inseln weit verbreitet. Die Forscher gehen davon aus, dass er waldbewohnend und vorwiegend pflanzenfressend war. Sein Knochenbau deutet daraufhin dass er sich vermutlich hauptsächlich am Boden aufhielt.

4. Aussterben der Art

Der Chatham-Nestor ist bereits vor langer Zeit ausgestorben, vermutlich kurz nach der Besiedlung der Chatham-Inseln durch die Polynesier (zwischen dem 13. und 16. Jahrhundert). Zur Zeit der Ankunft europäischer Naturforscher (gegen Ende des 19. Jahrhunderts) war er bereits unbekannt.

Als vorwiegend am Boden lebende, große Art war der Chatham-Nestor leicht zu jagen und als Nahrungsquelle attraktiv. Möglicherweise spielten auch Habitatverlust durch Brandrodung der Polynesier und die Einführung der polynesischen Ratte eine untergeordnete Rolle beim Aussterben der Art.

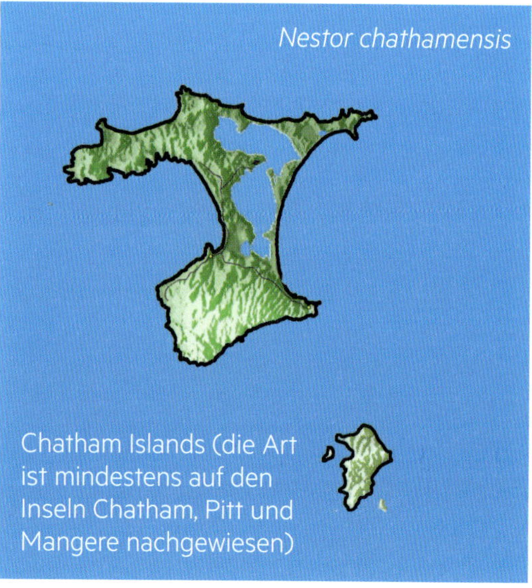
Nestor chathamensis

Chatham Islands (die Art ist mindestens auf den Inseln Chatham, Pitt und Mangere nachgewiesen)

5. Hilfreiche Literatur

Dawson EW (1959). The supposed occurrence of Kakapo, Kaka and Kea in the Chatham Islands. Notornis 8, pp. 106-115.

Wood JR, Mitchel KJ, Scofield RP, Tennyson AJD, Fidler AE, Wilmshurst JM, Llamas B & A Cooper (2014). An extinct nestorid parrot (Aves, Psittaciformes, Nestoridae) from the Chatham Islands, New Zealand. Zoological Journal of the Linnean Society, 172, pp. 185-199.

Superfamilie: CACATUOIDEA G.R. Gray 1840

Quelle: G. R. Gray 1840, A List of the Genera of Birds, with an indication of the typical species of each genus, p. 53, Typus-Gattung: *Cacatua* (weiße Kakadus)

Systematik: Die Superfamilie umfasst nur eine Familie (Cacatuidae) mit drei Unterfamilien: Nymphicinae (Nymphensittiche), Calyptorhynchinae (Rabenkakadus) und Cacatuinae (Eigentliche Kakadus).

Merkmale: Charakteristisch für die Angehörigen dieser Superfamilie sind:

- eine aufrichtbare, variabel gestaltete Federhaube
- Puderdunen im Lendenbereich, die einen schützenden fetthaltigen Puderstaub produzieren (anstelle des Fetts aus der Bürzeldrüse)
- das Fehlen der ansonsten für Papageien typischen grünen Strukturfarbe (Dyck-Textur); darum nur weiße, rosafarbene, braune und schwarze Gefiederfärbung
- gelbe Dunenfedern der Jungvögel
- eine Gallenblase
- ein knöcherner Ring um die Augenhöhle (bei *Nymphicus hollandicus* unvollständig)

Unterfamilie Nymphicinae (Nymphensittiche)

Unterfamilie Calyptorhynchinae (Rabenkakadus)

Unterfamilie Cacatuinae (Eigentliche Kakadus)

Hilfreiche Literatur

Adams M, Baverstock PR, Saunders DA, Schodde R & GT Smith (1984). Biochemical Systematics of the Australian Cockatoos (Psittaciformes: Cacatuinae). Aust. J. Zool. 32, pp. 363-377.

Astuti D (2011). A phylogeny of cockatoos (Aves: Psittaciformes) inferred from DNA sequences of the seventh intron of nuclear ß-fibrinogen gene. Jurnal Biologi Indonesia 7(1), pp. 1-11.

Brown DM & CA Toft (1999). Molecular Systematics and Biogeography of the Cockatoos (Psittaciformes: Cacatuidae). The Auk 116 (1), pp. 141-157.

White NE, Phillips MJ, Gilbert TP, Alfaro-Nunez A & E Willerslev (2011). The evolutionary history of cockatoos (Aves: Psittaciformes: Cacatuidae). Mol. Phyl. and Evol. 59, pp. 615-622.

Familie: Cacatuidae G.R. Gray 1840

Quelle: G. R. Gray 1840, A List of the Genera of Birds, with an indication of the typical species of each genus, p. 53, Typus-Gattung: *Cacatua* (weiße Kakadus)

Systematik: Innerhalb der Familie Cacatuidae wurden früher lediglich fünf Gattungen und deutlich weniger Arten anerkannt. Bei den dunklen Kakadus unterschied man die vier Gattungen *Probosciger* (1 Art), *Calyptorhynchus* (3-8 Arten), *Callocephalon* (1 Art) und *Nymphicus* (1 Art); bei den hellen Kakadus wurden sogar alle Arten in einer einzigen Gattung *Cacatua* (11 Arten) vereinigt. – Heute unterscheidet man dagegen deutlich mehr Gattungen, Arten und auch Unterarten. Diese werden außerdem in der phylogenetischen Entwicklung anders angeordnet. Wir listen hier: *Nymphicus* (1 Art), *Calyptorhynchus* (2 Arten – 8 Unterarten), *Zanda* (2 Arten – 4 Unterarten), *Probosciger* (1 Art – 4 Unterarten), *Callocephalon* (1 Art), *Eolophus* (1 Art – 3 Unterarten), *Lophochroa* (1 Art – 2 Unterarten), *Licmetis* (6 Arten – 11 Unterarten) und *Cacatua* (5 Arten – 15 Unterarten). Dabei sind vor allem die Trennung der Rabenkakadus auf zwei Gattungen sowie die Trennung der hellen Kakadus auf vier

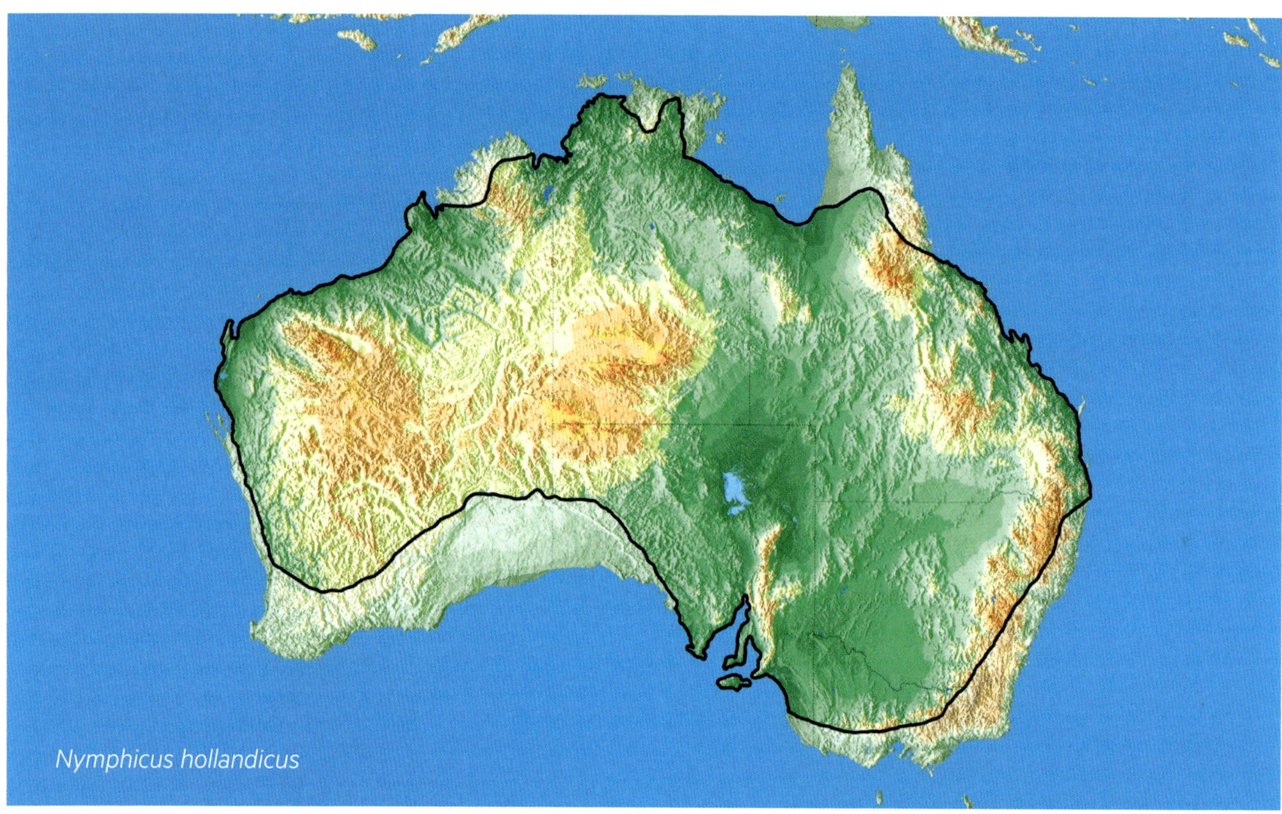
Nymphicus hollandicus

Gattungen signifikant (White et al. 2011). Relativ neu sind die Gattungen *Zanda* (Weißschwanz-Rabenkakadus) und *Licmetis* (Weißschnabelkakadus).

Unterfamilie: Nymphicinae Bonaparte 1857

Quelle: Bonaparte 1857, Remarques á propos des observations de M. Emile Blanchard sur les caractères ostéologiques chez les oiseaux de la famille psittacidés, Compt. Rend. Acad. Sci. Paris 44: 536. Typus-Gattung: *Nymphicus* (Nymphensittiche).

Systematik: Die Stellung der Nymphensittiche innerhalb der Papageien war lange umstritten. Manche Autoren sahen vor allem morphologische Übereinstimmungen mit den Plattschweifsittichen (Platycercinae). Dem widersprachen Adams et al. (1984) und wiesen die eindeutige Verwandtschaft mit den Kakadus nach. – Brown und Toft (1999) konnten den Nymphensittich innerhalb der Kakadus noch nicht eindeutig zuordnen. Astuti (2006) sah ihn als erster als früheste Form der Kakadus an, auch wenn die Basis dafür noch nicht sehr stabil war. White et al. (2011) wiesen diese Position schließlich eindeutig nach.

Gattung: Nymphicus (m.) Wagler 1832

NYMPHENSITTICHE

Quelle: Wagler 1832, Abh. K. Bayer. Akad. Wiss., Math.-Phys. Kl. 1, p. 490. Typus-Art: *N. hollandicus* (heute monotypisch). G. R. Gray bestimmte diese 1840 als *Psittacus novaehollandiae* (Gmelin 1788) = *Nymphicus hollandicus*.

Systematik & Taxonomie: Wagler gibt eine kurze lateinische Beschreibung sowie als Herkunftsort Australien an. Er fasste unter diesem Namen neben dem Nymphensittich auch „*Psittacus bisetis*“ (= *Eunymphicus cornutus*) und nannte die Gattung (wohl aufgrund des Kopfschmucks) „Schmucksittiche“.

Synonyme sind *Leptolophus* Swainson 1833 und *Calopsittacus*/*Callopsitta* Lesson 1835; es gibt verschiedene Versuche, diese Synonyme früher zu datieren (als Lesson 1831 bzw. Swainson 1832), was Waglers Gattungsnamen hinfällig machen würde, die jedoch bisher nirgendwo akzeptiert werden.

Merkmale: kleiner grauer Papagei mit langen, spitz zulaufenden Flügeln, langem, abgestuftem Schwanz und spitz zulaufender, aufrichtbarer Haube; signifikante weiße Flügelfelder; Schnabel klein, Wachshaut nackt; deutlicher Geschlechtsdimorphismus.

Namenserklärung: *Nymphicus* = Wagler erklärt die Namenswahl mit „Nymphikos sponsalis“, was soviel wie Hochzeitsschmuck oder Brautdiadem heißt und den Federschmuck am Kopf der Art meint. *Leptolophus* = mit feinem (leptos) Schopf (lophus), *Calopsitta* = schöner (kalos) Papagei (psitta).

Nymphicus hollandicus (Kerr 1792)

Nymphensittich

englisch: Cockatiel, Cockatoo-Parrot, Crested Parrot, Quarrion, Weero

französisch: Calopsitte élégante, Perruche Calopsitte

spanisch: Cacatúa Ninfa

niederländisch: Valkparkiet

1. Systematik und Taxonomie

Systematik: Anfangs wurde die Art noch unter dem Gattungsnamen *Psittacus* beschrieben, doch recht schnell in eine eigene Gattung gestellt. Diese Zuordnung wurde später nie infrage gestellt, da der Nymphensittich von seinem Äußeren her auch unter den Kakadus einzigartig ist.

Taxonomie: Die früheste Erwähnung des Nymphensittichs findet sich bei Latham 1781 als „Crested Parakeet", der sogar schon die unterschiedliche Färbung von Männchen und Weibchen beschreibt. Der älteste wissenschaftliche Name *Psittacus Novae Hollandiae* Gmelin 1788 war bereits für den Gebirgslori verwendet worden. So wurde Kerrs Name *hollandicus* 1792 als gültiger Name für die Art festgelegt. Kerr liefert eine treffende englische Beschreibung von Männchen und Weibchen sowie die Herkunft aus Australien.

Da Nymphensittiche in ihrem großen Verbreitungsgebiet nomadisieren und auch große Wanderungen unternehmen, ist es unwahrscheinlich, dass sich eigenständige Unterarten herausbilden konnten. Der einzige, der den Versuch unternahm, Unterarten zu beschreiben, ist Gregory M. Mathews. Er beschrieb in Nov. Zool. 18 (1912) unter dem Namen *Leptolophus auricomis* vier Unterarten:

- Die Nominatform begrenzte er auf New South Wales und Victoria.
- Die Unterart *pallescens* beschrieb er für das mittlere Westaustralien als oberseits und unterseits blasser.
- Die Unterart *intermedius* beschrieb er für Nordwest-Australien als unterseits blasser, oberseits nur wenig blasser als die Nominatform, aber dunkler als *pallescens*.
- Die Unterart *obscurus* beschrieb er für das Northern Territory und den Norden von Südaustralien als oberseits dunkler, besonders auf Nacken und Rücken.

Die Aufteilung dieser Unterarten wurde allerdings nie allgemein akzeptiert. Mathews selbst zog sie auch bereits 1916/17 wieder zurück aufgrund der großen Variabilität der Art, die sich jedoch nie an bestimmte Verbreitungsgebiete koppeln ließ.

Namenserklärung: *hollandicus*: Australien wurde bis ins 19. Jahrhundert „Neu-Holland" genannt; *auricomis* = mit freundlichem (comis) Goldgelb (aureus); *pallescens* = blass werdend; *intermedius* = intermediär: Zwischenform; *obscurus* = dunkel, finster.

Wellensittich (18 cm)

2. Identifizierung

Färbung adulter Tiere: Grundfarbe schwärzlich grau; Federhaube und Gesichtsmaske gelb; Ohrfleck orangerot; große Flügeldecken und vordere Armschwingen weiß; Augenring, Schnabel und Füße grau; Iris dunkelbraun.

Unterscheidung der Geschlechter: beim Weibchen sind alle Farbtöne blasser, Haube und Gesichtsmaske grau mit mattgelber und matt orangefarbener Zeichnung; Außenfahnen der äußeren Schwanzfedern gelb, Innenfahnen gelb-grau marmoriert; Marmorierung dehnt sich teilweise auf Unterrücken und Unterbauch aus; Innenfahnen der Schwingen mit gelb-weißen Flecken.

Jungvogelfärbung: Nestlinge mit gelben Dunenfedern; Jungvögel wie Weibchen, junge Männchen mit mehr gelben Federn im Kopfbereich; Schnabel fleischfarben; Umfärbung mit drei Monaten.

Vergleich mit ähnlichen Arten: aufgrund der Kombination von Federhaube (der Kakadus) und schlankem Körperbau (typisch für Sittiche) in Australien mit keiner anderen Papageienart zu verwechseln.

3. Natürliches Vorkommen

Verbreitung: Australien, vor allem im Landesinneren, mit Ausnahme der Kap-York-Halbinsel sowie extremer Wüstengebiete (z.B. Nullarbor-Wüste im Süden Westaustraliens); in feuchten küstennahen Gebieten selten.

Lebensraum: bewohnt nahezu alle Arten offenen Geländes in trockenen und halbtrockenen Gebieten; bevorzugt in der Nähe von Wasserläufen und -stellen; auch in Getreideanbaugebieten, Parks und Gärten, meidet aber dichte Wälder und ausgesprochene Wüstengebiete.

Verhalten: leben nomadisch und folgen den verfügbaren Nahrungsquellen, unternehmen daher auch große Wanderungen; meist in Paaren oder kleinen Schwärmen, gelegentlich an Wasserstellen bis zu 1.000 Vögel; zumeist leise, Rufe nur im Flug laut; fliegen schnell und geradlinig; opportunistische Brüter; während der Nahrungssuche bzw. beim Trinken am Boden sehr nervös; haben Wächtervögel, die den Schwarm vor Gefahren warnen.

Status: Nymphensittiche sind häufig, örtlich sogar sehr häufig anzutreffen und in keiner Hinsicht in ihrem Bestand gefährdet. Die Gesamtpopulation wird derzeit auf mehr als 1 Million Exemplare geschätzt.

Jungvogel

4. Vorkommen in menschlicher Obhut

Häufigkeit: ausgesprochen häufig und nach dem Wellensittich (*Melopsittacus undulatus*) die zweithäufigste gehaltene Art. Es sind viele Mutationsformen bekannt.

Mindestanforderungen der Unterbringung: Haltung leicht und unproblematisch; Vögel werden leicht zutraulich; Voliere mindestens 2 x 1 x 1 m, besser 2,5 x 1 x 2 m; Schutzraum 1 m^2; möglichst frostfrei halten.

Züchtbarkeit: leicht zu züchten und auch für Anfänger sehr geeignet; Zucht gelingt bei regelmäßigem Freiflug auch im Käfig; ebenso als Ammenvögel gut geeignet; Männchen und Weibchen brüten abwechselnd.

5. Hilfreiche Literatur

Die Literatur zu Nymphensittichen ist sehr umfangreich und beleuchtet viele Teilgebiete, sodass eine Auswahl ausgesprochen schwierig ist.

Zur Systematik des Nymphensittichs siehe die Literatur zu Cacatuoidea.

Forshaw JM (2002). Australische Papageien. Band 1, Arndt-Verlag, Bretten, pp. 233-247.

Mathews GM (1916/17). The Birds of Australia. London, pp. 235-245.

Kurzinfos zum Nymphensittich		
Größe: 29-33 cm	**Gelege pro Jahr:** bis zu drei	**Flugbedürfnis:** ausgeprägt
Gewicht: 70-100 g	**Gelegegröße:** 2-8, zumeist 4-5 Eier	**Nagebedürfnis:** nicht sehr groß
Ringgröße: 5,5 mm	**Brutdauer:** 18-21 Tage	**Badebedürfnis:** gelegentlich
Erstzucht: um 1850 in Deutschland	**Nestlingszeit:** 28-33 Tage	**Aggressivität:** selten, sehr friedlich
Eimaße: 24,5 (23,7-25,5) x 19,0 (18,1-20,0) mm	**Selbständigkeit:** nach 8-12 Wochen	**Stimme:** melodisch, manchmal jedoch penetrant vorgetragen

banksii Wellensittich (18 cm) Jungvogel

Unterfamilie: Calyptorhynchinae Bonaparte 1853

Quelle: Bonaparte 1853, Classification ornithologique par séries. Compt. Rend. Acad. Sci. Paris 37: 644. Typus-Gattung: *Calyptorhynchus* (rotschwänzige Rabenkakadus)

Systematik: Schon recht früh erkannten Adams et al. (1984) die genetische Eigenständigkeit der Rabenkakadus, die heute in den Gattungen *Calyptorhynchus* und *Zanda* zusammengefasst werden, und gruppierten sie nicht mit den anderen dunklen Kakadus zusammen. Brown und Toft (1999) dagegen sahen die Rabenkakadus in verschiedenen Konstellationen, vor allem in Nähe zu den anderen dunklen Kakadus in den Gattungen *Nymphicus*, *Callocephalon* und *Probosciger*. Astuti (2006) dagegen stufte sie wieder als monophyletisch ein. Zu der gleichen Einschätzung gelangt auch die jüngste Untersuchung von White et al. (2011). Diese Erkenntnis darf darum mittlerweile wohl als gesichert gelten.

White et al. (2011) wiesen außerdem nach, dass es innerhalb dieser Gruppe eine sehr frühe Trennung in zwei Linien gibt. Dabei stellen die rotschwänzigen Rabenkakadus die deutlich ältere Linie dar, die weißschwänzigen dagegen die jüngere Linie. Sie schlagen daher vor, die 1913 von Mathews aufgestellte Gattung *Zanda* wiederzubeleben (mit *C. baudinii* als Typus-Art) und ihr die weißschwänzigen Rabenkakadus zuzuordnen, allerdings nur im Rang einer Untergattung. – Bewertet man jedoch die sehr frühe Aufspaltung der Rabenkakadus und vergleicht diese mit den Verwandtschaftsverhältnissen der weißen Kakadus (Unterfamilie Cacatuinae), dann ist die Anerkennung von *Zanda* als eigenständige Gattung eher angemessen und wird hier auch entsprechend so gehandhabt.

Gattung: *Calyptorhynchus* (m.) Desmarest 1826

ROTSCHWÄNZIGE RABENKAKADUS

Quelle: Desmarest, Dict. Sci. Nat., ed. Levrault, 39 p. 20. 117; Typus-Art: *C. banksii*, lt. nachträglicher Zuordnung (G. R. Gray, List of the Genera of Birds, 1840, p. 53)

Systematik & Taxonomie: Typus-Art: *C. banksii*. Nach dem Nymphensittich (*Nymphicus hollandicus*) zweite Gruppe der Kakaduartigen (Unterfamilie Calyptorhynchinae), die sich wiederum in zwei Gattungen aufteilt: die ältere Gruppe bilden die Rabenkakadus mit rotem Schwanz (Gattung *Calyptorhynchus*, mit signifikantem Geschlechtsdimorphismus), die jüngere Gruppe die Arten mit weißem bzw. gelbem Schwanz (Gattung *Zanda*, mit vorhandenem, aber nicht so ausgeprägtem Geschlechtsdimorphismus). Beide Gruppen sind als eigenständige Gattungen anzusehen, da sie sich entwicklungsgeschichtlich bereits recht früh (vor etwa 15, 2 Millionen Jahren) voneinander getrennt haben.

Zur Gattung *Calyptorhynchus* gehören heute lediglich noch die beiden rotschwänzigen Arten *C. banksii* und *C. lathami*. Diese haben sich bereits relativ früh (vor etwa 7 Millionen Jahren) voneinander getrennt, während die weiß- und gelbschwänzigen Vertreter der Gattung *Zanda* erst relativ spät (vor 1,3 Millionen Jahren) ihre Eigenständigkeit als Arten entwickelten.

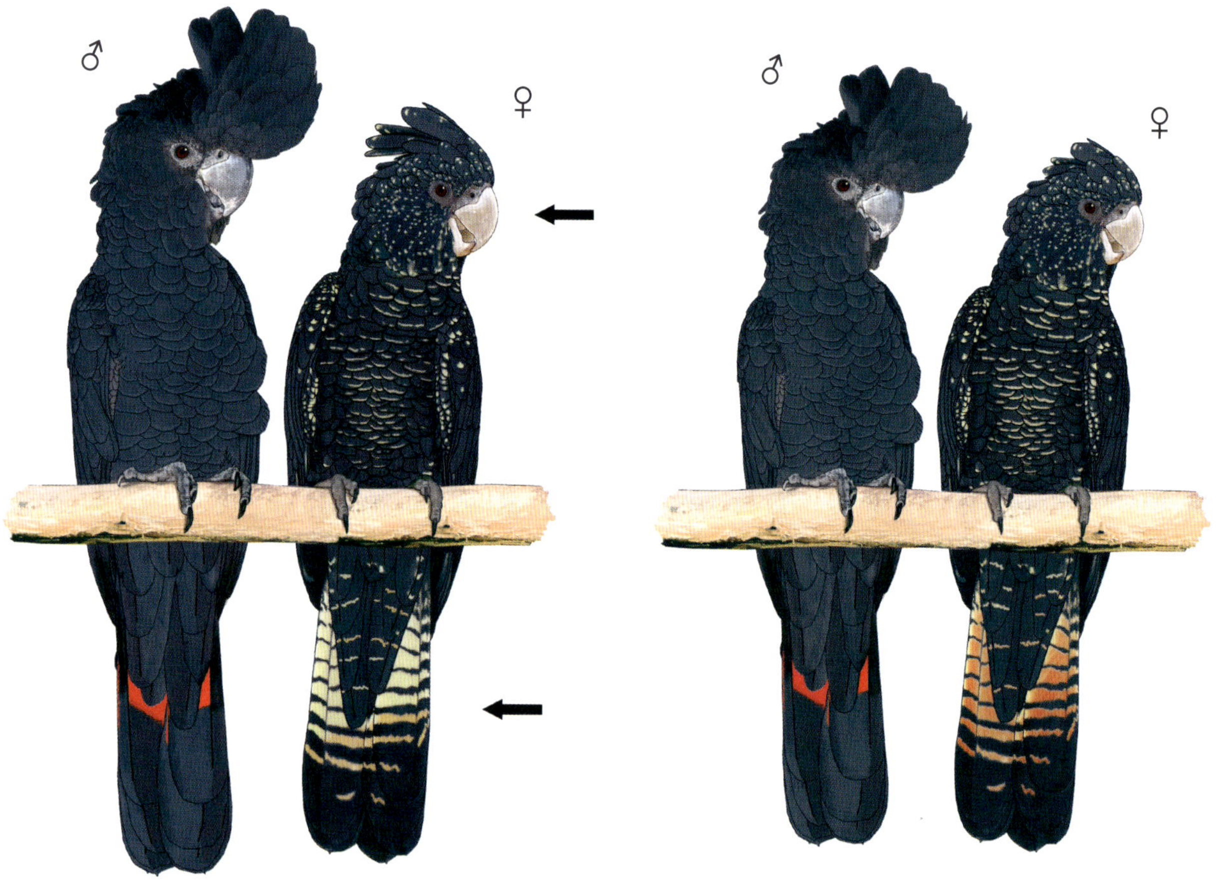

Variation *macrorhynchus*

samueli

G. M. Mathews versuchte 1914, die Gattung noch weiter aufzuteilen und *C. banksii* und *C. lathami* auch generisch zu trennen. Dafür schuf er die Gattung *Harrisornis*, der er die Unterart *halmaturinus* von *C. lathami* als Typus-Art zuordnete. Diese Trennung hat sich jedoch nie durchgesetzt und ist aufgrund der genetischen Befunde auch nicht nachzuvollziehen. Der Name *Harrisornis* Mathews 1914 gilt darum ebenso als Synonym wie der recht frühe Name *Banksianus* Lesson 1830.

Im Laufe der Geschichte wurden der Gattung bis zu 14 Taxa, anfangs zumeist in 3, später 5 Arten zugeordnet. Heute umfasst die Gattung 2 Arten mit 8-9 Unterarten.

Merkmale: große, überwiegend schwarzbraun gefärbte Kakadus mit unterschiedlich großer, aufrichtbarer Federhaube und langem, farbig gebändertem Schwanz. Der kräftige Schnabel ist auf unterschiedlichste Weise an die Ernährung der jeweiligen Unterart angepasst; die Wachshaut ist unbefiedert. Die Füße sind sehr kurz und stark. Die Geschlechter weisen einen signifikanten Dimorphismus auf.

Namenserklärung: *Calyptorhynchus* = mit verborgenem (calyptos) Schnabel (rhynchos); bezieht sich auf die Fähigkeit, die Federn der Wangen am Schnabelansatz aufzustellen, sodass der Schnabel von den Federn bedeckt ist. Harrisornis = Vogel (ornis) von Harry / Harris.

Calyptorhynchus banksii (Latham 1790)

Banks Rabenkakadu, Rotschwanz-Rabenkakadu

weitere Namen: Bartkakadu, Rabenkakadu

englisch: Red-tailed Black Cockatoo, Banksian Cockatoo, Banks Black Cockatoo

französisch: Cacatoès banksien, Cacatoès de Banks

spanisch: Cacatúa Colirroja

niederländisch: zwarte roodstaartkaketoe, Banks raafkaketoe

1. Systematik und Taxonomie

Systematik: Der Banks-Rabenkakadu ist die älteste Art der Rabenkakadus und ähnelt oberflächlich betrachtet dem Latham-Rabenkakadu (*C. lathami*). Im Gegensatz zu diesem ist er in weiten Teilen Australiens verbreitet und in neun geographisch eigenständigen Gebieten anzutreffen, die sich auf fünf anerkannte Unterarten verteilen. Dabei wurde in jüngster Zeit die Unterart *macrorhynchus* mit der Nominatform synonymisiert (Zweifel an dieser Unterart finden sich bereits in der historischen Literatur) und die neue Unterart *escondidus* eingeführt (Ewart et al. 2020).

Die neue Unterart ist genetisch am nächsten mit *naso* verwandt, ähnelt in ihrem Äußeren aber eher der Unterart *samueli*, was sich wohl als Konvergenzphänomen aufgrund eines ähnlichen Lebensraums erklären lässt.

Die Populationen im Osten und Norden (*banksii* und Variation *macrorhynchus*) sind ausgesprochen große Vögel (60-65 cm), während alle übrigen Populationen (*samueli*, *escondidus*, *naso* und *graptogyne*) deutlich kleiner (50-55 cm) sind.

escondidus

graptogyne

Taxonomie: Die taxonomische Geschichte der Art ist sehr komplex (s. Mathews 1916/17) und die Art manchmal nicht eindeutig zu bestimmen. Schodde sorgte darum 1994 dafür, dass die beiden gebräuchlichen Namen *banksii* und *lathami* zukünftig als maßgeblich gelten und alle früheren, unklaren Namen unterdrückt werden.

C. banksii ist die Typus-Art der Gattung *Calyptorhynchus*. Die früheste Erwähnung der Art findet sich 1787 als „Banksian Cockatoo" bei Latham im Suppl. Gen. Syn. Of Birds, pp. 63-64, pl. 109.

Früher erschien die Art oft unter dem Namen *C. magnificus* (Shaw 1790, Nat. Misc. 2, pl. 50 and text). Die dortige Abbildung zeigt jedoch deutlich ein junges Weibchen von *C. lathami* (Der Vogel besitzt gelbe Punkte auf den Ohrdecken, was bei jungen Weibchen ein häufig vorkommendes Merkmal ist.) Der Name ist daher nicht verwendbar; der nächstfolgende mögliche Artname ist dann *banksii* (Latham 1790).

Synonyme der Art sind *leachii* (Kuhl 1820), *cookii* (Temminck 1822), *niger* (Jennings 1828) und *australis* (Lesson 1831); nicht anerkannt wurden die 1912 von Mathews beschriebene Unterarten *northi* (kleiner, Nord-Queensland) und *fitzroyi* (kleinerer Schnabel, im Norden West-Australiens), die heute *macrorhynchus* resp. *banksii* zugerechnet werden.

Namenserklärung: *banksii* = benannt nach Sir Joseph Banks (1743-1820), Naturforscher und Botaniker aus England. Er begleitete James Cook bei seiner ersten Reise um die Welt.

macrorhynchus = mit großem (macros) Schnabel (rhynchos).

samueli = benannt nach Samuel Albert White (1870-1954), einem australischen Ornithologen, der eine der größten Sammlungen australischer Vögel besaß.

escondidus = verborgen (spanisch/portugiesisch); die Autoren beschreiben die neue Unterart als „hidden in plain sight" (übersetzt etwa: „verborgen, trotz offensichtlicher Bekanntheit").

naso = mit einer (großen) Nase (bzw. mit einem großen Schnabel).

graptogyne = mit besonders gezeichneten (graptos) Weibchen (gyne).

(*niger* = schwarz, *australis* = südlich, *fitzroyi* = nach dem Fitzroy River im Norden West-Australiens; alle übrige Namen sind Dedikationsnamen)

2. Identifizierung

Färbung adulter Tiere: Grundfärbung schwarz, bei alten Vögeln auch mit grauem Schein; die seitlichen Schwanzfedern schwarz mit ausgeprägter roter Binde; nackter Augenring schwarz; Iris dunkelbraun; Füße graubräunlich; Schnabel dunkelgrau. Die nach hinten gebogene Haube ist auffallend hoch und zweigeteilt, anders als bei den südlicheren Unterarten, die eine eher runde Haube aufweisen.

Unterscheidung der Geschlechter: Weibchen mit braunschwarzem Grundgefieder; kleine gelbe Flecken auf

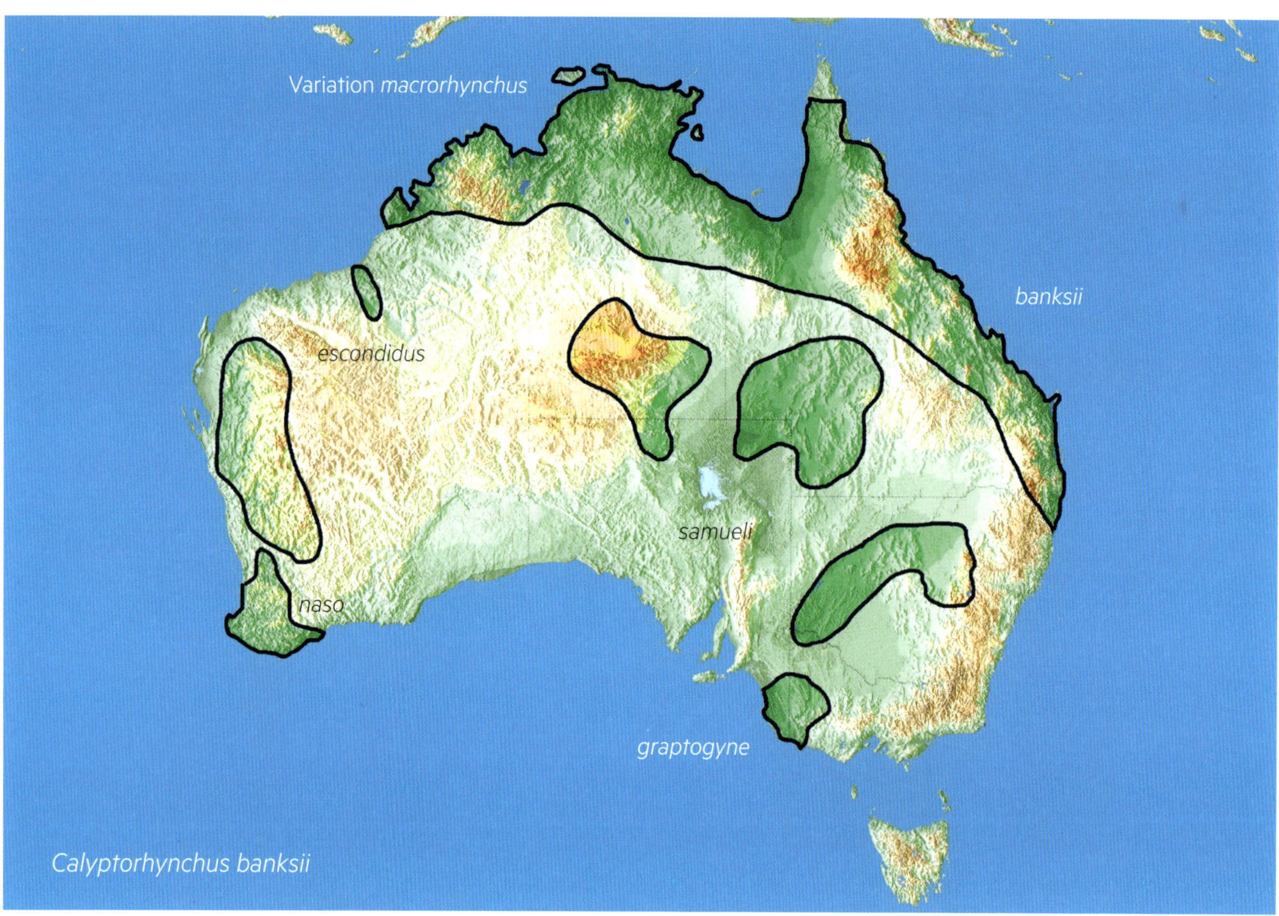

Kopf und Oberseite; Unterseite gelb-bräunlich gesäumt; Schwanzbinde gelborange mit schwarzen Querstreifen; Schnabel hornfarben bis grauschwarz. Färbung variabel.

Jungvogelfärbung: Nestlinge mit gelben Dunen, Jungvögel ähneln den Weibchen, aber mit weniger auffälligen gelblichen Flecken und Säumen im Grundgefieder; gelbe Schwanzbinde schwarz gesprenkelt; Schnabel hornfarben, Oberschnabel schwarz verwaschen. Geschlechtsbestimmung im frühen Stadium schwierig; Umfärbung erst mit drei bis vier Jahren abgeschlossen.

Besondere Merkmale: Bei der Balz stellen die Männchen ihre Haube und die Wangenfedern auf, sodass der Schnabel fast vollständig bedeckt und nur das Auge in der Mitte der aufgestellten Federn noch sichtbar ist. Gleichzeitig spreizen sie ihre auffallend roten Schwanzfedern.

Vergleich mit ähnlichen Arten: Der Banks-Rabenkakadu unterscheidet sich von den übrigen Rabenkakadu-Arten durch seine roten bzw. orangeroten Schwanzbinden bei Männchen und Weibchen. Eine Verwechslung ist lediglich mit dem Braunkopfkakadu (*C. lathami*) möglich, der jedoch deutlich kleiner (48-50 cm ggü. 55-65 cm) ist und einen breiten, klobigen Schnabel aufweist. Die Weibchen des Braunkopfkakadus haben zudem große gelbe Flecken am Kopf, während man bei *C. banksii* lediglich kleine gelbe Tupfer oder gelbe Säume findet.

3. Unterarten

Anmerkung zu den deutschen Namen der Unterarten: Um einer Verwirrung der deutschen Namen entgegenzuwirken, erhalten hier alle Unterarten einen geographischen Namen, der die Unterart zweifelsfrei identifizieren hilft; der bislang verwendete Name erscheint als zweite Bezeichnung dahinter

a. *Calyptorhynchus b. banksii* (Latham 1790)

Nordöstlicher Banks Rabenkakadu

Merkmale und Geschlechtsdimorphismus: siehe oben. Große Vögel mit kräftiger Färbung. Der Schnabel ist groß und bei der Variation *macrorhynchus* besonders breit und schwer.

Größe und Gewicht: 65 cm, 600-900 g.

Verbreitung: im gesamten Norden Australiens, einschließlich der größeren vorgelagerten Inseln. Ost-Australien von der Mitte der Kap York-Halbinsel und dem Golf von Carpentaria südwärts bis zum mittleren Osten Queenslands; auch auf den größeren Inseln vor der Ostküste Queensland; im Südosten Queenslands und Nordosten von New South Wales weitestgehend verschwunden; früher noch deutlich südlicher bis fast nach Sydney.

Anmerkungen: Nach Ewart et al. (2020) müssen auch Vertreter der Unterart *macrorhynchus* (Gould 1842) aus dem nördlichen Australien zur Nominatform gerechnet werden, da sie sich insbesondere genetisch nicht von *banksii* unterscheiden und auch nicht geographisch abtrennen lassen. Die phänotypischen Unterschiede der *macrorhynchus*-Variation (wuchtigerer Schnabel und blassere Schwanzbinden der Weibchen) gehen im Osten des Verbreitungsgebietes fließend in die Merkmale der Nominatform über. Wir haben uns der Meinung von Ewart et al. (2020) angeschlossen und führen hier *macrorhynchus* als Variation von *banksii*.

Merkmale der Variation: wie *banksii*, aber mit breiterem und schwererem Schnabel.

Geschlechtsdimorphismus der Variation: wie bei *banksii*. Weibchen außerdem mit blasser gelber Schwanzbinde (ohne Orange) und etwas kleiner als die *banksii*-Weibchen.

Verbreitung der Variation: im gesamten Norden Australiens, einschließlich der größeren vorgelagerten Inseln, westlich bis zum Golf von Carpentaria.

b. *Calyptorhynchus b. samueli* Mathews 1917

Zentralaustralischer Banks Rabenkakadu, Mathews-Rotschwanz-Rabenkakadu

Merkmale: wie *banksii*, aber auffallend kleiner, mit kleinerem Schnabel und kürzerer Haube.

Geschlechtsdimorphismus: manche Weibchen sind in der Schwanzbänderung intensiver rot als die Nominatform.

Größe und Gewicht: 53-55 cm, 550-750 g.

Verbreitung: in drei großen Populationen im Zentrum und Osten Australiens: eine im Süden von Nord-Australien, eine im Südwesten von Queensland und eine im Nordwesten von Neusüdwales.

c. *Calyptorhynchus b. escondidus* Ewart, Joseph & Schodde 2020

Nordwestlicher Banks Rabenkakadu

Merkmale: wie *samueli*, aber mit weniger stark eingekerbtem Unterschnabel (nur aus nächster Nähe sichtbar!)

Geschlechtsdimorphismus: wie bei *samueli*, aber insgesamt leuchtender in der Zeichnung, mit orange gestreiften Unterschwanzdecken und einem mehr bleifarbenem Oberschnabel. Im Vergleich zur Unterart *naso* hat *escondidus* einen deutlich kleineren Schnabel und ist weniger intensiv gefärbt, mit matterer Säumung der Federn der Unterseite und weniger deutlichen cremegelben Punkten auf den Flügeln.

Größe und Gewicht: vermutlich wie *samueli*, also etwa 55 cm, 550-750 g. (Bei Ewart et a.l. 2020 fehlen die Angaben hierzu.)

Verbreitung: in zwei Populationen in West-Australien: eine große Population im westlichen West-Australien und eine kleine Population im Norden West-Australiens, südlich der Nominatform.

Anmerkungen: Die Unterart steht genetisch der Unterart *naso* näher, obwohl sie phänotypisch eher der Unterart *samueli* gleicht. Dieses Faktum ist wohl als Konvergenzphänomen zu verstehen.

d. *Calyptorhynchus b. naso* Gould 1836

Südwestlicher Banks Rabenkakadu, Westaustralischer Rotschwanz-Rabenkakadu

Merkmale: wie *samueli*, aber mit wuchtigerem Schnabel, längeren, spitz zulaufenden Flügeln und einer kürzeren, mehr abgerundeten Haube.

Geschlechtsdimorphismus: die Intensität der Färbung der Weibchen ist ähnlich wie bei *graptogyne*; bei manchen Weibchen Bänderung leuchtend orange statt gelb und mit auffallenderen Punkten; ansonsten Merkmale wie beim Männchen.

Größe und Gewicht: 53-55 cm, 600-650 g.

Verbreitung: nur im bewaldeten Südwesten West-Australiens, hauptsächlich in Eukalyptus-Wäldern in den Hügeln.

e. *Calyptorhynchus b. graptogyne* Schodde, Saunders & Homberger 1989

Südostaustralischer Banks Rabenkakadu, Victoria-Rotschwanz-Rabenkakadu

Merkmale: wie *samueli*, aber mit noch kleinerem Schnabel und ohne Einkerbung im Oberschnabel.

Geschlechtsdimorphismus: Weibchen wie *samueli*, aber viel lebhafter gezeichnet: die gelben Flecken auf den Flügeldecken sind größer, die gelben Binden auf der Körperunterseite breiter; außerdem ohne Einkerbung im Oberschnabel.

Größe und Gewicht: 50-54 cm, 550-600 g.

Verbreitung: im Südosten Australiens, an der Grenze der beiden Teilstaaten Südaustralien und Victoria; früher möglicherweise ostwärts bis Melbourne verbreitet.

4. Natürliches Vorkommen

Lebensraum: *banksii* und die Variation *macrorhynchus* in tropischen Waldgebieten; *samueli* und *escondidus* in offenen Gebieten mit Baumbestand, vor allem entlang von Flussläufen, auch in Anbaugebieten; *naso* in Wäldern der gemäßigten Zone (vor allem Eukalyptuswälder), *graptogyne* in Wäldern und Waldland der gemäßigten Zone.

Verhalten: auffällige und laut rufende Vögel, die Menschen gegenüber jedoch eher scheu sind; zumeist in Paaren oder kleinen Gruppen anzutreffen, aber auch in großen Schwärmen von mehreren hundert Exemplaren; laute und auffällige Vögel, Nahrungsaufnahme bei *banksii*, und der Variation *macrorhynchus*, *naso* und *graptogyne* in den Bäumen, bei *samueli*, *escondidus* sowie teilweise auch *banksii* und der Variation *macrorhynchus* auf dem Boden; abhängig vom Nahrungsangebot auch nomadisch lebend;

Status: im Osten verhältnismäßig häufig, auch in größeren Schwärmen, im Norden weit verbreitet, im Zentrum halbnomadisch lebend mit manchmal recht großen Schwärmen; Populationen dehnen sich nach Süden hin weiter aus, was jedoch auch klimatisch bedingt sein kann. Die Unterart *naso* nimmt vor allem am östlichen Rand ihres Verbreitungsgebiets durch Lebensraumzerstörung ab und ist mittlerweile ernsthaft gefährdet. Die Unterart *graptogyne* ist in ihrem Verbreitungsgebiet selten, mit vermutlich weniger als 1000 Vögeln, genetisch außerdem nicht sehr variabel. Die Gesamtpopulation wird aber immer noch auf über 100.000 Vögel geschätzt und gilt als nicht gefährdet.

5. Vorkommen in menschlicher Obhut

Häufigkeit: in Australien allgemein, außerhalb Australiens kaum vorkommend (möglicherweise nur 150 Exemplare in öffentlicher und privater Haltung); in Australien auch als Haustier gehalten.

Mindestanforderungen der Unterbringung: offiziell 3 x 1 x 2 m mit 2 m^2 Schutzraum; laut Conners & Conners 2005 mind. 4 x 2 x 2 für Jungvögel, aufgrund des großen Flugbedürfnisses jedoch viel größere Volieren (etwa 8 x 2 x 2 m) angebracht.

Züchtbarkeit: gilt in Australien als leicht zu züchtende Art, angeblich sogar für Anfänger geeignet (Connors & Connors 2005), ausdauernd, leicht zu ernähren und brutwillig, akzeptiert die verschiedensten Nistkästen, auffälliges Balzverhalten, Weibchen brütet allein; Männchen nicht auffallend aggressiv.

6. Hilfreiche Literatur

Bennett S (2008). Husbandry Guidelines for Red-tailed Black Cockatoo *Calyptorhynchus banksii*. Aves: Cacatuidae, Richmond, pp. 1-90.

Connors N & E Connors (2005). A Guide to... Black Cockatoos as Pet & Aviary Birds. ABK Publication, South Tweed Heads (NSW), Australia, pp. 110-125.

Ewart KM, Lo N, Ogden R, Joseph L, Ho SYW, Frankham GJ, Eldridge MDB, Schodde R & RN Johnson (2020). Phylogeography of the iconic Australian red-tailed black-cockatoo (*Calyptorhynchus banksii*) and implications for its conservation, Heredity online, pp. 1-16.

Ford J (1980). Morphological and ecological divergence and convergence in isolated populations of the Red-tailed Black-Cockatoo. Emu 80, pp. 103-120.

Forshaw JM & WT Cooper (2003). Australische Papageien. Band 1, pp. 104-122, Arndt-Verlag, Bretten.

Mathews GM (1916-17). The Birds of Australia. Witherby & Co., London, pp. 100-124.

Schodde R (1994). Case 2856 (conservation of specific names *banksii* and *lathami*). Bulletin of Zoological Nomenclature 51(3), pp. 253-255.

naso

Kurzinfos zum Rotschwanz-Rabenkakadu		
Größe: siehe Unterarten.	**Gelege pro Jahr:** meist eins, aber zwei sind möglich	**Flugbedürfnis:** groß, ausgesprochen gute Flieger
Gewicht: siehe Unterarten	**Gelegegröße:** 1-2 Eier, meist überlebt nur 1 Junges	**Nagebedürfnis:** ausgesprochen groß
Ringgröße: 14 mm	**Brutdauer:** 28-30 Tage	**Badebedürfnis:** nicht ausgeprägt
Erstzucht: 1939 (Handaufzucht) England, 1943 Naturbrut, Australien, *naso* 1971 Australien	**Nestlingszeit:** 11-13 Wochen	**Aggressivität:** normalerweise gering
Eimaße: *banksii* 55,6 x 38,3 mm, *samueli* 50,4 x 36, 5 mm	**Selbständigkeit:** nach zwei bis vier Monaten	**Stimme:** in der Natur metallisch und im Flug sehr laut; in der Haltung nicht laut; begrenzte Anzahl von Rufen

lathami *lathami* Variation *lathami* Jungvogel

Calyptorhynchus lathami (Temminck 1807)

Braunkopfkakadu

weitere Namen: Braunkopf-Rabenkakadu, Lathams Rabenkakadu

englisch: Glossy Black-Cockatoo, Casuarina Cockatoo, Latham's Cockatoo, Leach's Cockatoo

französisch: Cacatoès de Latham, Cacatoès à tete brun

spanisch: Cacatua Lustrosa

niederländisch: Lathamkaketoo, bruine raafkaketoe

1. Systematik und Taxonomie

Systematik: Der Braunkopfkakadu ist im Vergleich zum Banks-Rabenkakadu sicherlich als jüngere, abgeleitete Form anzusehen, die ihre Eigenständigkeit vor allem einer Spezialisierung in der Nahrungsaufnahme verdankt. Beide Arten wurden in früheren Zeiten oft miteinander verwechselt, da sie sich phänotypisch einander sehr ähneln (vor allem die Männchen).

Taxonomie: Die taxonomische Geschichte der Art ist sehr komplex (s. Mathews 1916/17) und die Art manchmal nicht eindeutig zu bestimmen. Schodde sorgte darum dafür, dass die beiden gebräuchlichen Namen *lathami* und *banksii* zukünftig als maßgeblich gelten und alle früheren, unklaren Namen unterdrückt werden (vgl. Schodde 1994).

Die früheste Erwähnung der Art findet sich 1789 in Phillips „The Voyage of Governor Phillip to Botany Bay", wo ein Männchen sowie vermutlich der Kopf eines Weibchens beschrieben wird. Das Männchen wird außerdem auf einer Farbtafel dargestellt, ähnelt dort aber *C. banksii*, sodass diese Darstellung Anlass zur Verwirrung gab.

Der Braunkopfkakadu wurde 1807 von Temminck als *Psittacus Lathami* beschrieben (Catalogue Systematique du Cabinet d'Ornithologie et de la Collection de Quadrumanes, p. 21). Dort findet sich lediglich der Name mit Verweis auf zwei Variationen des Banks Rabenkakadus, die Latham 1790 im Index Ornithologicus, S. 107 beschrieben hatte. Latham beschreibt dort ausführlich drei Formen des Rotschwanz-Rabenkakadus, ihre Größe und ihre Herkunft in lateinischer Sprache. Temminck erkannte in der zweiten (und ggfs. dritten) Form eine eigenständige Art und gab dieser darum einen neuen Namen. Als Typus-Ort wird Botany Bay (bei Sydney, New South Wales) angegeben.

Die Art wurde wiederholt wissenschaftlich beschrieben, so unter den Namen *magnificus* Shaw 1790 (juv. Weibchen), *fuscus* (Männchen) und *flavicollo* (Weibchen) Kerr 1792, *viridis* Vieillot 1817, *temminkii* Kuhl 1820, *solandri* Temminck 1822, *cookii* Vigors & Horsfield 1826, *stellatus* (iuv.) Wagler 1832 und *leachii* Gould 1842.

Bis Anfang der 90er Jahre galt die Art als monotypisch. Schodde et al. (1993) definierten zwei zusätzliche Unterarten, von denen eine (*halmaturinus*) bereits 1912 von Gregory M. Mathews beschrieben worden war. Sie unterscheiden sich im Grunde nur in der Größe des Schnabels. Dieses Merkmal ist jedoch bei vielen Kakadu-Arten variabel und eignet sich nur bedingt für die Unterscheidung von Unterarten. Darum zog Mathews die Unterart bereits 1916/17 wieder zurück. Auch die Schnabelmaße bei Forshaw 2003 rechtfertigen eine Aufspaltung in Unterarten nicht. Die Unterart *halmaturinus* wird hier darum nur aufgrund des isolierten Vorkommens der Population und der relativen morphologischen Merkmale anerkannt.

Namenserklärung: *lathami* = benannt nach Dr. John Latham (1740-1837), dem bedeutendsten englischen Ornithologen des 18. Jahrhunderts. Er beschrieb viele australische Vogelarten und wird auch liebevoll als „Großvater der australischen Ornithologie" bezeichnet.

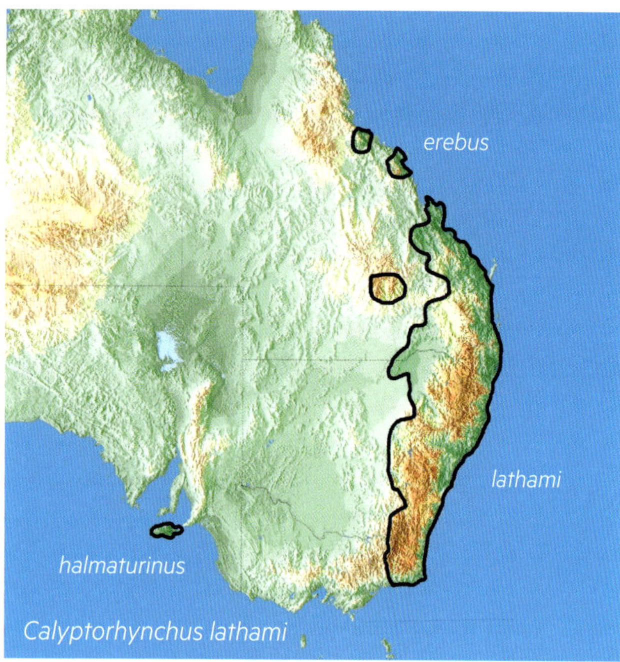

Calyptorhynchus lathami

halmaturinus = Bedeutung unklar; Unterarten von der Känguruh-Insel werden allerdings häufiger unter diesem Namen beschrieben; halma = sprießendes Gras.

erebus = Gott der Unterwelt oder der Hölle (bezieht sich möglicherweise auf die dunkle Farbe des Vogels).

glossy = glänzend

(*magnificus* = prächtig, imposant, *fuscus* = düster, *flavicollo* = mit gelbem Nacken, *viridis* = grün, *stellatus* = mit Sternen versehen; alle übrige Namen sind Dedikationsnamen)

2. Identifizierung

Färbung adulter Tiere: Grundfärbung dunkelbraun, Oberseite schwärzlich, Kopf braun mit kleiner runder Haube; seitliche Schwanzfedern schwarz mit breiter roter Binde; nackter Augenring schwarz; Iris dunkelbraun; Füße grau; Schnabel grau.

Unterscheidung der Geschlechter: Weibchen sehr variabel, mit gelben Federn bzw. Federfeldern an Kopf, Nacken und Unterflügeldecken; Körperunterseite variabel mit leuchtend gelben Federsäumen bis nahezu ohne gelbe Federsäume; Schwanzbinden variabel blassgelb bis orangerot und mit variablen dünnen schwarzen Querstreifen gezeichnet; Schnabel grau wie beim Männchen, manchmal jedoch hornfarben.

Jungvogelfärbung: Nestlinge mit gelben Dunen, Jungvögel beider Geschlechter mit braunen Köpfen und gebänderten Schwänzen; oft mit gelben Säumen auf Bauch und Brust und gelben Punkten bzw. Flecken auf den Flügeldecken und Unterflügeldecken; diese Punkte sind bei jungen Männchen orangerot, bei jungen Weibchen gelborange; Umfärbung beginnt mit 1 Jahr und dauert durchschnittlich 3-4 Jahre.

Vergleich mit ähnlichen Arten: Der Braunkopfkakadu unterscheidet sich vom Banks-Rabenkakadu (*C. banksii*) durch geringere Körpergröße, einen breiten, klobigen Schnabel und gelbe Kopfflecken bei den Weibchen. Adulte Vögel haben keine gelben Säume an der Körperunterseite. Außerdem ist die Stimme der Braunkopfkakadus viel leiser und seltener zu hören.

Anmerkung: Weibchen des Braunkopfkakadus weisen die größte Färbungsvariabilität aller Papageien auf. Kein Vogel gleicht dem andern.

3. Unterarten

a. *Calyptorhynchus l. lathami* (Temminck 1807)

New-South-Wales-Braunkopfkakadu

Merkmale: siehe unter „2. Identifizierung".

Verbreitung: Ost-Australien von Südost-Queensland, südlich des Burnett Rivers, bis nach Ost-Victoria

b. *Calyptorhynchus l. halmaturinus* Mathews 1912

Kangaroo-Island-Braunkopfkakadu, Südlicher Braunkopfkakadu

Merkmale: wie *lathami*, aber mit etwas größerem Schnabel (ca. 46-47 mm gegenüber 45-46 mm bei *lathami*). Weibchen mit deutlich weniger gelber Zeichnung am Kopf. (lt. Mathews und Forshaw als Unterart sehr fragwürdig.)

Verbreitung: Insel Känguruh; früher auch auf dem Festland, auf der Fleurieu-Halbinsel.

c. *Calyptorhynchus l. erebus* Schodde & Mason 1993

Queensland-Braunkopfkakadu, Kleiner Braunkopfkakadu,

Merkmale: Männchen und Weibchen wie *lathami*, aber mit kleinerem Schnabel (42-46 mm); insgesamt etwas kleiner.

Verbreitung: Nordost-Queensland, südlich der Kap-York-Halbinsel bis etwa zum Burnett River und Bundaberg.

4. Natürliches Vorkommen

Verbreitung: im klimatisch gemäßigten Osten Australiens, vor allem im Great Dividing Range, vom östlichen Queensland bis zum nordöstlichen Victoria und auf der Känguruh-Insel; früher vermutlich sogar bis nach South-Australia verbreitet.

Lebensraum: dichte Gebirgswälder; halboffene Gebiete mit größerem Baumbestand, vor allem entlang von Flussläufen; auch in Küstenwäldern und umliegenden Anbaugebieten.

Verhalten: unauffällige Vögel, die Menschen gegenüber nicht scheu sind; zumeist in Familiengruppen (Paar mit einem Jungvogel), seltener in kleinen Gruppen oder Paaren, sehr selten in Schwärmen, Paare leben hauptsächlich sesshaft, Jungvogelgruppen bei Nahrungssuche nomadisierend, ernähren sich vorwiegend in den Bäumen und kommen selten auf den Boden;

Status: allgemein gefährdet und in den Beständen abnehmend; trotz großen Verbreitungsgebiets kaum häufig anzutreffen und durch Brände der letzten Jahre zusätzlich dezimiert. Populationen der drei Unterarten: *lathami* 12.000 Exemplare, *halmaturinus* 250-260, *erebus* 5.000 Exemplare. Nominatform durch Habitatzerstörung und -fragmentierung abnehmend; Unterarten *halmaturinus* und *erebus* nehmen langsam wieder zu.

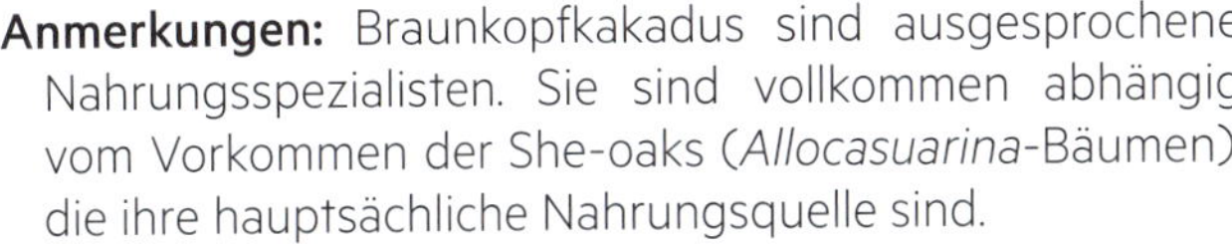
halmaturinus

erebus

Anmerkungen: Braunkopfkakadus sind ausgesprochene Nahrungsspezialisten. Sie sind vollkommen abhängig vom Vorkommen der She-oaks (*Allocasuarina*-Bäumen), die ihre hauptsächliche Nahrungsquelle sind.

5. Vorkommen in menschlicher Obhut

Häufigkeit: außerhalb Australiens in der Haltung nahezu unbekannt; in Australien gelingt Haltung immer besser; künstliche Fütterung, mittlerweile auch ohne *Allocasuarina*-Samen, möglich; werden leicht zahm und anhänglich.

Mindestanforderungen der Unterbringung: offiziell 3 x 1 x 2 m mit 2 m² Schutzraum; laut Conners & Conners (2005) mindestens 5 x 1,5 x 2 m, besser noch größer.

Züchtbarkeit: deutlich schwieriger als *C. banksii*, nur für fortgeschrittene Halter; Fütterung während der Brut nicht einfach, darum nur begrenzte Erfolge in Haltung und Zucht; Weibchen brüten allein, werden aber von den Männchen gefüttert, was für Rabenkakadus selten ist.

6. Hilfreiche Literatur

Connors N, Connors E (2005). A Guide to... Black Cockatoos as Pet & Aviary Birds. ABK Publication, South Tweed Heads (NSW) Australia, pp. 99-109.

Courtney J (1986). Plumage Development and Breeding Biology of the Glossy Black-Cockatoo *Calyptorhynchus lathami*. Australian Bird Watcher 11(8), pp. 261-273.

Forshaw JM & WT Cooper (2003). Australische Papageien. Band 1, Arndt-Verlag, Bretten, pp. 122-139.

Mathews GM (1916-17) The Birds of Australia, Witherby & Co., London, pp. 125-132.

Schodde R, Mason IJ & JT Wood (1993). Geographical Differentiation in the Glossy Black-Cockatoo *Calyptorhynchus lathami* (Temminck) and its History. Emu 93, pp. 156-166.

Schodde R (1994). Case 2856 (conservation of specific names *banksii* and *lathami*). Bulletin of Zoological Nomenclature 51(3), pp. 253-255.

Es existiert viel Literatur zur südlichen Unterart *halmaturinus*. Hilfreich dazu sind:

Joseph L (1982). The Glossy Black-Cockatoo on Kangaroo Island. Emu 82, pp. 46-49.

Mooney PA & LP Pedler (2005). Recovery plan for the South-Australian subspecies of the Glossy Black-Cockatoo (*Calyptorhynchus lathami halmaturinus*), pp. 2005-2010.

Kurzinfos zum Braunkopfkakadu		
Größe: 48-50 cm	**Gelege pro Jahr:** höchstens eines, manchmal nicht jährlich	**Flugbedürfnis:** langsame und schwerfällige Flieger
Gewicht: 420-500 g	**Gelegegröße:** nur 1 Ei, sehr selten 2	**Nagebedürfnis:** nicht sehr groß
Ringgröße: nicht definiert, vermutlich ca. 12 mm	**Brutdauer:** 28-30 Tage	**Badebedürfnis:** nicht ausgeprägt
Erstzucht: 1946 in Australien	**Nestlingszeit:** 85-100 Tage	**Aggressivität:** vor allem Weibchen während der Brut und Männchen bei der Aufzucht
Eimaße: durchschnittlich 43 x 32,9 mm (n = 54); Gewicht: 35,9 g (n = 1)	**Selbständigkeit:** nach drei bis vier Monaten	**Stimme:** seltenes leises Krächzen (leiseste Kakadu-Art)

funerea

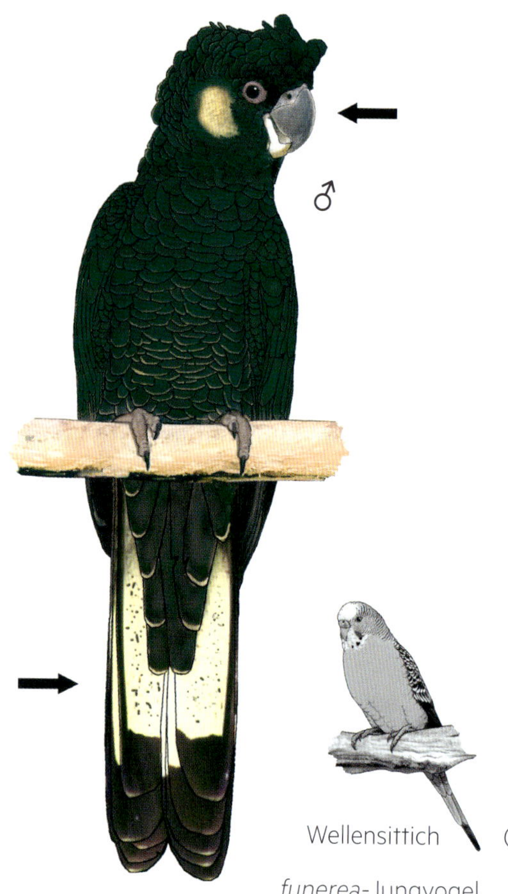

funerea-Jungvogel

Gattung: *Zanda* (f.) Mathews 1913

WEISSSCHWÄNZIGE RABENKAKADUS

Quelle: Mathews, Austr. Av. Record 1, 1913, p. 196; Typus-Art lt. Originalbeschreibung: *Calyptorhynchus baudini tenuirostris* = *Z. baudinii*. Mathews gibt nur eine kurze Diagnose in englischer Sprache, indem er auf den unterschiedlichen Schnabel (schmal und flach) sowie eine andere Formel der Flügelfedern (3.-5. Feder am längsten und 1. kürzer als 5.) verweist.

Systematik und Taxonomie: Typus-Art: *Z. baudinii*. Zweite und damit jüngere Gattung der Rabenkakadus (Unterfamilie Calyptorhynchinae), die die Arten mit weißem bzw. gelbem Schwanz umfasst. Diese Arten besitzen einen nicht so ausgeprägten Geschlechtsdimorphismus wie die *Calyptorhynchus*-Arten. Männchen und Weibchen sind dennoch einigermaßen leicht zu unterscheiden. Mathews (1916-17) äußert die Vermutung, dass die Angehörigen der Gattung *Zanda* stammesgeschichtlich älter sind, da sie im Gegensatz zu den *Calyptorhynchus*-Vertretern eher auf dem Rückzug sind, während diese ihr Verbreitungsgebiet immer mehr erweitern.

Die Aufgliederung der Gattung *Zanda* in eigenständige Arten ist entwicklungsgeschichtlich erst relativ spät, vor etwa 1,3 Millionen Jahren, entstanden. Die heute anerkannten Arten wurden darum auch seit den 70er Jahren in den unterschiedlichsten Konstellationen interpretiert: Forshaw fasst 1973 die heute akzeptierten fünf Taxa dieser Gattung (zwei Arten, zwei Unterarten und eine Variation) noch in einer einzigen Art mit lediglich zwei Unterarten zusammen. Ihm folgen Arndt (1990-96) und Robiller (1991), erweitern aber auf vier Unterarten. Saunders 1979 erkennt zwei Arten mit vier Unterarten an. Juniper & Parr (1998) teilen die Art dann 1998 auf drei Arten und eine Unterart auf. Diese Einschätzung findet sich auch noch bei Forshaw 2006, der dort *Zanda* bereits als Untergattung anerkennt. Heute werden allgemein drei Arten und zwei Unterarten akzeptiert: eine gelbschwänzige Art mit drei Unterarten (*funerea*, *whiteae* und *xanthanota*) und zwei weißschwänzige Arten, die beide monotypisch sind (*baudinii* und *latirostris*). Nach neuesten Untersuchungen scheinen diese beiden jedoch zu einer Art zu gehören (White 2011).

Merkmale: große, überwiegend dunkel gefärbte Kakadus mit verhältnismäßig kleiner, aufrichtbarer Federhaube und langem, am Ende gerundeten Schwanz; der kräftige Schnabel ist auf unterschiedlichste Weise an die Ernährung der jeweiligen Art angepasst. Die Geschlechter sind unterschiedlich gefärbt.

Namenserklärung: *Zanda* = vermutlich Koseform von Alexandra, einer früheren Prinzessin von Wales.

Hilfreiche Literatur:

Saunders DA (1979). Distribution and taxonomy of the white-tailed and yellow-tailed black-cockatoos *Calyptorhynchus* spp. Emu 79: pp. 215-227.

White NE (2011). Molecular approaches used to infer evolutionary history, taxonomy, population structure, and illegal trade of white-tailed Black-Cockatoos (*Calypto-*

whiteae

xanthanota

rhynchus spp.) in Australia. Thesis for the degree of doctor of philosophy of Murdoch University, School of Biological Sciences and Biotechnology. Perth, Australia, pp. 1-145.

Zanda funerea (Shaw 1794)

Gelbohr-Rabenkakadu, Gelbschwanz-Rabenkakadu

weitere Namen: Brauner Rabenkakadu, Rußkakadu

englisch: Yellow-tailed Black-Cockatoo, Funereal Cockatoo, Yellow-eared Black-Cockatoo, Wylah

französisch: Cacatoès noir à queue jaune, Cacatoès funèbre

spanisch: Cacatúa fúnebre Coliamarilla

niederländisch: zwarte geelstaartkaketoe, geeloorkaketoe

1. Systematik und Taxonomie

Systematik: Dem Gelbohr-Rabenkakadu wurden früher die meisten Unterarten zugeordnet, so die beiden weißschwänzigen Taxa *baudinii* und *latirostris* wie auch die kleinere gelbschwänzige Unterart *xanthanota*. Die Unterart *whiteae* wird von den meisten Autoren nicht anerkannt, wird hier jedoch als deutlich ausgeprägte Übergangsform zwischen *funerea* und *xanthanota* aufgeführt, da sie sich signifikant von beiden unterscheidet und ein entsprechend großes Verbreitungsgebiet besitzt.

Taxonomie: George Shaw beschrieb die Art 1794 in Shaw & Nodder's „The Naturalist's Miscellany 6", im Text zur Tafel 186. Darin beschreibt er in lateinischer Sprache die wichtigsten Merkmale der Art und vergleicht sie mit dem Rotschwanz-Rabenkakadu (*C. banksii*). Er weist auch als erster darauf hin, dass beide Arten sich deutlich unterscheiden. Die zugehörige Tafel zeigt ein ausgewachsenes Weibchen mit stark gesprenkeltem Schwanz.

John Gould beschrieb 1838 in „A synopsis of the birds of Australia", Teil 4, im Appendix auf S. 5 die Unterart *xanthanota* (als *C. xanthanotus*). Er beschreibt in englischer Sprache Gefieder, Längenmaße, die Herkunft von Tasmanien (Van Diemen's Land) und die verwandtschaftliche Nähe zu *Z. baudinii* und *Z. funerea*.

Gregory M. Mathews beschrieb 1912 im „Austral Avian Record 1" auf Seite 35 die Unterart *whiteae*, die sich von *funerea* durch geringere Größe unterscheide und auf der Känguruh-Insel beheimatet sei. 1916-17 zog er die Unterart wieder zurück, weil er offensichtlich falsche Maße angegeben hatte. Dennoch bleibt der Name verfügbar.

Weitere Synonyme sind nicht bekannt. Die Art wurde früher zumeist der Gattung *Calyptorhynchus* zugeordnet.

Namenserklärung: *funereus* = düster, begräbnismäßig, unheilvoll.

xanthanota = mit gelben (xanthos) Merkmalen (nota). (Anmerkung: Korrekt ist die Schreibweise *xanthanota*, nicht *xanthanotus* **oder** *xanthonotus*, wie manchmal zu lesen.)

whiteae = vermutlich zu Ehren von Louisa Maude White (1866-1926), der Frau von Henry Luke White (Ornithologe in New South Wales, der vor allem Vogeleier sammelte).

2. Identifizierung

Färbung adulter Tiere: Grundfärbung braunschwarz; alle Federn mit Gelb gesäumt; Ohrdecken gelb; seitliche Schwanzfedern braunschwarz mit gelber Binde, die braunschwarz gesprenkelt ist; Haube kurz; nackter Augenring rosa fleischfarben; Iris dunkelbraun; Füße graubräunlich; schmaler Schnabel dunkelgrau. – Die rosa Färbung des Augenrings des Männchens kann leuchtend rot werden, wenn der Vogel aufgeregt oder sexuell stimuliert ist, oder weiß-grau, wenn er krank ist.

Unterscheidung der Geschlechter: Weibchen mit hornfarbenem Schnabel und dunkelgrauem nackten Augenring; bei den meisten Exemplaren mit ausgedehnteren und kräftiger gelben Ohrdecken und stärker geflecktem gelben Band auf dem Schwanz; Füße hellgrau bis pink.

Jungvogelfärbung: Nestlinge mit langen und dichten gelben Dunen; Jungvögel mehr schwarz als schwarzbraun, ansonsten wie adulte Weibchen, jedoch mit weniger ausgeprägter gelber Zeichnung; Schnäbel anfangs rosa fleischfarben, später mehr hornfarben; junge Männchen haben meist mattere Ohrdecken und einen starken grauen Anflug auf dem Schnabel.

Vergleich mit ähnlichen Arten: Der Gelbohr-Rabenkakadu ist die einzige Rabenkakadu-Art, die durchgängig gelbe Zeichnungen aufweist. Die übrigen vier Arten haben entweder rote oder weiße Zeichnungen.

3. Unterarten

a. *Zanda f. funerea* (Shaw 1794)

Großer Gelbohr-Rabenkakadu

Merkmale: größte Unterart (65 cm), Schwanzbinde braunschwarz gesprenkelt.

Verbreitung: Ost-Australien von Zentral-Queensland südwärts bis nach Ost-Victoria.

b. *Zanda f. whiteae* (Mathews 1912)

Kleiner Gelbohr-Rabenkakadu, Kangaroo-Island-Gelbohr-Rabenkakadu

englisch: Southern Black-Cockatoo,

Merkmale: wie *funerea*, aber kleiner (58 cm), Schwanz kürzer, Schwanzbinde ebenfalls gesprenkelt.

Unterscheidung der Geschlechter: wie bei der Nominatform. Darüber hinaus sind die Weibchen dieser Unterart durchschnittlich kleiner als die Männchen.

Verbreitung: auf Kangaroo Island und von Südost-Südaustralien bis Süd-Victoria.

c. *Zanda f. xanthanota* (Gould 1838)

Tasmanischer Gelbohr-Rabenkakadu

englisch: Tasmanian Black-Cockatoo,

niederländisch: Tasmaanse geeloorkaketoe

Merkmale: wie *funerea*, aber kleiner (58 cm), Schwanz kürzer und Schwanzbinde rein blassgelb, kaum gesprenkelt.

Unterscheidung der Geschlechter: wie bei der Nominatform. Darüber hinaus sind die Weibchen dieser Unterart durchschnittlich größer als die Männchen.

Verbreitung: auf Tasmanien und den größeren Inseln der Bass-Straße.

4. Natürliches Vorkommen

Lebensraum: nahezu alle Gebiete mit Baumbestand; Küstenwälder, Bergwälder, Anbaugebiete, Plantagen, Buschsavannen, vor allem mit *Banksia*- und eingeführten *Pinus*-Arten, zunehmend auch in der Nähe von Menschen (Parks und Gärten) anzutreffen.

Verhalten: lärmend und auffällig; oft in Paaren, zu dritt (mit Jungvogel) oder in kleinen Gruppen anzutreffen, außerhalb der Brutzeit auch zu mehreren hundert bis über tausend Exemplaren vorkommend; lebt im Gegensatz zu den beiden weißschwänzigen Formen vorwiegend hoch in den Bäumen; Bruthöhlen in hohen, alten Bäumen; vorwiegend im Hügelland, außerhalb der Brutzeit eher in Küstennähe lebend; lebhafte und neugierige Vögel; laute Rufe vor allem morgens und abends, langsamer Flug mit charakteristischen Kontaktrufen.

Status: örtlich unterschiedlich häufig, an den Rändern des Verbreitungsgebiets selten, ansonsten häufig vorkommend; Bestände durch Brände dezimiert, gelten jedoch als stabil und werden auf über 20.000 Vögel geschätzt.

5. Vorkommen in menschlicher Obhut

Häufigkeit: Nominatform in Australien als Volierenvogel

Kurzinfos zum Gelbohr-Rabenkakadu		
Größe: 58-65 cm.	**Gelege pro Jahr:** eines	**Flugbedürfnis:** sehr ausgeprägt
Gewicht: 800g (600-900 g); *xanthanota* und *whiteae* ca. 600 g (500-800 g)	**Gelegegröße:** 1-2 Eier	**Nagebedürfnis:** ausgesprochen groß
Ringgröße: 12 mm (offiziell 14 mm)	**Brutdauer:** 28-31 Tage	**Badebedürfnis:** baden gerne im Regen oder Laub
Erstzucht: 1963, Sydney, Australien	**Nestlingszeit:** 80-90 Tage	**Aggressivität:** friedlich, Vergesellschaftung mit kleineren Arten möglich
Eimaße: sehr variabel, 48,1 (46,7-51,0) x 36,5 (33,6-41,0) mm (n = 9)	**Selbständigkeit:** nach vier Monaten bis zu einem Jahr	**Stimme:** laut, aber nicht oft zu hören

etabliert; außerhalb Australiens sehr selten; als Heimtier kaum sinnvoll zu halten.

Mindestanforderungen der Unterbringung: große Volieren nötig (mindestens 5 x 2 x 2,5 m, besser jedoch 8 x 2 x 3 m oder länger), Metallkonstruktion und frostfreie Haltung mit Schutzraum; fettreiche Nahrung und tierische Proteine (Insektenlarven) wichtig; neigen manchmal zu Verfettung.

Züchtbarkeit: gelingt in Australien regelmäßig, außerhalb Australiens sehr selten; geringe Reproduktionsrate; Brutreife mit 4-5 Jahren, nur das Weibchen brütet; fett- und proteinreiche Ernährung wichtig; in Australien *Banksia*-Zapfen geben; zweites Ei zumeist auffallend kleiner und wird erst 4-7 Tage nach dem ersten gelegt; zweiter Jungvogel wird oft vernachlässigt und stirbt ohne zusätzliche Fütterung.

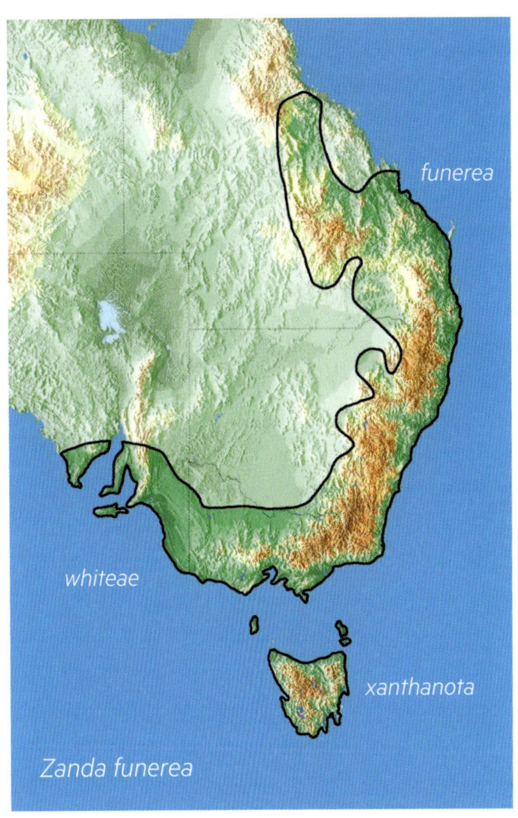

6. Hilfreiche Literatur

Connors N & E Connors (2005). A Guide to... Black Cockatoos as Pet & Aviary Birds. ABK Publication, South Tweed Heads (NSW), Australia, pp. 79-87.

Forshaw JM & WT Cooper (2003). Australische Papageien. Band 1, Arndt-Verlag, Bretten, pp. 67-82.

Mathews GM (1916-17). The Birds of Australia. Witherby & Co., London, pp. 138-149.

Vogels D (1995). Zur Biologie des Gelbohrrabenkakadus. PAPAGEIEN 8, pp. 214-221.

Zanda baudinii (Lear 1832)

Weißohr-Rabenkakadu, Weißschwanz-Rabenkakadu

weitere Namen: *baudinii* – Baudins (Weißschwanz)-Rabenkakadu, Langschnabel-Rabenkakadu; *latirostris* – Carnabys (Weißschwanz)-Rabenkakadu, Breitschnabel-Rabenkakadu

englisch: White-tailed Black-Cockatoo, White-eared Black-Cockatoo; *baudinii*: Baudin's Black-Cockatoo, Long-billed Black-Cockatoo; *latirostris*: Carnaby's Black-Cockatoo, Short-billed Black Cockatoo, Mallee Black-Cockatoo

französisch: Cacatoès à rectrices blanches; *baudinii*: Cacatoès de Baudin; *latirostris*: Cacatoès de Carnaby, Cacatoès funèbre à gros bec

spanisch: Cacatúa Fúnebre Piquilarga; *baudinii*: Cacatúa Fúnebre Piquilarga, *latirostris*: Cacatúa Fúnebre Piquicorta

niederländisch: witstaart-raafkaketoe, witoor-raafkaketoe; *baudinii*: Baudinkaketoe, Baudin's witstaart(raaf)kaketoe / witoor(raaf)kaketoe; *latirostris*: Carnabykaketoe, Carnaby's witstaart(raaf) kaketoe / witoor(raaf)kaketoe

Ansicht der Schnabelform von *baudinii*

Ansicht der Schnabelform der Variation *latirostris*

1. Systematik und Taxonomie

Systematik: Die Systematik der weißschwänzigen Rabenkakadus war in den letzten Jahrzehnten sehr umstritten und hat zu den unterschiedlichsten Einschätzungen geführt. So wurden sie wechselweise als Unterart(en) des gelbschwänzigen Rabenkakadus (*Z. funerea*), als eigenständige Art *Z. baudinii* mit der Unterart *Z. b. latirostris* oder als zwei eigenständige Arten *Z. baudinii* und *Z. latirostris* geführt. In allen neueren Veröffentlichungen (bis hin zu Forshaw 2017) wird die letzte Einschätzung vertreten: die beiden weißschwänzigen Taxa

baudinii

baudinii-Jungvogel

sind zwar nah miteinander verwandt, aber doch zwei eigenständige Arten.

Diese Einschätzung wird von Nicole E. White in ihrer Doktorarbeit (White 2011) nicht geteilt: Sie kommt aufgrund umfangreicher Untersuchungen (250 Seiten) zu dem Schluss, dass die breitschnäbelige Form *latirostris* genetisch nicht von *baudinii* zu unterscheiden ist; zwischen beiden Formen gibt es deutlich erkennbar Genfluss und eine signifikante Gen-Vermischung von 13-21 %. Außerdem zeigte sich überraschenderweise, dass die Vögel im Westen des Weizengürtels einander genetisch sehr ähnlich sind, obwohl sie phänotypisch sowohl zu *baudinii* als auch zu *latirostris* gehören. Dagegen unterscheiden sich die Vögel, die östlich des Weizengürtels leben, genetisch sehr deutlich voneinander, obwohl sie alle zum Phänotyp *latirostris* gehören. – Aus all diesen genetischen Erkenntnissen schließt White, dass *latirostris* nicht einmal der Status einer Unterart zuzubilligen sei, sondern lediglich als Variation der spitzschnäbeligen Form *baudinii* anzusehen ist. Dies begründet sie jedoch nicht nur mit der fehlenden genetischen Unterscheidbarkeit. Sie untersuchte auch alle bisher angeführten Argumente für eine Aufteilung auf zwei Arten und konnte diese entsprechend entkräften:

• **Unterschiede in den Verbreitungs- und Brutgebieten:** Es ist schon länger bekannt, dass beide weißschwänzigen Formen auch in gemischten Schwärmen vorkommen und gemeinsam fressen oder ruhen. (Im Gegensatz dazu kommen sie nie zusammen im Schwarm mit rotschwänzigen Banks Rabenkakadus *C. b. naso* vor.) Sie kommen also in einem großen Teil des Verbreitungsgebiets sympatrisch vor. Außerdem hat sich bei Untersuchungen gezeigt, dass sie keine getrennten Brutgebiete haben, sondern dass Exemplare von *latirostris* selbst im Kerngebiet von *baudinii* brüten können. (Zum umgekehrten Phänomen gibt es bislang jedoch keine Untersuchungen.)

• **Unterschiede in den Nahrungspräferenzen:** In der gesamten einschlägigen Literatur wurde früher davon ausgegangen, dass *baudinii* und *latirostris* vorwiegend unterschiedliche Nahrungsquellen nutzen, was bei den sehr unterschiedlichen Schnabelformen auch naheliegt. So ging man bisher davon aus, dass sich *baudinii* aufgrund des spitzen Schnabels hauptsächlich von den Samen der Marri-Bäume (*Eucalyptus calophylla*) und von Insektenlarven ernährt. Der breite Schnabel von *latirostris* ist dagegen hervorragend zum Öffnen der harten Kapseln und Samenstände von *Banksia*-, *Hakea*- und *Pinus*-Arten geeignet, die neben Proteaceae-Gewächsen als Hauptnahrung dienen. – Seit den 80er Jahren bis etwa 2010 gibt es nun aber viele neuere Untersuchungen zur Ernährung der beiden Formen. Daher weiß man nun, dass die beiden Formen einen Großteil ihrer Nahrungspflanzen gemeinsam haben, zwar mit relativen Unterschieden, aber längst nicht so unterschiedlich, wie man früher dachte. Unterschiede gibt es lediglich bei ein paar weniger häufig genutzten Nahrungspflanzen. – Von daher kann man nicht von grundsätzlich unterschiedlichen Nahrungspräferenzen begründet sprechen.

• **Unterschiede in der Morphologie:** Vergleicht man Bälge von *baudinii* und *latirostris*, so wird recht schnell deutlich, dass sie sich vom äußeren Erscheinungsbild her sehr ähneln: Körperform, Gefiederfärbung und Geschlechtsdimorphismus sind praktisch identisch. Auch in der Größe unterscheiden sich beide Formen nur minimal. – Deutlich unterschiedlich ist dagegen die Form der Schnäbel und im Zusammenhang damit die Gestalt des Schädels: Der Schnabel von *baudinii* ist länger und spitzer und der Schädel ist breiter und höher als bei *latirostris*. Diese Un-

Variation *latirostris*

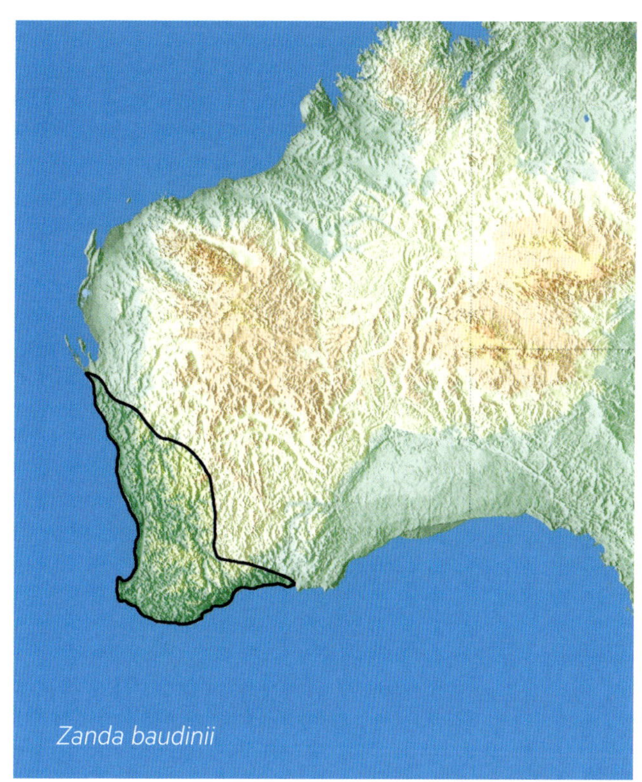

terschiede rechtfertigen jedoch keine Unterscheidung auf Artniveau: auch die Unterarten des Banks Rabenkakadu (*C. banksii*) unterscheiden sich deutlich in der Form. Deswegen würde jedoch niemand auf die Idee kommen, daraus einen Artstatus für die diversen Unterarten abzuleiten. Die Form des Schnabels gilt außerdem als ein sehr plastisches Element, das innerhalb weniger Generationen stark variieren kann.

• **Unterschiede in den Lautäußerungen:** Bei den weißschwänzigen Rabenkakadus lassen sich 15 verschiedene Lautäußerungen unterscheiden. Bei einer davon, dem sog. „*wy-lah*"-Kontaktruf, finden sich deutliche Unterschiede zwischen den beiden Formen. Dieser, in seiner Höhe variierende vierteilige Ruf, ist bei *baudinii* sowohl im dritten Segment wie auch insgesamt kürzer als bei *latirostris*. Dieser Unterschied lässt sich konstant nachweisen und hilft bei Felduntersuchungen, die beiden Formen voneinander zu unterscheiden. – Aber auch hier muss man sagen, dass Lautäußerungen kein gutes Kriterium für die Unterscheidung von Arten sind: Anhand von Untersuchungen weiß man mittlerweile, dass es sogar bei verschiedenen Populationen zur Ausbildung von „Dialekten" kommen kann, sodass diese Unterschiede wenig Aussagekraft für eine Unterscheidung von verschiedenen Arten besitzen: Sie sind ein erlerntes Verhalten, dass sich sehr schnell ändern kann (Wright et al. 2005).

Aufgrund dieser differenzierten Neubewertung der verschiedenen Kriterien ist der Artstatus von *latirostris* mehr als fraglich. Darum wird *latirostris* hier lediglich als Variation von *baudinii* anerkannt.

Taxonomie: Die erste Darstellung der Art stammt von Edward Lear aus dem Jahr 1832 (Illustrations of the family of Psittacidae, or Parrots, pt. 12, pl. 12 resp. 6 in gebundener Ausgabe); die erste Beschreibung findet sich 1837 bei Lesson unter dem Namen *Banksianus baudinii*. Er gibt eine kurze Beschreibung des Gefieders in französischer Sprache. Die erste ausführliche Beschreibung mit Größenangaben und Herkunft findet sich in englischer Sprache bei Salvadori (1891). Gregory M. Mathews legte 1913 den Typus-Ort für *baudinii* als Albany, West-Australien (an der Südküste), fest. 1979 korrigierte Saunders den Typus-Ort von *baudinii* als Geographe Bay, West-Australia, da Albany kein typischer Ort für *baudinii* ist, sondern gerade im Übergangsbereich der beiden Taxa liegt. (Ob diese Korrektur möglich ist, sei dahin gestellt. Normalerweise gilt das Recht des „first reviser". Inhaltlich sinnvoll ist sie in jedem Fall.)

Gregory M. Mathews erkannte bereits 1913 Unterschiede bei den Schnäbeln der weißschwänzigen Rabenkakadus. Daraufhin beschrieb er die Unterart *C. baudinii tenuirostris* mit dem Typus-Ort Wandering, West-Australia (im Inland) aufgrund ihres schmalen Schnabels. Später (1916-17) zog er diese Unterart wieder zurück, da auch an der Küste Vögel mit schmalem Schnabel zu finden seien. – Mit dieser Unterart schuf er jedoch einiges an Verwirrung. Denn die Inlandvögel haben in der Regel keinen schmalen, sondern gerade einen breiten und schweren Schnabel. Die Küstenvögel weisen dagegen einen schmalen Schnabel auf.

Ivan C. Carnaby erkannte 1933 ebenfalls die Unterschiede in der Schnabelform (The Emu, vol. 33, p. 106), gab der breitschnäbeligen Form jedoch noch keinen wissenschaftlichen Namen. 1948 holte er das nach und beschrieb diese im Western Australian Naturalist 1, p. 136-138, als Unterart unter dem Namen *Calyptorhynchus baudinii latirostris*. – In diesem Text fasst er die gesamte Thematik gut zusammen und erklärt auch die Fehleinschätzungen von Mathews 1913 und 1916-17, aufgrund derer *tenuirostris* lediglich als Synonym von *baudinii* gelten kann. Er beschreibt die Unterschiede zwischen *latirostris* und *baudinii*, benennt Typus-Ort (Hopetoun, W-Australia) und Typus-Exemplar von *latirostris* und fügt zum Vergleich Schnabeldaten von 9 Exemplaren *baudinii* sowie 9 Exemplaren *latirostris* an. Exemplare vom Stirling Range beschreibt er als Übergangsformen. Es folgen Erläuterungen zur Ökologie (unterschiedliche Nahrungspräferenzen und Angaben zur Brut von *latirostris*).

Die ersten, die *latirostris* einen Artstatus zubilligten, waren 1976 Campbell & Saunders, 1994 folgten Christidis & Boles.

Namenserklärung: *baudinii* = benannt nach Thomas Nicolaus Baudin (1754-1803), dem Leiter verschiedener Naturexpeditionen zwischen 1786 und 1803 nach Westindien und Australien. Auf der letzten Expedition verstarb er.

latirostris = mit breitem (latus) Schnabel (rostrum).

tenuirostris = mit schmalem (tenuis) Schnabel (rostrum).

2. Identifizierung

Färbung adulter Tiere: Grundfärbung grauschwarz; alle Federn mit Weiß gesäumt; Ohrdecken mattweiß; seitliche Schwanzfedern grauschwarz mit zumeist rein weißer Binde, (nur bei wenigen Vögeln schwärzlich gesprenkelt); nackter Augenring rosa fleischfarben; Iris dunkelbraun; Schnabel dunkelgrau, Füße graubräunlich. Die rosa Färbung des Augenrings des Männchens kann leuchtend rot werden, wenn der Vogel aufgeregt oder sexuell stimuliert ist, oder weiß-grau, wenn er krank ist.

Unterscheidung der Geschlechter: Weibchen mit hornfarbenem Schnabel und grauem nackten Augenring, mit kräftiger weißen Ohrdecken; Säumung der Federn der Unterseite breiter; Füße blasser braun, leicht pinkfarben.

Jungvogelfärbung: Nestlinge mit langen, dichten gelblichweißen Dunen. Jungvögel wie Weibchen, aber mit matterem Gefieder; schmalere weiße Schwanzbinden, manchmal mit dunklen Flecken; junge Männchen haben meist mattere Ohrdecken und einen grauen Anflug auf dem Schnabel, der nach zwei Jahren ganz umfärbt. Umfärbung ins Erwachsenengefieder mit drei Jahren.

Vergleich mit ähnlichen Arten: Von den übrigen Rabenkakadu-Arten unterscheidet sich die Art durch die weißen (nicht gelben, orangefarbenen oder roten) Zeichnungen im Gefieder.

3. Variation

Vögel mit wuchtigem Schnabel wurden als *Zanda latirostris* (Carnaby 1948) angesehen und beschrieben.

Merkmale: Der Schnabel von *baudinii* ist schmal, spitz zulaufend und etwa 15 % länger als der der Variation *latirostris* (bei geschlossenem Schnabel liegen Ober- und Unterschnabel nicht aufeinander, sondern lassen eine Lücke erkennen). Der Schädel ist breiter und höher als bei *latirostris*.

Der Schnabel der Variation *latirostris* ist dick-rundlich und ohne auffallende Spitze (bei geschlossenem Schnabel liegen Ober- und Unterschnabel aufeinander und lassen keine Lücke erkennen). Der Schädel der Variation *latirostris* ist im Vergleich zu *baudinii* weniger breit und hoch.

4. Natürliches Vorkommen

Verbreitung: im Südwesten Westaustraliens; *baudinii*-Vögel bewohnen die Region zwischen Perth, Albany und dem Margaret River (ca. 6.000 km²); ihr Brutgebiet liegt im äußersten Südwesten, südlich von Lowden. – Die Variation *latirostris* bewohnt den Weizengürtel in SW-Westaustralien, hauptsächlich südlich des 29. südl. Breitengrades und westlich des 120. östl. Längengrades, von Kalbarri bis Esperance (ca. 34.500 km²). Beide Formen kommen teilweise sympatrisch und auch in gemischten Schwärmen vor; tendenziell ist *baudinii* eher in der Nähe der Küste anzutreffen, während die Variation *latirostris* eher im Inland anzutreffen ist. Populationen östlich des Weizengürtels scheinen deutlich abzunehmen bzw. sich nach Westen hin zu verlagern.

Lebensraum: *baudinii* in Waldgebieten mit hohem Regenfall in Küstennähe, mit Eukalyptus-Arten (vor allem Marri-, Karri- und Jarrah-Bäumen); die Variation *latirostris* in offenen Wäldern, Buschsavannen und Heidelandschaften, hauptsächlich in Mallee-Gebieten. Nisthöhlen hauptsächlich in Wandoo-Eukalypten.

Verhalten: während der Brutzeit in Paaren und Dreiergruppen (mit Jungvogel) anzutreffen, außerhalb der Brutzeit

Kurzinfos zum Weißohr-Rabenkakadu		
Größe: *baudinii* 56 (53-60) cm, Variation *latirostris* 55 (50-56) cm.	**Gelege pro Jahr:** ein Gelege	**Flugbedürfnis:** sehr ausgeprägt
Gewicht: 540-790 g	**Gelegegröße:** 1-2 Eier	**Nagebedürfnis:** sehr groß
Ringgröße: 12 mm	**Brutdauer:** 28-29 Tage	**Badebedürfnis:** groß, Regen- oder Laubbad
Erstzucht: *baudinii* 1976, Perth, Variation *latirostris* 1989, Sydney, Australien	**Nestlingszeit:** 10-12 Wochen	**Aggressivität:** sehr friedlich
Eimaße: *baudinii* 48 x 43 mm; 54,8 x 37,4 mm; Variation *latirostris* 47,8 x 36,2 mm, 46,7 x 33,6 mm	**Selbständigkeit:** zwischen 3 und 7 Monaten	**Stimme:** mäßig laut

halbnomadisch in auffälligen und lauten Gruppen von 30-40 Exemplaren, mitunter in Schwärmen von 200-300 Exemplaren, (die Variation *latirostris* sehr selten bis zu 1.000-5.000 Exemplaren); manchmal in gemischten Schwärmen und in der Nähe von Schwärmen von *Calyptorhynchus banksii naso*, mit denen sie sich aber nicht vermischen; beide Formen leben arboreal und suchen ihre Nahrung in den Bäumen; die Variation *latirostris* außerdem häufiger am Boden zu finden; haben dann Wächtervögel, die den Schwarm bei Bedrohungen mit lauten Rufen warnen; laute Rufe vor allem morgens und abends, langsamer Flug mit charakteristischen Kontaktrufen, die sich bei *baudinii* und der Variation *latirostris* erkennbar unterscheiden.

Status: ursprünglich beide Formen verhältnismäßig häufig (Schätzung von 1977 für *baudinii*: 10.000-25.000 Exemplare; für die Variation *latirostris* 11.000-60.000 Exemplare), in den letzten 50 Jahren jedoch bis zu 50 % Bestandsrückgänge und massive Reduktion des Lebensraums (um etwa ein Drittel der Fläche, vor allem bei *baudinii*); derzeit von *baudinii* höchstens noch 15.000 Exemplare, von der Variation *latirostris* um 40.000 Exemplare (Peck et al. 2017); örtlich noch mäßig häufig, insgesamt aber weiter abnehmend; um Perth herum Populationen jedoch auch lokal zunehmend; Bruterfolge aufgrund von Mangel an Nistgelegenheiten und Nistplatzkonkurrenten (andere Kakadus, Enten, Eulen und Bienen) rückläufig; werden außerdem immer wieder als Ernteschädlinge in Obstplantagen abgeschossen oder als Jungvögel dem Nest entnommen. (Die Art ist in Australien erst seit 1996 geschützt).

5. Vorkommen in menschlicher Obhut

Häufigkeit: außerhalb Australiens sehr selten; in Australien mittlerweile etabliert, wenn auch nicht so häufig wie andere Rabenkakadus; dabei wird die Variation *latirostris* häufiger gehalten und gezüchtet als *baudinii*.

Mindestanforderungen der Unterbringung: sehr große Volieren nötig (mindestens 8 x 2 x 2,5 m, besser jedoch 12 x 2 x 3 m oder länger), Metallkonstruktion und frostfreie Haltung mit Schutzraum.

Züchtbarkeit: *baudinii* und die Variation *latirostris* gehören in der Zucht zu den problematischeren Vögeln; Geschlechtsreife mit 3-6 Jahren; Brutstimulation gelingt in Australien durch Gabe von *Pinus*- und *Banksia*-Zapfen, nur das Weibchen brütet; zweites Ei ist zumeist auffallend kleiner und wird erst 4-8 Tage nach dem ersten gelegt; zweiter Jungvogel wird oft vernachlässigt und stirbt ohne zusätzliche Fütterung.

6. Hilfreiche Literatur

Campbell NA & DA Saunders (1976). Morphological variation in the white-tailed black cockatoo, *Calyptorhynchus baudinii*, in Western Australia: A multivariate approach. Australian Journal of Zoology 24, pp. 589-595.

Carnaby IC (1948). Variation in the White-tailed Black Cockatoo, Western Australian. Naturalist, 1, pp. 136-138.

Christidis L & WE Boles (1994). The taxonomy and species of birds of Australia and its territories. Royal Australasian Ornithologists Union, Melbourne.

Connors N & E Connors (2005). A Guide to... Black Cockatoos as Pet & Aviary Birds. ABK Publication, South Tweed Heads (NSW) Australia, pp. 89-97.

Forshaw JM & WT Cooper (2003). Australische Papageien. Band 1, pp. 82-103, Arndt-Verlag, Bretten.

Forshaw JM (2017). Vanished and Vanishing Parrots – Profiling Extinct and Endangered Species. Cornell University Press, pp. 37-46.

Mathews GM (1916-17). The Birds of Australia. Witherby & Co., London, pp. 134-137.

Peck A, Barrett G & M Williams (2017). The 2017 Great Cocky Count: a community-based survey for Carnaby's Black-Cockatoo (*Calyptorhynchus latirostris*), Baudin's Black-Cockatoo (*Calyptorhynchus baudinii*) and Forest Red-tailed Black-Cockatoo (*Calyptorhynchus banksii naso*). BirdLife Australia, Floreat, Western Australia.

White NE (2011). Molecular approaches used to infer evolutionary history, taxonomy, population structure, and illegal trade of white-tailed Black-Cockatoos (*Calyptorhynchus* spp.) in Australia. Thesis for the degree of doctor of philosophy of Murdoch University, School of Biological Sciences and Biotechnology, Perth, Australia, pp. 1-145.

Wright TF, Rodriguez AM & RC Fleischer (2005). Vocal dialects, sex-biased dispersal, and microsatellite population structure in the parrot *Amazona auropalliata*. Molecular Ecology 14, pp. 1197-1205.

Unterfamilie: Cacatuinae G. R. Gray 1840

Quelle: G. R. Gray 1840, A List of the Genera of the Birds, with an indication of the typical species of each genus, London, p. 53. Typus-Gattung: *Cacatua* (weiße Kakadus)

Systematik: Die dritte Unterfamilie der Kakadus umfasst alle Gattungen außer *Nymphicus*, *Calyptorhynchus* und *Zanda*. Diese Zusammenstellung wirkt auf den ersten Blick nicht logisch, da nicht nur die weißen Kakadus (Gattungen *Cacatua* und *Licmetis*) hierher gehören, sondern auch die schwarzen Palmkakadus (*Probosciger*), die graubraunen Helmkakadus (*Callocephalon*), sowie die beiden vorwiegend rosa gefärbten Kakadus der Gattungen Rosakakadus (*Eolophus*) und Inka-Kakadus (*Lophochroa*). Sie stellen die jüngste Entwicklungslinie der Kakadus dar und lassen sich eindeutig als zusammenhängende Entwicklungslinie nachweisen (White et al. 2011). – Ungewöhnlich ist hierbei lediglich die Position der Palmkakadus (Gattung *Probosciger*), die bei Brown & Toft 1999 sowie bei Astuti et al. (2006) noch als älteste Gattung der Kakadus angesehen wurden. Da die Untersuchung von White et al. 2011 aber wesentlich breiter angelegt ist, darf man dieser Einschätzung wohl eher Glauben schenken. (Joseph et al. 2012 führen sie noch in einer eigenen Gattungsgruppe Microglossini. Dieser Einschätzung folgen wir hier nicht, da *Probosciger* am Anfang einer großen Klade steht, was eine eigenständige Behandlung nicht unbedingt rechtfertigt.)

Taxonomie: White et al. (2011) führen in dieser Unterfamilie fast alle Gattungen als eigenständig auf, die in den letzten Jahrzehnten Eingang in eine erneuerte Taxonomie gefunden haben. So erkennen sie die Gattungen *Eolophus* und *Lophochroa* selbstverständlich an. Leider billigen sie der jüngsten Klade der australischen Corellas und Verwandten keinen Gattungsstatus zu. Diese werden hier in der Gattung *Licmetis* eigenständig geführt. (Manche Autoren erkennen *Licmetis* bislang lediglich als Untergattung an.)

Gattung: *Probosciger* (m.) Kuhl 1820

PALMKAKADUS (ARAKAKADUS)

Quelle: Kuhl 1820, Conspectus Psittacorum, Nova Acta Academia Caearea Leopoldino-Carolina Germanica Naturae Curiosorum, Halle, 10, p. 12. Typus-Art: *P. aterrimus*. Salvadori bestimmte diese 1880 als *Psittacus goliath* (Kuhl 1820) = *Psittacus aterrimus* (Gmelin 1788).

Systematik: Kuhl gibt eine kurze lateinische Beschreibung von Kopf, Haube, Schnabel und Schwanz und nennt als Herkunftsort Asien. Er benennt als typisch für diese Gattung den „Ara à trompe" von Levaillant (pl. 12), der eindeutig einen Palmkakadu darstellt. Mit wissenschaftlichem Namen benennt er dann die beiden Formen *aterrimus* (Gmelin) und *Goliath* (mihi = Kuhl).

Monotypische Gattung, die man früher für die älteste unter den schwarzen Kakadus hielt, mittlerweile jedoch deutlich später ansiedelt: Nach den Nymphicinae und Calyptorhynchinae steht die Gattung *Probosciger* am Anfang der großen dritten Unterfamilie Cacatuinae. Eine klare Trennung zwischen dunklen und hell gefärbten Kakadus ist demnach nicht gegeben.

Taxonomie: Für die Gattung der Palmkakadus wurden verschiedene wissenschaftliche Namen beschrieben: *Chaeneirhynchus* Jarocki 1821, *Solenoglossus* Ranzani 1823, *Microglossus* Vieillot 1825, *Eurhynchus* Berthold 1827 und *Macroglossum* Temminck 1849. Diese Namen beziehen sich alle auf den auffälligen Schnabel (rhynchus) bzw. die Zunge (glossa) des Palmkakadus.

Merkmale: große, einfarbig schwarze Kakadus mit auffallender, nach hinten gewandter Haube und extrem großem Schnabel; die Flügel sind lang, der Schwanz lang und gerundet, die Füße sind kurz, die Schenkel unbefiedert; die Wachshaut ist befiedert, die nackten Wangen sind rot gefärbt. Männchen und Weibchen unterscheiden sich kaum, Jungvögel weisen eigene Merkmale auf.

Namenserklärung: *Probosciger* = einen Rüssel (proboscis) tragend (gerens); diese Namensgebung bezieht sich entweder auf die Form der Zunge oder auf den markanten Schnabel.

Probosciger aterrimus (Gmelin 1788)

Palmkakadu, Arakakadu

englisch: Palm cockatoo

französisch: Cacatoès noir, Microglosse noir

spanisch: Cacatúa palmera, Cacatúa Enlutada

niederländisch: Palmkaketoe, Arakaketoe

1. Systematik und Taxonomie

Systematik: Die Systematik des Palmkakadus ist ausgesprochen schwierig: So leicht es ist, die Art als solche zu erkennen, so schwierig ist es, innerhalb der Art eindeutig bestimmbare Unterarten zu benennen: Die Vögel unterscheiden sich zwar in verschiedenen Merkmalen deutlich (in der Körpergröße, der Größe des Schnabels, im Farbton und in der Form der Haubenfedern), aber Körpergröße und Schnabelgröße sind nicht nur unterartspezifisch, sondern auch geschlechtsspezifisch, wobei die Weibchen durchgängig die kleineren Vögel mit dem kleineren Schnabel sind.

Im Lauf der Geschichte wurden verschiedene Unterarten wissenschaftlich beschrieben. Davon werden derzeit in der Regel noch vier anerkannt. – Eine neuere genetische Untersuchung (Murphy et al. 2007) konnte dagegen nur zwei klar erkennbare Taxa ermitteln: Vögel von der Vogelkop-Halbinsel Neuguineas (Nominatform *aterrimus*) und alle übrigen Vögel (Unterart *goliath*). Eine dritte Gruppe benennen sie als mögliches drittes Taxon, sehen aber aufgrund der erst relativ kurzen Eigenständigkeit davon ab, sie als Unterart zu betrachten. Hierbei handelt es sich um die Vögel des südlichen Neuguinea in der Fly-River-Region, die genetisch den Vögeln von der Kap-York-Halbinsel Australiens nahe stehen (Dabei würde es dann um die Unterart *macgillivrayi* gehen.) Die Unterart, die sie nicht anerkennen, ist *stenolophus* von der Nordseite Neuguineas. Das ist eigentlich ungewöhnlich, da diese Vögel sich optisch am deutlichsten von allen anderen unterscheiden: Sie besitzen im Gegensatz zu

allen anderen Unterarten ausgesprochen schmale Haubenfedern, die man auf den ersten Blick bereits als solche erkennt. – Der Schwachpunkt dieser Untersuchung liegt darin, dass hier nur mitochondriale DNA (mtDNA) und keine nukleare DNA (nuDNA) untersucht wurde. Für eine systematische Untersuchung ist aber in der Regel die Untersuchung beider notwendig, um zu eindeutigen Ergebnissen zu kommen. (Die Autoren selbst benennen diesen Schwachpunkt!) Darum werden hier, wie allgemein üblich, vier Unterarten unterschieden.

Taxonomie: Als früheste Darstellung des Palmkakadus gilt der „Great Black Cockatoo", den George Edwards 1764 in seinen „Gleanings of Natural History" (S. 329f, pl. 316) farbig darstellt und sehr differenziert beschreibt. Edwards merkt dazu an, dass seine Farbtafel nach einer Zeichnung entstand, die John G. Loten, der Gouverneur von Ceylon (Sri Lanka) aufgrund eines lebenden Exemplars in Auftrag gegeben hatte. Vermutlich handelt es sich dabei um eine Radierung von Pieter Schenk, die dieser 1707 unter dem Namen *Corvus indicus* („indischer Rabe") anfertigte (vgl. Groß 2014). Dies wäre demnach die älteste Darstellung des Palmkakadus und würde auch erklären, warum später wiederholt Ceylon als Herkunftsort des Palmkakadus genannt wird. – Die nächsten Darstellungen finden sich bei Levaillant in seiner Histoire naturelle des perroquets, Band 1 von 1801: Dort bildet er auf den Tafeln 11-13 einen grauen, einen schwarzen und den Kopf eines schwarzen Palmkakadus ab.

Im Lauf der Jahre wurden etliche wissenschaftliche Namen geschaffen und Unterarten beschrieben, deren Zuordnung bei verschiedenen Autoren variiert und ausgesprochen verwirrend ist. Chronologisch sind das:

• *aterrimus* (Gmelin 1788) Herkunft ursprünglich: Neuholland (Australien), lt. Mathews 1916-17 Salawati, lt. Mees 1957 Aru-Inseln; Synonyme: *gigas* (Latham 1790) Herkunft Ceylon; *griseus* (Bechstein 1811) graue Variation; *zeylanicus* (Ranzani 1821) Herkunft Ceylon; *ater* (Lesson 1831); *intermedius* (Schlegel 1861) Herkunft Aru-Inseln.

(Anmerkung: Über die ehemalige Unterart *„Ara alecto* Temminck 1835" gibt es sehr viel Verwirrung. Die dafür angegebene Quelle ist nirgends aufzufinden. Es existiert allerdings eine frühere Quelle, nämlich *„Psittacus alcato* Temminck 1828". Dort beschreibt Temminck einen Palmkakadu, der um ein Drittel kleiner ist als der von Levaillant 1801 dargestellte Vogel. Als Herkunftsort ergibt sich aus dem Kontext Timor, was jedoch keinen Sinn ergibt. – Der leicht andere wissenschaftliche Name ergibt nun jedoch Sinn: alecto = griech. Rachegöttin(?); alcato = Krummsäbel, sicher in Anlehnung an die Schnabelform!)

• *goliath* Kuhl 1820, Herkunft Ost-Indien, lt. Stresemann 1923 Onin-Halbinsel, W-Neuguinea; Synonyme sind: *sal-*

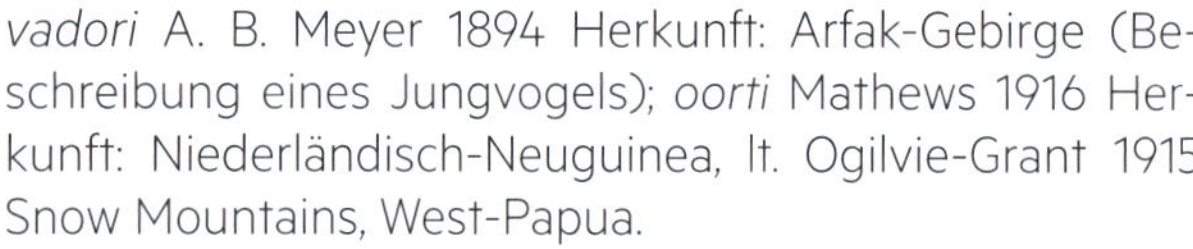

Wellensittich (18 cm) *aterrimus*

goliath

vadori A. B. Meyer 1894 Herkunft: Arfak-Gebirge (Beschreibung eines Jungvogels); *oorti* Mathews 1916 Herkunft: Niederländisch-Neuguinea, lt. Ogilvie-Grant 1915 Snow Mountains, West-Papua.

• *stenolophus* van Oort 1911 Herkunft: Humboldt-Bucht, Nord-Neuguinea

• *macgillivrayi* Mathews 1912 Herkunft: Kap York-Halbinsel, Australien

Einen guten Überblick über diese komplexe Materie gibt Mathews 1916-17.

Namenserklärung: *aterrimus* = besonders schwarz (ater).

goliath = riesengroßer Soldat der Philister im Alten Testament, gegen den der junge David kämpfte (übertragen: riesig groß).

stenolophus = mit schmalem (stenos) Schopf (lophos) bzw. mit schmalen Haubenfedern.

macgillivrayi = benannt nach Dr. William David Kerr MacGillivray (1867-1933) und Alexander Sykes MacGillivray (1853-1907), zwei Brüdern und bekannte australische Ornithologen.

2. Identifizierung

Färbung adulter Tiere: Grundfärbung grauschwarz; Federn mit blaugrauem Anflug, hervorgerufen durch Puder aus körpereigenen Puderdunen; nackter Wangenbereich rot; große Federhaube aus nach hinten gebogenen Federn; schmaler nackter Augenring schwarz; Iris dunkelbraun; Füße grau, Schenkel unbefiedert; markanter Schnabel schwarz, fleischige Zunge rot mit schwarzer Spitze; bei geschlossenem Schnabel liegen Ober- und Unterschnabel nicht aufeinander, sondern lassen eine Lücke erkennen.

Unterscheidung der Geschlechter: Weibchen durchschnittlich kleiner und mit kleinerem Oberschnabel.

Jungvogelfärbung: Nestling zunächst vollkommen ohne Dunenfedern; Jungvögel mit hornfarbenem Oberschnabel; Gefieder matter und am Bauch, den Flanken und den Unterflügeldecken mit variablen blassgelben Säumen; nackter Wangenbereich mehr rosarot; nackter Augenring weiß.

Besondere Merkmale: Palmkakadus besitzen einen kahlen Wangenfleck, der oberflächlich an die nackten Wangen von Aras erinnert (daher auch der Name „Ara-Kakadu"). Die Intensität der Färbung gibt Auskunft über den Erregungszustand eines Vogels. Er kann diesen Wangenfleck ähnlich wie die Rabenkakadus mit aufgestellten Wangenfedern verdecken. Außerdem markieren männliche Palmkakadus ihr Territorium mit sog. „drum-sticks" (kurzen Holzstöckchen), mit denen sie wiederholt auf den Ast bzw. Baumstumpf schlagen. Diese Art von Werkzeuggebrauch kommt ausgesprochen selten vor.

Vergleich mit ähnlichen Arten: Die übrigen schwarzen Kakadu-Arten unterscheiden sich in Größe und Färbung deutlich vom fast ganz schwarzen Palmkakadu. Keine andere Kakadu-Art besitzt außerdem nackte rote Wangen.

3. Unterarten

a. *Probosciger a. aterrimus* (Gmelin 1788)

Vogelkop-Palmkakadu

Merkmale: kleinste Unterart; Größe 56 cm

Verbreitung: Vogelkop-Halbinsel, Aru-Inseln und Insel Misool.

b. *Probosciger a. goliath* (Kuhl 1820)

Großer Palmkakadu

englisch: Great Palm Cockatoo, Goliath Cockatoo

Merkmale: wie *aterrimus*, aber deutlich größer: 68 cm

Verbreitung: Südliches West-Neuguinea (Irian, Indonesien) ostwärts bis Südost-Papua (Papua-Neuguinea).

c. *Probosciger a. stenolophus* (van Oort 1911)

Van Oorts Palmkakadu

Merkmale: wie *aterrimus*, aber deutlich größer: 68 cm, und mit schmaleren (nicht kürzeren) Haubenfedern. Außerdem ist diese Unterart deutlich dunkler schwarz und fast ohne blaugrauen Anflug.

Verbreitung: Nord-Neuguinea vom Mamberamo-Fluss, West-Irian, ostwärts bis zur Collingwood-Bucht, Ost-Papua; Insel Japen.

d. *Probosciger a. macgillivrayi* (Mathews 1912)

Australischer Palmkakadu, Mathews-Palmkakadu

englisch: Cape York Palm Cockatoo

Merkmale: wie *aterrimus*, aber größer, jedoch kleiner als die Unterarten *goliath* und *stenolophus*: 60 cm; Oberseite schwärzer als *goliath*; Weibchen mit deutlich kleinerem Schnabel.

Verbreitung: Kap- York-Halbinsel in Nord-Australien sowie auf einigen Inseln der südlichen Torres-Straße.

4. Natürliches Vorkommen

Lebensraum: häufig in Savannengebieten mit Baumbestand, trockenen Waldgebieten, Waldsäumen, teilweise gerodeten Gebieten, hochwachsenden Sekundärwäldern und Sumpfgebieten, weniger häufig in Regenwäldern,

Kurzinfos zum Palmkakadu		
Größe: 55-70 cm.	**Gelege pro Jahr:** etwa alle zwei Jahre	**Flugbedürfnis:** sehr groß
Gewicht: 500-1200 g	**Gelegegröße:** 1 Ei, selten 2 Eier	**Nagebedürfnis:** stark
Ringgröße: 12 mm	**Brutdauer:** 30-34 Tage	**Badebedürfnis:** groß (Regenbad!)
Erstzucht: 1944 in den USA, danach erst seit den 80er Jahren	**Nestlingszeit:** 78-110 Tage	**Aggressivität:** relativ friedlich, in der Brutzeit aggressiv
Eimaße: sehr variabel, 48,8 (44,7-54,9) mm x 36,4 (34,5-39,9) mm (n = 7), lt. Mathews: 51-55 mm x 38-41 mm; Gewicht 22,3 g (n = 1)	**Selbständigkeit:** Futteraufnahme mit 4-6 Wochen, werden aber noch lange gefüttert, Trennung spätestens mit 5 Monaten	**Stimme:** laut, aber melodisch

aber immer in Regenwaldnähe; im Tiefland bis zu einer Höhenlage von 1350 m.

Verhalten: allein, in Trios (Pärchen mit einem Jungvogel) oder in kleinen Gruppen, höchstens bis zu 30 Vögeln anzutreffen, nie in größeren Schwärmen; lebt vorwiegend in den Bäumen, seltener am Boden; ruhiger Flug mit langsamen Flügelschlägen und wiederholten Kontaktrufen; Nest wird mit dünnen Zweigen ausgepolstert; ca. 80 % der Brutversuche scheitern; dadurch extrem langsame Reproduktionsdynamik.

Status: früher relativ häufig mit einer großen Gesamtpopulation; heute selten und nur noch örtlich häufig anzutreffen; Unterarten von Neuguinea durch Habitatzerstörung, Fang für den Handel und Abschuss bedroht. Unterart *macgillivrayi* ca. 3.000 Exemplare bei stabiler Populationsgröße. Gesamtpopulation wird auf 30.000 Exemplare geschätzt.

aterrimus Jungvogel

5. Vorkommen in menschlicher Obhut

Häufigkeit: sehr selten

Mindestanforderungen der Unterbringung: hohe Haltungsansprüche, lebhafte und laute Kakadus, Volieren min. 8 x 2 x 3 m, möglichst noch deutlich größer; Metallkonstruktion mit Schutzraum, etwa 15-25° C; die Vögel sind sehr bewegungsaktiv; Ernährung relativ fettreich (Nüsse).

Züchtbarkeit: nur schwer zu züchten; auffälliges Balzverhalten; Geschlechtsreife mit 4-7 Jahren; Männchen brüten tagsüber, Weibchen nachts; Jungvögel werden in den ersten Jahren oft verlassen; Handaufzucht früher problematisch, gelingt aber zunehmend.

6. Hilfreiche Literatur

Horsfield W, in Connors N & E Connors (2005). A Guide to... Black Cockatoos as Pet & Aviary Birds. ABK Publication, South Tweed Heads (NSW) Australia, pp. 126-147.

Forshaw JM & WT Cooper (2003). Australische Papageien. Band 1, Arndt-Verlag, Bretten, pp. 52-65.

Groß G (2014). *Corvus Indicus* – die erste Darstellung des Ara- oder Palmkakadus. Gefiederte Welt 143(2), p. 6.

Heinsohn R, Zeriga T, Murphy S, Igag P, Legge S & AL Mack (2009). Do Palm Cockatoos (*Probosciger aterrimus*) have long enough lifespans to support their low reproductive success? The Emu 109, pp. 183-191.

Mathews GM (1916-17). The Birds of Australia. Witherby & Co., London, pp. 77-94.

Murphy S, Legge S & R Heinsohn (2003). The breeding biology of palm cockatoos (*Probosciger aterrimus*): a case of a slow life history. J. Zool. Lond. 261, pp. 327-339.

Murphy SA, Double MC & SM Legge (2007). The phylogeography of palm cockatoos, *Probosciger aterrimus*, in the dynamic Australo-Papuan region. J. Biogeogr. 34, pp. 1534-1545.

Temminck CJ (1828). Blik op de dierlijke bewoners van de Sunda-eilanden en van de overige Nederlandsche bezittingen in Indie. Bijdragen tot de Natuurkundige Wetenschappen, vol. 3, p. 74.

Taylor MR (2000). Natural history, behaviour and captive management of the Palm cockatoo *Probosciger aterrimus* in North America. Int. Zool. Yb. 37, pp. 61-69.

Gattung: *Callocephalon* (n.) Lesson 1837

HELMKAKADUS

Quelle: Lesson 1837, in Bougainville HYP, Journal de la navigation autour du globe, de la frégate La Thétis et de la corvette L'Espérance, pendant les années 1824, 1825 et 1826..., p. 311, Atlas pl. 39 und 40. Typus-Art: *Callocephalon australe* = *Psittacus fimbriatus* Grant.

Im Atlas zu o.g. Buch gibt es zwei Farbtafeln unter dem Namen „Le Callocephal Austral, male / femelle", die Männchen (pl. 39) und Weibchen (pl. 40) sehr treffend darstellen. Die Textangabe (p. 311) ließ sich nicht nachverfolgen. Die früheste Beschreibung der Gattungsmerkmale findet sich 1832 bei Wagler unter dem Namen Corydon. Wagler beschreibt in Latein die einzelnen Körperteile, vermutet Geschlechtsdimorphismus, gibt als Herkunft Australien an und benennt nur eine Art, die zur Gattung gehört.

Systematik: Systematisch ist diese Gattung nicht ganz leicht einzuordnen. Optisch ähneln die Vögel ein wenig den Rabenkakadus. Doch genetisch gehört sie zur großen, vornehmlich weiß gefärbten Gruppe von Kakadus (Cacatuinae), die den jüngsten Zweig dieser Familie bildet. Innerhalb dieser Gruppe sind die Vögel jedoch aufgrund verschiedener Merkmale einzigartig und kaum zu verwechseln. Die Gattung ist monotypisch.

Taxonomie: Neben verschiedenen Schreibweisen des heute gebräuchlichen Namens (*Callicephalus* Agassiz 1846, *Callocephala* Reichenow 1881, *Callocephalus* Gerbe 1861, *Callocephalum* Mathews 1908) gibt es nur zwei andere relevante Gattungsnamen: den früheren Namen *Corydon* Wagler 1832 (durch *Corydon* Lesson 1828 Manuel d'ornithologie vol. 1 p.177 bereits besetzt) und den späteren Namen *Callocorydon* Mathews 1917, der lediglich als Synonym anzusehen ist.

Merkmale: mittelgroße, dunkel gefärbte Kakadus mit auffälliger, nach vorne gebogener, fransiger Federhaube, langen Flügeln und kurzem, eckigem Schwanz; die Wachshaut ist befiedert; der kräftige, gedrungene Schnabel ist auf die Öffnung von Eukalyptussamen spezialisiert und daher am Unterschnabel auffallend breit und gekerbt; die Füße sind kurz und stämmig. Die Geschlechter sind unterschiedlich gefärbt, Jungvögel ähneln den Weibchen.

Namenserklärung: *Callocephalon* = mit schönem (kalos) Kopf (kephale).

Corydon: männlicher Vorname, Hirte in Vergils 2. Ekloge (Bedeutung unklar). Möglicherweise ist der Name falsch überliefert und könnte stattdessen Croydon heißen. Croydon ist ein Vorort sowohl von Sydney wie auch von Melbourne und beschreibt damit ungefähr das Verbreitungsgebiet der Art.

fimbriatum

Callocephalon fimbriatum (J. Grant 1803)

Helmkakadu, Gang-Gang-Kakadu

weitere Namen: Rotkopfkakadu, Rothaubenkakadu

englisch: Gang-gang Cockatoo, Helmeted Cockatoo, Red-headed Cockatoo

französisch: Cacatoès à tête rouge

spanisch: Cacatúa Gang-gang

niederländisch: Helmkaketoe

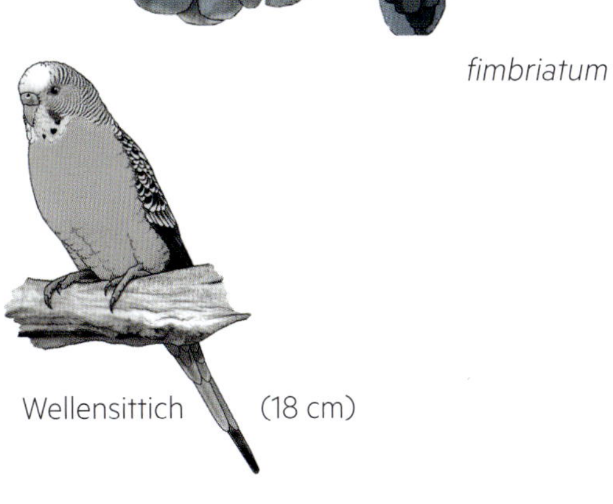

fimbriatum Jungvogel

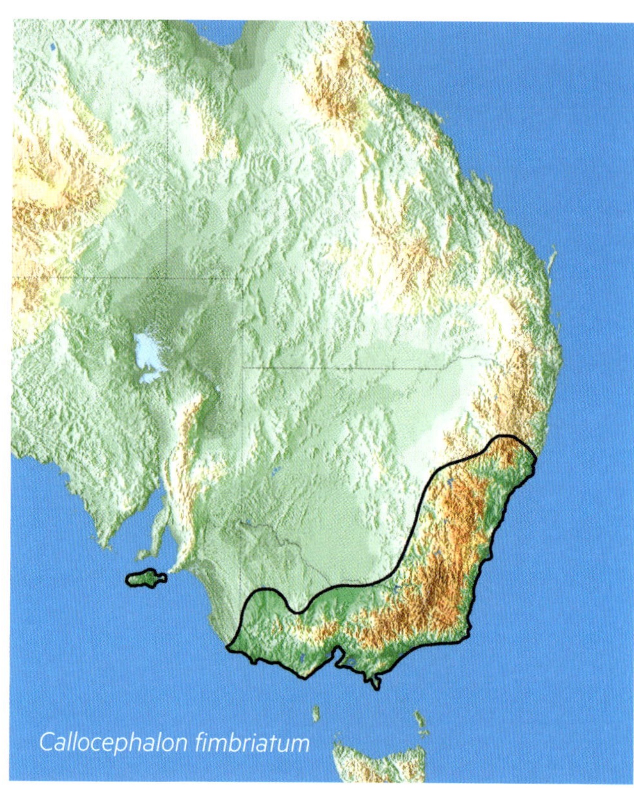

Callocephalon fimbriatum

1. Systematik und Taxonomie

Systematik: Der Helmkakadu ist unter den dunkel gefärbten Kakadus (abgesehen vom Nymphensittich) die kleinste Art. Genetisch gehört er aber offensichtlich, zusammen mit dem Rosakakadu und dem Inka-Kakadu, zu den weißen Kakadus.

Taxonomie: Die früheste Beschreibung des Helmkakadus findet sich 1801 bei Latham, in seinem Supplementum II to the General Synopsis of Birds, Additions, p. 369, pl. 140. Dort beschreibt er in englischer Sprache Männchen, Weibchen und ein junges Männchen ausführlich unter dem Namen „Red-crowned Parrot". Als Herkunftsort gibt er New South Wales an. Beigefügt ist eine schwarzweiß-Zeichnung eines Männchens. – Im Supplementum Indicis Ornithologicus von 1802 (p. 23) gibt er dem Vogel den ersten wissenschaftlichen Namen *Psittacus galeatus*. Dieser ist jedoch durch Forster 1781 besetzt, sodass der folgende Name genommen werden muss. Das ist *Psittacus fimbriatus* von J. Grant aus The Narrative of a Voyage of Discovery, Performed in His Majesty's Vessel the Lady Nelson ... in the years 1800, 1801 and 1802 to New South Wales, pp. 134-135, pl. opp. p. 135. Dort erwähnt er einen „seltenen Kakadu", nach dem die zugehörige Tafel eines Männchens gestaltet wurde. Diese trägt den Namen *Psittacus fimbriatus*. – In den folgenden Jahren wird in fast allen Publikationen entweder *galeatus* oder *fimbriatus* verwendet, bis sich schließlich bei Peters 1937 der Name *fimbriatus* durchsetzt.

Obwohl es eine große Variabilität im Aussehen gibt, sind bislang keine eigenständigen Unterarten anerkannt. Mathews beschrieb 1915 die Unterart *tasmanicum* (kürzere, heller rote Haube, Tasmanien) und 1917 die Unterart *superior* (blassere Färbung, vor allem an Kopf und Haube, Neusüdwales). Beide Unterarten wurden nie allgemein akzeptiert.

Namenserklärung: *fimbriatum* = mit Fransen besetzt (gemeint ist die fransige Haube).

galeatus = behelmt, übertr.: mit einer Federhaube

tasmanicum = von Tasmanien stammend

superior = weiter oben (spielt an auf das nördlichere Verbreitungsgebiet).

2. Identifizierung

Färbung adulter Tiere: Grundfärbung schwarzgrau, wobei jede Feder hellgrau gesäumt ist; Kopf und Federhaube leuchtend rot; Schwingen und Schwanzfedern grau, kaum gesäumt; schmaler nackter Augenring grau; Iris dunkelbraun; Füße grau; Schnabel hornfarben bis hellgrau.

Kurzinfos zum Helmkakadu		
Größe: 35 (32-37) cm	**Gelege pro Jahr:** eins	**Flugbedürfnis:** nicht übermäßig
Gewicht: 210-335 g	**Gelegegröße:** 2 (1-3) Eier	**Nagebedürfnis:** extrem ausgeprägt
Ringgröße: 8,5 mm	**Brutdauer:** 25-30 Tage	**Badebedürfnis:** stark (Regenbad!)
Erstzucht: 1921, Frankreich	**Nestlingszeit:** 8 (7-10) Wochen	**Aggressivität:** sehr friedlich
Eimaße: 35,8 (35,5-36,4) x 27,5 (26,6-28,2) mm; lt. Mathews 32-33 x 25-27 mm	**Selbständigkeit:** nach 2-3 Monaten	**Stimme:** knarrende, knarzende Geräusche, mittellaut

Unterscheidung der Geschlechter: Weibchen mit grauer Federhaube und Kopf; gesamtes Gefieder heller grau und stärker gebändert; Federn an Brust und Bauch stark mit Orange bzw. Gelb gesäumt, durchschnittlich größer und schwerer als die Männchen.

Jungvogelfärbung: Nestlinge mit gelblichweißen Dunenfedern; ähneln später den Weibchen, aber dunkler und matter gefärbt; Schnabel hornfarben mit graubraunen Flecken; Haubenfedern weniger stark ausgeprägt; junge Männchen bereits im Nest teilweise mit roten Haubenfedern; besitzen die orangegelben Säume bis zum zweiten Jahr, erst mit drei Jahren voll ausgefärbte rote Maske.

Besondere Merkmale: arttypische markante Haubenfedern, Lautäußerungen ebenfalls arttypisch und sehr markant („knarrende Holztür"; „festsitzender Weinkorken").

Vergleich mit ähnlichen Arten: alle übrigen dunkel gefärbten Kakadus sind wesentlich größer und haben die Haubenfedern nach hinten gebogen; vergleichbar große Kakadu-Arten sind in der Grundfarbe rosa oder weiß.

3. Natürliches Vorkommen

Verbreitung: Südost-Australien vom östlichen New South Wales bis zum äußersten Südosten von Südaustralien; früher Insel King und selten im Norden Tasmaniens; auf Insel Kangaroo eingebürgert.

Lebensraum: im Sommer Bergwälder bis 2000 m und offene Wälder; im Winter trockenere Wälder der Tieflandgebiete, vor allem mit Eukalyptusbeständen, Anbaugebieten und Parklandschaften; gelegentlich in Außenbezirken von Städten; ernähren sich hauptsächlich von Samen der Eukalypten.

Verhalten: außerhalb der Brutzeit in kleinen Schwärmen, gelegentlich von 60-100 Exemplaren, sonst in Paaren oder Familienverbänden; leben hoch in den Bäumen und kommen nur selten auf den Boden; ruhig und zutraulich; Weibchen meist dominant; jahreszeitlich nomadisierend; „eulenartiger" Flug mit langsamen Flügelschlägen und wiederholten Kontaktrufen.

Status: in Zentrum des Verbreitungsgebietes häufig, zu den Rändern hin weniger zahlreich, Population früher über 20.000 Vögel, zeitweise mit leicht steigender Tendenz; Population durch Habitatsverlust und Brände jetzt stark rückläufig und gefährdet; auf Insel Kangaroo schrumpfend.

4. Vorkommen in menschlicher Obhut

Häufigkeit: außerhalb Australiens sehr selten, in Australien als Volierenvogel gut etabliert.

Mindestanforderungen der Unterbringung: sehr sensible und anspruchsvolle Vögel, für Stress sehr anfällig; Haltung als Haustier eher nicht zu empfehlen, obwohl die Tiere liebenswert und zutraulich werden können; Volierenhaltung nur für erfahrene Züchter, Voliere mind. 4 x 1 x 2 m, Metallkonstruktion, möglichst frostfrei, Schlafkasten anbieten, möglichst hoch; Vögel brauchen sehr viel Beschäftigung (viel kleine Sämereien, frische Zweige, Zapfen, vor allem *Kasuarina*-Zapfen etc.), neigen sonst aus Langeweile zum Rupfen; möglichst stressarme, helle, aber nicht zu heiße Unterbringung; werden sehr zutraulich.

Züchtbarkeit: gelingt nur selten, Naturstämme zum Benagen anbieten (jedes Jahr neu), Brut eher in kälterer Jahreszeit (empfindlich gegen Hitze); in den ersten Tagen brütet das Weibchen, später beide Elternteile; brutreif mit 3-5 Jahren. Handaufzucht unproblematisch.

5. Hilfreiche Literatur

Breckenridge S (2019). Haltung und Zucht des Helmkakadus. PAPAGEIEN 32(12), pp. 406-411.

Forshaw JM & WT Cooper (2003). Australische Papageien. Band 1, pp. 140-149, Arndt-Verlag, Bretten.

Horsfield W, in Connors N & E Connors (2005). A Guide to... Black Cockatoos as Pet & Aviary Birds. ABK Publication, South Tweed Heads (NSW) Australia, pp. 68-77 .

Mathews GM (1916-17). The Birds of Australia. Witherby & Co., London, pp. 150-159.

Robiller F, Meier H & V Mare (1993). Pflege und Zucht des Helmkakadus. Gefiederte Welt 122(1), pp. 8-11.

Vogels D (1998). Systematische Stellung und Ökologie des Helmkakadus. PAPAGEIEN 11(11+12), pp. 389-393 & 424-429.

roseicapilla Wellensittich (18 cm) *roseicapilla*

Gattung: *Eolophus* (m.) Bonaparte 1854

ROSAKAKADUS

Quelle: Revue et Magasin de Zoologie pure et applique, ser. 2, tome 6 1854: p.155. Typus-Art: *Cacatua rosea*, Vieillot = *E. roseicapilla*, monotypisch.

Systematik: Bonaparte benennt lediglich den Namen und die zugehörige, monotypische Art, ohne inhaltliche Kriterien zu nennen. Eine gute Zusammenfassung der Unterschiede zu *Cacatua* findet sich bei Holyoak (1970): Der Name *Eolophus* wird bei Peters (1937) lediglich als Untergattung verwendet, jedoch bei Forshaw (1969, Australian Parrots) als Gattung akzeptiert. Gründe dafür sind bei Forshaw Unterschiede im allgemeinen Verhalten, im Flugverhalten sowie im Färbungsmuster. Holyoak ergänzt verschiedene Unterschiede in der Schädelstruktur und schließt sich der Einschätzung Forshaws an. Seitdem wird die Gattung in allen neueren Publikationen ausnahmslos verwendet.

Systematisch wird die Gattung durchgängig (bis zur Anerkennung von *Lophochroa* für die Inka-Kakadus) zwischen den Helmkakadus (*Callocephalon*) und den weißen Kakadus (*Cacatua*) eingeordnet. White et al. (2011) wiesen eine nahe Verwandtschaft zu *Callocephalon* nach, was aufgrund großer morphologischer Unterschiede durchaus überraschend ist.

Taxonomie: Rosakakadus werden in früher Literatur lediglich von Bonaparte und Mathews (ab 1913) in die Gattung *Eolophus* gestellt. Alle anderen Autoren verwenden den Namen *Cacatua* oder dessen Synonyme (*Plyctolophus/Plictolophus/Plissolophus* bzw. Kakadoe/Kakatoe/Cacatoes)

Merkmale: mittelgroße, überwiegend rosa und grau gefärbte Kakadus mit kleiner, nach hinten gewandter Federhaube, langen Flügeln und mittellangem, gerundetem Schwanz. Die Geschlechter sind fast identisch gefärbt, Jungvögel sind matter im Gefieder.

Namenserklärung: *Eolophus* = mit einem Schopf (lophos), der an das Morgenrot (eos) erinnert.

Eolophus roseicapilla (Vieillot 1817)

Rosakakadu, Galah

englisch: Galah, Rose / Roseate / Rose-breasted Cockatoo, Willock

französisch: Cacatoès rosalbin, Galah

spanisch: Cacatúa galah, Cacatúa rosada

niederländisch: Rosékaketoe

1. Systematik und Taxonomie

Systematik: Zuordnung zur Gattung unproblematisch und mittlerweile auch durch genetische Erkenntnisse (White et al. 2011) unterstützt. Die Schreibweise variiert zwischen *roseicapilla* und *roseicapillus*. Korrekt ist *roseicapilla*.

Taxonomie: Vieillot beschrieb die Art 1817 im Nouveau Dictionnaire d'histoire naturelle, nouv. ed. 17, p. 12. als „Le Kakatoès a tète rose, *Cacatua roseicapilla*, in französischer Sprache. Er gibt eine detaillierte Beschreibung aller Körperteile, benennt als Typus einen Balg aus dem MNHP Paris und gibt als vermutlichen Ursprung „les Indes“ (Indien) an. – Synonyme sind *Psittacus eos* Kuhl 1820 und *Cacatua rosea* Vieillot 1825, die sich beide auf das gleiche Typus-Exemplar beziehen. Die erste bildliche Darstellung findet sich ebenfalls bei Vieillot in „La Galerie des Oiseaux, livr. 12, pl. 25.

albiceps

kuhli

Lange vermutete man aufgrund der Beschriftung („donnée au M. Péron au Port Jackson" = Sydney, Neusüdwales), dass das Typus-Exemplar der östlichen Form des Rosakakadus zuzuordnen ist. Richard Schodde wies jedoch eindeutig nach, dass es sich dabei um ein Exemplar der westlichen Form handelt. (Schodde 1988, p. 120, vgl. Schodde & Mason 1997, p. 103). Schodde legte darum als neuen Typus-Ort Shark Bay, West-Australien fest und gab der östlichen, damit bislang unbeschriebenen Form den neuen Namen *albiceps*. (Typus-Ort Gungahlin, A. C. T., Ost-Australien)

Mathews beschrieb 1912 drei Unterarten: *kuhli* (Nord-Territorium, kleiner und blasser), *assimilis* (West-Australien, blasser, aber größer als *kuhli*) und *derbyana* (Nordwest-Australien, oberseits sehr hell grau, unterseits blass, kaum rosafarben) und 1917 die Unterart *howei* (Mallee-Gebiete in Zentral- und Südaustralien bzw. Victoria, sehr hell, Grau der Oberseite bläulich, Unterseite blasser als kuhli). Von diesen Unterarten wird derzeit lediglich *kuhli* für den Norden Australiens (Typus-Ort South Alligator River, Nord-Australien) anerkannt und *assimilis* (Typus-Ort Laverton, W-Australien) gilt als Synonym der Nominatform aus West-Australien. Die beiden übrigen Unterarten sind lt. Forshaw (2003) Übergangsformen (*derbyana* von *roseicapilla* zu *kuhli*; *howei* von *roseicapilla* zu *albiceps*).

Mittlerweile gibt es auch weitreichende Untersuchungen zu den drei allgemein akzeptierten Unterarten *roseicapilla, albiceps* und *kuhli* (Engelhard et al. 2015, Black et al. 2018)

Namenserklärung: *roseicapilla* = mit rosafarbenen (roseus) „Haaren" (capilla), sprich: Federn.

albiceps = mit weißem (albus) Kopf (ceps von caput).

kuhli = benannt nach Dr. Heinrich Kuhl (1797-1821), einem begabten, jungen Ornithologen, der 1820 den Conspectus Psittacorum (Übersicht über die Papageien) schrieb und im folgenden Jahr an einer Tropenkrankheit auf Java starb.

assimilis = ähnlich.

derbyana = aus der Nähe der Stadt Derby (Nordwest-Australien).

howei = nach dem kleinen Ort Howe im Zentrum Australiens benannt.

2. Identifizierung

Färbung adulter Tiere: Grundfärbung dunkelrosa; Oberkopf und Haube weißlich rosa; Rücken, Flügel und Schwanz grau; unterer Bauch- und Rückenbereich sowie die Armdecken weißlich grau; nackter Augenring weißlich grau; Iris dunkelbraun; Füße grau; Schnabel hornfarben.

Unterscheidung der Geschlechter: Weibchen mit roter Iris.

Jungvogelfärbung: Nestlinge haben wenige rosafarbene Dunenfedern; Jungvögel mit matteren Farben; Rosa auf der Unterseite mit Grau durchsetzt; Augenring noch nicht gerunzelt und blass weißlich gefärbt; Iris bei beiden Geschlechtern schwärzlich; Weibchen mit deutlich kleinerem Schnabel. Umfärbung mit 12 Monaten; nackter Augenring grau.

Vergleich mit ähnlichen Arten: Die einzige ebenfalls überwiegend rosa gefärbte Kakadu-Art ist der Inka-Kakadu (*Lophochroa leadbeateri*). Dieser besitzt eine dreifarbige (weiß-gelb-rote) Federhaube und weiße Flügel. Außerdem ist die Haube bei dieser Art größer und nach vorne gebogen. Der Rosakakadu ist im Vergleich dazu schlich-

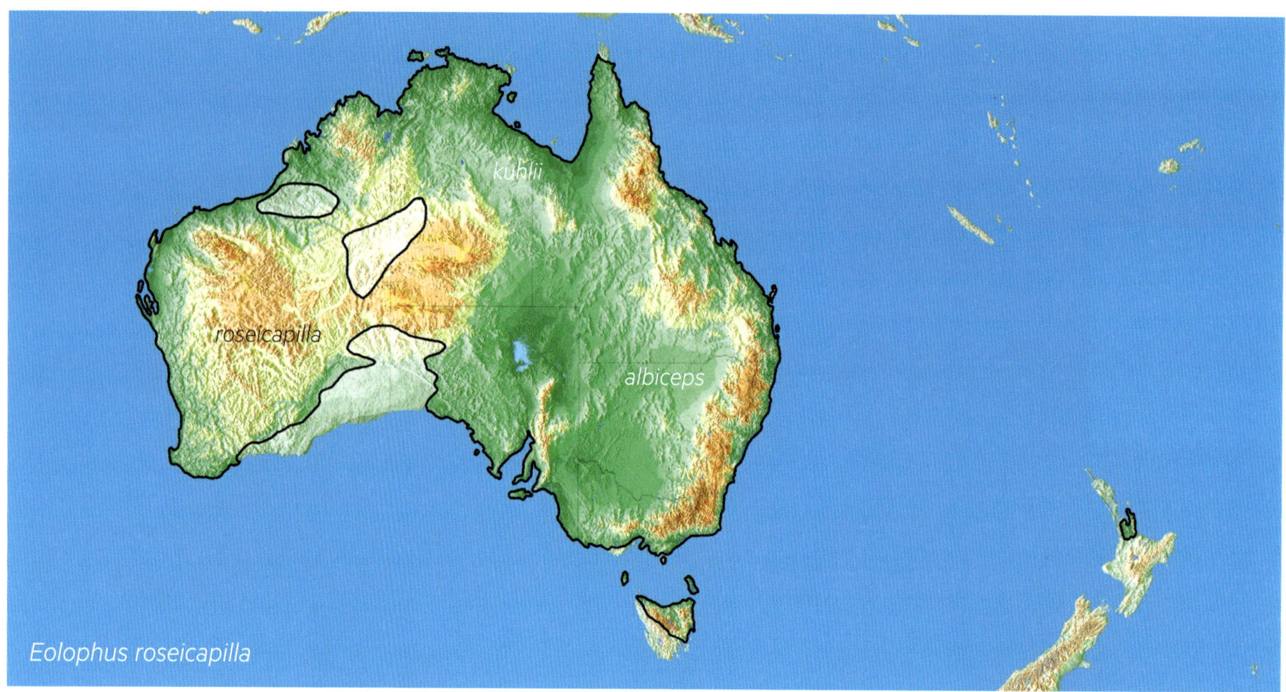

ter und weniger ansprechend gefärbt (kleine, weiße Haube und graue Flügel.)

3. Unterarten

a. *Eolophus r. roseicapilla* (Vieillot 1817)

Westlicher Rosakakadu

Merkmale: Oberkopf und Haube weißlich rosa, mit fließendem Übergang zum rosafarbenen Nacken; Haube nicht zweigeteilt wie bei anderen Unterarten, sondern durchgehend; nackter Augenring weißlich grau.

Gewicht: 200-380 g

Größe: 35 cm

Verbreitung: Westaustralien bis Zentrum des Nord-Territoriums und dem Norden Süd-Australiens; nicht genau bestimmte Mischzone mit *albiceps* in Zentral-Australien.

roseicapilla Jungvogel

b. *Eolophus r. albiceps* Schodde 1989

Östlicher Rosakakadu

Merkmale: wie *roseicapilla*, aber insgesamt intensiver gefärbt, insbesondere die rosaroten Gefiederpartien; Haube zweigeteilt, aber nicht so stark wie *kuhli*; Oberkopf und Haube weiß und scharf vom rosafarbenen Nacken abgegrenzt; Federn unter dem Auge bilden ein weißliches Band; nackter Augenring gräulich rosa.

Gewicht: 300-430 g

Größe: 35 cm

Verbreitung: Ost- und Südostaustralien; in Zentral-Australien Mischgebiet mit *roseicapilla.* Auf einigen vorgelagerten Inseln sowie Kangaroo Island; im Norden Tasmaniens sporadisch vorkommend; kleine Population von ca. 100 Vögeln im Norden der Nordinsel Neuseelands.

c. *Eolophus r. kuhli* (Mathews 1912)

Nördlicher Rosakakadu

Merkmale: ähnlich *albiceps*, aber kleiner und blasser; Haubenfedern zweigeteilt: am vorderen Scheitel am längsten und werden dann im Bereich über dem Auge abrupt kürzer; nackter Augenring auffälliger und kräftig rosa. Oberkopf und Haube sind weiß; die Federn unter dem Auge bilden ein weißliches Band.

Gewicht: 230-310 g

Größe: 33 cm

Verbreitung: Nordaustralien; Mischzone mit *albiceps* in Nord-Queensland.

4. Natürliches Vorkommen

Lebensraum: ursprünglich Waldgebiete und Savannen mit Baumbestand in der halbtrockenen Zone bis etwa 1.300 m; heute alle offenen Landschaften, auch Küstengebiete, Anbauflächen und Bergregionen; als Kulturfolger in Parkanlagen, Gärten und Städten; die Vögel meiden Regenwald und andere dicht bewaldete Gebiete sowie ausgesprochene Sandwüsten ohne Wasserläufe.

Verhalten: oft in kleinen Gruppen oder Schwärmen, aber auch in großen Schwärmen (bis zu 10.00 Vögeln) anzutreffen, auch mit anderen Papageienarten zusammen; Nahrungsaufnahme vorwiegend am Boden, geringe Fluchtdistanz; mäßig schneller, kraftvoller Flug ohne Gleitphasen (anders als bei *Cacatua*) und mit ständigen Kontaktrufen; Brut in Baumhöhlen, sehr oft in Eukalypten, aber auch in Felshöhlen, Erdlöchern, Metallröhren und Betonpfeilern; tragen als einzige Kakadu-Art Eukalyptusblätter in die Nisthöhle ein; während der Brut standorttreu, Jungvogelschwärme nomadisieren; soziale und sehr spielerisch veranlagte Vögel.

Status: wahrscheinlich neben dem Wellensittich (*Melopsittacus undulatus*) die häufigste Papageienart in Australien: weit verbreitet und überaus zahlreich; Population auf mehr als 5 Millionen Exemplare geschätzt, nimmt durch Kultivierung der Landschaft weiter zu; werden als Ernteschädlinge bekämpft oder für den Handel gefangen; nur im Nord-Territorium geschützt.

5. Vorkommen in menschlicher Obhut

Häufigkeit: beträchtliche Anzahl in menschlicher Obhut, als Heim- und Volierenvögel vor allem in Australien beliebt, Jungvögel vor allem als Heimtier beliebt, da sie sehr zahm werden und gut sprechen, neigen andererseits auch zum Rupfen und zu Verfettung; in Europa vornehmlich als Volierenvogel gehalten; robuste Vögel, auch für Anfänger in der Kakadu-Zucht geeignet; mittlerweile sind auch verschiedene Mutationen und in Australien diverse Mischlinge bekannt.

Mindestanforderungen der Unterbringung: Voliere 6 x 1 x 2 m oder länger, Metallkonstruktion mit frostfreiem Schutzhaus; Schlafkasten anbieten; halten sich gerne am Boden auf, regelmäßig Wurmkuren.

Züchtbarkeit: Zucht gelingt regelmäßig in Europa und USA, in Australien dagegen weniger häufig gezüchtet; zuchtreif mit 2-3 Jahren, beide Eltern brüten; Nistkasten wird mit (Eukalyptus-) Zweigen und Blättern ausgekleidet; nur während der Zucht tierisches Eiweiß anbieten; neigen sonst zur Fettleibigkeit. Junge bekommen im Alter von zwei Jahren ihre geschlechtsspezifische Augenfarbe.

6. Hilfreiche Literatur

Black A, McEntee J, Sutton P & G Breen (2018). The pre-European distribution of the Galah, *Eolophus roseicapilla* Vieillot: reconciling scientific, historical and ethno-linguistic evidence. South Australian Ornithologist 42 (2), pp. 37-57.

Engelhard D, Joseph L, Toon A , Pedler L & T Wilke (2015). Rise (and demise?) of subspecies in the Galah (*Eolophus roseicapilla*), a widespread and abundant Australian cockatoo. Emu 115, pp. 289–301.

Forshaw JM & WT Cooper (2003). Australische Papageien. Arndt-Verlag, Bretten, Band 1, pp. 150-166.

Higgins PJ ed. (1999). Handbook of Australian, New Zealand & Antarctic Birds. Volume 4, Parrots to Dollarbird. Melbourne, Oxford University Press, pp. 104-127; pl. 5.

Holyoak DT (1970). Short notes: Structural characters supporting the recognition of the genus *Eolophus* for *Cacatua roseicapilla*. The Emu 70, p. 200.

Hunt C (1999). A Guide to... Australian White Cockatoos. ABK Publications, South Tweed Heads, NSW, Australia, pp. 95-106.

Mathews GM (1912). Novitates Zoologicae 18, pp. 265-266.

Mathews GM (1916-17). The Birds of Australia. Witherby & Co., London, pp. 189-196.

Rowley I. (1990). Behavioural Ecology of the Galah *Eolophus roseicapillus* in the Wheatbealt of Western Australia. Surrey Beatty & Sons Pty Limited (188 pages).

Schodde R (1988). Canberra Bird Notes. Vol. 13, p. 120.

Schodde R & IJ Mason (1997). Aves (Columbidae to Coraciidae) in Houston. WWK & Wells A, (eds), Zoological Catalogue of Australia. Vol. 37.2, Melbourne, CSIRO Publishing.

Kurzinfos zum Rosakakadu		
Größe: 35 (31-38) cm	**Gelege pro Jahr:** zwei sind möglich	**Flugbedürfnis:** groß
Gewicht: siehe Unterarten	**Gelegegröße:** 3-4 (2-6) Eier	**Nagebedürfnis:** ausgeprägt
Ringgröße: 9,5 mm	**Brutdauer:** 23-25 (22-30) Tage	**Badebedürfnis:** groß, Regenbad
Erstzucht: 1876, England	**Nestlingszeit:** 7 (6-8) Wochen	**Aggressivität:** eher gering
Eimaße: *roseicapilla* 34,0 (33,3-35,2) x 26,0 (25,2-27,2) mm, n = 4, *albiceps* 35,3 (34,5-36,2) x 26,5 (26,0-27,2) mm, n = 4.	**Selbständigkeit:** mit 4 Wochen, auch länger	**Stimme:** nur mäßig laut

Gattung: *Lophochroa* (f.) Bonaparte 1857

INKA-KAKADUS

Quelle: Bonaparte 1857, Compt. Rend. Acad. Sci. Paris 44, p. 537. Typus-Art aufgrund von Monotypie *L. leadbeateri.* – Bonaparte gibt nur eine äußerst kurze, lateinische Diagnose für diese Gattung und erwähnt lediglich die Form des Schnabels und die Gestalt der Haube.

Systematik: Seit der ersten Ausgabe von Forshaws Parrots of the World im Jahr 1973 findet man praktisch in der gesamten Literatur die Gattung *Eolophus* für den Rosakakadu, während der Inka-Kakadu hingegen durchgängig zur Gattung *Cacatua* gezählt wurde. Obwohl die systematische Eigenständigkeit der Art bereits relativ früh erkannt wurde (Adams et al. 1984, Brown & Toft 1999), wird sie doch erst in jüngerer Zeit, etwa seit White et al. (2011) generisch umgesetzt. Davor wurde der Gattungsname *Lophochroa* allenfalls als Untergattung akzeptiert (vgl. Peters 1937) oder vollständig ignoriert. – Mittlerweile wird die Gattung jedoch allgemein anerkannt und mit dem Rosakakadu als Vorläufer der eigentlichen weißen Kakadus angesehen.

leadbeateri

Taxonomie: Es gibt auf Gattungsebene keine Synonyme. Lediglich die Schreibweise wird manchmal unterschiedlich gehandhabt: Hin und wieder taucht der Name als *Lophocroa* (ohne h) auf, was jedoch eindeutig ein Schreibfehler ist, da in der Originalbeschreibung der Name „*Lophochroa*" geschrieben wird. Diese Schreibweise ist auch aufgrund der inhaltlichen Herleitung des Namens plausibler (siehe Namenserklärung).

Merkmale: mittelgroße, weiß und rosa gefärbte Kakadus mit dreifarbiger, nach vorne gebogener Federhaube, langen gerundeten Flügeln und langem Schwanz. Der hornfarbene Schnabel ist verhältnismäßig klein; die Wachshaut ist befiedert. Beine und Füße sind kleiner als bei der Gattung *Cacatua*. Es gibt keinen ausgeprägten Geschlechtsdimorphismus, Jungvögel sind etwas blasser gefärbt als adulte Tiere. Auffällig ist, dass frisch geschlüpfte Nestlinge – anders als die Vertreter der Gattung *Cacatua* – kaum Dunenbefiederung besitzen.

Namenserklärung: *Lophochroa* = mit farbigem (chroa) Schopf (lophos).

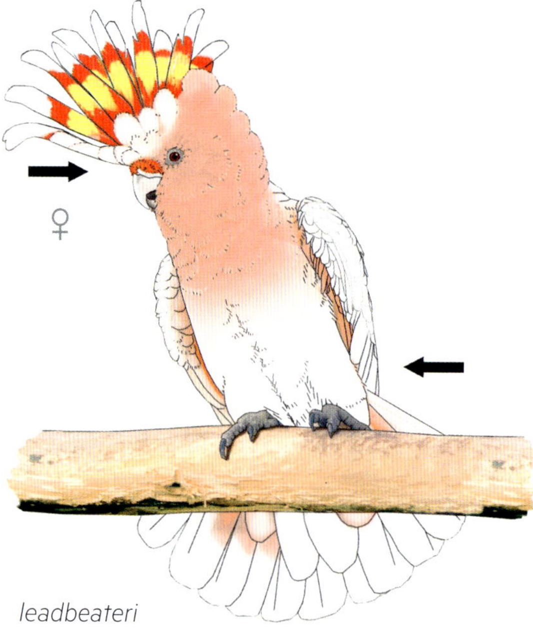

leadbeateri

Lophochroa leadbeateri (Vigors 1831)

Inka-Kakadu

englisch: Major Mitchell's Cockatoo, Leadbeater's Cockatoo, Pink Cockatoo, Desert Cockatoo

französisch: Cacatòes de Leadbeater

spanisch: Cacatúa abanderada, Cacatúa bandera

niederländisch: Incakaketoe

Wellensittich (18

1. Systematik und Taxonomie

Systematik: Obwohl der Inka-Kakadu gewisse Ähnlichkeiten mit den Vertretern der Gattung *Cacatua* (Schwarzschnabelkakadus) hat, unterscheidet er sich doch in manchen Dingen recht deutlich von ihnen: Zwar besitzt er wie die meisten *Cacatua*-Vertreter eine, wenn sie aufgerichtet wird, nach vorne gebogene Federhaube und hat eine ähnliche Statur; andererseits unterscheidet er sich von ihnen durch das rosafarbene Gefieder, die markantere Färbung der Haube, den relativ kleinen und weißen Schnabel, die befiederte Wachshaut sowie die kleinen Füße. Außerdem bevölkert er in kleinen Gruppen

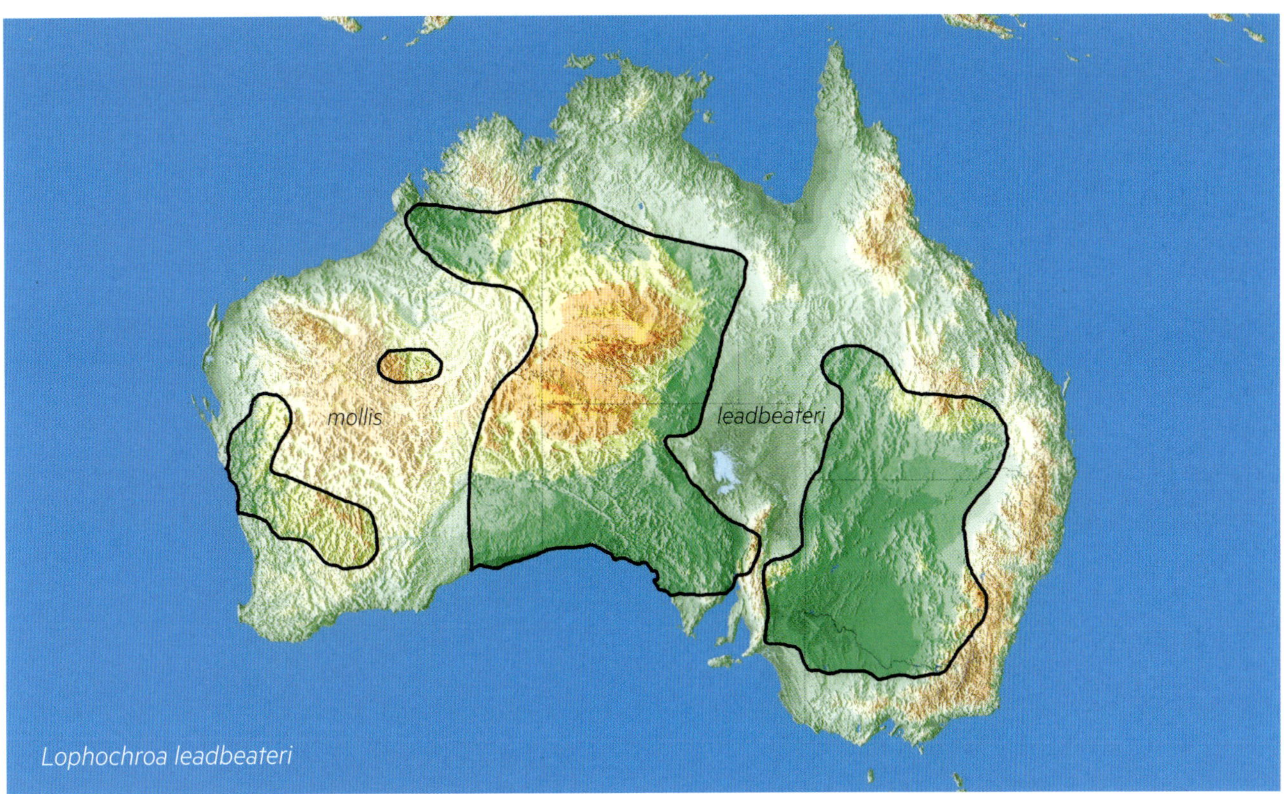

Lophochroa leadbeateri

die Eyre-Subregion (das Innere Australiens), während die *Cacatua*-Vertreter die Torres-Straßen-Region (Nord-und Ostaustralien) in großen, manchmal riesigen Schwärmen bewohnen. (Anmerkung: Die Corellas Australiens werden unter dem Gattungsnamen *Licmetis* behandelt und gehören nicht zu den eigentlichen *Cacatua*-Vertretern.)

Taxonomie: Vigors beschrieb die Art unter dem Namen *Plyctolophus leadbeateri* ausführlich in lateinischer Sprache, vergleicht sie mit *C. sulphurea* und gibt als Herkunftsland New Holland, den früheren Namen Australiens an. Schodde definierte die genauere Herkunft 1993 als Macquarie River, Zentral-Neusüdwales. Das einzige Synonym der Art ist *erythropterus* Swainson 1837.

Die älteste Darstellung findet sich bei Edward Lear in Illustrations of the Family of Psittacidae or Parrots, 1831, pl. 5. Ihm folgten bis 1900 ungefähr dreißig andere Darsteller, was für die Beliebtheit dieser Art schon in historischer Zeit spricht.

Zusätzlich zur Nominatform aus den Bundesstaaten Neusüdwales und Victoria sind vier Unterarten mit folgenden Merkmalen beschrieben worden:

• *mungi* (Mathews 1912, südöstlich von Babrongan Tower, Nordwesten Australiens): kleiner und blasser gefärbt.

• *aberrans* (Söderberg 1912, Mowla Downs, Nähe Fitzroy River, Nordwesten Australiens): ohne Gelb in der Haube, kleiner und heller gefärbt.

• *superflua* (Mathews 1917, Gawler Ranges, Südaustralien): kleiner.

• *mollis* (Mathews 1912, Carnamah, Südwest-Australien): ohne Gelb in der Haube, tiefere Färbung der Unterseite und der Innenfahnen der Schwungfedern.

Heute gilt *aberrans* (aufgrund des ähnlichen Typus-Ortes) als Synonym für *mungi*. Darüber hinaus werden *mungi* und *superflua* nicht mehr anerkannt, und lediglich *mollis* gilt heute noch als valide Unterart.

Namenserklärung: *leadbeateri* = Benjamin Leadbeater (1760-1837) war ein britischer Ornithologe. Er gründete um 1800 in London eine Naturalienhandlung, in deren Beständen viele neue Arten und Unterarten gefunden wurden.

mollis = weich, mit weichem Gefieder.

mungi = Mungi, südöstlich von Babrongan Tower, ist der Typusort.

superflua = (Beide Übersetzungen „fruchtlos" oder „überfließend" ergeben keinen Sinn.)

2. Identifizierung

Färbung adulter Tiere: Grundfärbung weiß; rote schmale Federhaube mit gelbem Mittelstreifen und weißer Spitze; Maske und Unterseite lachsrosa, auf unterem Bauchbereich in Weiß übergehend; Stirn pink/rosafarben; Unterseite der Flügel- und Schwanzfedern rosa, jedoch nicht bis zur Spitze; nackter Augenring weißlich; Iris dunkelbraun bis schwarz; Füße grau; Schnabel gräulich hornfarben.

Unterscheidung der Geschlechter: Weibchen wie Männchen, aber mit rötlich hellbrauner Iris; Weiß auf dem Bauch ausgedehnter und Federhaube mit breiterem gelbem Band; Unterscheidung bei subadulten Tieren und der Unterart *mollis*: die Federn der Haube des Männchens stehen näher beieinander, während die des Weibchens immer einen kleinen Abstand aufweisen (Hunt 1999).

Jungvogelfärbung: Nestlinge mit sehr wenigen, cremeweißlichen Dunenfedern; Jungvögel erheblich blasser in

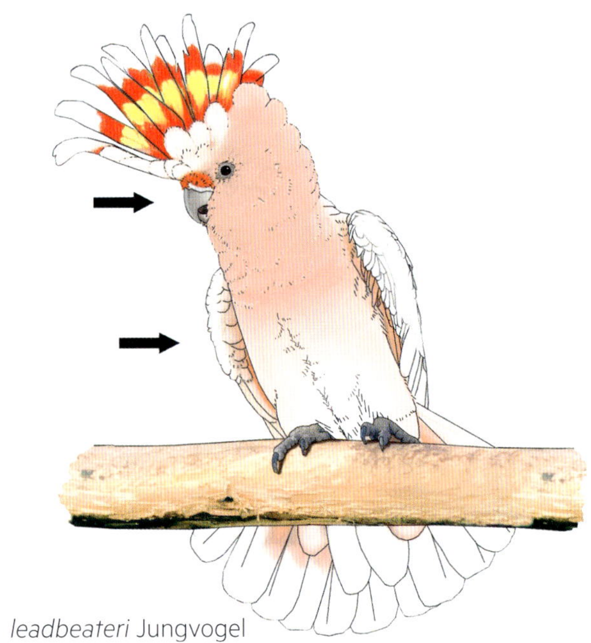

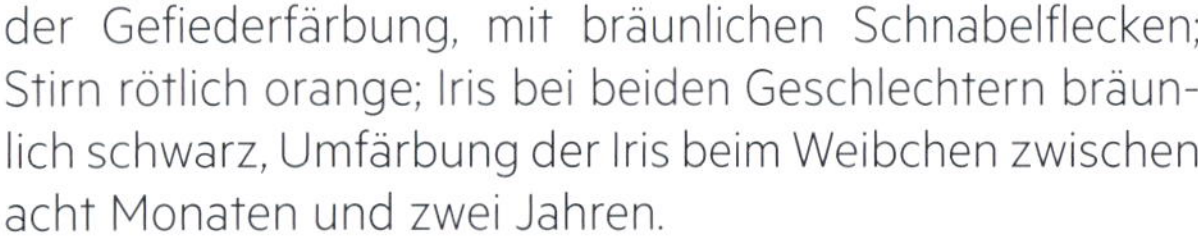

leadbeateri Jungvogel

mollis

der Gefiederfärbung, mit bräunlichen Schnabelflecken; Stirn rötlich orange; Iris bei beiden Geschlechtern bräunlich schwarz, Umfärbung der Iris beim Weibchen zwischen acht Monaten und zwei Jahren.

Vergleich mit ähnlichen Arten: Die einzige andere rosa gefärbte Kakadu-Art ist der etwa gleich große Rosakakadu (*Eolophus roseicapilla*). Dieser besitzt allerdings eine kleine, nach hinten gebogene, einfarbig weiße Haube und graue Flügel und ist in der Regel in größeren Schwärmen anzutreffen. Außerhalb Australiens ähnelt der Molukkenkakadu (*Cacatua moluccensis*) farblich ein wenig dem Inka-Kakadu. Er ist aber wesentlich größer, hat eine andere Haubenform (nach hinten gebogen) und ist im Gefieder eher lachsfarben als rosa.

3. Unterarten

a. *Lophochroa l. leadbeateri* (Vigors 1831)

Gelbhauben-Inkakakadu

Merkmale: weiße Haube mit deutlichem gelbem Streifen in der Mitte, umgeben von zwei roten Streifen.

Verbreitung: Inland im Südosten Australiens von Südwest-Queensland und dem Westen von New South Wales bis Nordwest-Victoria und dem mittleren Osten von South Australia.

b. *Lophochroa l. mollis* (Mathews 1912)

Rothauben-Inkakakadu, Mathews-Inka-Kakadu

Merkmale: wie *leadbeateri*, aber mit dunklerem Rot und fast ohne Gelb in der Haube.

Verbreitung: das genaue Verbreitungsgebiet ist unklar; Kimberley-Region im Norden West-Australiens; möglicherweise südwestliches und zentrales Landesinnere von Australien ostwärts bis zur Eyre-Halbinsel und zum Lake-Eyre-Becken, South Australia.

4. Natürliches Vorkommen

Lebensraum: Gebiete mit Baumbestand in der halbtrockenen und trockenen Zone; bevorzugt Eukalyptus- und Kasuarinen-Bestände; auch andere offene Landschaften einschließlich Grasland mit nur wenig Baumbestand; regelmäßig an Trockenplätzen für Getreide und entlang von Wasserläufen und an Wasserstellen zu finden; hin und wieder auch bei und in menschlichen Ansiedlungen anzutreffen, dies jedoch vor allem bei der Nahrungssuche.

Verhalten: oft in Paaren oder in kleineren Gruppen bis zu 60 Vögeln anzutreffen, auch in Gemeinschaft mit Rosakakadus (*Eolophus roseicapilla*); aber anders als Rosakakadus Kulturflüchter, mit großer Fluchtdistanz; in weniger trockenen Gebieten standorttreu, doch bei der Nahrungs-

Kurzinfos zum Inka-Kakadu		
Größe: 35 (33-40) cm	**Gelege pro Jahr:** mehrere Bruten möglich	**Flugbedürfnis:** fliegen lieber als zu klettern
Gewicht: 340-480 g	**Gelegegröße:** 3 (2-5) Eier	**Nagebedürfnis:** groß
Ringgröße: 11 mm	**Brutdauer:** 24-26 (22-30) Tage	**Badebedürfnis:** Regen- oder Laubbad
Erstzucht: 1901, London	**Nestlingszeit:** 57 (42-66) Tage	**Aggressivität:** mittel bis hoch
Eimaße: 35-40 x 26-28 mm; 38 x 28 mm; 39,1 x 29,5 mm; 37,1 x 26,5 mm	**Selbständigkeit:** nach 6 (4-8) Wochen	**Stimme:** zeitweise laut, aber nicht durchgängig

mangel auch nomadisierend, bei Nahrungsaufnahme am Boden mit Wächtervögeln; Flug mäßig schnell und selten über größere Distanzen, wiederholt mit Kontaktrufen; während der Brut stark territorial und aggressiv.

Status: weitverbreitet, aber nur in geringer Bestandsdichte; allgemein selten und nur lokal häufig; vor 1900 noch in Schwärmen von mehreren Hundert Exemplaren; Populationen scheinen in der Hälfte ihres Verbreitungsgebiets vor allem durch Habitatzerstörung in ihrem Bestand abzunehmen; außerdem Nistplatzkonkurrenz durch Rosakakadus; derzeit noch relativ stabil (unter 20.000 Exemplare).

Offene Fragen: Die genaue Verbreitung des Inka-Kakadus ist aufgrund seines Habitats und der geringen Populationsdichte bis heute nicht klar definiert. Es existieren darum die unterschiedlichsten Karten zu dieser Frage. Grob gesagt scheint es vier Hauptzentren der Verbreitung zu geben:

• Südliches Queensland über Neusüdwales bis zum „Dreiländereck“ Neusüdwales-Victoria-Südaustralien. Hier lebt eindeutig die Nominatform *leadbeateri*.

• Mitte und Süden von Südaustralien, ohne Eyre-Halbinsel. Für diese Gegend wurde die Unterart *superflua* beschrieben. Es ist - je nach Karte – unklar, ob hier *leadbeateri* oder *mollis* vorkommt.

• Mitte und Süden vom Nord-Territorium, sporadisch bis zum Norden Westaustraliens. Vermutlich für diese Gegend wurde *mungi* beschrieben. Hier kommt wohl eher *mollis* und nicht *leadbeateri* vor.

• Mittlerer Westen von Westaustralien. Dies ist das Kerngebiet von *mollis*.

Interessant wäre es, die Gültigkeit der Verbreitungsgebiete sowie die wirklichen Unterschiede und die Anzahl der validen Unterarten noch einmal zu überprüfen.

5. Vorkommen in menschlicher Obhut

Häufigkeit: in Europa beliebt, aber nicht sehr häufig, in Australien sehr oft gehalten; als Heimvogel jedoch nicht geeignet; sprechen nur wenig und schlecht; Handaufzuchten werden später oft verhaltensauffällig.

Mindestanforderungen der Unterbringung: Voliere mindestens 6 x 2 x 2 m lang; Metallkonstruktion mit frostfreiem Schutzhaus; Vögel gehen gerne auf den Boden (Wurmkuren nötig!); Schlafkasten anbieten.

Züchtbarkeit: Zucht gelingt regelmäßig, gute Brutvögel (auch als Ammenvögel); in Australien wird die Art sehr häufig gehalten und gilt als am leichtesten zu züchtender Kakadu; frühestens mit 3-4 Jahren brutreif, beide Elternteile brüten; während der Brut oft erhöhte Aggressivität (Männchen ggü. Weibchen, Jungvögeln und anderen Arten), abhängig von der Größe der Voliere.

6. Hilfreiche Literatur

Forshaw JM & WT Cooper (2003). Australische Papageien. Arndt-Verlag, Bretten, Band 1, pp. 181-195.

Hubers J (2012). De meest begeerde kaketoe: de Incakaketoe. Parkieten Societeit 45(9), pp. 270-279.

Hunt C (1999). A Guide to... Australian White Cockatoos. ABK Publications, South Tweed Heads, NSW, Australia, pp. 89-93.

Mathews GM (1916-17). The Birds of Australia. Witherby & Co., London, pp. 189-196.

Rowley I & G Chapman (1991). The Breeding Biology, Food, Social Organisation, Demography and Conservation of the Major Mitchell or Pink Cockatoo, *Cacatua leadbeateri*, on the Margin of the Western Australian Wheatbelt. Austr. J. Zool., 39, pp. 211-261.

Vogels D (1995). Zur Biologie des Inkakakadus. PAPAGEIEN, 8(10), pp. 310-314.

Gattung: *Licmetis* (f.) Wagler 1832

WEISSSCHNABELKAKADUS (CORELLAS)

Licmetis (*L. goffiniana*)

Quelle: Wagler 1832, Abhandlungen der mathematisch-physikalischen Classe der Königlich bayerischen Akademie der Wissenschaften 1: 505. Typus-Art: aufgrund ursprünglicher Monotypie *L. tenuirostris*. Wagler gibt eine kurze lateinische Diagnose und erklärt die Ähnlichkeit zu *Cacatua*, mit dem Unterschied eines sehr viel längeren und spitzeren Schnabels. Als Herkunftsland gibt er Australien an. – Auch wenn diese Angaben nicht typisch für die ganze Gattung sind, gilt dennoch dieser Name, da er der älteste ist, der für einen Vertreter der Gattung angewendet wurde.

Cacatua (*C. g. fitzroyi*)

Systematik: Peters (1937) verwendet *Licmetis* lediglich als Untergattungsnamen für die zwei spitzschnäbeligen Arten *L. tenuirostris* und *L. pastinator*. Diese Einschätzung wird, auch bei späterer Hinzufügung der übrigen Corellas, in der gesamten neueren Literatur so vertreten: *Licmetis* wird lediglich als Untergattung von *Cacatua* angesehen. – Hier wird *Licmetis* dagegen als Gattung behandelt, da *Cacatua* und *Licmetis* bei den phylogenetischen Untersuchungen von White et al. (2011) zwei deutlich unterscheidbare Kladen bilden und sich durch hinreichend signifikante Merkmale voneinander unterscheiden (s. Rubrik Merkmale). Lediglich die weiße Farbe des Gefieders und die historische Tradition, alle Arten in der Großgattung *Cacatua* zu fassen, würden für eine Behandlung unter dem gleichen Gattungsnamen sprechen.

Vergleicht man die beiden Gattungen, so fällt auf, dass *Licmetis* die deutlich größere Verbreitung besitzt: im Norden bis zu den Philippinen, im Osten bis zu den Salomonen und im Süden bis in die verschiedensten Regionen Australiens. Die Vertreter der Gattung *Cacatua* sind dagegen nur im Norden und Osten Australiens, in Neuguinea und den Inseln der Wallacea heimisch. Gemeinsam ist beiden Gruppen jedoch, dass sie sowohl bedrohte als auch sich weiter ausbreitende Arten besitzen.

Als Synonyme gelten *Ducorpsius* Bonaparte 1857 (Typus-Art *L. ducorpsii*), *Camptolophus* Sundevall 1872 (Typus-Art *L. haematuropygia*) und *Bockakatoe* Wells & Wellington 1993 (Typus-Art *L. haematuropygia*)

Merkmale: mittelgroße, weiße Kakadus mit kleiner, einfarbig weißer, nach hinten gebogener Haube und kleinen, weißen Schnäbeln, sowie überwiegend roten Färbungsmustern und langen Flügeln. Bei drei der sechs Arten finden sich erweiterte nackte Augenringe von blauer Farbe. – Die Vögel unterscheiden sich signifikant von Vertretern der Gattung *Cacatua*, die in der Regel deutlich größer sind, nach vorne gebogene, meist gelbe Haubenfedern besitzen, überwiegend gelbe Färbung im Gefieder aufweisen und mehr gerundete Flügel besitzen. Außerdem finden sich in dieser Gattung keine erweiterten nackten Augenringe und die Schnäbel sind durchgängig kräftiger und schwarz, nicht weiß gefärbt. – Die Vertreter der Gattung werden im Englischen allgemein unter dem Namen Corellas gefasst.

	Licmetis	*Cacatua*
Haube	klein, nach hinten gebogen, weiß	groß, oft nach vorne gebogen, farbig (meist gelb)
Schnabel	klein, weißlich	groß, schwarz
Gefieder	weiß, mit überwiegend roten Gefiederregionen	weiß, mit überwiegend gelben Gefiederregionen
Flügel	lang und schlank	kürzer und mehr gerundet

Namenserklärung: *Licmetis* = Waglers Erklärung lautet (übersetzt): „Der Name leitet sich von der Stirnhaube ab, die der Vogel in der Art eines Fächer bewegt.", wörtlich: Fächler.

Camptolophus = faltbarer Schopf

Bockakatoe = Kakadu von Bock, nach Dr. Walter Bock, Vorsitzender des Komitees für ornithologische Nomenklatur und Professor für Biologie an der Columbia-Universität, USA.

Licmetis haematuropygia (PLS Müller 1776)

Rotsteißkakadu, Philippinenkakadu

englisch: Philippine Cockatoo / Corella, Red-vented Cockatoo

französisch: Cacatoès des Philippines

spanisch: Cacatúa Filipina

niederländisch: Filippijnse kaketoe

haematuropygia

1. Systematik und Taxonomie

Systematik: Der Rotsteißkakadu scheint innerhalb der Gruppe der Weißschnabelkakadus die älteste Form zu sein. (Brown & Toft 1999) Er ist aufgrund seiner Merkmale leicht der Gattung *Licmetis* zuzuordnen, auch wenn er als einzige Art der Corellas gelbe Färbung im Gefieder aufweist und damit ein wenig an die Vertreter der Gattung *Cacatua* erinnert. In allen übrigen gattungstypischen Merkmalen gehört er jedoch eindeutig zu *Licmetis*.

Obwohl der Rotsteißkakadu historisch auf über 50 Inseln der Philippinen vorkam, wurden keine nennenswerten Versuche unternommen, Unterarten zu beschreiben, und die Art gilt praktisch generell als monotypisch.

Taxonomie: Die Art wurde zum ersten Mal 1760 bei Brisson in der „Ornitologia sive synopsis methodice sistens Avium divisiones in ordine", 4, pp. 212-214, no. 11, beschrieben und zugleich auf Tafel 22 als Figur 1 schwarzweiß abgebildet. Brisson gibt eine sehr genaue Beschreibung aller Körperteile, sowohl in französischer wie auch in lateinischer Sprache wider. Am Ende gibt er als Herkunft die Philippinen an und in welchem Museum (Museum D. Aubry) der Vogel zu finden ist. In diesem nicht binomischen Werk (es wurden wissenschaftliche Namen verwendet, die sich nicht auf zwei Wörter beschränken) beschreibt er die Art unter dem Namen *Cacatua minor*.

Die erste wissenschaftliche Beschreibung stammt von PLS Müller aus dem Jahr 1776. Er beschreibt die Art in „Des Ritters C. von Linné... vollständiges Natursystem nach der zwölften Latinischen Ausgabe, Suppl. 1" auf Seite 77. Unter Nr. 51 benennt er den „Rotharschkakatu. *Psittacus haematuropygius*" und gibt eine kurze deutsche Beschreibung (weiß, mit rothem Schnabel und rothen Bürzel), gibt als Vaterland die philippinischen Inseln an und erwähnt eine zweite, nicht näher benannte kleine Kakadu-Art. Trotz dieser im Deutschen fehlerhaften Beschreibung, ist der wissenschaftliche Name zutreffend (pygium = Steiß). Stresemann schränkte 1942 den Typus-Ort auf Manila ein. (Ibis 94, pp. 499-523)

In den folgenden Jahren wurde der Rotsteißkakadu zumeist unter dem wissenschaftlichen Namen *philippinarum* geführt. Dieser Name geht auf Gmelin (1788) zurück, war darum auch bekannter, jedoch nicht der älteste verfügbare Name. Erst 1930 benutzt Hachisuka den Namen *haematuropygia* wieder, der dann in größerem Maßstab seit Peters (1937) wieder allgemein gebräuchlich wurde.

haematuropygia
Jungvogel

Wellensittich (18 cm)

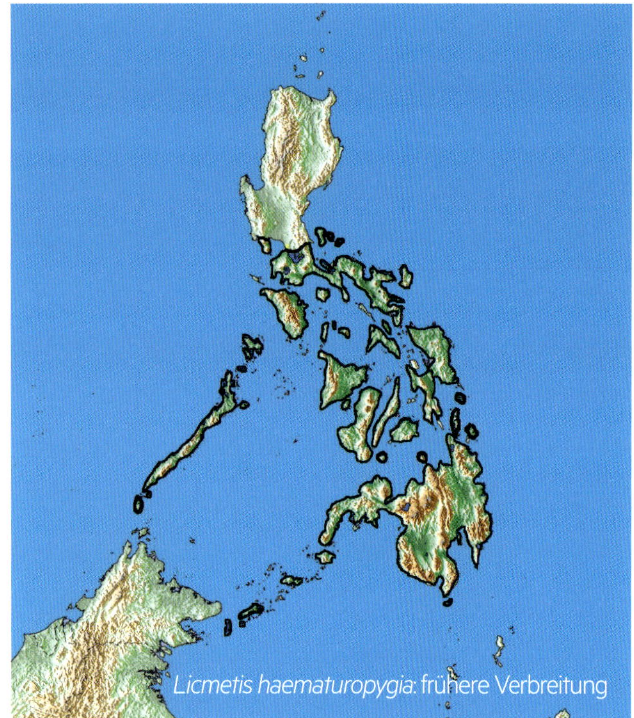

Licmetis haematuropygia: frühere Verbreitung

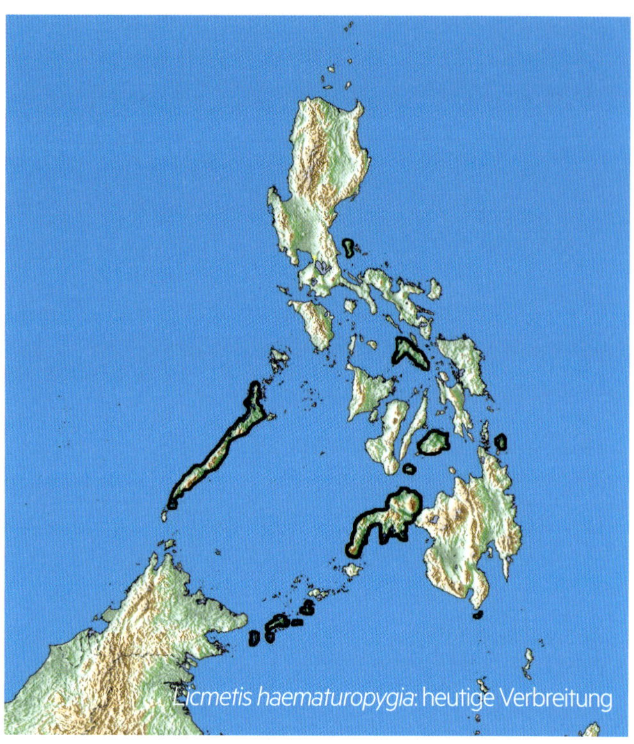

Licmetis haematuropygia: heutige Verbreitung

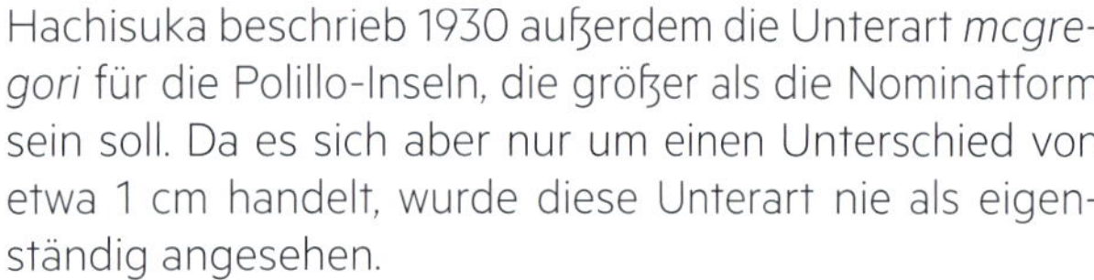

Hachisuka beschrieb 1930 außerdem die Unterart *mcgregori* für die Polillo-Inseln, die größer als die Nominatform sein soll. Da es sich aber nur um einen Unterschied von etwa 1 cm handelt, wurde diese Unterart nie als eigenständig angesehen.

Namenserklärung: *haematuropygia* = mit „blutigem" (haima), sprich: rotem Steiß (pygium).

mcgregori = Richard Crittenden McGregor (1871-1936) war ein australischer Ornithologe, der auf den Philippinen arbeitete und Herausgeber des „Philippine Journal of Science" war.

2. Identifizierung

Färbung adulter Tiere: Grundfärbung weiß; Ohrdecken mit schwach gelblichem Anflug; Haube breit und rund; Haubenfedern an der Basis schwach rosa-gelblich, jedoch nicht sichtbar; Unterseite der Flügel leicht gelblich, Unterseite der Schwanzfedern auf den Innenfahnen leuchtend gelb; Unterschwanzdecken rot mit breiten weißen Säumen; nackter Augenring weiß; Iris dunkelbraun; Füße grau; Schnabel grauweißlich.

Unterscheidung der Geschlechter: Weibchen mit rötlichbrauner Iris.

Jungvogelfärbung: Nestlinge mit wenigen weißlichgelben Dunenfedern; Jungvögel mit lachsfarbenen Unterschwanzdecken; Iris dunkelgrau; Umfärbung bei Weibchen mit 2 bis 3 Jahren beendet.

Vergleich mit ähnlichen Arten: Alle übrigen Corella-Arten besitzen nicht die auffallend rotgelben Schwanzunterdecken, sodass die Art sehr leicht zu identifizieren ist.

3. Natürliches Vorkommen

Verbreitung: früher auf allen Inseln der Philippinen, heute nur noch in kleinen Populationen auf Palawan, Polillo, Masbate, Bohol, Siquijor, Bucas Grande, Sarangani und den südlichen Sulu-Inseln anzutreffen; in West-Mindanao wahrscheinlich ausgerottet.

Lebensraum: Wälder, Waldränder und hohe Sekundärvegetation; Tieflandregionen in Fluss- oder Küstennähe mit Mangrovenwäldern; außerhalb der Brutzeit auch in offenen, auf Nahrungssuche in Getreideanbaugebieten; auf Palawan regelmäßig in Stadtgärten anzutreffen.

Verhalten: außerhalb der Brutzeit allein, in Paaren oder kleinen Gruppen bis zu 10 Vögeln, nie in größeren Schwärmen anzutreffen; laute und auffällige Kakadus, richten großen Schaden auf Getreidefeldern an; Flug mit lauten Kontaktrufen schnell und gerade; überwiegend ortsbeständig, teils nomadisch; auf Schlafbäumen teilweise große Ansammlungen von mehreren hundert Vögeln.

Status: 1946 wird die Art noch als häufig beschrieben, galt

Kurzinfos zum Rotsteißkakadu		
Größe: 30-32 cm	**Gelege pro Jahr:** eins	**Flugbedürfnis:** ausgeprägt
Gewicht: 280-340 g	**Gelegegröße:** 2-4 Eier	**Nagebedürfnis:** groß
Ringgröße: 9,5 mm	**Brutdauer:** 24-30 Tage	**Badebedürfnis:** Regenbad
Erstzucht: 1974, Schweiz	**Nestlingszeit:** 7-10 Wochen	**Aggressivität:** zur Brut sehr stark
Eimaße: 37,7 x 26,7 mm	**Selbständigkeit:** nach 4-8 Wochen	**Stimme:** nicht sehr laut

bis in die 70er als weit verbreitet und ist heute stark bedroht und in 98 % des früheren Verbreitungsgebiets ausgestorben (früher auf 52 Inseln beheimatet, um 2000 nur noch auf acht Inseln); Gesamtbestand Anfang der 90er noch auf 1.000-4.000, 2017 nur noch auf etwa 640-1.120 Vögel geschätzt; heute aufgrund intensiver Schutzbemühungen nur auf Palawan wieder zunehmend.

Größte Bestände auf Palawan (früher 800-3.000, jetzt nur noch 440-700 Exemplare) und den südlichen Sulu-Inseln (100-300 Exemplare); Restbestände auf Polillo (4 überalterte Vögel), den zentralen Visayas und West-Mindanao. Stärkste Bedrohung durch Abholzung (80 % der Wälder, vor allem von Primär- und Mangrovenwäldern), exzessiven Handel (aufgrund sehr hoher Preise) und Jagd.

4. Vorkommen in menschlicher Obhut

Häufigkeit: in Europa nur geringe Bestände, nur etwa 60 Zuchtpaare; Haltung nur für Spezialisten zu empfehlen; oft Mauser- und Krankheitsprobleme.

Mindestanforderungen der Unterbringung: mindestens 6 x 1,5 x 2 m, im Winter nicht unter 10° C, viel Holz zum Benagen geben; sehr stressanfällig; Schlafkästen anbieten.

Züchtbarkeit: gelingt selten als Naturbrut (häufiger nur Handaufzucht erfolgreich), Aggressivität des Männchens ggü. dem Weibchen ist bei Paarhaltung das größte Problem; darum Nistkästen mit zwei Ausgängen und Versteckmöglichkeiten für Weibchen bieten; bei Gruppenhaltung ist Aggressivität zwischen mehreren Männchen (!) das vorrangige Problem (Cadot 1999); beide Elternteile brüten, Jungvögel können sehr zutraulich werden.

5. Hilfreiche Quellen

www.philippinecockatoo.org (Katala Foundation Inc.)

Boussekey, M (1995). Conservation of the Red-Vented Cockatoo. PsittaScene Magazine 7(4), pp. 7, 16.

Cadot D, (1999). Large Colony Aviary for Red-vented Cockatoos *Cacatua haematuropygia* – Preliminary Behavioural Observations. Papageienkunde 3, pp. 21-31.

Collar NJ, Andreev AV, Chan S, Crosby MJ, Subramanya S & JA Tobias (2001). BirdLife International, Threatened birds of Asia: the BirdLife International Red Data Book. Cambridge, UK, pp. 1676-1688.

Forshaw, JM (2017). Vanished and Vanishing Parrots – Profiling Extinct and Endangered Species, pp. 53-57.

Lambert FR (1994). The Status of the Philippine Cockatoo *Cacatua haematuropygia* in Palawan and the Sulu Islands, Philippines. IUCN Species Survival Commission. Glan, CH & Cambridge UK.

Widman P & I Lacerna-Widman (2017). Das Rotsteißkakadu-Projekt auf der Insel Dumaran, Philippinen. PAPAGEIEN 30 (10 + 11), pp. 353-357 + 387-393.

Licmetis goffiniana (Roselaar & Michels 2004)

Goffin-Kakadu, Tanimbar-Kakadu

englisch: Tanimbar Cockatoo, Tanimbar Corella, Goffin's Cockatoo

französisch: Cacatoès de Goffin

spanisch: Cacatúa de las Tanimbar

niederländisch: Goffinkaketoe

goffiniana

1. Systematik und Taxonomie

Systematik: Die Zugehörigkeit zur Gattung Licmetis ist beim Goffinkakadu nicht strittig, da er alle signifikanten Gattungsmerkmale aufweist. – Früher wurde er manchmal als Unterart des Nacktaugenkakadus (*L. sanguinea*) geführt (z.B. bei Peters 1937). Aber sowohl genetisch wie auch biogeographisch und morphologisch spricht alles dafür, ihn als eigenständige Art zu führen. So besitzt er nicht die für Nacktaugenkakadus typische nackte Unteraugenregion, hat kürzere Flügel, kürzeren Schwanz und Fuß und ist auch insgesamt bedeutend kleiner (32 gegenüber 35-42 cm). Außerdem gibt es keinen biogeographischen Zusammenhang zwischen den Tanimbar-Inseln und Australien. – Eigene Unterarten des Goffinkakadus wurden nie beschrieben.

Taxonomie: Die Taxonomie des Goffinkakadus ist ein wenig abenteuerlich: Lange Jahre wurde er unter dem wissenschaftlichen Namen *Cacatua goffini* geführt. Und man ging davon aus, dass Otto Finsch ihn 1863 (unter dem Namen *Lophochroa goffini*) beschrieben hatte. – Aber bei einer Untersuchung der Typus-Exemplare im Zoologischen Museum Amsterdam (jetzt im National Center for Biodiversity, NATURALIS in Leiden/NL) fanden Roselaar und Prins heraus, dass die beiden Typus-Exemplare zu einer anderen Art, nämlich zum Salomonenkakadu (*L. ducorpsii*) gehörten. Und da es auch keine weiteren verwendbaren Junior-Synonyme gab, fehlte dem „Kakadu von den Tanimbar-Inseln" nun ein akzeptabler wissenschaftlicher Name. – Dem versuchten die beiden Ornithologen zu begegnen, indem sie als neuen Namen *Cacatua tanimberensis* (Roselaar & Prins 2000) schufen. – Da die Art aber bisher generell nicht als wissenschaftlich beschrieben galt, war es nicht ausreichend, lediglich einen neuen Namen (nom. nov.) zu wählen. Vielmehr musste eine vollkommen neue Art (spec. nov.) beschrieben werden. – Diesen Fehler korrigierten Roselaar und Michels einige Jahre später, indem sie ein neues Typus-Exemplar (und einen weiteren Para-Typus) auswählten, dieses korrekt beschrieben und ihm den neuen Namen *Cacatua goffiniana* gaben. (Roselaar & Michels 2004). In ihrer wissenschaftlichen Erstbeschreibung erläutern sie die Entstehung der Problematik, fassen die Hintergründe der Namensgebung gut zusammen und vergleichen die Maße relevanter Taxa (*goffiniana* n = 4, *ducorpsii* n = 5, *transfreta* n = 2).

goffiniana
Jungvogel

Namenserklärung: *goffini* / *goffiniana* = zu Ehren von Andreá Leopold Auguste Goffin, der vor 1863 im Naturhistorischen Museum in Leiden arbeitete.

tanimberensis = von den Tanimbar-Inseln kommend.

goffiniana

2. Identifizierung

Färbung adulter Tiere: weiß; Zügel rosafarben; Ohrdecken mit schwachem gelblichen Anflug; Kopffedern an der Basis schwach rosa, je-

Kurzinfos zum Goffin-Kakadu		
Größe: 30 (29-32) cm	**Gelege pro Jahr:** eins	**Flugbedürfnis:** groß
Gewicht: Männchen 300 g, Weibchen 250 g	**Gelegegröße:** 2-3 (1-4) Eier	**Nagebedürfnis:** groß
Ringgröße: 9,5 (10) mm	**Brutdauer:** 28-30 Tage	**Badebedürfnis:** groß
Erstzucht: 1974, Niederlande	**Nestlingszeit:** 8-10 Wochen	**Aggressivität:** in der Brutzeit sehr stark
Eimaße: 38,4 (37,6-39,6) x 28,4 (27,8-29,7) mm; n = 4	**Selbständigkeit:** nach etwa vier Wochen	**Stimme:** laut, aber weniger laut als andere Kakadus

doch nicht sichtbar; kurze, breite, rückwärts gebogene Haube; Unterseite der Flügel- und Schwanzfedern leicht gelblich; nackter Augenring bläulich weiß; Iris schwarzbraun; Füße grau; Schnabel grauweißlich.

Unterscheidung der Geschlechter: Weibchen mit rötlichbrauner Iris.

Jungvogelfärbung: Nestlinge mit blassgelblichen Dunenfedern; Jungvögel wie Alttiere, jedoch mit dunkelgrauer Iris; Umfärbung bei Weibchen mit 2 bis 3 Jahren.

Vergleich mit ähnlichen Arten: Die Art unterscheidet sich von den australischen Corellas (*L. sanguinea*, *L. pastinator* und *L. tenuirostris*) vor allem durch das Fehlen der nackten, blau gefärbten Unteraugenregion. Von *L. haematuropygia* ist sie durch das Fehlen der rotgelben Unterschwanzdeckenfärbung zu unterscheiden. *L. ducorpsii* hat eine höhere Haube, weiße Zügel und einen länglicheren Körperbau.

3. Natürliches Vorkommen

Verbreitung: die großen Tanimbar-Inseln Fordate, Larat, Yamdena und Selaru, Indonesien; in Singapur, Taiwan und auf den Kai-Inseln eingebürgert, ebenso auf Puerto Rico.

Lebensraum: tropische Tieflandwälder und Waldränder, aber auch offene Regionen; fallen wiederholt in Anbaugebiete, vor allem in Mais-, Reis- und Bohnenfelder, ein.

Verhalten: laute und auffallende Vögel; kommen einzeln, paarweise oder in Familienverbänden, aber auch in großen Gruppen von mehreren hundert Tieren vor; vor allem während des Fluges laute Kontaktrufe.

Status: Anfang der 90er Jahre wurde die Art als stark gefährdet eingeschätzt. Schätzungen gingen von lediglich noch etwa 5.000 Exemplaren aus (ICBP Parrot Action Plan: Lambert et al. 1993), nachdem in 10 vorausgehenden Jahren auf den Tanimbar-Inseln insgesamt mehr als 100.000 Kakadus für den Handel gefangen worden waren. Eine genauere Untersuchung ergab jedoch, dass die Population nach wie vor 231.500 +-33.000 Exemplare betrug und dass die gesamte Situation vollkommen falsch eingeschätzt worden war. (Eine gute Situationsanalyse und Zusammenfassung findet sich bei Jepson et al. 2001). Die Art ist demnach immer noch häufig und erleidet allenfalls kleinere Bestandsrückgänge durch Waldrodungen, Fang und Jagd.

4. Vorkommen in menschlicher Obhut

Häufigkeit: früher oft vorkommend; heute nicht mehr so häufig, Zahlen nehmen kontinuierlich ab; lebendige, intelligente Tiere, die bewegungsaktiv sind, gerne spielen, aber auch laut werden können (selbst in der Nacht).

Mindestanforderungen der Unterbringung: trotz interessanten Charakters für Einzelhaltung ungeeignet (neigen bei Vernachlässigung zu Verhaltensstörungen und Rupfen); Voliere mindestens 4 x 1,5 x 2 m mit frostfreiem oder leicht beheiztem Schutzhaus.

Züchtbarkeit: kein Anfängervogel; auch unter besten Bedingungen nicht einfach zu züchten und mit wechselhaftem Erfolg; Geschlechtsreife mit 5 bis 7 Jahren; davor häufiger unbefruchtete Gelege oder Aufzuchtprobleme; Männchen in der Brutzeit sehr aggressiv, darum Nistkasten mit zwei Ausgängen und Versteckmöglichkeiten für das Weibchen anbieten; beide Elternteile brüten; häufiger wird nur ein Jungvogel aufgezogen, das zweite Junge dagegen vernachlässigt.

5. Hilfreiche Literatur

Jepson P, Brickle N & Y Chayadin (2001). The conservation status of Tanimbar corella and blue-streaked lory on the Tanimbar Islands, Indonesia: results of a rapid contextual survey. Oryx 35(3), pp. 224-233.

Lambert F, Wirth R, Seal US, Thomsen JB & S Ellis-Joseph (1993). Parrots: an Action Plan for their Conservation and Management. Draft report, International Council for Bird Preservation, Cambridge UK, pp. 42 + 80.

Mioduszewska B, O'Hara M, Haryoko T, Auersperg A, Huber L & DM Prawiradilaga (2018). Notes on Ecology of Wild Goffin's Cockatoo in the Late Dry Season with Emphasis on Feeding Ecology. Treubia 45, pp. 85–102.

Roselaar CS & JP Michels (2004). Systematic notes on Asian birds. 48. – Nomenclatural chaos untangled, resulting in the naming of the formally undescribed *Cacatua* species from the Tanimbar Islands, Indonesia (Psittaciformes: Cacatuidae). Zool. Verh. Leiden 350, pp. 183-196.

Roselaar CS & TG Prins (2000). List of type specimens of birds in the Zoological Museum of the University of Amsterdam (ZMA), including taxa described by ZMA staff but without types in ZMA. Beaufortia, vol. 50, no. 5, pp. 95-126.

Licmetis ducorpsii (Pucheran 1853)

Salomonen-Kakadu

englisch: Ducorps's Cockatoo, Solomon Corella / Cockatoo, White Cockatoo, Kaakata

französisch: Cacatoès de Ducorps

spanisch: Cacatúa de las Islas Salomón

niederländisch: Ducorpskaketoe

1. Systematik und Taxonomie

Systematik: Die Stellung des Salomonen-Kakadus als eigenständige, östlichste Art der Gattung *Licmetis* wurde nie infrage gestellt. Unterarten wurden nie beschrieben.

Taxonomie: Pucheran beschreibt die Art 1853 wissenschaftlich in Dumont d'Urvilles Voyage au Pole Sud et dans l'Oceanie sur les corevettes l'Astrolabe et la Zélée... pendant 1837-40, Zoologie 3, p. 108-109 (Typus-Ort ist San Jorge, Salomonen). – Die früheste Darstellung findet sich im Atlas der gleichnamigen Publikation, der als Hombron & Jacquinot (1842) herauskam: Dort wird der Salomonen-Kakadus auf Farbtafel pl. 26 als fig. 1 neben dem Orangehaubenkakadu (*C. s. citrinocristata*) gezeigt. Die Beschreibung von Pucheran in französischer Sprache verweist auf diese Darstellung, gibt dann eine kurze Diagnose der Art (gänzlich weiß, mit zitronengelben Unterseiten von Flügeln und Schwanz), um dann ausführlich die einzelnen Körperpartien einschl. Größenangaben zu beschreiben. Danach vergleicht er die Art mit *L. haematuropygia* und *L. sanguinea* und beschreibt die entsprechenden Unterschiede. Zum Schluss gibt er als Herkunftsort die Salomonen an und erklärt den Dedikationsnamen zu Ehren von Jacques-Louis Ducorps (s.u.).

Bonaparte zitiert zwar bereits 1850 in den Comptes Rendus hebdomadaires des séances de l'Academie des Sciences, Paris, auf Seite 138 den „*Plyctolophus DuCrops*", benennt allerdings als Erstbeschreiber Hombron et Jacquinot und verweist auf obige Publikation. Er gibt als Merkmal der Art lediglich die vollständig weiße Haube an. – Dieser faktisch frühere Name wurde jedoch offiziell unterdrückt (Melville 1980), was man sicherlich als sinnvoll ansehen darf, da die wirklich gute Beschreibung auf Pucheran zurückgeht und Bonaparte lediglich als sekundärer Autor, mit wenig wirklichem Wissen, gelten kann.

Die Art hat als Synonyme *Lophochroa leari* Finsch 1863, *Lophochroa goffini* Finsch 1863 sowie *Ducorpsius typus* Bonaparte 1857. Der Artname wurde in verschiedenen Variationen geschrieben, so als *ducropsii*, *ducorpsi* und *ducrops*. Die korrekte Schreibweise aus der Originalbeschreibung ist „*ducorpsii*".

Namenserklärung: *ducorpsii* = Jacques-Louis Ducorps (1811-1892) war Offizier des französischen Schiffes Astrolabe, das von 1837 bis 1840 auf Expedition zum Südpol und in Ozeanien war. – Pucheran würdigte mit dieser Dedikation die großen Verdienste dieses Offiziers für die Ornithologie der bereisten Region.

ducorpsii

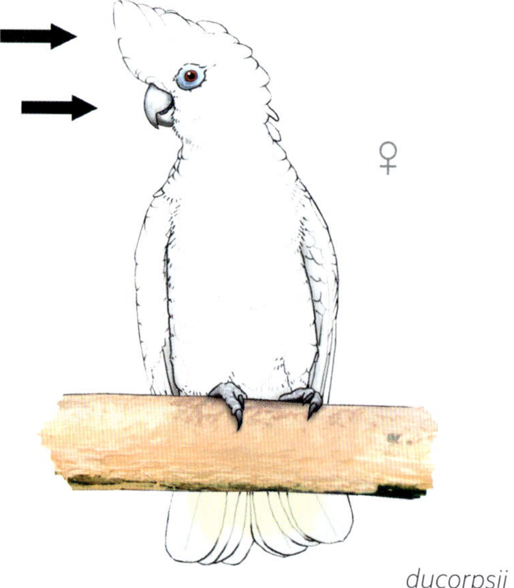

ducorpsii

2. Identifizierung

Färbung adulter Tiere: weißes, sehr feines, fast seidiges Gefieder; Kopffedern an der Basis schwach rosa, jedoch nicht sichtbar; Unterseite der Flügel- und Schwanzfedern leicht gelblich; breite und relativ lange, gestufte Rundhaube; nackter Augenring variabel weiß bis blassblau; Iris braunschwarz; Füße grau; Schnabel grau-weißlich.

Unterscheidung der Geschlechter: Weibchen durchschnittlich kleiner, mit kürzerer Haube, kleinerem Schnabel und rotbrauner Iris.

Jungvogelfärbung: Nestlinge haben spärliche gelbe Dunenfedern und eine bläuliche Haut; Jungvögel mit leicht gräulichem Gefieder und dunkler Iris; Umfärbung bei Weibchen mit 2 bis 5 Jahren.

Vergleich mit ähnlichen Arten: Der Salomonen-Kakadu ist von allen *Licmetis*-Arten die einzige, die nirgendwo im Gefieder sichtbar rote Federn hat. Außerdem besitzt er keinen nach unten erweiterten nackten Augenbereich wie die australischen Corellas. – Der zweite gänzlich weiße Kakadu, der Weißhaubenkakadu (*C. alba*), ist wesentlich größer (45 vs. 32 cm) und hat eine viel größere, sehr markante nach hinten gebogene Haube.

ducorpsii
Jungvogel

Kurzinfos zum Salomonen-Kakadu		
Größe: 32 (30-35) cm	**Gelege pro Jahr:** eins, gelegentlich zwei	**Flugbedürfnis:** unterschiedlich groß
Gewicht: 350 (300-420) g	**Gelegegröße:** 2 (1-3) Eier	**Nagebedürfnis:** groß
Ringgröße: 9,5 mm	**Brutdauer:** 28-30 Tage	**Badebedürfnis:** groß (Regenbad)
Erstzucht: 1987, Schweiz	**Nestlingszeit:** 70-80 Tage	**Aggressivität:** kann sehr hoch sein
Eimaße: 37, 7 (37,3-38,1) x 26, 7 (25,4-29,2) mm; n = 3	**Selbständigkeit:** nach etwa 4-5 Wochen	**Stimme:** laut, aber erträglich

Licmetis ducorpsii

3. Natürliches Vorkommen

Verbreitung: auf allen großen Inseln der Salomonen und dem nahen Papua-Neuguinea (Bougainville, Choiseul, New Georgia, Santa Isabel, Malaita, Guadalcanal) außer San Cristobal; außerdem auf einigen der kleineren Inseln (Buka, Mbava, Vella Lavella, Ranongga, Kolambangara, Gizo, Rendova, Tetepare, Vangunu, Nggatokae, Russell und Nggela Sule).

Lebensraum: Wälder, Waldränder und Mangroven, vor allem im Tiefland bis 700 m, seltener bis zu Nebelwäldern in 1800 m Höhe; zur Nahrungssuche auch offenes Gelände, Felder und Obstgärten; gelegentlich in Dörfern und bis in Städte hinein.

Verhalten: außerhalb der Brutzeit in Paaren oder kleinen Gruppen von 5-10 Vögeln; nur gelegentlich größere Schwärme; scheu und vorsichtig; bei Nahrungsaufnahme am Boden Wächtervögel in den Bäumen, wellenförmiger Flug mit lauten, oft andauernden Rufen.

Status: sehr häufig und weitverbreitet im Tiefland, trotz örtlicher Bestandsrückgänge durch Waldrodungen und zunehmenden Fang für den Handel. Bestände gelten noch als stabil. Gesamtpopulation auf 100.000 Exemplare geschätzt.

4. Vorkommen in menschlicher Obhut

Häufigkeit: auf den Salomonen häufiger als Haustier gehalten (wegen schlechter Ernährung allerdings in Menschenobhut nicht sehr langlebig); selten exportiert und außerhalb der Salomonen nur selten vorkommend; Wildfänge sehr scheu, Nachzuchten können sehr zutraulich werden.

Mindestanforderungen der Unterbringung: für Einzelhaltung ungeeignet, mindestens paarweise Haltung; möglichst große Metall-Voliere, mindestens 4 x 1 x 2, besser jedoch 6 x 2 x 2 m mit mäßig warmem Schutzraum, viel Holz zum Benagen geben; sehr lebhafte und temperamentvolle Kakadus; wühlen sehr gerne im Boden.

Züchtbarkeit: selbst unter optimalen Bedingungen schwierig, gelingt nur selten; brutreif mit 2-3 Jahren, Paarbildung oft schwierig; Männchen sehr aggressiv und als „Weibchen-Killer" berüchtigt, darum Nistkasten mit zwei Ausgängen und Versteckmöglichkeiten für das Weibchen anbieten; außerdem versuchen, den starken Bruttrieb der Männchen zu dämpfen (z. B. durch Ernährung, Ablenkung, ggfs. Flügel stutzen); auffällige Balz mit signifikantem Schnabelklappern; beide Elternteile brüten; während der Brut störungsanfällig, Nestlinge werden oft vernachlässigt oder gerupft; wiederholt wird nur 1 Jungvogel aufgezogen. Auch die Handaufzucht gilt als nicht unproblematisch. – In jüngster Zeit gelingen Bruten bei harmonierenden Paaren jedoch zusehends (Sambroni 2003, Fierens 2012).

5. Hilfreiche Literatur

Bregulla HL (1984). Die Papageien der Salomon-Inseln: Salomonenkakadu, Gelbkopfpapagei und Salomon-Edelpapagei. Die Voliere 7(4), pp. 146-149.

Fierens K (2012). Haltung und Zucht des Salomonenkakadus. PAPAGEIEN 25(1), pp. 14-18.

Manderscheid C (1994). Der Salomonenkakadu. PAPAGEIEN 7(4), pp. 110-112.

Melville RV (1981). Opinion 1168, *Cacatua ducorpsii* Pucheran, 1853 (Aves) conserved. The Bulletin of Zoological Nomenclature, vol. 38 pt. 1, pp. 69-71.

Robiller F (1997). Naturbrut des Salomonenkakadus in der Voliere. Gefiederte Welt 126(8), pp. 258-261.

Sambroni J (2003). Der Salomonenkakadu. PAPAGEIEN 16(6), pp. 191-195.

Sweeney RG (1996). Salomonenkakadus im Loro Parque, Teneriffa. PAPAGEIEN 9(7), pp. 198-200.

Die australischen Corellas

Systematik: Bei den australischen Corellas gibt es im Wesentlichen drei unterscheidbare Gruppen: 1. die kurzschnäbelige Form, die in Australien weitverbreitet vorkommt (*sanguinea*); 2. die langschnäbelige Form aus dem Südwesten Australiens (*pastinator*) und 3. die langschnäbelige Form aus dem Südosten Australiens (*tenuirostris*).

Diese drei Gruppen wurden historisch in unterschiedlichen Konstellationen zusammengefasst: Salvadori ordnete sie als drei eigenständige Arten zwei unterschiedlichen Gattungen zu: *sanguinea* zu *Cacatua* und *pastinator* und *tenuirostris* aufgrund des langen Schnabels zu *Licmetis*. (Salvadori 1891). Peters (1937) fasste diese beiden zu einer Art zusammen, während Schodde (1979) hingegen dies mit *sanguinea* und *pastinator* aufgrund vermutlich ähnlicher phylogenetischer Entwicklung machte. Ford schließlich sprach sich wieder für drei eigenständige Arten aus (Ford 1985).

Heute hat sich allgemein die Verteilung auf drei eigenständige Arten durchgesetzt, zumal es sympatrisches Vorkommen von *pastinator* / *sanguinea* sowie von *tenuirostris* / *sanguinea* gibt, ohne dass man von signifikanten Hybridzonen sprechen kann.

Vergleich morphologischer Merkmale der drei australischen Corellas			
	sanguinea	*pastinator*	*tenuirostris*
Körperbau	schlank	schlank	gedrungen
Schwanz	lang	lang	kurz
Haubenform	lang (41-57 mm)	lang (47-58 mm)	kurz (33-34 mm)
Schnabelform	schwer, breit	schwer, breit	schmal, seitlich zusammengepresst
Schnabelspitze	kurz	lang	lang
Flügelform	rund	rund	spitz
Unterflügelfärbung	östlich: wenig, blassgelb westlich: intensiv gelb	intensiv gelb	wenig, blassgelb
Rotfärbung	blass rot, begrenzt	blass rot, begrenzt	intensiv und viel rot

Hilfreiche Literatur

Ford J (1985). Species limits and phylogenetic relationships in corellas of the *Cacatua pastinator* complex. Emu 85, pp. 163-180.

Schodde R, Smith GT, Mason IJ & RG Weatherly (1979). Relationships and speciation in the Australian Corellas (Psittacidae). Bull. B. O. C. 99(4), pp. 128-137.

sanguinea

Licmetis sanguinea (Gould 1843)

Nacktaugenkakadu, Rotzügelkakadu

englisch: Little Corella, Bare-eyed Cockatoo,, Short-billed Corella, Bloodstained Cockatoo, Dampier's Corella

französisch: Cacatoès corella, Cacatoès à oeil nu

spanisch: Cacatúa Sanguínea

niederländisch: Naaktoogkaketoe

pastinator

1. Systematik und Taxonomie

Geschichte: Nacktaugenkakadus sind die früheste in Australien beobachtete Papageienart: 1699 besuchte William Dampier eine kleine Insel vor der Westküste Australiens, wo er neben Möwen, Kormoranen und Reihern „eine Art Weißer Papageien, die in großer Zahl gemeinsam umherflogen" beobachtete („Voyage to New Holland, 1703). Noch heute gibt es auf dieser Insel im Dampier-Archipel Nacktaugenkakadus.

tenuirostris

Systematik: In der Systematik der Nacktaugenkakadus gab es viel Bewegung. Dies betraf zum einen ihr Verhältnis zu den beiden langschnäbligen Arten *L. pastinator* und *L. tenuirostris*, zum anderen die Anzahl der zu dieser Art gezählten Unterarten. So wurde der Goffinkakadu (*L. goffiniana*) früher als Unterart des Nacktaugenkakadus angesehen, gilt aber mittlerweile allgemein als eigenständige Art, die zwar gewisse Ähnlichkeiten mit dem Nacktaugenkakadu aufweist (Haubenform, Gefiederfärbung, rötliche Zügel, heller Schnabel), andererseits aber auch deutliche Unterschiede aufweist (vor allem das Fehlen der kahlen, blaugrauen Augenumgebung sowie die biogeographische Isolation auf den Tanimbar-Inseln).

Nacktaugenkakadus sind innerhalb der Corella-Gruppe vermutlich die Stammform der beiden anderen australischen Arten (*L. pastinator* und *L. tenuirostris*), die jeweils als langschnäblige Weiterentwicklung der kurzschnäbligen Stammform anzusehen sind.

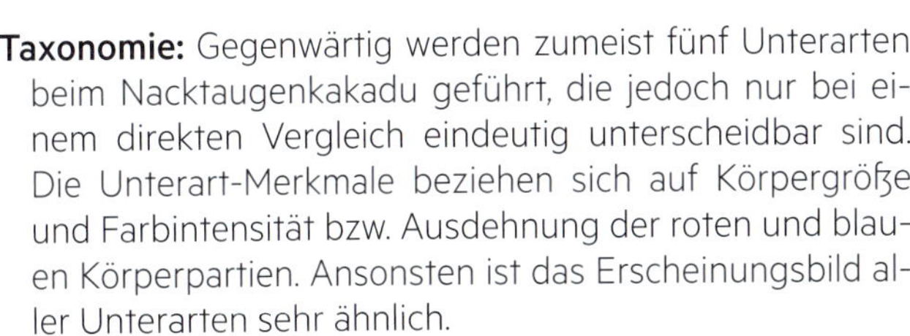

sanguinea

sanguinea Jungvogel

Taxonomie: Gegenwärtig werden zumeist fünf Unterarten beim Nacktaugenkakadu geführt, die jedoch nur bei einem direkten Vergleich eindeutig unterscheidbar sind. Die Unterart-Merkmale beziehen sich auf Körpergröße und Farbintensität bzw. Ausdehnung der roten und blauen Körperpartien. Ansonsten ist das Erscheinungsbild aller Unterarten sehr ähnlich.

Gould beschrieb die Nominatform *sanguinea* 1843 in den Proceedings of the Zoological Society of London, pt. 10, p. 138. Er gibt dort eine kurze Diagnose sowohl in Latein wie auch in Englisch und beschreibt dabei die Hauptmerkmale des Gefieders, sowie im Englischen die Färbung von Schnabel und Füßen, die Abmessungen des Vogels und die Herkunft von der Nordküste Australiens. Unglücklicherweise macht er jedoch keinerlei Angaben zum entscheidenden Merkmal der Art: der kahlen blaugrauen Augenregion. Auch die älteste Darstellung bei Gould (The Birds of Australia 1848, vol. 5 pl. 3) zeigt dieses Merkmal nicht, sodass der Vogel wie ein Goffinkakadu aussieht. Gould benennt jedoch auch hier die Herkunft als von Port Essington im Norden Australiens. – Finsch benannte 1867 das einzige bekannte Synonym *rhodolorus*.

PL Sclater beschrieb *gymnopis* 1871 in den Proceedings of the Scientific Meetings of the Zoological Society of London, pt. 2, p. 3490-493. Er vergleicht dort drei weiße Kakadus, die er im Zoologischen Garten London gesehen hat und von denen jeweils in einer Schwarzweiß-Abbildung die Köpfe dargestellt werden: den ersten identifiziert er korrekt als *C. ducorpsii*, den zweiten fälschlich als *C. sanguinea* „von der Nordküste Australiens“ (die Zeichnung zeigt jedoch eindeutig einen Goffinkakadu, *L. goffiniana*). Den dritten Kakadu beschreibt er als *C. gymnopis* von Südaustralien und gibt von diesem eine ausführliche lateinische Diagnose. – Ein treffendes, farbiges Bild dieses Vogels findet sich 1888 bei Gould in Birds of New Guinea, vol. 5, pl. XIX.

GM Mathews beschrieb 1917 die beiden Unterarten *normantoni* (Typus-Ort Normanton, Queensland) und *westralensis* (Typus-Ort Murchison, mittlerer Westen Australiens), die heute auch noch anerkannt werden.

GF Mees beschrieb 1982 schließlich die letzte Unterart *transfreta* (Typus-Ort Kurik, Irian Jaya), aufgrund von fünf Exemplaren. Seine Ausführungen sind recht ausführlich und differenziert, auch in Bezug auf eine Infragestellung der Unterart im Vergleich zu *normantoni* von der Kap-York-Halbinsel. (Dazu hat er die wenigen in Museen vorhandenen Bälge der beiden Unterarten konkret miteinander verglichen.)

Außer diesen fünf anerkannten Unterarten wurden von Gregory M. Mathews vier weitere beschrieben, die allgemein nicht mehr anerkannt werden. Das sind die Unterarten:

- *distincta*, Mathews 1912, deutlich größer als *sanguinea* (Typus-Ort Alligator River, Inland des Nord-Territoriums), heute zu *sanguinea* gerechnet.
- *subdistincta*, Mathews 1912, kleiner als *distincta*, aber größer als *sanguinea* (Typus-Ort Parry's Creek, Nordwest-Australien), heute zu *sanguinea* gerechnet.
- *apsleyi*, Mathews 1912, Schnabel größer als *distincta*, Flügel kürzer (Typus-Ort Melville Island, Nord-Territorium), heute zu *sanguinea* gerechnet.
- *ashbyi*, Mathews 1912, Schnabel und nackte Augenregion kleiner als *sanguinea*, Flügel kürzer (Typus-Ort Yanco Glen, nördlich von Broken Hill, Neusüdwales), heute zu *gymnopis* gerechnet.

Bei der Schreibweise einiger Unterarten sind immer wieder Schreibfehler zu entdecken. Korrekt sind die Namen *gymnopis*, *westralensis* und *transfreta* (nicht *gymnopsis*, *westralis* oder *transfretra*).

Namenserklärung: *sanguinea* = blutrot gefärbt (bezieht sich auf die Färbung der Zügel).

gymnopis = mit nacktem Gesicht bzw. nackter Augenregion.

gymnopis

westralensis

westralensis = aus West-Australien stammend.

normantoni = aus der Stadt Normanton (im Norden Queenslands) stammend.

transfreta = „übertragen" (gemeint ist: von Australien nach Süd-Neuguinea).

distincta = unterschiedlich; *subdistincta* = weniger unterschiedlich.

apsleyi und *ashbyi* sind Dedikationsnamen.

rhodolorus = mit roten Zügeln.

2. Identifizierung

Färbung adulter Tiere: weiß; breite, sehr kurze Federhaube; Zügel blass orangerosa, Basis der Kopf-, Nacken-, Brust- und Rückenfedern mit schwachem orangerosafarbenem Anflug; Ohrdecken und Federn über dem Auge mit schmutziggelbem Anflug; Schwanzfedern und Schwingen unterseits gelblich verwaschen; Schnabel gräulich hornfarben; nackter Augenring hell blaugrau und bis auf den oberen Wangenbereich ausgedehnt; Iris dunkelbraun; Füße grau.

Unterscheidung der Geschlechter: monomorph, Weibchen wie Männchen gefärbt; Männchen manchmal am kräftigeren Körperbau zu unterscheiden.

Jungvogelfärbung: Nestlinge mit dünnem, gelben Dunenkleid, Jungvögel wie Alttiere, aber der nackte Augenring ist fast weißlich.

Vergleich mit ähnlichen Arten: Nacktaugenkakadus unterscheiden sich von ihren nächsten Verwandten, dem Wühler- und dem Nasenkakadu (*L. pastinator* bzw. *L. tenuirostris*) vor allem durch den normal langen Schnabel und die deutlich geringere Körpergröße. Von allen übrigen *Licmetis*-Arten unterscheiden sie sich durch den nackten, blauen Unteraugenbereich.

3. Unterarten

a. *Licmetis s. sanguinea* (Gould 1843)

Kimberley-Nacktaugenkakadu

Merkmale: größte Unterart, Zügelfärbung und nackter Augenbereich beide farblich blass.

Größe: 38-39 cm

Gewicht: 400-800 g

Verbreitung: Nord-Australien von den Kimberleys im Norden West-Australiens bis zum Golf von Carpentaria, NW-Queensland, einschließlich der vorgelagerten Inseln; Mischgebiet mit *normantoni* im Nordwesten von Queensland.

b. *Licmetis s. gymnopis* (Sclater 1871)

Östlicher Nacktaugenkakadu, Sclaters Nacktaugenkakadu

Merkmale: wie *sanguinea*, aber mehr und intensiveres Rosarot auf Zügeln, nackter Augenring dunkel blaugrau; Flügel und Schnabel kürzer; mittlere Größe.

Größe: 36 cm

Gewicht: 350-530 g

Verbreitung: die östliche Hälfte Australiens ohne die Kap-York-Halbinsel: in der Mitte und im Süden des Nordterritoriums, Queensland ohne Kap-York, Neusüdwales und Victoria, im Osten Südaustraliens; außerdem alle größeren vorgelagerten Inseln; in den Midlands Tasmaniens sowie im Umfeld verschiedener Großstädte eingeführt; in Victoria kommt die Unterart mittlerweile mit dem Verbreitungsgebiet des Nasenkakadus (*L. tenuirostris*) in Kontakt.

c. *Licmetis s. westralensis* (Mathews 1917)

Westlicher Nacktaugenkakadu

Merkmale: wie *sanguinea*, aber mehr und intensiver oran-

normantoni

transfreta

gerot auf Zügeln und Federbasen, Kehle, Wangen, Mantel und Brust dadurch rötlich überhaucht, manchmal sogar bis zu Bauch und Schenkeln reichend, Flügel- und Schwanzunterseite sind dunkler gelb; bei mittlerer Größe etwas kleiner als *sanguinea*.

Größe: 37 cm

Gewicht: 420-590 g

Verbreitung: West-Australien von der Great Sandy Desert südwärts, heute bis weit in den Südwesten Australiens, wo die Unterart in Kontakt mit dem Wühlerkakadu (*L. pastinator*) kommt; außerdem auf den größeren vorgelagerten Inseln.

d. *Licmetis s. normantoni* (Mathews 1917)

Cape-York-Nacktaugenkakadu, Mathews-Nacktaugenkakadu

Merkmale: wie *sanguinea*, aber deutlich kleiner; Zügelfärbung zwischen *sanguinea* und *gymnopis*.

Größe: 34 cm

Gewicht: 350-440 g

Verbreitung: in der westlichen Kap-York-Halbinsel von der Stadt Normanton nordwärts, Nordost-Australien.

e. *Licmetis s. transfreta* (Mees 1982)

Neuguinea-Nacktaugenkakadu

Merkmale: wie *sanguinea*, aber deutlich kleiner; die Unterseite der Schwingen und die Innenfahnen der Schwanzfedern mehr bräunlich- als blassgelb, nahezu lachsfarben.

Größe: 34 cm

Gewicht: 400-800 g

Verbreitung: südliches Neuguinea von Kurik, Irian Jaya, bis zum unteren Fly-River, Papua-Neuguinea.

4. Natürliches Vorkommen

Lebensraum: trockene und halbtrockene Savannen in der Nähe von Wasserstellen, Galeriewälder entlang von Flüssen, außerdem offene Waldgebiete (vor allem mit Eukalyptusbestand), an der Nordküste in Mangrovengebieten und auf Acker- und Weideland; außerdem auch in Städten, Gärten und Parkanlagen zu finden; gilt verbreitet als großer Ernteschädling.

Verhalten: in kleinen bis riesigen Schwärmen vorkommend, auch in Gesellschaft von Rosakakadus (*E. roseicapilla*); laut, auffällig und ausgesprochen verspielt; während der Brut ortsbeständig, sonst je nach Situation auch nomadisch; fressen zumeist am Boden, gelegentlich in den Bäumen; schneller, kräftiger Flug mit ständigen Kontaktrufen; bei günstigen Bedingungen zwei bis drei Bruten nacheinander möglich; brüten auch in Felsspalten und Termitenbauten.

Die Unterart im Süden Neuguineas kommt in wesentlich kleineren Schwärmen (zumeist bis zu 30 Exemplaren), nur selten in Schwärmen mittlerer Größe (bis zu 400 Vögel) vor.

Status: häufig bis ausgesprochen zahlreich (Schwärme von 60.000 – 70.000 Vögeln sind nachgewiesen); Gesamtpopulation auf über 1.000.000 Exemplare geschätzt und weiter zunehmend.

5. Vorkommen in menschlicher Obhut

Häufigkeit: in Europa nur gelegentlich vorkommend (weitestgehend Importe aus Neuguinea (*transfreta*); in Australien aufgrund der großen Häufigkeit in der Natur als Volierenvögel nicht sehr interessant; als Haustier im ländlichen Bereich häufiger gehalten: werden leicht zutraulich und gelten als unempfindliche, wachsame Vögel mit gutem Sprachtalent; zeitweise jedoch sehr laut und aggressiv.

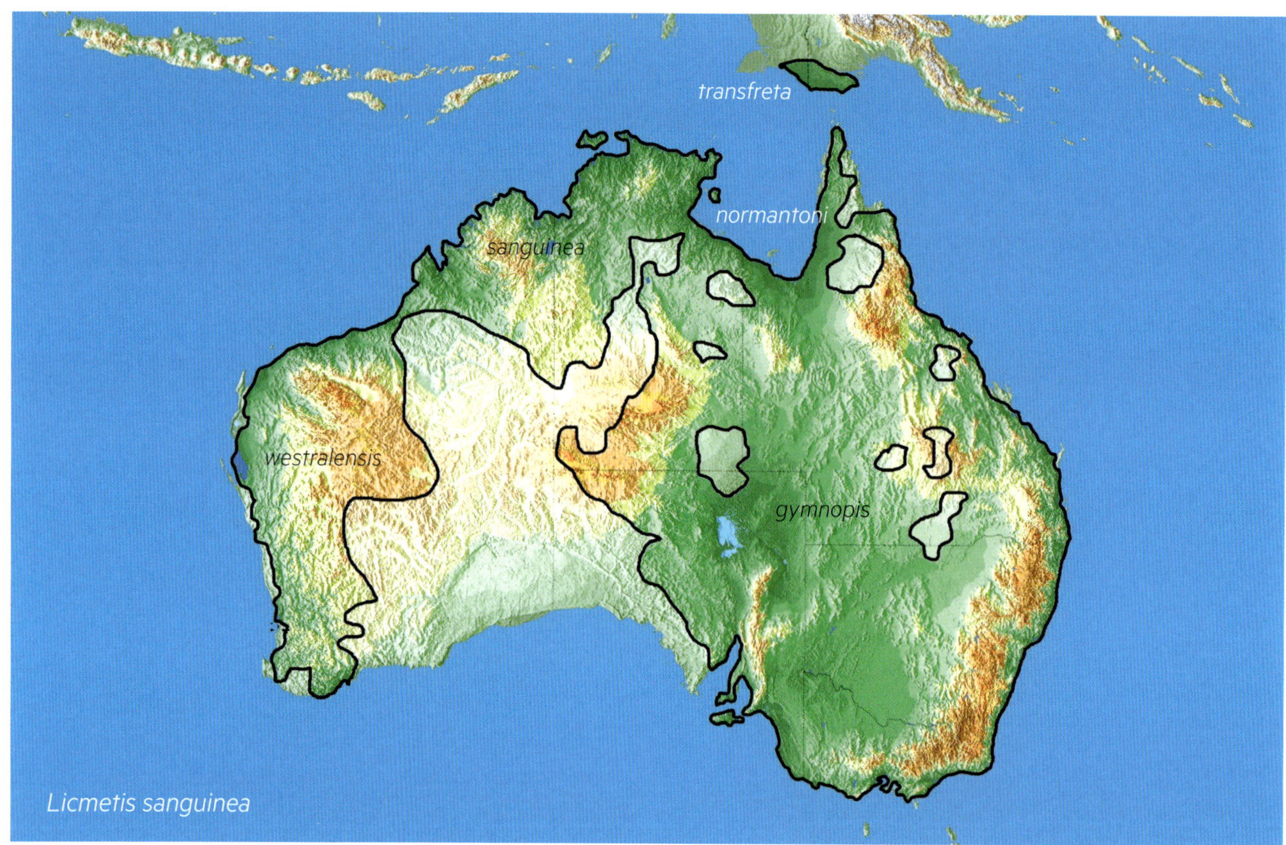

Mindestanforderungen der Unterbringung: Metallkonstruktion mit frostfreiem Schutzhaus, mindestens 2 x 1 x 1,8 m, möglichst 4 x 2 x 2 m; Schlafkästen anbieten; halten sich viel am Boden auf, wo sie intensiv graben; daher regelmäßige Wurmkuren wichtig; Holz- und Spielzeuggaben zur Beschäftigung.

Züchtbarkeit: in der Natur opportunistische Brüter; in menschlicher Obhut daher relativ leicht zu züchten; die Zucht gelingt heute regelmäßig, beide Elternteile brüten; während der Brutphase sind die Vögel sehr laut.

6. Hilfreiche Literatur

Ford J (1985). Species limits and phylogenetic relationships in corellas of the *Cacatua pastinator* complex. The Emu 85, pp. 163-180.

Hunt C (1999). A Guide to... Australian White Cockatoos. ABK Publications, South Tweed Heads, NSW, Australia, pp. 75-79.

Mathews GM (1912). The Australian Avian Record. Vol. 1, p. 36.

Mathews GM (1912). A Reference-List to the Birds of Australia. Novitates Zoologicae, vol. 18, p. 265.

Mathews GM (1917). The Birds of Australia. London, pp. 211-212.

Mees GF (1982). Birds from the lowlands of Southern Guinea. Zoologische Verhandelingen 191, pp. 79-81.

Schodde R, Smith GT, Mason IJ & RG Weatherly (1979). Relationships and speciation in the Australian Corellas (Psittacidae). Bull. B. O. C. 99(4), pp. 128-137.

Kurzinfos zum Nacktaugenkakadu		
Größe: 34-39 cm	**Gelege pro Jahr:** 2 sind möglich	**Flugbedürfnis:** ausgeprägt
Gewicht: 350-800 g	**Gelegegröße:** 2-4 (1-5) Eier	**Nagebedürfnis:** ausgesprochen groß
Ringgröße: 9,5 mm (je nach Unterart auch 10 mm)	**Brutdauer:** 23-26 Tage	**Badebedürfnis:** ausgeprägt
Erstzucht: 1907, London	**Nestlingszeit:** 42-56 Tage	**Aggressivität:** nicht ausgeprägt, aber vorhanden
Eimaße: 41 x 29 mm; *sanguinea* 42 (41,1-42,5) x 33,3 (33,0-33,6) mm (n = 3); *gymnopis* 40,6 (54,4-47,1) x 28,8 (28, 2-29,3) mm (n = 3); *westralensis* 41,3 (37,6-45,6) x 29,7 (28,0-31,5) mm (n = 13).	**Selbständigkeit:** mit etwa 4 Wochen	**Stimme:** zeitweise laut, aber erträglich

pastinator

derbyi

Licmetis pastinator Gould 1841

Wühlerkakadu

englisch: Western (Long-billed) Corella / Cockatoo, Dampier's Cockatoo

französisch: Cacatoès laboureur, Cacatoès nasique pastinator, Cacatoès à nez rose

spanisch: Cacatúa cavadora

niederländisch: Westelijke langsnavelkaketoe

1. Systematik und Taxonomie

Systematik: Die Stellung des Wühlerkakadus in der Systematik war lange unklar: Anfangs wurde er als Unterart des Nasenkakadus (*L. tenuirostris*) geführt (Peters 1937), später jedoch mit dem Nacktaugenkakadu (*L. sanguinea*) zu einer Art zusammengefasst (Schodde et al. 1979). Ford wies jedoch nach, dass der Wühlerkakadu, obwohl er seit ca. 1910 mit dem Nacktaugenkakadu sympatrisch vorkommt, in keiner erkennbaren Form mit diesem hybridisiert (Ford 1985). Demnach ist es nur folgerichtig, ihn als eigenständige Art zu führen, was praktisch in der gesamten neueren Literatur auch so gehandhabt wird.

Taxonomie: Die älteste Beschreibung des Wühlerkakadus ist bei Kuhl 1820 unter dem Namen *Psittacus tenuirostris* zu finden. Lange glaubte man, dass hier der Nasenkakadu beschrieben wurde, was nicht korrekt war. Schodde, Voisin & Voisin beantragten daraufhin die Beibehaltung der Namen *tenuirostris* für den Nasenkakadu und *pastinator* für den Wühlerkakadu, da praktisch die gesamte Literatur die Namen entsprechend verwendet. Dem wurde von der International Commission on Zoological Nomenclature 2012 zugestimmt (Details siehe unter *Licmetis tenuirostris*).

John Gould beschrieb die Art 1841 als *Licmetis pastinator* in den Proceedings of the Zoological Society of London, „1840", pt. 8, p. 175. Zunächst gibt er eine kurze lateinische Diagnose für die markantesten Körperpartien und beschreibt die Art danach ausführlicher auf Englisch, gibt verschiedene Größenangaben, beschreibt die Herkunft aus Westaustralien (Nabagup Farm, Lake Muir, WA) und vergleicht ihn mit dem Nasenkakadu (*L. tenuirostris*).

Mathews führte 1916 im Austral Avian Record 3, p. 57, die Unterart *derbyi* ein. Der englische Text sagt nur, dass die Unterart einen viel kleineren Schnabel hat und gibt als Typus-Ort Derby in Nordwest-Australien an. Diese Angaben ergeben wenig Sinn, da Derby 1.500 km nördlich vom Verbreitungsgebiet der Unterart liegt. Dennoch ist die Diagnose eindeutig genug, sodass der Name weiterhin als verfügbar gilt und allgemein in der Literatur verwendet wird. – Wesentlich nuancierter analysiert Ford diese Unterart unter dem Namen *butleri* (Ford 1987), der jedoch nur als späteres Synonym gelten kann. Dennoch ist seine Analyse ausgesprochen hilfreich zum Verständnis der Unterart: Ford benennt einen Typus, der in der Nähe von Coorow, nördlich von Perth, gesammelt wurde. Er benennt noch eine Reihe weiterer Paratypen, gibt genaue Verbreitungsangaben, auch in Abgrenzung zur Nominatform, an, macht Angaben zu den untersuchten Parametern und erklärt den Hintergrund des wissenschaftlichen Namens.

Namenserklärung: *pastinator* = „Bearbeiter des Erdreichs".

derbyi = Derby ist eine Stadt im Nordwesten Australiens.

Das Typus-Exemplar dieser Unterart soll fälschlicherweise von dort kommen. (Faktisch kommt die Unterart jedoch viel weiter südlich vor.).

butleri = zu Ehren von William Henry Butler (1930-2015), in Anerkennung seiner Arbeit zur westaustralischen Ornithologie. Butler war als Fernsehpräsentator für Sendungen zu Natur und Umwelt sehr beliebt und verstand es hervorragend, wissenschaftliche Erkenntnisse populär zu vermitteln.

pastinator Jungvogel

2. Identifizierung

Färbung adulter Tiere: Gefieder weiß; breite Federhaube mittlerer Größe (47-56 mm); Zügel und Basis der Kopf-, Nacken-, Brust- und Rückenfedern orangerot; Ohrdecken und Federn über dem Auge mit schmutzig gelbem Anflug; Schwanzfedern und Schwingen unterseits gelblich verwaschen; Schnabel gräulich hornfarben und stark verlängert (43 - 54 mm); nackter blaugrauer Augenring bis auf die oberen Wangen ausgedehnt; Iris dunkelbraun; Füße grau.

Unterscheidung der Geschlechter: Weibchen wie Männchen, aber geringfügig kleiner, mit tendenziell kleinerem Kopf.

Jungvogelfärbung: Nestlinge mit blassgelben Dunenfedern und bereits leicht verlängertem Schnabel; Jungvögel wie Alttiere, aber mit kürzerem Schnabel; Ohrdecken etwas stärker schmutzig gelb verwaschen; Orangerot auf Zügel weniger leuchtend; der nackte Augenring ist weniger bläulich.

Vergleich mit ähnlichen Arten: Wühlerkakadus unterscheiden sich vom Nacktaugenkakadu (*L. sanguinea*) durch den verlängerten Schnabel und die größere Statur; und vom Nasenkakadu (*L. tenuirostris*) durch den etwas kürzeren Schnabel, das Fehlen der roten Brustfedern und die größere Statur.

3. Unterarten

a. *Licmetis p. pastinator* Gould 1841

Südlicher Wühlerkakadu, Muirs Wühlerkakadu

englisch: Muir's Corella / Cockatoo

Merkmale: 45 (43-48) cm, mit längerem und kräftigerem Schnabel (37-52 mm)

Verbreitung: Südwest-Australien im Gebiet um die Seen Muir und Unicup

b. *Licmetis p. derbyi* Mathews 1916

Nördlicher Wühlerkakadu, Mathews Wühlerkakadu

englisch: Mathew's Corella / Cockatoo

Merkmale: kleiner, 40 (37-42) cm, mit kleinerem Schnabel (37-42 mm) und weniger Rot am Kopf.

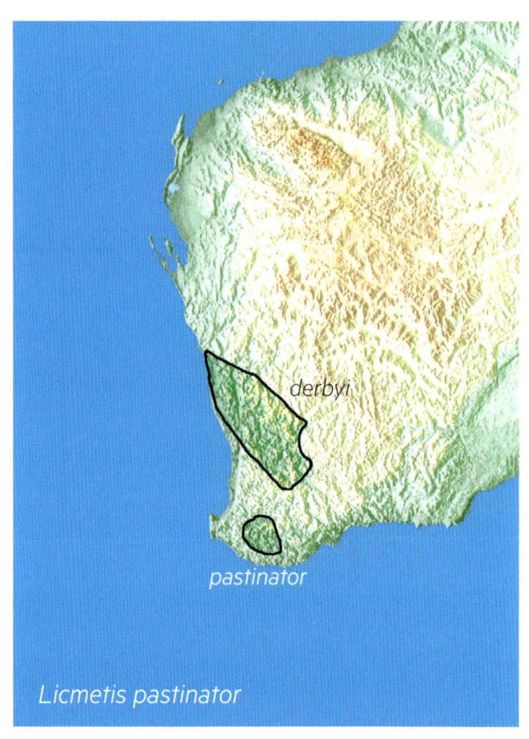

Kurzinfos zum Wühlerkakadu		
Größe: siehe Unterarten	**Gelege pro Jahr:** zwei sind möglich	**Flugbedürfnis:** ausgeprägt
Gewicht: 500-850 g (Weibchen 500-700 g, Männchen 700-850 g)	**Gelegegröße:** 2-3 (1-5) Eier	**Nagebedürfnis:** sehr groß
Ringgröße: 12 mm	**Brutdauer:** 26-28 (24-29) Tage	**Badebedürfnis:** groß (Regenbad)
Erstzucht: unbekannt, Zucht erst in jüngster Zeit gelungen	**Nestlingszeit:** 6-8 Wochen	**Aggressivität:** zeitweise sehr stark ausgeprägt
Eimaße: 51 x 30 mm	**Selbständigkeit:** 3-4 Wochen	**Stimme:** können sehr laut werden

Verbreitung: Südwest-Australien im Gebiet zwischen den Städten Dongara und Moora und ostwärts bis zur Höhe der Stadt Quairading.

4. Natürliches Vorkommen

Lebensraum: *pastinator* in teilweise gerodeten Eukalyptus-Wäldern und auf Farmland, *derbyi* ursprünglich in Galeriewäldern von Tälern der größeren Wasserläufe, vor allem Irwin- und Hill-River, heute im gesamten Weizengürtel West-Australiens.

Verhalten: paarweise, in kleinen Gruppen, gelegentlich Schwärme von 1.000 und mehr Vögeln, laut und auffallend, fressen überwiegend am Boden und bewegen sich dort mit schnellen, trippelnden Schritten vorwärts; oft in Gesellschaft von Nacktaugenkakadus (*L. sanguinea*) und Rosakakadus (*E. roseicapilla*); haben Wächtervögel und sind relativ scheu; relativ geringe Reproduktionsrate (durchschnittlich 1, 6 Junge pro Nest); kräftiger Flug mit ständigen Kontaktrufen.

Status: die Nominatform wurde früher stark verfolgt, bejagt und vergiftet, sodass 1940 nur noch etwa 100 Vögel existierten; bis 1990 nahmen die Bestände wieder auf etwa 1.500 Exemplare zu, sind jedoch immer noch stark gefährdet; allgemein nur noch örtlich, dort dann aber zahlreich anzutreffen. – Unterart *derbyi* in den 1920ern in relativ kleinem Verbreitungsgebiet, seitdem immer weitere Ausdehnung auf fast den gesamten Weizengürtel, heute allgemein häufig anzutreffen; Population nimmt weiter zu (mind. 5.000 bis 10.000 Vögel).

5. Vorkommen in menschlicher Obhut

Häufigkeit: in West-Australien früher häufig gehalten, da attraktive, aber auch anspruchsvolle Heimvögel, Haltung in Gesamt-Australien nimmt wieder zu; außerhalb Australiens selten.

Mindestanforderungen der Unterbringung: sehr bewegungsfreudig, darum möglichst große, stabile Metall-Voliere, mindestens 6 x 2 x 2 m mit frostfreiem Schutzraum; viel Holz zum Benagen und natürliche Beschäftigungsmöglichkeiten geben; graben gerne im Boden, Wurmkuren darum wichtig; ansonsten robuste und wenig empfindliche Vögel; angenehme, verspielte und intelligente Pfleglinge, gute Sprecher; für Einzelhaltung eher ungeeignet, da sehr anspruchsvoll; am besten paarweise Volierenhaltung.

Züchtbarkeit: Zucht gelingt selten, aber harmonierende Paare brüten sehr zuverlässig; zuchtreif ab 3-5 Jahren; beide Elternteile brüten; Jungvögel entwickeln sich langsamer als Nasenkakadus (*L. tenuirostris*), vor allem in den ersten Tagen; der jüngste Nestling wird oft vernachlässigt und stirbt.

6. Hilfreiche Literatur

Chapman T & B Cale (2008). Muir's Corella (*Cacatua pastinator pastinator*) Recovery Plan. Department of Environment and Conservation, pp. 1-28

Ford J (1987). New subspecies of Grey Shrike-thrush and Long-billed Corella from Western Australia. Western Australian Naturalis 16(8), pp. 173-175.

Gould J (1840/41). Descriptions of new Birds of Australia. Proceedings of the Zoological Society of London, pt.8, no. xcv, p. 175.

Hunt C (1999). A Guide to... Australian White Cockatoos. ABK Publications, South Tweed Heads, NSW, Australia, pp. 85-88.

Massam M & J Long (1992). Long-billed Corellas have an Uncertain Status in the South-West of Western Australia. West.Aust. Naturalist 19(1), pp. 30-34.

Mathews GM (1916). List of additions of new subspecies to, and changes in, my "List of birds of Australia". Austral Avian Record 3(3), p. 57.

Saunders DA (1977). Breeding of the Long-billed Corella at Coomallo Creek, WA. Emu 77, pp. 223-227

Schodde R, Smith GT, Mason IJ & RG Weatherly (1979). Relationships and speciation in the Australian Corellas (Psittacidae). Bull. B. O. C. 99(4), pp. 128-137.

Schodde R, Voisin C & JF Voisin (2010). Case 3482 *Psittacus tenuirostris* Kuhl, 1820 and *Licmetis pastinator* Gould, 1841 ...conservation of usage by designation of a neotype for *Psittacus tenuirostris* Kuhl, 1820. Bulletin of Zoological Nomenclature, 67, pp. 151-157.

Schodde R, Voisin C & JF Voisin (2012). Reaction, Opinion 2293 (Case 3482) *Psittacus tenuirostris* Kuhl, 1820 and *Licmetis pastinator* Gould, 1841 (currently *Cacatua tenuirostris* and *Cacatua pastinator*; Aves, Psittaciformes): usage conserved by designation of a neotype for *Psittacus tenuirostris* Kuhl, 1820. Bulletin of Zoological Nomenclature, 69(1), pp. 75-76.

Seitre R (2015). Der Wühlerkakadu, PAPAGEIEN 28(6), pp. 207-213.

Silva T (1994). Die Zucht von Nasen- und Wühlerkakadus. Papageien 7(2), pp. 44-47.

Smith GT & ICR Rowley (1995). Survival of Adult and Nestling Western Long-billed Corellas, *Cacatua pastinator*, and Major Mitchell Cockatoos, *C. leadbeateri*, in the Wheatbelt of Western Australia. Wildlife Research 22, pp. 155-162.

Smith GT (1991). Breeding Ecology of the Western Long-billed Corellas, *Cacatua pastinator pastinator*. Wildlife Research 18, pp. 91-110.

Smith GT & Saunders DA (1986). Clutch Size and Productivity in Three Sympatric Species of Cockatoo (Psittaciformes) in the South-West of Western Australia. Aust. Wildl. Res. 13, pp. 275-285.

Licmetis tenuirostris (Kuhl 1820)

Nasenkakadu, Langschnabelkakadu

englisch: (Eastern) Long-billed Corella / Cockatoo, Slender-billed Corella / Cockatoo

französisch: Cacatoès nasique

spanisch: Cacatúa Picofina

niederländisch: (Oostelijke) langsnavelkaketoe

1. Systematik und Taxonomie

Systematik: Der Nasenkakadu gilt heute allgemein als eigenständige, in seinen Merkmalen überwiegend abgeleitete Art. Auch wenn es äußerliche Ähnlichkeiten mit dem Wühlerkakadu (*L. pastinator*) gibt, beruht dies vermutlich nicht auf einer unmittelbaren Verwandtschaft, sondern auf einem Konvergenzphänomen aufgrund ähnlicher Nahrungsvorlieben. Auch ihr Verhalten und die Jungvogelentwicklung weisen deutliche Unterschiede auf. (Silva 1994).

Taxonomie: Traditionell konzentriert sich die wissenschaftliche Beschreibung des Nasenkakadus auf zwei Namen: *Psittacus tenuirostris*, Kuhl 1820 und *Psittacus nasicus*, Temminck 1822. Tragischerweise ergab eine Überprüfung beider Typus-Beschreibungen, dass es sich in beiden Fällen nicht um Nasenkakadus handelt, sondern um Wühlerkakadus (*L. pastinator*): Weder Kuhl noch Temminck erwähnen in ihrer Beschreibung die rote Färbung der Oberbrust. Und das einzige, noch vorhandene Typus-Exemplar im Muséum national d'Histoire naturelle de Paris ist eindeutig ein Wühlerkakadu. (Das zweite Typus-Exemplar aus der privaten Sammlung des Brooke's Museum in London ist nicht mehr auffindbar.) – Das Gleiche gilt für Temmincks Typus-Exemplar in Tring und die früheste Darstellung (1838) im Nouveau recueil de planches coloriées d'oiseaux, vol. 4 pl. 331. – Für *tenuirostris* (Kuhl 1820) und *pastinator* (Gould 1841) wurde darum 2010 der Antrag bei der International Commission on Zoological Nomenclature eingereicht, beide Namen aufgrund ihrer langjährigen Verwendung als gültige Namen anzuerkennen und beizubehalten (Schodde et al. 2010). Zwei Jahre später, wurde dem durch die Kommission stattgegeben.

tenuirostris

Kuhl beschrieb die Art 1820 als *Psittacus tenuirostris*. Er führt in lateinischer Sprache die Haube, die Zügel, den Schwanz und den Schnabel an, vergleicht die Art in der Größe mit dem Gelbwangenkakadu (*C. sulphurea*), gibt als Herkunftsland „Nova Hollandia" (Australien) an und benennt die Sammlungen, in denen er sie gesehen hat. – Dickinson (1928) erwähnt einen Typus, der 1802 von Robert Brown bei You Yangs gesammelt wurde, einem Ort in der Nähe der Port Phillip Bay, im südlichen Victoria gelegen. Diesen Typus ordnet er als Kakatoe tenuirostris Kuhl 1820 zu. Er erwähnt, dass die Art noch in den 1850ern soweit südlich vorkam und in den Wäldern auch recht häufig war, später aber von dort vollkommen verschwand. Wo das besagte „Typus-Exemplar" heute aufbewahrt wird, ist unklar. Aber diese Textstelle ist eindeutig die erste, die das Verbreitungsgebiet von *tenuirostris* korrekt beschreibt.

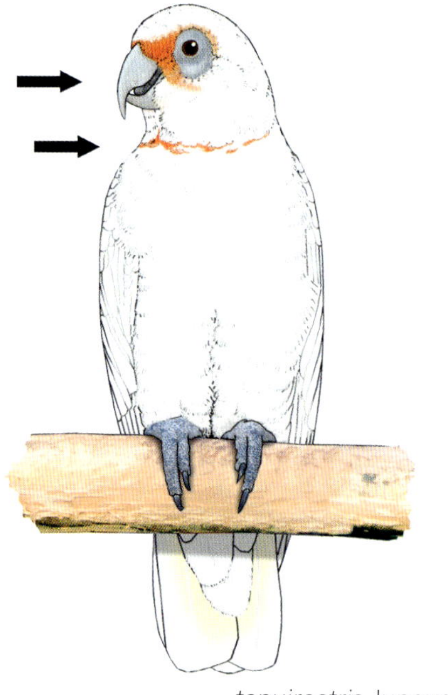

tenuirostris Jungvogel

Wells & Wellington beschrieben 1992 eine neue Unterart, *L. tenuirostris mcallani* für die Population aus dem Riverina-Distrikt, im mittleren Süden von New South Wales (Sydney Basin Naturalist 1, 1992, p. 112). Diese Vögel seien kleiner als die Nominatform und hätten auch einen kleineren Schnabel. – Diese Unterart wird jedoch allgemein nicht akzeptiert, da sie lediglich auf 7 Bälgen basiert und Teil eines heute durchgängigen Verbreitungsgebietes ist. Dennoch zeigt sich bei historischen Bälgen, dass es früher zwei getrennte Verbreitungsgebiete gab: im Westen von Victoria und im Riverina-Distrikt (vgl. Ford 1985). Darum wäre eine genetische Untersuchung durchaus angebracht, um die Frage zu klären, ob diese Unterart berechtigt ist.

Namenserklärung: *tenuirostris* = mit schmalem Schnabel.

mcallani = benannt nach Ian A.W. McAllan, Ornithologe an der Macquarie Universität, Sydney, Australien.

2. Identifizierung

Färbung adulter Tiere: Gefieder weiß; sehr kurze (33-34 mm), breite Federhaube; Stirn, Zügel, schmaler Streifen über dem Auge und Hals leuchtend rot, ebenso die Basis der Kopf-, Nacken-, Brust- und Rückenfedern; Schwanzfedern und zu einem geringen Ausmaß Schwingen unterseits gelblich verwaschen; Schnabel gräulich hornfarben und stark verlängert (42-53 mm); nackter blass-blaugrauer Augenring bis auf die oberen Wangen ausgedehnt; Iris dunkelbraun; Füße grau.

Unterscheidung der Geschlechter: Weibchen wie Männchen (inkl. Irisfärbung); angeblich an kleinerem Kopf und Schnabel und weniger Rot auf der Brust zu unterscheiden; faktisch ist die Art jedoch geschlechtsmonomorph.

Jungvogelfärbung: Nestlinge mit gelblich orangefarbenen Dunenfedern und recht früh mit verlängertem Schnabel (früher als bei *L. pastinator*); Jungvögel haben gegenüber Altvögeln einen kürzeren Schnabel und weniger Orangerot auf den Brustfedern; nackter Augenfleck weniger intensiv blau gefärbt als bei den Altvögeln.

Vergleich mit ähnlichen Arten: Nasenkakadus unterscheiden sich von allen übrigen *Licmetis*-Arten durch die Kombination von verlängertem und zugleich ausgesprochen schmalem Schnabel und roten Brustfedern; von den beiden anderen australischen Corella-Arten unterscheiden sie sich folgendermaßen: Sie sind größer, stämmiger, haben die kleinste Haube und einen längeren Schnabel als der Nacktaugenkakadu (*L. sanguinea*) und sie sind kleiner als der Wühlerkakadu (*L. pastinator*), besitzen jedoch einen noch längeren Schnabel und eine rote Brustfärbung. Darüber hinaus haben Nasenkakadus einen ausgesprochen kurzen Schwanz und im Gegensatz zu den anderen beiden australischen Corella-Arten spitze, nicht runde Schwingen. – Die roten Brustfedern unterscheiden außerdem bereits junge Nasenkakadus vom Wühlerkakadu.

3. Natürliches Vorkommen

Verbreitung: vom Einzugsgebiet der Flüsse Murray und Murrumbidgee bis zur Küste, vom südlichen Neusüdwales über Victoria bis nach Südost-Südaustralien (am häufigsten im Westen von Victoria und Südosten von Süd-Australien); sie leben vor allem in Gegenden mit ausreichend Regen und sind kaum in trockeneren Regionen zu finden; durch entflogene oder ausgesetzte Tiere in vielen größeren Städten Australiens bereits eigene Populationen; mittlerweile auch auf Inseln der Bass-Straße und in Tasmanien etabliert.

Lebensraum: baumbestandene Graslandschaften und savannenartige Wald- und Anbaugebiete mit *Eucalyptus*-Beständen, vor allem in der Nähe von Wasserläufen; örtlich auch in Gärten und Parkanlagen der Städte; als Brutbaum wird vor allem der Rote Eukalyptus (*Eucalyptus camaldulensis*) genutzt.

Verhalten: in Paaren oder kleineren Gruppen von 8 bis 10 Vögeln vorkommend; außerhalb der Brutzeit auch Schwärme von bis zu 100, lokal selbst 2.000 Vögel; sehr laute, auffällige, verspielte und intelligente Tiere, werden manchmal „weiße Keas" genannt; Nahrungsaufnahme vorwiegend am Boden; Wächtervögel sitzen in nahe liegenden Bäumen, um den Schwarm bei Gefahr zu warnen; graben in der Erde nach Wurzeln, Knollen und Zwiebeln, auch mit Gelbhaubenkakadus (*C. galerita*) im Schwarm; Fortbewegung vor allem hüpfend; überwiegend ortsbeständig, nicht brütende Vögel in geringem Maß nomadisierend; kräftiger Flug mit ständigen, schrillen Kontaktrufen (höhere Tonlage als bei *L. pastinator*); Lautäußerungen ähneln allgemein denen des Nacktaugenkakadus (*L. sanguinea*).

Status: die Art wurde in der Vergangenheit durch Umwandlung des Lebensraums und Verfolgung als Ernteschädling bis in die 50er Jahre stark dezimiert, sodass die Bestände bis auf wenige 100 Exemplare zurückgingen; danach erholten sie sich, auch durch gesetzlichen Schutz, und nahmen wieder deutlich zu; heute kommen sie örtlich wieder häufig bis sehr häufig vor und weiten ihr Verbreitungsgebiet weiter aus; die Gesamtpopulation wird derzeit auf 250.000-500.000 Exemplare geschätzt und nimmt weiter zu.

4. Vorkommen in menschlicher Obhut

Häufigkeit: in Europa und den USA sehr selten vorkommend; in Australien ebenfalls nicht häufig in Haltung und Zucht (in den 70ern und 80ern durften Nasenkakadus im großen Umfang gefangen und zum Verkauf angeboten werden; dadurch wurde der Markt überschwemmt und das Interesse sank deutlich, zumal die Art nicht einfach zu halten resp. zu züchten ist). Handaufzuchten werden anhängliche Haustiere, sprechen gut, können später aber laut und aggressiv werden.

Mindestanforderungen der Unterbringung: sehr bewegungsfreudige Papageien, darum möglichst große, stabi-

Kurzinfos zum Nasenkakadu		
Größe: 38 (35-41) cm	**Gelege pro Jahr:** eins, ggfs. Nachgelege	**Flugbedürfnis:** stark
Gewicht: Männchen 480-650 g, Weibchen 550-600 g	**Gelegegröße:** 2-3 (1-4) Eier	**Nagebedürfnis:** sehr ausgeprägt
Ringgröße: 11 mm	**Brutdauer:** 24 Tage	**Badebedürfnis:** groß (Regenbad anbieten)
Erstzucht: 1959 San Diego, USA	**Nestlingszeit:** 7 (6-8) Wochen	**Aggressivität:** zeitweise stark
Eimaße: 41,3 x 31,3 mm (n = 2)	**Selbständigkeit:** 3-8 Wochen	**Stimme:** zeitweise sehr laut (vor allem morgens und abends)

le Metall-Voliere, mindestens 6 x 2 x 2 m mit frostfreiem Schutzraum; viel Holz zum Benagen und natürliche Beschäftigungsmöglichkeiten anbieten; Voliere sollte Naturboden haben, da Nasenkakadus gerne im Boden graben; regelmäßige Wurmkuren darum wichtig; ansonsten sind Nasenkakadus robuste, wenig empfindliche und sympathische Vögel; für Einzelhaltung eher ungeeignet, obwohl sie zahm werden und sprechen lernen können; handaufgezogene Vögel können später sehr aggressiv und fordernd werden; darum am besten paarweise Volierenhaltung.

Züchtbarkeit: Zucht eher schwierig und gelingt nicht häufig; Verpaarung oft problematisch, da Männchen gegenüber den Weibchen recht aggressiv werden können; geschlechtsreif ab 3 Jahren, beide Elternteile brüten; benötigen viel tierisches Eiweiß zur Aufzucht der Jungen; brüten auch in selbstgegrabenen Erdhöhlen; von den australischen Corellas die am schwierigsten zu züchtende Art.

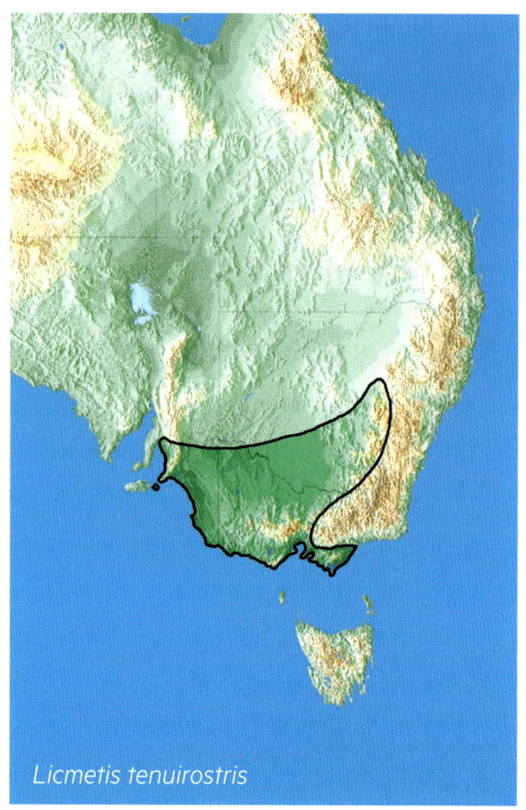
Licmetis tenuirostris

5. Hilfreiche Literatur

Dickinson D (1928). Type Locality of the Corella. The Emu, 28(2), p. 82.

Emison WB, Beardsell CM & ID Temby (1994). The Biology and status of the long-billed Corella in Australia. Proceedings of the Western Foundation of Vertebrate Zoology 5(4) pp. 211-247.

Fierens K (2005). Der Nasenkakadu. PAPAGEIEN 18(9), pp. 300-302.

Hubers J (2013). De oostelijke langsnavelkaketoe valt niet bij iedereen in de smaak. Parkieten Societeit 46(4), pp. 112-117.

Hunt C (1999). A Guide to... Australian White Cockatoos. ABK Publications, South Tweed Heads, NSW, Australia, pp. 81-83.

Kuhl H (1820). Conspectus Psittacorum. In: Nova Acta physico-medica Academiae Caesareae Leopoldino-Carolinae Naturae Curiosorum, Halle, 10, p. 88.

Oosthoek F (2010). Husbandry Manual Guidelines For the Eastern Long-Billed Corella. Western Sydney Institute of TAFE, Richmond, pp. 1-117.

Schodde R, Voisin C & JF Voisin (2010). Case 3482 *Psittacus tenuirostris* Kuhl, 1820 and *Licmetis pastinator* Gould, 1841 ...conservation of usage by designation of a neotype for *Psittacus tenuirostris* Kuhl, 1820. Bulletin of Zoological Nomenclature, 67, pp. 151-157.

Schodde R, Voisin C & JF Voisin (2012). Reaction, Opinion 2293 (Case 3482) *Psittacus tenuirostris* Kuhl, 1820 and *Licmetis pastinator* Gould, 1841 (currently *Cacatua tenuirostris* and *Cacatua pastinator*; Aves, Psittaciformes): usage conserved by designation of a neotype for *Psittacus tenuirostris* Kuhl, 1820. Bulletin of Zoological Nomenclature, 69 (1), pp. 75-76.

Silva T (1994). Die Zucht von Nasen- und Wühlerkakadus. PAPAGEIEN 7(2), pp. 44-47.

Temby ID & Emison WB (1986). Foods of the Long-billed Corella. Aust. Wildl. Res. 13, pp. 57-63.

Waples KA, Barnett JL & Marks CA (2000). Food preference of Long-billed Corellas *Cacatua tenuirostris* in Aviary Experiments. Corella 24(4), pp. 65-69.

Gattung: *Cacatua* (f.) Vieillot 1817

SCHWARZSCHNABELKAKADUS

Cacatua alba

Quelle: Vieillot 1817, Nouveau Dictionnaire d'Histoire Naturelle 17, p. 6. Typus-Art: *C. alba*. Vieillot beschreibt in einem ausführlichen Lexikon-Artikel in französischer Sprache die systematische Stellung der weißen Kakadus, ihre vorrangigen Merkmale und gibt etliches an Hintergrundinformationen (p. 6-8). Als Ursprung des Namens gibt er Brisson (ohne Jahresangabe) an, bei dem *C. alba* als Typus-Art benannt wird.

Systematik: In der Gattung *Cacatua* wurden früher alle Kakadus zusammengefasst, die nicht schwarz oder braun waren. Sie umfasste damit alle weißen und rosafarbenen Kakadus, also den phylogenetisch jüngeren Zweig der Kakadus. Allerdings war immer deutlich, dass die Gattung recht unterschiedliche Arten in sich vereinigte. Diesem Umstand wurde bereits bei Peters 1937 mit der Anerkennung von fünf Untergattungen Rechnung getragen. Im Laufe der Jahre wurden dann zunächst die zwei rosafarbenen Kakadus in eigene Gattungen gestellt: der Rosakakadu in die Gattung *Eolophus* (u.a. Forshaw 1973, Diefenbach 1982) und einige Zeit später der Inka-Kakadu in die Gattung *Lophochroa* (nachgewiesen bereits bei Brown & Toft 1999, explizit benannt bei White et al. 2011).

Alle weißen Kakadus wurden weiterhin in der Gattung *Cacatua* gefasst, obwohl auch bei ihnen zwei deutlich unterscheidbare Kladen nachgewiesen wurden (Brown & Toft 1999, White et al. 2011). Diese wurden zunächst auf Untergattungsebene voneinander getrennt (van Kooten 2013), werden aber hier als zwei eigenständige Gattungen behandelt. Darum wird die Gattung *Cacatua* hier auf die Gruppe der jüngsten Kakadus, der sog. *galerita*-Klade beschränkt und von der Gattung *Licmetis* getrennt. Damit umfasst sie heute nur noch 5 Arten und 15 Unterarten.

Vergleicht man die Gattungen *Cacatua* und *Licmetis*, so fällt auf, dass *Cacatua* nur in Australien, Neuguinea und den Inseln der Wallacea heimisch ist (sieht man einmal von *C. s. abbotti* ab). Die Vertreter der Gattung *Licmetis* besitzen dagegen eine deutlich größere Verbreitung: im Norden bis zu den Philippinen, im Osten bis zu den Salomonen und im Süden bis in die verschiedensten Regionen Australiens. Gemeinsam ist beiden Gruppen jedoch, dass sie sowohl bedrohte als auch sich weiter ausbreitende Arten besitzen.

Taxonomie: Der Gattungsname der weißen Kakadus war lange Grund für wissenschaftliche Diskussionen. Vieillots Name ist bei weitem nicht der älteste. Die früheste Publikation stammt von Brisson (1760), der als erster den Namen *Cacatua* als latinisierte Form des französischen Kakatoès verwendete. Leider ist diese Publikation nicht durchgängig binomisch und wurde darum als legitime Quelle nicht anerkannt (Dorst et al. 1965). Der nächstmögliche Name ist Kakatoe, Cuvier 1800, um den es ebenfalls heiße Diskussionen gab, da Cuvier ihn nur in einer Tabelle verwendete, (zusammen mit den Namen *Psittacus*, *Ara* und *Psittacula*). Weitere Namen, die verwendet wurden, waren *Cacatoes* Duméril 1806, *Catacus* Rafinesque 1815 und *Plyctolophus* Vieillot 1816 sowie verschiedene andere Schreibweisen dieser Namen (*Cacatus* Voigt 1831, *Kakadoe* Bourjot Saint-Hilaire 1838, *Plissolophus* Gloger 1841, *Plictolophus* Finsch 1867). – Grundsätzlich waren diese durchaus verfügbar, (mit Ausnahme von *Plyctolophus*, den Vieillot selbst 1817 zurückzog, um *Cacatua* an seine Stelle zu setzen). Allerdings wurde keiner dieser Namen häufiger verwendet, sodass sich die Diskussion auf *Kakatoe* und *Cacatua* beschränkte. Nach einem Antrag von Mayr, Keast & Serventy 1964 entschied schließlich das Standing Commitee of

Nomenclature 1965, dass der gültige Name der weißen Kakadus in Zukunft *Cacatua* sein solle, allerdings nicht mit Bezug auf Brisson 1760, sondern auf Vieillot 1817 (Dorst et al. 1965). – Eine Zusammenfassung der gesamten Thematik findet sich bei Mathews 1916/17, pp. 160-169 und bei Dorst et al. 1965.

Als späteres Synonym findet sich lediglich *Eucacatua* Mathews 1917 (Typus-Art *C. galerita*).

Merkmale: überwiegend große, weiße Kakadus mit auffälliger, oft gelb gefärbter Haube, die nach unten oder oben gebogen sein kann. Die Schnäbel sind kräftig und durchgängig schwarz gefärbt, (lediglich bei Jungvögeln anfangs oft noch weiß). Die meisten Arten haben gelbe Färbungsmuster und eher gerundete Flügel. – Die Vögel unterscheiden sich signifikant von Vertretern der Gattung *Licmetis*, die in der Regel deutlich kleiner sind, durchgängig nach hinten gebogene, kleine Hauben besitzen, überwiegend rote Färbung im Gefieder aufweisen und spitzere Schwungfedern besitzen. Außerdem finden sich in dieser Gattung mehrfach erweiterte nackte Augenringe, und die Schnäbel sind durchgängig kleiner und weißlich, nicht schwarz gefärbt.

Cacatua moluccensis (Gmelin 1788)

Molukkenkakadu, Lachsfarbener Kakadu

englisch: Salmon-crested Cockatoo, Moluccan Cockatoo, Pink-/ rose-crested Cockatoo, Seram Cockatoo

französisch: Cacatoès à huppe rouge, Cacatoès des molucques

spanisch: Cacatúa de las Molucas, Cacatúa Moluqueña

niederländisch: Molukkenkaketoe

1. Systematik und Taxonomie

Geschichte: Die früheste Erwähnung des Molukkenkakadus findet sich in einem Reisebericht des Venezianers Nicolo di Conti aus dem Jahr 1441. Die früheste bekannte Haltung datiert auf den Anfang des 17. Jahrhunderts. Damals hielt der deutsche Kaiser Rudolf II. von Habsburg einen Molukkenkakadu in seiner Menagerie im Schloss Neugebäu bei Wien (Strunden 1984). Im 18. Jahrhundert wird er wiederholt beschrieben und auf Farbtafeln dargestellt.

Systematik: Der Molukkenkakadu wird seit frühester Zeit als eigenständige, monotypische Art geführt. Innerhalb der Gattung *Cacatua* gehört er zusammen mit *C. alba* und möglicherweise *C. ophthalmica* zu den älteren Arten.

Untersuchungen des Balgmaterials weisen darauf hin, dass Vögel aus dem Norden Serams um 15-20 % größer sind als die aus dem Süden und möglicherweise als eigene Unterart („*major*") geführt werden könnten. Dies wurde allerdings noch nicht durch genauere Feldforschungen bestätigt.

Taxonomie: Die früheste wissenschaftliche Beschreibung des Molukkenkakadus stammt von Gmelin aus dem Jahr 1788. Dabei konnte er sich bereits auf vier ältere Publikationen berufen, die jedoch den wissenschaftlichen Kriterien nicht genügen (Edwards 1751, Brisson 1760, Daubenton 1770-83, Latham 1781). Gmelin beschreibt die Art als *Psittacus moluccensis*, gibt eine kurze Diagnose der verschiedenen Gefiederpartien und Körperteile in Latein, verweist auf die vier früheren Autoren und ihre Publikationen, gibt als Herkunft die Molukken an und benennt die Länge des Vogels sowie der Haubenfedern. – Den ausführlichsten Text zur Beschreibung und zu einigen

moluccensis

Wellensittich (18 cm)

Hintergrundinformationen sowie eine hervorragende Darstellung findet man jedoch bei Edwards 1751.

Synonyme des Artnamens sind *rubrocristata* (Brisson 1760, nicht binomisches Werk), *rosaceus* (Latham 1790), *cristatus* (Shaw 1811), *malaccensis* (Voigt 1831, wohl fälschlich für *moluccensis*) und *erythrolophus* (Lesson 1831). Als Gattungsbezeichnungen finden sich anfangs oft *Psittacus*, später lediglich Synonyme für die Gattung *Cacatua* (*Plyctolophus*, *Plictolophus*, *Plissolophus* und *Kakatoe*).

Namenserklärung: *moluccensis* = von den Molukken stammend; *rubrocristata* = mit roter Haube, *rosaceus* = rosafarben, *cristatus* = mit einer Haube, *malaccensis* (Voigt 1831, wohl fälschlich für *moluccensis*), und *erythrolophus* = mit rotem Schopf.

moluccensis Männchen

2. Identifizierung

Färbung adulter Tiere: variabel weißlich-lachsrosa; breite, nach unten gebogene Federhaube mit weißlichen Deckfedern und lachsrosafarbenen Haubenfedern; Schwingen und Schwanzfedern unterseits mit gelblich lachsfarbenen bis gelblich orangefarbener Unterseite, vor allem auf den Innenfahnen; Schnabel schwärzlich, nackter weißer Augenring mit schwach bläulichem Anflug; Iris schwärzlich; Füße schwarz. Die Tiere variieren stark in der Intensität des Lachstones im Gefieder sowie in der Größe.

Unterscheidung der Geschlechter: Weibchen mit dunkelbrauner Iris und meist kleinerem Kopf und Schnabel.

Jungvogelfärbung: Nestlinge mit gelben Dunenfedern, Jungtiere wie Alttiere (also nicht heller oder blasser im Gefieder) und mit dunkelgrauer Iris; junge Weibchen sind meist bereits im Alter von einem Jahr an der graubraunen Iris zu erkennen; Irisumfärbung mit 4 Jahren beendet.

Vergleich mit ähnlichen Arten: Die Art ist innerhalb der Gattung *Cacatua* die einzige, die kein rein weißes, sondern ein weißlich lachsfarbenes Gefieder besitzt. Sie unterscheidet sich vom Weißhaubenkakadu (*C. alba*) außerdem durch deutlich größere Körpermaße und vom Brillenkakadu (*C. ophthalmica*) durch die lachsrosafarbenen, nicht gelben Haubenfedern.

moluccensis Weibchen

3. Natürliches Vorkommen

Verbreitung: Insel Seram, Indonesien; auf den nahegelegenen Inseln Ambon und Haruku soll es lt. Aussagen von Einheimischen noch geringe Bestände geben; der Bestand auf Saparua ist unklar (Persulessey & Sasse 2010).

Lebensraum: hauptsächlich in feuchten Regenwäldern im Tiefland, von 100 bis 900 m, gelegentlich bis 1.250 m; deutlich weniger in offenen Waldgebieten, auf Rodungsflächen und in hoher Sekundärvegetation, sowie Mangroven- und Sumpfgebieten; richten in Getreide-Anbaugebieten und Kokosnuss-Plantagen beträchtlichen Schaden an.

Verhalten: meist in kleinen Zahlen, einzeln oder in Paaren, gelegentlich bis zu 10 Exemplaren und mehr; leben vorwiegend in den Bäumen; langsamer, flatternder Flug mit Gleitphasen und stetigen lauten Rufen.

Status: früher allgemein vorkommend, jedoch aufgrund intensiven Fangs für den Handel seit den 70er Jahren und Habitatverlust drastische Rückgänge; seit etwa 2000 hat der Fang deutlich nachgelassen; heute hauptsächlich in Primärwäldern, vor allem im Manusela-Nationalpark, anzutreffen; 1998 noch auf mehr als 110.000

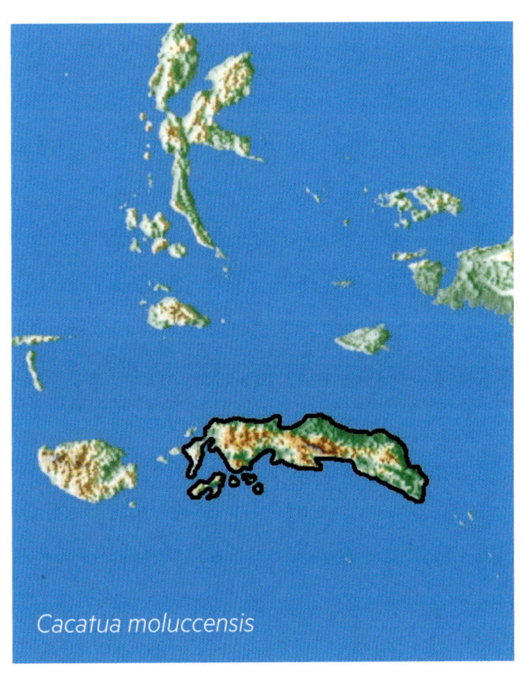

Cacatua moluccensis

Exemplare geschätzt, 2010 noch etwa 10.000 Tiere (Persulessey & Sasse 2010).

4. Vorkommen in menschlicher Obhut

Häufigkeit: früher häufig gehaltene Art, heute in ihren Beständen deutlich abnehmend.

Mindestanforderungen der Unterbringung: stabile Metallvoliere (aufgrund der Größe möglichst 8 x 3 x 2 m) mit mäßig warmem Schutzhaus (ca. 10-15° C), Schlafkästen anbieten; als Volierenvogel sehr beliebt, als Haustier dagegen weniger geeignet, obwohl junge Tiere sehr zahm und anhänglich werden; können sich aber auch zu lauten Schreiern und exzessiven Rupfern entwickeln und produzieren viel Puderdunen-Staub; sensible, liebenswerte und intelligente Pfleglinge, die schnell lernen, aber auch hohe Ansprüche an die Haltung stellen.

Züchtbarkeit: selbst bei optimalen Bedingungen schwierig; zuchtreif mit vier bis fünf Jahren, gelegentlich auch später; Männchen können dem Weibchen gegenüber in zu kleinen Volieren sehr aggressiv werden, darum Nistkästen mit zwei Ausgängen und Versteckmöglichkeiten anbieten; beide Eltern brüten, sind aber oft nicht zuverlässig: das Gelege ist häufiger unbefruchtet, die Jungvögel sterben im Ei ab oder werden im Stich gelassen, sodass sie mit der Hand aufgezogen werden müssen; zumeist überlebt nur ein Jungvogel.

5. Hilfreiche Literatur

BirdLife International (2001). Threatened birds of Asia: the BirdLife International Red Data Book, Salmon-crested Cockatoo, *Cacatua moluccensis*. Cambridge, UK: BirdLife International, pp. 1662-1668.

Brown DM & CA Toft (1999). Molecular Systematics and Biogeography of the Cockatoos (Psittaciformes: Cacatuidae). The Auk 116(1), pp. 141-157.

Kinnaird MF, O'Brien TG, Lambert FR & D Purmiasa (2003). Density and distribution of the endemic Seram cockatoo *Cacatua moluccensis* in relation to land use patterns. Biological Conservation 109, pp. 227-235.

Marsden SJ (1992). The distribution, abundance and habitat preferences of the Salmon-crested Cockatoo *Cacatua moluccensis* on Seram, Indonesia. Bird Conservation International 2, pp. 7-14.

Persulessey YE & K Sasse (2010). Neue Untersuchungen zu Status und Population des Molukkenkakadus und anderer Papageien. PAPAGEIEN 23(3), pp. 100-105.

Poulsen M & P Jepson (1996). Status of the salmon-crested cockatoo and red lory on Ambon island, Maluku. Kukila 8, p. 159f.

Reinschmidt M (2014). Freileben, Haltung und Zucht des Molukkenkakadus. PAPAGEIEN 27(8+9), pp. 260-263 & 300-306.

Cacatua alba (P.L.S. Müller 1776)

Weißhaubenkakadu

englisch: Umbrella Cockatoo, White-crested Cockatoo, Great white Cockatoo

französisch: Cacatoès blanc, Grand Cacatoès blanc

spanisch: Cacatúa blanca

niederländisch: Witkuifkaketoe

1. Systematik und Taxonomie

Geschichte: Die Art war schon sehr früh in Europa bekannt: Kaiser Friedrich II. (1212-1250) erhielt vom Sultan von Babylon wohl das erste Exemplar. – Die früheste Darstellung in einem Gemälde findet sich auf dem Gemälde „Madonna della Vittoria" von Andrea Mantegna aus dem Jahr 1496. (Strunden 1984)

Systematik: Der Weißhaubenkakadu wurde immer als eigenständige, monotypische Art geführt. Innerhalb der Gattung *Cacatua* gehört er zusammen mit *C. moluccensis* und möglicherweise *C. ophthalmica* zu den älteren Arten.

Taxonomie: Die früheste Erwähnung in einem Text findet sich 1599 bei Ulysses Aldrovandi. Er nennt den Weißhaubenkakadu *Psittacus albus cristatus* und beschreibt die verschiedenen Körperteile sowie seine Größe (wie eine große Haustaube) auf Latein. Die erste korrekte Erwähnung in einem binomischen Werk findet sich allerdings erst 1776 bei PLS Müller, der ihn als „Der weisse Kakatu, *Psittacus albus*" auf Deutsch kurz beschreibt, seine Herkunft von den Molukken benennt und auf den nahe verwandten Molukkenkakadu hinweist. (Der bereits 1758 von Linnaeus geprägte Name *Psittacus cristatus* ist aufgrund einer fehlerhaften Beschreibung nicht verwendbar, obwohl er Aldrovandi als seine Quelle angibt.) Die früheste Darstellung in einem Buch findet sich 1760 bei Brisson, der die Art schwarzweiß treffend mit erhobener Haube abbildet.

Synonyme des Artnamens sind *leucolophus* Lesson 1831, *albocristatus* Bourjot Saint-Hilaire 1837-38, *orientalis* Temminck 1839 und *cristatella* Wallace 1864. Die Art wur-

Kurzinfos zum Molukkenkakadu		
Größe: 50 (40-55) cm	**Gelege pro Jahr:** eins pro Jahr	**Flugbedürfnis:** groß
Gewicht: 850 g (570-1060g)	**Gelegegröße:** 2 (1-3) Eier	**Nagebedürfnis:** sehr groß
Ringgröße: 14 (12-14) mm	**Brutdauer:** 29 (28-30) Tage	**Badebedürfnis:** groß
Erstzucht: 1951 San Diego, USA	**Nestlingszeit:** 14 (12-15) Wochen	**Aggressivität:** zur Brutzeit stark
Eimaße: 47,3 (46,5-50,0) x 33,0 (29,0-33,5) mm, n = 43	**Selbständigkeit:** 4-6 Wochen	**Stimme:** sehr laut

alba

Cacatua alba

de immer der Gattung *Cacatua* bzw. ihren späteren Synonymen (*Plyctolophus, Plictolophus, Plissolophus* und *Kakatoe*) zugeordnet.

Namenserklärung: *alba* = weiß; *cristata* = mit einer Haube, *leucolophus* = mit weißem Schopf, *orientalis* = östlich, *cristatella* = mit kleiner Haube.

2. Identifizierung

Färbung adulter Tiere: weiß; breite weiße Federhaube; Schwanzfedern und Schwingen unterseits mit gelblicher Basis; Schnabel schwarzgrau, nackter weißer Augenring mit schwach bläulichem oder gelblichem Anflug; Iris schwärzlich; Füße dunkelgrau.

Unterscheidung der Geschlechter: Weibchen haben eine rotbraune Iris und meist einen kleineren Kopf und Schnabel.

Jungvogelfärbung: Nestlinge mit gelben Dunenfedern; Jungvögel wie Alttiere; junge Weibchen sind meist bereits im Alter von einem Jahr an der graubraunen Iris zu erkennen; Irisumfärbung mit 4 Jahren beendet.

Vergleich mit ähnlichen Arten: Die Art ist der einzige im Gefieder ganz weiße Kakadu. Er unterscheidet sich vom Molukkenkakadu (*C. moluccensis*) durch das rein weiße, nicht lachsfarbene Gefieder und die geringere Größe, vom Brillenkakadu (*C. ophthalmica*) auf den ersten Blick durch den weißen, nicht blauen Augenring und die geringeren Körpermaße.

3. Natürliches Vorkommen

Verbreitung: Halmahera, Bacan, Kasiruta und Mandioli, Indonesien; auf Ternate nur noch wenige Vögel vorhanden und auf Tidore möglicherweise bereits ausgestorben; Vögel auf Obi und Bisa vermutlich aus Haltung entflogene Vögel; kleine Population auf Taiwan und in Florida, USA.

Lebensraum: Tieflandwälder, offene Waldgebiete und Rodungsflächen mit vereinzelten Bäumen, Mangroven- und Sumpfgebiete; reagiert flexibler auf Habitatveränderungen als der Molukkenkakadu (*C. moluccensis*), hauptsächlich im Flachland bis 600 m, gelegentlich bis 900 m, auf Bacan bis 1400 m.

Verhalten: meist in Paaren oder kleinen Gruppen von 3-10 Vögeln, gelegentlich in Schwärmen bis zu 50 Exemplaren; laute und auffällige Vögel, in Gebieten, in denen ihnen nachgestellt wird, jedoch mit großer Fluchtdistanz; leben überwiegend in den Bäumen; schneller und direkter Flug mit ständigen Rufen.

Status: 1991/1992 noch auf 50.000 bis 210.000 Exemplare geschätzt, 1993 nur noch auf 43.000 bis 183.000 Exemplare; in der Vergangenheit rapide Bestandsrückgänge durch Habitatverlust und massiven Fang vor allem für den illegalen internationalen Handel in asiatische Nachbarländer; heute weniger starker Fang, da die Art in den letzten Jahren gesetzlich geschützt wurde; aber zunehmender Habitatverlust, vor allem Verlust von Bruthöhlen in großen Bäumen; auf Halmahera noch allgemein vorkommend, auf Bacan weniger häufig, insgesamt deutlich abnehmende Bestände.

4. Vorkommen in menschlicher Obhut

Häufigkeit: die Art ist noch zu finden, allerdings nicht in großer Zahl; Bestände nehmen langsam ab; aufgrund der lauten Stimme, dem großen Nagebedürfnis und weniger attraktivem Äußeren nicht so populär wie andere *Cacatua*-Arten.

Mindestanforderungen der Unterbringung: unbedingt stabile Metallvoliere (möglichst 6 x 2 x 2 m) mit mäßig warmem Schutzhaus (minimal ca. 10° C); Schlafkästen ganzjährig anbieten; werden in Einzelhaltung leicht zahm und sehr anhänglich, können allerdings bei Vernachlässigung zu Schreiern und Rupfern werden; die Zahmheit verliert sich bei der Vergesellschaftung mit einem Partnervogel; intelligente, liebenswerte und wenig empfindliche Pfleglinge.

Züchtbarkeit: gelingt bei guter Versorgung mittlerweile regelmäßig; Männchen können dem Weibchen gegenüber sehr aggressiv werden, darum Nistkästen mit zwei Ausgängen und Versteckmöglichkeiten; können auch Vögel in Nachbarvolieren angreifen; beide Eltern brüten, oft sehr zuverlässig; manchmal werden die Jungen ohne erkennbaren Grund gerupft; meist wird nur ein Jungvogel aufgezogen.

5. Hilfreiche Literatur

Aldrovandi U (1599). Ornithologiae, hoc est de Avibus. Historiae libri XII, vol. 11, p. 668.

BirdLife International (2001). Threatened birds of Asia: the BirdLife International Red Data Book. White Cockatoo, *Cacatua alba*. Cambridge, UK: BirdLife International, pp. 1669-1675.

Brisson MJ (1760). Ornithologia sive synopsis methodice sistens Avium divisiones in ordine. Vol. 4, p. 204, pl. 21.

Brown DM & CA Toft (1999). Molecular Systematics and Biogeography of the Cockatoos (Psittaciformes: Cacatuidae). The Auk 116(1), pp. 141-157.

Lambert FR (1993). Trade, status and management of three parrots in the North Moluccas, Indonesia: White Cockatoo *Cacatua alba*, Chattering Lory *Lorius garrulus* and Violet-eared Lory *Eos squamata*. Bird Conservation International 3, pp. 145-168.

Müller PLS (1776). Des Ritters Carl von Linné...vollständigen Natursystems. Supplements- und Register-Band, suppl. 1, p. 76, Nr. 50.

Cacatua ophthalmica Sclater 1864

Brillenkakadu, Blauäugiger Kakadu

englisch: Blue-eyed Cockatoo

französisch: Cacatoès aux yeux bleus

spanisch: Cacatúa Oftálmica, Cacatúa de ojo azul

niederländisch: Blauwoogkaketoe, Brilkaketoe

1. Systematik und Taxonomie

Systematik: Früher wurde der Brillenkakadu noch als Unterart des Gelbhaubenkakadus (*C. galerita*), seit den 70er Jahren jedoch in sämtlichen Publikationen als eigenständige, monotypische Art geführt. Innerhalb der Gattung *Cacatua* steht er phylogenetisch vermutlich zwischen den älteren Arten *C. moluccensis* und *C. alba* und den jüngeren Arten *C. sulphurea* und *C. galerita*.

Taxonomie: In den Proceedings of the Zoological Society of London des Jahres 1862 erwähnt Sclater zum ersten Mal eine neue Kakadu-Art, die sich durch eine runde, gelbe Haube und einen blauen Augenring auszeichnet. Er beschreibt kurz die entscheidenden Merkmale, benennt als nächste vermutliche Verwandte *C. moluccensis* und *C. alba* und verweist auf die von Wolf angefertigte Tafel XIV im selben Band, die als erste den Brillenkakadu korrekt darstellt. Nach seinem Wissen stammt die Art von den Salomonen und er identifiziert sie darum als *C. ducorpsii* (Sclater 1862). Zwei Jahre später korrigiert er seinen Irrtum und beschreibt die Art neu als *Cacatua ophthalmica* (Sclater 1864). Er erklärt dabei die Vorgeschichte des Irrtums, gibt eine Diagnose in Latein sowie einen Schlüssel zur richtigen Identifizierung der damals bekannten weißen Kakadus. Dennoch gibt er als Herkunftsland immer noch die Salomonen-Inseln an. Erst Gould ist in der Lage, die Herkunft korrekt als Neu-Britannien wiederzugeben (Gould 1875-88).

Die Zuordnung zur Gattung *Cacatua* wurde bei all dem nie bestritten. Die Art wird lediglich unter frühen Synonymen für *Cacatua* beschrieben (*Plictolophus*, *Plissolophus*

Kurzinfos zum Weißhaubenkakadu		
Größe: 45 (40-47) cm	**Gelege pro Jahr:** zwei Gelege sind möglich	**Flugbedürfnis:** groß
Gewicht: 570 (480-730) g	**Gelegegröße:** 2 (1-3) Eier	**Nagebedürfnis:** groß
Ringgröße: 12 (13) mm	**Brutdauer:** 28 (25-30) Tage	**Badebedürfnis:** Beregnungsanlage sinnvoll
Erstzucht: 1960 Kalifornien, USA	**Nestlingszeit:** 11-12 (8-14) Wochen	**Aggressivität:** während der Brutzeit
Eimaße: 45,5 (42,4-48,6) x 33, 2 (31,6-35,6) mm (n = 8)	**Selbständigkeit:** nach 3-4 Wochen	**Stimme:** sehr laut

ophthalmica

Cacatua ophthalmica

sowie *Kakatoe*). – Synonyme für die Art sind nicht bekannt.

Namenserklärung: *ophthalmica* = mit einer Besonderheit am Auge (gemeint ist der auffallend blaue Augenring).

2. Identifizierung

Färbung adulter Tiere: weiß; Deckfedern der großen, nach unten gebogenen Rundhaube weiß, darunter liegende Haubenfedern gelb, Haube breit und gerundet; Ohrdecken und Basis der Hals- und Wangenfedern mit schwachem gelblichen Anflug; Unterseite der Flügel- und Schwanzfedern gelblich; nackter Augenring tiefblau; Iris dunkelbraun; Füße grau; Schnabel und Wachshaut grauschwarz.

Unterscheidung der Geschlechter: Weibchen wie Männchen gefärbt, aber mit rötlichbrauner Iris.

Jungvogelfärbung: wie Alttiere, aber Iris dunkel.

Vergleich mit ähnlichen Arten: Die Art unterscheidet sich von allen übrigen Taxa mit gelber Haube durch die nach unten gewandte Rundhaube. Vom Molukkenkakadu (*C. moluccensis*) unterscheidet sie sich durch das rein weiße, nicht lachsfarbene Gefieder. Vom Weißhaubenkakadu (*C. alba*) unterscheidet sie sich durch die gelbe Haube und die größeren Körpermaße.

3. Natürliches Vorkommen

Verbreitung: im Bismarck-Archipel auf Neu-Britannien und sporadisch im bewaldeten Südosten Neu-Irlands. Dort und möglicherweise auch auf Mussau archäologische Nachweise der Art (Dutson 1999).

Lebensraum: tropische Primärwälder sowie Sekundärwälder mit selektivem Holzeinschlag, jedoch kaum in gerodeten Gebieten und in der Nähe menschlicher Ansiedlungen; nicht in Ölpalmen-Plantagen zu finden; bewohnt hauptsächlich das Tiefland, kommt seltener in den Bergen bis 1000 m vor.

Verhalten: zumeist einzeln, paarweise oder in Fami-

Kurzinfos zum Brillenkakadu		
Größe: 50 cm	**Gelege pro Jahr:** eins	**Flugbedürfnis:** groß
Gewicht: 500-600 g	**Gelegegröße:** 1-2 Eier	**Nagebedürfnis:** groß
Ringgröße: widersprüchliche Angaben: 9,5 mm, 12 mm bzw. 13 mm	**Brutdauer:** 28 (26-30) Tage	**Badebedürfnis:** Beregnungsanlage ratsam
Erstzucht: 1951, Australien	**Nestlingszeit:** 11-12 (9-16) Wochen	**Aggressivität:** nur während der Brut
Eimaße: 52 x 31,5 mm	**Selbständigkeit:** nach 3-4 Wochen	**Stimme:** können sehr laut sein

lienverbänden anzutreffen, gelegentlich auch in kleinen Schwärmen von 10-20 Vögeln, größter bekannter Schwarm 40 Tiere; auffällige, laute Vögel; flatternder Flug mit Gleitphasen und lauten Rufen; überwiegend baumbewohnend, kommen nur selten auf den Boden; Stimme höher, nasal und nicht so rau wie bei *C. galerita*.

Status: auf Neu-Britannien wahrscheinlich noch relativ häufig und nur örtlich selten; Population von Neu-Irland auf nur wenige entflogene Vögel zurückgehend; Gesamtpopulation Ende der 90er Jahre nach Schätzung 115.000 Exemplare (Marsden et al. 2001); nimmt aufgrund von Habitatzerstörung und begrenztem Fang für lokale Märkte ab. BirdLife (2021) schätzt den derzeitigen Bestand auf nicht mehr als 10.000 Exemplare.

4. Vorkommen in menschlicher Obhut

Häufigkeit: aufgrund des Ausfuhrverbots aus Papua-Neuguinea in Europa selten und in den Beständen abnehmend; auf Neu-Britannien häufig und auf Neu-Irland hin und wieder als Haustier gehalten.

Mindestanforderungen der Unterbringung: stabile Metallvoliere (mind. 6 x 2 x 2 m) mit mäßig warmem Schutzhaus (ca. 10° C); gut zu halten, neugierig und aufmerksam, mit angenehmem Wesen, können sehr zahm werden.

Züchtbarkeit: gelingt allgemein nur selten und ist selbst bei optimaler Versorgung schwierig; die Paare brauchen mindestens drei Jahre, bis sie erstmals zur Brut schreiten, beide Elternteile brüten; im Chester Zoo gute Erfahrungen mit der Zucht (seit 1966 Nachzucht von 40 Jungvögeln).

5. Hilfreiche Literatur

Amberger F (1993). Der Brillenkakadu. PAPAGEIEN 6(3), pp. 84-85.

BirdLife International (2021). Species factsheet: *Cacatua ophthalmica*. Downloaded from http://www.birdlife.org on 29/01/2021.

Brown DM & CA Toft (1999). Molecular Systematics and Biogeography of the Cockatoos (Psittaciformes: Cacatuidae). The Auk 116(1), pp. 141-157.

Dutson G (1999). Die Papageien Melanesiens. PAPAGEIEN 12(12), pp. 426-429.

Forshaw JM (2003). Kaum bekannt: Der Brillenkakadu. PAPAGEIEN 16(7), pp. 228-230.

Gould J (1875-88). The Birds of New Guinea and the adjacent Papuan islands, s. *Cacatua ophthalmica* (ohne Seitenzahlen und Tafelbeschriftung), London.

Kenning JM (1994). Der Brillenkakadu auf Neubritannien im Bismarck-Archipel. PAPAGEIEN 7(3), pp. 89-92.

Marsden SJ, Pilgrim JD & R Wilkinson (2001). Status, abundance and habitat use of Blue-eyed Cockatoo *Cacatua ophthalmica* on New Britain, Papua New Guinea. Bird Conservation International 11, pp. 151–160.

Sclater PL (1862). ...on additions to the menagerie. Proceedings of the Zoologial Society of London, pt. 2, p. 141, pl. 14.

Sclater PL (1864). On a new species of White cockatoo living in the Society's gardens. Proceedings of the Zoologial Society of London, pt. 2, pp. 187-189.

Cacatua galerita (Latham 1790)

Gelbhaubenkakadu, Großer Gelbhaubenkakadu

englisch: (Greater) sulphur-crested cockatoo, (White Cockatoo); *triton*: Triton's cockatoo; *eleonora*: Eleonora's cockatoo

französisch: Grand cacatoès à huppe jaune; *triton*: Cacatoès triton

spanisch: Cacatúa Galerita, Cacatúa de cresta amarilla

niederländisch: Grote geelkuifkakatoe; *fitzroyi*: Fitzroykaketoe; *triton*: Tritonkaketoe; *queenslandica*: Queenslandgeelkuifkakatoe, *eleonora*: Eleonora-geelkuifkakatoe

1. Systematik und Taxonomie

Systematik: Der Gelbhaubenkakadu wird schon seit frühester Zeit als eigenständige Art anerkannt. Innerhalb der Gattung *Cacatua* gehört er phylogenetisch zusammen mit *C. sulphurea* zu den jüngeren Arten. Zeitweise wurde sogar vorgeschlagen, beide Arten zusammenzufassen, was sich jedoch nie durchgesetzt hat (Schliebusch & Schliebusch 2001). Früher wurde auch der Brillenkakadu (*C. ophthalmica*) als Unterart des Gelbhaubenkakadus angesehen (Peters 1937); diese Einschätzung findet sich jedoch in keiner neueren Publikation mehr.

Das genaue Identifizieren der Unterarten ist nicht einfach. Die große Variabilität der Vögel macht es praktisch unmöglich, ohne genauere Herkunftsangaben einen Vogel zweifelsfrei zu determinieren. Dies gilt vor allem für den Tritonkakadu (*triton*), der in seiner Größe sehr variabel ist. – Lediglich die signifikanten Färbungsunterschiede (gelber oder weißer Ohrfleck bzw. weißer, blassblauer oder blauer Augenring, mehr runde oder mehr längliche Haubenfedern) können bei der Bestimmung helfen. Nach Higgins (1999) gibt es bei den australischen Unterarten ein Nord-Südgefälle sowohl in der Größe (im Norden kleiner, im Süden größer) als auch in der Form des Schnabels (im Norden klein und rundlich, im Süden groß und länglich).

Im deutschen Sprachgebrauch wird häufig die Formulierung „Mittlerer Gelbhaubenkakadu" verwendet. Dieser Name wird wahlweise für die größte (und zugleich fragliche) Unterart des Gelbwangenkakadus (*C. sulphurea abbotti*), den Finschs Gelbhaubenkakadu (*C. g. eleonora*) und selbst für kleinere Exemplare des Tritonkakadus (*C. g. triton*) verwendet. Da dieser Name so missverständlich ist, sollte er im deutschen Sprachgebrauch nach Möglichkeit nicht (mehr) verwendet werden.

Taxonomie: Insgesamt wurden beim Gelbhaubenkakadu zwölf Unterarten beschrieben. Faktisch gibt es auch eine große Variabilität in unterschiedlichen geographischen Regionen, sodass man anfangs versuchte, dieser Wirk-

galerita *queenslandica*

lichkeit mit der Beschreibung der verschiedenen Unterarten gerecht zu werden. Gleichzeitig zeigte sich aber auch, dass Vögel von ein und demselben Fundort in ihrer Größe beträchtlich voneinander abweichen können. Damit wird das Konzept der Unterscheidung von Unterarten hinfällig. Darum werden heute nur noch konstante Unterschiede als Basis für die fünf verbleibenden Unterarten akzeptiert. – Einen Überblick über diesen gesamten Entwicklungsprozess findet man bei Mathews 1916-17.

Latham beschrieb die Nominatform 1790 in seinem Index Ornithologicus, vol. 1, p. 109, nr. 80 als *Psittacus galeritus*. In lateinischer Sprache gibt er eine kurze Diagnose zum Gefieder und der Haube und benennt dann Neusüdwales als Herkunftsland. Es folgt eine genauere Beschreibung aller Körperregionen mit entsprechenden Größenangaben. Zum Schluss merkt er an, dass die Art *P. sulphureus* sehr ähnelt, aber doppelt so groß ist und darum kaum nur als Variation derselben angesehen werden kann.

Die früheste Darstellung der Art stammt von John White aus dem gleichen Jahr unter dem Titel „The crested cockatoo“ (White 1790). Er hält die Art in seinem englischen Text jedoch lediglich für eine Variation von *C. alba* und weist auf die allgemeine Variationsvielfalt der weißen Kakadus hin. Es folgt eine kurze Beschreibung der Gefiederpartien.

Temminck beschrieb 1849 in seinem Coup-d'oeil Générale... die Unterart *triton* in französischer Sprache. Im Gegensatz zu M. Müller schätzt er das neue Taxon als eigenständige Art ein, beschreibt die Unterschiede zu *galerita* und benennt als Herkunftsland Neuguinea (Temminck 1849).

Finsch beschrieb 1863 die Unterart *eleonora* in niederländischer Sprache nach einem einzelnen Exemplar, das er im Amsterdamer Tiergarten Artis gesehen hatte. Er beschreibt das Gefieder und die Unterschiede in der Haubenform, kennt das Ursprungsland offenbar nicht und erklärt die Dedikation für Eleonora van der Schroeff (Finsch 1863). – Ob diese Unterart genetisch wirklich von *triton* unterscheidbar ist, wird von Schliebusch & Schliebusch 2001 infrage gestellt, zumal die unterscheidenden Merkmale sehr gering sind und durchaus in der Variationsbreite von *triton* liegen. Biogeographisch wäre das durchaus möglich (die Aru-Inseln waren im Gegensatz zu anderen Inselgruppen lange mit Neuguinea verbunden).

Mathews beschreibt 1912 in den Novitates Zoologicae die beiden Unterarten *fitzroyi* und *queenslandica* (Mathews 1911/12). Für beide Unterarten gibt er einen englischen Namen, beschreibt die Unterschiede zu *galerita*, benennt den jeweiligen Typus-Ort und das Verbreitungsgebiet. Für die Unterart *fitzroyi* sind das: Western White Cockatoo, Typus-Ort Fitzroy-River, NW-Australien. Für die Unterart *queenslandica* sind das: Little White Cockatoo, Typus-Ort Cooktown, N-Queensland.

Die nicht anerkannten Unterarten sind:

• *licmetorhyncha* (Bonaparte 1850), mit verlängertem Oberschnabel; Tasmanien (zu *galerita*).

• *macrolophus* (Rosenberg 1861), kleiner als *triton*, mit großer Haube; Gebe, Waigeu, Misool und Salawati (zu *triton*), Typus-Ort: Misool.

• *trobriandi* Finsch 1888, noch kleiner als *macrolophus*; Inseln Trobriand, Fergusson, Woodlark, Misima, Tagula und Rossel (zu *triton*), Typus-Ort: Trobriand-Insel.

- *rosinae* (Mathews 1912), kleiner und mit kleinerem Schnabel; Kangaroo Island (zu *galerita*).
- *melvillensis* (Mathews 1912) größer und mit größerem Schnabel; Melville Island (zu *fitzroyi*).
- *interjecta* (Mathews 1917), kleiner und mit größerem Schnabel; Süd-Victoria (zu *galerita*), Typus-Ort: Gippsland & Box Hill, bei Melbourne.
- *kwalamkwalam* Stresemann 1923, größer als *triton*; Huon-Halbinsel und Inlandregion des Golf von Huon (zu *triton*), Typus-Ort: Kai-Halbinsel.

Synonyme der bekannten Unterarten sind: *chrysolophus* Lesson 1831 für *galerita*; *luteocristata* (Bonaparte 1850), *cyanopsis* Blyth 1856, *aequatorialis* GR Gray 1861 und *galericulata* Rosenberg 1867 für *triton*; sowie *aruensis* (Mathews 1917) für *eleonora*.

Namenserklärung: *galerita* = mit einer Haube versehen.

fitzroyi = nach dem Fitzroy-River im Norden West-Australiens benannt.

queenslandica = im (nordöstlichen) Bundesstaat Queensland vorkommend.

triton = nach der Triton-Bucht im Südwesten Neuguineas benannt.

eleonora = Otto Finsch benannte die Unterart nach Maria Eleonora van der Schroeff (1812-1892), der Frau des Zoodirektors von Amsterdam, Dr. Gerard Westerman.

(*licmetorhyncha* = mit einem Schnabel wie *Licmetis*-Arten (gemeint sind *L. pastinator* und *L. tenuirostris*!), *macrolophus* = mit großer Haube, *trobriandi* = von den Trobriand-Inseln, *rosinae* = Dedikationsname (genaue Zuordnung unklar), *melvillensis* = von der Insel Melville, *interjecta* = eine Zwischenform, *kwalamkwalam* = wörtlich „der Weiße" (Name für diesen Kakadu in der Sprache der Tahim); *chrysolophus* = mit goldgelbem Schopf, *luteocristata* = mit gelber Haube, *cyanopsis* = mit „blauem Gesicht" (gemeint ist der blaue Augenring), *aequatorialis* = aus der Region des Äquators stammend, *galericulata* = mit einer kleineren Haube, *aruensis* = von den Aru-Inseln kommend).

2. Identifizierung

Färbung adulter Tiere: Grundfärbung weiß; Ohrdecken blassgelb, Federhaube gelb, Unterflügeldecken und Unterschwanzdecken gelblich verwaschen, Basis der Hals- und Wangenfedern gelblich; nackter Augenring weißlich, Iris braunschwarz, Füße dunkelgrau, Schnabel schwärzlich.

Unterscheidung der Geschlechter: Weibchen wie Männchen, aber Iris rotbraun, bei älteren Weibchen auch braunschwarz.

Jungvogelfärbung: Nestlinge mit vielen, blassgelben Dunenfedern, Jungvögel mit dunkler Iris bei beiden Geschlechtern; die Umfärbung bei den jungen Weibchen erfolgt im Alter von 2 bis 3 Jahren; sehr junge Vögel mit schwach grauem Anflug auf Scheitel, Rücken und Flügeldecken.

Vergleich mit ähnlichen Arten: Dem Gelbhaubenkakadu am ähnlichsten ist der Gelbwangenkakadu (*C. sulphurea*), der sich von diesem vor allem durch kleinere Gesamtlänge und den insgesamt kompakteren Körperbau unterscheidet. Alle übrigen weißen Kakadus tragen nach unten gerichtete Rundhauben, keine nach oben gerichteten Spitzhauben.

3. Unterarten

a. *Cacatua g. galerita* (Latham 1790)

Östlicher Gelbhaubenkakadu

Merkmale: größte Unterart, Ohrfleck blassgelb, nackter Augenring weißlich (gelegentlich mit sehr schwachem bläulichen Anflug); Haubenfedern eher rundlich, nicht länglich.

Verbreitung: Ost- und Südost-Australien bis zum südöstlichen Süd-Australien, Tasmanien und sporadisch auf King Island; im Südwesten West-Australiens und auf Neuseeland eingebürgert.

Größe: 50 cm

Gewicht: 850-900 (600-1000) g

b. *Cacatua g. queenslandica* (Mathews 1912)

Queensland-Gelbhaubenkakadu

Merkmale: wie *galerita*, aber kleiner; Schnabel breiter und stärker zusammengedrückt.

Verbreitung: Nord-Australien auf der Cape York Halbinsel und allen größeren vorgelagerten Inseln; Mischzone mit *galerita* im Nordosten von Queensland.

Größe: 47 cm

Gewicht: 600-700 g

c. *Cacatua g. fitzroyi* (Mathews 1912)

Nördlicher Gelbhaubenkakadu, Mathews-Gelbhaubenkakadu

Merkmale: wie *galerita*, aber ohne gelben Ohrfleck und gelblichen Anflug an der Basis der Hals- und Wangenfedern; nackter Augenring meist blassblau, gelegentlich auch weiß; Schnabel breiter und stärker zusammengedrückt; Haubenfedern länglicher und nicht so stark gerundet.

Verbreitung: Nord-Australien, vom Fitzroy-Fluss bis zum Golf von Carpentaria; alle größeren vorgelagerten Inseln; Mischzone mit *galerita* im Gebiet des Golfs von Carpentaria.

Größe: 48 cm

Gewicht: 600-800 g

d. *Cacatua g. triton* (Temminck 1849)

Tritonkakadu

Merkmale: wie *galerita*, aber durchschnittlich kleiner und mit kräftig blauem, nackten Augenring; Haubenfedern länglicher und kaum gerundet.

Verbreitung: Neuguinea und westliche Papua-Inseln; Inseln in der Geelvink-Bucht; Goodenough, Fergusson und Normanby; Louisiade-Archipel; Trobriand- und Woodlark-Inseln; auf Seramlaut, Goramlaut und wahrscheinlich auch auf Seram sowie den pazifischen Palau-Inseln eingebürgert.

Größe: 44-48 cm

Gewicht: 600-800 g

e. *Cacatua g. eleonora* Finsch 1863

Finschs Gelbhaubenkakadu, Eleonora-Gelbhaubenkakadu

Merkmale: wie *triton*, aber kleiner und mit deutlich kleinerem Schnabel. Haubenfedern wie *galerita*.

Verbreitung: Aru-Inseln, Indonesien; auf den Kai-Inseln eingebürgert.

Größe: 44 cm

Gewicht: 450-550 g

4. Natürliches Vorkommen

Lebensraum: verschiedenste Wälder und offene Waldgebiete, Waldränder und halbtrockene Gebiete mit Baumbestand bis 1.500 m Höhe, örtlich auch bis 2.400 m Höhe; auch in Regen- und örtlich in Mangrovenwäldern, jedoch selten in geschlossenen Waldgebieten sowie Gegenden ohne Bäume; kommen zur Nahrungsaufnahme regelmäßig in Anbaugebiete, wo sie große Schäden anrichten, und in die Nähe menschlicher Siedlungen.

Verhalten: während der Brutzeit in Paaren oder Familiengruppen, zu anderen Zeiten in großen Schwärmen von mehreren hundert Vögeln; bei Nahrungssuche am Boden mit Wächtervögeln in den Bäumen; *fitzroyi*, *queenslandica*, *triton* und *eleonora* nicht so häufig wie *galerita*, oft nur in Paaren oder kleinen Schwärmen bis zu 10 Vögeln; diese Unterarten leben auch stärker arboreal; im Wesentlichen standorttreu, allenfalls Jungvogelschwärme geringfügig nomadisierend; intelligent, auffällig und extrem laut; kraftvoller Flug mit Gleitphasen, von ständigen Rufen begleitet.

Status: im Osten Australiens häufig, im Norden und auf Tasmanien weniger häufig, insgesamt mit stabilen Beständen; in Neuguinea früher sehr zahlreich, heute selten; nehmen durch Habitatzerstörung, Jagd und Fang weiter ab, gelten aber noch nicht als gefährdet; Bestände in Australien nehmen hingegen zu; in Neuseeland weniger als 1.000 Tiere; Gesamtpopulation auf über 500.000 Exemplare geschätzt.

5. Vorkommen in menschlicher Obhut

Häufigkeit: australische Unterarten *galerita*, *fitzroyi* und *queenslandica* in Europa nur in sehr kleinen Beständen vorhanden, *triton* und *eleonora* gelegentlich; Bestände nehmen ab; in Australien beliebte Heimvögel, obwohl besser in Volieren zu halten; bei Vernachlässigung werden sie leicht zu Schreiern; werden leicht zahm und lernen verschiedene Tricks sowie Sprechen;

Mindestanforderungen der Unterbringung: robuste und ausdauernde Vögel; stabile Metallvoliere (aufgrund der Größe mindestens 6 x 2 x 2 m) mit mäßig warmem Schutzhaus (5-10° C), Schlafkästen anbieten.

Züchtbarkeit: gelingt gelegentlich; Paare beginnen oft nicht vor ihrem 4. (manchmal erst nach dem 10.) Lebensjahr mit der Brut, brüten dann aber meist sehr zuverlässig jedes Jahr; Männchen können sehr aggressiv werden, darum Nistkasten mit zwei Ausgängen und Versteckmöglichkeiten für das Weibchen anbieten; beide Elternteile brüten.

6. Hilfreiche Literatur

Finsch O (1863). Naamlijst der in de Diergaarde levende Papegaaijen, ten dienste der bezoekers van den Tuin ingerigt. Nederlandsche Tijdschrift voor de Dierkunde. 1, Berigten, p. XXI.

Forshaw JM (1968). Variation in the lengths of wing and exposed culmen in the sulphur-crested cockatoo in Australia. The Emu 67(4), pp. 267-282.

Forshaw JM & WT Cooper (2003). Australische Papageien. Band 1, Arndt-Verlag, Bretten, pp. 167-180.

Heather BD & HA Robertson (2005). The Field Guide to the Birds of New Zealand. Penguin Books, Auckland, pp. 136f & 352f.

Hunt C (1999). A Guide to... Australian White Cockatoos. ABK Publications, South Tweed Heads, NSW, Australia, pp. 69-74.

Higgins PJ (1999) ed. Handbook of Australian, New Zealand & Antarctic Birds. Vol. 4: Parrots to dollarbird. Melbourne, Oxford University Press, pp. 160-176, pl. 7.

Mathews GM (1911/12). A reference list to the Birds of Australia. Novitates Zoologicae 18(3), p. 264.

Mathews GM (1916-17). The Birds of Australia. London, pp. 178-188.

Schliebusch I & G Schliebusch (2001). Der systematische Status von Gelbhauben- und Gelbwangenkakadu. PAPAGEIEN, 14(5), pp. 166-174.

Kurzinfos zum Gelbhaubenkakadu		
Größe: 41-55 cm	**Gelege pro Jahr:** eins, selten zwei	**Flugbedürfnis:** groß
Gewicht: 450-1000 g	**Gelegegröße:** 2-3 (1-4) Eier, *triton* 1-2 Eier	**Nagebedürfnis:** groß
Ringgröße: *eleonora* 12 mm, *triton* 13 mm, *galerita* 14 mm	**Brutdauer:** 27 (25-30) Tage	**Badebedürfnis:** groß, Beregnungsanlage
Erstzucht: *galerita* 1879, Algerien, *triton* 1968 Amsterdamer Zoo	**Nestlingszeit:** 10 (9-12) Wochen	**Aggressivität:** zur Brutzeit sehr stark
Eimaße: 47 x 33,8 mm (n = 5), lt. Mathews: 47-52 x 30-35 mm; *fitzroyi* 45,5 x 33 mm (n = 3); *triton* 44, 4 x 31,3 mm (n = 5); *eleonora* 43,2 x 30,6 mm (n = 2).	**Selbständigkeit:** nach wenigen Wochen	**Stimme:** sehr laut

sulphurea

sulphurea – Jungvogel

Temminck CJ (1849). Coup-d'oeil Générale sur les Possessions Néerlandaises dans l'Indie Archipelagique. 3, note p. 405.

White J (1790). Journal of a voyage to New South Wales: with sixty-five plates of non descript animals, birds, lizards, serpents, curious cones of trees and other natural productions. Pl. 26: The Crested Cockatoo. London, p. 237.

Cacatua sulphurea (Gmelin 1788)

Gelbwangenkakadu, Kleiner Gelbhaubenkakadu

englisch: Yellow-crested Cockatoo, Lesser, Sulphur-crested Cockatoo, Dwarf Sulphur-crested Cockatoo, *parvula*: Timor Cockatoo, *abbotti*: Abbott's Sulphur-crested Cockatoo, *citrinocristata*: Citron-crested Cockatoo

französisch: Cacatoès soufré, Petit cacatoès à huppe jaune, *citrinocristata*: Cacatoès à huppe orange

spanisch: Cacatúa sulfúrea, *citrinocristata*: Cacatúa de cresta naranja

niederländisch: Kleine Geelkuifkaketoe, *parvula*: Timor-geelkuifkaketoe, *abbotti*: Abbott-geelkuifkaketoe, *citrinocristata*: Oranjekuifkaketoe

1. Systematik und Taxonomie

Geschichte: Der Gelbwangenkakadu war schon sehr früh in Europa bekannt. Von Kaiser Friedrich II. (1212-1250) wird bereits erwähnt, dass er das erste Exemplar dieser Art vom Sultan von Babylon geschenkt bekam. – Die früheste Darstellung findet sich 1555 bei Gesner, der ihn in seiner Historia animalium „Psittacus albus cristatus" nennt und schwarzweiß darstellt. Auch auf vier Gemälden von Jan Brueghel dem Älteren, die um 1600 entstanden sind, wird der Gelbwangenkakadu bereits dargestellt. Anfang des 17. Jahrhunderts stellt Aldrovandi ihn in seinen „Ornithologiae, Hoc est de Avibus Historiae Libri XII, 1" auf Seite 667 schwarzweiß dar. Die erste farbige Darstellung in einem Buch findet sich 1734 bei Seba in seinem Werk „Locupletissimi rerrum naturalium thesauri descriptio" (tab. LIX, fig. 1), der ihn dort „Avis Kakatoeha" nennt (Strunden 1984).

Systematik: Die systematische Stellung des Gelbwangenkakadus war nie problematisch: Er wurde immer als eigenständige Art in der Gattung *Cacatua* (oder deren Synonymen) eingeordnet. Phylogenetisch gehört er innerhalb dieser Gattung zusammen mit *C. galerita* zu den jüngeren Arten. – Die Einschätzung, dass Gelbwangen- und Gelbhaubenkakadu Angehörige nur einer Art seien (Schliebusch & Schliebusch 2001), hat sich nie durchgesetzt. Die jüngste Untersuchung von White und seinen Kollegen (White et al. 2011) belegt zwar durchaus ihre relativ nahe Verwandtschaft, wertet sie aber dennoch als zwei unterschiedliche Arten.

Taxonomie: Lange wurden beim Gelbwangenkakadu sechs Unterarten unterschieden. Zwei davon (*djampeana* und *occidentalis*) werden aber in fast allen neueren Publikationen nicht mehr anerkannt, da sie sich lediglich in der Größe des Schnabels unterscheiden sollen. Schnabelgröße ist jedoch – sowohl bei verschiedenen Populationen wie auch zwischen den Geschlechtern – ein deutlich variables Merkmal.

In jüngster Zeit haben die Untersuchungen von Collar & Marsden (2014) die Erkenntnislage jedoch wieder deutlich verändert: Die Autoren untersuchten 136 Bälge in verschiedenen Museen und differenzierten sehr genau zwischen den einzelnen Populationen. Ihrer Einschätzung nach ergibt eine Kombination verschiedener Merkmale sieben unterscheidbare Unterarten: nämlich die bisher beschriebenen sechs Unterarten sowie eine weitere siebte Unterart, der sie den Namen *paulandrewi* gaben. Zur Unterscheidung der sieben Unterarten geben sie einen klaren Identifizierungsschlüssel. Dieser Sicht folgen auch wir hier.

djampeana *paulandrewi* *parvula*

Gmelin beschrieb 1788 in Systema Naturae 1, pt.1, p. 330f die Nominatform als *Psittacus sulphureus*. In lateinischer Sprache gibt er eine kurze Beschreibung aller Gefiederpartien, verweist auf die früheren (nicht wissenschaftlichen) Beschreibungen von Brisson, Buffon, Albin und Edwards, gibt die Molukkeninseln als Ursprungsland an und beschreibt abschließend die Länge sowie die unbefiederten Körperteile.

Fraser beschrieb 1844 in den Proceedings of the Zoological Society of London, pt. 12, p. 38 den Orangehaubenkakadu als *Plyctolophus citrino-cristatus*. In lateinischer Sprache gibt er eine kurze Beschreibung der Gefiederpartien und die Größe (ähnlich wie *sulphureus*) an sowie die Grundlage seiner Beschreibung: ein Exemplar im Londoner Zoo.

Bonaparte beschrieb 1850 die Unterart *parvula* in den Comptes Rendus hebdomadaires des séances de l'Academie des Sciences, Paris 30 auf Seite 139 als *Plyctolophus parvulus*. Er bezeichnet ihn als kleinste Kakaduform, die entweder als Art oder Rasse gelten könne, in der Gelbverteilung anders sei als *sulphureus*, dieser Form aber ansonsten in allem ähnele. Weitere Angaben fehlen, auch die Herkunft (später auf Semau, bei Timor festgelegt).

Hartert beschrieb 1897 und 1898 die beiden nächsten Unterarten: In den Novitates Zoologicae vol. 4, p. 164f die Unterart *djampeana* und in vol. 5, p. 120f die Unterart *occidentalis*. Auf der Basis von zwei Weibchen von Jampea mit auffallend kleinem Schnabel trennt er die Unterart von *sulphurea*, gibt einiges an Hintergrundinformationen und benennt die drei damals bekannten Formen: *sulphurea*, *djampeana* und *parvula*. Im folgenden Jahr beschreibt er *occidentalis* als Unterart, die im Vergleich zu *parvula* einen deutlich kräftigeren Schnabel hat. Er verweist auf ähnliche Beobachtungen von Schlegel und Finsch, korrigiert Einschätzungen von Finsch, der diese Vögel mit *sulphurea*, nicht jedoch mit *parvula* verglichen hatte, und benennt allgemeine Beobachtungen zu Schnabelgrößen bei Kakadus sowie beim Graupapagei *Psittacus erithacus*. – 1903 zieht Hartert dann seine eigene Unterart *djampeana* wieder zurück, weil er auf Widersprüche in der Schnabelgröße der Exemplare von Jampea und den Tukangbesi-Inseln stößt (Novitates Zoologicae 10, p. 22).

Oberholser beschreibt 1917 in englischer Sprache in den Proceedings of the U.S. National Museum 54, p. 181f die Unterart *abbotti* als *Kakatoe parvulus abbotti* von den Masalembu-Inseln. Er vergleicht die Unterart mit *parvula* und gibt als unterscheidendes Merkmal von dieser lediglich die größeren Körpermaße an. Es folgt eine ausführliche Beschreibung aller Körperpartien sowie die Beobachtungen von Abbott, der auf den Masalembu-Inseln hunderte Vögel dieser Unterart gesehen hat und die Körpermerkmale wiedergibt. Es folgt eine Tabelle mit genauen Maßangaben zu den acht Bälgen im USNM Washington.

Collar & Marsden beschreiben 2014 die Unterart *paulandrewi* von den Tukangbesi-Inseln. In ihrem englischsprachigen Artikel bieten sie eine umfassende Revision der Taxa des Gelbwangenkakadus sowie eine Diagnose zur Unterscheidung von *paulandrewi* im Vergleich zu *djampeana*, benennen ein Typus-Exemplar und das Verbreitungsgebiet und erklären die Ableitung des Namens.

Synonyme der Art sind *luteocristata* Brisson 1760 und *aequatorialis* Temminck 1849 für die Nominatform, *buffoni* Finsch 1867 und *timorensis* GR Gray 1870 für die Unterart *parvula* sowie *chrysolophus* Bonaparte 1850, *croceus* Homeyer 1860 und *aurantiocristatus* Finsch 1867 für *citrinocristata*.

Namenserklärung: *sulphurea* = schwefelgelb.

djampeana = von der Insel Djampea (heute Jampea).

paulandrewi = zu Ehren von Paul Andrew, Autor der ersten Checkliste der Vögel Indonesiens.

occidentalis

citrinocristata

abbotti

parvula = ziemlich klein.

occidentalis = westlich (aufgrund der Verbreitung auf den westlichen Kleinen Sundainseln).

abbotti = Dr. William Louis Abbott (1860-1936) war ein amerikanischer Arzt, Naturforscher und Ornithologe, der vor allem in Südostasien forschte und auch mehrere Papageien entdeckte. Seine private Sammlung wurde später Teil des United States National Museum in Washington.

citrinocristata = mit zitronenfarbiger Haube.

luteocristata = mit gelber Haube, *aequatorialis* = aus der Region des Äquators stammend, *buffoni* = zu Ehren des französischen Naturforschers Georges-Louis Leclerc Comte de Buffon (1707-1788), *timorensis* = von der Insel Timor stammend, *chrysolophus* = mit goldfarbenem Schopf, *croceus* = safranfarben, *aurantiocristatus* = mit goldgelber Haube.

2. Identifizierung

Färbung adulter Tiere: Grundfärbung weiß; Ohrdecken und Federhaube kräftig gelb; Unterflügeldecken und Unterschwanzdecken gelblich verwaschen; nackter Augenring weißlich; Iris dunkelbraun bis schwarz; Füße grau; Schnabel schwarz.

Unterscheidung der Geschlechter: Weibchen mit roter Iris und durchschnittlich kleinerem Schnabel.

Jungvogelfärbung: Nestlinge mit gelben Dunenfedern; bei *sulphurea* Jungvögel mit helleren Füßen und hornfarbenem Schnabel, bei den Unterarten von den Kleinen Sunda-Inseln verlassen Jungvögel das Nest bereits mit einem schwärzlichen Schnabel; Iris bei beiden Geschlechtern dunkel bräunlich grau, bei jungen Weibchen oft schon mit einem Jahr bräunlich und mit drei bis vier Jahren rot gefärbt.

Vergleich mit ähnlichen Arten: Dem Gelbwangenkakadu am ähnlichsten ist der Gelbhaubenkakadu (*C. galerita*), der sich von diesem vor allem durch größere Gesamtlänge, schlankeren Körperbau und einen viel schwächer ausgeprägten Ohrfleck unterscheidet. Alle übrigen weißen Kakadus tragen Rundhauben, keine nach vorn gerichteten Spitzhauben.

3. Unterarten

a. *Cacatua s. sulphurea* (Gmelin 1788)

Sulawesi-Gelbwangenkakadu

Merkmale: kleine Unterart mit großem, intensiv gelb gefärbtem Ohrfleck; die Unterart besitzt von allen die größten Schnabelausmaße und einen im Vergleich gedrungeneren Körperbau

Verbreitung: Sulawesi (dort vom Aussterben bedroht), Buton und Muna

Größe: 33-34 cm

Anmerkung: eingebürgerte Populationen existieren in Singapur (70-200 Vögel), Hongkong und Taiwan, die möglicherweise von verschiedenen Unterarten abstammen. Die Populationen in Hongkong und Taiwan gehen deutlich zurück und können sich möglicherweise nicht dauerhaft halten.

b. *Cacatua s. djampeana* Hartert 1897

Jampea-Gelbwangenkakadu

Merkmale: wie *sulphurea*; kleine Unterart mit großem, gelbem Ohrfleck, aber kleinerem Schnabel.

Verbreitung: Tanahjampea-Inseln (Jampea, Kalao, Kalaotoa, Bonerate, Madu, Kajuadi); kommt nicht auf Selayar vor.

Größe: 33 cm

Merkmal	*citrinocristata*	*abbotti*	*sulphurea*	*paulandrewi*	*djampeana*	*parvula*	*occidentalis*
Flügel (mm)	lang 245/236	sehr lang 263/260	mittel 225/221	mittel 221/213	mittel 218/213	mittel 223/219	kurz 220/213
Schwanz (mm)	lang 135/131	sehr lang 138/146	mittel 113/112	mittel 112/109	mittel 110/108	lang 121/120	mittel 110/109
Haubenfedern (mm)	lang –/108	sehr lang 123/117	mittel 101/98,7	mittel 95,5/90,7	mittel 95/89,9	mittel 101/97,4	mittel 94,3/93,2
Haubenfarbe	kräftig orange	gelb	gelb	gelb	gelb	gelb	gelb
Ohrfleckgröße (mm)	mittel –/24,5,	klein 20,5/15,5	groß 29,8/28,8	mittel 24/24	groß 28,3/24,1	klein 20,1/20,7	klein 23,7/21
Ohrfleckfarbe	blass orange	bräunl. gelb	kräftig gelb	blass gelb	gelb	blass gelb	blass gelb
Schnabel (mm)	groß 37,1/31,8	mittel 35,1/33	groß 38,3/35,6	klein 33,2/29,3	mittel 35/31,6	klein 33,5/31,1	groß 36,9/33,8
Bälge (m/w)	11/7	6/2	21/32	3/3	3/7	4/7	15/15

Tabelle A: Zusammengefasst in der Tabelle stellen sich die Merkmale der verschiedenen Unterarten wie folgt dar: (erster Wert: durchschnittliche Größe bei Männchen, zweiter Wert: durchschnittliche Größe bei Weibchen)

c. *Cacatua s. paulandrewi* Collar & Marsden 2014

Tukangbesi-Gelbwangenkakadu

Merkmale: wie *djampeana* kleine Unterart, aber mit kleinem, blasserem, gelbem Ohrfleck und noch kleinerem Schnabel

Verbreitung: Tukangbesi-Inseln

Größe: 33 cm

d. *Cacatua s. parvula* (Bonaparte 1850)

Timor-Gelbwangenkakadu

Merkmale: wie *djampeana* kleine Unterart, jedoch mit dem kleinsten und blassestem Ohrfleck und kleinstem Schnabel sowie dem längsten Schwanz von den fünf kleineren Unterarten

Verbreitung: Timor, Roti, Semau, Pantar und Alor

Größe: 31 cm

e. *Cacatua s. occidentalis* Hartert 1898

Westlicher Gelbwangenkakadu

Merkmale: wie *djampeana* kleine Unterart mit kleinem, blassgelbem Ohrfleck und großem Schnabel; Flügel und Schwanz sind im Vergleich auffallend kurz.

Verbreitung: Nusa Penida, Lombok, Sumbawa, Komodo, Flores.

Größe: 33 cm

f. *Cacatua s. abbotti* (Oberholser 1917)

Abbott-Gelbwangenkakadu (früher: Mittlerer Gelbwangenkakadu)

Merkmale: große Unterart mit der längster Haube, längsten Flügeln und Schwanz, mittelgroßem Schnabel und blassbräunlich gelben Ohrfleck.

Verbreitung: Masakambing, früher auch Salembu Besar (Masalembu-Inseln, Indonesien).

Größe: 40 cm

Anmerkung: Das Verbreitungsgebiet von *abbotti* liegt deutlich außerhalb der Verbreitung der übrigen Unterarten in der Wallacea, was ausgesprochen ungewöhnlich ist. Optisch ähneln die Tiere außerdem sehr den Triton- und Finschs Gelbhaubenkakadus. Möglicherweise handelt es sich also bei *abbotti* nur um Mischlinge von in früheren Zeiten freigelassenen oder entkommenen Vögeln von *C. s. sulphurea* und *C. g. triton* oder *eleonora*, die genetisch nicht einmal eigenständig sind. Wichtig wäre darum, durch DNA-Untersuchungen die genetische Eigenständigkeit der Unterart zu klären.

g. *Cacatua s. citrinocristata* (Fraser 1844)

Orangehaubenkakadu

Merkmale: relativ große Unterart, mit langer, orangefarbener Haube, blass orangefarbenem Ohrfleck, langen Flügeln und Schwanz und großem Schnabel

Verbreitung: Insel Sumba, Indonesien.

Größe: 38 cm

Anmerkung: In neueren Publikationen befürworten Autoren zunehmend eine Anerkennung von *citrinocristata* als eigenständige Art (z.B. Schliebusch & Schliebusch 2001, Stuart & Marsden 2014).

Tabelle der Unterarten-Vergleiche: Schaut man sich die Tabelle A an, so sieht man, dass die Intensität der Merkmale von links nach rechts abnimmt: Sieht man einmal

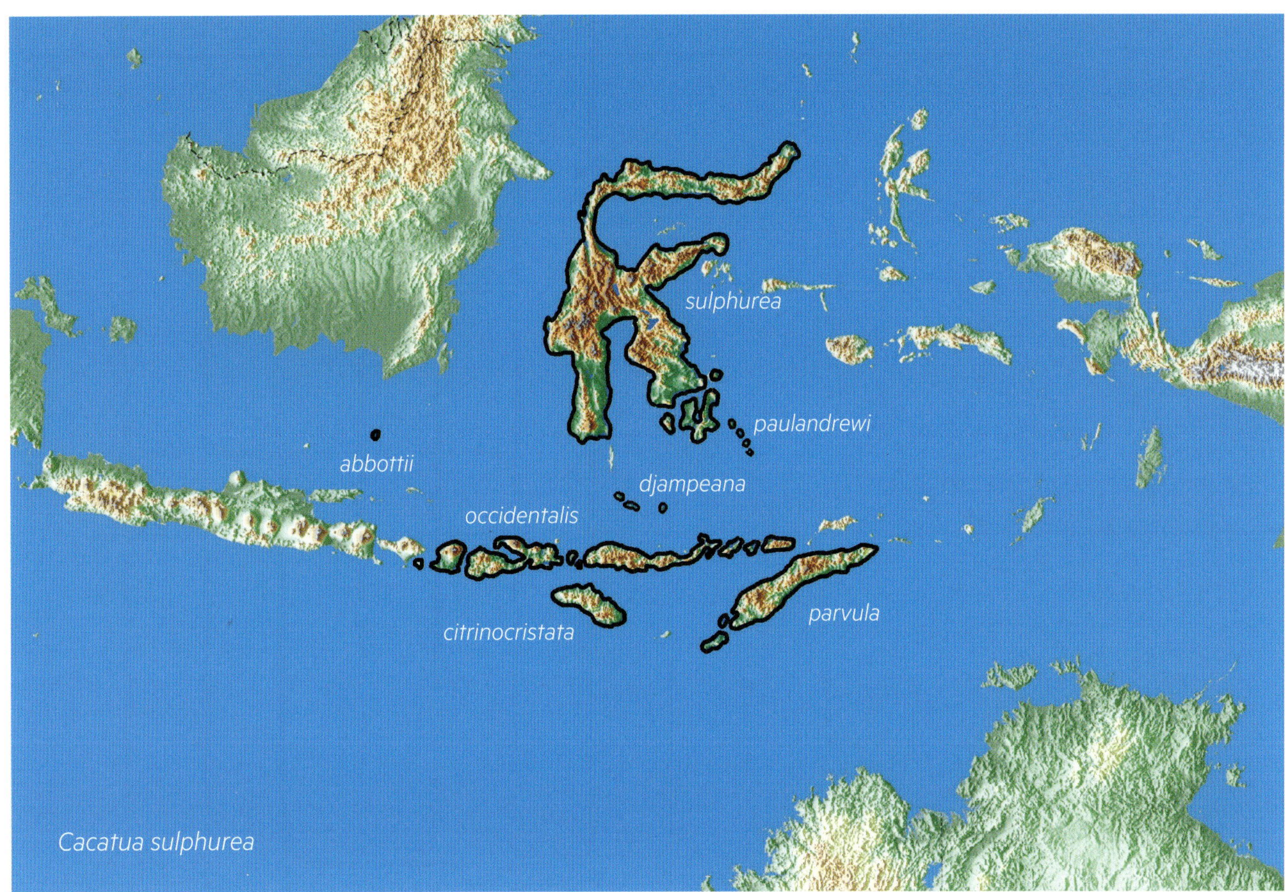

von der fraglichen Unterart *abbotti* ab, ist *citrinocristata* somit die auffälligste und größte Unterart, *occidentalis* die kleinste und schlichteste.

Und geht man noch mehr ins Detail, so zeigen Collar & Marsden (2014), auf die diese Tabelle zurückgeht, auf, dass die Flügellänge sich sowohl zwischen den Unterarten als auch zwischen den Geschlechtern unterscheidet (Männchen haben generell längere Flügel als Weibchen).

Die Schwanzlänge unterscheidet sich dagegen nur zwischen den Unterarten, nicht zwischen den Geschlechtern.

Und die Schnabelgröße unterscheidet sich deutlich zwischen den Geschlechtern (Männchen haben generell größere Schnäbel als Weibchen), und etwas weniger deutlich zwischen den Unterarten.

4. Natürliches Vorkommen

Lebensraum: Die Art bevorzugt offene tropische Wälder (nicht das Waldinnere!), Waldränder und halbtrockene Gebiete mit Baumbestand bis 1.200 m Höhe; Vögel kommen zur Nahrungsaufnahme regelmäßig in Anbaugebiete (vor allem Maisfelder und Kokospalmplantagen) und in die Nähe menschlicher Siedlungen; die Art ist zur Brut auf Waldgebiete angewiesen; *citrinocristata* hauptsächlich im feuchteren Westen der Insel.

Verhalten: früher in größeren Schwärmen anzutreffen, heute oft nur allein oder in Paaren, selten in Gruppen von 10 bis 20 Vögeln; normalerweise laute und auffällige Vögel, aber scheu in Fanggebieten; vertikale Wanderungen von Schlafbäumen in höher gelegenen Gebieten zur Nahrungssuche im Flachland; hält sich hauptsächlich in den mittleren Baumregionen auf, kommen aber auch auf den Boden; kraftvoller Flug mit Gleitphasen, von lauten Rufen begleitet.

Status: auf vielen Inseln bereits ausgestorben oder sehr stark bedroht; insgesamt nur noch 5.000-7.000 Exemp-

Kurzinfos zum Gelbwangenkakadu		
Größe: 33-40 cm	**Gelege pro Jahr:** zwei möglich	**Flugbedürfnis:** ausgeprägt
Gewicht: 350 (270-430) g	**Gelegegröße:** 2-3 (1-5) Eier, *citrinocristata* 1-2 Eier	**Nagebedürfnis:** sehr groß
Ringgröße: 10 mm, *citrinocristata* 11 mm	**Brutdauer:** 24 Tage, *citrinocristata* 28 Tage	**Badebedürfnis:** groß, Beregnungsanlage
Erstzucht: 1924, England	**Nestlingszeit:** 8-10 Wochen	**Aggressivität:** in der Brutzeit hoch
Eimaße: *sulphurea* 41,7 (39,8-44,5) x 27,9 (26,1-29) mm (n = 13); *citrinocristata* 39 x 26,8 mm (n = 2).	**Selbständigkeit:** nach 1-2 Monaten	**Stimme:** sehr laut

lare, Tendenz abnehmend; fast überall durch intensiven Fang für den Handel und Habitatfragmentierung von der Ausrottung bedroht; auf Lombok, Nusa Penida und Salembu Besar vermutlich bereits ausgerottet. Gesamtpopulation im Jahr 2007 bereits unter 7.000 Exemplaren: 3.200-5.000 auf Sumba, 500 auf Komodo, 200-300 in-Timor Leste, 200-300 auf Sulawesi, 20-50 auf West-Timor, 40-70 auf Flores, 50-100 auf Sumbawa, 100 auf Rinca und etwa 700 Vögeln auf anderen Inseln. Unterart *abbotti* nur noch etwas mehr als 20 Vögel; Erhaltungsprogramme in verschiedenen Regionen sorgen für leichte Erholungstendenzen; Populationen bleiben aber auf niedrigem Niveau.

5. Vorkommen in menschlicher Obhut

Häufigkeit: früher häufig, heute nicht mehr so oft vorkommend und in den Beständen abnehmend; Unterarten wurden vielfach miteinander gekreuzt; in Europa in vielen Tierparks und Zoos gehalten; in ihrer Heimat als Hausvögel beliebt.

Triton- (*C. g. triton*) und Finschs Gelbhaubenkakadus (*C. g. eleonora*) werden oft fälschlicherweise unter der Bezeichnung „Mittlerer Gelbwangenkakadu" als Abbott-Gelbwangenkakadus (*C. s. abbotti*) identifiziert und verkauft; tatsächlich dürften sich derzeit aber keine Exemplare der Unterart *abbotti* in Menschenobhut befinden, was molekulargenetische Untersuchungen entsprechender fehlidentifizierter Vögel durch die „European Association of Zoos and Aquaria" (EAZA) bestätigt haben.

Mindestanforderungen der Unterbringung: große Metallvolieren 5 x 2 x 2 m; mäßig warmes Schutzhaus (5-10 °C) mit Schlafnistkästen; viele Beschäftigungsmöglichkeiten bieten, sonst Neigung zum Rupfen und Schreien; eingewöhnt robust und zutraulich, werden leicht zahm und lernen leicht; Wildfänge bleiben scheu.

Züchtbarkeit: gelingt durchaus, ist aber selbst unter optimalen Umständen nicht einfach; Männchen können sehr aggressiv werden, darum sollten Nistkästen mit zwei Ausgängen und Schutzecken für Weibchen angeboten werden; beide Elternvögel brüten, Geschlechtsreife mit 3 Jahren.

6. Hilfreiche Literatur

Bashari H & T Arndt (2016). Status of the Critically Endangered Yellow-crested Cockatoo *Cacatua sulphurea djampeana* in the Tanahjampea islands, Flores Sea, Indonesia. Forktail 32, pp. 62-65.

BirdLife International (2001). Threatened birds of Asia: the BirdLife International Red Data Book. Cambridge, UK: BirdLife International, Yellow-crested Cockatoo, pp. 1643-1661.

Cahill AJ, Walker JS & SJ Marsden (2006). Recovery within a population of the Critically Endangered citron-crested cockatoo *Cacatua sulphurea citrinocristata* in Indonesia after 10 years of international trade control. Oryx 40(2), pp. 161–167.

Collar NJ & SJ Marsden (2014). The subspecies of Yellow-crested Cockatoo *Cacatua sulphurea*. Forktail 30, pp. 23-27.

Forshaw, JM (2017). Vanished and Vanishing Parrots – Profiling Extinct and Endangered Species. Ithaca and London, Cornell University Press, pp. 46-51.

Imansyah MJ, Purwandana D, Ariefiandy A, Benu YJ, Jessop TS & CR Trainor (2016). Valley-floor censuses of the Critically Endangered Yellow-crested Cockatoo *Cacatua sulphurea occidentalis* on Komodo Island, East Nusa Tenggara province, Indonesia, point to a steep population decline over a six-year period. Forktail 32, pp. 66–71.

Schliebusch I & G Schliebusch (2001). Der systematische Status von Gelbhauben- und Gelbwangenkakadu. PAPAGEIEN, Jg.14(5), pp. 166-174.

Walker JS, Cahill AJ & SJ Marsden (2005). Factors influencing nest-site occupancy and low reproductive output in the Critically Endangered Yellow-crested Cockatoo *Cacatua sulphurea* on Sumba, Indonesia. Bird Conservation International 15, pp. 347–359.

Superfamilie: PSITTACOIDEA Rafinesque-Schmaltz 1815

Quelle: Rafinesque-Schmaltz 1815, Analyse de la Nature ou Tableau de l'Univers et des Corps organises, p. 64, Typus-Gattung: *Psittacus* (Graupapageien)

Systematik: Die Superfamilie besteht aus den drei Familien Psittrichasidae, Psittacidae und Psittaculidae mit insgesamt neun Unterfamilien. In ihr ist der Großteil der Papageien mit Ausnahme der Neuseelandpapageien und der Kakadus zusammengefasst. Die Aufteilung der Familien in Unterfamilien und Tribus war immer wieder Gegenstand von Diskussionen und unterschiedlichsten Konzepten. Hier werden die neuesten genetischen Erkenntnisse zugrunde gelegt wie sie vor allem bei Joseph et al. 2012 und Provost et al. 2018 beschrieben werden.

Da die Einteilung der Papageien in Superfamilien relativ neuen Datums ist, sind für diese noch keine gültigen Namen vorhanden. Joseph et al. 2012 verwenden als Basis für Psittacoidea den Ausdruck Psittacea, wie er bei Rafinesque-Schmaltz als Name für die Familie der Papageien verwendet wird. Zur Begründung ihrer Entscheidung führen sie die Artikel 11.7.1.1, 12.2.4 und 23.1 des ICZN (International Commission on Zoological Nomenclature) an.

Familie: Psittrichasidae Bötticher 1959

Quelle: Bötticher 1959, Papageien (Neue Brehm-Bücherei), p. 13, Typus-Gattung: *Psittrichas* (Borstenkopfpapageien)

Systematik: Die Familie umfasst zwei Unterfamilien (Psittrichasinae und Coracopseinae) mit jeweils einer Gattung (*Psittrichas* resp. *Coracopsis*). – Die Stellung der Familie im Kontext der anderen Familien wird in der Literatur unterschiedlich gehandhabt. Es gibt dazu drei verschiedene Sichtweisen: Joseph et al. 2012 stellen sie hinter die Psittacidae, (bestehend aus den Unterfamilien Psittacinae, afrikanische Großpapageien, und Arinae, Neuweltpapageien). Schweizer et al. 2011 siedeln sie ebenfalls dort an, allerdings noch später, nämlich hinter den Plattschweifsittichen (Unterfamilie Platycercinae innerhalb der Familie Psittaculidae). Provost et al. 2018 dagegen stellen die Psittrichasidae noch vor die Psittacidae, also direkt hinter die Superfamilie der Kakadus, als erste Familie der Psittacoidea.

Psittrichas fulgidus

Da die Familie Psittrichasidae zweifellos ein älterer Zweig der Psittacoidea ist, folgen wir hier der Auffassung von Provost et al. 2018: Vertreter dieser Familie kommen nämlich nur noch in Restformen auf Neuguinea und Madagaskar vor. *Psittrichas* und *Coracopsis* weisen außerdem (ähnlich wie die Gattungen der Neuseelandpapageien *Strigops* und *Nestor*) stark archaische Merkmale auf, die eine solche Stellung als gerechtfertigt erscheinen lassen. Die Psittacidae dagegen haben eine deutlich größere Radiation auf zwei Kontinenten (Afrika und Südamerika) erfahren, die wohl signifikant später erfolgt sein dürfte.

Corocopsis vasa

Für die hier behandelte Familie gab es bisher keinen gültigen Namen. Es existierten lediglich zwei Namen für Unterfamilien, nämlich Psittrichasinae, Bötticher 1959 und Dasyptilinae, Bonaparte 1854. Joseph et al. 2012 benennen daraufhin Psittrichasidae als gültigen Namen der Familie. Dies tun sie aufgrund des überwiegenden Gebrauchs des Namens *Psittrichas* (gegenüber *Dasyptilus*, Wagler 1832) sowie einer eindeutig nachzuvollziehenden Beschreibung bei Bötticher 1959 (im Gegensatz zu Bonaparte 1854). Als Begründung ihrer Entscheidung führen sie die Artikel 13.1.1, 29.1 und 40.2 des ICZN an.

Unterfamilie: Psittrichasinae Bötticher 1959

Quelle: Bötticher 1959, Papageien, p. 13, Typus-Gattung: *Psittrichas* (Borstenkopfpapageien)

Systematik: siehe Familie Psittrichasidae.

Gattung: *Psittrichas* (m.) Lesson 1831

BORSTENKOPFPAPAGEIEN

Quelle: Lesson 1831, Bull. Sci. Nat. Geol. Vol. 25, 1831, p. 241 (faktisch 341, falsch beschriftet) Typus-Art: durch Monotypie *Psittacus pecquetii*, Lesson1831 = *Banksianus fulgidus*, Lesson 1830.

Systematik: Die systematische Position dieser Gattung war lange sehr umstritten, da es praktisch keinen anderen Papagei gibt, der optisch Ähnlichkeiten mit Borstenkopfpapageien aufweist. Frühe Autoren ordneten sie darum wahlweise den Rabenkakadus (*Banksianus*, Lesson 1830, *Calyptorhynchus* Gray 1845), den Palmkakadus (*Microglossum* Rosenberg 1878) oder den Nestorpapageien (*Nestor* Schlegel 1861) zu. Peters (1937) führte sie zwischen Vasa- und Edelpapageien. Forshaw (1973) und Juniper & Parr (1998) vermuteten eine Nähe zu den Edelpapageien (*Eclectus*). Genetische Untersuchungen ergaben nun, dass Borstenkopfpapageien am ehesten mit den Vasapapageien (*Coracopsis*) von Madagaskar verwandt sind, obwohl diese geographisch weit entfernt liegen (Wright et al. 2008, Schweizer et al. 2010, Joseph et al. 2012, Provost et al. 2018). In jedem Fall scheint deutlich zu sein, dass Borstenkopfpapageien zu den archaischeren Papageienarten gehören, (weshalb sie hier auch am Anfang der Psittacoidea stehen).

Taxonomie: René Primevère Lesson beschrieb die Gattungsmerkmale 1831 sehr ausführlich in französischer Sprache und sieht sie systematisch als Bindeglied zwischen Palmkakadus (*Probosciger*) und Aras (*Ara*) an. Die Gattung ist bei ihm monotypisch, kennt also nur eine Art. Außer der Beschreibung der Körpermerkmale ist dem Autor praktisch nichts über die Art bekannt. – Als einziges Synonym findet sich *Dasyptilus* bei Wagler 1832, in seiner Monographia Psittacorum auf Seite 502: Wagler bezeichnet die Gattung als „Haarloris", beschreibt die Körpermerkmale ausführlich in lateinischer Sprache und ordnet sie systematisch wie Lesson ein. Dies deutet darauf hin, dass er – obwohl er Lessons Publikation kannte – dennoch einen neuen Gattungsnamen einführte.

Beide Autoren geben als Herkunftsland entweder Südamerika oder Neuguinea an. Dies geht zum einen auf Angaben von Lesson selbst zurück, der zwischen beiden Angaben schwankte. Es gab aber auch die Theorie, dass der Borstenkopfpapagei der bereits 1648 von Marcgraf beschriebene „Paragua" sei, den man bis dahin nicht bei den südamerikanischen Arten identifizieren konnte (Marcgraf, 1648, Historia Naturalis Brasiliae, vol. 5, p. 207; vgl. Strunden 1984, S. 45)

Merkmale: große Papageien mit langem, rechteckigem Schwanz, gerundeten Flügeln und kompaktem Körperbau; Kopfseiten kahl, anschließende Befiederung des Kopfes borstenartig und erst zum Rücken bzw. zur Brust hin in normale Federn übergehend; Schnabelform für Papageien sehr ungewöhnlich: länglich und schmal, mit geringer Krümmung, was dem Vogel ein eher adler- bzw. geierartiges Aussehen verleiht. (Auch der Flug ähnelt mehr einem Geier als einem Papagei. (Silva 2018); Gefieder stark kontrastierend rot und schwarz.

Namenserklärung: *Psittrichas* = Papagei (psittakos) mit borstigem Haar (thrix). *Dasyptilus* = mit haarartigem (dasus) Gefieder (ptilon).

fulgidus Männchen

Wellensittich (18 cm)

Psittrichas fulgidus (Lesson 1830)

Borstenkopfpapagei

weitere Namen: Borstenkopf, Adlerpapagei

englisch: Pesquet's parrot, (Vulturine parrot – auch für *Pyrilia vulturina*, Bare-headed parrot – auch für *Pyrilia aurantiocephala*)

französisch: Psittrichas de Pesquet, Perroquet de Pesquet

spanisch: Loro Aguileno

niederländisch: Borstelkoppapegaai

1. Systematik und Taxonomie

Systematik: Die Identifizierung des Borstenkopfpapageis und die Zuordnung zur Gattung *Psittrichas* waren systematisch nie ein Problem.

Taxonomie: Die gesamte Taxonomie der Art geht auf den Franzosen René Primevere Lesson zurück: 1830 beschrieb er die Art in seinem Traité d'Ornithologie, livr. 1, p. 181, als *Banksianus fulgidus* in französischer Sprache. Er gibt dabei nur kurz die Färbung der Flügel und des Körpers eines Exemplars aus dem Naturhistorischen Museum Paris wieder, ohne jedoch Anmerkungen zu Kopf oder Schwanz zu machen („Der gesamte Rest ist unbekannt"). Dies erklärt sich dadurch, dass das zugehörige Typus-Exemplar ein Torso ist und weder Kopf noch Schwanz besitzt.

Deutlich ausführlicher beschrieb Lesson die Art im Juni 1831 unter dem Artnamen *Psittacus pecquetii* (Bulletin des sciences naturelles et de geologie, vol. 25, p. 241, faktisch 341.) und ordnete sie nun der ebenfalls von ihm neu beschriebenen Gattung *Psittrichas* zu. Diesmal hatte er offensichtlich ein vollständiges Exemplar vor sich, das er sehr präzise beschrieb. Die Art wurde darum früher häufiger unter diesem Namen geführt, der allerdings oft auch falsch geschrieben wurde (*pesquetii, pequeti, pesqueti* etc.). Der zuerst verwendete und deshalb korrekte Name *fulgidus* setzte sich erst im Laufe der Zeit durch (vgl. Mathews Nov. Zool. 1911, vol. 18, p. 13).

Die erste Darstellung der Art findet sich ebenfalls 1831, wieder bei Lesson, in seinen Illustrations de Zoologie, 1, pl. 1.

Namenserklärung: *fulgidus* = glänzend, prachtvoll. *pecquetii* = M. Pecquet übergab Lesson das erste Exemplar, das er über Le Havre erhalten hatte (Aufgrund verschiedener Schreibweisen, auch bei Lesson selbst, ist nicht ganz klar, ob der korrekte Name Pecquet oder Pesquet ist).

2. Identifizierung

Färbung adulter Tiere: Grundfärbung schwarz, Federn auf der Brust weißlich gesäumt; Flügel schwarz und am Flügelbug, den äußeren (mittleren und großen) Flügeldecken rot, ebenso auf den kleinen und mittleren Unterflügeldecken; innere Armschwingen zur Spitze hin rot, zur Basis hin schwarz; Ober- und Unterschwanzdecken sowie scharf abgegrenzter Bauchbereich, Flanken und Schenkel rot; nackter Wangen- und Augenbereich dunkelgrau, mit nur wenigen Federborsten; roter Fleck hinter dem Auge; Iris dunkelbraun; Füße grau; langgezogener Schnabel schwarz.

Unterscheidung der Geschlechter: Weibchen ohne roten Fleck hinter dem Auge und durchschnittlich etwas kleiner.

Jungvogelfärbung: Nestlinge anfangs mit dichten, weißlichen Dunenfedern, die nach etwa 11 Tagen durch dichte, graue bis schwarze Dunen ersetzt werden; Schnabel anfangs hornfarben, später zunehmend schwarz; Jungvögel wie Alttiere, aber mit blasseren Farben

fulgidus Weibchen

und gräulich brauner Iris. – Es gibt unterschiedliche Angaben zum Vorhandensein des roten Flecks hinter dem Auge bei Jungvögeln (vgl. Silva 2018): lt. manchen Autoren taucht er nur bei jungen Männchen auf; andere sagen, dass er in beiden Geschlechtern vorkommt und dann bei den Weibchen nach der ersten Mauser verschwindet. - Möglicherweise zeigt er sich in diesem frühen Stadium variabel und geschlechts-unspezifisch. (Bei manchen Vögeln zieht sich der Fleck sogar in einem schmalen Streifen bis zur Stirn.)

Vergleich mit ähnlichen Arten: kaum mit anderen Papageienarten zu verwechseln: einziger großer, rot-schwarzer Papagei mit ungewöhnlich schmalem Kopf und geierähnlichem Aussehen; aus der Entfernung allenfalls oberflächliche Ähnlichkeit mit dem ganz schwarzen Palmkakadu (*Probosciger aterrimus*) sowie dem rot-violetten Weibchen des Neuguinea-Edelpapageis (*Eclectus polychloros*).

fulgidus Jungvogel

3. Natürliches Vorkommen

Verbreitung: Insel Neuguinea, Indonesien und Papua-Neuguinea

Lebensraum: Bergwälder (Primär- und Sekundärwald), meist zwischen 500 und 1.800 m, mitunter auch Wälder der Tieflandgebiete ab 50 m und Berge bis zu 2.000 m; Nahrungsspezialist, der sich nur von wenigen Feigenbaumarten (*Ficus* sp.) ernährt; höchste Populationsdichte in zusammenhängenden, unberührten Waldgebieten.

Verhalten: außerhalb der Brutzeit einzeln, in Paaren oder kleinen Gruppen von bis zu 20 Vögeln vorkommend; zeitweise auffällig und lärmend, dann wieder über lange Phasen ausgesprochen still; oft in den höchsten Baumkronen sitzend, ernähren sich vor allem von weichen Früchten; direkter Flug, abwechselnd flatternd und gleitend, von rauen, kakaduähnlichen Rufen begleitet;

Status: früher trotz niedriger Populationsdichte häufig zu beobachten, heute in vielen Gebieten (vor allem in Papua-Neuguinea) aufgrund starker Bejagung für Federn, Vogelhandel und als Nahrung sowie durch Entwaldung und Zerstörung der Brutbäume nicht mehr oder nur noch selten zu finden; ungleichmäßige Verbreitung; Population deutlich gefährdet; früher auf 42.000 Exemplare geschätzt, jetzt möglicherweise nur noch 10.000 Exemplare und weiter abnehmend.

4. Vorkommen in menschlicher Obhut

Häufigkeit: selten, nur vereinzelt nach Europa gekommen; nicht für Anfänger geeignet, sondern nur für Spezialisten; Eingewöhnung ausgesprochen schwierig (Futterumstellung, Klima), später durchaus angenehme Pfleglinge.

Mindestanforderungen der Unterbringung: Voliere mindestens 6 x 4 x 2 m mit anschließendem Schutzraum von 2,5 x 2 x 2 m; anfangs sehr wärmebedürftig (mindestens 20° C), später Besuch der Außenvoliere auch bei Schnee möglich; Schlafkasten anbieten; empfindlich und schwierig in der Haltung, oft scheu; können ohne erkennbare

Kurzinfos zum Borstenkopfpapagei		
Größe: 47 (45-50) cm	**Gelege pro Jahr:** zwei	**Flugbedürfnis:** ausgeprägt
Gewicht: 600-900 g	**Gelegegröße:** 2 (selten 3) Eier	**Nagebedürfnis:** groß (regelmäßig Frischholz geben)
Ringgröße: 14 mm	**Brutdauer:** 28 (27-31) Tage	**Badebedürfnis:** groß (täglich berieseln)
Erstzucht: 1977, Niederlande	**Nestlingszeit:** 12-14 Wochen	**Aggressivität:** während der Brut
Eimaße: 39,5 x 33 mm	**Selbständigkeit:** 2-4 Wochen	**Stimme:** mittellaut

Gründe plötzlich eingehen; Hygiene besonders wichtig, hohe Anfälligkeit für Pilzerkrankungen (Candidiasis); in zu kleinen Volieren erhöhte Aggressivität.

Züchtbarkeit: gelingt nur sehr selten; Geschlechtsreife mit 5 Jahren; möglichst morschen Palm- oder Obstbaumstamm anbieten, der (hauptsächlich vom Männchen) monatelang ausgehöhlt wird; meist Aufzucht nur eines Jungen; Todesfälle bei Jungvögeln auch noch nach mehreren Wochen möglich.

5. Hilfreiche Literatur

Burkard R (1978). Einige Erfahrungen mit dem Borstenkopf (*Psittrichas fulgidus*). Gefiederte Welt, Jg. 102, p. 121-123.

Homberger DG (1981). Functional morphology and evolution of the feeding apparatus in parrots, with special reference to the Pesquet's Parrot *Psittrichas fulgidus* (Lesson). in: RF Pasquier (ed.) Conservation of New World parrots. Smithsonian Institution Press, Washington, DC, pp. 471-485.

Igag P (2003). Breeding biology and reproductive success of three large Rain forest parrots; Palm cockatoo *Probosciger aterrimus*, Vulturine's parrot *Psittrichas fulgidus* and Eclectus parrot *Eclectus roratus* in New Guinea. Masters thesis, Australian National University.

Igag P, Mack A, Legge S & R Heinsohn (2019). Breeding biology of three large, sympatric rainforest parrots in New Guinea: Palm Cockatoo, Pesquet's Parrot and Eclectus Parrot. Emu 119(1), pp. 1-9

Mack AL & DD Wright (1998). The Vulturine Parrot, *Psittrichas fulgidus*, a threatened New Guinea endemic: notes on its biology and conservation. Bird Conservation International 8(2), pp. 185-194.

Pryor GS, Douglas JL & ES Dierenfeld (2001). Protein Requirements of a Specialized Frugivore, Pesquet's Parrot (*Psittrichas fulgidus*). The Auk 118(4), pp. 1080-1088.

Silva T (2018). Psittaculture, A Manual for the Care and Breeding of Parrots. Brno, Tschechien, pp. 296-309.

Switzer R (2009). Haltung und Zucht von Borstenkopfpapageien in der Al Wabra Wildlife Preservation. PAPAGEIEN 22(4), pp. 116-123.

Unterfamilie: Coracopseinae Joseph, Toon, Schirtzinger, Wright & Schodde 2012

Quelle: Joseph LJ, Toon A, Schirtzinger EE, Wright TF & R Schodde (2012). A revised nomenclature and classification for family-group taxa of parrots (Psittaciformes), Zootaxa 3205, p. 26-40. Typus-Gattung: *Coracopsis* (Vasapapageien).

Systematik: Die Unterfamilie umfasst lediglich eine Gattung (*Coracopsis*) und ist lt. verschiedener Studien am nächsten mit den Borstenkopfpapageien (*Psittrichas*) verwandt (Joseph et al. 2011, Schweizer et al. 2011, Kundu et al. 2012). Die Untersuchung von Kundu et al. (2012) ergab außerdem eine mögliche Einbettung von *Mascarinus mascarinus* in *Coracopsis nigra*. Dies wird jedoch mittlerweile sehr infrage gestellt, da es keinen Sinn macht, eine auffällig eigenständige Art einer anderen Art lediglich als Unterart zuzuordnen: Allein die Morphologie von *M. mascarinus* und *C. nigra* verbietet eine solche Einordnung.

Zur Position von *Coracopsis* im Vergleich zu den übrigen afrikanischen Großpapageien siehe die systematischen Anmerkungen unter der Familie Psittrichasidae: *Coracopsis* dürfte phylogenetisch älter sein als die übrigen größeren, afrikanischen Papageien.

Gattung: *Coracopsis* (f.) Wagler 1832

VASAPAPAGEIEN

Quelle: Wagler 1832, Abh. K. Bayer. Akad. Wiss., Math.-Phys. Kl. 1, p. 501, Typus-Art: *Psittacus niger*, Linnaeus 1758 = *Coracopsis nigra*, Wagler 1832.

Systematik: Die systematische Position der Gattung war im 20. Jahrhundert weitestgehend gleich. Praktisch alle namhaften Autoren (Peters 1937, Bötticher 1959, Forshaw 1973, Arndt 1990-1996 und 1999, del Hoyo / Sargatal 1997, Robiller 1997, Juniper & Parr 1998, Forshaw 2006) ordnen sie den übrigen afrikanischen Großpapageien der Gattungen *Psittacus* (Graupapageien) und *Poicephalus* (Langflügelpapageien) zu. Außerdem wurden hin und wieder Ähnlichkeiten mit dem Borstenkopfpapagei (*Psittrichas*) gesehen, was jedoch eher selten vorkam (Wagler 1832, Salvadori 1891, Peters 1937). Genetische Untersuchungen ergaben aber tatsächlich, dass die Borstenkopfpapageien die nächsten Verwandten der Vasapapageien sind (Wright et al. 2008, Schweizer et al. 2010, Joseph et al. 2012, Provost et al. 2018).

Die Zuordnung von Taxa zu dieser Gattung bereitet keinerlei Probleme: Alle hier angesiedelten Papageien sind braun bis schwarz, was sonst bei Papageien kaum vorkommt. Seit Peters (1937) wurden in der Literatur durchgängig zwei Arten geführt: Der große Vasapapagei (*C. vasa*, mit drei Unterarten) und der kleine Vasapapagei (*C. nigra*, mit vier Unterarten), was laut Kundu et al. (2018) auch zwei genetischen Gruppen entspricht. – Die Namen suggerieren, dass es zwei klar in ihrer Größe unterschiedliche Arten gibt. Vergleicht man die Taxa aus demselben Gebiet, existieren tatsächlich deutliche Größenunterschiede. Faktisch zeigt sich bei den 7 *Coracopsis*-Taxa aber, dass es einen fließenden Übergang gibt. So messen *vasa* 50 cm, *drouhardi* und *comorensis* 45 cm, *nigra* 35-40 cm, *libs* 35 cm, *sibilans* und *barklyi* 30 cm. – In neuerer Literatur wir die Aufteilung auf zwei Arten aufgebrochen und ein oder zwei Unterarten von *C. nigra* erhalten dort Artstatus. (Vor allem der seltene *C. barklyi* von den Seychellen ist hier zu nennen.) Systematisch gibt es nur zwei Alternativen: Entweder man bleibt bei den zwei Arten mit sieben Unterarten, oder man spaltet die Taxa nach geographischen Gesichtspunkten konsequent auf. In diesem Fall bleibt den beiden bekannten Arten von Madagaskar lediglich eine weitere Unterart (*drouhardi* resp. *libs*) und die übrigen Taxa bekommen jeweils eigenen Artstatus: *C. comorensis* und *C. sibilans* von den Komoren sowie *C. barklyi* von den Seychellen. Wir folgen der zweiten Sichtweise, zumal sich bei genauerer Untersuchung mehr Unterschiede zwischen den Taxa zeigen als bisher in der Literatur zu finden sind.

Taxonomie: Johann Georg Wagler beschrieb die Gattungsmerkmale 1832 in seiner Monographia Psittacorum in lateinischer Sprache, nennt die Gattung „Krähensittiche" und erklärt die Bedeutung des Namens *Coracopsis*. Zur Gattung zählt er zwei Arten, *C. mascarina* und *C. nigra*. Neben der Beschreibung der Körpermerkmale gibt der Autor Afrika als Herkunftsort an, wo sie, seiner Meinung nach, die Plattschweifsittiche ersetzen. Weitere Angaben fehlen. – G. R. Gray definiert 1840 in seiner List of the Genera of Birds, p. 50, *C. nigra* als Typus-Art.

Als Synonym findet sich *Vigorsia* bei Swainson 1837, in seiner „Natural History, Classification of Birds, Band 2, Seite 304". Swainson weigerte sich, den Namen von Wagler zu akzeptieren, weil er Vigors für den besseren Ornithologen und Systematiker hielt. Sein Name fand jedoch nie Beachtung. Dies gilt auch für die Bezeichnung *Vaza* resp. *Vasa*, die G. R. Gray und Schlegel zeitweise verwendeten.

Merkmale: mittelgroße bis große, unauffällig dunkel gefärbte Papageien mit kräftigem Körperbau, langem, leicht gerundetem Schwanz sowie langen, spitz zulaufenden Flügeln; kräftiger, breiter Schnabel, der sich in der Brutzeit hell verfärbt, Wachshaut und breiter Augenring nackt; einzige Papageien mit anschwellender Kloake (Hemi-Penis). Bei den großen Vasapapageien verliert das Weibchen zudem in der Brutzeit sein Kopfgefieder; Lautäußerungen erstaunlich melodisch.

Namenserklärung: *Coracopsis* = mit dem Aussehen (ops) eines Raben (corax). *Vigorsia* = zu Ehren von Nicolas Aylward Vigors (1785-1840), Sekretär der Zoological Society of London und einer der bedeutendsten Ornithologen Englands, der etliche Vögel, darunter auch vier Papageien, wissenschaftlich beschrieb.

Hilfreiche Literatur:

Asmus J & W Lantermann (2013). Langflügelpapageien und andere afrikanische Papageien. Arndt-Verlag, Bretten, pp. 56-73.

Dowsett RJ & F Dowsett-Lemaire (2000). The Status of the Greater and Lesser Vasa Parrots, *Coracopsis vasa* and *C. nigra* ... in Madagascar. Birdlife International, IUCN, London.

Martin RO, Perrin MR, Boyes RS, Abebe YD , Annorbah ND, Asamoah A, Bizimana D, Bobo KS, Bunbury N, Brouwer J, Diop MS, Ewnetu M, Fotso RC, Garteh J, Hall P, Holbech LH, Madindou IR, Maisels F, Mokoko J, Mulwa R, Reuleaux A, Symes C, Tamungang S, Taylor S, Valle S, Waltert M & M Wondafrash (2014). Research and conservation of the larger parrots of Africa and Madagascar: a review of knowledge gaps and opportunities. Ostrich 85(3), pp. 205–233.

Perrin M & C Laubscher (2012). Parrots of Africa, Madagascar and the Mascarene Islands, Biology, Ecology and Conservation. Wits University Press, Johannesburg, pp. 318-328.

Reuter KE, Rodriguez L, Hanitriniaina S & MS Schaefer (2017). Ownership of parrots in Madagascar: extent and conservation implications. Oryx, pp. 1-7.

Silva T (2018). Psittaculture, A Manual for the Care and Breeding of Parrots, Tisk Centrum, Brno, Czech Republic, pp. 444-451.

Wilkinson R & TR Birkhead (1995). Copulation behaviour in the Vasa parrots *Coracopsis vasa* and *C. nigra*. Ibis 137(1), pp. 117-119.

Coracopsis vasa (Shaw 1812)

Großer Vasapapagei, Vasapapagei

englisch: (Greater) Vasa Parrot; Eastern Vasa Parrot (vasa), Western Vasa Parrot (*drouhardi*)

französisch: Grand Vasa, Perroquet vaza, Vasa géante

spanisch: Loro vasa

niederländisch: Grote Vasapapegaai, Westelijke Vasapapegaai (*drouhardi*)

1. Systematik und Taxonomie

Systematik: Die Zuordnung zur Gattung bereitet keinerlei Probleme. Die Art ist phylogenetisch älter als der kleine Vasapapagei (Kundu et al. 2012) und spaltet sich in zwei Unterarten: die dunklere, östliche Nominatform und die hellere Unterart *drouhardi* aus den westlichen, trockeneren Regionen. Zwischen beiden Unterarten gibt es große Übergangsgebiete.

Taxonomie: Die früheste Erwähnung des Vasapapageis findet sich bei Francois Cauche, der ihn bereits 1651 in seinem Reisebericht „Relations véritables et curieuses de l'Isle de Madagascar et du Brésil" erwähnt. (Strunden 1984) – Die erste Beschreibung dagegen stammt von Francois Levaillant im 2. Band seiner Histoire naturelle des perroquets von 1805 (p. 15f). Er gibt in französischer Sprache eine kurze Charakteristik der wichtigsten Merkmale der Art, die auch als Farbtafel pl. 81 dargestellt ist. Levaillant vergleicht sie mit dem Kleinen Vasapapagei, stellt beide – ähnlich wie die Kakadus – in eine eigene Familie und vergleicht die Art dann mit den Aras (aufgrund der nackten Hautpartien), von denen sie sich aber deutlich unterscheide. Seine Beschreibung basiert auf einem Exemplar im Kabinett von Raye Breukelervaart in Amsterdam sowie einem Exemplar bei de Richebourg in Paris. Als vermutete Herkunft gibt er das südliche Afrika an, was er allerdings selbst bezweifelt, da er die Art dort nie angetroffen habe. – George Shaw fasst diesen Text 1812 in seiner General Zoology 8, pt. 2, p. 528f in englischer Sprache zusammen und gibt der Art den wissenschaftlichen Namen *Psittacus Vasa*.

Louis Lavauden beschrieb am 10. September 1929 in Alauda, ser.1.1, p. 231, in französischer Sprache die Unterart *drouhardi*. Er unter-

vasa mit hellem Schnabel

vasa Weibchen in Brutkondition

scheidet sie in einer kurzen Charakteristik von der Nominatform durch ihre deutlich graue, nicht schwarze Färbung (vor allem an der Unterseite), und die weißlichen, nicht bräunlichen Unterschwanzdecken. Außerdem sei die Unterart ein wenig kleiner als die Nominatform und habe auch einen kleineren Schnabel. – Nur kurze Zeit später, am 31. Oktober 1929 veröffentlichte Outram Bangs in den Proceedings of the New England Zoological Club 11, p. 50 unter dem Namen *wulsini* eine deutlich ausführlichere Beschreibung derselben Unterart, die auf der Untersuchung von 10 Exemplaren im Museum of Comparative Zoology, Cambridge, zurückgeht.

Synonyme der Nominatform sind *obscurus* (Bechstein 1811-12) und *melanorhyncha*, Finsch 1863. (Finsch beschreibt eine „schwarzschnäbelige Form" von *vasa*, als neue Art. Faktisch handelt es sich dabei um ein Exemplar außerhalb der Brutzeit, wo der Schnabel sich dunkler verfärbt.)

Namenserklärung: *vasa* = lärmend, mit lauter Stimme (in der Landessprache Malagasy); *drouhardi* = nach dem Forstaufseher Drouhard, in dessen Garten in Tongobory die Typus-Exemplare erlegt wurden; *obscurus* = verborgen; *melanorhyncha* = mit schwarzem (melanos) Schnabel (rhynchos); *wulsini* = zu Ehren des Sammlers Dr. Frederick R. Wulsin.

2. Identifizierung

Färbung adulter Tiere: Gefieder schwarz mit leichtem, bräunlichem Schimmer, Oberseite etwas heller; Flügelrand und Säume der Schwungfedern grau mit bläulichem Schimmer; Schwanzunterseite heller als Körperunterseite, mit schwarzen Federschäften, Unterschwanzdecken grau; Intensität der Schwanzfärbung variiert, sodass manchmal eine Art dunkleres Querband sichtbar wird; Wachshaut, Zügel und breiter Augenring unbefiedert variabel weißlich bis grau; Schnabel grau, in der Brutzeit hornfarben, Iris dunkelbraun, Füße grau.

Unterscheidung der Geschlechter: Weibchen sind oft etwas kleiner als die Männchen; Färbung außerhalb der Brutzeit identisch, Weibchen während der Brutzeit Kopf kahl und gelblich gefärbt.

Jungvogelfärbung: Nestlinge mit „Tastknöpfen" (rundliche Gebilde am hellen Schnabel, die später abfallen), und nur wenigen gelblich-weißen Daunenfedern, die kurz nach dem Schlupf ausfallen, später dichtere, graue Daunenfedern unter den Konturfedern; Jungvögel Gefieder leicht bräunlicher und fahler als bei Altvögeln, Schnabel und schmalerer Augenring bei Männchen anfangs weißlich, bei Weibchen leicht gelb bis gelborange (Brockner 2012), später grau, Iris schwarz.

Besondere Merkmale: einzigartige Papageien, bei denen das Verhalten in der Brutzeit und außerhalb der Brutzeit sehr unterschiedlich ist: in der Brutzeit laute und aktive Vögel, außerhalb der Brutzeit ruhige und wenig aggressive Tiere, Lautäußerungen während der Brutzeit häufig und laut, außerhalb der Brutzeit selten und angenehm, fast wie Singvögel. Umfärbung des Schnabels, Verlust der Kopfbefiederung beim Weibchen und Ausstülpung der Kloaken sonst bei Papageien nicht bekannt. Dominanz der Weibchen und Polyandrie (Weibchen lässt sich von mehreren Männchen begatten und füttern); extrem lange Kopulationen, große Eier, extrem kurze Brutdauer und Nestlingszeit; „Tastknöpfe" am Schnabel der Jungvögel. Gefieder ist während der Brutzeit intensiver gefärbt als außerhalb der Brutzeit.

drouhardi mit schwarzem Schnabel

drouhardi mit hellem Schnabel

Vergleich mit ähnlichen Arten: unterscheidet sich vom Großen Komoren-Vasapapagei (*C. comorensis*) durch die mehr schwärzliche, nicht bräunliche Färbung vor allem die Unterschwanzdecken sind nie braun, sondern gräulich schwarz oder weißlich; größer als *comorensis*. Unterscheidet sich von den kleinen Vasapapagei-Arten (*C. nigra, C. sibilans, C. barklyi*) hauptsächlich durch die größeren Körpermaße (45-50 cm vs. 30-35 cm). Außerdem sind Schnabel und Kopf deutlich wuchtiger als bei den kleinen Vasapapageien, was auch auf größere Entfernung gut sichtbar ist.

3. Unterarten

a. *Coracopsis v. vasa* (Shaw 1812)

Östlicher großer Vasapapagei

Merkmale: Gefieder dunkel, fast schwärzlich, 50 cm.

Verbreitung: der Osten Madagaskars, intermediäre Gebiete mit *drouhardi*; früher auf Réunion eingebürgert, dort aber mittlerweile wieder verschwunden.

b. *Coracopsis v. drouhardi* (Lavauden 1929)

Westlicher großer Vasapapagei

Merkmale: Gefieder blasser, vor allem an der Unterseite und leicht bräunlicher, insgesamt weniger schwarz; Unterschwanzdecken weißlich, nicht grau; etwas kleiner, 45 cm.

Verbreitung: der trockene Westen Madagaskars; fließende Übergänge zur Nominatform im Nordwesten und Südwesten.

4. Natürliches Vorkommen

Lebensraum: verschiedene Habitate, im Osten feuchte und laubabwerfende Wälder, im Westen baumbestandene Savannen; auch in Anbaugebieten und Plantagen, vornehmlich im Tiefland, aber auch bis 1.000 m Höhe.

Verhalten: außerhalb der Brutzeit in kleinen Gruppen von 10-15 Exemplaren, gelegentlich auf Nahrungs- oder Schlafbäumen bis zu 200 Vögel, haben dann Wächtervögel; lärmend und laut, wenig scheu; ganztägig aktiv, teilweise auch nachts; Vögel oft hoch in den Bäumen, gelegentlich auch am Boden zu finden; fliegen rufend hoch über den Wäldern; charakteristischer Flug mit langsamen, flachen Flügelschlägen, nicht papageientypisch, sondern eher krähenähnlich; zur Brutzeit ist Polyandrie (ein Weibchen mit mehreren Männchen) normal.

Status: oft noch häufig bis zahlreich und bislang nicht bedroht; weniger waldabhängig und anpassungsfähiger als *C. nigra*; kommt in vielen Schutzgebieten Madagaskars vor; Zahlen vermutlich leicht rückläufig (aufgrund von Verfolgung als Ernteschädling, Jagd und Vernichtung von Lebensraum); seit 1995 offiziell nicht mehr gehandelt.

5. Vorkommen in menschlicher Obhut

Häufigkeit: in Menschenobhut seltener und deutlich weniger zu finden als der Kleine Vasapapagei; Ende des 19. Jahrhunderts in Europa (vor allem Unterart *drouhardi*) und seit den 1980ern Jahren in den USA als Käfigvögel gehalten; waren aufgrund ihres schlichten Äußeren und leichter Verfügbarkeit wenig gefragt, galten andererseits als leicht zu zähmen, liebenswürdig, neugierig und nachahmungsstark (Silva 2018).

Mindestanforderungen der Unterbringung: Außenvoliere möglichst groß, mindestens 6 x 2 x 2 m mit anschl. frostfreiem Schutzraum (anfangs nicht unter 10° C halten); keine Zimmerhaltung; außerhalb der Brutzeit Gemeinschaftshaltung möglich (mindestens 5 m² Fläche pro Paar); in der Brutzeit Versteckmöglichkeiten für die Männchen anbieten.

Züchtbarkeit: gelang früher nicht häufig, in jüngerer Zeit zunehmend, in den USA teilweise sehr erfolgreich; Erlangung der Geschlechtsreife unklar (Angaben schwanken zwischen 1 ½ und über 10 Jahren); Verpaarung manchmal problematisch, da Weibchen in Brutstimmung sehr dominant und aggressiv sind, jagen und verwunden Männchen, gelegentlich bis zum Tod; daher Haltung von mehreren Männchen mit einem Weibchen sinnvoll; Weibchen leiden relativ häufig unter Legenot; Schnabel, Zügel und Augenring werden bei beiden Geschlechtern zur Brutzeit hell hornfarben; Weibchen verlieren 3-4 Wochen vor der Eiablage ihre Kopfbefiederung (teilweise oder ganz), kahler Kopf färbt sich dann gelblich bis orange; Haut am bzw. unter dem Schnabel verdickt sich und wird ebenfalls gelb-orange („Kehlsack"); Verdickung und Ausstülpung der Kloake beim Männchen (3-5 cm), die vor der Kopulation fleischfarben ist, während und nach der Kopulation dunkelrot; beim Weibchen ist die Ausstülpung nur halb so groß und dauerhaft fleischfarben; während der Kopulation sind beide Tiere über die Kloaken fest miteinander verbunden und können sich nicht sofort lösen; kurz nach der Kopulation ist beim Männchen ein etwa 1 cm großes, phallusähnliches Gebilde zu sehen; Schein-Kopulationen dauern nur kurz (wenige Sekunden), richtige Kopulationen extrem lang (30-120 Minuten) (Wilkinson & Birkhead 1995); Schnäbel der Männchen werden nach dem Schlupf, die der Weibchen nach dem Ausfliegen der Jungen wieder dunkel.

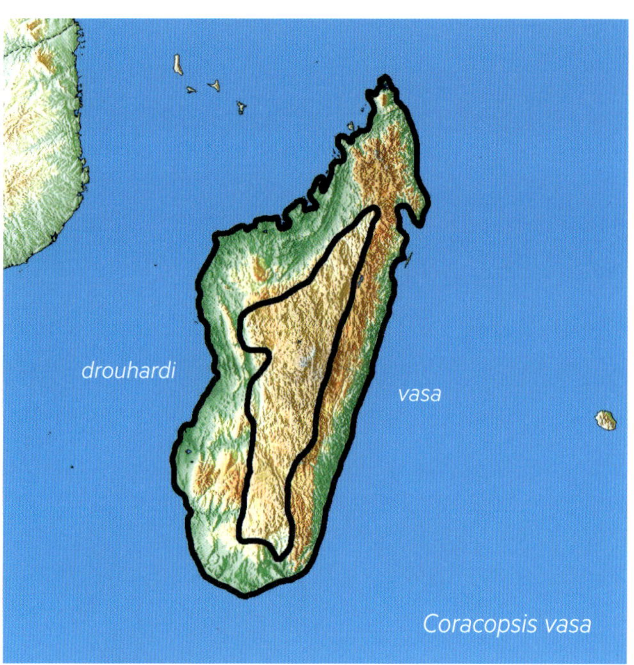

vasa Jungvogel

6. Hilfreiche Literatur

Brockner A (2012). Die Haltung und Zucht des Westlichen Großen Vasapapageis. PAPAGEIEN 25, pp. 188-194.

Ekstrom JMM (2002). The breeding biology and behaviour of the greater vasa parrot. PhD-Thesis, University of Sheffield, UK.

Ekstrom JMM, Burke T, Randrianaina L & TR Birkhead (2007). Unusual sex role in a highly promiscuous parrot: the Greater Vasa Parrot *Coracopsis vasa*. Ibis 149(2), pp. 313-320.

Kurzinfos zum Großen Vasapapagei		
Größe: *vasa* 50 cm, *drouhardi* 45 cm	**Gelege pro Jahr:** 1	**Flugbedürfnis:** groß
Gewicht: 480 (410-560) g	**Gelegegröße:** 3-4 (2-7) Eier	**Nagebedürfnis:** gering, trotzdem Zweige anbieten
Ringgröße: 12 mm (*vasa*), 11 mm (*drouhardi*)	**Brutdauer:** 14-18 Tage	**Badebedürfnis:** stark
Erstzucht: *drouhardi* 1986 D. Meyer (Ex-DDR), *vasa* 1988, Schweiz	**Nestlingszeit:** 6-7 Wochen	**Aggressivität:** Weibchen in der Brutzeit ggü. den Männchen
Eimaße: 46,2 (44,5-48,0) x 34, 2 (32,8-36,5) mm, (n = 6)	**Selbständigkeit:** 2-3 Wochen	**Stimme:** sehr laut, manchmal melodisch, manchmal schrill.

Jorgensen, P (2019). Langjährige Zuchterfahrungen mit dem großen Vasapapagei, Teil 1 + 2. PAPAGEIEN, 32(5+6), pp. 154-157 & 190-194.

Coracopsis comorensis (Peters 1854)

Großer Komoren-Vasapapagei, Großer Komoren-Papagei

englisch: Greater Comoro Vasa Parrot

französisch: Grand Vasa des Comores, Perroquet vaza des Comores

spanisch: Loro vasa de las Comores

niederländisch: Grote Comorenvasapapegaai

comorensis

1. Systematik und Taxonomie

Systematik: Die Zuordnung zur Gattung bereitet keinerlei Probleme. Die Art ist phylogenetisch vermutlich zusammen mit dem Großen Vasapapagei älter als die kleineren Arten der Vasapapageien. Leider war sie jedoch das einzige Taxon von *Coracopsis*, das bei einer genetischen Untersuchung nicht repräsentiert war (Kundu et al. 2012).

Taxonomie: Peters beschreibt die Art 1854 als *Psittacus* (*Coracopsis*) *comorensis* im Bericht über die zur Bekanntmachung geeigneten Verhandlungen der Königl. Preuß. Akademie der Wissenschaften zu Berlin auf Seite 371. Er gibt dort nur eine ausgesprochen kurze Diagnose in lateinischer Sprache und sagt, dass sie in Farbe und Form *C. vasa* ähnelt, aber kleiner sei. Dann gibt er die Gesamtlänge, die Maße des Schnabels, des Flügels und der Füße sowie als Herkunftsort die Insel Anjuan von den Komoren an. Finsch, der die Eigenständigkeit der Art erst anzweifelte, ist nach Untersuchung zweier Bälge in Tring und Berlin sowie eines lebenden Vogels im Hamburger Zoo doch überzeugt von ihrer Eigenständigkeit. Er begründet das mit der rauchbraunen Färbung des Vogels, dem graugrünen Schimmer auf Schwingen und Schwanz und der stärkeren Befiederung der Zügel sowie des kleineren Augenrings (Finsch 1868).

Constantine Walter Benson beschrieb 1960 die Unterart *Coracopsis vasa makawa* von Grand Comoro, die er aufgrund der größeren Körperausmaße von den Exemplaren von *comorensis* auf Anjuan und Moheli unterscheidet. 8 Bälge von Grand Comoro hatten Schwanzlängen von 296-310 mm, 21 Bälge von Anjuan und Moheli von 271-293 mm. Die Flügellänge von 4 Bälgen von Grand Comoro war 201-204, die von 5 Bälgen von Moheli und Anjuan 189-203 mm. Färbungsunterschiede ließen sich nicht feststellen. Offensichtliche Jungvögel wurden nicht in die Untersuchung einbezogen. – Trotz dieser genauen Angaben wird die Unterart *makawa* bislang nicht anerkannt.

comorensis mit hellem Schnabel

Namenserklärung: *comorensis* = von den Komoren stammend; *makawa* = Dedikationsbezeichnung zu Ehren von Jali Makawa (1914-1995), ein Vogelexperte aus Mosambik, der Benson bei seinen Expeditionen unterstützte und große Freiland- und Taxonomie-Kenntnisse besaß.

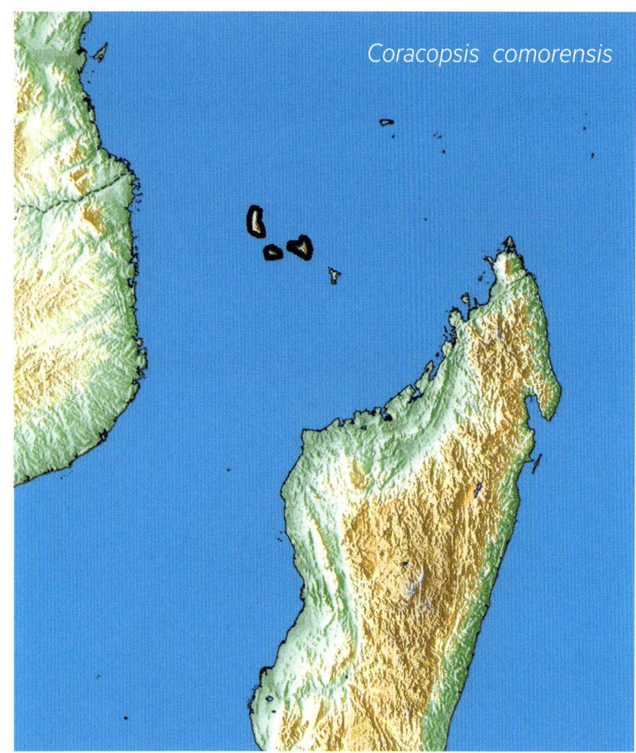

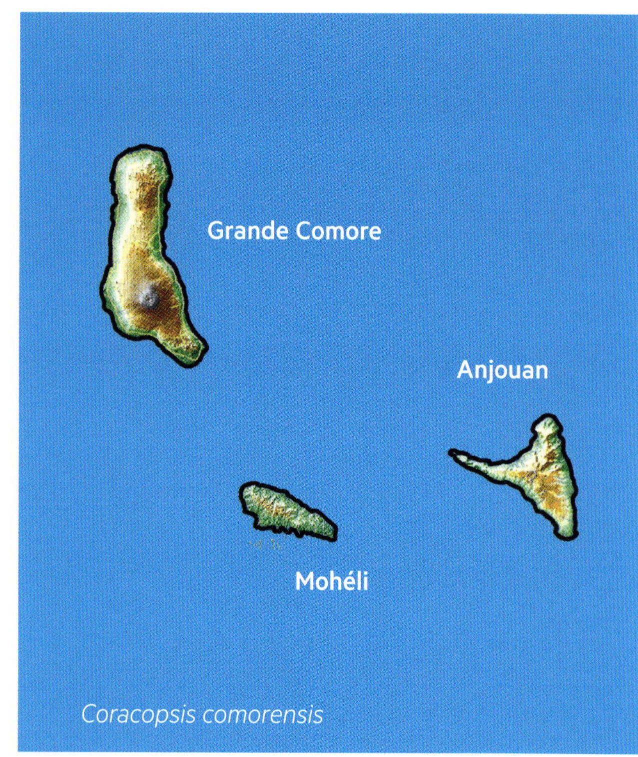

2. Identifizierung

Färbung adulter Tiere: Gefieder braun, Oberseite etwas heller; Flügelrand und Säume der Schwungfedern gräulich mit grünlichem Hauch; Schwanzunterseite heller als Körperunterseite, mit schwarzen Federschäften, Unterschwanzdecken braun; Wachshaut, Zügel und breiter Augenring unbefiedert variabel grau, zur Brutzeit heller; Schnabel grau, zur Brutzeit hornfarben, Iris dunkelbraun, Füße grau.

Unterscheidung der Geschlechter: Weibchen sind oft etwas kleiner als die Männchen; Färbung außerhalb der Brutzeit identisch, Weibchen während der Brutzeit Kopf kahl und gelblich gefärbt.

Jungvogelfärbung: Unterschiede nicht bekannt.

Besondere Merkmale: Brutverhalten in verschiedener Hinsicht sehr ungewöhnlich: extrem kurze Brutdauer, Umfärbung von Schnabel und Augenring, Weibchen verlieren Kopfbefiederung, Kopfhaut intensiv gefärbt, Verdickung und Ausstülpung der Kloake in beiden Geschlechtern, extrem lange Kopulationszeiten. Lautäußerungen angenehm, fast wie Singvögel.

Vergleich mit ähnlichen Arten: insgesamt blasser und bräunlicher als *C. vasa*; ähnlich groß wie C. v. drouhardi, aber kleiner als *C. v. vasa* (45 vs. 50 cm); deutlich größer als die kleinen Vasapapageien.

3. Natürliches Vorkommen

Verbreitung: Komoreninseln Grand Comoro, Moheli und Anjouan. (Für Mayotte gibt es laut Benson (1960) lediglich einen unsicheren Hinweis von 1908.)

Lebensraum: immergrüne Wälder oberhalb von 300 m Höhe, hauptsächlich von 700-1.000 m, vereinzelt bis 2.000 m Höhe; kommt nicht in trockenen Küstenregionen vor; zur Nahrungsaufnahme häufig in offenem Gelände anzutreffen, wo sich die Vögel allerdings nicht dauerhaft aufhalten.

Verhalten: außerhalb der Brutzeit allein oder in kleinen Gruppen von 6-12 Exemplaren; lärmend und laut mit rauen Schreien, während der Brutzeit tagsüber wiederholt angenehmer Gesang; geringe Fluchtdistanz und ausgesprochen zutraulich; charakteristischer Flug mit sehr langsamen, flachen Flügelschlägen oberhalb der Bäume; gelegentlich zur Nahrungsaufnahme am Boden zu finden; wurden beim Fressen von Früchten und kleinen Sämereien beobachtet (Benson 1960).

Kurzinfos zum Großen Komoren-Papagei		
Größe: 45 cm	**Gelege pro Jahr:** 1	**Flugbedürfnis:** stark
Gewicht: unbekannt	**Gelegegröße:** 2-5 Eier	**Nagebedürfnis:** wenig ausgeprägt
Ringgröße: 11 mm	**Brutdauer:** 15-17 Tage	**Badebedürfnis:** stark
Erstzucht: –	**Nestlingszeit:** 49 Tage	**Aggressivität:** zur Brutzeit Weibchen ggü. den Männchen
Eimaße: unbekannt	**Selbständigkeit:** 2-3 Wochen	**Stimme:** laut,teils melodisch, teils schrill.

Häufigkeit: in den Wäldern relativ häufig und bislang nicht bedroht; Bestand etwa 1.000 Vögel (Louette 2008); im Handel praktisch nicht vorkommend.

4. Vorkommen in menschlicher Obhut

Häufigkeit: praktisch nicht vorhanden, lediglich um 1900 wurden 3 Exemplare im Hamburger Zoo gehalten.

Mindestanforderungen der Unterbringung: siehe *Coracopsis vasa*.

Züchtbarkeit: es gibt keine Zuchtberichte aus menschlicher Obhut.

5. Hilfreiche Literatur

Benson CW (1960). The Birds of the Comoro Islands: Results of the British Ornithologists' Union Centenary Expedition 1958. Ibis 103b, pp. 52-54.

Louette M (1988). Les Oiseaux des Comores. Annls. Mus. r. afr. Centrale (Zool.), 255, pp. 1-192.

Louette M & J Stevens (1992). Conserving the endemic birds on the Comoro Islands, I: general considerations on survival prospects. Bird Conservation International 2, pp. 61-80.

Stevens J, Herremans M & M Louette (1992). Conserving the endemic birds on the Comoro Islands, II: population fluctuations on Ngazidja. Bird Conservation International 2, pp. 81-91.

Stevens J, Herremans M & M Louette (1995). Conserving the endemic birds on the Comoro Islands, III: bird diversity and habitat selection on Ngazidja. Bird Conservation International 5, pp. 463-480.

Coracopsis nigra (Shaw 1812)

Kleiner Vasapapagei, Rabenpapagei

englisch: (Eastern) Lesser Vasa Parrot (*nigra*), Western Lesser Vasa Parrot, Bangs's Lesser Vasa Parrot (*libs*)

französisch: Perroquet noir, Petit vasa

spanisch: Loro negro

niederländisch: Kleine Vasapapegaai, Westelijke Vasapapegaai (*libs*)

nigra mit dunklem Schnabel

1. Systematik und Taxonomie

Systematik: Die Zuordnung zur Gattung bereitet keinerlei Probleme. Die Art ist phylogenetisch jünger als der große Vasapapagei (Kundu et al. 2012) und spaltet sich – ähnlich wie beim Großen Vasapapagei – in zwei Unterarten: die dunklere, östliche Nominatform und die hellere Unterart *libs* aus den westlichen, trockeneren Regionen. Zwischen beiden Unterarten gibt es auch hier Übergangsgebiete.

Silva erkennt bei dieser Art Ähnlichkeiten mit der Gruppe der Wachsschnabelsittiche (Polytelini), speziell mit den Königssittichen der Gattung *Alisterus*. So ähnelt die Kopfsilhouette beider Gruppen sich stark, ebenso das Verhalten der Nestlinge (Silva 2018). Dies könnte genetisch eine Verbindung zu den Edelpapagei-Artigen (Psittaculidae) aufzeigen, die möglicherweise als nächste Verwandte der *Psittrichas*- und *Coracopsis*-Arten anzusprechen sind.

Taxonomie: Die erste Beschreibung findet sich bei George Edwards, der ihn im 1. Band seiner „A Natural History of Birds" von 1743 auf

nigra mit hellem Schnabel

nigra Jungvogel

Seite 5 als „Black parrot from Madagascar" beschreibt. Er gibt in englischer Sprache eine ausführliche Beschreibung der wichtigsten Körpermerkmale der Art, die auch auf der gegenüberliegenden Seite als Farbtafel 5 dargestellt ist. In der Größe sei der Vogel einem Graupapagei ähnlich. Edwards beschreibt dann sehr detailliert den Schnabel, außerdem die Augenfarbe und die Farbe der Befiederung, (die ihm ‚taubenähnlich schwarz' erscheint, nicht so wie bei einer Krähe). Flügel- und Schwanzfedern beschreibt er als ausgesprochen lang, wobei er bei den Flügelfedern ein paar weiße Federn erwähnt. Auch die Füße beschreibt er sehr detailliert. – Abschließend erwähnt er, dass der Vogel ursprünglich einem Sir Charles Wagner gehört habe, der ihn dem Duke of Richmond schenkte. Dort sah Edwards ihn und erhielt die Erlaubnis, ihn zu zeichnen. Er beschreibt ihn als sanften Vogel, der gerne auf die Hand kam und dabei sogar Kopulationsversuche unternahm, weshalb Edwards ihn für ein Männchen hielt. 1751 gab er ihm den Namen „*Psittacus niger*", allerdings nicht in einem binomischen Werk, sodass als wissenschaftliche Erstbeschreibung die von Linnaeus in der 10. Ausgabe seiner Systema Naturae von 1758 auf Seite 99 gilt. Die Beschreibung dort ist ausgesprochen kurz („*Psittacus brachyurus niger*, Cauda longa, sed aequalis, Habitat in Madagascar") und verweist lediglich auf die Beschreibung von Edwards.

Outram Bangs beschrieb 1927 in den Proceedings of the New England Zoological Club (vol. IX, p. 83-84) in englischer Sprache ausführlich die Unterart *libs*. Er unterscheidet sie von der Nominatform, die er auf den Osten Madagaskars beschränkt, durch die blassere, stärker graue, nicht schwarze Färbung des Gefieders. Die grauen Außenfahnen der Schwungfedern kontrastieren darum nur wenig mit dem Rest des Körpers. Unterrücken und Bürzel seien mehr bläulich grau, die Unterseite dagegen bräunlicher und die Unterschwanzdecken noch blasser. – Bangs gibt dann die Körpermaße von drei Exemplaren an und macht noch einige Anmerkungen zu *C. vasa*. Er erkennt die Parallelität in beiden Arten (*C. vasa* und *C. nigra*), wo jeweils die östliche Form schwarz, die westliche aber überwiegend grau ist.

Synonyme beider Taxa sind nicht bekannt.

Namenserklärung: *nigra* = schwarz; *libs* = im Altgriechischen göttliche Verkörperung des Südwestwinds, nach dem Land Libyen, das (süd-)westlich von Griechenland liegt.

2. Identifizierung

Färbung adulter Tiere: Gefieder zumeist dunkelbraun, mitunter schwarzbraun, Oberseite etwas heller; Flügelrand und Außenfahnen der Handschwingen graublau; während der Brutzeit bekommt das gesamte Gefieder einen grünlichen Schimmer; Flügelunterseite grau, Schwanzunterseite braungrau, mit hellen Federschäften und weißlichen Säumen an den Innenfahnen, Unterschwanzdecken variabel graubraun (mit unterschiedlichen Grautönen, etwas heller als die Unterschwanzdecken); Zügel befiedert, Wachshaut und schmaler Augenring unbefiedert variabel weißlich bis grau; Schnabel schwärzlich, in der Brutzeit hornfarben, Iris dunkelbraun, Füße dunkelbraun mit schwarzen Krallen.

Unterscheidung der Geschlechter: Weibchen haben meist etwas kleinere Schnäbel; in der Brutzeit sind sie sicher an der helleren Wachshaut zu erkennen; die Kloakenausstülpung ist kleiner und es fehlt der Hemi-Penis des Männchens.

Jungvogelfärbung: Nestlinge mit „Tastknöpfen" (rundliche Gebilde am hellen Schnabel, die später abfallen), und langen, weißen und im Vergleich zu *C. vasa* dichteren, später grauen Daunenfedern; das Jungvogelgefieder ist leicht bräunlicher und fahler als bei Altvögeln; die Unterschwanzdecken sind blass und die Schwanzfedern haben blass graue Spitzen; Schnabel und die schmalen Augenringe sind leicht gelblich, werden aber später grau, die Iris ist schwarz.

libs mit dunklem Schnabel

libs mit hellem Schnabel

Besondere Merkmale: einzigartige Papageien, die viele Ähnlichkeiten mit den Großen Vasapapageien haben; Unterschiede zu diesen finden sich vor allem in der Art des Gesangs (bei Kleinen Vasapapageien deutlich angenehmer und melodischer), das ruhigere und weniger ruppige Wesen sowie die weniger spektakuläre Brutzeit. Dominanz der Weibchen und Polyandrie spielen keine so große Rolle, die Kopulationszeiten sind zwar länger als bei anderen Papageienarten, aber mit 35 Minuten lange nicht so ausgedehnt; Brutdauer und Nestlingszeit sind ebenfalls kurz; Nestlinge besitzen ebenfalls anfangs „Tastknöpfe" am Schnabel.

Vergleich mit ähnlichen Arten: unterscheidet sich von den Kleinen Komoren- und Seychellen-Vasapapageien (*C. sibilans* und *C. barklyi*) durch die mehr schwärzliche, nicht bräunliche Färbung und die größeren Körpermaße (35-40 cm vs. 30 cm); die Unterschwanzdecken sind nie braun, sondern gräulich schwarz oder weißlich. Unterscheidet sich von den großen Vasapapagei-Arten (*C. vasa* und *C. comorensis*) durch die geringeren Körpermaße sowie den deutlich kleineren Schnabel und Kopf.

3. Unterarten

a. *Coracopsis n. nigra* (Linnaeus 1758)

Östlicher kleiner Vasapapagei

Merkmale: Gefieder schwärzlich braun, auch Bürzel und Oberschwanzdecken rein schwärzlich braun, Größe 35 (30-40) cm.

Verbreitung: die feuchteren, östlichen Teile Madagaskars: vom südlichen Madagaskar von Faux Cap, über den Osten bis zum Norden Madagaskars, dann wieder südlich bis zur Bucht Baie de Mahajamba, nahe der Stadt Ambevongo; intermediäre Gebiete mit *libs* im Südwesten Madagaskars (lt. Asmus 2006 keine intermediären Gebiete im gesamten Norden, der der Nominatform zuzurechnen ist).

b. *Coracopsis n. libs* (Bangs 1927)

Westlicher kleiner Vasapapagei, Bangs-Vasapapagei

Merkmale: Gefieder dunkelbraun bis graubraun, mit variablen Grautönen; Schwanzunterseite und Unterschwanzdecken graubraun, (auf der Schwanzunterseite etwas dunkler), mit hellen Federschäften; Bürzel und Oberschwanzdecken mit einem deutlich sichtbaren blaugrauem Schimmer; 35 (30-42) cm.

Verbreitung: der trockene Westen Madagaskars; von der Bucht Baie de Mahajamba südlich bis zur Stadt Morombe; von dort intermediäre Gebiete mit *nigra* bis Faux Cap im Süden Madagaskars, (nicht im Norden).

4. Natürliches Vorkommen

Lebensraum: häufiger in feuchten Waldgebieten und Mangrovensümpfen, weniger häufig in Savannen mit Baumbestand und Trockenwäldern, auch in Anbaugebieten und Plantagen, früher bis zu 2.000 m Höhe vorkommend, heute aufgrund der Abholzung der Wälder in höheren Regionen wohl nur noch bis etwa 1.000 Metern (Asmus & Lantermann 2013); insgesamt deutlich mehr auf dichte Wälder angewiesen und weniger flexibel als Große Vasapapageien.

Verhalten: paarweise oder in kleinen Gruppen vorkommend; lärmend und laut, wenig scheu; ganztägig aktiv, teilweise auch nachts; Vögel meist in den mittleren Lagen der Bäume und zur Nahrungsaufnahme gelegentlich am Boden zu finden; fliegen rufend hoch über den Wäldern; graziöser Flug mit Wechsel zwischen kräftigen, rhythmischen Flügelschlägen und Gleitphasen; zur Brutzeit ist Polyandrie (ein Weibchen mit mehreren Männchen) normal; Rufe melodisch und pfeifend.

Status: früher häufig (im 19. Jahrhundert sogar deutlich häufiger als *C. vasa*), heute dagegen allgemein selten und nur örtlich mäßig häufig (insgesamt deutlich weniger als *C. vasa*) anzutreffen; kommt zwar in vielen Schutzgebieten Madagaskars vor, Zahlen jedoch aufgrund von Verfolgung als Ernteschädling und vor allem Vernichtung von Lebensraum (illegaler Holzeinschlag) rückläufig; letzter Import nach Deutschland im Jahr 2001.

Coracopsis nigra

5. Vorkommen in menschlicher Obhut

Häufigkeit: auf Madagaskar vereinzelt als Haustier gehalten, ansonsten selten in menschlicher Obhut (obwohl noch häufiger als *C. vasa*), Volierenbestände gelten als stabil, nehmen aber wohl ab; ca. 160 Exemplare im europäischen Erhaltungszuchtprojekt gemeldet und vermutlich wenige hundert Exemplare in Europa; leider nur wenig Nachzuchten (Asmus & Lantermann 29013); waren früher wenig gefragt und wurden selten gezüchtet; galten andererseits als gut zähmbar, liebenswürdig, neugierig und clownhaft, mit meist angenehmer Stimme und Imitationstalent, vor allem für Geräusche.

Mindestanforderungen der Unterbringung: keine Zimmerhaltung; Außenvoliere für Gruppen möglichst groß, mindestens 5 x 1 x 2 m mit anschl. frostfreiem Schutzraum; sensibel gegenüber Veränderungen; in der Brutzeit Abtrennung von kleineren Volieren möglich, können außerhalb der Brutzeit in Gemeinschaftshaltung untergebracht werden (mindestens 4 m² Fläche pro Paar).

Züchtbarkeit: wenige Nachzuchten, (überwiegend bei der Nominatform, selten bei *libs*); Brutverhalten deutlich weniger aggressiv und ruppig als beim Großen Vasapapagei; Erlangen der Geschlechtsreife unklar; gute Rahmenbedingungen sehr wichtig, möglichst störungsfrei, Synchronizität von Brutstimmung bei Männchen und Weibchen wichtig; erfolgreichste Zuchtmethode: außerhalb der Brutzeit Haltung in der Gruppe in großer Voliere, in der Brutzeit aufgeteilt in Volieren für Paare oder Trios (Schreuders 2014); mit Beginn der Brutzeit verfärben sich beim Weibchen die nackten Hautpartien blassgelb, der Schnabel wird bei beiden Geschlechtern hell hornfarben; Verdickung und Ausstülpung der Kloake beim Männchen (3-4 cm), die creme- bis gelbfarben ist, sich allerdings nicht dunkelrot verfärbt (wie bei *C. vasa*), Kloakenausstülpung beim Weibchen weniger stark; während der Kopulation sind beide Tiere über die Kloaken fest miteinander verbunden, können sich aber im Gegensatz zu *C. vasa* relativ schnell lösen; sowohl kurze (5 Sekunden) wie auch lang andauernde Kopulationen (30-60 Minuten) (Wilkinson & Birkhead 1995); Weibchen leiden häufiger unter Legenot; Schnäbel der Männchen werden nach dem Schlupf, die der Weibchen nach dem Ausfliegen der Jungen wieder dunkel.

6. Hilfreiche Literatur

Asmus J (2006). Die Unterarten des Kleinen Vasapapageis. Teil 1 + 2, PAPAGEIEN 19(10+11), pp. 382-385 & 416-421.

Kurzinfos zum Kleinen Vasapapagei		
Größe: 35-40 cm	**Gelege pro Jahr:** 1	**Flugbedürfnis:** groß
Gewicht: 315 g	**Gelegegröße:** 3-4 (2-6) Eier	**Nagebedürfnis:** gering, aber Zweige anbieten
Ringgröße: 9-9,5 mm	**Brutdauer:** 14 (-18) Tage	**Badebedürfnis:** groß (auch sonnenbaden!)
Erstzucht: 1977, Deutschland (BRD)	**Nestlingszeit:** 5-6 Wochen	**Aggressivität:** sehr gering
Eimaße: 36,4 (35,0-38,6 mm x 29,1 (26,4-29,8) mm, (n = 7); lt. Schreuders 34 x 28 mm	**Selbständigkeit:** 2-3 Wochen	**Stimme:** meist melodisch pfeifend, in der Brutzeit sehr laut.

Asmus J (2015). Neues zur Situation und Taxonomie der Kleinen Vasapapageien. PAPAGEIEN 28(9), pp. 307-312.

Bollen A & L van Elsacker (2004). The feeding ecology of the Lesser Vasa Parrot, *Coracopsis nigra*, in south-eastern Madagascar. Ostrich 75(3), pp. 141-146.

Hampe A (1998). Field studies on the Black Parrot (*Coracopsis nigra*) in Western Madagascar. Bull ABC 5(2), pp. 108-113.

Schreuders A (2014). Kleine vasapapegaaien. Deel 1 – 3, Parkieten Societeit 47(9-11), pp. 260-267, 294-299 & 332-335.

Coracopsis sibilans Milne-Edwards & Oustalet 1885

Kleiner Komoren-Vasapapagei, Kleiner Komorenpapagei

englisch: Comoro Parrot, Comoro Vasa Parrot

französisch: Perroquet des Comores

spanisch: Loro de las Comoras

niederländisch: Kleine Comorenvasapapegaai

sibilans mit dunklem Schnabel

1. Systematik und Taxonomie

Systematik: Die Zuordnung zur Gattung bereitet keinerlei Probleme. Die Art gehört zur Gruppe der phylogenetisch jüngeren, kleineren Vasapapageien (Kundu et al. 2012). Sie galt lange als Unterart des Kleinen Vasapapageis (*C. nigra*), steht phylogenetisch jedoch *C. barklyi* näher als *C. nigra*. Die genetische Eigenständigkeit von *C. sibilans* wies H. A. Jackson in Ihrer Doktorarbeit nach (Jackson 2015).

Taxonomie: Alphonse Milne-Edwards (1835-1900) und Émile Oustalet (1844–1905) beschrieben das Taxon 1885 als eigenständige Art in französischer Sprache, und zwar in den Comptes Rendus hebdomadaires des séances de l'Académie des Sciences, vol. 101, p. 220. Im Text stellen sie kurz die beiden Papageien von Gran Comoro vor, zunächst *C. comorensis*, der bereits von Peters entdeckt, von ihm auch beschrieben worden war und der *C. vasa* von Madagaskar ähnele. Die zweite, bisher nicht bekannte Art ähnele dagegen mehr *C. nigra* von Madagaskar und *C. barklyi* von den Seychellen. Diese neue Art habe im Vergleich zu *C. barklyi* etwas längere Flügel und keine graue Färbung auf den Wangen. Außerdem seien die pfeifenden Lautäußerungen viel abwechslungsreicher als bei *C. nigra*. – Mit der letzten Äußerung erklärt sich auch gleich die Wahl des wissenschaftlichen Namens der Art.

Peters führte die Art erstmals lediglich als Unterart von *C. nigra* (Peters 1937). Synonyme sind nicht bekannt.

Namenserklärung: *sibilans* = pfeifend.

2. Identifizierung

Färbung adulter Tiere: gesamtes Gefieder hellbraun; Nacken, Schultern, Flügeldecken, Rücken und Unterflügeldecken dunkler braun, manchmal auch an Stirn und Scheitel; Unterseite und Außenfahnen der Handschwingen (im Gegensatz zu *C. barklyi*) rein braun und ohne Grau; Schwanzunterseite im Vergleich zu *C. barklyi* deutlich bräunlich, nicht weißlich braungrau; (Asmus 2006), Zügel befiedert, Wachshaut und schmaler Augenring unbefiedert variabel weißlich bis braun; Schnabel schwärzlich, in der Brutzeit hornfarben, Iris dunkelbraun, Füße und Krallen braun.

Unterscheidung der Geschlechter: Weibchen sind meist kleiner als Männchen und haben kleinere Schnäbel; in der Brutzeit sind die helleren Schnäbel beim Weibchen länger zu sehen als beim Männchen; die Kloakenausstülpung der Weibchen dieser Art ist ähnlich ausgeprägt wie die des Männchens (ca. 4 cm).

Jungvogelfärbung: Nestlinge mit „Tastknöpfen" (rundliche Gebilde am hellen Schnabel, die später abfallen), Farbe der Daunenfedern unbekannt; Jungvogelgefieder blasser braun als bei Altvögeln; Schnabel und schmaler Augenring leicht gelblich, später braungrau, Iris schwarz.

Besondere Merkmale: wie bei *C. nigra*.

Vergleich mit ähnlichen Arten: unterscheidet sich von den Großen Vasapapageien (*C. vasa* und *C. comorensis*) durch die deutlich geringere Körpergröße (30 vs. 50 cm) und den zierlicheren Körperbau, von den Kleinen Vasapapageien (*C. nigra*) durch die mehr bräunliche, nicht schwärzliche Färbung und die etwas geringere Körpergröße (30 vs. 35-40 cm) und vom Seychellen-Vasapapagei (*C. barklyi*) durch das rein braune, nicht graubraune Gefieder, vor allem bei den Handschwingen.

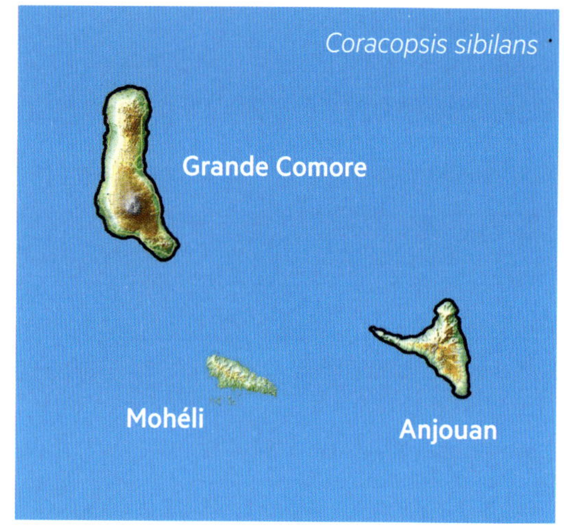

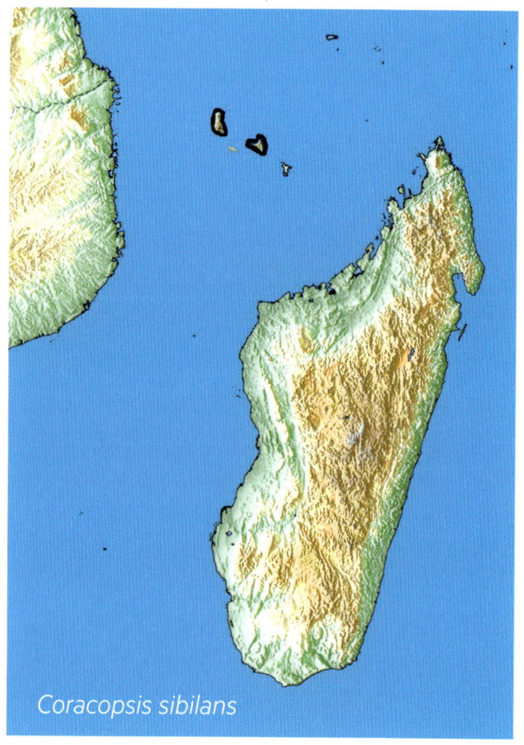

3. Natürliches Vorkommen

Verbreitung: die Komoren-Inseln Grande Comore und Anjouan.

Lebensraum: primär in tropischem Regenwald, vor allem in Höhenlagen bis 1.200 m um den Vulkan Karthala, aber auch auf land- und forstwirtschaftlich genutzten Flächen und degradierten Waldflächen; nicht in Gärten und Anpflanzungen; fallen vereinzelt in Kakaoplantagen ein, um dort zu fressen.

Verhalten: wenig bekannt; vermutlich paarweise oder in kleinen Gruppen vorkommend; laut und wenig scheu; Flug ähnelt möglicherweise dem von *C. nigra*; zur Brutzeit vermutlich Polyandrie (ein Weibchen mit mehreren Männchen); Rufrepertoire groß, oft angenehm pfeifend.

Status: in den 80ern deutliche Zuwächse der Art; heute relativ häufig, aber weniger häufig als *C. comorensis*; zunehmende Fragmentierung des natürlichen Lebensraums; auf Anjouan mittlerweile selten, da nur noch etwa 50 % des ursprünglichen Lebensraums nutzbar; lt. IUCN 1.500-3.800 Exemplare geschätzt, Tendenz abnehmend (Asmus 2015).

4. Vorkommen in menschlicher Obhut

Häufigkeit: kommt in menschlicher Obhut nicht vor. Der Nederlandse Opvang Papegaaien in Veldhoven (heute Zoo Veldhoven) soll um das Jahr 2000 drei Exemplare, die konfisziert worden waren, besessen haben.

Kurzinfos zum Kleinen Komoren-Vasapapagei		
Größe: 30 (27-35) cm	**Gelege pro Jahr:** 1 (höchstens)	**Flugbedürfnis:** groß
Gewicht: unbekannt	**Gelegegröße:** 2-3 Eier	**Nagebedürfnis:** gering
Ringgröße: unbekannt	**Brutdauer:** vermutlich 15 (-18) Tage	**Badebedürfnis:** groß
Erstzucht: noch nicht erfolgt	**Nestlingszeit:** vermutlich 5-6 Wochen	**Aggressivität:** sehr gering
Eimaße: unbekannt	**Selbständigkeit:** vermutlich 2-3 Wochen	**Stimme:** melodisches Flöten

Mindestanforderungen der Unterbringung: vermutlich ähnlich *C. nigra*.

Züchtbarkeit: keinerlei Daten vorhanden.

5. Hilfreiche Literatur

Asmus J (2006). Die Unterarten des Kleinen Vasapapageis. Teil 1 + 2, PAPAGEIEN 19(10+11), pp. 382-385, 416-421.

Asmus J (2015). Neues zur Situation und Taxonomie der Kleinen Vasapapageien. PAPAGEIEN 28(9), pp. 307-312.

Benson CW (1960). The Birds of the Comoro Islands: Results of the British Ornithologists' Union Centenary Expedition 1958. Ibis 103b, pp. 52-54.

Jackson HA, Bunbury N, Przelomskat N & JJ Groombridge (2016). Evolutionary distinctiveness and historical decline in genetic diversity in the Seychelles Black Parrot *Coracopsis nigra barklyi*. Ibis 2015(12), pp. 1-15.

Jackson HA (2015). Evolutionary conservation genetics of invasive and endemic parrots. PhD thesis pp. 1-274.

Louette M (1988). Les Oiseaux des Comores. Annls. Mus. r. afr. Centrale (Zool.), 255, pp. 1-192.

Louette M & J Stevens (1992). Conserving the endemic birds on the Comoro Islands. I: general considerations on survival prospects. Bird Conservation International 2, pp. 61-80.

Stevens J, Herremans M & M Louette (1992). Conserving the endemic birds on the Comoro Islands. II: population fluctuations on Ngazidja. Bird Conservation International 2, pp. 81-91.

Stevens J, Herremans M & M Louette (1995). Conserving the endemic birds on the Comoro Islands. III: bird diversity and habitat selection on Ngazidja. Bird Conservation International 5, pp. 463-480.

sibilans mit hellem Schnabel

Coracopsis barklyi E. Newton 1867

Seychellen-Vasapapagei, Seychellen-Rabenpapagei

englisch: Praslin Parrot, Praslin Vasa Parrot

französisch: Perroquet du Praslin, Cateau noir

spanisch: Loro de Praslin

niederländisch: Praslin Vasapapegaai

1. Systematik und Taxonomie

Systematik: Die Zuordnung zur Gattung bereitet keinerlei Probleme. Die Art gehört zur Gruppe der phylogenetisch jüngeren, kleineren Vasapapageien (Kundu et al. 2012) und wurde früher durchgängig als Unterart des Kleinen Vasapapageis (*C. nigra*) geführt. Seit 2014 wird sie bei BirdLife International und IUCN als eigenständige Art geführt (Asmus 2015), die an der Basis der Klade der kleineren Arten steht (Jackson et al. 2016).

Taxonomie: Edward Newton erlegte 1867 die ersten Exemplare. Er beschrieb das Taxon im gleichen Jahr als eigenständige Art in lateinischer Sprache, und zwar in den Proceedings of the Scientific Meetings of the Zoological Society of London, pt. 2, p.346, begleitet von einer Darstellung von J. Wolf auf Farbtafel 22. Er vergleicht die Art mit *C. comorensis*, der sie farblich gleiche, von der sie sich aber durch deutlich geringere Körperausmaße unterscheide (Ein Ver-

barklyi mit dunklem Schnabel

barklyi mit hellem Schnabel

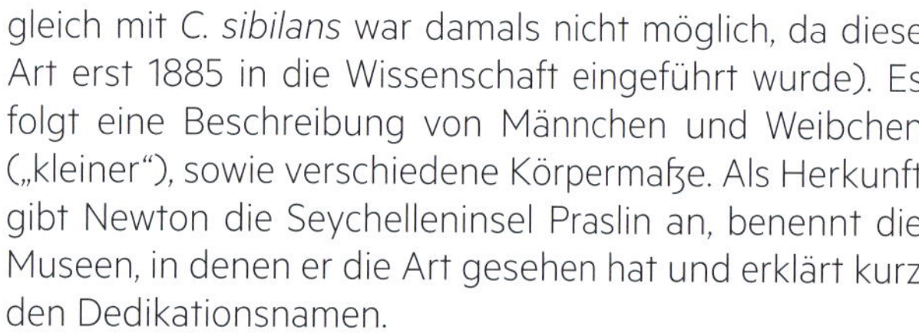

gleich mit *C. sibilans* war damals nicht möglich, da diese Art erst 1885 in die Wissenschaft eingeführt wurde). Es folgt eine Beschreibung von Männchen und Weibchen („kleiner"), sowie verschiedene Körpermaße. Als Herkunft gibt Newton die Seycheleninsel Praslin an, benennt die Museen, in denen er die Art gesehen hat und erklärt kurz den Dedikationsnamen.

Peters führte die Art erstmals lediglich als Unterart von C. nigra (Peters 1937). Synonyme sind nicht bekannt.

Namenserklärung: *barklyi* = Dedikationsname zu Ehren von Sir Henry Barkly (1815-1898), der von 1863 bis 1870 britischer Gouverneur auf der Insel Mauritius war.

2. Identifizierung

Färbung adulter Tiere: sehr ähnlich dem Kleinen Komoren-Vasapapagei (*C. sibilans*), doch Gefieder insgesamt eher graubraun, nur manchmal rein braun; Außenfahnen der Handschwingen mit graublauem Anflug (nicht normal braun wie bei *sibilans*); manchmal auf dem Scheitel blassbräunliche Flecken durch helle Federschäfte; Unterseite der Handschwingen grau, nicht braun; Unterschwanzdecken braun mit grauem Anflug, Schwanzunterseite braun mit stark grauem Anflug (Asmus 2006); Zügel befiedert, Wachshaut und schmaler Augenring unbefiedert und variabl weißlich bis braun; Schnabel bräunlich grau, während der Brutzeit hornfarben, Iris dunkelbraun, Füße und Krallen braun.

Unterscheidung der Geschlechter: Weibchen sind meist kleiner als Männchen und haben kleinere Schnäbel; in der Brutzeit sind die helleren Schnäbel beim Weibchen länger zu sehen als beim Männchen; die Kloakenausstülpung der Weibchen dieser Art ist ähnlich ausgeprägt wie die des Männchens (ca. 4 cm).

Jungvogelfärbung: Nestlinge mit „Tastknöpfen" (rundliche Gebilde am hellen Schnabel, die später abfallen), Farbe der Daunenfedern unbekannt; Jungvögel Gefieder blasser braun als bei Altvögeln, mit blassen Unterschwanzdecken; Unterseite der Flügel weißlich; Schnabel und schmaler Augenring leicht gelblich, später braungrau, Iris schwarz.

Besondere Merkmale: wie bei *C. nigra*. Weibchen in Brutstimmung sind außerdem an aufgestelltem Nackengefieder erkennbar. (Reuleaux et al. 2014).

Vergleich mit ähnlichen Arten: unterscheidet sich von den Großen Vasapapageien durch die deutlich geringere Körpergröße (30 vs. 50 cm) und den zierlicheren Körperbau, von den Kleinen Vasapapageien (*C. nigra*) durch die mehr bräunliche, nicht schwärzliche Färbung und die etwas geringere Körpergröße (30 vs. 35-40 cm) und vom Kleinen Komoren-Vasapapagei (*C. sibilans*) durch das mehr graubraune, nicht rein braune Gefieder, vor allem bei den Handschwingen.

3. Natürliches Vorkommen

Verbreitung: auf der Seychellen-Insel Praslin, vor allem im Vallée de Mai-Nationalpark; auf Curieuse nicht mehr vorhanden; auf Marianne und Aride bereits im 19. Jahrhundert ausgerottet.

Kurzinfos zum Seychellen-Vasapapagei		
Größe: 30 (25-35) cm	**Gelege pro Jahr:** 1 (höchstens)	**Flugbedürfnis:** groß
Gewicht: unbekannt	**Gelegegröße:** 2-3 Eier	**Nagebedürfnis:** gering
Ringgröße: unbekannt	**Brutdauer:** 15 (-18) Tage	**Badebedürfnis:** groß
Erstzucht: noch nicht erfolgt	**Nestlingszeit:** 5-6 Wochen	**Aggressivität:** sehr gering
Eimaße: 35,8 (31-40 mm) x 26,4 (25-34) mm, (n = 9)	**Selbständigkeit:** 2-3 Wochen	**Stimme:** melodisches Flöten und raue Schreie

Lebensraum: tropische Wälder, vor allem mit Palmenbeständen, vom Meeresspiegel bis in niedrige Berghöhen.

Verhalten: paarweise oder in Gruppen bis zu 5 vorkommend, zur Nahrungsaufnahme 10-20 Vögel; lärmend und laut, wenig scheu; graziöser Flug mit Wechsel zwischen kräftigen, rhythmischen Flügelschlägen und Gleitphasen; zur Brutzeit ist Polyandrie (ein Weibchen mit mehreren Männchen) normal; Rufe melodisch und pfeifend.

Status: 1976 schätzte man die Population auf 70-110 Exemplare (Evans 1979); von ca. 1980-2000 ständige Zunahme der Population, seitdem stagnierend; 2016 gab es 520-900 Vögel auf Praslin (Jackson et al. 2016); als endemische Art mit kleinem Verbreitungsgebiet immer noch vom Aussterben bedroht, vor allem durch Klimaveränderungen, Habitatsverlust (unkontrollierte Waldbrände) und eingeführte Ratten. Die derzeitige Population hat eine deutlich geringere genetische Diversität als in früheren Zeiten; trotz hoher Brutaktivität gibt es nur mäßige Bruterfolge.

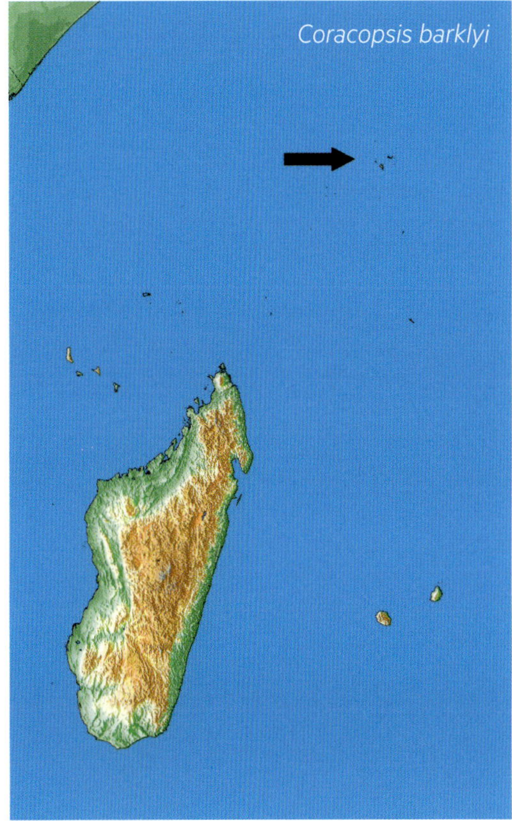

4. Vorkommen in menschlicher Obhut

Häufigkeit: Ward brachte 1867 ein lebendes Exemplar für den Londoner Zoo mit. (Finsch 1868). Später scheint die Art in menschlicher Obhut nicht mehr gehalten worden zu sein.

Mindestanforderungen der Unterbringung: vermutlich ähnlich *C. nigra*.

Züchtbarkeit: keinerlei Daten vorhanden.

5. Hilfreiche Literatur

Asmus J (2006). Die Unterarten des Kleinen Vasapapageis.Teil 1 + 2, PAPAGEIEN 19(10+11), pp. 382-385 & 416-421.

Asmus J (2015). Neues zur Situation und Taxonomie der Kleinen Vasapapageien. PAPAGEIEN 28(9), pp. 307-312.

Evans PGH (1979). Status and conservation of the Seychelles Black Parrot. Biol. Conserv. 16(3) pp. 233-240.

Jackson HA, Bunbury N, Przelomskat N & JJ Groombridge (2016). Evolutionary distinctiveness and historical decline in genetic diversity in the Seychelles Black Parrot *Coracopsis nigra barklyi*. Ibis 2015(12), pp. 1-15.

Merrit RE, Bell PA & V Laboudallon (1986). Breeding Biology of the Seychelles Black Parrot (*Coracopsis nigra barklyi*). Wilson Bull. 98(1) pp. 160-163.

Reuleaux A, Bunbury N, Villard P, Waltert M (2013). Status, distribution and recommendations for monitoring of the Seychelles black parrot *Coracopsis (nigra) barklyi*. Oryx 47(4), pp. 561–568.

Reuleaux A, Richards H, Payet T, Villard P, Waltert M & N Bunbury (2014). Insights into the feeding ecology of the Seychelles Black Parrot *Coracopsis barklyi* using two monitoring approaches. Ostrich 85(3), pp. 245-253.

Reuleaux A, Richards H, Payet T, Villard P, Waltert M & N Bunbury (2014). Breeding ecology of the Seychelles Black Parrot *Coracopsis barklyi*. Ostrich 85(3), pp. 255-265.

Rocamora G & V Laboudallon (2009). Seychelles Black Parrot *Coracopsis (nigra) barklyi*, Conservation Assessment & Action Plan 2009-2013. FFEM Project Réhabilitation des Ecosystèmes Insulaires. Island Conservation Society & MENRT (Seychelles), pp. 1-19.

Familie: Psittacidae Illiger 1811

Quelle: Illiger 1811, Prodromus systematis Mammalium et Avium, pp. 195, 200f, Typus-Gattung: *Psittacus* (Graupapageien) Linnaeus.

Systematik: Die Familie umfasst zwei Unterfamilien: Psittacinae und Arinae. Darunter werden alle Großpapageien des afrikanischen Festlands (traditionell die Gattungen *Psittacus* und *Poicephalus*) sowie alle Neuweltpapageien, vor allem Mittel- und Südamerikas, gefasst.

Illiger beschreibt in seinem Prodromus in lateinischer Sprache die Familie („Familia") unter dem Namen „Psittacini" (Sittiche). Er benennt treffend die beiden charakteristischen Merkmale der Papageien: den charakteristischen nach unten gebogenen Schnabel und die typische Fußstellung mit zwei Zehen nach vorne und zwei Zehen nach hinten. Er führt zwei zugehörige Gattungen auf: *Psittacus* und *Pezoporus*. Für beide beschreibt er ausführlich die wichtigsten anatomischen Merkmale (Schnabel, Nasenlöcher, Zunge, Füße und Krallen). – Zur „Gattung" *Psittacus* rechnet er drei, faktisch fünf „Arten": mit nackten Wangen – *Ara macao*; mit einer Federhaube – *Cacatoes cristatus* (heute *Cacatua alba*) und mit befiedertem Kopf ohne Haube *Psittacus erithacus* sowie *Psittacula alexandri* und *Psittacula passerinus* (heute *Forpus passerinus*). – Zur „Gattung" *Pezoporus* zählt er nur eine Art: *Psittacus formosus* (heute *Pezoporus wallicus*).

Es ist unschwer erkennbar, dass bei Illiger die Verwendung wissenschaftlicher Namen noch sehr unausgereift ist. Auch die Anordnung seiner Taxa ist ein wenig verwirrend. So führte z.B. die Verwendung von *Psittacula* sowohl für *P. alexandri* als auch für *P. passerinus* dazu, dass unter diesem Gattungsnamen lange sowohl die asiatischen Edelsittiche wie auch die amerikanischen Sperlingspapageien geführt wurden. Erst relativ spät wurde für letztere der Gattungsnamen *Forpus* festgelegt (Mathews 1917), obwohl der Name *Psittacula* („Papageichen") wesentlich besser zu den kleinen Sperlingspapageien als zu den relativ großen Edelsittichen gepasst hätte. – Andererseits sind Anfänge einer Systematik der Papageien durchaus erkennbar und die gemeinten Unterschiede erstaunlich klar beschrieben. Illiger gibt damit zum ersten Mal eine Art „systematisches Gerüst", das im Laufe der Zeit immer weiter ausgebaut wurde.

Unterfamilie: Psittacinae Illiger 1811

Quelle: Illiger 1811, Prodromus Systematis Mammalium et Avium, pp. 195, 200f, Typus-Gattung: *Psittacus* (Graupapageien)

Systematik: Die Unterfamilie umfasst alle Großpapageien des afrikanischen Festlands, die traditionell in den beiden Gattungen *Psittacus* und *Poicephalus* zusammengefasst werden. Früher wurden auch die Vasapapageien (*Coracopsis* spec.) von Madagaskar und umliegenden Inseln hier eingeordnet. Wie neuere Untersuchungen belegen sind diese aber nicht näher mit den Festlandsarten verwandt, sondern dürften ihren Ursprung eher im asiatischen Bereich haben.

Bei den Psittacinae kann man im Wesentlichen drei Radiationsbewegungen ausmachen:

- die der Graupapageien (*Psittacus*), die früher in einem großen, durchgängigen Verbreitungsgebiet im Zentrum Afrikas sowie im Westen des Kontinents vorkamen, deren Populationen aber mittlerweile immer mehr fragmentiert werden.

- die der „großen Langflügelpapageien" (manchmal als Untergattung *Eupsittacus* geführt), die vom Westen Afrikas bis weit in den Süden Afrikas in mehreren Arten (*P. robustus, fuscicollis, gulielmi* und *flavifrons*) vorkommen, aber offensichtlich auch mehr auf dem Rückzug sind, da ihre Verbreitungsgebiete ebenso zunehmend fragmentiert sind. – Wir listen hier zwei Untergruppen (*Notopsittacus* und *Eupsittacus*), die sich phänotypisch doch deutlich unterscheiden (*P. robustus* und *fuscicollis* ggü. *P. gulielmi* und *flavifrons*).

- und die der kleineren Langflügelpapageien (*P. cryptoxanthus, crassus, senegalus, rufiventris, meyeri* und *rueppellii*), die südlich der Sahara das größte zusammenhängende und teilweise sogar überlappende Verbreitungsgebiet haben. Diese jüngste Radiation scheint demnach derzeit die erfolgreichste zu sein.

Gattung: *Psittacus* (m.) Linnaeus 1758

GRAUPAPAGEIEN

Quelle: Linnaeus 1758, Systema Naturae, editio decima, tom. 1, p. 96, Typus-Art: *Psittacus erithacus*, Linnaeus 1758, durch nachträgliche Festlegung (G. R. Gray 1840, List of the Genera of Birds, p. 52).

Systematik: Die systematische Position der Gattung war nicht immer eindeutig. Als nächste Verwandte sah man die übrigen afrikanischen Großpapageien (*Poicephalus* spec.), aber auch die Vasapapageien von Madagaskar (*Coracopsis* spec.). Phänotypisch wurden auch Ähnlichkeiten mit den amerikanischen Amazonen (*Amazona* spec.) bzw. den übrigen Stumpfschwanzpapageien (z.B. *Pionus* spec.) gesehen. – Phylogenetische Untersuchungen untermauern nun die Nähe zu den *Poicephalus*-Arten und weniger deutlich zu den amerikanischen Stumpfschwänzen, jedoch nicht zu den Vasapapageien (Joseph et al. 2012, Provost et al. 2018)

Die Zuordnung der Taxa zur Gattung war nie ein Problem, da Graupapageien sich phänotypisch sehr deutlich, vor allem farblich, aber auch anatomisch, von den übrigen Stumpfschwanzpapageien unterscheiden. Faktisch kommen als Vertreter der Gattung nur die Taxa *erithacus, timneh* und *princeps* infrage. Allerdings gaben die Artenanordnung und die Frage der Validität von *princeps* Anlass zur Diskussion. Eine Klärung dieser Fragen lieferten Melo & O'Ryan 2007.

Taxonomie: Typus-Art: *P. erithacus*. Linnaeus beschrieb die Gattung in der 10. Ausgabe seiner Systema Naturae auf Seite 96 in lateinischer Sprache und fasst in ihr alle 37 ihm damals bekannten Papageienformen zusammen. – Als Gattungsmerkmale beschreibt er ausführlich die Struktur des beweglichen Schnabels einschl. der Wachshaut, sowie die Zunge und die zygodactyle Struktur der Füße (zwei Zehen nach vorne, zwei nach hinten gerichtet).

Den Graupapagei beschreibt er unter Nr. 20, bestimmt ihn aber noch nicht zur Typus-Art. Dies tat erst G. R. Gray über 80 Jahre später in seiner „List of the Genera of Birds" von 1840. Er führt damals nur den Graupapagei bzw. Jako *P. erithacus* in der Gattung. (Er benennt zwar noch eine zweite Art, *P. fieldii* (Swainson), allerdings als fraglich, da sie sich nicht eindeutig bestimmen lässt.)

Als einziges Synonym findet sich *Rhodurus* bei Sundevall 1872, in seiner Methodi naturalis avium disponendum tentamen auf Seite 69. Dort rechnet er den Graupapagei mit verschiedenen anderen Arten zur Gattung der Edelpapageien, *Eclectus*, sagt aber, falls dieser generisch getrennt werden solle, dass er dann unter dem Namen *Rhodurus* geführt werden könne. (Der Name *Psittacus* / *Psittaci* werde ja bereits für die gesamte Gruppe der Papageien verwendet.)

Merkmale: mittelgroße Papageien mit kompaktem Körperbau, langen Flügeln und kurzem, geradem Schwanz. Der Schnabel ist schmal und seitlich zusammengedrückt; Umgebung der Augen, Zügel und Wachshaut unbefiedert; Gefieder variabel grau mit rotem bzw. rotbraunem Schwanz und dunklem Schnabel. Die Anatomie des Kopfes (Schädel, Zunge etc.) unterscheidet sich von den meisten anderen Papageien (Robiller 1997). Die Geschlechter sind fast identisch gefärbt, Jungvögel ähneln den Altvögeln.

Namenserklärung: *Psittacus* = griechischer Name für "Papagei" (psittakos); das Wort ist zurückzuführen auf den Ausdruck „apampakai" aus West-Afrika; von *Psittacus* leitet sich auch unser Wort „Sittich" ab. *Rhodurus* = mit rosenfarbenem (rhodon) Schwanz (oura).

Psittacus erithacus Linnaeus 1758

Graupapagei, Kongo-Graupapagei, Jako

englisch: Grey Parrot, African Grey Parrot

französisch: Perroquet jaco, Perroquet gris, Gris du Gabon

spanisch: Loro Yaco, Loro Gris Africano, Loro Gris de Cola Roja

niederländisch: Grijze roodstaartpapegaai

Psittacus erithacus

Wellensittich (18 cm)

1. Systematik und Taxonomie

Systematik: Die Zuordnung zur Gattung *Psittacus* bereitet keinerlei Probleme, da *erithacus* die Typus-Art ist (nachträglich festgelegt durch G. R. Gray in der List of Genera of the Birds, 1840, p. 52.). – Nachdem die Taxa *timneh* und *princeps* zu einer eigenen Art zusammengefasst wurden (Melo & O'Ryan 2007), bleibt die Art monotypisch, allerdings mit einer großen Variationsbreite, was die Größe und die Intensität der grauen Färbung angeht. Auch die verwandtschaftliche Nähe zu den Langflügelpapageien der Gattung *Poicephalus* (sensu lato = Beschreibung der Gattung, bevor sie aufgespalten wurde) darf als gesichert gelten.

Geschichte: Es gibt Vermutungen, dass Graupapageien bereits in der Antike in Europa bekannt waren, wofür es jedoch keinerlei Beweise gibt. Alle Angaben zu Papageien aus der Antike beziehen sich eindeutig auf Edelsittiche der Gattung *Psittacula* (sensu lato). Wahrscheinlich kannten frühe Autoren wie Aristoteles und Plinius (im 4. Jahrhundert vor Christus) den Graupapagei jedoch vom Hörensagen, da sie von einem sagenhaften Vogel ‚erithakos' mit dem

Beinamen ‚phoinikouros' (der Rotschwänzige) berichten. (Strunden 1987). Die früheste nachweisbare Erwähnung von Graupapageien stammt aus dem Jahr 1402, als Jean de Béthancourt und Gardife de la Salle die Kanarischen Inseln besetzten. Dort fanden sie bei den Einheimischen viele Graupapageien als zahme Haustiere vor. – Die früheste Darstellung eines Graupapageis findet sich 1525 bei Lucas Cranach in seinem Gemälde „Hl. Hieronymus", (nicht wie fälschlich behauptet in seinem Gemälde „Adam und Eva" von 1520!) (Groß 2014). – Die erste Beschreibung des Graupapageis geht auf Conrad Gesner zurück, der in seiner ‚Historia Animalium' (1555) im zweiteiligen Vogelband auf den Seiten 689-694 vierzehn Papageien beschreibt und den Graupapagei *Psittacus cinereus seu subcaeruleus* nennt. Die erste Darstellung in einem Buch findet sich bei Ulisse Aldrovandi (als schwarzweißer Holzschnitt) in seiner ‚Ornithologiae, Hoc est de Avibus Historiae Libri XII' (1599-1603), Vogelband 1, Buch XI, auf Seite 676 unter dem Namen *Psittacus cinereus* (mit einer kurzen lateinischen Beschreibung auf Seite 675). Dort wird außerdem ein *Psittacus erytroleucus* beschrieben, der bereits zu diesem Zeitpunkt offensichtlich eine weiß-rote Variation beschreibt. Von beiden Vögeln werden die wichtigsten Körpermerkmale ausführlich in lateinischer Sprache beschrieben.

Taxonomie: Linnaeus beschreibt den Graupapagei 1758 in seiner Systema Naturae, 10th ed. auf Seite 99 als *Psittacus erithacus* und beruft sich dabei auf Aldrovandi. Er beschreibt ausgesprochen knapp einen grauen, kurzschwänzigen Papagei mit weißem Gesicht („Schläfe") und rotem Schwanz, der aus Guinea stamme. (In der ersten Bearbeitung durch Gmelin von 1788 sind die Angaben dagegen bereits deutlich umfangreicher.)

Die darauf folgenden Autoren kennen alle bereits verschiedene Variationsformen des Graupapageis. So führt Brisson 1760 in seiner ‚Ornithologia sive synopsis methodice sistens Avium divisiones in ordine', vol. 4 auf den Seiten 207, 214, 310, 312 und 313 fünf verschiedene Spielarten an, denen er jeweils unterschiedliche lateinische Namen gibt. Auch Latham kennt in seiner General Synopsis of Birds von 1781 auf den Seiten 261-263 fünf verschiedene Formen. Ähnlich verhält es sich bei Gmelin 1788 und Levaillant 1801-5. – Man unterschied faktisch zwischen der normal grauen Form mit rotem Schwanz (*erithacus*), einer weißen „Spielart" mit roten Flügeln und Schwanz (*erythroleucus*), einer mit sowohl grauen wie auch roten Federn im gesamten Gefieder (*rubrovarius*), einer angeblich ganz blaugrauen brasilianischen Form (*brasiliensis cinereus*) und dem Timnehpapagei (*timneh*). Die mittleren drei Formen haben sich allerdings lediglich als Variationen herausgestellt und sind darum lediglich als Synonyme von *erithacus* anzusehen. (Darstellungen verschiedener Variationen finden sich in Levaillants Histoire naturelle des perroquets, vol. 2, 1805, auf den Farbtafeln 99-103). – Die Herkunft der Art galt zeitweise als unklar, obwohl Linnaeus sie eindeutig als Guinea (vermutlich Golf von Guinea) angibt. So gab man als Herkunftsregionen auch Indien, Südostasien oder auch Jamaika und Brasilien an. (Zeitweise wurden parallel die Namen *erithacus* für die afrikanische und *cinereus* für die brasilianische Form verwendet).

Ernst Hartert beschreibt 1891 im Katalog der Vogelsammlung im Museum der Senckenbergischen Gesellschaft in Frankfurt am Main auf Seite 157 die Unterart *megarhynchus* für dunkle Vögel mit großem Schnabel aus der Dem. Rep. Kongo. Diese Unterart wurde allerdings nie allgemein akzeptiert.

Zur Frage möglicher Unterarten siehe die Anmerkung unter 2.

Namenserklärung: *erithacus* = geht zurück auf einen im Altertum erwähnten Vogel mit rotem Schwanz, der auch sprechen lernen konnte; *cinereus* = grau; *erythroleucus* = rot (erythros) und weiß (leucos); *megarhynchus* = mit großem (megas) Schnabel (rhynchos); *subcaeruleus* = dunkler als blau; *rubrovarius* = variabel rot.

2. Identifizierung

Färbung adulter Tiere: variabel blassgrau bis dunkelgrau; weiße Gesichtsmaske unbefiedert; Kopffedern mit hellem Saum; Bauchfedern, Seiten und Schenkel hellgrau mit dunkelgrauem Saum; Unterrücken hellgrau; Handschwingen grauschwärzlich; Unterflügeldecken hellgrau; hintere Oberschwanzdecken und Schwanz rot mit gerundeten Schwanzfedern, Schäfte oft dunkel gefärbt; Schnabel schwarz; Iris meist blassgelb, seltener kräftig gelb; Füße dunkelgrau mit schwarzen Zehen.

Unterscheidung der Geschlechter: Weibchen ähneln den Männchen, haben aber häufig einen schmaleren, stärker gerundeten Kopf und kleineren Schnabel; der weiße Wangenfleck soll stärker spitz zulaufen, der Unterschnabel heller sein. Die Flügel sind bei gleicher Herkunft der Tiere beim Männchen in der Regel dunkler als bei den Weibchen.

Jungvogelfärbung: Nestlinge anfangs mit weißem Flaum, später mit dichteren, grauen Dunenfedern; Jungvögel wie Altvögel, aber Unterschwanzdecken rot mit grauem Anflug; rote Schwanzfedern weniger intensiv gefärbt und mit dunkelgrau überhauchten Federenden. Iris anfangs schwarz, ab drei Monaten zunehmend aufgehellt und gegen Ende des ersten Jahres hellgrau, im zweiten und dritten Jahr gelblicher werdend, schließlich mit vier Jahren blassgelb und mit zunehmendem Alter kräftig gelb, selbst leicht orangefarben.

Anmerkung: Graupapageien kommen in unterschiedlichen Größen und Farbtönen vor: in Ghana sind sie vielfach klein und dunkel („Ghana-Graupapageien"), südlich und östlich davon werden die Vögel dagegen größer: im Osten werden die Vögel außerdem blasser und ‚silbriger' („Kamerun-Graupapageien" genannt, obwohl sie faktisch zumeist aus der Dem. Rep. Kongo stammen und dann nach Kamerun geschmuggelt werden; diese Tiere wiegen 475-600 g, während Exemplare aus Kamerun lediglich 425-500 g wiegen und deutlich kleiner und dunkler sind), im Süden dagegen sind sie groß und dunkel („Kongo-Graupapageien"). Die Übergänge sind fließend, sodass eine Definition von Unterarten unmöglich erscheint (Pattison 2004).

Es gibt immer wieder Farbabweichungen unterschiedlichen Ausmaßes mit roten bzw. rosa gefärbten Federn,

Psittacus erithacus Jungvogel

Psittacus erithacus

hauptsächlich im Kleingefieder, teilweise auch auf den Flügeldecken und Schwungfedern. Diese Vögel werden oft als „Königs-Jakos“ bezeichnet. Es handelt sich dabei aber lediglich um Modifikationen, nicht um Mutationen oder gar eigenständige (Unter-) Arten. Lediglich eine rotbäuchige Variante scheint definitiv weiter zu vererben. (Asmus & Lantermann 2013)

Vergleich mit ähnlichen Arten: Die einzige ähnlich gefärbte, graue Papageienart ist der Timneh-Graupapagei, der sich jedoch durch geringere Größe, dunklere Schwanzfärbung und dunkleres Gefieder sowie den hornfarbenen Oberschnabel vom Graupapagei unterscheidet.

3. Natürliches Vorkommen

Verbreitung: Südost-Elfenbeinküste und Südwesten Ghanas (dort bereits fast vollständig ausgerottet); weiter östlich vom Süden Nigerias ostwärts über Kamerun, den Süden der Zentralafrikanischen Republik, Äquatorial-Guinea, Gabun, Kongo und große Teile der Demokratischen Republik Kongo (ehemals Zaire) bis Uganda und West-Kenia; südlich bis zum äußersten Norden Angolas, dem Süden der Demokratischen Republik Kongo, West-Burundi und West-Ruanda bis West-Tansania; Inseln Bioko (früher Fernando Poo) und vermutlich nachträglich eingeführt auf São Tomé and Príncipe im Golf von Guinea.

Lebensraum: vorwiegend primäre und sekundäre Regenwälder im Flachland, häufiger an Waldrändern und Flussläufen; seltener in Savannen mit Baumbestand und Mangrovengebieten in Küstennähe; im Osten des Verbreitungsgebiets bis in 2.200 m Höhe anzutreffen, dort allerdings seltener; gelegentlich in Anbaugebieten von Mais und Ölpalmen anzutreffen, meidet jedoch menschliche Siedlungen.

Verhalten: tagsüber paarweise oder in kleinen Gruppen (15-30 Exemplare); abends Ansammlungen von mehreren hundert Vögeln in Schlafbäumen, früher Ansammlungen von bis zu 10.000 Vögeln; ausgesprochen scheu und mit großer Fluchtdistanz; kommen überwiegend nur zum Trinken bzw. zur Aufnahme von mineralhaltiger Erde auf den Boden, ansonsten hoch in den Bäumen; Flug schnell und direkt mit schnellen, regelmäßigen Flügelschlägen; im Flug lärmend und auffallend, bei der Nahrungsaufnahme ausgesprochen still.

Status: ursprünglich aufgrund des großen Verbreitungsgebiets ausgesprochen häufig (frühere Populationsschätzung zwischen 560.000 und 12.700.000 Exemplaren); mittlerweile deutliche Bestandsrückgänge aufgrund von Fang für den Handel und Waldvernichtung; deshalb nur noch in großen, weitgehend unberührten Waldgebieten häufig; auch im Umfeld einiger afrikanischer Städte anzutreffen; Rückgang von 30-50 % innerhalb von 50 Jahren zu erwarten; an den äußersten Rändern des Verbreitungsgebiets (Elfenbeinküste und Ghana resp. Kenia und Tansania) sehr selten oder schon ausgerottet.

4. Vorkommen in menschlicher Obhut

Häufigkeit: seit Jahrzehnten häufig vorkommend und als Haustier beliebt; nach Möglichkeit mindestens paarweise halten; großes Sprach- und Nachahmungstalent und von hoher Intelligenz; Untersuchungen von Irene Pepperberg weisen nach, dass die Art die Intelligenz eines fünfjährigen Kindes entwickeln kann (Pepperberg 2006); als Haustier sehr aufmerksamkeitsbedürftig, braucht täglich Freiflug; bei schlechter Haltung können die anspruchsvollen Vögel leicht zu Schreiern und Rupfern werden.

Mindestanforderungen der Unterbringung: Metallvoliere mit starkem Draht, 4 x 2 x 2 m oder größer, mit mäßig beheiztem Schutzhaus (nicht unter 10 ° C); Gelegenheiten zum Spielen, Klettern und Fliegen bieten; hochsensibel für Veränderungen (Ausstattung der Voliere, Nahrungsveränderung etc.).

Züchtbarkeit: gelingt häufig; Paarzusammenstellung nicht immer einfach; Geschlechtsreife mit 4-5 Jahren; vor allem in der Brutzeit sehr störungsanfällig (etwa bei Nestkontrollen) und deutlich aggressiver.

5. Hilfreiche Literatur

Asmus J & W Lantermann (2013). Langflügelpapageien und andere afrikanische Papageien. Arndt-Verlag, Bretten, pp. 74-84.

Dändliker G (1992). The Grey Parrot in Ghana: A population survey, a contribution to the biology of the species, a study of its commercial exploitation and management recommendations. CITES report, pp. i-vii, 1-121.

Groß G (2014). *Corvus Indicus* – die erste Darstellung des Ara- oder Palmkakadus. Gefiederte Welt 143(2), p. 6.

Lepperhoff L (2007). Graupapageien. Ulmer Verlag.

Martin RO (2017). Grey areas: temporal and geographical dynamics of international trade of Grey and Timneh Parrots (*Psittacus erithacus* and *P. timneh*) under CITES. Emu, 117(1), pp. 1-13.

May D (2002). Frei lebende Graupapageien im Kongobecken. (Teil 1 + 2), PAPAGEIEN, 15(9+10), pp. 310-313 & 350-355.

Melo M & C O'Ryan (2007). Genetic differentiation between Príncipe Island and mainland populations of the grey parrot (*Psittacus erithacus*), and implications for conservation. Molecular Ecology, vol. 16, pp. 1673-1685.

Pattison J (2004). African Grey Variations... . http://africangreys.com/articles/other/variations.htm, abgerufen am 31.03.2004.

Pepperberg IM (2006). Cognitive and communicative abilities of Grey parrots. Applied Animal Behaviour Science 100, pp. 77-86.

Pepperberg I & SK Lynn (2000). Possible Levels of Animal Consciousness with Reference to Grey Parrots (*Psittacus erithacus*). American Zoology 40, pp. 893–901.

Radtke I (1995). Einführende Untersuchungen der Lautäußerungen von Graupapageien (*Psittacus erithacus erithacus* und *P. e. timneh*). Jahrbuch für Papageienkunde 1, pp. 121-129.

Schmid R, Doherr MG & A Steiger (2006). The influence of the breeding method on the behaviour of adult African grey parrots (*Psittacus erithacus*). Applied Animal Behaviour Science 98, pp. 293–307.

Strunden H (1987). Der Graupapagei im Altertum. Die Voliere 10(1), pp. 25-26.

Tamungang SA, Cheke RA, Mofo GZ, Tamungang RN & FT Oben (2014). Conservation Concern for the Deteriorating Geographical Range of the Grey Parrot in Cameroon. International Journal of Ecology, vol. 2014, pp. 1-16.

UNEP-WCMC (2010). Review of species/country combinations subject to long-standing import suspensions: Mammal and bird species from Africa. pp. 88-106.

Psittacus timneh Fraser 1844

Timneh-Papagei, Timneh-Graupapagei

englisch: Timneh (Grey) Parrot, Maroon-tailed African Grey (*timneh*), Principe (Grey) Parrot (*princeps*)

französisch: Perroquet Timneh, Timneh jaco (*timneh*), Perroquet de Principé (*princeps*)

spanisch: Loro yaco timneh, Loro gris cola de vinagre (*timneh*)

niederländisch: Timneh-roodstaartpapegaai (*timneh*), Principe-roodstaartpapegaai (*princeps*)

1. Systematik und Taxonomie

Systematik: Ursprünglich von Fraser als eigenständige Art beschrieben, wurde der Timnehpapagei von fast allen Autoren lange als Unterart des Graupapageis (*P. erithacus*) geführt (bis hin zu Silva 2018). Heute ist er als genetisch früherer Zweig der Gattung *Psittacus* und als eindeutig eigenständige Art nachgewiesen (Melo & O'Ryan 2007, Schnitker 2011).

Auch die vielfach angezweifelte Unterart *princeps* konnte als genetisch eigenständig nachgewiesen werden. Sie kommt allerdings – wie in der Beschreibung von Boyd Alexander korrekt angegeben – nur auf der Insel Principé, nicht aber auf Bioko (Fernando Poó) oder São Tomé vor. Die nachträgliche Ausweitung des Verbreitungsgebietes bei verschiedenen Autoren führte dazu, dass die Unterart immer mehr als fragwürdig galt. (Auf Bioko kommt ausschließlich *erithacus* vor, auf São Tomé gab es ursprünglich überhaupt keine Graupapageien.) Der erste Autor, der diese Erweiterung vornahm, war Bannermann, auf dessen Einschätzung sich praktisch alle weiteren Autoren berufen (Bannermann 1914)

Die Untersuchung von Melo und O'Ryan (2007) legt den Schluss nahe, dass Principé zweimal besiedelt wurde: Die erste, ursprüngliche Besiedlung erfolgte durch *princeps* vor 1,4 Millionen Jahren, die zweite, deutlich spätere, durch *erithacus*. – Dies erklärt, warum heute die Hälfte

Kurzinfos zum Graupapagei		
Größe: 33 (28-40) cm	**Gelege pro Jahr:** bis zu 3	**Flugbedürfnis:** groß
Gewicht: 450 (300-600) g	**Gelegegröße:** 3-4 (2-5) Eier	**Nagebedürfnis:** groß
Ringgröße: 11,5 (10-12) mm	**Brutdauer:** 28-30 Tage	**Badebedürfnis:** Beregnung
Erstzucht: Paris 1774, (Deutschland 1899)	**Nestlingszeit:** 70-85 Tage	**Aggressivität:** in der Brutzeit gelegentlich stark
Eimaße: 39,4 (38,7 – 39,7) x 31,0 (30,7 – 31,5) mm (n = 3); lt. May (2002) 31-40 mm x 25-34 mm	**Selbständigkeit:** 2-4 Wochen	**Stimme:** mittellaut, verschiedenste Schreie und Pfiffe

timneh

princeps

der Papageienpopulation aus den vorwiegend dunkleren *princeps*-Vögel besteht, während die andere Hälfte zu den vorwiegend helleren *erithacus* gehört.

Verwundern mag, dass *princeps* nun als Unterart von *timneh* und nicht von *erithacus* oder gar als eigene Art geführt wird, die Inselpopulation ist ja geographisch weit von der Nominatform *timneh* entfernt. – Dieses Phänomen finden wir jedoch auch bei anderen Arten, dass sich eine Art auf dem Festland zurückzieht, während sie auf einer vorgelagerten Insel noch isoliert vorkommt (vgl. etwa das isolierte Vorkommen der Unterart *halmaturinus* von *Calyptorhynchus lathami* auf Kangaroo Island, oder auch die Verteilung der Haplotypen von *Ara macao cyanopterus* in Panama und auf der vorgelagerten Isla Coiba, Mittelamerika (Schmidt et al. 2020).

Melo und O'Ryan (2007) vermuten, dass die während der Eiszeiten besonders starken südwärts ziehenden Harmattanwinde, *timneh*-Vertreter aus Nigeria nach Principé befördert haben. Die Neu-Besiedler haben sich dann auf der Insel im Laufe der Jahrtausende genetisch angepasst.

Taxonomie: Die früheste Beschreibung der Art (incl. Darstellung) findet sich bei Levaillant in seiner „Histoire naturelle des perroquets", im 2. Band von 1805, auf Seite 49, neben Farbtafel 102. Levaillant beschreibt die Art in französischer Sprache als ‚Zweite Variation' des Graupapageis, vergleicht sie mit diesem und benennt die wichtigsten Unterschiede (dunkleres Gefieder, kleinere Gestalt, Schwanz schwarz mit rötlicher Tönung, Schnabel bräunlich). Ein Exemplar, das dreißig Jahre lang in menschlicher Obhut gelebt hatte, wurde ihm nach dessen Tod geschickt und befinde sich immer noch in seinem Kabinett. – Die zugehörige Farbtafel 102 stellt den Timnehpapagei sehr treffend dar. – Eine weitere, wenn auch kurze Beschreibung gibt Kuhl in seinem Conspectus Psittacorum, auf S. 83. Auch er beschreibt die Art als Variation und charakterisiert sie kurz in lateinischer Sprache als mit schwärzlicherem Körper und schwärzlich rotem Schwanz'

Die Typus-Beschreibung stammt von dem britischen Zoologen Louis Fraser (1819-1883) aus dem Jahr 1844. In den Proceedings of the Zoological Society of London, pt. 12, p. 38 charakterisiert er die Art zunächst in lateinischer Sprache und beschreibt die Färbung der wichtigsten Körperpartien. Als Herkunftsland gibt er „Timneh country, Sierra Leone". Als Quellen benennt er Levaillant und das Londoner Museum. Anschließend spezifiziert er die Herkunft auf den Teil Westafrikas nahe Sierra Leone, jedoch niemals so weit südlich wie Cape Coast (Südküste Ghanas), wo bereits *P. erithacus* vorkomme. Von diesem unterscheide sich die Art durch ihre insgesamt dunkleren Farbtöne sowie die spitz zulaufenden Schwanzfedern.

Boyd Alexander (1873-1910) beschrieb 1909 im Bulletin of the British Ornithologists' Club (vol. XXIII, p. 74) in englischer Sprache die Unterart *princeps*. Er vergleicht sie mit *P. erithacus* und beschreibt sie insgesamt als größer und dunkler; vor allem die Federn der Unterseite würden einen bläulich schwarzen Eindruck erwecken. Er gibt dann Flügel- und Schwanzmaße für Männchen und Weibchen wieder, wobei die Weibchen geringfügig kleiner sind. Als Herkunft gibt er – lediglich – „Princes Island, W-Africa" an

Als einziges Synonym von *timneh* ist *carycinurus*, Reichenow 1881, Journ. f. Orn. 262, bekannt. (Reichenow gibt jedoch keine Begründung dieses neuen Namens und benutzt in früheren Publikationen auch den Namen *timneh*.)

Namenserklärung: *timneh* = nach dem westafrikanischen Volksstamm der Timne oder Temne in West-Sierra Leone benannt; *princeps* = der Erste, der Fürst bzw. Herrscher (vermutlich aufgrund des Insel-Namens Principé so benannt); *carycinurus* = mit rötlich (carytos?) aschfarbigem (cinereus) Schwanz (oura).

2. Identifizierung

Färbung adulter Tiere: Gefieder oberseits dunkelgrau, unterseits etwas heller grau; weiße Gesichtsmaske unbefiedert; Kopffedern mit hellem Saum; Bauchfedern,

Seiten und Schenkel hellgrau mit dunkelgrauem Saum; Unterrücken hellgrau; Handschwingen grauschwärzlich; Unterflügeldecken hellgrau; hintere Oberschwanzdecken und Schwanz dunkel rotbraun mit spitz zulaufenden Schwanzfedern, Unterschwanzdecken mit rötlichem Anflug; Oberschnabel rosa hornfarben bis hornfarben mit breitem schwärzlichen unteren Rand, Unterschnabel schwarz, Wachshaut unbefiedert weiß; Iris blassgelb; Füße dunkelgrau; kleiner als *erithacus*.

Unterscheidung der Geschlechter: Weibchen ähneln den Männchen, haben aber oft einen schmaleren, stärker gerundeten Kopf; Krümmung des Oberschnabels geringer, Unterschnabel häufig heller.

Jungvogelfärbung: Nestlinge anfangs mit weißem Flaum, später mit grauen Dunenfedern; Jungvögel wie Altvögel, aber Ober- und Unterschwanzdecken leuchtend rot (werden erst im Adultgefieder wieder grau), Schwanzfedern rötlich schwarz; Schnabel fahl schwärzlich mit fahl fleischfarbenem First und Wachshaut, später Schnabel ganz schwarz und Wachshaut hellgrau; Umfärbung nach 3-4 Monaten; Iris bis 4 Monate schwarz, bis 12 Monate grau, bis höchstens 2 Jahre schmutzig weiß, danach blassgelb.

Vergleich mit ähnlichen Arten: Der einzige ähnlich gefärbte Papageien ist der Graupapagei, der sich durch größere Körpermaße, eine leuchtend rote Schwanzfärbung, ein helleres Gefieder sowie einen ganz schwarzen Schnabel vom Timneh-Graupapagei unterscheidet.

Psittacus t. timneh Jungvogel

3. Unterarten

a. *Psittacus t. timneh* Fraser 1844

Timneh-Papagei, Timneh-Graupapagei

Merkmale: wie *erithacus* und *princeps*, aber mit dunkel rotbraunen, spitz zulaufenden Schwanzfedern; Gefieder dunkelgrau, unterseits etwas heller; Oberschnabel hornfarben mit schwärzlichem Rand, Unterschnabel schwarz; kleiner als *erithacus* und *princeps*, 30 cm.

Verbreitung: nennenswerte Vorkommen auf den Bijagos-Inseln (vor Guinea Bissau), in Sierra Leone und Liberia sowie im äußersten Westen der Elfenbeinküste (westlich des Bandama-Flusses); nur noch sehr sporadisch in Guinea-Bissau, Guinea und im Südwesten Malis; früher vermutlich nördlich bis zum Senegal einschl. Gambia, und östlich deutlich weiter verbreitet; in Abidjan, Elfenbeinküste, Überschneidungsgebiet mit *P. erithacus*, allerdings ohne nennenswerte Hybridisierung.

b. *Psittacus t. princeps* Boyd Alexander 1909

Príncipe-Papagei, Príncipe-Graupapagei

Merkmale: wie *timneh*, aber mit roten, abgerundeten Schwanzfedern und schwarzem Schnabel; Federn der Unterseite und Unterflügeldecken häufig mit bläulichen Rändern bzw. bläulichem Schimmer; mit kürzerem Schwanz und kürzeren Füßen; größer als *timneh*, aber kleiner als *erithacus*, 31-32 cm.

Verbreitung: Insel Príncipe im Golf von Guinea (hier gemeinsam mit Vertretern von *P. erithacus)* vorkommend. (Entgegen anderslautenden Behauptungen nicht auf Bioko [ehemals Fernando Poó] und auf São Tomé)

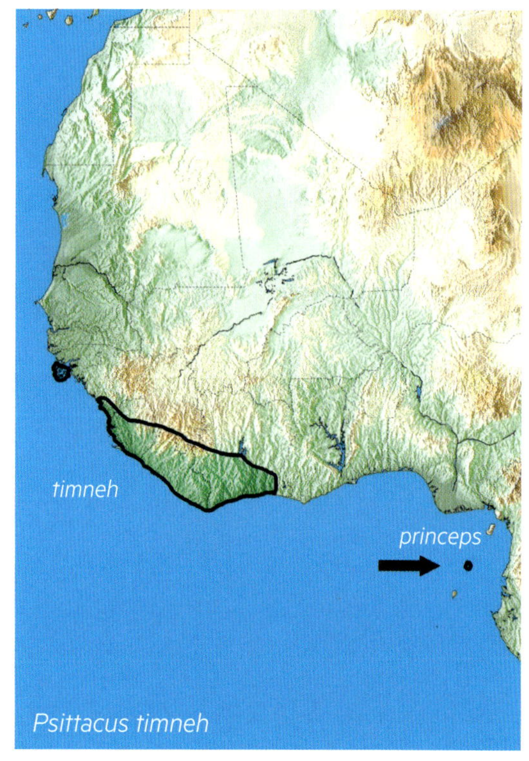

4. Natürliches Vorkommen

Lebensraum: westliche Teile des feuchten Oberen Guinea-Waldes und die anschließenden Savannengebiete: Tiefland-Regenwälder, feuchte Savannen mit Baumbestand, Palmsümpfe und vor allem noch in Mangrovengebieten in Küstennähe; mit Vorliebe für afrikanische Ölpalmen und Akazien; meidet menschliche Siedlungen.

Verhalten: aufgrund des hohen Fangdrucks mittlerweile sehr scheue Vögel und nur schwer zu beobachten; paarweise oder in kleinen Gruppen vorkommend; zum Schlafen in etwas größeren Ansammlungen, aber nicht mehr in Ansammlungen von mehreren Hundert Vögeln; kommen nur zum Trinken auf den Boden, Flug schnell und direkt, mit lauten Rufen, leichter und gewandter als bei *erithacus*; unterscheidet sich in seinen Lautäußerungen deutlich von *erithacus*.

Status: nur noch selten und in kleinen Gruppen (4-8 Vögel) anzutreffen; deutliche Bestandsrückgänge aufgrund von massivem Fang für den Handel und Abholzung der Wälder; Populationsschätzung 1992 noch 120.000-260.000 Exemplare; heute viel geringer: deutlich weniger als 100.000 Exemplare (PsittaScene 4/2020, p. 8); derzeit Untersuchungen der Bestände in Liberia, Sierra Leone, Elfenbeinküste und Guinea-Bissau, inkl. Bijagos-Inseln (PsittaScene 4/2013, p. 13-15; 3/2014, p. 15-17, 4/2015, p. 18-20, 4/2019, p. 5-8); Unterart *princeps* noch sehr häufig, selbst in bewohnten Gebieten (Lepperhoff 2007); evtl. von Hybridisierung mit *erithacus* bedroht.

5. Vorkommen in menschlicher Obhut

Häufigkeit: regelmäßig in Haltung und Zucht anzutreffen, aber deutlich weniger als *P. erithacus*; haben gleiches Nachahmungs- und Sprachtalent und liebenswerten Charakter; gelten als leicht zu zähmen, wenig nervös, unabhängig, lebhaft; neigen weniger zum Rupfen (Low 2001).

Mindestanforderungen der Unterbringung: Metallvoliere mindestens 3 x 2 x 2 m mit mäßig beheiztem Schutzraum (10° C); Gelegenheiten zum Spielen, Klettern und Fliegen anbieten.

Züchtbarkeit: gelingt gelegentlich, in jüngerer Zeit häufiger; während der Balz- und Brutzeit deutlich aggressiver.

6. Hilfreiche Literatur

Asmus J & W Lantermann (2013). Langflügelpapageien und andere afrikanische Papageien. Arndt-Verlag, Bretten, p. 74-75, 85-91.

Bannermann DA (1914). Report on the birds collected by the late Mr. Boyd Alexander. Part 1, The Ibis 2, p. 618-620.

Böbel D (1990/91). Der Timneh-Graupapagei *Psittacus erithacus timneh*. (1. u. 2. Teil), PAPAGEIEN 3(5) & 4(1), pp. 177-179 & 10-13.

Clemmons JP (2002). Status survey of the African Grey Parrot (*Psittacus erithacus timneh*) and development of a Management Program for Guinea and Guinea-Bissau. IUCN BRAO, pp. 1-99.

Fahlman A (2002). African Grey Parrot conservation: a feasibility evaluation of developing a local conservation program in Príncipe. Minor Field Study 84, pp. 1-12.

Juste JB (1996). Trade in the Grey Parrot *Psittacus erithacus* on the Island of Príncipe (São Thomé and Príncipe, Central Africa): Initial Assessment of the activity and its impact. Biological Conservation, vol. 76, pp. 101-104.

Lepperhoff L (2007). Graupapageien. Ulmer Verlag.

Lopes DC, Martin RO, Monteiro MHH, Regalla A, Tchantchalam Q, Indjai B, Cardoso S, Manuel C, Cunha M, Cunha D & P Catry (2017). Nest site characteristics and aspects of the breeding biology of the endangered Timneh Parrot *Psittacus timneh* in Guinea-Bissau. Ostrich 88, pp. 1-8.

Low R (2001). Timneh-Graupapageien. PAPAGEIEN 14(8), pp. 264-266.

Martin RO (2017). Grey areas: temporal and geographical dynamics of international trade of Grey and Timneh Parrots (*Psittacus erithacus* and *P. timneh*) under CITES. Emu 117(1), pp. 1-13.

Melo M & C O'Ryan (2007). Genetic differentiation between Príncipe Island and mainland populations of the grey parrot (*Psittacus erithacus*), and implications for conservation. Molecular Ecology, vol. 16, pp. 1673-1685.

Radtke I (1995). Einführende Untersuchungen der Lautäußerungen von Graupapageien (*Psittacus erithacus erithacus* und *P. e. timneh*). Jahrbuch für Papageienkunde 1, pp. 121-129.

Schmidt KL, Aardema ML & G Amato (2020). Genetic analysis reveals strong phylogeographical divergences within the Scarlet Macaw *Ara macao*. Ibis 162, pp. 735–748.

Schnitker H (2011). Neuerungen zur Systematik der Graupapageien. PAPAGEIEN 24(3), pp. 91-96.

Speyer G (1979). Zucht des Timneh-Graupapageis (*Psittacus erithacus timneh*). Gefiederte Welt 108(12), pp. 222-224.

Wikipedia: „Timneh parrot". Abgerufen am 1. 7. 2021.

Kurzinfos zum Timnehpapagei		
Größe: 28 (25-31) cm (*timneh*), 31-32 cm (*princeps*)	**Gelege pro Jahr:** 1, evtl. 2	**Flugbedürfnis:** groß
Gewicht: 300-320 (275-375) g (*timneh*), 450 g (*princeps*)	**Gelegegröße:** 3 (2-4) Eier	**Nagebedürfnis:** groß, Zweige anbieten
Ringgröße: 9,5 (9-10) mm (*timneh*) 11 mm (*princeps*)	**Brutdauer:** 28-30 (26-33) Tage	**Badebedürfnis:** mittel
Erstzucht: 1974, Nigeria	**Nestlingszeit:** 70-90 Tage	**Aggressivität:** in der Brutzeit erhöht
Eimaße: 37,0 (36,0-39,1) x 29,3 (28,0-30,6) mm (n = 7)	**Selbständigkeit:** 3-4 Wochen	**Stimme:** mäßig laut, heller und schriller als *erithacus*

Gattung: *Poicephalus* (m.) Swainson 1837

LANGFLÜGELPAPAGEIEN

Quelle: Swainson 1837, The Cabinet Cyclopedia: The Natural History and Classification of Birds, vol. II, p. 301. Typus-Art: *P. senegalus*, durch nachträgliche Festlegung (G. R. Gray 1840, List of the Genera of Birds, p. 52).

Systematik: Die Gattung wird in neuerer Literatur fast immer den Graupapageien (*Psittacus* spec.) nachgeordnet und phänotypisch oft mit anderen Stumpfschwanzpapageien in Verbindung gebracht. Swainson selbst fasste damals außer den heute unter *Poicephalus* verstandenen Arten auch Angehörige der Gattungen *Geoffroyus*, *Pionites*, *Pionopsitta*, *Pyrilia*, *Amazona*, *Agapornis* und *Bolbopsittacus* unter diesem Namen zusammen. Diese Arten unterscheiden sich sowohl in ihrer Größe wie auch in ihrer Herkunft deutlich voneinander, haben auf den ersten Blick jedoch alle einen ähnlichen Körperbau. Drei Jahre später reduziert G. R. Gray die Gattung auf die afrikanischen Langflügelpapageien. – Leider ist er aber auch der erste, der den ursprünglichen Namen der Gattung falsch schreibt (*Piocephalus*). Ihm folgten viele weitere Variationen der Schreibweise (z.B. *Poeocephalus* Strickland 1841, *Poiecephalus* bzw. *Poiocephalus* Agassiz 1842-46, *Paeocephalus* Bonaparte 1856, *Phaeocephalus* Hartlaub 1857). In historischer Literatur gibt es darüber hinaus jedoch keine weiteren Synonyme. – In den folgenden Jahrzehnten wurden ähnlich wie bei Swainson unterschiedliche Arten unter diesem Namen gefasst. In ihrer jetzigen Gestalt existiert die Gattung spätestens seit Salvadori 1891. Als spezifisches Merkmal der Gattung gilt eine Kombination von auffallend langen Flügeln in Verbindung mit einem kurzen, gerundeten Schwanz. – Swainson gibt als Herkunft die Tropen der Alten Welt an, (obwohl er selbst auch Neuweltpapageien als Angehörige seiner Gattung aufzählt).

Obwohl es neuere Untersuchungen zur Systematik der Langflügelpapageien gibt (Massa et al. 2000, Perrin 2009), sind die Zusammenhänge innerhalb der Gattung nach wie vor nicht ausreichend beleuchtet. So sind der Niam-Niam-Papagei (*P. crassus*) und der Gelbkopfpapagei (*P. flavifrons*) genetisch überhaupt noch nicht untersucht worden. Und die meisten Untersuchungen zur Systematik afrikanischer Papageien legen den Fokus eindeutig auf die Verwandtschaftsverhältnisse der Taxa *robustus*, *fuscicollis* und *suahelicus*. Von daher gibt es immer noch offene Fragen, die erst provisorisch beantwortet werden können: *P. crassus* wird zwar in neuerer Literatur durchgängig als eigenständige Art geführt, die verwandtschaftliche Nähe zu *P. cryptoxanthus* bleibt jedoch ungeklärt. Die Position von *P. flavifrons* ist ebenfalls unklar. So wird die Art teilweise den kleineren Arten (Untergattung *Poicephalus*) zugeordnet, obwohl sie phänotypisch mehr Gemeinsamkeiten mit *P. gulielmi* aufweist. Auch hier gibt es also Klärungsbedarf. Und eine umfassende Untersuchung aller Taxa der Gattung *Poicephalus* bleibt weiter wünschenswert.

Taxonomie: Der erste Autor, der innerhalb der Gattung *Poicephalus* eine weitere taxonomische Differenzierung vornimmt, ist Austin Roberts. Er verfasste 1922 in den Annals of the Transvaal Museum (vol. 8, part 4) den Aufsatz „Review of the Nomenclature of South African Birds“ (p. 187-272). Auf Seite 212 äußert er sich zu den afrikanischen Papageien. Roberts teilt dort die Gattung *Poicephalus* in vier Untergattungen auf, benennt die Merkmale der jeweiligen Untergattung sowie die zugehörigen Arten. Diese verteilen sich wie folgt:

1. *Notopsittacus* (Typus-Art: *P. robustus*): Ober- und Unterschnabel hell, Flügel mehr als 7 Inch (18 cm) Schnabel bis zur Spitze mehr als 1 Inch (2,5 cm) Länge, zugehörige Arten: *P. robustus* und *P. fuscicollis*.
2. *Eupsittacus* (Typus-Art: *P. gulielmi*) Oberschnabel hell, Unterschnabel dunkel, Flügel mehr als 7 Inch (18 cm) Schnabel bis zur Spitze mehr als 1 Inch (2,5 cm) Länge, zugehörige Arten: *P. gulielmi*.
3. *Micropsittacus* (Typus-Art: *P. cryptoxanthus*) Oberschnabel dunkel, Unterschnabel hell, Flügel weniger als 7 Inch (18 cm) Schnabel bis zur Spitze weniger als 1 Inch (2,5 cm) Länge, zugehörige Arten: P. *cryptoxanthus* (wahrscheinlich incl. *P. crassus*) und *P. flavifrons*.
4. *Poicephalus* (Typus-Art: *P. senegalus*) Ober- und Unterschnabel dunkel, Flügel weniger als 7 Inch (18 cm) Schnabel bis zur Spitze weniger als 1 Inch (2,5 cm) Länge, zugehörige Arten: *P. senegalus*, *P. rufiventris*, *P. meyeri* und *P. rueppellii*.

Diese Sichtweise hat sich jedoch praktisch in der gesamten neueren Literatur nicht durchgesetzt. Die meisten Autoren folgen taxonomisch der ersten molekularbiologischen, allerdings auch sehr provisorischen Untersuchung von Massa et al. (2000). Diese untersuchten 22 Exemplare aus 8 verschiedenen Taxa (zwei davon von *Psittacus* und *Agapornis*), wobei die Arten *P. robustus*, *P. flavifrons*, *P. crassus* und *P. rueppellii* nicht vertreten waren. Sie kamen zu dem Schluss, dass *Poicephalus* eine natürliche Gruppe bildet, die sich schon früh von *Psittacus* und *Agapornis* getrennt hat. Innerhalb der Gattung konstatierten sie anhand ihrer Untersuchungsmaterials zwei Gruppen: zum einen die *robustus*-Superspezies mit den beiden größeren Taxa *P. f. suahelicus* und *P. gulielmi* und zum anderen die *meyeri*-Superspezies mit den vier kleineren Arten *P. senegalus*, *P. rufiventris*, *P. cryptoxanthus* und *P. meyeri*. – Aufgrund dieser Untersuchung wird *Poicephalus* nun bei den meisten neueren Autoren in zwei Untergattungen aufgeteilt:

- *Eupsittacus* für die größeren (26-34 cm), überwiegend grün gefärbten Arten, die mit großen Lücken im Verbreitungsgebiet in verschiedenen Teilen Afrikas vorkommen. Dies sind alle Arten, die in Wäldern leben.
- *Poicephalus* für die kleineren Arten (22-25 cm), die allesamt einen graubraunen Kopf haben und parapatrisch in einem durchgängigen, großen Verbreitungsgebiet vorkommen . Hierher gehören die Arten, die in mehr offenen Biotopen wie Savannen oder Galeriewäldern leben.

Allerdings muss man dazu sagen, dass die Basis für diese Einteilung doch recht schmal ist und eine grundlegende Bewertung der Arten sowie der Gattung als solcher immer noch aussteht: Vier der zehn Arten wurden nicht untersucht. *P. flavifrons* wird (ohne Grundlage in der Untersuchung) zumeist zu den kleineren Arten gezählt, obwohl es dafür kaum Indizien gibt. Die Stellung von *P. crassus* als Art resp. Unterart von *P. cryptoxanthus* ist nicht geklärt. Und auch die Frage, ob *Poicephalus* wirklich eine genetisch homogene Gattung ist oder ob sie eine Art „Sammel-Gattung" darstellt (ähnlich wie früher *Ara* oder *Aratinga*), ist nicht geklärt.

Bereits ohne weitergehende Untersuchung fällt auf, dass bei dieser Aufteilung die Untergattung *Eupsittacus* nicht wirklich homogen ist, sondern in zwei deutlich unterscheidbare Gruppen zerfällt. Diese sehen folgendermaßen aus:

- *P. robustus* und *P. fuscicollis* sind die beiden größten Arten (33-34 cm) mit einem sehr wuchtigen Körperbau und extrem großen Schnäbeln (31-45 mm). Bei ihnen ist die Kopffärbung bis zum Nacken und zur Oberbrust durchgängig bräunlich bis grau gefärbt. Es gibt einen signifikanten Geschlechtsdimorphismus, denn die Weibchen haben eine orangefarbene Stirn und Scheitel. (Diese Arten gehören nach Roberts zur Untergattung *Notopsittacus*.)
- *P. gulielmi* und *P. flavifrons* sind eher als mittelgroße Arten anzusprechen (26-28 cm). Ihr Körperbau ist weniger wuchtig und ihre Schnäbel sind weniger groß (26-37 mm). Bei ihnen ist die Kopffärbung überwiegend grün und lediglich Stirn, Scheitel oder Teile der Maske sind orange oder gelb gefärbt. Einen signifikanten Geschlechtsdimorphismus gibt es bei diesen Arten nicht. (Sie gehören nach Roberts zur Untergattung *Eupsittacus*.)

Die restlichen Arten sind relativ klein (21-25 cm) und ihre Schnäbel sind kleiner als die der zuvor angeführten Arten (21-25 mm). Sie würden dann zur Untergattung *Poicephalus* gehören.

Logischer erscheint also eine Aufteilung der Gattung *Poicephalus* auf drei Untergattungen (*Notopsittacus*, *Eupsittacus* und *Poicephalus*), die sich möglicherweise in Zukunft sogar als eigenständige Gattungen herausstellen könnten. Für eine solche Schlussfolgerung fehlen allerdings die nötigen genetischen Untersuchungen, sodass wir hier zunächst mit einer Aufteilung auf Untergattungen arbeiten.

Ein weiteres Problemfeld ist die Bestimmung von Unterarten: Sie ist innerhalb der Gattung *Poicephalus* nicht immer einfach, da alle Unterarten mehr oder weniger variable Färbungsmuster aufweisen können. So ist z.B. der Grünton des Gefieders oder der Ton der Kopffärbung manchmal sogar im gleichen Verbreitungsgebiet extrem variabel. Von daher ist eine genaue Kenntnis der signifikanten Unterart-Kriterien besonders wichtig.

Merkmale: mittelgroße, untersetzte Papageien mit kurzem Schwanz, verhältnismäßig langen Flügeln, großem Kopf und markantem Schnabel; die Tiere sind vornehmlich graubraun bzw. grün gefärbt, weisen darüber hinaus aber auch stark kontrastierende farbliche Zeichnungen auf; die Wachshaut ist nackt, die Schnäbel sind teilweise ausgesprochen wuchtig. Bei drei Arten (*P. robustus*, *P. fuscicollis*, *P. rueppellii*) sind die Weibchen markanter gefärbt, bei einer (*P. rufiventris*) die Männchen; die übrigen Arten besitzen keinen Geschlechtsdimorphismus. Jungvögel ähneln den Eltern, sind aber matter gefärbt und lassen teilweise die markanten Farbzeichnungen vermissen. – Auffällig bei dieser Gattung ist die große Variationsbreite an Phänotypen, die manchmal sogar am selben Fundort anzutreffen ist.

Namenserklärung: *Poicephalus* = mit grauem (polios) Kopf (kephale), *Eupsittacus* = guter (eu) Papagei, *Notopsittacus* = südlicher (notos) Papagei, *Micropsittacus* = kleiner (mikros) Papagei.

Poicephalus (Notopsittacus) fuscicollis

Poicephalus (Eupsittacus) gulielmi

Poicephalus (Poicephalus) senegalus

Hilfreiche Literatur:

Asmus J & W Lantermann (2013). Langflügelpapageien und andere afrikanische Papageien. Arndt-Verlag, Bretten, pp. 92-167.

Hoppe D & P Welcke (2006). Langflügelpapageien. Ulmer-Verlag, Stuttgart, pp. 6-35.

Martin RO, Perrin MR, Boyes RS, Abebe YD, Annorbah ND, Asamoah A, Bizimana D, Bobo KS, Bunbury N, Brouwer J, Diop MS, Ewnetu M, Fotso RC, Garteh J, Hall P, Holbech LH, Madindou IR, Maisels F, Mokoko J, Mulwa R, Reuleaux A, Symes C, Tamungang S, Taylor S, Valle S, Waltert M & M Wondafrash (2014). Research and conservation of the larger parrots of Africa and Madagascar: a review of knowledge gaps and opportunities. Ostrich 85(3), pp. 205–233.

Massa S, Piazza M, di Gaetano C, Randazzo M & G Cognetti (2000). A molecular approach to the taxonomy and biogeography of African Parrots. Ital. J. Zool. 67, pp. 313-317.

Perrin MR (2009). Niche separation in African parrots. In: Harebottle DM, Craig AJFK, Anderson MD, Rakotomananana H & M Muchai (eds). Proceedings of the 12th Pan-African Ornithological Congress 2008, Cape Town, Animal Demography Unit, pp. 29-37.

Taylor TD (2011). Cross-utility of microsatellite markers across species of the African *Poicephalus* parrots to encourage conservation research. Ostrich 82(1), pp. 65–70.

Wagener V & W Lantermann (1990). Die afrikanischen Großpapageien – Biologie und Haltung. Natur-Verlag, Augsburg, pp. 23-84.

robustus Jungvogel

Poicephalus (Notopsittacus) robustus (Gmelin 1788)

Kap-Papagei

englisch: Cape parrot, Levaillant's parrot

französisch: Perroquet robuste, Perroquet du Cap

spanisch: Lorito robusto, Papagayo robusto

niederländisch: Kaapse papegaai

1. Systematik und Taxonomie

Systematik: Traditionell wurden bei dieser Art drei Unterarten unterschieden: *P. r. robustus*, *P. r. fuscicollis* und *P. r. suahelicus* (vgl. Peters 1937, Wagener & Lantermann 1990, Arndt 1990-96, del Hoyo et al. 1997, Robiller 1997, Juniper & Parr 1998, Robiller 1998, und noch Forshaw 2006). – Von 1997 bis 2015 gab es dann eine Reihe von Artikeln (siehe Collar & Fishpool 2017, vor allem Coetzer et al. 2015), die allesamt dafür plädierten, die Nominatform *robustus* als eigenständige, monotypische Art zu führen und die beiden übrigen Unterarten als neue Art Graukopfpapagei (*P. fuscicollis*) mit den Unterarten *P. f. fuscicollis* und *P. f. suahelicus* zusammenzufassen. – Für diese Aufteilung wurden verschiedenste Gründe angeführt: Unterschiede in der Gefiederfärbung, Gesamtlänge, Schnabelform, Genetik, Biogeographie, Verbreitung, Habitat- und Nahrungspräferenz, Brutdaten, Stimmäußerungen und Verhaltensunterschiede.

Collar und Fishpool unterzogen 2017 all diese verschiedenen Argumente einer sehr genauen Überprüfung und kamen zu der Konsequenz, dass lediglich Unterschiede in der Gefiederfärbung, Gesamtlänge, Schnabelform und in den Stimmäußerungen als definitive Unterscheidungsmerkmale gelten können. Alle übrigen Unterschiede (Genetik, Biogeographie, Habitat- und Nahrungspräferenz) seien keine stringenten Unterscheidungsmerkmale, da es Überschneidungen mit *P. f. suahelicus* gebe. – Dennoch fordern sie ebenfalls die Abtrennung von *robustus* von den beiden übrigen Unterarten. Dies begründen sie anhand der Kriterien von Tobias et al. 2010 (an denen sie selbst mitgearbeitet haben): Eine eigenständige Art muss nach diesen Kriterien eine Punktzahl von mehr als 7 aufweisen. – Allein aufgrund morphologischer Merkmale hat *robustus* bereits 7 Punkte, mit zusätzlichen 3 Punkten für die Lautäußerungen steht die Art mit 10 Punkten als eindeutig monotypisch da.

So wird der Kap-Papagei in neuerer Literatur fast durchgängig als monotypische Art behandelt (vgl. Hoppe & Welcke 2006, Arndt 2008, Reinschmidt 2009, Perrin et al. 2012, Asmus & Lantermann 2013, van Kooten 2013, Forshaw 2017, Silva 2018) und die beiden übrigen Unterarten bilden die neue Art *P. fuscicollis* mit zwei Unterarten (siehe folgende Art!).

Taxonomie: Die früheste Beschreibung des Kap-Papageis findet sich bei John Latham in seinem Buch „A General Synopsis of Birds“ von 1781, auf S. 296 unter der Nr. 100. Latham beschreibt den Vogel, den er in der Sammlung von Joseph Banks gesehen hat, in eng-

robustus

lischer Sprache. Er gibt als Größe für diesen stämmig und robust gebauten Papagei 12 Inches (30 cm) an, etwa wie eine mittelgroße Taube. Er beschreibt u.a. den kräftigen, weißen Schnabel, den grünlich grauen Kopf, den grünen Körper, die schmutzig schwarzen Flügel mit grünem Rand, den braunen, rechteckigen Schwanz, den roten Flügelrand und die grauen Füße. Woher der Vogel stammt, ist ihm nicht bekannt.

Auf diesen Angaben basierend beschreibt Johann Friedrich Gmelin die Art wissenschaftlich in seinem „Systema Naturae" (13. ed., pt. 1) auf Seite 344 und gibt ihr den Namen *Psittacus robustus*. Er übersetzt alle Angaben von Latham wortgetreu ins Lateinische, bietet aber sonst keine zusätzlichen Informationen.

Der erste, der ausführliche Angaben zum Kap-Papagei macht, ist Levaillant, der im zweiten Band seiner „Histoire naturelle des perroquets" von 1805 auf acht Seiten über die Art und ihr Leben in freier Natur berichtet (p. 91-98). Als Farbtafel sind außerdem ein Männchen im natürlichen Federkleid sowie eines in einer tapirierten (bunten oder scheckigen) Variante dargestellt (pl. 130, var. pl. 131). Levaillant gibt ihm den französischen Namen „Le perroquet à franges souci" (Papagei mit Ringelblumenfransen) bzw. der Variation den Namen „Le perroquet à taches souci" (Ringelblumenpapagei) und scheint in der Kopfmusterung einen Anklang an die Färbung von Ringelblumen (souci) zu sehen. (Eine englische Zusammenfassung seiner Angaben findet sich bei Shaw 1812 in seiner „General Zoology" vol. 2, p. 523-527, der den Vogel als Damask Parrot bzw. *Psittacus infuscatus* bezeichnet.)

Als Synonyme sind bekannt: *cafer* (Lichtenstein 1793), *levaillanti* (Latham 1802), *infuscatus* (Shaw 1812) und *flammipes* (Bechstein 1811-12). Dabei bietet Lichtenstein eine eigenständige, lateinische Beschreibung mit deutschen Anmerkungen. Er kennt sowohl Männchen als auch Weibchen und gibt als Herkunftsland Africa australis (Südafrika) an. – Die drei übrigen Synonyme gehen alle auf die Beschreibung bei Levaillant zurück. Somit stehen am Anfang der Beschreibung gleich drei Quellen, die die Art unabhängig voneinander beschreiben: der „Robust Parrot" von Latham, der „*Psittacus cafer*" von Lichtenstein und der „Perroquet à franges souci" von Levaillant. Von diesen Beschreibungen existieren folgende falsche Schreibweisen: *flammiceps* (GR Gray 1846), *vaillanti* (Bonaparte 1850) und *levaillantii* (Souancé 1856). Die Art wird anfangs auch in die Gattungen *Amazona* bzw. *Pionus* gestellt.

Namenserklärung: *robustus* = robust, kräftig gebaut; *cafer* = aus dem Land der Kaffern (Xhosa, östliche Kap-Provinz, Südafrika) stammend; *levaillanti* = zu Ehren des französischen Naturreisenden Francois Le Vaillant (1753-1824); *infuscatus* = braun eingefärbt; *flammipes* = mit „flammenden" Füßen (pes).

2. Identifizierung

Färbung adulter Tiere: grün; Kopffärbung gelblichbraun, mit dunkelbraunen Federzentren, die ein geschupptes Aussehen erzeugen; gelegentlich mit schmalem orangerötlichem Stirnband; Zügel schwarzbräunlich; Unterrücken, Brust und Bauch variabel gelbgrün bis blaugrün; Rückenfedern und Flügeldecken grünlichschwarz mit breitem grünem Saum; Hand- und Armschwingen schwarz mit schwach grünlichen Rändern; Flügelsaum, äußere Unterflügeldecken und Schenkel orangerot; Schwanz schwarzbräunlich; nackter Augenring grau; kurzer Schnabel (31-37 mm) gelblich hornfarben; Iris dunkelbraun; Füße dunkelgrau.

Unterscheidung der Geschlechter: Weibchen mit orangefarbenem Stirnband, das hin und wieder bis auf den Vorderscheitel reicht; manche Weibchen allerdings auch ohne Stirnband; Schnabel meist kleiner.

Jungvogelfärbung: Nestlinge mit dichten, weißen Dunenfedern; Jungvögel mit olivbräunlichem Kopf und Nacken; beide Geschlechter mit orangeroter Stirn, die auf dem Scheitel in das Gelblichbraun des Kopfes übergeht; nach 4-8 Monaten Umfärbung ins Adultgefieder; orangerote Färbung auf Schenkel und Flügelsaum fehlt.

Vergleich mit ähnlichen Arten: Die Art unterscheidet sich vom ähnlichen Graukopfpapagei (*P. fuscicollis*) durch die mehr gelbbräunliche und nicht graue oder braungraue Kopffärbung und einen signifikant kleineren und weniger zugespitzten Schnabel; Weibchen besitzen im Vergleich zum Graukopfpapagei weniger Orangerot auf Stirn und Vorderscheitel, welches den Augenring in der Regel nicht erreicht.

Vom Kongopapagei (*P. gulielmi*) unterscheidet sich die Art durch den gelbbräunlichen Kopf, der bei *gulielmi* weitestgehend grün ist, sowie durch größere Körpermaße, vor allem den größeren Kopf und Schnabel.

3. Natürliches Vorkommen

Verbreitung: östliches Südafrika in mehreren getrennten Verbreitungsgebieten: in den Amathole-Bergen, im Transkei-Hochland, im Küstenwald der Eastern Cape-Provinz, im Süden von KwaZulu-Natal (Ausläufer der Drakensberge), sowie in einer kleinen Rest-Population (800 km weiter nördlich) am Wolkberg, Provinz Limpopo.

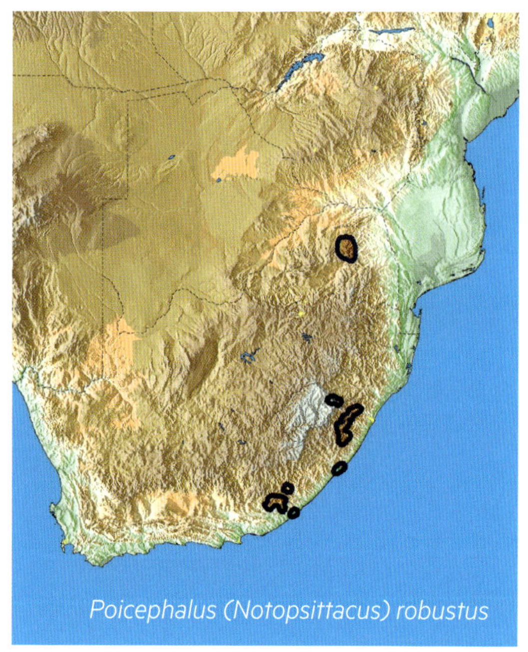

Poicephalus (Notopsittacus) robustus

Lebensraum: gebirgige Nebelwälder der gemäßigten Zone, meist von 1.000 bis 1.400 m, gelegentlich bis 1.700 m; Habitat- und Nahrungspräferenz für Steineiben / Gelbholz-Bäume (*Podocarpus* spec.), jedoch keinesfalls ausschließlich; passen sich nur schwer an Lebensraum-Veränderungen an.

Verhalten: außerhalb der Brutzeit in kleinen Gruppen von 2 bis 8 Exemplaren, gelegentlich auch bis zu 20 Vögeln; legen auf der Nahrungssuche täglich 10-20 km zurück, bei Nahrungsmangel sogar bis zu 100 km; hauptsächlich baumbewohnend, kommen nur zum Trinken auf den Boden; scheue Vögel mit großem Sicherheitsabstand; während des schnellen, kraftvollen Fluges schrille, kreischende Rufe, sonst eher ruhig plaudernd; akzeptieren künstliche Nistkästen nur wenig.

Status: Levaillant beobachtete vor 1800 noch riesige Schwärme; Layard beschreibt sie dagegen in seinem Buch „The Birds of South Africa" von 1867 bereits als sehr selten; in den letzten 50 Jahren im Bestand weiter massiv zurückgegangen; längst nicht mehr häufig

Kurzinfos zum Kap-Papagei		
Größe: 33 (30-36) cm.	**Gelege pro Jahr:** in der Natur 1 in mehreren Jahren, in menschlicher Obhut 2-3 möglich	**Flugbedürfnis:** groß
Gewicht: 320 (230-400) g	**Gelegegröße:** 3-4 (2-5) Eier	**Nagebedürfnis:** groß
Ringgröße: 9 mm	**Brutdauer:** 28 (26-30) Tage	**Badebedürfnis:** groß (Beregnungsanlage)
Erstzucht: 1964 Basel, 1997 Walsrode	**Nestlingszeit:** 70 (54-88) Tage	**Aggressivität:** gering
Eimaße: 34,5 x 28,5 mm (n = 33).	**Selbständigkeit:** 2-3 Wochen, in der Natur bis zu 1 Jahr	**Stimme:** gelegentlich sehr laut

und örtlich bereits ausgerottet; Vorkommen auf einzelne Restwälder beschränkt und selbst dort nicht zahlreich; Mangel an Nistgelegenheiten und ausreichenden Nahrungsquellen; jährlich gezählter Bestand unter 1.600 Exemplaren, mit leicht steigender Tendenz, dennoch ernsthaft bedroht aufgrund von Habitatzerstörung, Fang für den Handel und in mehreren Populationen Erkrankung an PBFD.

4. Vorkommen in menschlicher Obhut

Häufigkeit: in Europa sehr selten, nur noch wenige Exemplare, obwohl früher mehrmals eingeführt; sollten aufgrund der Seltenheit nicht als Haustier gehalten werden; war ab 1900 in Südafrika als Haustier beliebt, wobei die Tiere oft nur wenige Wochen lebten; heute nur noch wenige Züchter mit etwa 170 Vögeln in Südafrika.

Mindestanforderungen der Unterbringung: Außenvoliere mindestens 4 x 1,5 x 2 m, mit anschließendem, mäßig beheiztem Schutzhaus (5° C); ruhige Vögel, die am besten paarweise gehalten werden, aber auch anderen Arten gegenüber nicht aggressiv werden; Wildfänge bleiben lange scheu, Nachzuchten dagegen werden zutraulich; besitzen ein begrenztes Nachahmungstalent; bei schlechten Haltungsbedingungen neigen die Vögel zum Rupfen.

Züchtbarkeit: früher sehr schwierig, gelingt mittlerweile gelegentlich; Zuchtreife mit 2-3 Jahren; harmonierendes Paar ist Voraussetzung für die Zucht; Nistkastenkontrollen werden oft verübelt; Zucht sollte Spezialisten überlassen bleiben.

5. Hilfreiche Literatur

Coetzer WG, Downs CT, Perrin MR, & S Willows-Munro (2015). Molecular Systematics of the Cape Parrot (*Poicephalus robustus*): Implications for Taxonomy and Conservation. PLoS ONE. 10(8), e0133376, pp. 1-19.

Collar NJ & LDC Fishpool (2017). Is the Cape Parrot a species or subspecies, and does it matter to CITES? Bull. ABC 24(2), pp. 156-170.

James HG (1970). Catalogue of Birds' Eggs. Queen Victoria Museum, Salisbury.

Perrin MR (2005). A review of the taxonomic status and biology of the Cape Parrot *Poicephalus robustus*, with reference to the Brown-necked Parrot *P. fuscicollis fuscicollis* and the Grey-headed Parrot *P. f. suahelicus*, Ostrich 76(3/4), pp. 195-205.

Perrin M & C Laubscher (2012). Parrots of Africa, Madagascar and the Mascarene Islands, Biology, Ecology and Conservation. Chapter 8: Case study – the Cape Parrot. Wits University Press, Johannesburg, pp. 193-239.

Symes C, Brown M, Warburton L, Perrin M & C Downs (2004). Observations of Cape Parrot, *Poicephalus robustus*, nesting in the wild.Ostrich 75(3), pp. 106–109.

Tobias JA, Seddon N, Spottiswoode CN, Pilgrim JD, Fishpool LDC & NJ Collar (2010). Quantitative criteria for species delimitation. Ibis 152, pp. 724–746.

Wirminghaus JO, Downs CT, Perrin MR & CT Symes (2002). Taxonomic relationships of the subspecies of the Cape Parrot *Poicephalus robustus* (Gmelin), Journal of Natural History 36, pp. 361-378.

Poicephalus (Notopsittacus) fuscicollis (Kuhl 1820)

Graukopfpapagei

englisch: Brown-necked parrot (*fuscicollis*), Grey-headed parrot (*suahelicus*)

französisch: Perroquet à cou brun (*fuscicollis*), Perroquet à tete gris (*suahelicus*)

spanisch: Loro de cuello marrón (*fuscicollis*), Loro de cuello gris (*suahelicus*)

niederländisch: Bruinnekpapegaai (*fuscicollis*), Grijskoppapegaai (*suahelicus*)

1. Systematik und Taxonomie

Systematik: zur systematischen Position der Art und zur Abtrennung von *P. rubustus* siehe dort.

Taxonomie: Zur Art gehören die beiden Unterarten *fuscicollis* und *suahelicus*. Ihre Zuordnung bereitet keinerlei Probleme, ihre Unterscheidung dagegen ist selbst für Experten nicht einfach, da sich die Unterarten stark ähneln. Ohne klare Herkunftsangabe ist die sichere Zuordnung (vor allem von Vögeln in Menschenhand) fast unmöglich.

Heinrich Kuhl beschrieb 1820 in seinem Conspectus Psittacorum, Nr. 171, p. 93, die Nominatform als *Psittacus fuscicollis* in lateinischer Sprache. Er beschreibt zunächst kurz die Form von Schwanz und Flügeln, danach ausführlich Form und Farbe des Schnabels und schließlich die Färbung der verschiedenen Gefiederbereiche (aufgrund der roten Kopfoberseite handelt es sich um ein Weibchen); die Größe vergleicht er mit der von *Amazona amazonica*. Verwandtschaftlich sieht er die Art am nächsten zu *Psittacus Levaillantii* (*P. robustus*). Gesehen hat er sie im Privatmuseum von William Bullock (1773-1849) in London. Die Herkunft der Art ist ihm nicht bekannt. Peters definiert 1937 Gambia als Typus-Ort.

Anton Reichenow beschrieb 1898 im Journal für Ornithologie 46, p. 313-314 als Arten *P. suahelicus* und *P. angolensis* für die Vögel aus Ostafrika resp. Angola / Damaraland im Gegensatz zum westafrikanischen *P. fuscicollis*. Bei *suahelicus* gibt er als Unterschied lediglich den „schwächeren und schmaleren Schnabel" an (22-23 mm ggü. 25-26 mm bei *fuscicollis*), während er die Kopffärbung für vergleichbar hält. Hier sollen auch die Männchen die hellrote Stirn- und Scheitelfärbung besitzen, was sich aber bei den Typus-Exemplaren (von Msua, NO-Tansania) im Zoologischen Museum Berlin (ZMB) nicht nachweisen lässt. – Beim einzelnen Typus-Exemplar von *angolensis* beschreibt Reichenow als Unterschied die hellere Färbung von Oberrücken und Flügeldecken und den heller grünen Unterkörper. Faktisch handelt es sich bei diesem Exemplar um einen Jungvogel.

fuscicollis

Die erste historische Darstellung findet sich in den Actes de la Société Linnéene de Bordeaux von 1884, vol. 38, ser. 4, pl. XI. Dort ist ein Männchen von *fuscicollis* als Illustration zu einem Artikel von Dr. A. T. de Rochebrune über die Fauna von Senegambia dargestellt.

Von Edward Lear existiert eine kolorierte Zeichnung einer Unterart unter dem Namen „unidentified parrot" aus dem Jahr 1835. Vermutlich handelt es sich um *suahelicus*. Als namensgebende Quelle kommt sie nicht infrage, da sie nie als Teil eines Buches oder anderweitigen Werkes publiziert wurde, keinen verwendbaren Namen listet und eine einwandfreie Zuordnung unmöglich ist.

Als Synonyme der Nominatform sind bekannt: *pachyrhynchus* Hartlaub 1844 (Männchen), *magnirostris* Bonaparte 1849, *rubricapillus* Forbes & Robinson 1898 (zwei Männchen einer Variation mit verstärktem Rotanteil), *kintampoensis* Alexander 1901 (Variation eines Weibchens); als Synonym von *suahelicus* ist bekannt: *angolensis*, Reichenow 1898 (Jungvogel).

Namenserklärung: *fuscicollis* = mit dunklem bzw. braunem (fuscus) Nacken (collum).

suahelicus = nach dem Volksstamm der Suaheli in Ostafrika (von Kenia bis Mosambik) benannt.

pachyrhynchus und *magnirostris* = mit großem Schnabel, *kintampoensis* = von Kintampo an der Goldküste (= Ghana); *angolensis* = aus Angola stammend.

2. Identifizierung

Färbung adulter Tiere: Grundfärbung grün; Kopf- und Nackenfedern mit rotbrauner Basis und silbergrauer bis braungrauer Säumung; Zügel schwärzlich; Oberbrust hell- bis dunkelgrau; Männchen gelegentlich mit sehr schmalem rötlichem Stirnband; Unterrücken, Brust und Bauch türkis- bis gelbgrün; Rückenfedern und Flügeldecken mit schwärzlicher Basis und breiter grüner Säumung; oberer Flügelbereich grauschwarz; Rückenfedern grauschwarz überzogen; Flügelsaum und Schenkel orangerot; Schwanz schwarzbräunlich; nackter Augenring weißlichgrau bis grau; stark zugespitzter Schnabel variabel hell blei- bis hornfarben; Iris dunkelbraun; Füße dunkelgrau.

Unterscheidung der Geschlechter: Weibchen sind wie Männchen gefärbt, aber mit orangeroter Stirn- bis Scheitelfärbung und ohne schwärzlichen Zügel; Schnabel oft kleiner (aber nicht immer).

Jungvogelfärbung: Nestlinge mit weißen Dunenfedern; Jungvögel insgesamt heller und matter gefärbt; ohne Orangerot auf Schenkel und Flügelsaum, aber mit breiter orangefarbener Stirn in beiden Geschlechtern, die beim Männchen leuchtender und größer ist; Schnabel kleiner und weniger spitz.

Vergleich mit ähnlichen Arten: Die Art unterscheidet sich vom Kap-Papagei (*P. robustus*) durch die mehr graue bzw. braungraue, keinesfalls aber gelbbräunliche Kopffärbung und einen wuchtigeren und stärker zugespitzt auslaufenden Schnabel. Die Weibchen besitzen im Vergleich zum Kap-Papagei ein ausgedehnteres Orangerot auf Stirn und Scheitel, welches den Augenring praktisch immer erreicht.

Graukopfpapageien unterscheiden sich vom Kongopapagei (*P. gulielmi*) durch den bräunlich-silbernen Kopf, der bei *gulielmi* weitestgehend grün ist; sie sind größer, was vor allem für den größeren Kopf und Schnabel zutrifft.

suahelicus

3. Unterarten

a. *Poicephalus (Notopsittacus) f. fuscicollis* (Kuhl 1820)

Kuhls Graukopfpapagei, Westlicher Graukopfpapagei, Braunnackenpapagei, Benguellapapagei

Merkmale: wie *suahelicus*, jedoch Kopf- und Brustfedern eher braungrau, nicht silbergrau; Brust und Bauch eher türkisgrün, nicht gelbgrün; Flügeldecken heller grün und breiter gesäumt; der Schnabel ist oft etwas kürzer als bei *suahelicus*.

Unterscheidung der Geschlechter: Weibchen wie Männchen, aber mit breitem orangerotem Stirnband; Schnabel meist länger als der von *suahelicus*-Weibchen.

Jungvogelfärbung: ohne Orangerot auf Schenkel und Flügelsaum, aber meist mit breiter orangefarbener Stirn in beiden Geschlechtern.

Größe: 33 cm

Verbreitung: früher weit verbreitet in West-Afrika: von Süd-Senegal über Gambia, Guinea-Bissau, Guinea, Sierra Leone, Liberia, Elfenbeinküste, Ghana, Togo und Benin bis Nigeria; heute nur noch fragmentiertes Vorkommen, gesichert im Süden Senegals, in Gambia, Guinea-Bissau, Süd-Guinea, im Nordosten der Elfenbeinküste bis zum Nordwesten Ghanas und in Zentral-Nigeria.

b. *Poicephalus (Notopsittacus) f. suahelicus* Reichenow 1898

Reichenows Graukopfpapagei, Südlicher Graukopfpapagei, Silberkopfpapagei

Merkmale: wie *fuscicollis*, jedoch Kopf- und Brustfedern eher silbergrau, nicht braungrau; Brust und Bauch eher gelbgrün, nicht türkisgrün; Flügeldecken dunkler grün und schmaler gesäumt; Schnabel oft etwas länger als bei *fuscicollis*.

Unterscheidung der Geschlechter: Weibchen wie Männchen, aber breites Stirnband orangerot und leicht silbrig verwaschen; Schnabel meist kürzer als bei *fuscicollis*.

Jungvogelfärbung: ohne Orangerot auf Schenkel und Flügelsaum, aber meist mit breiter orangefarbener Stirn in beiden Geschlechtern.

Größe: 34 cm

Verbreitung: äußerster Norden Südafrikas, Mosambik (ohne den Süden), Simbabwe, Nord-Botswana, Sambia, äußerster Süden und Osten der Demokratischen Republik Kongo, Süd-Tansania bis Ruanda und Burundi; getrennte Populationen in Nord-Namibia und Süd-Angola sowie in Nord-Angola und dem Westen der Republik Kongo.

4. Natürliches Vorkommen

Lebensraum: offene Wälder, Savannen mit Baumbestand, oft in Flussnähe, Savannenwälder, Mangrovengebiete und Obstplantagen, *suahelicus* auch in Trocken- und Bergwäldern bis 4.000 m Höhe.

Verhalten: zur Brutzeit in Paaren, ansonsten in kleinen Gruppen von bis zu 5 Vögeln, selten in größeren Schwärmen anzutreffen; ernähren sich von einer Fülle heimischer Pflanzen, nomadisiert je nach Jahreszeit und Futterangebot; Flug schnell und direkt, mit schrillen Rufen, ansonsten leisere Kontaktrufe.

Status: Nominatform nur lückenhaft verbreitet und ausgesprochen selten, von zunehmender Habitatzerstörung bedroht; *suahelicus* allgemein selten, aber örtlich durchaus häufig, aufgrund des großen Verbreitungsgebietes noch nicht ernsthaft gefährdet, aber auch hier deutliche Bestandsrückgänge aufgrund von Fang für den Handel und Habitatzerstörung; nur ein geringer Teil der Populationen brütet, oft nur mit mäßigem Erfolg.

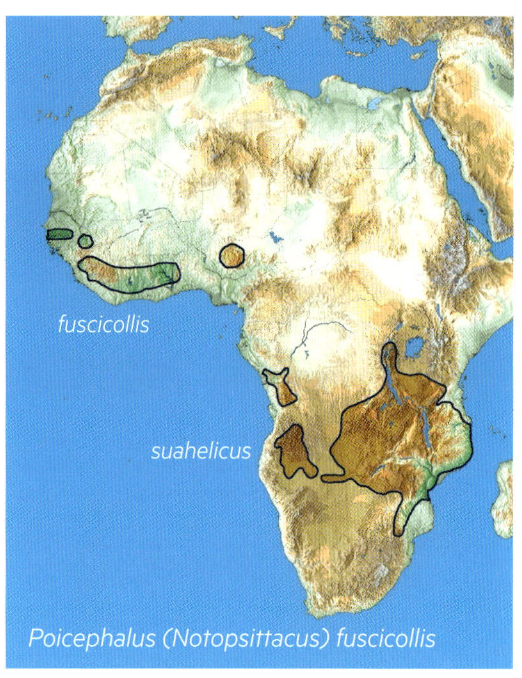

Poicephalus (Notopsittacus) fuscicollis

5. Vorkommen in menschlicher Obhut

Häufigkeit: nicht häufig anzutreffen, (auch in Zoos nicht), aber in kleinen Beständen vorkommend; in Europa überwiegend Vertreter der Unterart *suahelicus*, in den USA überwiegend *fuscicollis*; ruhige, angenehme Vögel, manchmal jedoch auch bleibend scheu; trotz großer Schnäbel kein auffälliges Nagebedürfnis; neigen manchmal zum Rupfen und zum Verbeißen von Aluminiumringen (ggfs. chippen!).

Mindestanforderungen der Unterbringung: Außenvoliere aus Metall, mindestens 3 x 1 x 2 m, möglichst deutlich größer, mit anschließendem Schutzhaus, das im Winter mind. auf 5 ° C geheizt sein sollte.

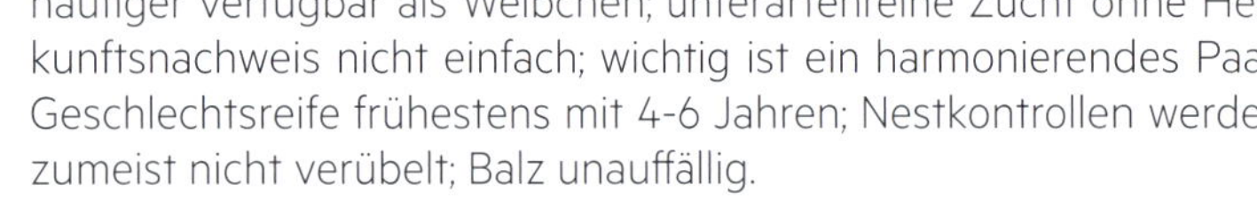

Züchtbarkeit: gelingt durchaus, aber nicht häufig; Männchen sind häufiger verfügbar als Weibchen; unterartenreine Zucht ohne Herkunftsnachweis nicht einfach; wichtig ist ein harmonierendes Paar; Geschlechtsreife frühestens mit 4-6 Jahren; Nestkontrollen werden zumeist nicht verübelt; Balz unauffällig.

6. Hilfreiche Literatur

Coetzer WG, Downs CT, Perrin MR, & S Willows-Munro (2015). Molecular Systematics of the Cape Parrot (*Poicephalus robustus*): Implications for Taxonomy and Conservation. PLoS ONE. 10(8), e0133376, pp. 1-19.

Perrin MR (2005). A review of the taxonomic status and biology of the Cape Parrot *Poicephalus robustus*, with reference to the Brown-necked Parrot *P. fuscicollis fuscicollis* and the Grey-headed Parrot *P. f. suahelicus*. Ostrich 76(3/4), pp. 195-205.

Perrin M & C Laubscher (2012). Parrots of Africa, Madagascar and the Mascarene Islands, Biology, Ecology and Conservation. Wits University Press, Johannesburg, pp. 364-381.

Symes CT & MR Perrin (2004). Breeding biology of the Greyheaded Parrot (*Poicephalus fuscicollis suahelicus*) in the wild. Emu 104, pp. 45-57.

Welcke J & P Welcke (2010). Haltung und Aufzucht von Reichenows Graukopfpapageien. PAPAGEIEN 23(12), pp. 410-414.

Wirminghaus JO, Downs CT, Perrin MR & CT Symes (2002). Taxonomic relationships of the subspecies of the Cape Parrot *Poicephalus robustus* (Gmelin). Journal of Natural History 36, pp. 361-378.

fuscicollis Jungvogel

Kurzinfos zum Graukopfpapagei		
Größe: 33 (26-36) cm.	**Gelege pro Jahr:** 2 möglich	**Flugbedürfnis:** nicht so ausgeprägt
Gewicht: 320 (220-400) g	**Gelegegröße:** 3-4 (2-5) Eier	**Nagebedürfnis:** mäßig, trotz starkem Schnabel
Ringgröße: 9,5 (9-10) mm	**Brutdauer:** 28-30 (24-32) Tage	**Badebedürfnis:** groß (bes. zur Brut)
Erstzucht: *fuscicollis* 1976 Berlin, *suahelicus* 1978 Walsrode	**Nestlingszeit:** 70 (55-92) Tage	**Aggressivität:** gering (gelegentlich während der Brut)
Eimaße: 33,9 (30,4-36,8) x 27,7 (26,0-30,2) mm (n = 46).	**Selbständigkeit:** 14-15 Wochen	**Stimme:** angenehm, nicht laut

Poicephalus (Eupsittacus) gulielmi **(Jardine 1849)**

Kongopapagei

weitere Namen: Grüner Kongopapagei, Jardines Kongopapagei, (Gulielmis) Rotstirnpapagei, Wilhelmpapagei

englisch: (Blackwing) Jardine's Parrot, Red-fronted Parrot, Red-headed Parrot, (Kongo) Red-crowned Parrot

französisch: Perroquet à calotte rouge, Perroquet jardine; *fantiensis*: Perroquet à calotte rouge de Fanti / de Neumann; *massaicus*: Perroquet de Massai, Perroquet à calotte rouge de Reichenow

spanisch: Lorito Frentirrojo, Loro Jardinero

niederländisch: Jardinepapegaai, Kongopapegaai; *massaicus*: Massaipapegaai; *fantiensis*: Fantipapegaai

gulielmi

1. Systematik und Taxonomie

Systematik: Traditionell ist die Zuordnung der Art zur Gattung *Poicephalus* nie infrage gestellt worden. Sie wurde zwar anfangs in den Gattungen *Psittacus* oder *Pionus* geführt, aber seit etwa 1880 durchgängig zu *Poicephalus* gerechnet. In neuerer Literatur wird die Art zumeist in der Untergattung *Eupsittacus* (größere Langflügelpapageien) geführt, zu der sie hier lediglich mit der Art *P. flavifrons* gerechnet wird.

Taxonomie: Für *P. gulielmi* wurden 5 Unterarten beschrieben. In den meisten neueren Publikationen werden jedoch nur drei Unterarten anerkannt, hier dagegen, aufgrund der ausführlichen Untersuchungen von Asmus und Yilmaz (Asmus 2010, Yilmaz 2010), vier.

Von Edward Lear existiert eine kolorierte Zeichnung der Art aus dem Jahr 1835 unter dem Namen *Psittacus guglielmi*, deren Ursprung allerdings unklar ist. Sie scheint nicht Teil eines Buches oder anderweitigen Werkes geworden zu sein und wird manchmal auch unter dem Namen „unidentified parrot" geführt. Als namensgebende Quelle scheint sie nicht infrage zu kommen.

Der schottische Ornithologe William Jardine beschrieb die Nominatform 1849 in seinen „Contributions to ornithology for 1848-1853", vol. 2, p. 64-65, in englischer Sprache unter dem Namen *Pionus gulielmi*. Im gleichen Werk findet sich eine Farbtafel (pl. 14), datiert August 1849, die die Art klar darstellt. Jardine berichtet, das der dargestellte Vogel, genannt „Congo Jack", als Einzelexemplar unter vielen Graupapageien von seinem Sohn lebendig nach England gebracht worden war. Der Vogel entwickelte sich gut, wurde ausgesprochen zahm und war offensichtlich leicht zu ernähren. Da Jardine keine Ähnlichkeit zu einer bis dahin bekannten afrikanischen Art von Großpapageien feststellen konnte, beschrieb er die Art neu. So macht er detaillierte Angaben zur Färbung von Ober- und Unterschnabel, Wachshaut und nacktem Augenring, sowie von sämtlichen Gefiederpartien und der Färbung der Füße. Die Größe gibt er mit 10,5 inches an, was in etwa 26, 5 cm entspricht, die Flügellänge mit 8 inches (20 cm).

gulielmi Jungvogel

Charles de Souancé beschrieb 1856 in Revue et Magasin de Zoologie pure et appliquée, ser. 2.8, p. 216, Nr. 158, das Taxon *Poeocephalus aubryanus*. Seine Beschreibung in französischer Sprache ist kurz und prägnant. Er beschreibt alle Gefiederpartien, den weißen Ober- sowie den schwarzen Unterschnabel und die Farbe der Füße. Die Gesamtlänge gibt er mit 36 cm an, die Flügellänge mit 22 cm. Er vergleicht die Form dann kurz mit *P. gulielmi* und beschreibt sie als insgesamt deutlich dunkler und größer sowie durch den zweifarbigen Schnabel eindeutig von *gulielmi* unterscheidbar.

massaicus

permistus

Finsch (1868) untersuchte den Typus von *aubryanus* von Gabun im Britischen Museum und erklärt ihn zum Synonym, da es sich bei diesem Taxon lediglich um einen Jungvogel von *gulielmi* handele.

Dem widerspricht Oscar Neumann 1908, der *aubryanus* für valide hält, da neben dem Typus-Exemplar alle Exemplare von Kamerun und Gabun größer sind und einen größeren Schnabel haben. Eine erneute Überprüfung dieses Taxons ist darum durchaus angeraten.

Ebenso synonymisiert Finsch *Psittacus lecomtei* (Verr.) von Gabun, den Gustav Hartlaub 1857 in seinem „System der Ornithologie Westafrica's" auf Seite 167 beschrieben hatte. Dieses Taxon unterscheide sich lediglich durch eine etwas abweichende, gelblichere Schnabelfärbung, was als Grundlage für ein eigenständiges Taxon nicht ausreiche.

Gustav Fischer und Anton Reichenow beschrieben 1884 in deutscher Sprache *Poeocephalus massaicus* (Journal für Ornithologie vol. 32, 4(12), p. 179). Sie vergleichen die Art mit *gulielmi*, beschreiben sie aber als größer und mit einem anderen, in seiner Ausdehnung reduzierterem Rotton. Anschließend äußern sie sich zur Färbung von Schnabel, Iris, Wachshaut und nacktem Augenring, sowie Ober- und Unterschnabel. Schließlich geben sie die Maße von Flügel, Schwanz und Schnabelfirste an und benennen die Herkunft des Taxons als Gross-Aruscha am Märuberg (= Mount Meru, Arusha-Nationalpark, Nord-Tansania)

Oscar Neumann beschrieb 1908 in englischer Sprache in den Novitates Zoologicae 15, p. 381, bei einem Vergleich aller bisher bekannten Unterarten die Unterart *fantiensis* von Fanti, Goldküste (= Ghana). Er unterscheidet sie zunächst von der Nominatform sowie von *aubryanus*, um anschließend alle Unterschiede zwischen den vier bekannten Formen aufzuführen. Als unterscheidende Merkmale benennt er die unterschiedliche Färbung der roten resp. orangefarbenen Gefiederpartien und definiert dann Typus-Exemplar und Typus-Ort.

1931 untersuchte Oscar Neumann noch einmal alle bekannten Unterarten im Journal für Ornithologie, vol. 79(4), pp. 547-550, in seinem Artikel „Beschreibungen neuer Vogelformen aus Afrika" in deutscher Sprache. Dabei beschreibt er als weitere Unterart *Poicephalus gulielmi permistus* als eine Form, die zwischen *gulielmi* und *massaicus* stehe. Von *massaicus* unterscheidet sich die neue Unterart durch einen größeren Stirnfleck, das Fehlen des „blauen Tones auf Hinterhals und Kopfseiten" sowie den etwas größeren Schnabel. Als Verbreitung gibt er das Mau-Gebirge und den Elgon-Berg in Kenia an. Grundlage seiner Untersuchung sind 10 Bälge von *permistus* und 60 Bälge der anderen Unterarten. – Diese Unterart gilt vielen Autoren als zweifelhaft, und sie taucht deshalb in neueren Publikationen vielfach nicht auf. Jörg Asmus untersuchte jedoch 2010 noch einmal alle Unterarten und kommt zu dem deutlichen Schluss, dass *permistus* eine valide Unterart ist. Bestätigt wurden diese Erkenntnisse durch die Bachelor-Arbeit von Umut Yilmaz (Yilmaz 2010). Yilmaz fasst seine Untersuchung folgendermaßen zusammen: „Die Untersuchungen und Auswertungen bestätigen ohne Zweifel die Existenz der Subspezies *P. g. permistus*. Die Vertretervon *P. g. permistus* unterscheiden sich deutlich von den anderen drei Unterarten durch schwarzgraue Handschwingen, schwarzgraue Deckfedern, grauolive Schwanzoberseite und grauolive Schwanzunterseite. Diese Eigenschaften gelten für das gesamte Verbreitungsgebiet von *P. g. permistus*. Betrachtet man das eigentliche Territorium der vierten Subspezies, und zwar den westlichen und zentralen Teil Kenias, ist das auffälligste Merkmal der helle Oberschnabel. Der Schnabelfirst und die Schnabelkante sind elfenbeinfarbig, wie auch bei *P. g. fantiensis*. Die Schnabelfarbe dagegen ist nur bei *P. g. permistus* schwarzgrau. Allerdings ist diese

fantiensis

fantiensis Variation

Färbung nur an der äußersten Spitze des Oberschnabels wahrnehmbar. Deshalb wirkt der Oberschnabel von *P. g. permistus* heller als die anderen „dunkleren" Oberschnäbel der Unterarten *gulielmi*, *massaicus* und *fantiensis*. Die Breite des Stirnflecks ist im Gegensatz zu den anderen Subspezies kleiner."

Neumann merkt in seiner Aufstellung der Unterarten noch an, dass sich von *aubryanus* im Nordwesten bis zu *massaicus* im Südosten eine Abstufung der Unterarten zeigt: im Nordwesten sind die Vögel am größten, haben die größten Schnäbel, das meiste Rot und das wenigste Grün im Gefieder. Im Südosten dagegen finden sich kleinere Vögel mit kleineren Schnäbeln, weniger Rot und deutlich mehr Grün im Gefieder.

Namenserklärung: *gulielmi* = benannt nach Wilhelm (lat.: Gulielmus), dem Sohn des britischen Naturforschers Jardine, der einen lebenden Vogel dieser Art aus Westafrika mitbrachte.

aubryanus = zu Ehren von Charles Eugène Aubry-Lecomte, 1821-98, Amateur-Ornithologe, der das Typus-Exemplar sammelte.

massaicus = nach dem Hirtenvolk der Massai in Ost-Afrika benannt.

fantiensis = aus Fanti, einem Landstrich im Süden Ghanas, kommend.

permistus = mit einer Mischung von Merkmalen (Übergangsform).

2. Identifizierung

Färbung adulter Tiere: variabel grün (in allen Unterarten von gelbgrün bis türkisgrün), mit orangeroter Zeichnung an Stirn, Scheitel, Flügelbug und Schenkel (in allen Unterarten in der Ausdehnung variabel und bei einigen Vögeln ganz fehlend, jedoch zumeist sich über Stirn und Scheitel erstreckend); Zügel schwarz; Kopfseiten bei vielen Vögeln mit schwärzlichem Anflug; Rücken- und Flügelfedern tief braunschwarz mit nur schmaler grüner Säumung; Unterrücken gelbgrün; Unterflügeldeckenfedern schwärzlich mit breiten grünen Säumen; Schwanz schwarzbräunlich; Augenring weißlich orange bis hellgrau; Oberschnabel an der Basis hornfarben, der Rest und der Unterschnabel schwärzlich; Iris orangerot; Füße und Krallen variabel fleischfarben bis dunkelgrau.

Unterscheidung der Geschlechter: Weibchen wie Männchen gefärbt, aber mit etwas hellerem Gefieder und stärker bräunlicher Iris; die kleinen Unterflügeldecken sind orangerot gesprenkelt; Kopfform rundlicher, weniger flach, Schnabel durchschnittlich kleiner.

Jungvogelfärbung: Nestlinge anfangs mit weißem Flaum, wechseln nach zwei Wochen zu dicken, grauen Dunen; Jungvögel ohne orangerote Zeichnungen, stattdessen dunkelbrauner Stirnstreif und Zügel; Wangen stärker grün; Iris grau.

Vergleich mit ähnlichen Arten: Die Art unterscheidet sich von *P. robustus* und *P. fuscicollis* durch geringere Größe und das Fehlen jeglicher grauer, graubrauner oder gelbbrauner Gefiederpartien. Von *P. flavifrons* unterscheidet sie sich durch orangerote, nicht gelbe Kopfzeichnung.

3. Unterarten

a. *Poicephalus (Eupsittacus) g. gulielmi* (Jardine 1849)

Zentralafrikanischer Kongopapagei

englisch: Blackwing Jardine's Parrot, Kongo Red-crowned Parrot

Merkmale: variabel grün mit orangeroter Zeichnung an Stirn, Scheitel, Flügelbug und Schenkel; Rücken- und Flügelfedern wirken fast durchgängig schwarz, mit nur sehr

Poicephalus (Eupsittacus) gulielmi

schmaler grüner Säumung; nackter Augenring hellgrau, nicht orange; Oberschnabel an der Basis hornfarben, sonst wie der Unterschnabel schwärzlich; Iris orangerot; Füße dunkelgrau; Körperhaltung waagrechter als bei *massaicus* und *permistus*.

Größe: 27-28 cm

Verbreitung: Süd-Kamerun südlich bis Nordwest-Angola; weitere Population vom Norden der Dem. Rep. Kongo östlich über Zentralafrikanische Republik bis Südwest-Uganda und Ruanda.

b. *Poicephalus* (*Eupsittacus*) *g. massaicus* (Fischer & Reichenow 1884)

Reichenows Kongopapagei, Östlicher Kongopapagei, Massai-Papagei

englisch: Greater Jardine's Parrot, Masai Red-headed Parrot

Merkmale: wie *gulielmi*, jedoch Grundgefieder geringfügig blasser, am Kopf und auf der Oberseite häufig stärker blaugrün; orangerote Zeichnung am Kopf auf orangefarbenen Stirnfleck beschränkt; schwarze Federzeichnungen deutlich mehr grün, vor allem Rücken- und Flügelfedern mit breiterer grüner Säumung; Schnabel kleiner; nackter Augenring häufig orangefarben; Körperhaltung aufrechter als bei *gulielmi* und *fantiensis*.

Größe: 28 cm

Verbreitung: Tiefland von Nord-Tansania und Süd-Kenia, Mischzone mit *permistus* in Süd-Kenia.

Anmerkung: viele importierte Tiere gehören eher der Unterart *permistus* und nicht *massaicus* an.

c. *Poicephalus* (*Eupsittacus*) *g. permistus* Neumann 1931

Hochland-Kongopapagei

englisch: Eldoma Red-headed Parrot

Merkmale: unterscheidet sich von den anderen Unterarten durch schwarzgraue Handschwingen und Deckfedern, grauolive Schwanzober- und -unterseite, weniger breiten Stirnfleck, hell elfenbeinfarbenen Oberschnabel und schwarzgrauen Unterschnabel; im Vergleich zu *massaicus* durchschnittlich mit eher gelbgrünem, nicht blaugrünem Gefieder; der orangefarbene Stirnfleck reicht bis zum Vorderscheitel; nackter Augenring häufig orangefarben; Körperhaltung aufrechter als bei *gulielmi* und *fantiensis*.

Größe: 30 cm

Verbreitung: Hochland von West- und Zentral-Kenia, Mischzone mit *massaicus* in Süd-Kenia.

d. *Poicephalus* (*Eupsittacus*) *g. fantiensis* Neumann 1908

Neumanns Kongopapagei, Westlicher Kongopapagei, Fanti-Papagei

englisch: Lesser Jardine's Parrot, Fantee / Gold Coast Orange-crowned Parrot

Merkmale: wie *gulielmi*, jedoch Gefieder insgesamt blasser; Stirn, Scheitel, Flügelbug und Schenkel orangegelb (nicht orangerot); grüne Säume auf Rücken und Flügeln breiter; Iris braun, Augenring orangefarben; Adultvögel in seltenen Fällen ganz ohne orangefarbene Zeichnung; Körperhaltung waagrechter als bei *massaicus* und *permistus*.

Größe: 25-26 cm

Verbreitung: Westafrika von Liberia ostwärts bis Süd-Ghana.

Anmerkung: manche Vögel (ohne Herkunftsnachweis) haben stark schwarze Flügel und wirken dadurch wie Hybriden mit *gulielmi*; möglicherweise handelt es sich aber auch um eine eigene Unterart.

4. Natürliches Vorkommen

Lebensraum: allgemein in den tropischen Tiefland-Regenwäldern West- und Zentralafrikas (*gulielmi* und *fantiensis*); besucht auch Sekundärvegetation und Plantagen; in Kenia und Tansania in Nebelwäldern und *Juniperus*- und *Podocarpus*-Bergwäldern von 1.800 bis etwa 3.500 m Höhe (*massaicus* und *permistus*).

Verhalten: normalerweise in Paaren oder kleinen Gruppen von 8-12 Vögeln, bei reichlich Nahrung auch in größeren Schwärmen; sehr sozial und im Verhalten eher schüchtern und vorsichtig; beim Fressen selten zu hören, im Flug ständig hohes Kreischen als Kontaktruf; Flug schnell und direkt mit schnellen Flügelschlägen, teilweise lange Flüge zu den Nahrungsquellen.

Status: bislang nicht untersucht, aber innerhalb des großen Verbreitungsgebietes vermutlich noch nicht gefährdet; im Westen Afrikas (subsp. *fantiensis*) immer schon selten und weiterhin deutliche Rückgänge der Populationen; Status im Kongo-Becken (subsp. *gulielmi*) unklar, vermutlich dort große, aber ebenfalls rückläufige Bestände; kommt in jedem Fall deutlich weniger vor als Graupapageien (*P. erithacus*); im Osten Afrikas (subsp. *massaicus* und *permistus*) örtlich häufig und weitverbreitet; Bestandsrückgänge aufgrund von Fang für den Handel und Habitatzerstörung.

5. Vorkommen in menschlicher Obhut

Häufigkeit: immer nur in kleinen Stückzahlen eingeführt; früher wegen des ruhigen und verspielten Wesens gerne als Haustier gehalten; Anfang der 70er Jahre noch sehr selten, heute Nominatform in größerer Zahl vorkommend; *fantiensis* und *massaicus* in Europa eher selten, *fantiensis* in den USA dagegen häufig.

Mindestanforderungen der Unterbringung: 3 x 1 x 2 m, mit einem sich anschließenden, mäßig beheiztem Schutzraum (5-10° C); möglichst nur paarweise Haltung; ruhige, spielerische Papageien mit einem variablen Sprachtalent, insgesamt weniger scheu als andere *Poicephalus*-Arten, neigen aber teilweise bei schlechten Haltungsbedingungen zum Rupfen, vor allem während der Brutzeit; aktiv, robust und wenig krankheitsanfällig, werden nur langsam zahm.

Züchtbarkeit: Zucht von *gulielmi* gelingt mittlerweile regelmäßig, wenn auch nicht immer problemlos; Zucht von *fantiensis* und *massaicus* gelingt hingegen eher selten, da viele Jungvögel nicht schlüpfen; Eltern sind während der Brut sehr sensibel, töten oder rupfen Jungvögel manchmal in den ersten Tagen oder füttern ihre Jungen schlecht, sodass regelmäßige Zufütterung bzw. Handaufzucht notwendig werden; in den ersten Wochen möglichst keine Nistkastenkontrollen vornehmen; unbedingt auf Unterart-Reinheit achten (Vögel sind erst mit 4 Jahren ausgefärbt).

6. Hilfreiche Literatur

Asmus J (2010). Die Subspezies des Kongopapageis. PAPAGEIEN 23(1), pp. 22-25.

Brickell N. (1987). Three *Poicephalus* parrots in captivity and in the wild. Avicultural Magazine 93, pp. 162-167.

Hubers J (2017). Een niet alledaagse kweek met de massaipapegaai. Deel 1 – 3. ParkietenSocieteit 50(8-10), pp. 12-17.12-16.16-18.

Hubers J (2018). Update over de kweek van de massaipapegaai. ParkietenSocieteit 51(8), pp. 19-23.

Lantermann W (2010). Kongopapageien – Zucht und Aufzucht mit Hindernissen. PAPAGEIEN 23(10), pp. 332-337.

Lantermann W (2018). Haltungserfahrungen mit Kongopapageien. PAPAGEIEN 31(6), pp. 188-195.

Repp B & P Repp (1986). Langflügelpapageien: Der Kongopapagei. Die Voliere 9(4), pp. 127-130.

Siska O (2018). 15 Jahre Zuchterfahrungen mit Neumanns Kongopapageien. (Teil 1 + 2). PAPAGEIEN 31(11+12), pp. 368-373 & 404-408.

Yilmaz U (2010) Überprüfung der Existenz der Kongopapagei-Subspezies *P. g. permistus* anhand von Data Mining. Bachelorarbeit, Fachhochschule Hof, p. I-VI, pp. 1-44.

Kurzinfos zum Kongopapagei		
Größe: 26-30 cm.	**Gelege pro Jahr:** 1-2	**Flugbedürfnis:** stark ausgeprägt
Gewicht: *gulielmi* 220-290 g, *massaicus* 265-330 g, *fantiensis* 180-230 g	**Gelegegröße:** 3 (2-4) Eier	**Nagebedürfnis:** unterschiedlich, teilweise ausgeprägt
Ringgröße: *gulielmi* 9 mm, *fantiensis* 8 mm, *massaicus* & *permistus* 9,5 mm	**Brutdauer:** meist 26-28, teilweise bis zu 36 Tage	**Badebedürfnis:** ausgeprägt
Erstzucht: *gulielmi* 1977 Schweiz, *fantiensis* 1982 Deutschland, *massaicus* unbekannt	**Nestlingszeit:** 8-10, teilweise bis zu 12 Wochen	**Aggressivität:** nur zur Brutzeit
Eimaße: *gulielmi*: 34,1 (33,0-35,3) x 27,6 (25,9-29,2) mm, (n = 8); *massaicus* 34,2 x 28,5 mm (n = 2)	**Selbständigkeit:** nach 1-3 Monaten	**Stimme:** meist melodiös, selten laut

flavifrons

flavifrons Jungvogel

Poicephalus (Eupsittacus) flavifrons (Rüppell 1842)

Gelbstirnpapagei, Gelbgesichtspapagei

weitere Namen: Gelbstirmohrenkopfpapagei, Schoapapagei

englisch: Yellow-faced Parrot, Yellow-fronted Parrot, Shoa Parrot

französisch: Perroquet à face jaune

spanisch: Loro de frente amarilla, Lorito carigualdo

niederländisch: Geelmaskerpapegaai, Geelkoppapegaai, Schoapapegaai

1. Systematik und Taxonomie

Systematik: Die systematische Position des Gelbstirnpapageis ist nicht abschließend geklärt, da die Art bisher in keiner genetischen Untersuchung auftaucht. Früher wurde sie oft als letzte Art der Gattung geführt und zu den kleineren Arten (Untergattung *Poicephalus*) gezählt. Das ist jedoch sicherlich nicht korrekt, da die Art sowohl signifikant größer (28 cm ggü. 21-24 cm) als auch in der Färbung abweicht. Denn sie weist nicht die typische graubraune Kopffärbung der kleineren Arten auf, sondern besitzt einen grünen Kopf mit gelber Maske. Phänotypisch ähnelt sie stark dem Kongopapagei (*P. gulielmi*) und dürfte wohl am ehesten mit dieser Art verwandt sein. Sie wird darum hier hinter diesem geführt und wie dieser in die Untergattung *Eupsittacus* eingeordnet.

Taxonomie: Allgemein wird als Quelle für die Beschreibung der Art durch Eduard Rüppell seine „Systematische Übersicht der Vögel Nordost-Afrikas" von 1845, p. 81-82 angegeben. Frank Steinheimer wies jedoch nach, dass die früheste Beschreibung der Art unter dem Namen *Psittacus (Pionus) flavifrons* in der Zeitschrift Museum Senckenbergianum" 3(2), p. 126, in seinem Artikel „Beschreibung mehrerer, grösstentheils neuer abyssinischer Vögel aus der Ordnung der Klettervögel" (p. 117-128) zu finden ist. Er datiert diese Publikation auf 1842, während die Zeitschrift selbst als Erscheinen des 3. Bandes 1845 angibt (Steinheimer 2005). Rüppell selbst schreibt in der Publikation von 1845 „Ich habe von den nordafrikanischen, zu dieser Ordnung gehörigen Vögeln vor einigen Jahren im dritten Band des Museum Senckenbergianum eine vollständige Übersicht veröffentlicht.", was die Datierung auf 1842 von Steinheimer unterstützt. Diese Beschreibung wurde dann für die Publikation von 1845, jetzt unter dem Namen *Pionus flavifrons*, weitestgehend kopiert und durch die erste Darstellung der Art auf Farbtafel 31 ergänzt.

Oscar Neumann beschrieb 1904 im Journal für Ornithologie 52, p. 375-377 in seinem Artikel „Vögel von Schoa und Süd-Äthiopien" die Unterart *aurantiiceps* von den „Sobat-Quellströmen" (Schecho und Maschango, äußerstes Südwest-Äthiopien). Grundlage seiner Benennung sind 4 Bälge von männlichen Vögeln, von denen einer ein Jungvogel ist. Die Unterart soll sich durch eine „orangerote, nicht gold- bis orangegelbe Kopffärbung" von der Nominatform unterscheiden. Balguntersuchungen im Zoologischen Museum Berlin an einem der vier Bälge konnten diese Unterschiede nicht bestätigen: die Abweichung der Maskenfärbung ist eher geringfügig (leicht orangegelb, aber sicher nicht orangerot). Hartert, der die übrigen drei Bälge in Tring, London untersuchte, erkannte die Unterschiede dagegen an und hält die Unterart für valide, obwohl auch seiner Meinung nach die Unterschiede „slight" seien (Hartert 1924).

Theodor von Heuglin beschreibt in seinen „Beiträgen zur Ornithologie Nordostafrikas" im Journal für Ornithologie von 1862, (vol. 10, p. 305-306) zwei Formen der Gattung *Poicephalus*, die er im Hochland von Takasseh vorfand. Die erste Form gleicht Rüppells *flavifrons*, die zweite kommt sympatrisch mit dieser vor, sodass er anfangs keinen eigenständigen Namen dafür verwendet. Schlegel zitiert diese Form 1864 als *Phaeocephalus citreocapillus*, von Heuglin, führt sie aber weiter unter *P. flavifrons*. Finsch beschreibt 1868 als erster die Form als eigenständige Art unter dem Namen *Pionias citrinocapillus*. – Erst 1871 beschreibt von Heuglin selbst die Form als *Pionias*

Variation *aurantiiceps*

Variation citrinocapillus

citrinocapillus, (nennt aber noch beide Namen, *citreocapillus* und *citrinocapillus*). In dieser Publikation findet sich auch eine Farbtafel zu dieser Form: Der dort dargestellte Vogel hat einen vollständig gelben Kopf. Schnabel und Füße sind viel kräftiger als bei *P. flavifrons*. Bürzel, untere Brust und Bauch sind auffallend türkisblau, sodass die Form als phänotypisch deutlich von *P. flavifrons* unterschieden werden kann (siehe auch Abbildung „Variation *citrinocapillus*"). Heuglin schreibt über diese Form: „Wir fanden diese neue Art in kleinen Gesellschaften auf den belaubten Hochbäumen unfern der Mündung des Atabaflusses in den Takazié, an der Nordgrenze der Provinz Telemet, im Monat Januar. Flug und Geschrei hat viel Ähnlichkeit mit dem von *P. Meyerii*, der in jenen Gegenden übrigens gar nicht vorzukommen scheint." (weitere Informationen s. Finsch 1868). – Diese Form scheint also deutlich mehr zu sein als ein einzelner aberranter Balg. Ob es sich dabei um eine eigenständige Unterart oder lediglich um eine Variation handelt, lässt sich derzeit nicht sagen.

Namenserklärung: *flavifrons* = mit gelber (flavus) Stirn (frons); Schoa = eine Provinz im Zentrum des früheren Königreichs Äthiopien; *aurantiiceps* = mit orangefarbenem (aurantius) Kopf (ceps, von caput); *citreocapillus* = mit zitronengelben (citreus) Federn / „Haaren" (capillus)

2. Identifizierung

Färbung adulter Tiere: insgesamt variable Färbung, Grundfärbung grün; Maske (Stirn, Scheitel, Augen- und Ohrengegend, oberer Wangenbereich) klar abgegrenzt gelb, bei älteren Vögeln orangegelb, angrenzende Gefiederpartien auf Kopfseiten und unterhalb des Schnabels olivgrün bis bräunlich; Brust grün, Bauch, Schenkel und Unterschwanzdecken gelbgrün; Daumenfittich gelb; Unterrücken heller gelblichgrün; Schwungfedern und Schwanzoberseite graubräunlich, Schwanzunterseite etwas heller, Schwungfedern mit schmalem grünem Außensaum; nackter Augenring schwärzlich; Oberschnabel schwarz, hornfarben durchmischt; Unterschnabel hornfarben-weißlich; Iris orangerot; Füße braungrau, Krallen schwarz;

Unterscheidung der Geschlechter: Weibchen fast wie Männchen gefärbt, aber gelbe Gesichtsmaske durchschnittlich kleiner und ohne orangefarbenen Anflug, ohne gelben Daumenfittich.

Jungvogelfärbung: wie Altvögel, aber Maske weniger ausgedehnt und nicht klar abgegrenzt; Kopffärbung matter, an der Stirn gelb, dann in gelblich-olive bis grünbraune Färbung übergehend; Brust grün, Bauch gelblich grün; Iris dunkelbraun.

Vergleich mit ähnlichen Arten: Die Art unterscheidet sich von *P. robustus* und P. *fuscicollis* durch geringere Größe und das Fehlen jeglicher grauer, graubrauner oder gelbbrauner Gefiederpartien. Von *P. gulielmi* unterscheidet sie sich durch gelbe, nicht orangerote Zeichnungen am Kopf.

3. Natürliches Vorkommen

Verbreitung: fragmentiert im Hochland Äthiopiens vorkommend, im Norden um den Tana-See, im Westen in den Wäldern an der Grenze zum Sudan und südlich von Addis Abeba.

Lebensraum: Hochland-Regenwälder und offenes Waldland zwischen 1.000 m und 3.800 m; bevorzugt *Juniperus*- und *Podocarpus*-Wälder zwischen 1.800 und 2.900 m und *Hagenia*-Wälder (afrikanisches Rotholz) oberhalb von 2.900 m; daneben auch Galeriewälder und Akaziensavannen ab 300 m; das Habitat wird zunehmend fragmentiert.

Verhalten: in Familien oder kleineren Gruppen von etwa 3-10 Exemplaren anzutreffen, zuweilen auch Schwärme von 40-90 Exemplaren; weitestgehend standorttreu, aber gelegentlich Wanderungen zur Nahrungsbeschaffung; manchmal als Ernteschädling in Maisfeldern; zeitweise laut und auffällig; Flug schnell und direkt.

Status: Die Art galt früher als häufig und nicht gefährdet. Heute ist sie vermutlich schon gefährdet und nur noch örtlich verbreitet und zumeist selten, lokal bereits ausgestorben. In Wäldern und höheren Regionen Bestandsdichte vermutlich noch größer; Ursache der Bestandsrückgänge vor allem durch umfangreiche Abholzung der Wälder, auf die die Art angewiesen ist; der derzeitiger Bestand ist unklar.

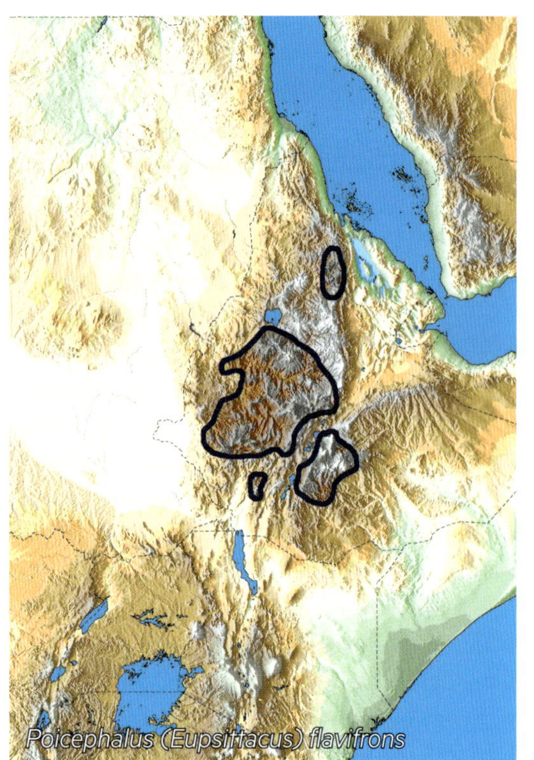
Poicephalus (Eupsittacus) flavifrons

4. Vorkommen in menschlicher Obhut

Häufigkeit: Ende des 19. Jahrhunderts und in den 1920er Jahren vereinzelt eingeführt, lebten aber meist nur wenige Monate (Schifter 2007); insgesamt nur sporadisch eingeführt, Ende der 60er Jahre in Dänemark, später auch in Tschechien; wird in Äthiopien nicht als Haustier gehalten; lange in der Haltung vollständig unbekannt, in jüngster Zeit erste Zuchtberichte (Jedlicka 2014).

Mindestanforderungen der Unterbringung: Voliere von etwa 3 x 1 x 2 m, mit anschl. Schutzraum; Mindesttemperatur 15° C; aktive Vögel mit liebenswertem Wesen, werden leicht zutraulich.

Züchtbarkeit: offensichtlich nicht problematisch; die Vögel brüteten sogar in einem Innenraum-Käfig (90 x 70 x 140 cm); Kopulationen häufig und bis zu 5 Minuten dauernd; während der Brut für Störungen anfällig.

5. Hilfreiche Literatur

Arndt T (2001). Auf der Suche nach dem Gelbstirn-Mohrenkopfpapagei. PAPAGEIEN 14(1), pp. 28-33.

Boussekey M, Pelsy C & F Pelsy (2002). Preliminary Field Report on the Yellow-faced Parrots in Ethiopia. PsittaScene 52(1), pp. 4-5.

Boussekey M, Pelsy C & F Pelsy (2004). Further field observations on the Yellow-faced Parrots in Ethiopia. PsittaScene 16(4), pp. 10-11.

Finsch O (1868). Die Papageien, monographisch bearbeitet. Vol. 2.1, pp. 482-486.

Hartert E (1924). Types of Birds in the Tring Museum. Novitates Zoologicae, vol. 31, pp. 112-134 (p. 123).

Heuglin T von (1871). Ornithologie Nordost-Afrika's, der Nilquellen- und Küsten-Gebiete des Rothen Meeres und des nördlichen Somal-Landes. Vol. 1.2, pp. 744-745, pl. XXVI.

Jedlicka D (2014). Die Zucht des Gelbstirn-Mohrenkopfpapageis. PAPAGEIEN 27(9), pp. 296-299.

Steinheimer FD (2005). The nomenclature of Eduard Rüppell's birds from North-East Africa. Bulletin of the British Ornithologists' Club 125(3), p. 210 (164-211).

Stifter H (2007). Zur Einfuhr des Gelbstirn-Mohrenkopfpapageis. PAPAGEIEN 20(2), pp. 62-63.

Kurzinfos zum Gelbstirnpapagei		
Größe: 28 (25-30) cm	**Gelege pro Jahr:** vermutlich nur 1	**Flugbedürfnis:** ausgeprägt
Gewicht: 140-200 g	**Gelegegröße:** 3-4 Eier	**Nagebedürfnis:** vorhanden
Ringgröße: 8,5-9 mm	**Brutdauer:** 34 Tage	**Badebedürfnis:** unbekannt
Erstzucht: 2012, Tschechien	**Nestlingszeit:** 10 Wochen	**Aggressivität:** nicht ausgeprägt
Eimaße: 31-32 x 24-25 mm (n = 3)	**Selbständigkeit:** nach 6 Wochen	**Stimme:** relativ laut, auch schrill

Poicephalus (Poicephalus) crassus (Sharpe 1884)

Niam-Niam-Papagei

englisch: Niam-Niam Parrot

französisch: Perroquet des niam-niam

spanisch: Lorito Niam-niam

niederländisch: Niam-Niampapegaai

crassus

1. Systematik und Taxonomie

Systematik: Die Zuordnung zur Gattung bereitet keinerlei Schwierigkeiten. Innerhalb der Gattung gehört der Niam-Niam-Papagei zur Untergattung *Poicephalus* und ist ihr schlichtester Vertreter. Er stellt damit vermutlich die phylogenetisch älteste Form der Gattung dar. Phänotypisch ähnelt er stark dem Braunkopfpapagei (*P. cryptoxanthus*) und dürfte diesem auch am nächsten verwandt sein.

Anfangs wurde die Art als Jungvogel des Gelbstirnpapageis *P. flavifrons* angesehen. Sie kommt jedoch im Gegensatz zu diesem nur im Tiefland Zentralafrikas, nicht im Hochland Äthiopiens vor und ist auch in der Färbung von diesem deutlich verschieden (vgl. Neumann 1904). Später hielt man sie für eine Unterart des Braunkopfpapageis (so noch bei Peters 1937 und Clancey 1977). Heute werden die Vögel jedoch aufgrund des isolierten Verbreitungsgebietes, der deutlich größeren Körpermaße und der fehlenden gelben Unterflügeldeckenfärbung als eigenständige Art angesehen. Eine genetische Untersuchung dazu steht jedoch noch aus.

Taxonomie: Richard Bowdler Sharpe beschrieb die Art 1884 in englischer Sprache im Journal of the Linnean Society of Zoology, vol. 17, p. 429-430 als *Pionias crassus*. Grundlage seiner Beschreibung ist ein einzelnes Exemplar von Ndoruma, im heutigen Süd-Sudan (vgl. Neumann 1904), an der Grenze zur Dem. Rep. Kongo. Sharpe grenzt die Art zunächst von *P. cryptoxanthus* ab (als größer und ohne Gelb an den Flügeln) und gibt anschließend eine sehr ausführliche Beschreibung aller Gefiederpartien des Typus-Exemplars. Er macht jedoch keinerlei Angaben zu den kahlen Körperregionen (Augenring, Schnabel, Füße, Krallen etc.) und beschreibt lediglich die Iris (fälschlicherweise) als rot. Abschließend folgen Längenangaben von Körper, Oberschnabel, Flügel, Schwanz und Fuß.

Ein mögliches Synonym ist *Pionias bohndorffi*, Sharpe 1884 (Ibis, p. 359). Dort taucht jedoch lediglich der Name im Zusammenhang mit neuen Arten aus dem Niam-Niam-Land auf, es fehlt jedoch jegliche Beschreibung, geschweige denn die Benennung eines Typus-Exemplars.

Namenserklärung: *crassus* = dick, plump; Niam-Niam = Bezeichnung aus der Sprache der Dinka für den Volksstamm der Azande in Zentralafrika; *bohndorffi* = benannt nach dem deutschen Afrikaforscher und Ornithologen, Friedrich Bohndorff (1848-1921), der das Typus-Exemplar sammelte.

2. Identifizierung

Färbung adulter Tiere: grün mit braunem Kopf; Stirn, Scheitel und Nacken mittelbraun, teils olivgelb verwaschen, Ohrdecken silbergrau überhaucht, Zügel schwärzlich; Kehle, Hals und Oberbrust dunkler braun, zum hellgrünen Bauch hin klar abgegrenzt; Bauch und Unterschwanzdecken hellgrün, Mantelfedern braun mit zu den Flügeln hin breiter werdenden grünen Säumen; Flügelrand gelblich grün, Unterflügeldecken grün, übrige Flügelunterseite bräunlich;

crassus

crassus Jungvogel

Schwingen oberseits dunkelbraun mit schmalem grünem bis blaugrünem Außenrand; Schwanzfedern olivbraun mit hellgrüner Spitze; Unterrücken und Bürzel hellgrün; nackter Augenring schwarz, Wachshaut dunkelgrau; Oberschnabel hell graubraun, zur Spitze hin schwärzlich, Unterschnabel gelblich-hornfarben; Iris orangebraun (nicht rot, wie in der Typusbeschreibung angegeben!); Füße dunkelgrau.

Unterscheidung der Geschlechter: Weibchen identisch.

Jungvogelfärbung: Nestlinge mit grauweißem Flaum, später mit dunkler grauen Sekundärdunen, Jungvögel matter als Adultvögel; Kopf und Nacken graubraun, stärker olivgelb überhaucht, Unterseite blasser und gelblicher grün; Oberschnabel gelblich dunkelgrau.

Vergleich mit ähnlichen Arten: Die Art unterscheidet sich von allen übrigen *Poicephalus*-Arten durch das schlicht braun und grün gefärbte Federkleid und das Fehlen jeglicher auffälliger roter, gelber oder blauer Färbungen. Vom sehr ähnlichen gefärbten Braunkopfpapagei (*P. cryptoxanthus*) unterscheidet sie sich durch ein dunkleres Braun, die rein grünen Unterflügeldecken und die größeren Körpermaße sowie einen in allen Dimensionen größeren Schnabel. Außerdem ist der Übergang von der braunen Brust zum grünen Bauch im Gegensatz zum Braunkopfpapagei ganz klar abgegrenzt, nicht ineinander übergehend.

3. Natürliches Vorkommen

Verbreitung: Zentral-Afrika vom Osten Kameruns und südlichstem Tschad über die Zentralafrikanische Republik, den äußersten Norden der Dem. Rep. Kongo bis zum Südwesten des Südsudans.

Lebensraum: Feuchtwälder und Feuchtsavannen sowie Galeriewälder bis 1.000 m; oft in der Nähe von Wasser zu finden.

Verhalten: paarweise oder in kleinen Gruppen, sehr scheu und nur schwer zu beobachten, örtliche Wanderungen auf Nahrungssuche bis zu 40 km, schrille und laute Alarmschreie; erste Fotos der Art stammen aus dem Jahr 2017.

Status: faktisch unbekannt, da von allen afrikanischen Papageien am wenigsten erforscht; je nach Autor als selten bis relativ häufig eingeschätzt.

4. Vorkommen in menschlicher Obhut

Häufigkeit: in England 1978 einige Exemplare und 1997 versehentlich 400 Exemplare importiert, heute aber allgemein in menschlicher Obhut nicht vertreten; Adultvögel sehr schreckhaft, zurückhaltend und scheu, ein junger Vogel wurde schnell zahm; anfangs empfindlich, später robust.

Kurzinfos zum Niam-Niam-Papagei		
Größe: 24 (20-26) cm	**Gelege pro Jahr:** unbekannt	**Flugbedürfnis:** vermutlich groß
Gewicht: unbekannt	**Gelegegröße:** 3-4 Eier	**Nagebedürfnis:** groß
Ringgröße: vermutlich 7-7,5 mm	**Brutdauer:** 27 Tage	**Badebedürfnis:** unbekannt
Erstzucht: 1967, Mosambik (einzige Zucht)	**Nestlingszeit:** um 90 Tage	**Aggressivität:** unbekannt
Eimaße: unbekannt	**Selbständigkeit:** unbekannt	**Stimme:** mittellaut

Mindestanforderungen der Unterbringung: Voliere von 2 x 1 x 2 m mit Schutzhaus, in der Eingewöhnungsphase nicht unter 20° C, später mindestens 10° C.

Züchtbarkeit: einzige Zucht 1967 in Mosambik, Zuchtpaar sehr scheu, Jungvögel wurden ohne Probleme aufgezogen; Zucht scheint demnach nicht schwierig zu sein (Joao & Brickell 1981).

5. Hilfreiche Literatur

Aebischer T & R Wüst (2020). Erste Freilandaufnahmen des Niam-Niam-Papageis. PAPAGEIEN 33(12), pp. 434-435.

Brickell N (1985). The feeding and breeding of three *Poicephalus* parrots in captivity and in the wild. Avicultural Magazin, South Africa, 93, pp. 162-165.

Clancey PA (1977). Variation in and the relationships of the Brown-headed Parrot of the Eastern African Lowlands. Bonner Zoologische Beiträge 28, pp. 279–291.

Joao A & N Brickell (1981). Aviary breeding of Niam-Niam and Red-bellied Parrots in Mozambique, Miscellaneous data on the keeping of cage and aviary birds. Natal Avicultural Society 1(3), pp. 3-5.

Neumann O (1904). Vögel von Schoa und Süd-Äthiopien. Journal für Ornithologie, 52(3), pp. 321-410

Poicephalus (Poicephalus) cryptoxanthus (Peters 1854)

Braunkopfpapagei

englisch: Brown-headed Parrot, Conceiled–yellow Parrot

französisch: Perroquet à tête brune

spanisch: Lorito Cabecipardo

niederländisch: Bruinkoppapegaai

1. Systematik und Taxonomie

Systematik: Der Braunkopfpapagei ist eine Art, die eindeutig zur Gattung *Poicephalus* gehört und darin zu den kleineren Arten der Untergattung *Poicephalus*. Sein nächster Verwandter dürfte der Niam-Niam-Papagei (*P. crassus*) sein, von dem er sich auf den ersten Blick nur wenig unterscheidet.

Braunkopfpapageien weisen sehr variable Färbungsmuster auf, sodass die Unterscheidung von Unterarten nicht immer leicht ist. Häufig benannte Färbungsunterschiede wie z.B. im Graubraun des Kopfes, im Grün des Rumpfes oder im Grünton des Unterrückens haben sich als nicht durchgängig erwiesen. Die signifikanten Unterschiede werden weiter unten behandelt.

Taxonomie: Die erste wissenschaftliche Beschreibung des Braunkopfpapageis findet sich bei Verreaux & Des Murs in Revue et Magasin de Zoologie pure et appliquée, ser. 22,1, p. 58 unter dem Namen *Pionus fuscicapillus*. Zunächst beschreiben sie in lateinischer Sprache kurz alle Gefiederpartien sowie die Färbung von Schnabel und Füßen. Die Länge der beiden vorliegenden Exemplare geben sie mit 28 (!) cm an und benennen den Herkunftsort als Sansibar. Daran anschließend beschreiben sie ausführlicher in französischer Sprache Gefieder und übrige Merkmale, vergleichen die Art mit *P. meyeri* und geben an, dass sie ursprünglich zur Sammlung des Prinzen

cryptoxanthus

cryptoxanthus

cryptoxanthus Jungvogel

Masséna gehörten, mittlerweile aber in der Sammlung von Thomas Wilson in Philadelphia zu finden sind. – Der Name *fuscicapillus* war allerdings schon 1832 von Wagler in seiner Monographia Psittacorum für das Weibchen von *Geoffroyus geoffroyi* verwendet worden und ist darum nicht mehr verfügbar.

1854 beschreibt der deutsche Zoologe Wilhelm Peters (1815-1883) in lateinischer Sprache die jetzige Nominatform unter dem Namen *Psittacus* (*Poiocephalus*) *cryptoxanthus* (in den Berichten der Königlich-Preußischen Akademie der Wissenschaft, Berlin, p. 371). Er gibt dabei an, dass das Typus-Exemplar in Format und Größe *P. meyeri* und *P. rueppellii* ähnelt, grün gefärbt mit gelben Unterflügeldecken sei und von Inhambane aus dem südlichen Mosambik stammt. Weitere Angaben fehlen.

Die nächste Beschreibung stammt von W. Wedgwood Bowen, der 1930 in englischer Sprache in einem kurzen Artikel über die geographischen Variationen des Braunkopfpapageis in den Proceedings of the Academy of Natural Sciences of Philadelphia, vol. 82, p. 267-268, die Unterart *tanganyikae* einführt (Typus-Ort: Kilosa-Distrikt, Tansania). Er untersuchte insgesamt 27 Bälge und stellte dabei drei verschiedene Formen fest: den großen *fuscicapillus* von Sansibar, den kleinen und blassen *cryptoxanthus* von Natal, Transvaal und Süd-Mosambik, der im südlichen Nyasaland (heute Malawi) auf die dritte, von ihm neu beschriebene Form *tanganyikae* trifft. Diese beschreibt er als kleiner, am Kopf blasser und mehr olivbraun, mit grünem Mantel, der viel weniger braun durchsetzt ist als bei *cryptoxanthus*, Außerdem sei die Unterseite heller und mehr gelblich grün. – Für alle drei Formen gibt er die Flügelmaße von Männchen und Weibchen an. Er gibt auch an, dass es viel individuelle Variation bei dieser Art gebe, dass aber nördliche und südliche Braunkopfpapageien leicht voneinander zu unterscheiden seien. Abschließend vergleicht er Schnabelgröße und Flügellänge der drei Formen und stellt fest, dass es da kaum Unterschiede zwischen den beiden Festlandsformen gibt.

Zwei Jahre später gibt Bowen in The Auk 49, p. 86, den beiden Typus-Exemplaren von *fuscicapillus* den neuen Namen *zanzibaricus*, da der Name *fuscicapillus* ja nicht verfügbar ist. Diese Unterart wird jedoch in neuerer Literatur oft nicht mehr geführt, weil die heute auf Sansibar zu findenden Exemplare in jeder Hinsicht *tanganyikae* gleichen. Dennoch lassen sich die beiden Typus-Exemplare von *fuscicapillus* resp. *zanzibaricus* aufgrund ihrer extremen Größe (28 cm vs. 22 cm) und ihrer signifikant längeren Flügel (165-173 mm vs. 145-159 mm [Bowen 1930]) nicht mit *tanganyikae* synonymisieren. Vermutlich gehören die beiden Bälge von der Insel Sansibar als Vertreter von *zanzibaricus* zu einer zwar validen, aber aussterbenden oder bereits ausgestorbenen Unterart. Auf Pemba (und vermutlich auch auf Sansibar) konnten sich in jüngerer Zeit entflogene Vögel der Unterart *tanganyikae* etablieren, die bei Vergleichen naturgemäß keine Unterschiede zu den Festlandvögeln aufweisen.

Als Synonym ist lediglich *hypoxanthus* von Bonaparte (1856) und G. R. Gray (1859) bekannt. In beiden Fällen dürfte es sich jedoch um einen Lapsus (Schreibfehler) für *cryptoxanthus* handeln. Clancey (1977) untersuchte über 100 Bälge aus dem gesamten Verbreitungsgebiet des Braunkopfpapageis. Er unterstrich die Unterart-Aufteilung von Bowen, fand aber außerdem heraus, dass manche Färbungsunterschiede in der Beschreibung der Unterarten lediglich altersbedingt oder aufgrund unterschiedlich starker Sonneneinstrahlung entstanden sind. (Eigene Untersuchungen im NCB Leiden bestätigen dies: Selbst Bälge von gleichen Orten variieren beträchtlich in den Färbungsmustern). – Clancey stellte jedoch fest, dass es zwei deutliche Unterscheidungskriterien zwischen *cryptoxanthus* (südliche Unterart) und *tanganyikae* (nördliche Unterart) gibt: zum einen die Färbung des Mantels, die bei *cryptoxanthus* braun und bei *tanganyikae* grün ist, und zum anderen die Länge des Schwanzes, der bei *cryptoxanthus* länger und bei *tanganyikae* kürzer ist. Alle übrigen in Beschreibungen genannten Unterschiede sind va-

tanganyikae *zanzibaricus*

riabel und können nicht als Unterart-Kriterium gelten. Die Grenze zwischen beiden Unterarten bildet der Save River im Süden Mosambiks. – Ferner stellte Clancey fest, dass es in Südost-Zimbabwe Mischlinge mit *P. meyeri* gibt.

Namenserklärung: *cryptoxanthus* = mit verborgenem (cryptos) Gelb (xanthos), *tanganyikae* = aus dem Tanganjika-Territorium (Festlandgebiet Tansanias), *zanzibaricus* = von der zu Tansania gehörenden Inselgruppe Sansibar stammend, *fuscicapillus* = mit braunen (fuscus) „Haaren"/Federn, *hypoxanthus* = unterseits (hypo) gelb (xanthos).

2. Identifizierung

Färbung adulter Tiere: Grundfärbung variabel grün; Kopf und Nacken braun, teilweise, je nach Unterart auch auf dem Mantel; Ohrdecken teilweise silbergrau; Brust, Bauch und Unterschwanzdecken variabel grün, jedoch durchgängig heller als auf der Oberseite; Unterrücken hellgrün; Schwanz variabel in der Länge; Teile des Flügelbugs, Unterflügeldecken und bei einigen Vögeln Schenkelansatz gelb; Außenfahnen der Handschwingen blau; Federn der Schwanzoberseite olivbraun mit grünen Säumen und Spitzen; Schwanzunterseite grau; nackter Augenring grau; Oberschnabel grau mit heller Basis, Unterschnabel hell hornfarben; Iris blassgelb; Füße grau.

Unterscheidung der Geschlechter: Weibchen identisch gefärbt, Kopf meist runder und Schnabel kleiner.

Jungvogelfärbung: Nestlinge zunächst mit dichtem, weißem Flaum, später mit grauen Dunen; Jungvögel wie Altvögel, aber matter; Kopf, Nacken und Oberbrust mit olivgelbem Anflug; gelbe Unterflügeldecken noch mit grau durchmischt; Iris dunkelbraun; Unterschnabel und Wachshaut rosa.

Vergleich mit ähnlichen Arten: Die Art unterscheidet sich von allen übrigen *Poicephalus*-Arten durch das schlicht braun und grün gefärbte Federkleid und das Fehlen auffälliger roter, gelber oder blauer Farben. Sie gleicht weitestgehend dem zentralafrikanischen Niam-Niam-Papagei (*P. crassus*), von dem sie jedoch deutlich durch die gelben Unterflügeldecken abweicht. Von den Unterarten des Meyers Papageies (*P. meyeri*) unterscheidet sie sich durchgängig durch die grüne, nicht gelbe Schulter- sowie eine grüne, nicht gelbe Schenkelfärbung.

3. Unterarten

a. *Poicephalus (Poicephalus) c. cryptoxanthus* (Peters 1854)

Südlicher Braunkopfpapagei, Mosambik-Braunkopfpapagei

Merkmale: variabel grün gefärbt; Kopf und Nacken schmutzigbraun, wobei sich der braune Ton bis in Höhe des oberen Flügelbereichs erstreckt und sich auf dem Mantel mit dem Grün des Rückens mischt; Schwanz verhältnismäßig deutlich länger als bei der folgenden Unterart.

Verbreitung: östliches Südafrika von Ost-Swasiland, Zululand und Natal über Nordost-Transvaal nordwärts bis nach Süd-Mozambique und Südost-Simbabwe.

Größe: 22 cm.

b. *Poicephalus (Poicephalus) c. tanganyikae* Bowen 1930

Nördlicher Braunkopfpapagei, Tansania-Braunkopfpapagei

Merkmale: wie *cryptoxanthus* variabel grün gefärbt, aber insgesamt blasser; Braun oberseits heller und auf Kopf und Nacken begrenzt, nicht bis auf den Oberrücken reichend; Oberrücken nahezu vollständig grün, Federn mit heller grünen Säumen; Unterrücken gelbgrün; Schwanz durchschnittlich kürzer als bei der Nominatform.

Verbreitung: Mozambique nördlich des Save-Flusses, Süd-Mali, Ost-Tansania und der äußerste Südosten Kenias; nachträglich auf der Insel Pemba (50 km nördlich von Sansibar) eingeschleppt.

Größe: 22 cm.

c. *Poicephalus (Poicephalus) c. zanzibaricus* Bowen 1932

Sansibar-Braunkopfpapagei, Insel-Braunkopfpapagei

Merkmale: wie *cryptoxanthus*, aber deutlich größer und mit größerem Schnabel; Braun am Kopf dunkler; Grüntöne eher bläulich grün als gelbgrün; Außenfahnen der Handschwingen bläulich grün, nicht blau.

Verbreitung: früher auf den Inseln Sansibar und Pemba, heute vermutlich auf beiden Inseln ausgestorben.

Größe: 25 (lt. Typus-Beschreibung 28) cm.

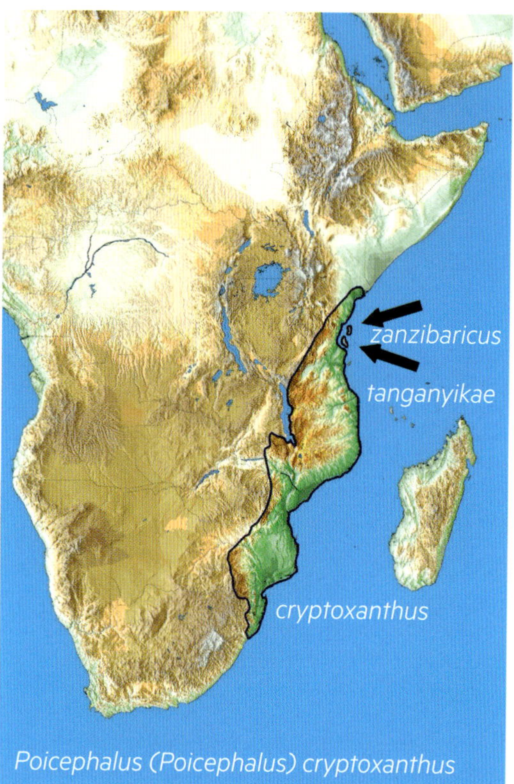

Poicephalus (Poicephalus) cryptoxanthus

4. Natürliches Vorkommen

Lebensraum: bewaldete Savannen und trockenes Buschland, aber auch in Wäldern und Mangrovengebieten; allgemein bis 1.200 m, örtlich auch bis 1.600 m; oft in der Nähe von Wasserläufen; fallen auch in Kokosnussplantagen, Mais- und Hirsefelder ein.

Verhalten: außerhalb der Brutzeit paarweise oder in kleinen Gruppen (4 bis 12 Vögel) anzutreffen, gelegentlich auch Schwärme bis 200 Exemplare; scheu und nicht einfach zu beobachten; Flug schnell und direkt mit schrillen Kontaktrufen, gelbe Unterflügel dann deutlich sichtbar; rufen auch während der Nahrungsaufnahme; Jungvögel verschiedener Nester werden nach dem Ausfliegen in einer Art „Kinderkrippe“ zusammengefasst.

Status: früher sehr häufig und weitverbreitet; heute örtlich Populationsrückgänge, vor allem an den Rändern des Verbreitungsgebietes; Bestände in Schutzgebieten jedoch weiterhin stabil; Vögel sind außerdem partiell anpassungsfähig; Gesamtbestand gilt noch als nicht gefährdet; Bedrohung durch Habitatzerstörung und -fragmentierung sowie Fang für den örtlichen und internationalen Handel.

5. Vorkommen in menschlicher Obhut

Häufigkeit: relativ selten, aufgrund seines vergleichsweise schlichten Äußeren wenig gefragt und wenig importiert; Wildimporte bleiben oft lange zurückhaltend und vorsichtig, Nachzuchten gute Hausgenossen, leise und friedlich; geringes Nachahmungstalent.

Mindestanforderungen der Unterbringung: ruhige Voliere (3 x 1 x 2 m) mit Versteckmöglichkeiten und anschließendem Schutzhaus; Schlafkasten anbieten; Eingewöhnung von Importen bei 20° C, später robust, aber nicht unter 10° C halten; anfangs scheu und schreckhaft, werden nur langsam zutraulich, bei Stress Neigung zum Rupfen, außerhalb der Brutzeit Gemeinschaftshaltung möglich.

Züchtbarkeit: sehr unterschiedliche Erfahrungen in der Zucht, sicherlich kein Vogel für Anfänger; Zuchtreife mit 3-4 Jahren; Zucht mehr-

Kurzinfos zum Braunkopfpapagei		
Größe: 22 (21-24) cm	**Gelege pro Jahr:** 2 möglich	**Flugbedürfnis:** ausgeprägt
Gewicht: 110-156 g	**Gelegegröße:** 2-3 (1-4) Eier	**Nagebedürfnis:** nicht stark
Ringgröße: 7 mm	**Brutdauer:** 26 (25-31) Tage	**Badebedürfnis:** stark ausgeprägt
Erstzucht: 1977, England und Südafrika	**Nestlingszeit:** 8 (7-11) Wochen	**Aggressivität:** nur in der Brutzeit
Eimaße: 28,8 (26,4 -33,5) mm x 23,3 (21,6-26,0) mm (n = 8)	**Selbständigkeit:** nach 4 Wochen	**Stimme:** angenehm leise, nur selten laut

fach gelungen, Weibchen sind aber während der Brut störungsanfällig, darum ist immer Vorsicht bei Nestkontrollen geboten; Nest wird sehr sauber gehalten; während der Brut ausgesprochenes Revierverhalten erkennbar; Jungvögel anfangs sehr scheu und Flug noch unkoordiniert.

6. Hilfreiche Literatur

Asmus J (2010). Haltung und Zucht des Braunkopfpapageis. PAPAGEIEN 23(6), pp. 192-197.

Clancey PA (1977). Variation in and the Relationships of the Brownheaded Parrot of the Eastern African Lowlands. Bonner zoologische Beiträge, 28(1-2), pp. 279-291.

Lantermann W (2006). Der Braunkopfpapagei – neue Einsichten und Erkenntnisse. Gefiederte Welt 127(9), pp. 268-271.

Lepperhoff L (1997). Beobachtungen von Braunkopfpapageien *Poicephalus cryptoxanthus*, – im Krüger-Nationalpark in der Provinz Mpumalanga, Südafrika. PAPAGEIEN 10(10), pp. 312-317.

Taylor S & MR Perrin (2004). Intraspecific associations of individual brown-headed parrots (*Poicephalus cryptoxanthus*). Zoology 39(2), pp. 263-271.

Taylor S & MR Perrin MR (2005). Vocalisations of the Brown-headed parrot, *Poicephalus cryptoxanthus*: their general form and behavioural context. Ostrich, 76(1-2), pp. 61–72.

Taylor S & MR Perrin (2006a). Aspects of the breeding biology of the Brown-headed Parrot *Poicephalus cryptoxanthus* in South Africa. Ostrich, 77(3-4), pp. 225–228.

Taylor S & MR Perrin (2006b). The diet of the Brown-headed parrot (*Poicephalus cryptoxanthus*) in the wild in southern Africa. Ostrich, 77(3-4), pp. 179–185.

Taylor S & MR Perrin (2008a). Application of Richards's growth model to Brown-headed Parrot *Poicephalus cryptoxanthus* nestlings, Ostrich. 79(1), pp. 79–82.

Taylor S & MR Perrin (2008b). Adaptive hatching hypotheses do not explain asynchronous hatching in Brown-headed Parrots *Poicephalus cryptoxanthus*. Ostrich, 79(2), pp. 205–209.

Taylor S & MR Perrin (2008c). Parent–offspring recognition in the Brown-headed Parrot *Poicephalus cryptoxanthus*. Ostrich, 79(2), pp. 211–214.

Poicephalus (Poicephalus) senegalus (Linné 1766)

Mohrenkopfpapagei, Senegalpapagei

englisch: Senegal Parrot, *senegalus*: Yellow-bellied/vented Senegal Parrot; *mesotypus*: Orange-bellied/vented Senegal Parrot; *versteri*: Scarlet-bellied / Red-vented Senegal Parrot

französisch: Perroquet youyou, Youyou de Sénégal, Perroquet à tete grise; *mesotypus:* Perroquet de Sénégal à poitrine orange, Youyou à ventre orange; *versteri*: Perroquet de Verster, Youyou à ventre rouge

spanisch: Lorito Senegalés

niederländisch: Bont boertje, Senegalpapegaai; *senegalus*: geelbuik-Senegalpapegaai; *mesotypus*: oranjebuik-Senegalpapegaai; *versteri*: roodbuik-Senegalpapegaai

1. Systematik und Taxonomie

Systematik: Der Mohrenkopfpapagei ist der bekannteste Vertreter der Gattung *Poicephalus* und gehört zur Untergattung *Poicephalus*. Sein nächster Verwandter ist der Rotbauchpapagei (*P. rufiventris*), der im Nordosten des Verbreitungsgebiets der Langflügelpapageien vorkommt, während der Mohrenkopfpapagei im Norden und Nordwesten vorkommt.

Das variabelste Merkmal des Mohrenkopfpapageis ist die Färbung des Bauches, die von gelb über orange bis intensiv orangerot gehen kann. Traditionell wurden daraus zwei bis drei Unterarten abgeleitet: die Unterart *senegalus* zeichnet sich durch eine gelbe Unterseite aus, während die Unterart *versteri* deutlich intensiv orangerot ist. Dazwischen liegt die Unterart *mesotypus*, die einen Übergang zwischen diesen beiden bildet und darum manchmal in ihrer Eigenständigkeit infrage gestellt wird. Die exakten Verbreitungsgebiete dieser Unterarten sind nicht eindeutig festgelegt.

Taxonomie: Zum ersten Mal wurde der Mohrenkopfpapagei in der Reisebeschreibung des Alvise de Cada Mosto von 1507 erwähnt, der ihn neben dem Afrikanischen Halsbandsittich (*Alexandrinus krameri*) bereits in den Jahren 1455 und 1456 im Senegal gesehen hat.

Die früheste Beschreibung des Mohrenkopfpapageis stammt aus dem Jahr 1760 von dem französischen Zoologen Mathurin Jacques Brisson aus seiner „Ornithologia sive synopsis methodice sistens Avium divisiones in ordine", vol. 4, p. 400. Dort beschreibt er die Art unter dem französischen Namen „La petite perruche du Sénégal" und dem lateinischen Namen *Psittacula senegalensis*. Er gibt zunächst eine kurze Diagnose in lateinischer Sprache zu den verschiedenen Gefiederpartien. Es folgt ein längerer Text, sowohl in Französisch wie in Latein, in dem er genauere Informationen über die Größe und Färbung der einzelnen Körperteile gibt. Zum Schluss gibt er als Herkunft die Region des Senegal an und dass er den Vogel sowohl in der Sammlung von Lubin Mauduyt sowie auch lebend bei Bernard de Jussieu gesehen habe. Dargestellt wird die Art zum ersten Mal in diesem Werk auf pl. 24, fig. 2. - Da Brisson kein binomisches Werk verfasste, ist dieser Name allerdings nicht maßgebend.

Der erste wissenschaftliche Name ist daher *Psittacus senegalus* und stammt aus der 12. Ausgabe des Systema Naturae von Carl von Linné aus dem Jahr 1766. Linné beschreibt die Art kurz in lateinischer Sprache, gibt die Herkunft als Senegal an und nennt als Quelle Brisson.

Eine hervorragende Darstellung findet sich bei Francois Levaillant im zweiten Band seiner Histoire Naturelle des Perroquets von 1805, pl. 116 (male) und pl. 117 (femelle).

senegalus Männchen

senegalus Weibchen

Er unterscheidet dort Männchen und Weibchen nach der Intensität des Gelb- resp. Orangetons auf der Unterseite sowie dem Grauton des Kopfes, was beides offensichtlich falsch ist. Faktisch zeigt er die Unterarten *senegalus* (pl. 117) und *mesotypus* (pl. 116).

Otto Finsch beschrieb 1863 in der Nederlandsch Tijdschrift voor de Dierkunde, vol. 1, p. xvi, den *Poiocephalus versteri*, Verster's Papegaai, als neue Art, die schon vor längerer Zeit von Andreá Leopold Auguste Goffin entdeckt worden sei. Er beschreibt die Art in niederländischer Sprache auf Grundlage eines Exemplars, das er im Amsterdamer Zoo gesehen hatte, und vergleicht sie mit *P. senegalus*, von dem sie sich vor allem durch die an Brustseiten und Bauch hell mennigrote Färbung unterscheide. Herkunft der Art ist die Küste Guineas in Afrika. Anton Reichenow beschreibt 1910 die Unterart *Poicephalus senegalus mesotypus*, „n. sp.", in deutscher Sprache in den Ornithologischen Monatsberichten, 18, p. 174. Er beschreibt sie als Zwischenform zwischen *senegalus* und *versteri* und unterscheidet sie von beiden durch den dunklen Grünton der Oberseite und die meist grün verwaschenen Unterschwanzdecken (wie bei *senegalus*), und den orangeroten Bauch, der jedoch etwas heller sei als bei *versteri*. Als Herkunft benennt Reichenow die Region Adamaua, jetzt Adamawa, im mittleren Norden Kameruns.

Synonyme sind nicht bekannt.

Rudolf K. Wagner (2005) untersuchte die Bälge (n = 49) aus vier deutschen Museen, um zu klären, ob die drei beschriebenen Unterarten einwandfrei unterscheidbar sind und ob die Art einen eindeutigen Geschlechtsdimorphismus aufweist (n = 29). Folgende Erkenntnisse ergaben die Untersuchungen:

• Es gibt keine Größenunterschiede zwischen den Unterarten: Körper-, Flügel- und Schwanzmaße variieren bei allen.

• Bei der Färbung gibt es relative Unterschiede, die in verschiedener Literatur (selbst in der Typus-Beschreibung von *mesotypus*) falsch wiedergegeben werden.

• Die Oberseite ist in allen drei Unterarten variabel grün, wobei *senegalus* durchschnittlich den dunkelsten Grünton aufweist.

• Bei der Unterseite gelten die bekannten, relativen Grobeinschätzungen: *senegalus* = gelb, *mesotypus* = orange, *versteri* = orangerot. Dabei ist die Färbung des Bauchgefieders bei *senegalus* gleichmäßig, bei *mesotypus* und *versteri* eher fleckig.

• Ohne Ortsangaben sind Einzelexemplare nicht eindeutig einer genauen Unterart zuzuordnen. Die Färbungen der Unterarten überlappen und sind allein nicht aussagekräftig.

• Es gibt eindeutige Unterschiede, an denen man Männchen und Weibchen bei Mohrenkopfpapageien unterscheiden kann. Die beiden wichtigsten Merkmale sind die Färbung der Unterschwanzdecken (nicht der Schenkel) sowie die Ausdehnung des grünen Dreiecks auf der Brust. Hinzu kommen allgemein bekannte Unterschiede wie Kopfform und Schnabelgröße.

Namenserklärung: *senegalus* = aus dem Senegal stammend; *mesotypus* = vom mittleren (mesos) Typ (Typus), Zwischenform; *versteri* = benannt nach Florentius Abraham Verster von Wulverhorst (1826-1923), der von 1860 bis 1920 Verwaltungsleiter des Reichsmuseums für Naturgeschichte in Leiden/NL war.

2. Identifizierung

Färbung adulter Tiere: grün; Kopf grau bis dunkelgrau, Ohrdecken mit leicht silbernem Anflug; Ausdehnung des grünen Brustdreiecks verhältnismäßig klein; Unterbrust und Bauch gelb bis orangegelb; Flügel grün, Schwingen schwarz braun mit grünem Außensaum, hellgelbe Unterflügeldecken, Schwanz bräunlich grün, Unterschwanzdecken rein gelb; nackter Augenring und Schnabel schwarz, Iris gelb bis orangegelb, (bei Innenhaltung ohne direktes Sonnenlicht bleibt die Iris weißgrau); Füße dunkelgrau; Schnabel ist beim Männchen relativ groß, die Kopfplatte flach.

mesotypus

versteri

Unterscheidung der Geschlechter: Weibchen wie Männchen, aber Schnabel schmaler und kürzer, Kopfplatte rundlicher; Ausdehnung des grünen Brustdreiecks signifikant größer (2-2,5 cm); Unterschwanzdecken grün, gelb überhaucht oder ganz grün, nie rein gelb.

Jungvogelfärbung: Nestlinge mit weißem, später hellgrauem Dunenkleid; Jungvögel mit matteren Farben; Schnabel und Füße heller; Iris schwarz, später grau (Umfärbung ab drei Monaten).

Vergleich mit ähnlichen Arten: Einzige *Poicephalus*-Art mit gelbem Bauch. Am ähnlichsten ist der Rotbauchpapagei (*P. rufiventris*), der aber kein Grün auf der Brust hat und außerdem eine rote, nicht gelbe Iris.

3. Unterarten

a. *Poicephalus s. senegalus* (Linné 1766)

Gelbbauch-Mohrenkopfpapagei, Gelbbauch-Senegalpapagei, Linnés Mohrenkopfpapagei

Merkmale: Grün auf Rücken und Flügeln variabel und relativ dunkel; Unterbrust und Bauch gleichmäßig gelb.

Verbreitung: nordwestlicher und zentralnördlicher Teil des Verbreitungsgebiets: äußerstes SW-Mauretanien, Senegal, Gambia, Guinea, Guinea-Bissau, N-Guinea, SW-Mali, Burkina Faso, SW-Niger, NW-Nigeria.

b. *Poicephalus s. mesotypus* Reichenow 1910

Orangebauch-Mohrenkopfpapagei, Reichenows Mohrenkopfpapagei, Orangebauch-Senegalpapagei

Merkmale: Das Grün auf Rücken und Flügeln ist variabel, aber heller als bei *senegalus*; Unterbrust und Bauch sind fleckig orange (heller als bei *versteri*); die Unterflügeldecken sind gelb.

Verbreitung: nordöstlicher und östlicher Teil des Verbreitungsgebiets: S-Niger, Z- und O-Nigeria, N-Kamerun und äußerster SW-Tschad.

c. *Poicephalus s. versteri* Finsch 1863

Rotbauch-Mohrenkopf, Finschs Mohrenkopfpapagei, Rotbauch-Senegalpapagei

Merkmale: Grün auf Rücken und Flügeln variabel, aber insgesamt heller als bei *senegalus*; Unterbrust und Bauch fleckig tief orangerot; Unterflügeldecken gelb.

Verbreitung: südwestlicher und zentralsüdlicher Teil des Verbreitungsgebiets der Art: Elfenbeinküste, Ghana, Togo, Benin, W-Nigeria.

4. Natürliches Vorkommen

Lebensraum: Tiefland bis 1.000 m, hauptsächlich Savannen mit Baumbestand, Savannenwälder und offene Waldgebiete, gerne in der Nähe von Wasser, aber auch in dichten, geschlossenen Wäldern anzutreffen; besuchen regelmäßig Anbaugebiete, Obst- und Getreideflächen; bei Nahrungsmangel Kulturfolger bis in die Orte hinein.

Verhalten: meist in Paaren oder Gruppen von 10-20 Vögeln, größere Schwärme nur bei reichhaltigem Nahrungsangebot; weitgehend ortsbeständig, nur gelegentliche Wanderungen; allgemein gesellig, auffällig und laut, aber Menschen gegenüber scheu und mit großer Fluchtdistanz; Flug direkt, aber nicht sehr schnell; großes Stimmrepertoire, von kurzen, hohen Schreien bis zu leisen Pfeiftönen.

Status: laut historischer Literatur früher ausgesprochen häufig, heute weitverbreitet und immer noch häufig, allerdings mit örtlichen Bestandsschwankungen; wurde früher in riesigen Mengen gefangen und exportiert; Situation heute nicht abschließend geklärt, da es keine umfassende aktuelle Einschätzung der Gesamtpopulation gibt; Rückgänge der westlichen Populationen vor allem in Senegal, Guinea und Mali, bei den östlichen Populationen in S-Niger, Nigeria und N-Ghana (Martin et al. 2015); als Savannenvogel profitiert die Art möglicherweise von der Abholzung größerer Waldgebiete; in der Nähe großer Städte gibt es kleinere Vorkommen von entflogenen Vögeln (Accra, Ghana; Monrovia, Liberia).

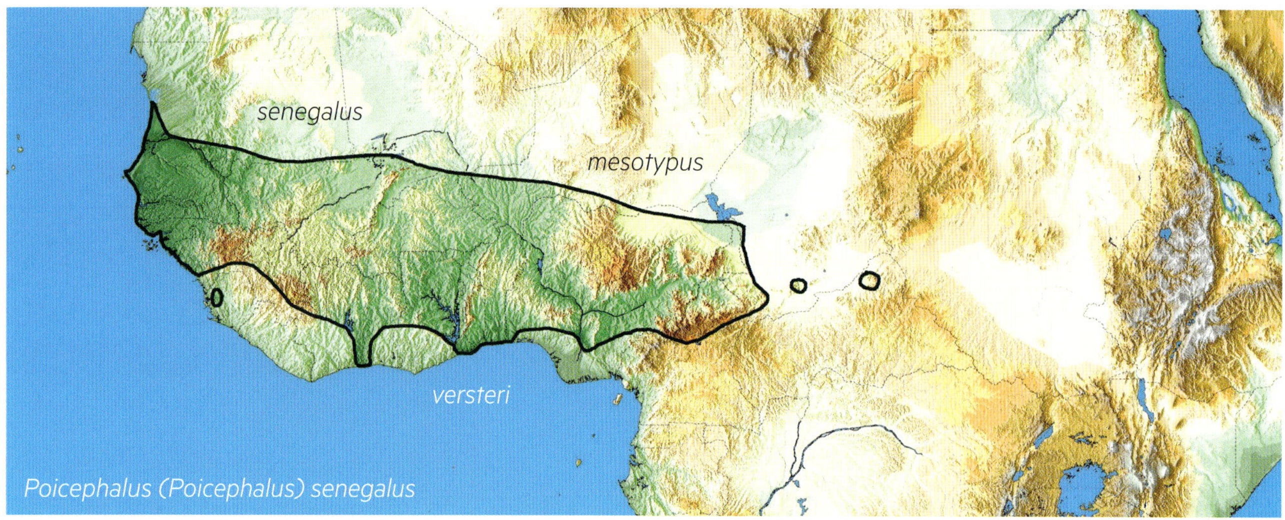

Poicephalus (Poicephalus) senegalus

5. Vorkommen in menschlicher Obhut

Häufigkeit: von allen Langflügelpapageien am häufigsten gehalten – sowohl als Heimtier wie auch als Zuchtvogel; ruhige Vögel mit angenehmem Wesen; Wildfänge bleiben oft scheu, Nachzuchten werden schnell sehr zahm; durchschnittliches, nicht ausgeprägtes Nachahmungstalent; gegenüber anderen Vögeln meist friedlich.

Mindestanforderungen der Unterbringung: Metallvoliere (mindestens 3 x 1,5 x 2 m) mit mäßig beheiztem, zumindest frostfreiem Schutzhaus; Käfighaltung nur mit täglichem Freiflug.

Züchtbarkeit: schon seit Anfang der 80er Jahre mit zunehmendem Erfolg nachgezüchtet; Brutreife mit 2-4 Jahren; während der Brut stark verändertes Verhalten möglich: Nistkontrollen werden manchmal verübelt; selbst zahme Vögel können sehr aggressiv werden; Umsetzen eines erprobten Paares vermeiden.

senegalus Jungvogel

6. Hilfreiche Literatur

Buchmüller B (2011). Meine Erfahrungen mit der Zucht von Mohrenkopfpapageien. PAPAGEIEN 24(12), pp. 410-414.

Demery ZP, J Chappell J & GR Martin (2011). Vision, touch and object manipulation in Senegal parrots *Poicephalus senegalus*. Proc. Roy. Soc. B. 278, pp. 3687–3693.

Gäbert H & A Gäbert (1990). Zur Brutbiologie der Mohrenkopfpapageien (Teil 1 und 2). Gefiederte Welt 114(4+5), pp. 103-105 & 140-144.

Kurzinfos zum Mohrenkopfpapagei		
Größe: 22-23 (21-24) cm	**Gelege pro Jahr:** 2 pro Jahr möglich	**Flugbedürfnis:** ausgeprägt
Gewicht: 155 (120-180 g), (n = 22)	**Gelegegröße:** 3-4 (2-5) Eier	**Nagebedürfnis:** groß
Ringgröße: 7-7,5 mm	**Brutdauer:** 25-26 (19-28) Tage	**Badebedürfnis:** groß
Erstzucht: Dänemark 1956	**Nestlingszeit:** 63-77 Tage	**Aggressivität:** während der Brut stark
Eimaße: *senegalus* 28,2 (27,2-29,0) x 23,9 (22,0-24,8) mm, (n = 10); *mesotypus* 28,7 (28,1-29,3) x 23,6 (23,4-23,7) mm, (n = 3); *versteri* 28,7 (27,8 -30,7) x 23,7 (22,0-24,1) mm, (n = 5)	**Selbständigkeit:** nach zwei Wochen	**Stimme:** nicht unangenehm

Kooten A van & L Klemens (2015). Het bonte boertje, een aanrader. Parkieten Societeit 48(3), pp. 72-79.

Liu H, Yang Y, Xu N, Chen R, Fu Z & S Huang (2019). Characterization and comparison of complete mitogenomes of three parrot species (Psittaciformes: Psittacidae). Mitochondrial DNA Part B 4(1), pp. 1851-1852.

Wagener V & W Lantermann (1990). Die afrikanischen Großpapageien. Natur-Verlag, Augsburg, pp. 48-62.

Wagner RK (2001). Unser Mohrenkopfpapagei – Heimvogel-Haltung und Zucht von Langflügelpapageien. Verlag Michael Biedenbänder, Dietzenbach, pp. 1-127.

Wagner RK (2005). Der Mohrenkopfpapagei – eine Untersuchung von Bälgen in ausgewählten naturkundlichen Museen (Teil 1-3). PAPAGEIEN 18(10-12), pp. 348-353, 380-385 & 416-419.

Poicephalus (Poicephalus) rufiventris (Rüppell 1845)

Rotbauchpapagei

englisch: Red-bellied Parrot, (African) Orange-bellied Parrot, Red-breasted Parrot, Abyssinian Parrot; *pallidus*: Somaliland Red-bellied Parrot

französisch: Perroquet à ventre rouge, Perroquet à poitrine rouge, *pallidus:* Perroquet à ventre rouge de Somalia

spanisch: Lorito Ventrirrojo, Loro Abisinio

niederländisch: Roodbuikpapegaai

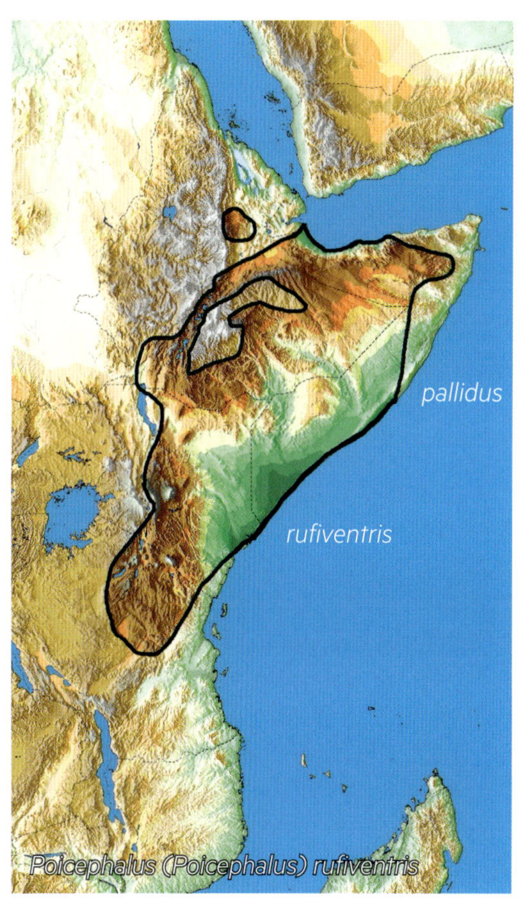

1. Systematik und Taxonomie

Systematik: Der Rotbauchpapagei gehört eindeutig zur Gattung *Poicephalus* und darin zu den kleineren Arten der Untergattung *Poicephalus*. Sein nächster Verwandter dürfte der Mohrenkopf- oder Senegalpapagei (*P. senegalus*) sein, dessen östlicher Vertreter er ist. Von diesem unterscheidet er sich jedoch durch einen signifikanten Geschlechtsdimorphismus, der bei *P. senegalus* lediglich schwach ausgeprägt ist. Beim Rotbauchpapagei werden allgemein zwei Unterarten unterschieden: die dunklere Nominatform *rufiventris* sowie die blassere Unterart *pallidus*.

Taxonomie: Vom Rotbauchpapagei sind lediglich drei Taxa beschrieben, sodass die Taxonomie insgesamt einfach und überschaubar ist:

Rüppell beschrieb die Nominatform 1845 zusammen mit *P. flavifrons* (siehe auch dort). Zumeist wird die Art unter dem Namen *Pionus rufiventris* zitiert und als Quelle Rüppells „Systematische Übersicht der Vögel Nordost-Afrika's", pp. 83-84 angegeben. Es existiert allerdings eine frühere Publikation in der Zeitschrift „Museum Senckenbergianum", 3(2), pp. 125-126, die aber im Wesentlichen identisch ist: Hier wird die Art unter der Bezeichnung *Psittacus* (*Pionus*) *rufiventris* beschrieben. Rüppell gibt zunächst eine kurze lateinische Diagnose eines männlichen, adulten Vogels, gefolgt von einer ausführlicheren Beschreibung in deutscher Sprache: Die Art sei in der Statur wie *P. senegalus*, habe aber einen größeren Schnabel. Es folgen Angaben zu verschiedenen Gefiederpartien sowie die Färbung von Schnabel und Füßen. Dann gibt Rüppell verschiedene Körpermaße sowie die Jungvogelfärbung und die Herkunft der Art aus der Provinz Schoa in Abessinien an. – In der zweiten Beschreibung aus dem gleichen Jahr erhält die Art den deutschen Namen Rothbäuchiger *Pionus*-Papagei und wird auf einer Farbtafel dargestellt. Außerdem

rufiventris *pallidus*

werden ergänzende Textpassagen hinzugefügt (mennigrote Unterflügel, sowie Maße der Flügel und Füße). Rüppell merkt an, dass beide von ihm beschriebenen Arten „scharenweise" vorkommen müssen, da sie in den Naturaliensendungen aus Abessinien zahlreich zu finden seien. (Das Senckenberg-Museum in Frankfurt/M. besitzt allein 33 Bälge.)

Reichenow beschreibt 1887 im Journal für Ornithologie 35, p. 55 in Deutsch ein adultes Weibchen unter dem Namen *Poeocephalus simplex*. Er gibt die Färbung der verschiedenen Gefiederpartien wieder sowie die der Iris („gelblichroth"), des Schnabels und der Füße. Es folgen die Körpermaße von gesamtem Körper, Flügeln, Schwanz und Füßen. Das Typus-Exemplar stammt von Serian, östlich des Lake Victoria in Nord-Tansania. Abschließend weist Reichenow darauf hin, dass es sich bei *simplex* möglicherweise um das Weibchen von *rufiventris* handele, obwohl es signifikant anders gefärbt ist. Darum benennt er das Taxum nur unter Vorbehalt als eigenständige Art.

Victor Gurney Logan van Someren (1886-1976) beschreibt 1922 in seinen „Notes on the Birds of East Africa" (Novitates Zoologicae 39, p. 46-47) in englischer Sprache die Unterart *P. rufiventris pallidus*. Er macht nur relativ kurze Angaben zu den unterschiedlichen Formen, gibt aber eindeutige Diagnosen zu seinen Einschätzungen. Er unterscheidet drei bis vier Unterarten:

• *rufiventris*: oberseits dunkel, Unterrücken und Bürzel grünlich gelb, bläulich überhaucht; N-Äthiopien (Abessinien und Blauer Nil).

• ? subsp. (intermediär): oberseits nicht so dunkel; Schnabel klein, Unterrücken und Bürzel stärker bläulich; Flügel 140-155 mm; S-Äthiopien. (Dieser fraglichen Form gibt van Someren keinen wissenschaftlichen Namen.)

• *pallidus*: viel blasser, Schnabel klein, Unterrücken und Bürzel leuchtender blau, Bauchseiten blau, Flügel 145-155 mm; N-Somalia.

• *simplex*: größer und dunkler als Vögel von N-Somalia, viel kräftigere Schnäbel, Unterrücken und Bürzel grün, bläulich überhaucht, Flügel 150-163 mm; Tansania (Tanganyika) und Kenia (basierend auf 13 männlichen und weiblichen Bälgen).

Auch Hartert (1924) unterstützt eine Aufteilung auf drei Unterarten, die er für klar unterscheidbar hält (*simplex*, vor allem aufgrund des größeren Schnabels). Peters (1937) dagegen führt *simplex* nur noch als zweifelhafte Unterart auf. Derzeit werden meist nur zwei Unterarten anerkannt: die dunklere Nominatform *rufiventris* aus dem Westen des Verbreitungsgebietes und die blassere östliche Unterart *pallidus*. Manche Autoren stellen selbst *pallidus* infrage, obwohl diese Unterart anhand von Balgserien mit entsprechenden Herkunftsangaben eindeutig unterscheidbar ist.

Wir führen hier lediglich dir Nominatform und die Unterart *pallidus*, da die Beurteilung von *simplex* noch unklar ist.

Namenserklärung: *rufiventris* = mit rotem (rufus) Bauch (venter); *pallidus* = blass, bleich; *simplex* = einfach.

2. Identifizierung

Färbung adulter Tiere: Kopf, Rücken und Flügel graubraun, auf Wangen und Brust mehr oder weniger orange verwaschen; Unterrücken gelbgrün mit bläulichem Anflug; Unterbrust, Bauch und Unterflügeldecken orange; Unterschwanzdecken und Schenkel blassgrün; Zügel, Wachshaut, nackter Augenring und Schnabel schwärzlich; Iris rot; Füße grau.

Unterscheidung der Geschlechter: Weibchen wie Männchen, jedoch ohne orangefarbene Gefiederpartien; Brust und Bauch grün, Unterflügeldecken grau; Unterrücken ohne bläulichen Schimmer; Schnabel deutlich kleiner.

Jungvogelfärbung: Nestlinge zunächst mit dichten weißen, später grauen Dunenfedern, Jungvögel wie Altvögel, aber insgesamt blasser, generell mit orangefarbenen Unterflügeldecken und dunkelbrauner Iris; meist ähneln beide Geschlechter dem Jungmännchen, Stirn variabel orangefarben, Umfärbung mit 10 Monaten abgeschlossen; weniger oft haben Jungvögel nur eine grünliche Bauchfärbung und zeigen keine orangefarbenen Gefiederpartien. Die Färbung der Jungvögel sagt jedoch nichts über das Geschlecht aus. Als Indikator kann allenfalls die Intensität der Orange- oder Grünfärbung angesehen werden, die bei den jungen Weibchen generell viel blasser sein soll.

Vergleich mit ähnlichen Arten: Männchen ähneln dem Rotbauch-Mohrenkopfpapagei (*P. senegalus versteri*), haben jedoch eine braungraue, nicht grüne Oberseite und Brust; Weibchen ähneln dem Braunkopf- oder Niam-Niam-Papagei (*P. cryptoxanthus* bzw. *P. crassus*), sind jedoch unterseits überwiegend braungrau, nicht grün; das Grün des Unterbauches ist auch deutlich fahler; außerdem haben Rotbauchpapageien eine rote, nicht gelbe Iris; im Vergleich zum Meyers Papagei (*P. meyeri*) fehlen den Weibchen jegliche gelbe Gefiederpartien.

rufiventris Jungvögel

Jungvögel beiderlei Geschlechts sehen zumeist so aus wie der rechte Vogel, junge Weibchen nur selten wie der linke Vogel

3. Unterarten

a. *Poicephalus (Poicephalus) r. rufiventris* (Rüppell 1845)

Äthiopischer Rotbauchpapagei, Dunkler Rotbauchpapagei

Merkmale: wie *pallidus*, jedoch alle Gefiederpartien kräftiger gefärbt.

Verbreitung: Zentral-Äthiopien südwärts über Kenia bis Nordost-Tansania.

b. *Poicephalus (Poicephalus) r. pallidus* van Someren 1922

Somalia-Rotbauchpapagei, Blasser Rotbauchpapagei

Merkmale: wie *rufiventris*, jedoch alle Gefiederfärbungen blasser.

Verbreitung: Ost-Äthiopien südwärts bis Süd-Somalia.

Anmerkung: Die Bezeichnungen Nördlicher und Südlicher Rotbauchpapagei, die teilweise in der Literatur genutzt werden, sind wenig hilfreich, da die Nominatform vom Norden bis zum Süden des Verbreitungsgebiets vorkommt, während *pallidus* lediglich im Nordosten des Verbreitungsgebiets zu finden ist.

4. Natürliches Vorkommen

Lebensraum: trockene und halbtrockene Savannen, Dornbuschgebiete und Akazienbuschlandschaften, vor allem mit Affenbrotbäumen, zwischen 800 m und 1.400 m Höhe; zur Reifezeit der Feigenfrüchte auch bis 2.000 m; fallen in Mais- und Getreide-Anbaugebiete ein; meiden dichtere Wälder in Flussnähe und Küstenregionen.

Verhalten: meist in Paaren oder kleinen Gruppen von 4-8 Vögeln, in größeren Gruppen nur bei üppigem Nahrungsangebot oder an

Kurzinfos zum Rotbauchpapagei		
Größe: 22-25 cm	**Gelege pro Jahr:** oft 2	**Flugbedürfnis:** sehr ausgeprägt
Gewicht: 130 (110-150) g	**Gelegegröße:** 3-4 (2-6) Eier	**Nagebedürfnis:** sehr ausgeprägt
Ringgröße: 7mm	**Brutdauer:** 26-28 (24-31) Tage	**Badebedürfnis:** gering
Erstzucht: 1974, Mozambik	**Nestlingszeit:** 60-70 (55-84) Tage	**Aggressivität:** gelegentlich in der Absetzphase ggü. Jungvögeln
Eimaße: 27,7 (26,6-30,5) x 23,5 (22,5-24,8) mm (n = 8)	**Selbständigkeit:** nach 3-4 Wochen	**Stimme:** meist leise, gelegentlich schrill

Wasserstellen, dort leicht zu beobachten; weitestgehend ortsbeständig, aber saisonale Wanderungen bei Nahrungsknappheit; Brut in lockeren Kolonien, brüten in Baumhöhlen, aber auch in Termitenbauten; meist unauffällig und scheu, dennoch lebhaft und agil; schneller, direkter Flug mit schrillen Kontaktrufen.

Status: weitverbreitet und relativ häufig, Bestände stabil; Gesamtpopulation allerdings bislang nicht ermittelt.

5. Vorkommen in menschlicher Obhut

Häufigkeit: Wurden früher nur sehr selten nach Europa importiert, seit Ende der 70er Jahre in kleinen Zahlen, aber mit hohen Verlusten; heute einigermaßen stabile Bestände; gelten als gute Sprecher und starke Persönlichkeiten, die beschäftigt werden wollen, sind aber keine Schreier; Importvögel scheu und sehr stressanfällig, nicht einfach an neue Nahrung zu gewöhnen; nach der Eingewöhnung robust und ausdauernd, Jungtiere werden leicht zutraulich.

Mindestanforderungen der Unterbringung: Metallvoliere von mindestens 3 x 1 x 2 m mit mäßig beheiztem Schutzhaus (anfangs bei 20°C, später um 10° C); zur Eingewöhnung große Kistenkäfige als Schutzraum hilfreich; dauerhaft Nistkasten als Schlafgelegenheit anbieten.

Züchtbarkeit: nicht immer leicht zu züchten, nur für erfahrene Halter; Brutreife mit 3-5 Jahren, Paar separat halten, harmonierendes Paar sehr wichtig; Jungvögel werden manchmal schlecht gefüttert und müssen dann entweder zugefüttert oder von Hand aufgezogen werden; bei scheuen Vögeln Nistkastenkontrollen vermeiden, sonst Verlassen der Brut möglich; Bruterfolge nehmen in jüngerer Zeit erkennbar zu; Umfärbung mit 5-6 Monaten, mit 12-13 Monaten abgeschlossen.

6. Hilfreiche Literatur

Asmus J (2005). Rotbauchpapageien – interessante Vögel von schlichter Schönheit. Gefiederte Welt 129(11), pp. 330-333.

Hartert E (1924). Types of Birds in the Tring Museum. Novitates Zoologicae, vol. 31, pp. 122-123.

Peters JL (1937). Checklist of Birds of the World. Cambridge, vol. 3, pp. 228.

Van Kooten E (2015). Haltung und Zucht des Rotbauchpapageis. PAPAGEIEN 28(3), pp. 86-90.

Sarker S, Das S, Ghorashi SA, Forwood FK, Helbig K & SR Raidal (2018). The first complete mitogenome of red-bellied parrot (*Poicephalus rufiventris*) resolves phylogenetic status within Psittacidae. Mitochondrial DNA Part B, 3(1), pp. 195-197.

Poicephalus (Poicephalus) meyeri (Cretzschmar 1827)

Goldbugpapagei, Meyers Papagei

weitere Namen: Meyers Goldbugpapagei, Gelbschulterpapagei

englisch: Meyer's Parrot, Yellow-shouldered Parrot, (Sudan) Brown Parrot

französisch: Youyou de Meyer, Perroquet de Meyer

spanisch: Lorito de Meyer

niederländisch: Meyerpapegaai

1. Systematik und Taxonomie

Systematik: Der Goldbugpapagei hat von allen Langflügelpapageien der Gattung *Poicephalus* das größte Verbreitungsgebiet. Von daher hat er auch die meisten Unterarten entwickelt. Insgesamt wurden dreizehn Unterarten beschrieben, von denen aber nur sechs anerkannt werden.

Von den sieben nicht anerkannten Unterarten beziehen sich vier auf Versuche, das Verbreitungsgebiet der Nominatform noch weiter zu unterteilen: *xanthopterus* im äußersten Westen, *adolfifriderici* im Westen und *erythreae* und *abessinicus* im Nordosten. Die Unterart *virescens* reicht vom östlichen Verbreitungsgebiet von *meyeri* bis in den Norden des Verbreitungsgebietes von *saturatus*, die Unterart *nyansae* findet sich im nördlichen Bereich von *saturatus* und *neavei* schließlich liegt im Verbreitungsgebiet von *matschiei*. – Diese Aufteilung hat sich jedoch nicht als sinnvoll erwiesen, da sich die Merkmale dieser vorgeschlagenen Unterarten teilweise überschnitten und sogar dieselben Bälge als Typus-Exemplare verschiedener Unterarten verwendet wurden. Von daher fand diese Einteilung keine Zustimmung.

Generell akzeptiert wurde dagegen der Entwurf von Neumann, der vier der derzeit gebräuchlichen sechs Unterarten beschrieben hat. Aber auch für Experten ist es manchmal noch schwierig, einzelne Vögel zweifelsfrei zu identifizieren.

Taxonomie: Philipp Jakob Cretzschmar beschrieb 1827 im „Atlas zu der Reise im nördlichen Afrika von Eduard Rüppell, Vögel" auf Seite 18-19 und Farbtafel 11 die Nominatform des Goldbugpapageis unter dem Namen *Psittacus Meyeri* und nennt ihn im Deutschen „Grünbäuchiger Papagey". (Cretschmars Teil am Atlas ist zwar mit 1826 datiert, wurde aber erst 1827 veröffentlicht.) Er gibt zunächst eine knappe Diagnose in lateinischer Sprache, danach in deutscher Sprache einige Körpermaße (umgerechnet Gesamtlänge 17,8 cm, Flügel 13,7 cm und Fuß 2 cm) und schließlich eine ausführliche Beschreibung aller relevanten Körperteile (Kopf, Hals und obere Brust bräunlich grau, Oberseite olivbraun, teilweise mit grünlichem Anflug, Flügelbug, Unterflügeldecken und Schenkel schwefelgelb, Unterseite glänzend grün, Bürzel leuchtend meergrün, Füße, Augenring und Wachshaut schwarz, Schnabel dunkel hornfarbig, Iris pommeranzengelb). Von der Statur vergleicht er ihn mit *P. senegalus* und nennt als „Vaterland" Kordofan (= Provinz in Zentral-Sudan), wo Rüppell fünf Exemplare gesammelt hatte. Dann gibt er an, dass die Vögel in kleinen Gesellschaften in Waldbezirken um Wohngebiete und Felder anzutreffen seien, sich hauptsächlich von Beeren ernähren und bei den Arabern „Schilling" heißen. Anschließend folgt eine ausgiebige Lobeshymne auf „Hofrath Med. Dr. Meyer", der das Sen-

meyeri

meyeri Jungvogel

ckenberg-Museum in Frankfurt/M., an dem Cretzschmar arbeitete, sehr förderte. Die beigefügte Tafel 11 zeigt einen Vogel der Nominatform aus dem „Mus. Francof." (= Frankfurt/M.)

Theodor von Heuglin veröffentlichte 1863 in „Ornithologische Beobachtungen aus Central-Africa" (Journal für Ornithologie, Jg. 11, p. 270-271) in lateinischer Sprache die Art *Phaeocephalus xanthopterus*. Sie ähnelt am meisten *P. rueppellii* aus West-Afrika. Dann beschreibt Heuglin die Art ausgiebig (Kopf und Oberseite graubraun, teilweise grün überhaucht; zwischen Scheitel und Stirn, an Schulter, Flügelrand, Unterflügeldecken und Schenkel schön gelb, am Unterrücken malachitgrün, Unterseite grün bis blaugrün, Unterschwanzdecken grün, Unterflügel zum Körper hin rußfarben). Anschließend gibt er einige Körpermaße (Gesamtlänge umgerechnet 19,5 cm, Schnabel 2 cm, Flügel 14 cm, Schwanz 6 cm, Fuß 1,2 cm). Abschließend merkt er in deutscher Sprache an, dass die Vögel paarweise und in kleinen Gesellschaften vorkommen und auf Hochbäumen nicht selten sind. Als Herkunftsort gibt er „Wau und Bongo zwischen den Flüssen Djur und Kosanga in Central-Africa" an (entspricht dem Südwesten des Tschad, des äußersten westlichen Endes des Verbreitungsgebietes). – Dieses Taxon scheint allgemein in der Literatur vergessen zu sein. Es wird praktisch nirgendwo als eigenständiges Taxon geführt.

Oskar Neumann beschrieb 1898 in deutscher Sprache im Journal für Ornithologie, Seite 501-502 die Taxa *matschiei*, *damarensis* und *reichenowi*, damals noch als Arten, die aber heute durchgängig als Unterarten eingestuft werden. Zunächst charakterisiert er die Nominatform, die einen gelblich grünen Bürzel und eine rein grüne Unterseite habe und deren Flügel 145-151 mm lang sind. Dann macht er geographische Angaben und benennt 7 weitere Bälge, die er der Nominatform zuordnet. – Anschließend beschreibt er *matschiei* auf der Grundlage von 8 Jungvogelbälgen (dieser Umstand erklärt, warum er bei *matschiei* das breite gelbe Kopfband nicht erwähnt), die im Vergleich zur Nominatform dunkler seien, blaue Bürzel und blaugrüne Unterseiten hätten sowie eine ähnliche Flügellänge (146-152 mm) wie die Nominatform. – Das folgende Taxon *damarensis* unterscheide sich von *matschiei* lediglich durch längere Flügel (160-165 mm) und eine stärker blaue Unterseite. Als Beleg dafür nennt er zwei Bälge aus Südwest-Afrika. – Schließlich beschreibt er *reichenowi*, die eine viel dunklere Oberseite habe, unterseits dagegen wie *matschiei* gefärbt sei und niemals einen gelben Scheitel aufweise. Er gibt die Flügellänge an (153-160 mm) und nennt als Verbreitungsgebiet Nord-Angola sowie „vermutlich das ganze Kongo-Gebiet". Grundlage für die Beschreibung sind 9 Bälge.

Ein Jahr später, 1899, veröffentlicht Oskar Neumann in den Ornithologischen Monatsberichten, Jahrgang 7, p. 25, in deutscher Sprache zwei weitere Unterarten, nun bereits als Unterarten von *P. meyeri*. – Zunächst beschreibt er *erythreae*: Die Unterart habe einen bläulich meergrünen Bürzel, sei oberseits olivgrün angehaucht (wie die Nominatform), aber unterseits mehr bläulich und mit ähnlicher Flügellänge (140-150 mm). Als Herkunft gibt er „Bogos Land, Anseba-Fluss" (= Norden Eritreas) an. – Die folgende Unterart, *transvaalensis*, sei *erythreae* sehr ähnlich und unterscheide sich lediglich durch den geringeren olivgrünen Anflug auf der Oberseite und längere Flügel (148-160 mm). – Es folgen abschließende Angaben zu entsprechenden Serien in Museen (*erythreae* und *transvaalensis* in Tring, *meyeri*, *matschiei* und *reichenowi* in Berlin) und der Hinweis auf die Validität anhand dieser Serien.

Richard Bowdler Sharpe beschrieb 1901 im Bulletin of

Nicht anerkannte Unterarten						
	abessinicus	***erythreae***	***adolfifriderici***	***virescens***	***nyansae***	***neavei***
Beschreibung	Zedlitz 1908	Neumann 1899	Grote 1926	Reichenow 1902	Neumann 1908	Grant 1914
Verbreitung	Grenze Eritrea - Äthiopien	N-Eritrea	S-Tschad bis NO-Kamerun	Eritrea bis SW-Kenia	N-Uganda, SW-Kenia	SW Dem. Rep. Kongo, N-Simbabwe
heute zu ...	*meyeri*	*meyeri*	*meyeri*	*meyeri/saturatus*	*saturatus*	*matschiei*
Anmerkungen	Synonym lt. Grant 1915	1908 von Neumann zurückgezogen	valide? Passt nicht zu *meyeri*!	Synonym lt. Neumann 1908	Synonym lt. v. Someren 1922	Synonym für *matschiei*
Typus-Exemplar	Tacazze River, Äthiopien	Kokai, Anseba River, Bogosland	Badingoua, Mitte Zentralafrik. Rep.	Kavirondo, W-Kenia	Unyoro, Uganda	Kaluli Valley, Belgisch Kongo
Museum	ZMB Berlin (2 Bälge)	NHMUK Tring (1 Balg)	SMF Frankf. (1)/ ZMB Berlin (1)	ZMB Berlin (10) ?	NHMUK Tring (1)	NHMUK Tring (1)
Grundfärbung	bräunlich	graubraun	generell dunkler als *saturatus*	dunkler graubraun	dunkler braun als *meyeri*	generell dunkler als *saturatus*
Rücken/Flügel	bräunlich	graubraun	bräunlich	schwärzlich	schwärzlich	schwärzlich
Kopf	ausgedehnter gelber Fleck	gelber Halbmond	breites gelbes Scheitelband	gelber Scheitel, viel Gelb	gelber Scheitel, viel Gelb	gelber Scheitel, viel Gelb
Brust / Bauch	grün, kaum blau	bläulicher	grasgrün	reiner grün, nicht blaugrün	grün, gelb überhaucht	blauer als *saturatus*
Bürzel	grünlich	bläulich meergrün	hellblau bis blau	grünlich	rein grün	blau
Größe	21 cm	21 cm	21 cm	22 cm	22 cm	22 cm
Gewicht	keine Angaben	110-120 g	keine Angaben	keine Angaben	keine Angaben	120-125 g

the British Ornithologists' Club, Jg. 11, p. 67, in lateinischer Sprache „*Poeocephalus saturatus*". Er vergleicht das Typus-Männchen mit *P. meyeri* und den verwandten Unterarten, gibt eine kurze Diagnose der verschiedenen Gefiederpartien (oberseits satt braun, kaum gräulich, mit olivgrünem Hauch, Unterrücken und Bürzel smaragdblau, Unterschwanzdecken gelbgrün, Brust und Bauch smaragd-grasgrün) und einige Größenangaben (umgerechnet Gesamtlänge etwa 20,5 cm, Schnabel gut 20 mm, Flügel 145 mm, Schwanz 65 mm, Lauf 15 mm). Abschließend gibt er als Herkunftsort North-Ankole (SW-Uganda) und das Sammlungsdatum des Typus-Balges.

Anton Reichenow beschreibt 1901 in deutscher Sprache in „Die Vögel Afrikas", Band 2, Halbband 1, alle bis dahin bekannten Unterarten. Auf Seite 12 führt er neu die Unterart *virescens* ein. Sie sei unterseits im Vergleich zur Nominatform deutlich grüner, weniger blaugrün, habe gelbgrüne Unterschwanzdecken, grünlichen, nicht bläulichen Bürzel und Oberschwanzdecken. Die Unterart bewohne das nordostafrikanische Küstenland von Schoa durch ganz Kenia bis Kawirondo im Südwesten und nach Nord-Uganda. – Außerdem weist er darauf hin, dass die Unterart *erythreae* mit blauerem Bürzel und blauerer Unterseite bei Neumann auf „Bogosland" (= N-Eritrea) beschränkt sei. Er finde aber, dass diese Vögel zu seiner Unterart *virescens* mit grünlicherem Bürzel und grünlicherer Unterseite von Kawirondo (SW-Kenia) zu zählen seien, weshalb er dieser auch einen neuen Namen gebe. Damit beansprucht er das ganze nordöstliche Verbreitungsgebiet des Goldbugpapageis für seine Unterart *virescens* und lässt *erythreae* nicht gelten.

1908 untersucht Oskar Neumann in den „Notes on African Birds in the Tring Museum" in der Zeitschrift Novitates Zoologicae (vol. 15, p. 383-385) noch einmal alle bis dahin bekannten Unterarten und führt in englischer Sprache die Unterart *nyansae* neu ein. Sie sei unterseits grün, wobei das Grün gelblich überhaucht und ohne jegliches Blau sei, und am Bürzel und Unterrücken grün, ebenfalls ohne jegliches Blau. Die Flügellänge beträgt 140-150 mm. Er beschreibt die Unterart für Uganda und SW-Kenia (Kawirondo). Reichenows Unterart *virescens* erklärt er aufgrund dessen Beschreibung zum Synonym seiner Unterart *erythreae*.

Otto Graf Zedlitz beschrieb 1908 in den Ornithologischen Monatsberichten, Jahrg. 16, p. 174-176, in deutscher Sprache ebenfalls die Unterarten von *P. meyeri* und führt dabei die Unterart *abessinicus* ein, die auf zwei Bälgen vom mittleren Tacazzé-Fluss aus seiner privaten Sammlung basiert. Die Unterseite sei bei diesen Vögeln grün mit wenig blau, die Oberseite bräunlich mit grünlichem Schimmer, Bürzel ähnlich dem typischen *meyeri* von Kordofan, allerdings grünlicher (wie auch insgesamt grünlicher), mit ausgeprägtem gelben Scheitelfleck. Flügel 138-148 mm, Verbreitung S-Eritrea und N-Abessinien.

meyeri Variation

saturatus

Claude Henry Baxter Grant beschrieb 1914 im Bulletin of the British Ornithologists' Club, vol. 35, p. 20-21 in englischer Sprache recht knapp die Unterart *neavei* vom Südosten der Dem. Rep. Kongo (Kaluli Valley). Sie ähnle am stärksten der Unterart *saturatus*, sei aber generell dunkler. Unterrücken und Bürzel seien außerdem blau wie bei *damarensis* und Brust und Bauch seien stärker blau als bei *saturatus*. Grant gibt dann einige Körpermaße (Schnabel 19 mm, Flügel 155 mm, Schwanz 57 mm, Fuß 12 mm) und als Typus-Exemplar ein Weibchen in Tring. Der Name sei zu Ehren des Sammlers S. A. Neave.

Die bislang letzte Unterart stammt von Hermann Grote. Er verfasste 1926 in deutscher Sprache im Journal für Ornithologie den Artikel „Die Gliederung des Formenkreises *Poicephalus senegalus*" und beschrieb im Teil II. (Die grünbäuchige „meyeri"-Gruppe) die neue Unterart *adolfifriderici*, die er eigenartigerweise *Poicephalus senegalus* zuordnete. Diese Unterart sei klein, „dunkel wie *neavei* und mit breitem gelben Scheitelband, aber Unterkörper nicht blaugrün, sondern grasgrün wie bei *saturatus* (‚*virescens*')". Die beiden Typus-Exemplare befinden sich im SMF Frankfurt/M. und ZMB Berlin. Sie stammen von Badingoua, im Gebiet des Flusses Schari in Französisch-Äquatorialafrika (heute Zentralafrikanische Republik).

Die zwei Unterartentabellen machen deutlich, wie komplex das Thema bei *P. meyeri* ist. Es gibt zwar eine riesige Anzahl von Bälgen in den Museen, aber eine letztlich schlüssige Unterarten-Aufteilung bleibt ausgesprochen schwierig, da es zwischen den anerkannten Unterarten natürlich auch Übergangsgebiete gibt, die Merkmale beider Unterarten aufweisen. – Die derzeitige Aufteilung scheint das zu sein, was einigermaßen zweckmäßig ist. Allerdings wäre es sinnvoll, die zur Nominatform gezählten Bälge noch einmal genauer zu untersuchen, da diese doch sehr variabel sind und die eine oder andere nicht akzeptierte Unterart möglicherweise doch valide ist.

Neben verschiedenen falschen Schreibweisen des Namens der Nominatform (*mayeri, mayerii*) existiert als nicht mehr nachzuvollziehendes Synonym noch der Name *Psittacus flavoscapulatus* (G. R. Gray 1849, ex Ehrenberg MS). Hin und wieder wird der Name *matschiei* fälschlich als *matchiei* geschrieben.

Namenserklärung: Namenserklärung: *meyeri* = nach Dr. Bernhard Meyer (1767-1836), einem Apotheker aus Offenbach, benannt. Er besaß eine große Sammlung von deutschen Vögeln und war ein ausgezeichneter Kenner der Vögel Europas.

saturatus = gesättigt, besonders farbintensiv.

matschiei = benannt nach Prof. Paul Matschie (1861-1926), einem Zoologen, der viele Jahre lang Leiter der Abteilung Säugetiere am Zoologischen Museum Berlin war.

reichenowi = benannt nach Prof. Dr. Anton Reichenow (1847-1941), der 43 Jahre am Zoologischen Museum Berlin arbeitete, davon 23 Jahre als Leiter der Abteilung Ornithologie.

damarensis = aus dem Damaraland, einem Landstrich in Namibia, stammend.

transvaalensis = aus dem Transvaal, einer Provinz Südafrikas, stammend.

xanthopterus = mit goldgelbem (xanthos) Flügel (pteron); *erythreae* = aus Eritrea kommend; *virescens* = grün (viridis) werdend; *nyansae* = Nyanza ist eine Provinz in Kenia; *abessinicus* = aus Abessinien kommend; *neavei* = benannt nach S. A. Neave, dem Sammler des Typus-Balges; *adolfifriderici* = benannt nach Herzog Adolf Friedrich zu Mecklenburg (1873-1969), auf dessen 2. Afrika-Expedition die Typus-Bälge gesammelt wurden; *flavoscapulatus* = mit gelben (flavus) „Schulterblättern" (scapulae);

2. Identifizierung

Färbung adulter Tiere: Kopf, Rücken und Oberbrust graubraun bis schwarzbraun, mit leicht olivgrünem Schimmer; Scheitel variabel braun, mit gelben Federn oder mit breitem, gelbem Band; unterer Brustbereich, Bauch und Unterschwanzdecken in der Regel variabel grün bis blau;

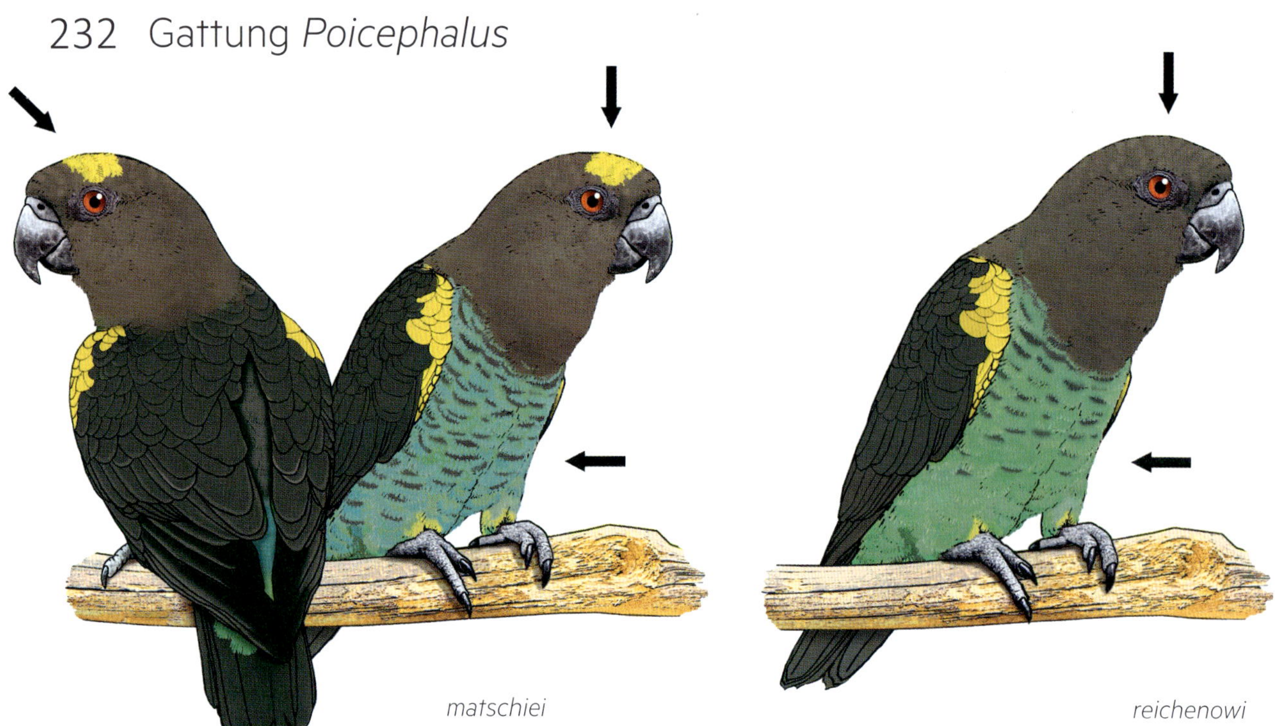

Unterrücken und Bürzel variabel türkisgrün bis tiefblau; Flügelbug, Unterflügeldecken und Schenkel gelb; Flügeldecken und Schwingen dunkelgraubraun; Schwanz oberseits braun, unterseits dunkelgrau; nackter Augenring schwarz; Schnabel schwarz, an der Basis des Oberschnabels heller; Iris orangerot bis rot; Füße grauschwarz, Nägel schwarz.

Unterscheidung der Geschlechter: Weibchen wie Männchen gefärbt.

Jungvogelfärbung: Nestlinge zunächst mit weißen, später mit hellgrauen Dunenfedern; Jungvögel insgesamt blasser und Flügeldecken mit breiten, blassgrünen Säumen; Gelb stark reduziert: fehlt auf Scheitel und Schenkeln, am Flügelbug und auf den Unterflügeldecken blasser gelb und mit Braun durchsetzt; Unterrücken und Bürzel in der Regel nicht blasser als beim Altvogel; Iris dunkelbraun, Umfärbung mit 12-18 Monaten abgeschlossen.

Vergleich mit ähnlichen Arten: *P. meyeri* unterscheidet sich von *P. crassus* und den Weibchen von *P. rufiventris* durch die gelben Färbungen an Kopf, Schulter und Schenkeln, von *P. cryptoxanthus* durch gelbe Schulterfedern sowie blauen Unterrücken, (bei den meisten Unterarten außerdem durch gelbe Färbung am Scheitel); unterscheidet sich von *P. senegalus* und den Männchen von *P. rufiventris* durch das Fehlen von orangefarbenen und roten Federregionen und von *P. rueppellii* durch die Kombination von gelben und grünen, nicht gelben und blauen Gefiederpartien. Unterscheidet sich von den größeren Arten *P. robustus, P. fuscicollis, P. gulielmi* und *P. flavifrons* durch die geringere Größe und das Fehlen jeglicher orangefarbener Gefiederpartien.

3. Unterarten

a. *Poicephalus (Poicephalus) m. meyeri* (Cretzschmar 1827)

Nördlicher Goldbugpapagei, Abessinischer Goldbugpapagei

englisch: Meyer's Parrot, Yellow-shouldered Parrot, Brown Parrot

französisch: Youyou de Meyer, Perroquet de Meyer

niederländisch: Meyerpapegaai

Merkmale: Kopf, Rücken und Oberbrust hell graubraun; auf dem Scheitel ein gelbes Band, das nicht immer durchgängig ist; Unterbrust und Bauch grün, teils mit bläulichem Schimmer; Unterbauch und Unterschwanzdecken gelbgrün mit blauem Schimmer; Schenkel hell gelblich grün; Unterrücken und Bürzel hellblau.

Jungvögel: oberseits mit grünen Säumen auf den Flügeldecken, unterseits blasser grün; noch ohne gelben Scheitel und gelbe Schenkel, Gelb an Schultern blasser und mit Braun durchmischt; Unterrücken und Bürzel blaugrün bis hellblau wie Altvögel.

Verbreitung: südlicher Tschad, nordöstliches Kamerun, Zentralafrikanische Republik, südlicher Sudan und westliches Äthiopien bis Nord-Eritrea.

Größe: 21 cm

b. *Poicephalus (Poicephalus) m. saturatus* (Sharpe 1901)

Uganda-Goldbugpapagei, Sharpes Goldbugpapagei

englisch: Uganda Yellow-shouldered Parrot, Uganda Brown Parrot

französisch: Perroquet de Meyer de l' Ouganda

niederländisch: Ouganda-Meyerpapegaai

Merkmale: wie *meyeri*, jedoch insgesamt in der Färbung deutlich kräftiger: Kopf, Oberbrust Rücken und Flügeldecken dunkler graubraun; durchgängiges gelbes Band auf Scheitel; Unterbrust und Bauch tiefgrün; Unterbauch und Unterschwanzdecken gelbgrün ohne blauen Schimmer; Schenkel gelblich grün; Unterrücken und Bürzel hellblau, zum Schwanz hin grünblau; größer.

damarensis

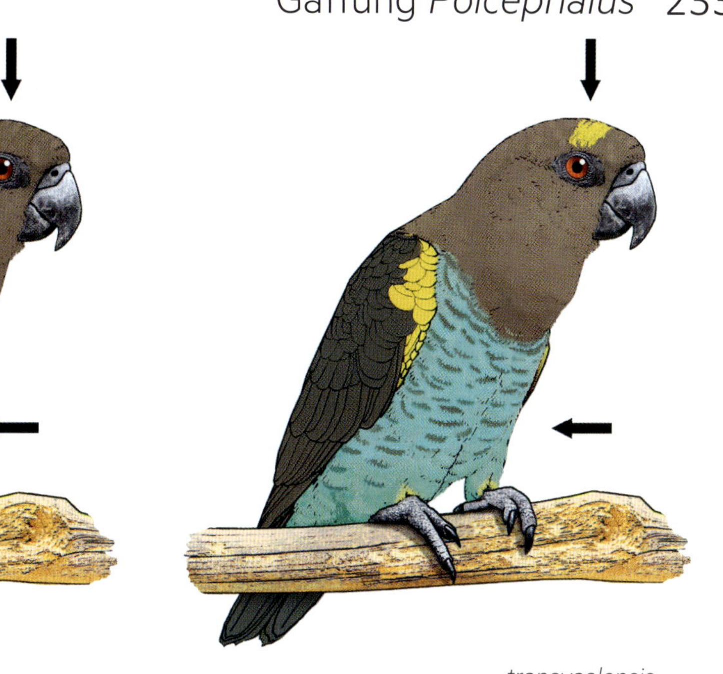

transvaalensis

Jungvögel: oberseits heller braun und mit grünen Säumen auf den Flügeldecken, unterseits blasser, mehr grasgrün; noch ohne gelben Scheitel und gelbe Schenkel; Gelb an Schultern blasser und mit Braun durchmischt; Unterrücken und Bürzel grünblau wie Altvögel.

Verbreitung: Länder um den Lake Victoria: Uganda, Ruanda, Burundi, Nordwest-Tansania und West-Kenia; Mischzone mit *matschiei* in Tansania.

Größe: 22 cm

c. *Poicephalus (Poicephalus) m. matschiei* Neumann 1898

Ostafrikanischer Goldbugpapagei, Matschies Goldbugpapagei

englisch: East-African Brown Parrot, Katanga Brown Parrot

Anerkannte Unterarten						
	meyeri	***saturatus***	***matschiei***	***reichenowi***	***damarensis***	***transvaalensis***
Beschreibung	(Cretzschmar 1827)	(Sharpe 1901)	Neumann 1898	Neumann 1898	Neumann 1898	Neumann 1899
Verbreitung	Im Norden, vom Tschad bis Äthiopien	Länder um den Victoria See	hauptsächlich in Sambia u. SO-Kongo (mittlerer O)	hauptsächlich in Angola (mittlerer Westen)	hauptsächlich in Namibia (Südwesten)	hauptsächlich in Simbabwe (Südosten)
Typus-Exemplar	Kordofan, Z-Sudan	Nord-Ankole, SW-Uganda	Ugogo, Z-Tansania	Malange/Quango, N-Angola	Oschimbora, Z-Namibia	Transvaal, N-Südafrika
Museum	SMF Frankfurt (5 Bälge)	NHMUK Tring (1 Balg)	ZMB Berlin (8 Bälge)	ZMB Berlin (9 Bälge)	ZMB Berlin (2 Bälge)	NHMUK Tring (1 Balg)
Grundfärbung	hell graubraun	dunkel graubraun	dunkel graubraun	dunkel schwarzbraun	dunkelbraun	dunkelbraun
Rücken/Flügel	hell graubraun	dunkel graubraun	dunkel graubraun	dunkel schwarzbraun	dunkelbraun	dunkelbraun
Kopf	wenig Gelb	gelber Scheitel	gelber Scheitel ausgeprägt	kein Gelb	kein Gelb	wenig Gelb auf Scheitel
Brust / Bauch	grün mit blauem Schein	tiefgrün	blaugrün bis blau	grün bis blaugrün	türkisblau	türkisblau
Bürzel	hellblau	hellblau, unten grünblau	hellblau, unten grünblau	hellblau bis blau	hellblau	hellblau
Größe	21 cm	22 cm	22 cm	24 cm	23 cm	23 cm
Gewicht	110-120 g	120-125 g	120-125 g	140-145 g	keine Angaben	keine Angaben

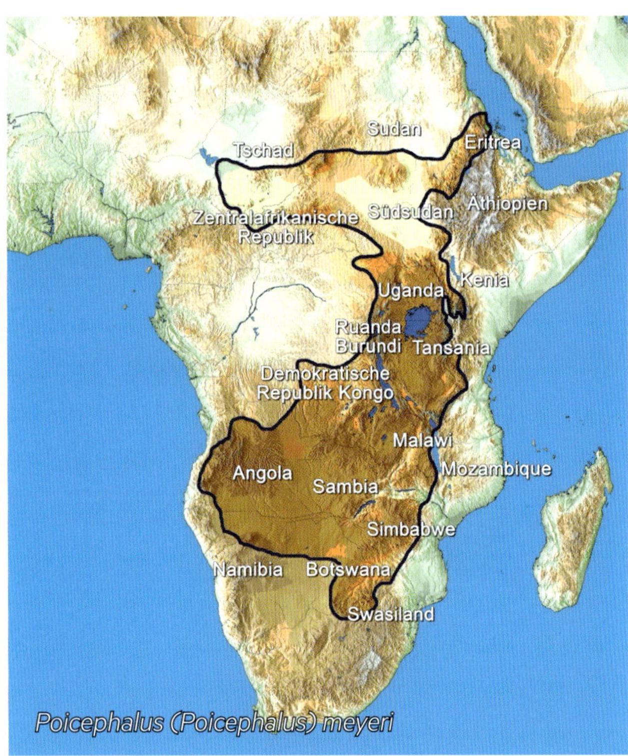

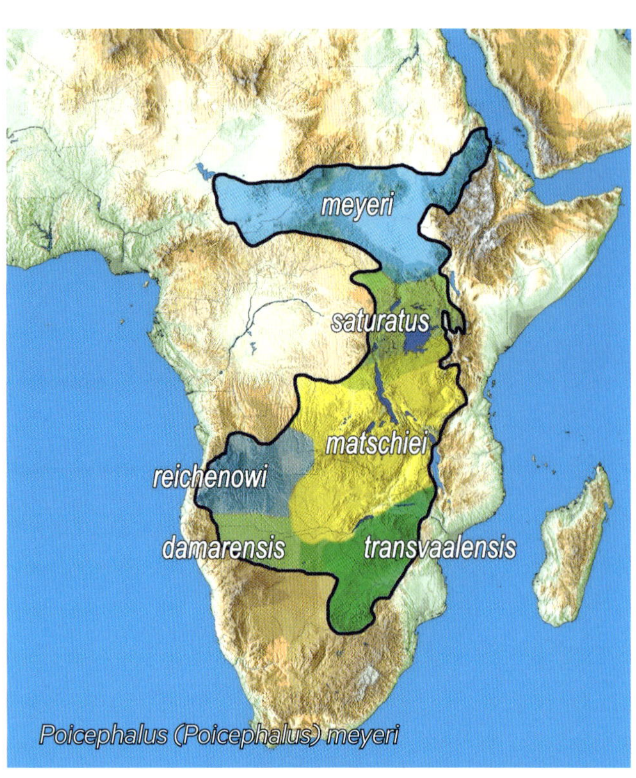

französisch: Perroquet de Meyer de l' Afrique de l'est, Perroquet de Matschie

niederländisch: Oost-Afrikaanse Meyerpapegaai

Merkmale: wie *meyeri*, jedoch in der Färbung deutlich kräftiger: Kopf, Oberbrust Rücken und Flügeldecken schwarzbraun; gelbes Band auf Scheitel sehr ausgeprägt; Unterbrust und Bauch blaugrün bis blau; Unterbauch und Unterschwanzdecken gelbgrün mit blauem Schimmer; Schenkel hellgrün, in Gelb übergehend; Unterrücken und Bürzel hellblau, zum Schwanz hin grünblau; größer.

Jungvögel: wie Altvögel, aber oberseits heller braun und mit grünen Säumen auf den Flügeldecken, unterseits grünlicher, weniger türkisblau, noch ohne gelben Scheitel und gelbe Schenkel, Gelb an Schultern blasser und mit Braun durchmischt; Unterrücken und Bürzel blau wie Altvögel.

Verbreitung: West- und Zentral-Tansania, Südosten der Demokratischen Republik Kongo, Nord-Malawi, Sambia (ohne den Süden); Mischzone mit *saturatus* in Tansania.

Größe: 22 cm

d. *Poicephalus* (*Poicephalus*) *m. reichenowi* Neumann 1898

Angola-Goldbugpapagei, Reichenows Goldbugpapagei

englisch: Angola Brown Parrot

französisch: Perroquet de Meyer de l' Angola, Perroquet de Reichenow

niederländisch: Angola-Meyerpapegaai

Merkmale: wie *meyeri* gefärbt, jedoch insgesamt im Farbton dunkler: der Kopf, die Oberbrust, der Rücken und die Flügeldecken sind dunkel schwarzbraun; die Unterart hat nie gelbe Federn am Oberkopf; Unterbrust und Bauch grün bis blaugrün; Unterbauch und Unterschwanzdecken gelbgrün mit blauem Schimmer; Schenkel hellgrün, in Gelb übergehend; der Unterrücken und Bürzel sind hellblau bis blau, zum Schwanz hin grünblau; die Unterart ist deutlich größer.

Jungvögel: oberseits heller braun und mit grünen Säumen auf den Flügeldecken, unterseits grünlicher, weniger türkisblau; noch ohne gelbe Schenkel; Gelb an Schultern blasser und mit Braun durchmischt; Unterrücken und Bürzel heller blau als Altvögel.

Kurzinfos zum Goldbugpapagei		
Größe: 21-25 cm	**Gelege pro Jahr:** zwei sind möglich	**Flugbedürfnis:** ausgeprägt
Gewicht: 120-145 g (100-165 g), (n = 87)	**Gelegegröße:** 3-4 (1-5) Eier	**Nagebedürfnis:** während der Brut ausgeprägt
Ringgröße: zumeist 7 mm, (*meyeri* 6,5 mm, *reichenowi* 7,5 mm)	**Brutdauer:** 27-28 (21-31 ?) Tage	**Badebedürfnis:** ausgeprägt
Erstzucht: 50er Jahre, Südafrika, 1966 Großbritannien	**Nestlingszeit:** 56-70 Tage	**Aggressivität:** während der Brutzeit ausgeprägt
Eimaße: 26,2 (23,6-29,6) x 20,9 (18,5-24,4) mm (n = 25)	**Selbständigkeit:** 2-3 Wochen, oft auch später	**Stimme:** nur gelegentlich laut, sonst angenehm

Verbreitung: Zentral- und Nordost-Angola und Süden der Demokratischen Republik Kongo, Mischzone mit *damarensis* in Angola.

Größe: 24 cm

e. *Poicephalus (Poicephalus) m. damarensis* Neumann 1898

Damaraland-Goldbugpapagei, Namibia-Goldbugpapagei

englisch: Damaraland Brown Parrot

französisch: Perroquet de Meyer du Damara, Perroquet de Meyer laterre Damara

niederländisch: Damaraland-Meyerpapegaai

Merkmale: wie *meyeri*, jedoch Graubraun von Kopf, Oberbrust, Rücken und Flügeldecken dunkler braun; fast immer ohne gelbe Federn am Oberkopf; Unterbrust und Bauch türkisblau; Unterbauch und Unterschwanzdecken gelbgrün mit blauem Schimmer; Schenkel hellblau, mit wenig Gelb; Unterrücken und Bürzel hellblau; größer.

Jungvögel: oberseits blasser als Altvögel und mit grünen Säumen auf den Flügeldecken, unterseits blasser und mehr türkisgrün, nicht türkisblau; noch ohne gelbe Schenkel, Gelb an Schultern blasser und mit Braun durchmischt; Unterrücken und Bürzel hellblau wie Altvögel.

Verbreitung: Süd-Angola, Nord- und Zentral-Namibia und Nordwest-Botswana; Mischzone mit *reichenowi* in Angola und mit *transvaalensis* in der Okavango-Region, Botswana.

Größe: 23 cm

f. *Poicephalus (Poicephalus) m. transvaalensis* Neumann 1899

Südafrikanischer Goldbugpapagei, Neumanns Goldbugpapagei

englisch: South-African Brown Parrot

französisch: Perroquet de Meyer de l' Afrique du Sud, Perroquet Transvaal de Meyer

niederländisch: Zuid-Afrikaanse Meyerpapegaai

Merkmale: wie *meyeri*, jedoch Graubraun von Kopf, Oberbrust, Rücken und Flügeldecken dunkler braun; mit wenig Gelb auf Scheitel, manchmal sichelförmig angeordnet; Unterbrust und Bauch türkisblau; Unterbauch und Unterschwanzdecken mit blauem Schimmer; Schenkel hellgrün, in Gelb übergehend; Unterrücken und Bürzel hellblau; größer.

Jungvögel: oberseits blasser als Altvögel, aber mit grünen Säumen auf den Flügeldecken, unterseits blasser und mehr türkisgrün, nicht türkisblau; noch ohne gelben Scheitel und gelbe Schenkel; Gelb an Schultern blasser und mit Braun durchmischt; Unterrücken und Bürzel hellblau wie Altvögel.

Verbreitung: Nordwest- und Zentral-Mosambik, Simbabwe und Nord-Botswana, Süd-Sambia, äußerster Norden Südafrikas; Mischzone mit *damarensis* in der Okavango-Region, Botswana.

Größe: 23 cm

4. Natürliches Vorkommen

Lebensraum: in verschiedenen Biotopen anzutreffen, vorwiegend in offenem Waldland, Savannen mit Baumbestand, Dornbuschgebieten und Akazien-Buschlandschaften; bevorzugt entlang von Wasserläufen und in der Nähe von Wasserstellen; nicht in dichten Feuchtwäldern oder Wüstenregionen; fallen auch in Anbaugebiete (Orangen, Getreide) ein; in verschiedenen Höhen, von 200 m bis 2.200 m Höhe vorkommend.

Verhalten: paarweise oder in kleinen Gruppen von 3-5 Vögeln, bei größerem Nahrungsvorkommen auch Schwärme von bis zu 50 Vögeln; zuweilen ortsbeständig, in Dürrezeiten und bei der Nahrungssuche auch nomadisierend; Menschen gegenüber scheu und unauffällig, darum nur schwer zu beobachten, allgemein jedoch lebhaft und aktiv; Flug schnell und direkt, mit schrillen Kontaktrufen, sonst leisere Lautäußerungen.

Status: früher innerhalb des riesigen Verbreitungsgebietes weitverbreitet und häufig bis sehr häufig; heute durch Habitatzerstörung örtliche Rückgänge der Populationen; Bestände insgesamt stabil und nicht gefährdet, Gesamtpopulation aber bisher noch nicht bestimmt.

5. Vorkommen in menschlicher Obhut

Häufigkeit: nach *P. senegalus* die häufigste *Poicephalus*-Art in menschlicher Obhut; Wildfänge bleiben scheu, Nachzuchtvögel werden jedoch leicht zahm; nach der Eingewöhnung robust und mit angenehmem Wesen; während der Brutzeit teils aggressiv gegenüber Versorgern; besitzen Nachahmungstalent, vor allem von Geräuschen.

Mindestanforderungen der Unterbringung: Metallvoliere mit leicht geheiztem Schutzhaus (5° C), mindestens 2 x 1 x 2 m;

Züchtbarkeit: bei harmonierendem Paar nicht schwer, Paarzusammenstellung allerdings nicht immer einfach; Brutreife mit 2-4 Jahren; während der Brut gelegentlich empfindlich, Nestkontrollen dann möglichst vermeiden; Brutbeginn öfters im Winter, Weibchen hudern aber teilweise nicht lange genug; gelegentlich auch Zufütterung bei den Jungvögeln notwendig; zur Brut tierisches Eiweiß (z.B. Mehlwürmer) anbieten.

6. Hilfreiche Literatur

Boyes RS (2009). Beobachtungen zur Brutbiologie von Goldbugpapageien. PAPAGEIEN 21(11), pp. 388-393.

Boyes RS & MR Perrin (2008). The ecology of Meyer's Parrot (*Poicephalus meyeri*) in the Okavango Delta, Botswana. Thesis for the degree of doctor of philosophy of University KwaZulu-Natal, Pietermaritzburg, South-Africa, pp. 1-307.

Boyes RS & MR Perrin (2009). Flocking dynamics and roosting behaviour of Meyer's parrot (*Poicephalus meyeri*) in the Okavango Delta, Botswana. African Zoology, 44(2), pp. 181-193.

Boyes RS & MR Perrin (2009). The feeding ecology of Meyer's Parrot *Poicephalus meyeri* in the Okavango Delta, Botswana. Ostrich 80(3), pp. 153–164

Boyes RS & MR Perrin (2010). Patterns of daily activity of Meyer's Parrot (*Poicephalus meyeri*) in the Okavango Delta, Botswana. Emu, 110(1), pp. 54–65.

Boyes RS & MR Perrin (2010). Nest niche dynamics of Meyer's Parrot *Poicephalus meyeri* in the Okavango Delta, Botswana. Ostrich, 81(3), pp. 233–242.

Boyes RS & MR Perrin (2013). Access to cryptic arthropod larvae supports the atypical winter breeding seasonality of Meyer's Parrot (*Poicephalus meyeri*) throughout the African subtropics. J. Ornithol. 154, pp. 849–861.

Hoppe D (2000). Der Goldbugpapagei. Teil 1 und 2, PAPAGEIEN 13(2+3), pp. 60-62 & 100-105.

Neumann O (1908). Notes on African Birds in the Tring Museum. Novitates Zoologicae, vol. 15, pp. 383-385.

Reddit A (1997). Meyer's Parrots, an identification guide. Cage and Aviary birds, www.reddit.com

Reddit A, Schoonderwoerd R & A Ooms (1997). Meyer papegaaien: een handleiding tot identificatie van de ondersoorten. http://www.poicephalus.nl/soort%20meyer%20papegaai.htm

Reichenow A (1902). Die Vögel Afrikas. Neudamm, Band 2, Halbband 1, pp. 11-14.

Schuster L (1912). Über das Nistgeschäft des Gelbschulterpapageis (*Poicephalus meyeri matschiei*). Ornithologische Monatsberichte 20(4), pp. 54-58 (spez. pp. 56-57).

Weber A (2012). Meine Erfahrungen mit Goldbug- oder Meyers Papagei. Teil 1 und 2. PAPAGEIEN 25(10+11), pp. 332-337 & 375-378.

Zedlitz O (1908). Kurze Notizen zur Ornis von Nordost-Afrika. Ornithologische Monatsberichte 16, pp. 172-184.

Poicephalus (Poicephalus) rueppellii (G. R. Gray 1848)

Rüppell-Papagei, Blausteißpapagei

weitere Namen: Rüppells Blausteißpapagei

englisch: Rueppell's Parrot, Brown Parrot, Damara Parrot

französisch: Perroquet de Rüppell

spanisch: Lorito de Rüppell

niederländisch: Rüppellpapegaai

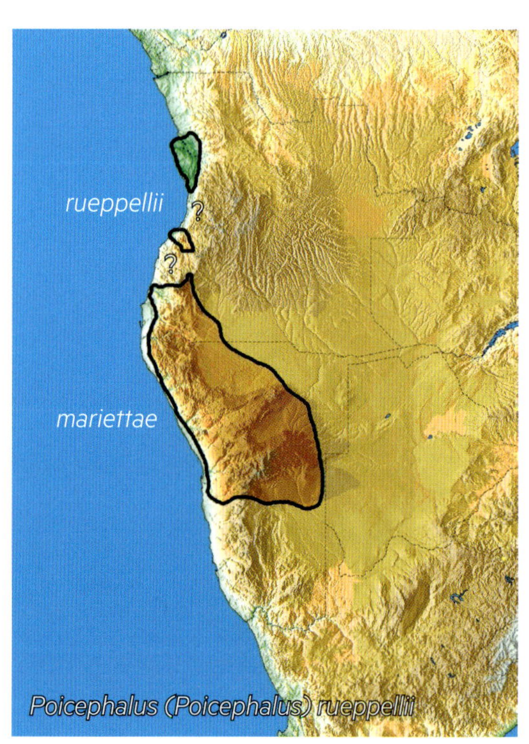

Poicephalus (Poicephalus) rueppellii

1. Systematik und Taxonomie

Systematik: Die Zuordnung des Rüppell-Papageis sowohl zur Gattung wie auch zur Untergattung *Poicephalus* wird nirgendwo infrage gestellt: Er ist ein typischer Vertreter dieser Gruppe. Allerdings ist die Färbung der Geschlechter bei dieser Art recht ungewöhnlich: Es ist die einzige Art der kleineren Langflügelpapageien, bei der das Männchen schlichter gefärbt ist als das Weibchen. – Phylogenetisch steht sie dem Goldbugpapagei (*P. meyeri*) am nächsten (Smith et al. 2022), der auch geographisch der nächste Nachbar ist.

In der gesamten historischen wie auch rezenten Literatur wird der Rüppell-Papagei als monotypische Art geführt, die keinerlei Unter-

rueppellii *mariettae.*

arten ausgebildet hat. Bei einer Untersuchung der Bälge im Britischen Museum in Tring im Jahre 2019 stellten der niederländische Papageienkenner Jos Hubers und Heinz Schnitker jedoch fest, dass es zwei deutlich unterscheidbare Gruppen beim Rüppell-Papagei gibt, die sich sowohl in der Größe wie auch in der Färbung signifikant voneinander unterscheiden. Aufgrund dieser Untersuchung beschrieben sie die neue Unterart *mariettae*. (Weitere Angaben siehe unten!)

Taxonomie: George Robert Gray beschrieb die Art 1848 (publiziert April 1849) in den Proceedings of the Zoological Society of London, auf Seite 125 unter dem Namen *Psittacus Rüppellii* in englischer Sprache. Er beschreibt kurz das Gefieder eines Männchens (uniform bronzefarbenes Gefieder, kleine Flügeldecken und Unterflügeldecken leuchtend gelb, Schenkelbefiederung orangegelb). Es folgen Größenangaben (Maße umgerechnet – angeblich – 23 cm, Schnabel 1,5 cm, Flügel 14 cm, Schwanz 8 cm, Füße 1 cm) und ein kurzer Vergleich mit *P. meyeri* und *P. rufiventris*. Dann informiert er darüber, dass das Typus-Exemplar 12 Monate lang in der Sammlung der Zoologischen Gesellschaft Londons gelebt habe und vermutlich vom Fluss Nunez komme. (Diese Angabe ist aus heutiger Sicht unlogisch, da Nunez im nordwestafrikanischen Französisch-Guinea liegt, was weit vom realen Verbreitungsgebiet entfernt ist. – Das Etikett des Typus-Exemplars weist dagegen als Herkunftsort lediglich West-Afrika aus, was damals oft synonym für das heutige Angola war.) – Die Art benannte Gray zu Ehren seines Freundes Dr. Eduard Rüppell, dessen Arbeiten einen großen Beitrag zur Ornithologie Afrikas geliefert haben. – Zusätzlich zur Beschreibung findet sich auf Farbtafel 5 die Darstellung eines Männchens, das die gesamte Färbung des Vogels wiedergibt und auch die unbefiederten Teile deutlich darstellt.

1852 behandelten Hugh E. Strickland und Philip Lutley Sclater in Jardine's Contributions to Ornithology, vol. 5, p. 156, die Art unter dem Namen *Poeocephalus rueppelli*. Ihre Exemplare stammten aus Damaraland, Südwest-Afrika, dem heutigen Namibia. Ihre Beschreibung eines (vermeintlichen) Männchens war ausführlicher und ergänzt, dass unterer Rücken, Oberschwanzdecken, unterer Bauch und Unterschwanzdecken blau seien. Diese blaue Farbe fehle den Weibchen. – Faktisch haben sie damit die Merkmale von Männchen und Weibchen vertauscht, in der verständlichen Annahme, dass der schlichtere Vogel das Weibchen sein müsse.

Erst 1882 stellt P.L. Sclater diesen Fehler in seiner „Note on Rüppell's Parrot" richtig, die er in den Proceedings of the Zoological Society of London auf Seite 577-578 veröffentlichte. Damit klärt er definitiv, dass aufgrund von Sektionen an verendeten Tieren deren Geschlecht einwandfrei bestimmt werden konnte. Begleitet wird dieser Text von einer Farbtafel (pl. 42), die groß ein Weibchen mit blauen Gefiederpartien und klein ein Männchen ohne diese darstellt. Hier sind die Geschlechtsangaben zum ersten Mal korrekt. Die ersten umfassenderen Informationen zu Verbreitung, Ökologie, Lautäußerungen, Ernährung etc. liefert er 1903 in The Birds of South Africa, vol. 3, pp. 229-230.

Da der vermutete Typus-Ort „Nunez River" offensichtlich falsch ist, ändert James L. Peters diesen 1937 allgemein in Damaraland (= Namibia). Diese Angabe konkretisierte James D. Mac Donald 1957 in einer kleinen Publikation und legte Swakop River, Damaraland, Namibia fest. (Dieser Fluss entspringt in Namibia nördlich von Windhuk, fließt weiter in Richtung Westen und mündet bei Swakopmund in den Atlantik.)

Der Artname des Rüppell-Papageis findet sich in der historischen Literatur in verschiedenen Schreibweisen (z.B. *Rüppellii, rueppelli, ruppellii* und *rueppellii*), auch der Gattungsname wird unterschiedlich geschrieben (*Poeocephalus, Poiocephalus, Paeocephalus, Phaeocephalus* oder *Poicephalus*). Korrekt ist die mittlerweile allgemein verbreitete Schreibweise *Poicephalus rueppellii*.

2022 beschrieben Jos Hubers und Heinz Schnitker auf der Grundlage von 18 Bälgen im Britischen Museum, Tring, die Unterart *mariettae*. Die Bälge (10 Männchen, 5 Weibchen und 3 Jungvögel) ließen sich eindeutig in zwei Gruppen aufteilen: Die eine Gruppe war insgesamt kleiner, durchschnittlich dunkler und die Weibchen hatten ein deutlich helleres Blau („türkisfarben") auf Unterrücken, Unterbauch sowie Ober- und Unterschwanzdecken (5 Männchen, 3 Weibchen). Die zweite Gruppe war signifikant größer, durchschnittlich heller und die Weibchen hatten ein deutlich dunkleres Blau („ultramarinblau") auf den entsprechenden Gefiederpartien (5 Männchen, 2 Weibchen und 3 Jungvögel). Außerdem unterscheiden sich beide Gruppen auch geographisch: Die kleineren Vögel mit hellerem Blau stammen alle aus dem nördlichen Teil des Verbreitungsgebiets (Zentralwest- und Nordwest-Angola). Die größeren Vögel mit dunklerem Blau stammen dagegen aus dem südlichen Teil des Verbreitungsgebiets (weite Teile Nord- und Zentral-Namibias, sowie die südwestliche Provinz Namibe in Angola).

Das Typus-Exemplar von *rueppellii*, das G. R. Gray 1849 beschrieb, befindet sich ebenfalls in Tring: Es ist ein auffällig kleines und dunkles Männchen, das zur ersten, nördlichen Gruppe von Angola gehört. (Bei dieser Gruppe haben die Weibchen eine recht helle, türkisfarbene Zeichnung an Unterbauch und Unterrücken.) Der Name *rueppellii* bezieht sich darum nur auf diese Exemplare aus Angola. Alle Exemplare aus Namibia sowie dem äußersten Südwesten Angolas gehören dagegen zur neu beschriebenen Unterart *mariettae*. Als Typusort für diese Unterart wurde Otjimbingwe, westlich der Hauptstadt Windhuk, Namibia festgelegt. Dabei handelt es sich um die größeren Vögel mit dunklerem Blauton bei den Weibchen. Dies ist auch die Unterart, die in menschlicher Obhut weit verbreitet ist. Die Nominatform *rueppellii* kommt dagegen in menschlicher Obhut nicht (oder nur ausgesprochen selten) vor.

Namenserklärung: *rueppellii* = nach Dr. Eduard Rüppell (1794-1884) benannt. Er war als Kaufmann jahrelang in Afrika und betrieb dort nebenbei viele naturwissenschaftliche Forschungen. Später verwaltete er mehrere Jahrzehnte lang die ornithologische Abteilung im Senckenberg-Museum in Frankfurt.

mariettae = benannt nach der Ehefrau Mariette des Erstbeschreibers Jos Hubers, NL.

2. Identifizierung

Färbung adulter Tiere: Grundfärbung schwarzbraun; Kopfseiten, Kinn, Brust und Oberbauch matter und mit silbergrauem Anflug; Ohrdecken silbergrau; Unterrücken und Unterbauch dunkelgrau, bei einigen Vögeln mit Blau verwaschen; Flügelbug, kleine Flügeldeckfedern und Unterflügeldecken gelb, Schenkel orangegelb; Unterschwanzdecken (beim Männchen!) hellgrau mit variablem blauen Anflug; nackter Augenring schwärzlich; Schnabel schwarz; Iris orangerot; Füße dunkelgrau.

Unterscheidung der Geschlechter: Weibchen ähnlich wie Männchen gefärbt, aber Unterrücken, Bürzel und Oberschwanzdecken je nach Unterart variabel blau; Unterschwanzdecken etwas matter blau.

Jungvogelfärbung: Nestlinge mit weißem Flaum, später mit gräulichem Daunengefieder; Jungvögel wie Altvögel, aber matter und ohne Gelb auf Schenkel und Flügelbug, aber auf den Unterflügeldecken gelb; Unterrücken und Unterbauch bei beiden Geschlechtern blau, bei Männchen jedoch meist weniger ausgedehnt und kräftig; mittlere und große Flügeldecken gelblich weiß gesäumt; Iris bräunlich; Wachshaut rosa-grau, Schnabel grau, zum First hin heller werdend; Umfärbung mit 14 Monaten abgeschlossen.

Vergleich mit ähnlichen Arten: Der Rüppell-Papagei ist die einzige Art der Gattung *Poicephalus*, die eine dunkelblaue Zeichnungen aufweist. Er ähnelt phänotypisch am meisten dem Goldbugpapagei (*P. meyeri*), von dem er sich jedoch durch tiefblaue, nicht grüne bzw. hellblaue Zeichnungen unterscheidet. Außerdem besitzt er niemals gelbe Zeichnungen am Kopf wie einige Unterarten des Goldbugpapageis. Die weitestgehend schwarzbraunen Männchen unterscheiden sich von den Weibchen des Rotbauchpapageis (*P. rufiventris*) vor allem durch jegliches Fehlen von grünen Zeichnungen sowie durch die gelben Schultern und Unterflügel.

3. Unterarten

a. *Poicephalus (Poicephalus) r. rueppellii* (G. R. Gray 1848)

Rüppell-Papagei

Merkmale: durchschnittlich dunkler, schwarzbraun im Gefieder, blaue Gefiederpartien beim Weibchen türkisfarben, nicht ultramarinblau; kleiner als *mariettae*.

Verbreitung: Zentralwest-Angola nordwärts bis Luanda (vermutlich in zwei isolierten Populationen um die Städte Benguela [mittlerer Westen] und Luanda [Nordwesten]).

Größe: 20 cm

b. *Poicephalus (Poicephalus) r. mariettae* Hubers & Schnitker 2022

Mariette-Papagei

Merkmale: Wie *rueppellii*, aber durchschnittlich heller, dunkelbraun im Gefieder; blaue Gefiederpartien beim Weibchen tief ultramarinblau, nicht türkisfarben; größer.

Verbreitung: von Zentral- und West-Namibia bis zu den Provinzen Namibe und Cunene, Südwest-Angola.

Größe: 22-23 cm

4. Natürliches Vorkommen

Lebensraum: Savannen mit Baumbestand, Dornbuschgebiete, trockenes Waldland und Halbwüsten bis in 1.500 m Höhe; halten sich bevorzugt in Baumansammlungen entlang von Wasserläufen auf; fallen auch in Getreideanbaugebiete ein; brüten bevorzugt in der Regenzeit und in dichten Wäldern (Manning 2019).

Verhalten: Außerhalb der Brutzeit in Paaren oder kleinen Schwärmen von bis zu 20 Exemplaren, nur bei großem Nahrungsaufkommen in größeren Anzahlen; insgesamt unauffällig und scheu, darum nur schwer zu beobachten;

standorttreu und nur wenig nomadisierend; Flug schnell und direkt mit schrillen Kontaktrufen; ansonsten Lautäußerungen eher leise.

Status: In geeignetem Habitat häufig, sonst nur gelegentlich anzutreffen; Bestandsrückgänge seit den 80er Jahren aufgrund von Fang für den lokalen und (illegalen) internationalen Handel; Gefährdung auch durch Nesträuber, Holzeinschlag und zunehmenden Klimawandel; die Hauptpopulation in Namibia (75 % des Verbreitungsgebiets) wurde 1997 auf 30.000 +/- 15.000 Exemplare geschätzt (Jarvis & Robertson 1997). Mittlerweile wird die Gesamtpopulation nur noch auf 10.000 Vögel geschätzt (Jonker 2006), und sie scheint weiter abzunehmen.

5. Vorkommen in menschlicher Obhut

Häufigkeit: In den 60ern wenige Importe, dann bis in die 90er Jahre praktisch unbekannt, seitdem in kleinen Beständen anzutreffen; wird in Zoos und Tierparks nur selten gehalten; anfangs leise und scheu, später lebhaft und neugierig, sogar zutraulich und anhänglich. Praktisch alle in menschlicher Obhut vorkommenden Tiere dürften aus Namibia stammen und demnach zur Unterart *mariettae* gehören. Die Nominatform *rueppellii* dürfte in menschlicher Haltung heute so gut wie nicht vorkommen.

Mindestanforderungen der Unterbringung: Metallvoliere mit leicht geheiztem Schutzhaus (5° C), mindestens 2 x 1 x 2 m, besser 3 x 1 x 2 m; Nistkasten als Schlafgelegenheit anbieten; dunklere Volieren (z.B. unter einem Baum) werden offensichtlich bevorzugt; eingewöhnt robuste Vögel.

Züchtbarkeit: Früher nicht einfach, gelingt nun aber häufiger, wenn auch nicht in großem Maßstab; Brutreife mit 2-3 Jahren; Brutstimmung zeigt sich an der Augenfärbung (hellrote, nicht orangerote Iris); harmonierendes Paar sehr wichtig, sonst lange keine Brutversuche; Umpaarungen führen dann oft zum Bruterfolg; Brutbeginn häufig im Winter, ggfs. Nistkastenheizung anbringen; für ruhige Umgebung sorgen und Nestkontrollen möglichst vermeiden; zur Brut tierisches Eiweiß durch Pollen oder Lebendfutter (Mehlwürmer etc.) extrem wichtig (Manning 2019); bei zweiter Brut Jungvögel der ersten Brut rechtzeitig entfernen.

6. Hilfreiche Literatur

Asmus J (2006). Der Rüppells Papagei. PAPAGEIEN 19(8), pp. 300-304.

Blümer H, Drebenstedt J & J Hubers (2016). Ervaringen met rüppellpapegaaien. ParkietenSocieteit 49(8), pp. 240-247.

mariettae Jungvogel

Hubers J & H Schnitker (2022). Der Mariette-Papagei, eine neue Unterart des Rüppell-Papageis. PAPAGEIEN 35(2), pp. 71-77.

Jarvis A & T Robertson (1997). Endemic Birds of Namibia: Evaluating Their Status and Mapping Biodiversity Hotspots. Research Paper No. 14, Directorate of Environmental Affairs, Ministry of Environment & Tourism, Namibia.

Jonker R (2006). Illegal Parrot Traders Beware. Staff Report 2. https://neweralive.na/posts/illegal-parrot-traders-beware.

Kümpel H (2002). Beobachtungen bei der Fortpflanzung von Rüppells-Papageien. PAPAGEIEN 15(1), pp. 8-12.

Manning A (2019). De kweek met rüppellpapegaaien. Parkieten Societeit 52(10), pp. 8-13.

Selman RG, Hunter ML & MR Perrin (2000). Rüppell's Parrot: status, ecology and conservation biology. Ostrich 71(1/2), pp. 347-348.

Selman RG, Perrin MR & ML Hunter (2002). The feeding ecology of Rüppell's Parrot *Poicephalus rueppellii* in the Waterberg, Namibia. Ostrich 73(3/4), pp. 127-134.

Selman RG, Perrin MR & ML Hunter (2004). Characteristics of and competition for nest sites by the Rüppell's Parrot, *Poicephalus rueppellii*. Ostrich 75(3), pp. 89-94.

Wagner RK (2002). Meine Reise zu den Rüppells Papageien. PAPAGEIEN 15(11), pp. 378-384.

Kurzinfos zum Rüppell-Papagei		
Größe: 20-23 cm	**Gelege pro Jahr:** 2 sind möglich	**Flugbedürfnis:** groß
Gewicht: 100-140 g	**Gelegegröße:** 3-4 (2-6) Eier	**Nagebedürfnis:** vorhanden (Frischholzgaben)
Ringgröße: 7 mm	**Brutdauer:** 27-28 (25-30) Tage	**Badebedürfnis:** ausgeprägt
Erstzucht: *mariettae* 1961, Südafrika, *rueppellii* unbekannt	**Nestlingszeit:** 8-9 Wochen	**Aggressivität:** während der Brut groß
Eimaße: Eimaße: 27,3 x 24,0 mm (n = 3)	**Selbständigkeit:** nach 3-4 Wochen	**Stimme:** angenehm, kaum laut

Literaturangaben Psittaciformes

Arndt T (1990-96, 1999). Lexikon der Papageien, Bretten.

Arndt T (2008). Lexikon der Papageien 3.0, Bretten.

Arndt T & M Reinschmidt (2006). Amazonen 1: Freileben - Haltung - Ernährung - Zucht. Arndt-Verlag, Bretten.

Arndt T & M Wink (2017). Molekular Systematics, Taxonomy and Distribution of the Pyrrhura Picta – Leucotis Complex (corrigendum with corrected plates / maps and ZooBank registration numbers). The Open Ornithology Journal 10, pp. 53-91

Astuti D, Azuma N, Suzuki H & S Higashi (2006). Phylogenetic relationships within parrots (Psittacidae) inferred from mitochondrial cytochrome-b gene sequences. Zoological Science 23(2), pp. 191-198.

Beolens B & M Watkins (2003). Whose Bird? – Men and women commemorated in the common names of birds. London.

Bock WJ (1990). A special review: Peters' "Checklist of the birds of the world" and a history of Avian checklists. The Auk 107(3), pp. 630-633.

Braun M (2014). Parrots (Aves: Psittaciformes) – Studies on their evolutionary history, phylogeography and breeding biology. Dissertation, Faculty of Natural Sciences and Mathematics of the Ruperto-Carola University of Heidelberg, Germany.

Brightsmith DJ & R Aramburú Muñoz-Najar (2004). Avian Geophagy and Soil Characteristics in Southeastern Peru. Biotropica 36(4), pp. 534-543.

Brightsmith DJ, Hobson EA & G Martinez (2018). Food availability and breeding season as predictors of geophagy in Amazonian parrots. Ibis 160(1), pp. 112-129.

Brightsmith DJ, Taylor J & TD Phillips (2008). The Roles of Soil Characteristics and Toxin Adsorption in Avian Geophagy. Biotropica 40(6), pp. 766-774.

Bublat A, Fischer D, Bruslund S, Schneider H, Meinecke-Tillmann S, Wehrend A &, M Lierz(2017). Species-specific and seasonal variations in semen availability and semen characteristics in large parrots. Theriogenology 91, pp. 82–89.

Christidis L, Schodde R Shaw DD & SF Maynes (1991). Relationships among the Australo-Papuan parrots, lorikeets and cockatoos (Aves: Psittaciformes): Protein evidence. The Condor 93(2), pp. 302-317.

Christidis L, Shaw DD & R Schodde (1991). Chromosomal evolution in parrots, lorikeets and cockatoos (Aves: Psittaciformes). Hereditas 114(1), pp. 47-56.

Collar, NJ (1997). Family Psittacidae (Parrots), in Del Hoyo J, Elliott A, Sargatal J (eds.). Handbook of the Birds of the World, vol. 4, Sandgrouse to Cuckoos. Barcelona, pp. 280-477.

Darwin C (1859). The Origin of Species. London.

David N & M Gosselin (2011). Gender agreement of avian species-group names under Article 31.2.2 of the ICZN Code. Bull-BOC 131(2), pp. 103-115.

De Grahl W (1969-1973). Papageien unserer Erde. Band 1 + 2, Hamburg.

de Kloet RS & SR de Kloet (2005). The evolution of the spindlin gene in birds: sequence analysis on an intron in the spindling W and Z gene reveals four major divisions in the Psittaciformes. Mol. Phylogenet. Evol. 36(3), pp. 706-721.

Finsch O (1867-1868). Die Papageien, monographisch bearbeitet. Bände 1, 2.1 und 2.2, Leiden.

Forshaw JM (1973). Parrots of the World. Melbourne, Australia.

Forshaw JM (1989). Parrots of the World. Melbourne, Australia (2nd edition).

Forshaw JM (2002 / 2003). Australische Papageien. Band 1 & 2, Arndt-Verlag, Bretten.

Forshaw JM (2006). Parrots of the World – An Identification Guide. Princeton and Oxford.

Forshaw JM (2017). Vanished and Vanishing Parrots – Profiling Extinct and Endangered Species. New York.

Gmelin, JF (1788). Systema Naturae. Ed. 13. Lipsiae.

Haffer J (2007). Ornithology, Evolution, and Philosophy. The Life and Science of Ernst Mayr 1904–2005. Springer.

Hargrave LL (1939). Bird bones from abandoned Indian dwellings in Arizona and Utah. Condor 41, pp. 206-210.

Helbig AJ, Knox AG, Parkin DT, Sangster G & M Collinson (2002). Guidelines for assigning species rank. Ibis 144, pp. 518–525.

Homberger DG & G Ulrich (1980). Funktionell-morphologische Untersuchungen zur Radiation der Ernährungs- und Trinkmethoden der Papageien (Psittaci). Bonner Zool. Monographien 13, pp. 1-192.

Hublin J-J (2014). How to build a Neandertal. Science 44(6190), pp. 1338–1339

Joseph L, Toon A, Schirtzinger EE, Wright TF& R Schodde (2012). A revised nomenclature and classification for family-group taxa of parrots (Psittaciformes). Zootaxa 3205, pp. 26-40.

Juniper T, Parr M (1998). Parrots – A Guide to the Parrots of the World. East Sussex.

Kundu S, Jones CG, Prys-Jones RP & JJ Grrombridge (2011/2012). The evolution of the Indian Ocean parrots (Psittaciformes): Extinction, adaptive radiation and eustacy. Molecular Phylogenetics and Evolution 62, pp. 296-305.

Linnaeus C (1758, 1766). Systema Naturae. Ed.10, ed. 11.

Mathews GM (1906-07). The Birds of Australia. London.

Mayr G (2010). Parrot interrelationships – morphology and the new molecular phylogenies. Emu 110(4), pp. 348-357.

Miyaki CY, Matioli SR, Burke T & A Wajntal (1998). Parrot evolution and paleogeographical events: mitochondrial DNA evidence. Molec. Biol. Evol. 15(5), pp. 544-551.

Olah G, Theuerkauf J, Legault A, Gula R, Stein J, Butchart S, O'Brien M & R Heinsohn (2018). Parrots of Oceania – a comparative study on extinction risk. Emu 118(1), pp. 94-112.

Penhallurick J (o.J.). http://www.worldbirdinfo.net/Pages/BirdsSearch.aspx?BirdSearch=PSITTACIDAE%28Psittacinae%29%3A-Macaws%2CParrots&BirdField=6.

Peters JL (1937). Check-List of birds of the world. Vol. 32, Cambridge, Mass.

Peterson AP (2020). World Birds Taxonomic List - Genera and species with citations. www.zoonomen.net/avtax/psit.html.

Provost KL, Joseph L & BT Smith (2018). Resolving a phylogenetic hypothesis for parrots: implications from systematics to conservation. Emu 118(1), pp. 7-21.

Reinschmidt M (2009). Farbatlas Papageien, Stuttgart.

Robiller F (1990, 1997, 2001). Papageien. Band 1-3, Stuttgart.

Robiller F (2003). Das große Lexikon der Vogelpflege. Band 1-2, Stuttgart.

Roth P (1980). Habitat-Aufteilung bei sympatrischen Papageien des südlichen Amazonasgebietes. Dissertation, Universität Zürich.

Salinas-Melgoza A & K Renton (2010). Postfledging Survival and Development of Juvenile Lilac-Crowned Parrots. The Journal of Wildlife Management 71(1), pp. 43-50.

Salvadori T (1891). Catalogue of the Birds in the British Museum. Vol. 20, London.

Schodde R & IJ Mason (1997). Zoological Catalogue of Australia, Aves (Columbidae to Coraciidae). vol. 37.2, CSIRO, Australia.

Schweizer M, Seehausen O, Güntert M & ST Hertwig (2010). The evolutionary diversification of parrots supports a taxon pulse model with multiple trans-oceanic dispersal events and local radiations. Mol. Phyl. and Evol. 54(3), pp. 984-994.

Schweizer M, Seehausen O & ST Hertwig (2011). Macroevolutionary patterns in the diversification of parrots: effects of climate change, geological events and key innovations. J. Biogeogr. 38(11), pp. 2176-2194.

Silva T (2018). Psittaculture, A Manual for the Care and Breeding of Parrots. Brno, Tschechien.

Smith BT, Merwin J, Provost KL, Thom G, Brumfield RT, Ferreira M, Mauck III WM, Moyle RG, Wright T & L Joseph (2022). Phylogenomic analysis of the parrots of the world distinguishes artifactual from biological sources of gene tree discordance. doi: 10.1093/sysbio/syac055. Systematic Biology, pp. 1-48

Strunden H (1986). Die Namen der Papageien und Sittiche. Bomlitz.

Strunden H (1984). Papageien einst und jetzt – geschichtliche und kulturgeschichtliche Hintergründe der Papageienkunde. Walsrode.

Tobias JA, Seddon N, Spottiswoode CN, Pilgrim JD, Fishpool LDC & NJ Collar (2010). Quantitative criteria for species delimitation. Ibis 152, pp. 724–746.

Toft CA & TF Wright (2015). Parrots of the Wild, Oakland.

Tokita M, Kiyoshi T & KN Armstrong (2007). Evolution of craniofacial novelty in parrots through developmental modularity and heterochrony. Evolution & Development 9(6), pp. 590-601.

Van Kooten A, Schnitker H & H Kremer (2013). Papegaaien en parkieten – Handboek en naslagwerk. Deel 1 + 2, Warffum.

Villa Rus A, Cigudosa JC, Carrasco Juan JL, Otero-Gomez A, Acosta Almeida T, Joshua S & JL García Miranda (2016). Chromosomal Evolution in Psittaciformes, International Journal of Biology. 8(4), pp. 34-65.

Vuilleumier F (2003). Neotropical ornithology: Then and Now. The Auk 120(3), pp. 577-590.

Wagler JG (1832). Monographia Psittacorum. München.

Wolters HE (1975-82). Die Vogelarten der Erde. Hamburg.

Wright TF, Schirtzinger EE, Matsumoto T, Eberhard JR, Graves GR, Sanchez JJ, Capelli S, Müller H, Scharpegge J, Chambers GK & RC Fleischer (2008). A Multilocus Molecular Phylogeny of the Parrots (Psittaciformes): Support for a Gondwanan Origin during the Cretaceous. Mol. Biol. Evol. 25(10), pp. 2141-2156.

Young AM, Hobson EA, Bingaman Lackey L & TF Wright (2011). Survival on the ark: life-history trends in captive parrots. Animal Conservation 15(1), pp. 28-53.

Literaturangaben Cacatuidae

Adams M, Baverstock PR, Saunders DA, Schodde R & GT Smith (1984). Biochemical Systematics of the Australian Cockatoos (Psittaciformes: Cacatuinae). Aust. J. Zool. 32(3), pp. 363-377.

Astuti D (2006). A phylogeny of cockatoos (Aves: Psittaciformes) inferred from DNA sequences of the seventh intron of nuclear ß-fibrinogen gene. online, o. A., pp. 1-3.

Brown DM & CA Toft (1999). Molecular Systematics and Biogeography of the Cockatoos (Psittaciformes: Cacatuidae). The Auk 116(1), pp. 141-157.

Connors N & E Connors (2005). A Guide to... Black Cockatoos as Pet &Aviary Birds. South Tweed Heads, Australia.

Diefenbach K (1982). Enzyklopädie der Papageien und Sittiche: Kakadus. Band 11, Bomlitz, 2. Verbesserte Auflage.

Hunt C (1999). A Guide to... Australian White Cockatoos, Their Management, Care & Breeding. South Tweed Heads, Australia.

Rowley I (1997). Family Cacatuidae (Parrots), in Del Hoyo J, Elliott A & J Sargatal (eds.). Handbook of the Birds of the World. Vol. 4, Sandgrouse to Cuckoos, Barcelona, pp. 246-279.

White NE, Phillips MJ, Gilbert TP, Alfaro-Nunez A & E Willerslev (2011). The evolutionary history of cockatoos (Aves: Psittaciformes: Cacatuidae). Mol. Phyl. and Evol. 59(3), pp. 615-622.

Literaturangaben afrikanischen Papageien

Asmus J & W Lantermann W (2013). Langflügelpapageien und andere afrikanische Papageien. Bretten.

Hoppe D & P Welcke (2006). Langflügelpapageien. 2. Auflage, Stuttgart.

Martin RO, Perrin MR, Boyes RS, Abebe YD, Annorbah ND, Asamoah A, Bizimana D, Bobo KS, Bunbury N, Brouwer J, Diop MS, Ewnetu M, Fotso RC, Garteh J, Hall P, Holbech LH, Madindou IR, Maisels F, Mokoko J, Mulwa R, Reuleaux A, Symes C, Tamungang S, Taylor S, Valle S, Waltert M & M Wondafrash (2014). Research and conservation of the larger parrots of Africa and Madagascar: a review of knowledge gaps and opportunities. Ostrich, 85(3), pp. 205-233.

Massa R, Sara M, Piazza M, Di Gaietano C, Randazzo M & G Cognetti (2000). A molecular approach to the taxonomy and biogeography of African parrots. Ital. J. Zool. 67(3), pp. 313-317.

Perrin MR & C Laubscher (2012). Parrots of Africa, Madagascar and the Mascarene Islands – Biology, Ecology and Conservation. Johannesburg.

Perrin MR & S Lewis (2003). Genus Poicephalus – New taxonomic insights. Internet version, pp. 1-4.

Perrin MR (2009). Niche separation in African parrots. 12th Pan-African Ornithological Congress, pp. 29-37.

Wagener V & W Lantermann (1990). Die afrikanischen Großpapageien. Augsburg.

Anhang A: Wichtige Internet-Adressen

Taxonomie/Quellenangaben: http://www.zoonomen.net/avtax/psit.html

Avibase – Die Weltvogel-Datenbank: https://avibase.bsc-eoc.org/avibase.jsp?lang=DE

Fundacíon Loro Parque https://www.loroparque-fundacion.org/en/conservacion-e-investigacion/

World Parrot Trust: https://www.parrots.org/

CITES (Convention on International Trade in Endangered Species of Wild Fauna and Flora) https://cites.org/eng/disc/text.php

Bird Life International: https://www.birdlife.org/

The Cornell Lab of Ornithology: https://www.birds.cornell.edu/

eBird: https://ebird.org/home

The eBird/Clements Checklist of the Birds of the World: https://www.birds.cornell.edu/clementschecklist/download/

HBW and Birdlife International Checklist of the Birds of the World: http://datazone.birdlife.org/userfiles/file/Species/Taxonomy/HBW-BirdLife_Checklist_Version_3.pdf

The Howard and Moore Complete Checklist of the Birds of the World: https://www.aviansystematics.org/index

IOC World Bird List: https://www.worldbirdnames.org/bow/parrots/

The Peters' Check-list of the Birds of the World Database: https://avibase.bsc-eoc.org/peterschecklist.jsp

Bundesamt für Naturschutz: https://www.bfn.de/

Mindestanforderungen an die Haltung von Papageien (als pdf-Datei abrufbar): https://www.bmel.de/DE/themen/tiere/tierschutz/haltung-papageien.html

Kennzeichnungsformen für Papageien: Gesamtliste für alle Tiere, Anlage 6. https://www.bmuv.de/fileadmin/Daten_BMU/Download_PDF/Artenschutz/bundesartenschutzverordnung_anlage_6.pdf

Anhang B: IOC-/DO-G-Liste der deutschen Namen (2020)

Die deutschen Namen der Papageien variieren je nach Autor manchmal beträchtlich. In diesem Werk geben wir darum bei den deutschen Namen jeweils alle jene wider, die in der Literatur gelistetet sind. Gleichzeitig führen wir an erste Stelle immer den Namen auf, der unserer Einschätzung nach am bekanntesten oder praktikabelsten ist.

Daneben existiert für alle Vogelarten der Erde eine Liste deutscher Namen, die von einer Kommission der Deutschen Ornithologen-Gesellschaft (DO-G) erarbeitet wurde (Hinkelmann 2021). Dies geschah auf Anregung des International Ornithological Committee (IOC; heute International Ornithologists' Union, IOU). Seit Mitte der 1990er Jahre wurde daran gearbeitet und im Jahr 2020 wurde sie erstmalig publiziert (Barthel et al. 2020). Die DO-G hofft damit, eine Festlegung verbindlicher deutschsprachiger Vogelnamen zu ermöglichen, in Anlehnung an vergleichbare Listen der IOU in anderen Sprachen (englisch, französisch, spanisch).

Bereits kurz nach Veröffentlichung der Namensliste gab es – was Papageien betrifft – deutlichen Widerspruch zu Entscheidungen der Kommission (Hoppe 2021). – Dennoch möchten wir die Namensliste der DO-G hier (immer für die jeweilig behandelte Papageiengruppe) ebenfalls publizieren, sodass der Leser sich selbst ein entsprechendes Bild machen kann. Die Namen werden hier in der Reihenfolge der Arten wiedergegeben, die in diesem Buch behandelt werden. Nicht auftauchende Arten wurden von der DO-G nicht als eigenständig anerkannt und fehlen darum hier. Die wissenschaftlichen Namen werden ebenfalls entsprechend der DO-G-Liste aufgeführt, auch wenn sie von uns anders eingeschätzt werden.

ORDNUNG PSITTACIFORMES © Christoph Hinkelmann

Strigops habroptila	Kakapo
Nestor notabilis	Kea
Nestor meridionalis	Kaka
Nestor productus	Norfolkkaka
Nymphicus hollandicus	Nymphensittich
Calyptorhynchus banksii	Rotschwanz-Rabenkakadu
Calyptorhynchus lathami	Braunkopf-Rabenkakadu
Calyptorhynchus funereus	Gelbschwanz-Rabenkakadu
Calyptorhynchus baudinii	Langschnabel-Rabenkakadu
Calyptorhynchus latirostris	Weißschwanz-Rabenkakadu
Probosciger aterrimus	Palmkakadu
Callocephalon fimbriatum	Helmkakadu
Eolophus roseicapilla	Rosakakadu
Lophochroa leadbeateri	Inkakakadu
Cacatua haematuropygia	Rotsteißkakadu
Cacatua goffiniana	Goffinkakadu
Cacatua ducorpsii	Salomonenkakadu
Cacatua sanguinea	Nacktaugenkakadu
Cacatua pastinator	Wühlerkakadu
Cacatua tenuirostris	Nasenkakadu
Cacatua moluccensis	Molukkenkakadu
Cacatua alba	Weißhaubenkakadu
Cacatua ophthalmica	Brillenkakadu
Cacatua galerita	Gelbhaubenkakadu
Cacatua sulphurea	Gelbwangenkakadu
Psittrichas fulgidus	Borstenkopfpapagei
Coracopsis vasa	Vasapapagei
Coracopsis nigra	Rabenpapagei
Coracopsis barklyi	Seychellenpapagei
Psittacus erithacus	Graupapagei
Psittacus timneh	Timnehpapagei
Poicephalus robustus	Kappapagei
Poicephalus fuscicollis	Graukopfpapagei
Poicephalus gulielmi	Kongopapagei
Poicephalus flavifrons	Gelbstirnpapagei
Poicephalus crassus	Niamniampapagei
Poicephalus cryptoxanthus	Braunkopfpapagei
Poicephalus senegalus	Senegalpapagei
Poicephalus rufiventris	Rotbauchpapagei
Poicephalus meyeri	Goldbugpapagei
Poicephalus rueppellii	Rüppellpapagei

Literatur:

Barthel PH, Barthel C, Bezzel E, Eckhoff P, van den Elzen R, Hinkelmann H, Steinheimer FD (2020). Deutsche Namen der Vögel der Erde. Vogelwarte 58, pp. 1-214.

Hinkelmann C (2021). Deutschsprachige Namen für die Papageien. PAPAGEIEN 34(2), pp. 70-74.

Hoppe D (2021). Niemand kennt den Scharlachara. PAPAGEIEN 34(4), pp. 150-154.

Namensregister der Papageien

Abbott's Yellow-crested Cockatoo 166
Abbott-geelkuifkaketoe 163
Abbott-Gelbwangenkakadu 166
abbotti 166
aberrans 129
abessinicus 230
Abyssinian Red-bellied Parrot 225
acuticaudatus 19
adelaidae 16, 30
Adelaidesittich 16
adolfifriderici 230
adscitus 24, 25
aequatorialis 160, 164
aestiva 70
African Grey Parrot 191
Afrikanische Papageien 15
Agaporniden s. Unzertrennliche
Agapornis 17, 22, 29, 39, 61, 64, 71, 75
Agapornithinae 15
agilis 74
alba 154-156
albiceps 106
albifrons 20
albipectus 71
albocristatus 154
alcato 117
alecto 117
Alexandersittich 20, 32, 63
alexandri 21, 22, 30
Alexandrinus 20, 32, 76
Alipiopsitta 19, 25
Alisterus 20, 29, 30, 64
Allfarblori 19, 25, 26, 59
Alpensittich 16, 29, 30
amabilis 14, 31
Amazona 9, 18, 19, 20, 25, 62, 66, 70, 73-76, 78, 79
Amazonen 9, 18, 19, 20, 25, 61, 62, 66, 70, 73-76, 78, 79
amazonina 71
ambiguus 20, 69, 75
amboinensis 30
Ambon-Königssittich 30
Amerikanische Papageien 15
Anden-Felsensittich 30
Andensittich 66
andinus 30
Androglossini 39
Angola Brown Parrot 234-235
Angola-Goldbugpapagei 234-235
Angola-Rosenköpfchen 29
angolensis 204
Anodorhynchus 9, 19, 39, 60, 67, 70, 75
apsleyi 141
Ara 18, 19, 20, 31, 32, 33, 42, 43, 49, 67, 69, 75, 76
Arakakadu 116-120
Arakaketoe 116
ararauna 31,33
Arasittich 66, 69
Aratinga 15, 16, 18, 23, 31, 43, 48, 67, 71
Archeopsittacus 60
arfaki 15, 64, 75
Arinae 15, 39, 64
aruensis 160
Aru-Schimmerlori 30
ashbyi 141
assimilis 125
ater 117
aterrimus 15, 76, 116-120
Äthiopischer Rotbauchpapagei 227
atrata 14
aubryanus 209
aurantiiceps 212-213
aurantiocristatus 164
auricapillus 16
auriceps 16
auricomis 97
australis 101
Australischer Palmkakadu 119
autumnalis 28
Aves 26, 29, 43
aymara 9
Aymarasittich 9
ballmanni 60
Banks raafkaketoe 100
Banksian Cockatoo 100
Banksian Cockatoo 12, 21, 26, 100-104
Banksianus 100
banksii 12, 21, 26, 100-104
Banks-Rabenkakadu 12, 21, 26, 100-104
barklyi 72, 187-189
Barnardius 19
batavicus 9
Baudin's Black Cockatoo 111-115
Baudin's Black-Cockatoo 111
baudinii 111-115
Baudinkaketoe 111
Baudins Weißohr-Rabenkakadu 111-115
Bavaripsitta 60
Belocercus 21, 22, 76
bergdahli 60
Bergzierlori 15, 64, 75
beryllinus 72
Biak-Spechtpapagei 75
Bindensittiche 15, 72
Blasser Adelaidesittich 16
Blasser Gelbsteißsittich 18
Blasser Rotbauchpapagei 18
Blasser Schönlori 18
Blauaras 9, 19, 39, 60, 67, 70, 75
Blaubartamazone 9
Blaubauchpapagei 75
Blauflügelsittich 9
Blaukappenamazone 31, 78
Blaukrönchen 73
Blaukronenamazone 74
Blaulatzsittich 19
Blauschenkellori 14
Blaustirn-Allfarblori 26
Blaustirnamazone 70
Blaustirn-Rotschwanzsittich 12, 13, 17, 19
Blauwangenrosella 24, 25
Blauwoogkaketoe 156
bloxami 27
Blue-eyed Cockatoo 156-158
Blumenpapageichen 72
Blutbauchsittiche 18, 19, 69
Blutohrsittich 17
Bockakatoe 132
bohndorffi 215
Bolbopsittacus 64
Bolborhynchus 66, 69
Bont boertje 221
bornea 31
Borstelkoppapegaai 171
Borstenkopfpapagei 15, 59, 62, 64, 171-173
Bourkesittich 19, 23, 64, 69, 76
bourkii 19, 23, 69, 76
brachyurus 25, 73
branickii 69
Brasilien-Braunohrsittich18
Braunkopfkakadu 25
Braunkopfkakadu 25, 31, 105-107
Braunkopf-Laufsittich 16
Braunkopf-Laufsittich 16
Braunkopfpapagei 24, 217-221
Braunkopfsittich 15, 19, 23, 48
Braunohrsittich 18
Braunstirn-Spechtpapagei 70
Braunwangensittich 19
Breitschwanzloris 14, 15, 18, 19, 20, 29
Brilkaketoe 156
Brillenkakadu 156-158
Brotogeris 9, 39, 67, 68, 74, 76
Brown-headed Parrot 205
Brown-necked Parrot 217-221
bruijnii 76
Bruine raafkaketoe 105
Bruinkoppapegaai
Bruinnekpapegaai 203
buffoni 164
Buntschwanzpapageien 9, 27, 67, 74
buruensis 30
butleri 145
Cacatoès à huppe orange 163
Cacatoès à huppe rouge 152
Cacatoès à nez rose 145
Cacatoès à oeil nu 140
Cacatoès à rectrices blanches 111
Cacatoès à tete brun 105
Cacatoès à tête rouge 121
Cacatoès aux yeux bleus 156
Cacatoès banksien 100
Cacatoès blanc 154
Cacatoès corella 140
Cacatoès de Baudin 111
Cacatoès de Carnaby 111
Cacatoès de Ducorps 137
Cacatoès de Goffin 135
Cacatoès de Latham 105
Cacatoès de Leadbeater 128
Cacatoès des molucques 152
Cacatoès des Philippines 133
Cacatoès funèbre 109
Cacatoès laboureur 145
Cacatoès nasique 145
Cacatoès nasique 147
Cacatoès noir 116
Cacatoès noir à queue jaune
Cacatoès rosalbin 124
Cacatoès soufré 163
Cacatoès triton 158
Cacatua 18, 19, 20, 28, 43, 76, 151-152
Cacatúa abanderada 128
Cacatúa bandera 128
Cacatúa blanca 154
Cacatúa cavadora 145
Cacatúa Colirroja 100
Cacatúa de cresta amarilla 18
Cacatúa de cresta naranja 163
Cacatúa de las Islas Salomón 137
Cacatúa de las Molucas 152
Cacatúa de las Tanimbar 135
Cacatúa de ojo azul 156
Cacatúa Enlutada 116
Cacatúa Filipina 133
Cacatúa fúnebre Coliamarilla 109
Cacatúa Fúnebre Piquicorta 111
Cacatúa Fúnebre Piquilarga 111
Cacatúa galah 124
Cacatúa Galerita 158
Cacatúa Gang-gang 121
Cacatua Lustrosa 105
Cacatúa Moluqueña 152
Cacatúa Ninfa 96
Cacatúa Oftálmica 156
Cacatúa palmera 116
Cacatúa Picofina 148
Cacatúa rosada 124
Cacatúa Sanguínea 140
Cacatúa sulfúrea 163
Cacatuidae 38, 39, 46, 50, 95-96
Cacatuinae 39, 46, 116
Cacatuoidea 15, 26, 95
cafer 201
caledonicus 21
calliptera 17
Callocephalon 39, 70, 121-123
Callocorydon 121
Callopsitta 96
Calopsittacinae 46
Calopsittacus 96
Calopsitte élégante 96
Calyptorhynchinae 47, 99
Calyptorhynchus 8, 12, 21, 25, 26, 37, 61, 99-107
Camptolophini 39
Camptolophus 132
Cape Parrot 200-203
Cape York Palm Cockatoo 119
Cape York Palm Cockatoo 119
Cape-York-Nacktaugenkakadu 143
Cardeos 19
Carnaby's Black Cockatoo 111-115
Carnaby's Black-Cockatoo 111
Carnabykaketoe 111
Carnabys Weißohr-Rabenkakadu 111-115
carolinensis 66
carycinurus 195
Casuarina Cockatoo 105
catumbella 29
Cebu-Fledermauspapageichen 49
Centrourus 39, 86
Chaeneirhynchus 116
Chalcopsitta 19
Charmosyna 14, 44, 64
Chatham Island Kaka 93-94
chathamensis 30, 93-94
Chathamkaka 93
Chatham-Nestor 93-94
Chinasittich 66
chiripepe 18
chloropterus 32, 71
Chordata 26, 29
chrysogaster 49, 69
chrysolophus 160, 164
chrysonotus 49
chrysostoma 69, 76
Chrysotinae 61
cinereus 192
citrinocapillus 212-213
citrinocristata 24, 166
Citron-crested Cockatoo 166
Clarkona 19, 27
Cockatiel 44, 46, 47, 64, 96-98
columboides 44
comorensis 179-181
Conuridae 38, 45
Conurinae 46
Conurini 39
Conuropsis 66
Conurus 42
cookii 31, 101, 105
Coracopseinae 174
Coracopsis 15, 20, 44, 59, 61, 63, 64, 72, 73, 76, 78, 174-175
Corellas 20, 139-140
cornutus 15
Corydon 121
crassus 24, 215-217
cristatella 154
cristatus 153, 154
croceus 164
cryptoxanthus 24, 217-221
cyanocephala 32
Cyanoliseus 27, 30, 60, 73, 76
Cyanopsitta 19
cyanoptera 9
Cyanoramphus 15, 29, 30, 31, 66, 70
cyanurus 22, 72, 73, 76
Cyclopsitta 9, 39, 64
Cyclopsittacidae 46
Cyclopsittacini 26

Damaraland Brown Parrot 235
Damaraland-Goldbugpapagei 235
damarensis 235
Dasyptilus 170
Demerarasittich 17
derbiana 66
derbyana 125
devittatus 29
Diademlori 22
Dickschnabelsittiche 9, 66, 69
diophthalma 9
Diopsittaca 19
discolor 61, 69, 77, 81
distincta 141
djampeana 165
Doorenia 86
Ducorps's Cockatoo 26, 27, 137-139
ducorpsii 26, 27, 137-139
Ducorpsius 132
Ducorpskaketoe 137
DuCrops 138
Dünnschnabelnestor 12, 92
East-African Brown Parrot 233-234
Eastern Greater Vasa Parrot 175-178
Eastern Lesser Vasa Parrot 183
Eastern Long-billed Cockatoo 23, 147-150
Eclectus 15, 18, 19, 60, 63, 64, 68, 69, 72
Edelpapageien 15, 18, 19, 60, 63, 64, 68, 69, 72
Edelsittiche 15, 20, 32, 37-39, 42, 45-46, 61, 63-64, 66, 76
egregia 17
Eigentliche Papageien 15, 29, 38-39, 44-46, 48, 50, 190
Einfarb-Laufsittich 15, 66, 70
Einsiedlerlori 19, 64, 78
elecica 26, 28
elegans 16, 20, 23, 25
eleonora 161-162
Eleonora's Cockatoo 161
Eleonora-geelkuifkakatoe 158
El-Oro-Sittich 23, 78, 79
Emin-Grünköpfchen 17
emini 17
emma 13
Emmas Weißohrsittich 13
Enicognathus 20, 23, 66
Eolophus 19, 124
eos 124
Eos 19, 22, 31
Erdsittiche 36, 43, 46, 47, 66, 74
erebus 106
erithacus 28, 64, 79, 191-194
erythreae 230
erythrocephala 14
erythroleucus 192
erythrolophus 153
erythropterus 129
erythrotis 70
erythrura 14
Erzlori 20
escondidus 103
esslingii 89
Eucacatua 152
Eukaryota 26
Eulenpapagei 15, 38-39, 40, 44-46, 48, 59, 61, 64, 66, 72-74, 82-85
Eunymphicus 15, 16
eupatria 20, 32, 63
Eupsittacus 12, 198-200
Eupsittula 15, 19, 23, 48, 74
Eurhynchus 116
Eutelipsitta 20
eximius 25, 28
Falconidae 64
fantiensis 2106
fasciata 21, 22, 6
feifari 60
Feigenpapageien 9, 26, 39, 46, 47
Feinsittich 69, 76
Felsensittich 27, 30, 60, 73, 76
Fergusson-Schwarzsteißlori
ferrugineus 20, 66
festiva 9
Filippijnse kaketoe 133
fimbriatum 39, 70, 120-123
finschi 31, 78
Finschs Gelbhaubenkakadu 161-162
fitzroyi 101, 161
Fitzroykaketoe 158
flammipes 201
flaveolus 16, 23
flavicollo 105
flavifrons 12, 212-214
flaviventris 74
flavoscapulatus 231
Fledermauspapageien 39, 49, 60, 64, 67, 72, 73, 75
fleurieuensis 16
Fleurieusittich 16
Forpus 42, 66, 68, 74
Frauenlori 20
frontalis 18
fulgidus 62, 171
funerea 109-111
Funereal Cockatoo 109
fuscicollis 203-206
fuscus 105
Galah 124-127
galericulata 160
galerita 20, 28, 158-163
galgulus 73
Galloanserae 63
Gang-gang Cockatoo 39, 70, 120-123
Gebirgslori 24, 25, 38
geelbuik-Senegalpapegaai 221
Geelkoppapegaai 212
Geelmaskerpapegaai 212
Geeloorkaketoe 109
geelvinkiana 75
Geelvink-Spechtpapagei 75
Gelbbauch-Mohrenkopfpapagei 18, 223
Gelbbauchpapagei 19, 25
Gelbbauchsittich 21
Gelbbrustara 31, 33
Gelbgesicht-Sperlingspapagei 66, 74
Gelbhauben-Inkakakadu 130
Gelbhaubenkakadu 20, 28, 158-163
Gelbohr-Rabenkakadu 109-111
Gelbschwanz-Rabenkakadu 109-111
Gelbsteißsittich 18, 19, 69
Gelbstirnamazone 28
Gelbstirnpapagei 12, 212-214
Gelbwangenamazone 28
Gelbwangen-Feigenpapagei 40
Gelbwangenkakadu 20, 23, 24, 60, 76, 163-168
Geoffroyus 19
georgei 60
gigas 117
Glanzflügelsittich 16
Glanzloris 19, 30
Glanzsittich 69
glaucus 49, 60
Glossopsitta 15, 39
Glossy Black Cockatoo 25, 31, 105-107
goffini 26, 138
goffiniana 26, 27, 135-137
Goffinkakadu 20, 26, 27, 135-137
Goffinkakadu 26, 27
Goffinkaketoe 135
Goldbugpapagei 21, 24, 228-236
Goldscheitelsittich 16
Goldsittich 15, 19, 23, 31, 48
Goliath Cockatoo 119
gracilis 60
Grand cacatoès à huppe jaune 158
Grand Vasa 175
Grand Vasa des Comores 179
graptogyne 21, 103
Grassittiche 19, 23, 28, 49, 61, 64, 66, 69, 70
Graukopfpapagei 203-206
Graupapagei 28, 42, 43, 60, 64, 79, 190-194
Graydidascalus 25, 73
Great Palm Cockatoo 119
Great Palm Cockatoo 119
Greater Comoro Vasa Parrot 179-181
Greater Sulphur-crested Cockatoo 158-163
Greater Vasa Parrot 175-179
Grey Parrot 191-194
Grey-headed Parrot 203-206
greyii 83
Grijskoppapegaai 203
Grijze roodstaartpapegaai 191
griseipectus 13, 48, 80
griseus 117
Große Weißstirnamazone 20
Großer Felsensittich 27
Großer Gelbhaubenkakadu 20
Großer Gelbohr-Rabenkakadu 110
Großer Halsbandsittich 20
Großer Komoren-Vasapapagei 179-181
Großer Königssittich 20
Großer Palmkakadu 119
Großer Pennantsittich 20
Großer Smaragdsittich 20
Großer Soldatenara 20, 69, 75
Großer Vasapapagei 20, 73, 76, 175-179
Großschnabelpapageien 14, 19, 25, 44
Grote Comorenvasapapegaai 179
Grote geelkuifkakatoe 158
Grote Vasapapegaai 175
Grüne Keilschwanzsittiche 15, 19, 48, 67, 74
Grüne Zierloris 18
Grünflügelara 71
Grünköpfchen 17
Grünloris 15
Grünschwanzlori 20
Grünwangen-Rotschwanzsittich 42
Grünzügelpapagei 35
Gualoris, 15, 31
Guaruba 15, 19, 23, 31, 48
Guatemala-Amazone 74
guatemalae 74
gulielmi 207-211
gymnopis 142
Gymnopsittacus 15, 19, 23, 48
Gypopsitta 51
habroptila 15, 38-39, 40, 44-46, 48, 59, 61, 64, 66, 72-74, 83-85
haematodus 19, 25, 26, 59
haematogaster 18
haematuropygia 67, 79, 133-135
Hahns Zwergara 19
Haitisittich 43
halmaturinus 25, 106
Halsbandsittich 20, 32, 76
Hapalopsittaca 71
Harrisornis 100
Hellroter Ara 22
Helmeted Cockatoo 121
Helmkakadu 39, 70, 120-123
Helmkaketoe 121
Heracles 61
heterurus 14
himalayana 66
Himalayapsitta 32, 66, 76
histrio 22
Hochland-Kongopapagei 210
Hochlandsittich 25, 69, 73
hoematotis 17
hoffmanni 17
Hoffmanns Rotschwanzsittich 17
hollandicus 44, 46, 47, 64, 96-98
Hornsittiche 15, 16
howei 125
hyacinthinus 9, 20, 21, 70, 75
Hyazinthara 9, 20, 21, 70, 75
Hypocharmosyna 18
hypoinochrous 29
hypopolius 89
hypoxanthus 218
imperialis 79
Inagua-Amazone 74
inaguaensis 74
Incakaketoe 128
Indischer Halsbandsittich 20, 32
Indochina-Bartsittich 21, 22, 66
inexpectatus 60
infectus 60
infuscatus 201
Inka-Kakadu 19, 38, 76, 128-131
innominatus 83
interjecta 160
intermedius 26, 97, 117
ivani 60
Jampea-Gelbwangenkakadu 165
jandaya 16
Jardine's Parrot 207-211
Jardinepapegaai 207
Jendayasittich 16
Kaapse papegaai 200
Kahlkopfpapagei 51
Kaiseramazone 79
Kaka 79, 89-91
Kākā de la Isla Norfolk 91
Kākā de las Islas Chatham 93
Kakadoe 42
Kakaduartige 15, 37, 38, 39, 42, 44, 45, 46, 47, 48, 50, 62, 64, 68, 73, 95-123
Kakapo 15, 38-39, 40, 44-46, 48, 59, 61, 64, 66, 72-74, 82-85
Kakatoe 151
Kakatoeinae 47, 48
Kangaroo-Island-Braunkopfkakadu 25, 106
Kap-Papagei 200-203
Kardinallori 19
Karolinasittich 66
Katharinasittich 69
Kea 8, 68, 72, 74, 87-88
keiensis 30
Keilschwanzloris 15, 18-20, 25-26, 37-39, 44-45, 47, 59-60
Keilschwanzsittiche 15-16, 18, 23, 31, 38-39, 42, 43-46, 48, 67, 71
Kimberley-Nacktaugenkakadu 142
kintampoensis 204
Kleine Comorenvasapapegaai 185
Kleine Geelkuifkaketoe 163
Kleine Keilschwanzsittiche 15, 19, 23, 48, 74
Kleine Vasapapegaai 181
Kleine Weißstirnamazone 20
Kleiner Felsensittich 27
Kleiner Gelbhaubenkakadu 20, 23, 163-168
Kleiner Gelbohr-Rabenkakadu 110
Kleiner Halsbandsittich 20
Kleiner Komoren-Vasapapagei 185-187
Kleiner Königssittich 20
Kleiner Pennantsittich 16, 20
Kleiner Santaremsittich 17
Kleiner Smaragdsittich 20
Kleiner Soldatenara 20, 69
Kleiner Vasapapagei 20, 74, 181-185
Klippensittich 70
Kolumbiensittich 67
Kongo Red-crowned Parrot 207

Kongopapagei 207-211
Königssittich 20, 29
Kragensittiche 19, 48
Kuba-Amazone 74
kuhli 126-127
Kuhls Graukopfpapagei 205
Kurzschwanzpapagei 25, 73
kwalamkwalam 160
Langflügelpapageien 12, 18, 21, 29, 38-39, 60, 64, 75, 198-200
Langschnabelkakadu 23, 147-150
Langschnabelsittich 23
Langschwanz-Edelsittiche 21, 22, 76
Latham's Cockatoo 25, 31, 105-107
Latham's Cockatoo 105
lathami 25, 31, 105-107
Lathamkaketoo 105
Lathamus 61, 69, 77, 81
latirostris 111-114
Laufsittiche 15, 29, 30, 31, 66, 70
leachii 101, 105
Leadbeater's Cockatoo 19, 38, 76, 128-131
leadbeateri 19, 38, 76, 128-131
Lear-Ara 20, 21, 60, 67
leari 20, 21, 60, 67, 138
lepidus 60
Leptolophidae 47
Leptolophus 96
leptorhynchus 23
Leptosittaca 25, 69, 73
Lesser Comoro Parrot 185-187
Lesser Sulphur-crested Cockatoo 163-168
Lesser Vasa Parrot 181-185
leucocephala 74
leucolophus 154
leucotis 13, 17, 19, 21
Levaillant's parrot 200
levaillanti 201
Licmetis 19, 23, 26, 27, 67, 79, 132-133, 139-140
licmetorhyncha 159
Licmetulus 39
Lieblicher Lori 14
lineola 69
Little Corella 19, 20, 140-144
Long-billed Black-Cockatoo 111
Long-billed Cockatoo 23, 147-150
longicauda 21, 22, 76
Lophochroa 19, 38, 76, 128-131
Loriartige 15, 26, 38, 39, 46, 47, 48, 50, 59, 61, 68, 70
Loriculus 39, 49, 60, 64, 67, 72, 73, 75
Loriidae 46, 47, 50
Loriinae 15, 26, 38, 39, 48, 59, 61
Lorito Cabecipardo 217
Lorito de Meyer 228
Lorito de Rüppell 236
Lorito Frentirrojo 207
Lorito Niam-niam 215
Lorito robusto 200
Lorito Senegalés 221
Lorito Ventrirrojo 225
Lorius 14, 15, 18, 19, 20, 29
Loro Abisinio 225
Loro Aguileno 171
Loro de cuello gris 203
Loro de cuello marrón 203
Loro de frente amarilla 212 Lorito carigualdo 212
Loro de las Comoras 185
Loro Gris Africano 191
Loro gris cola de vinagre 194
Loro Gris de Cola Roja 191
Loro Jardinero 207
Loro negro 181
Loro vasa 175
Loro vasa de las Comores 179
Loro Yaco 191
Loro yaco timneh 194
lory 20
luchsi 74
Luchssittich 74
lucianii 71
luteocristata 160, 164
macao 32
Macquarie-Laufsittich 70
Macrocercinae 38
Macroglossum 116
macrolophus 159
macrorhynchus 12, 102-103
maculata 16
magnificus 105
magnirostris 204
Maidloris 19, 40, 64, 77
Major Mitchell's Cockatoo 19, 38, 76, 128-131
makawa 179
malachitacea 75
malherbi 16, 29, 30
manillensis 20, 32
mariettae 24, 238
Mariette's Parrot 24, 238
Mariette-Papagei 24, 238
Maronenstirnsittich 66
Maroon-tailed African Grey 194
martinica 14
Mascarinus 63
mascarinus 63
Maskarenenpapagei 63
Maskensittiche 9, 16, 27, 61
Masken-Zwergpapagei 9
massaicus 210
Massaipapegaai 207
matschiei 233-234
mcallani 148
mcgregori 134
Meerblauer Ara 49, 60
megarhynchus 192
melanocephalus 35
melanopterus 16
melanorhyncha 176
Melopsittacus 26, 28, 40, 61, 64, 69, 70, 72, 75, 77
melvillensis 160
mercenarius 78
meridionalis 79, 89-91
mesotypus 18, 223
Metazoa 26
Meyer's Parrot 228-236
meyeri 21, 24, 228-236
Meyerpapegaai 228
Meyers Papagei 228-236
Microglosse noir 116
Microglossus 116
Micropsitta 9, 39, 46, 48, 62, 64, 67-68, 70, 72, 74-76
Micropsittacus 198
Micropsittidae 45
Micropsittinae 48
militaris 20, 69
minor 20
miocaenia 60
misoriensis 75
mitratus 66
Mittlerer Gelbwangenkakadu 166
modestus 68
Mogontiacopsitta 60
Mohrenkopfpapagei 18, 24, 28, 29, 60, 221-225
molinae 42
mollis 130
Moluccan Cockatoo 30, 75, 152-154
moluccanus 24, 25, 38
moluccensis 30, 75, 152-154
Molukkenkakadu 30, 75, 152-154
Molukkenkaketoe 152
monachus 67, 74, 76
Mönchssittich 67, 74, 76
montanus 89
Mopsitta 60
Moschuslori 15, 39
mulleri 25
Müllers Edelpapagei 25
mungi 129
musschenbroekii 31
Myiopsitta 67, 74, 76
Naaktoogkaketoe 140
Nachtsittich 66, 74
Nacktaugenkakadu 19, 20, 140-144
nana 20
Nandaysittich 16, 41, 51, 71
Nandayus 41, 51, 71
Nanodes 37
narethae 69
Narethasittich 69
Nasenkakadu 23, 147-150
Nasiterninae 46
naso 103
neavei 230
Nelepsittacus 61
nenday 16, 51, 71
Neoaves 63
Neognathae 63
Neonanodes 23
Neophema 19, 23, 28, 49, 61, 64, 66, 69, 70
Neopsephotus 19, 23, 64, 69, 76
Neopsittacus 15, 31
Nestor 8, 12, 59, 61, 64, 68, 72, 78, 79, 86-87
Nestor de Chatham 93
Nestor de Norfolk 91
Nestoridae 26, 38, 46, 86
Nestorinae 48
Nestorpapageien 8, 12, 15, 26, 38, 46, 48, 59, 61, 64, 68, 72, 78, 79
Neuguinea-Nacktaugenkakadu 143
Neumanns Kongopapagei 210
New-South-Wales-Braunkopfkakadu 106
Niam-Niam Parrot 24, 215-217
Niam-Niam-Papagei 24, 215-217
Niam-Niampapegaai 215-217
Nicopsitta 76
niger 101
nigra 20, 74, 181-184
nigrescens 16, 20
nigrigenis 71
Nördlicher Braunkopfpapagei 219-220
Nördlicher Gelbhaubenkakadu 161
Nördlicher Goldbugpapagei 232
Nördlicher Hellroter Ara 22
Nördlicher Kaka 90
Nördlicher Rosakakadu 126-127
Nördlicher Wühlerkakadu 146
Nordöstlicher Banks-Rabenkakadu 12, 102-103
Nordwestlicher Banks-Rabenkakadu 103
norfolcensis 92
Norfolk Island Kaka 91-93
Norfolk-Kaka 91-93
Norfolk-Laufsittich 31
Norfolkpapegaai 91
normantoni 143
northi 101
Northiella 18, 19, 69
notabilis 8, 68, 72, 74, 87-88
Notopsittacus 198-200
novaehollandiae 24, 96
novaezelandiae 15, 60
nyansae 230
Nymphensittich 44, 46, 47, 64, 96-98
Nymphicinae 96
Nymphicus 44, 46, 47, 64, 96-98
obscurus 97, 176
occidentalis 40, 66, 74, 89, 166
ochrocephala 28
oorti 15, 118
Oostelijke langsnavelkaketoe 148
ophthalmica 156-158
Opopsittidae 47
Orangebauch-Mohrenkopfpapagei 18, 223
Orangebauchsittich 49, 69
Orange-bellied Senegal Parrot 223
Orangehaubenkakadu 24, 166
oranjebuik-Senegalpapegaai 221
orbygnesius 66
orcesi 23, 78, 79
Oreopsittacus 15, 64, 75
orientalis 154
Orthopsittaca 19
Ostafrikanischer Goldbugpapagei 233-234
Östlicher Erdsittich 66, 74
Östlicher Gelbhaubenkakadu 161
Östlicher großer Vasapapagei 177
Östlicher kleiner Vasapapagei 183
Östlicher Nacktaugenkakadu 142
Östlicher Rosakakadu 126
Owl Parrot 15, 38, 39, 40, 44-46, 48, 59, 61, 64, 66, 72-74, 82-85
pachyrhyncha 66, 69
pachyrhynchus 204
Palaeognathae 63
Palaeopsittacus 60
Palaeorni(thi)nae 39, 46, 61
Palaeornis 20, 32, 37, 63, 76
Palaeornithidae 38, 45
pallescens 18, 97
pallidior 18
pallidus 18, 227
Palm Cockatoo 15, 42, 43, 47, 76, 116-120
palmarum 14
Palmkakadu 15, 42, 43, 47, 76, 116-120
Palmkaketoe 116
Palmzierlori 14
Papagayo robusto 200
Paraguay-Braunohrsittich 18
Parapsittacopes 60
Parrot 225
parsonsi 83
parvula 166
Passeriformes 63, 64
pastinator 145-147
patagonus 27, 30
paulandrewi 166
pecquetii 171
Pennantsittich 16, 20, 23, 25
peristerodes 44
permistus 210
Perroquet à calotte rouge 207
Perroquet à calotte rouge de Fanti 207
Perroquet à calotte rouge de Reichenow 207
Perroquet à cou brun 203
Perroquet à face jaune 212
Perroquet à poitrine rouge 225
Perroquet à tête brune 217
Perroquet à tete gris 203
Perroquet à ventre rouge 225
Perroquet à ventre rouge de Somalia 225
Perroquet de Massai 207
Perroquet de Meyer 228
Perroquet de Pesquet 171
Perroquet de Principé 194
Perroquet de Rüppell 236
Perroquet de Verster 221
Perroquet des Comores 185
Perroquet des niam-niam 215
Perroquet du Cap 200
Perroquet gris 191
Perroquet jaco 191
Perroquet jardine 207
Perroquet noir 181
Perroquet robuste 200
Perroquet Timneh 194

Perroquet vaza 175
Perroquet vaza des Comores 179
Perroquet youyou 221
personata 9
pertinax 19
Peru-Rotschwanzsittich 30, 68
peruviana 14, 30, 68, 77
Pesquet's Parrot 15, 59, 62, 64, 171-173
pesqueti 171
Petit cacatoès à huppe jaune 163
Petit vasa 181
petrophila 70
Pezoporidae 47
Pezoporus 36, 43, 46, 66, 74
Pflaumenkopfsittich 32
Phigys 19, 64, 78
philippensis 30, 49
philippinarum 133
Philippine Cockatoo 67, 79, 133-135
Philippinenkakadu 67, 79, 133-135
Philippinen-Papageichen 49
picta 12, 13, 17, 19, 21
Pintosittich 16
Pionias 44
Pionidae 45
Pioninae 46
Pionites 35
Pionus 39
placens 44
placentis 18
Plattschweifsittiche 15, 38, 39, 45, 46, 47, 59, 62
Platycercidae 38, 45, 47
Platycercinae 15, 38, 39, 46, 59, 62
Platycercini 39
Platycercus 16, 18, 19, 20, 21, 25, 28, 37, 59, 64
Plissolophidae 45
Plissolophus 151
Plyctolophinae 38, 44
Plyctolophus 37, 151
Poicephalus 12, 18, 21, 29, 38, 39, 60, 75, 198-200
Polytelis 38, 39, 60
Polytelitidae 47
Pompadoursittich 16
Prachtamazone 62, 66, 67
Prachtflügelsittich 17
Prachtrosella 26, 28
Prachtsittiche 38, 39, 47, 60
Praslin Parrot 187-189
pretrei 62, 66, 76
Primolius 19, 27
princeps 196
Principé Parrot 196
Principé-Papagei 196
Principe-roodstaartpapegaai 194
Prinz-Lucien-Sittich 71
Prioniturus 39, 64
Probosciger 15, 42, 43, 76, 116
Proboscigeridae 47
productus 12, 91-93
Propyrrhura 27
Prosopeia 9, 16, 27, 61
Psephotellus 19, 74
Psephotus 19, 60
Pseudeos 19
Psilopsiagon 9
Psittacara 15, 19, 48, 67, 74
Psittacella 72
Psittacellinae 15
Psittacidae 15, 29, 38, 39, 44, 45, 46, 48, 50, 190
Psittaciformes 26, 29
Psittacinae 15, 29, 38, 39, 44, 46, 48
Psittacini 29
Psittacodis 39
Psittacoidea 15, 29, 169
Psittacopes 60
Psittacula 42, 64, 66, 76
Psittaculinae 15
Psittacus 28, 42, 43, 60, 64, 79, 190-191
Psitteuteles 15
Psittinus 19, 22, 72, 73, 76
Psittrichas 59, 62, 64, 170
Psittrichas de Pesquet 171
Psittrichasidae 15, 169
Psittrichasinae 169
Puerto-Rico-Amazone 62, 66
pulchella 28
Pulchrapollia 60
purpurascens 14
Purpureicephalus 19
pusio 70
pygmaeus 14
Pyrrhulopsis 27, 61
Pyrrhura 13, 16-19, 21, 42, 48, 61, 66, 68, 71, 78-80
Queensland-Braunkopfkakadu 106
Queensland-Gelbhaubenkakadu 161
queenslandica 161
Quercipsitta 60
Rabenkakadus 8, 12, 21, 25, 26, 37, 47, 61, 64, 99-115
Red-bellied Parrot 18, 24, 225-228
Red-bellied Senegal Parrot 223
Red-breasted Parrot 225
Red-fronted Parrot 207
Red-headed Parrot 207
Red-tailed Black Cockatoo 100-104
Red-vented Cockatoo 67, 79, 133-135
reichenowi 234-235
Reichenows Graukopfpapagei 205
Reichenows Kongopapagei 210
rhodocephala 17
rhodolorus 141
Rhodurus 191
Rhynchopsitta 66, 69
Rio-Madeira-Sittich 17
robustus 200-203
Roodbuikpapegaai 225
roodbuik-Senegalpapegaai
rosaceus 153
Rosakakadu 19, 124-127
rosea 124
Roseate Cockatoo 124
Rose-breasted Cockatoo 124
Rose-breasted Cockatoo 19, 124-127
roseicapilla 124-127
roseicollis 29
roseifrons 71
Rosékaketoe 124
Rosellasittiche 16, 18, 19, 20, 21, 25, 28, 37, 59, 64
Rosenbrustbartsittich 21, 22, 30
Rosenköpfchen 29
rosinae 160
Rotachselpapagei 19, 22, 72, 73, 76
Rotbauchara 19
Rotbauch-Mohrenkopfpapagei 18, 29, 223
Rotbauchpapagei 18, 24, 225-228
Rotbrust-Spechtpapagei 76
Rote Zierloris 14, 44, 64
Rothauben-Inkakakadu 130
Rotkappensittich 19
Rotkopfpapagei 19
Rotkopfsittich 17
Rotloris 19, 22, 31
Rotmaskensittich 66
Rotscheitelsittich 71
Rotschwänzige Rabenkakadus 99-107
Rotschwanz-Rabenkakadu 100-104
Rotschwanzsittiche 13, 16-19, 21, 42, 48, 61, 66, 68, 71, 78-79, 80
Rotspiegelamazone 74
Rotsteißkakadu 67, 79, 133-135
Rotsteißpapageien 39, 44, 45, 46
rubricapillus 204
rubrifrons 30
rubrocristata 153
rubrovarius 192
Rueppell's Parrot 24, 236-239
rueppellii 24, 236-239
rufiventris 18, 24, 225-228
Rüppell-Papagei 24, 236-239
Rüppellpapegaai 236
Rußköpfchen 71
Salmon-crested Cockatoo 30, 75, 152-154
Salomonenkakadu 26, 27, 137-139
Salvadoris Edelpapagei 14
Salvadori-Weißohrsittich 13, 48, 80
samueli 103
sanctithomae 68
sanguinea 140-144
Sansibar-Braunkopfpapagei 220
Santa-Marta-Sittich 17
Saphirlori 14, 77
saturatus 232-233
scapularis 20, 29
Schildsittich 38
Schimmerlori 30
Schmalschnabelsittiche 9, 39, 67, 68, 74, 76
Schoa-Papagei 212
Schoapapegaai 212
Schönlori 18
Schönsittich 28
Schwalbensittich 61, 69, 77, 81
Schwarzflügel-Pennantsittich 16
Schwarzkopf-Edelsittich 66
Schwarzschnabel-Kakadus 151-152
Schwarzschnabelkakadus 18, 19, 20, 28, 43, 76
Schwarzschnabel-Sperlingspapagei 68
Schwarzsteißlori 29
sclateri 31
Sclater-Papageichen 31
semitorquatus 48
Senegal Parrot 18, 28, 221-225
Senegalpapagei 18, 28, 221-225
senegalus 18, 24, 28, 29, 60, 221-225
septentrionalis 90
Seychellen-Edelsittich 63
Seychellen-Vasapapagei 72, 187-189
Shoa Parrot 212
Short-billed Corella 140
sibilans 185-187
simplex 226
Singsittiche 19, 60, 74
Sittace 43
Sittacinae 44
Slender-billed Cockatoo 23, 147-150
Slender-billed Corella 147
Smaragdlori 14, 77
Smaragdsittich 20, 66
solandri 105
Soldatenamazone 78
Solenoglossus 116
solitarius 19, 64, 78
Solomon Cockatoo 26, 27, 137-139
solstitialis 16, 67
Somalia-Rotbauchpapagei 227
Somaliland Red-bellied
Sonnensittich 16, 67
South-African Brown Parrot 235
Southern Black Cockatoo 110
Spatelschwanzpapageien 39, 64
Spechtpapageien 9, 39, 45-46, 48, 62, 64, 67-68, 70, 72, 74-76
Sperlingspapageien 42, 66, 68, 74
Sperlingsvögel 63
Spitzschwanzsittich 15, 19, 23, 48
Spix-Ara 19
splendens 16
splendida 69
Springsittich 16
St. Thomas-Sittich 19
stellatus 105
Stri(n)gopidae 38, 39, 45, 46, 82
Stri(n)gopinae 44, 48
Strigopoidea 15, 82
Strigops 15, 38, 39, 40, 44, 59, 61, 64, 66, 72, 73, 74, 82-83
Strigops kakapo 83
Stringopini 39
Strohsittich 16, 23
Stummelschwanzpapagei 64
suahelicus 205
subadelaidae 16
subcaeruleus 192
subdistincta 141
Südafrikanischer Goldbugpapagei 235
Südlicher Braunkopfpapagei 219
Südlicher Kaka 90
Südlicher Wühlerkakadu 146
Südöstlicher Banks-Rabenkakadu 21, 103
sudrei 60
Südwestlicher Banks-Rabenkakadu 103
Sulawesi-Gelbwangenkakadu 165
Sulphur-crested Cockatoo 158-163
sulphurea 20, 23, 24, 60, 76, 163-168
sumatranus 25
superbus 89
superflua 129
swainsonii 38
swindernianus 17
tabuensis 16
taitianus 14
Tanimbar Cockatoo 135-137
Tanimbar-Kakadu 135-137
tanimberensis 136
tanta 60
Tanygnathus 14, 19, 25, 44
Tasmaanse geeloorkaketoe 110
Tasmanian Black Cockatoo 110
Tasmanian Black Cockatoo 110
Tasmanischer Gelbohr-Rabenkakadu 110
Taubensittich 44
temminkii 105
tenuirostris 23, 114
terrisi 66
Thectocercus 15, 19, 23, 48
tibialis 14
timneh 28, 194-197
Timneh jaco 194
Timneh Parrot 28, 194-197
Timnehpapagei 28, 194-197
Timneh-roodstaartpapegaai 194
Timor Cockatoo 166
timorensis 164
Timor-geelkuifkaketoe 163
Timor-Gelbwangenkakadu 166
tirica 31
Tirikasittich 31
Touit 9, 27, 67, 74
transfreta 143
transvaalensis 235
Trichoglossidae 38, 45, 47
Trichoglossinae 44
Trichoglossini 39
Trichoglossus 15, 18, 19, 20, 25, 26, 37, 38, 44, 59, 60
Triclaria 75
Trinidadpapagei 9
triton 28, 161
Triton Cockatoo 28, 161
Tritonkakadu 28, 161
Tritonkaketoe 158
trobriandi 159
tucumana 62
Tucumán-Amazone 62
tuipara 31
Tuiparasittich 31

Tuisittich 68
Tukangbesi-Gelbwangenkakadu 166
typus 138
Uganda Yellow-shouldered Parrot 232-233
Uganda-Goldbugpapagei 232-233
Uilpapegaai 83
ulietanus 16
ultramarina 14, 77
Umbrella Cockatoo 154-156
undulatus 26, 28, 40, 61, 64, 69, 70, 72, 75, 77
unicolor 15, 66, 70
Unzertrennliche 17, 22, 29, 39, 61, 64, 71,75
Urodiscus 39
Valkparkiet 96
Van Oorts Palmkakadu 119
varia 19, 27
vasa 20, 73, 76, 175-178
Vasa géante 175
Vasapapageien 15, 20, 44, 59, 61, 63, 64, 72, 73, 76, 78
velezi 71
Vélez-Zwergamazone 71
ventralis 74
vernalis 31
verreauxii 60
versteri 18, 29, 223
Vielfarbensittich 19, 27
Vigorsia 174
Vini 19, 40, 64, 77
Violania 26, 28
virescens 230
viridicata 17
viridis 105
vittata 62, 66
Vogelkop-Palmkakadu 118-119
wagleri 67
wallicus 66, 74
wardi 63
Weißbauchpapageien 35
Weißbrustsittich 71
Weißbürzelloris 19
Weißhaubenkakadu 154-156
Weißnackenlori 20
Weißohr-Rabenkakadu 111-115
Weißohrsittich 13, 17, 19, 21
Weißschnabelkakadus 19, 23, 26, 27, 67, 79, 132-133
Weißschwänzige Rabenkakadus 108-115
Weißschwanz-Rabenkakadu 111-115
Weißstirnamazone 20
Wellensittich 26, 28, 40, 61, 64, 69, 70, 72, 75, 77
Westelijke langsnavelkaketoe 145
Western Greater Vasa Parrot 177
Western Long-billed Cockatoo 145-147
Westlicher Erdsittich 74
Westlicher Gelbwangenkakadu 166
Westlicher großer Vasapapagei 177
Westlicher kleiner Vasapapagei 183
Westlicher Nacktaugenkakadu 30, 142-143
Westlicher Rosakakadu 126
westralensis 30, 142-143
whiteae 110
White-crested Cockatoo acatoès à rectrices blanches 154-156
White-eared Black Cockatoo 111-115
White-tailed Black Cockatoo 111-115
Witkuifkaketoe 154
Witoor-raafkaketoe 111
Witstaart-raafkaketoe 111
Wühlerkakadu 145-147
wulsini 176
xanthanota 110
xanthops 19, 25, 66, 74
xanthopterus 231
Xenopsitta 60
Yellow-bellied Senegal Parrot 223
Yellow-crested Cockatoo 163-168
Yellow-eared Black-Cockatoo 109
Yellow-faced Parrot 212-214
Yellow-fronted Parrot 212
Yellow-shouldered Parrot 228-236
Yellow-tailed Black Cockatoo 109-111
Youyou à ventre orange 221
Youyou à ventre rouge 221
Youyou de Meyer 228
Youyou de Sénégal 221
Zanda 108-115
Zentralafrikanischer Kongopapagei 209-210
zeylandicus 117
Ziegensittich 15, 60
Zierloris 14, 18, 44, 64
Zwarte geelstaartkaketoe 109
zwarte roodstaartkaketoe 100
Zwergamazonen 71
Zwergaras 19

Personen- und Sachregister

Aggressivität 9
Albin, Eleazar 33
Alderton, David 51
Aldrovandi, Ulisse 32
allopatrische Arten 21
Allotypus 21
Aquasis 80
Armschwingen 10
Arndt, Thomas 51
Art 15, 20, 21
Artenschutz 79
Artmodelle 12
Augenring 11
Aula 10
Badebedürfnis 9
Balz 73
Bauch 10
Bechstein, Johann Matthäus 36
Belon, Pierre 32
Bergmannsche Regel 21
Bewegungsradius 68
Bewertung, taxonomische 16
Biogeographie 22
Biologie der Papageien 66
Biotop 22
BirdLife International 22
Boddaert, Pieter 35
Bötticher, Hans von 49
Bonaparte, Charles Lucien 40
Boucard, Adolphe 39
Brehm, Alfred E. 49
Brisson, Mathurin-Jacques 34
Brust 10
Bruthöhlen 73
Brutverhalten 73
Brutzeit 71
Bürzel 11
Buffon, Comte de 35
Bundesamt für Naturschutz 22
Butler, Arthur G. 49
CITES 22
Collar, Nigel J. 51
Cooper, William T. 50
Cuvier, Georges 36
D' Aubenton, Edme-Louis 35
Daumenfittich 10
DNA-Untersuchungen 62
Edwards, George 34
Eimaße 8
Elliott, Andrew 51
Endemisch 22
Entstehungsgeschichte der Papageien 59
Entwicklungsgeschichte der Papageien 64
Ernährung 70
Erstzucht 8
Finsch, Otto 44
Flanke 10
Flügelbug 11
Flügeldecken 10
Flugbedürfnis 9
Forshaw, Joseph M. 50, 52
Fossilien 59
Fuß 10
Gattung 22
Gefiedermerkmale 9
Gelege 75
Gelege, pro Jahr 8
Genotyp 22
Geophagie 70
Geschlechtsdimorphismus 22
Gesner, Conrad 32
Gestaltung 6
Gewicht: 8
Glogersche Regel 23
Gmelin, Johann Friedrich 34
Gould, John 39
Grahl, Wolfgang de 50
Gray, George Robert 39, 40
Greene, W. T. 48
Habitat 23
Hakenschnabel 9
Handschwingen 10
Häufigkeit 8
heterogen 23
Hinterkopf 11
Holotypus 23
homogen 23
Hoyo, Josep del 51
Identifizierung 7
Illiger, Johann Karl Wilhelm 36
International Union for the Conservation of Nature 23
Iris 11
Jahresrhythmus 68
Jahreszahl der wissenschaftlichen Namen 29
Jonston, Johannes 33
Jungenaufzucht 76
Jungenentwicklung 76
Juniper, Tony 51
Katala Foundation 79
Kehle 10
Kinn 10
Klade 23
Klasse Aves 9
Knight, Frank 52
Konvergenz 23
Körpermerkmale 9
Kralle 10
Ktesias von Knidos 32
Kuhl, Heinrich 42
Latham, John 35
Lauf 10
Lear, Edward 42
Lectotypus 23
Lesson, René Primevère 37
Levaillant, Francois 41
Linné, Carl von 33
Literatur, allgemeine 58
Literatur, geographisch determinierte 55
Literatur, hilfreiche 8
Literatur zu anatomiebasierter Systematik 53
Literatur zu ausgestorbenen Papageien 53
Literatur zu DNA-basierter Systematik 54
Literatur zu Museen 52
Literatur zu Typus-Exemplaren 52
Low, Rosemary 51
Mantel 11
Markgraf, Georg 32
Martinet, Francois Nicolas 35
Mathews, Gregory M. 47
Mindestanforderungen 8
Morphe 23
Morphologie 61
Müller, Statius 33
Nacken 10, 11
Nagebedürfnis 9
Namen, wissenschaftliche Bedeutung 30
Namen, wissenschaftliche 28
Namens-Synopsen 14
Neotypus 24
Nisthöhlen 73
Nomenklatur 13, 14, 24
Nominatform 24, 29
Obhut, menschliche 8
Ökosystem 24
Ohrdecken 10
Ordnung Psittaciformes 9
Otto, Bernhard Christian 35
Papageienliteratur, Geschichte 32
Paralectotypus 24
parapatrische Arten 24
Paratypus 24
Parr, Mike 51
Peters, James Lee 47, 48
Phänomene, auffällige 18
Phänotyp 24
Phylogenie 24
Primärwald 24
Prioritätsregel 13, 24
Randdecken 11
Randformen 20
Reichenow, Anton 44
Reliktpopulation 25
Ringgröße 8
Robiller, Franz 52
Rücken 11
Ruß, Karl 48, 49
Saint-Hilaire, Alexandre Bourjot 41
Salvadori, Tommaso 45, 46
Sammelarten 19
Sammelgattungen 18
Sargatal, Jordi 51
Scheitel 10, 11
Schenkel 10
Schirmfedern 10
Schlegel, Hermann 38
Schnabel 11
Schwanzdecken 11
Schwanzfedern 10
Schwestertaxon 25
Seba, Albert 33
Sekundärwald 25
Selby, Prideaux J. 38
Separation 25
Seth-Smith, David 49
Sharpe, Richard Bowdler 45
Shaw, George 37
Smith, George A. 50
Souancé, Charles de 41
Spezies (siehe auch „Art“) 25
Stammbaum 15
Steuerfedern 10
Steiß 10
Stimme 9
Stirn 10, 11
Struktur 6
Struktur, wissenschaftliche Namen 28
Subspezies (siehe auch „Unterart“) 25
Sundevall, Carl Jacob 39
Swainson, William J. 37

sympatrische Arten 25
Synonym 25
Syntypus 25
Systematik 7, 26
Tagesroutine 66
Tasmanian State Recovery Plan 81
Taxa, höhere und niedrige 17, 26, 28
Taxon (siehe auch Taxa) 26
Taxonomie 7, 26
Temminck, Coenraad Jacob 35, 36
Typus 26
Typus-Art 26
Typus-Beschreibung 26
Typus-Exemplar (siehe auch „Typus") 27
Typus-Ort 27
Überlebensrate 78
Unterart 7, 15, 27, 29
Unterflügeldecken 11
Unterrücken 11
Unterschwanzdecken 10
Validität 27
Variation 27
Verbreitungsmuster 17
Verwandte der Papageien 63
Vigors, Nicholas A. 37
Vikarianz 27
Vorfahren der Papageien 63
Vorkommen 7, 66
Wachshaut 11
Wagler, Johann Georg 43
Wallace, Alfred Russell 38
Wolters, Hans Edmund 50
Wytsman, Philogène 47
Zeichnungen 9
Zehe 10
Zentrumformen 20
Züchtbarkeit 8
Zügel 10
zygodaktyle Zehenstellung 9

Impressum

Heinz Schnitker & Thomas Arndt:
Kompendium der Papageienkunde
Band 1: Archaische Papageien, Kakadus und Afrikanische Großpapageien

1. Auflage (2023)
AVES Publishing GmbH & Co. KG, Berlin
ISBN 978-3-910657-00-7

Satz und Illustration: Thomas Arndt

Layout: Birgit Bautz-Schäfer

Gedruckt in der EU

Graupapagei (*Psittacus erithacus*)

Bild- und Illustrationsnachweise:

Arndt, Th.: alle Illustrationen
Nationalmuseum Sweden (Bild gemeinfrei): 33
Purnomo, W. A.: 5
Schnitker, H. (Bilder gemeinfrei, Titelbilder): 5, 32, 34, 36-38, 40-52
Seibert, S.: 4